普通高等学校"十四五"规划机械类专业精品教材

有限元基本理论及应用

（第二版）

主　编　龚曙光　边炳传

副主编　张国智　王明旭　翁剑成　许振保

华中科技大学出版社

中国·武汉

内 容 简 介

本书以工程应用为背景，系统地介绍了有限元法所涉及的基础理论知识，以及 ANSYS 软件的基本操作与分析步骤。

全书共分为 9 章，主要介绍了弹性力学理论基础、杆梁结构的有限元分析、平面问题的有限元分析、三维问题的有限元分析、接触问题的有限元分析、温度场的有限元分析、机械动力学的有限元分析、电磁场问题的有限元分析，以及利用 ANSYS 软件开展有限元分析的基本步骤及建模过程。结合 ANSYS 软件每章均给出了分析实例，详细列出了实例的分析过程和求解步骤，还给出了每个实例的 APDL 命令流源代码和注释，同时在第 2～8 章后给出了习题，供读者在学习时练习，以巩固所学的内容。

本书可作为理工科相关专业的本科生、研究生学习有限元基本理论及使用 ANSYS 软件的教材，也可作为工程技术人员从事工程应用、科学研究的主要参考书。

图书在版编目(CIP)数据

有限元基本理论及应用/龚曙光，边炳传主编．—2 版．—武汉：华中科技大学出版社，2022.5
ISBN 978-7-5680-8068-2

Ⅰ．①有…　Ⅱ．①龚…　②边…　Ⅲ．①有限元分析　Ⅳ．①O241.82

中国版本图书馆 CIP 数据核字(2022)第 049696 号

有限元基本理论及应用(第二版)　　　龚曙光　边炳传　主编
Youxianyuan Jiben Lilun ji Yingyong(Di-er Ban)

策划编辑：万亚军
责任编辑：刘　飞
封面设计：原色设计
责任监印：周治超
出版发行：华中科技大学出版社(中国·武汉)　　电话：(027)81321913
　　　　　武汉市东湖新技术开发区华工科技园　　邮编：430223
录　　排：华中科技大学惠友文印中心
印　　刷：武汉市洪林印务有限公司
开　　本：787mm×1092mm　1/16
印　　张：18.25
字　　数：479 千字
版　　次：2022 年 5 月第 2 版第 1 次印刷
定　　价：54.80 元

再版前言

本书第一版自2013年出版以来，获得了不少读者的青睐，但随着社会经济和科学技术的发展，工程企业对产品的创新性提出了更高的要求，使得高校的理工科学生、企业工程技术人员需要更好地掌握有限元方法这门数值仿真技术；同时随着ANSYS软件的升级，第一版教材中算例的分析过程与操作步骤也有部分内容发生了变化。为了使读者能够系统地学习有限元方法的基本理论，并将理论分析与现有相关版本的软件平台进行有机结合，特对第一版教材进行了如下修订。

(1) 主要对第3章杆梁结构的有限元分析、第4章平面问题的有限元分析的内容进行了梳理，对其理论体系进行了重新编排；将第5章中的屈曲分析单独构成了一节。其他章节也进行了部分内容的调整和编排，使内容前后之间的衔接更加连贯，读者学习起来更加顺畅。

(2) 在各章节中对理论体系阐述后，增添了相应的理论计算与工程应用的算例，部分算例的结果与ANSYS软件的分析结果进行了对比，实现了理论分析与软件分析的有机结合。同时，每个仿真分析算例均给出了APDL命令流源代码及其注释，可通过微信扫描算例二维码获取，对学习并利用APDL命令流开展仿真分析的读者有很好的帮助。

(3) 除第1章和第9章外，其他各章均增添了习题，习题中既有理论分析，也有工程应用案例。读者通过完成章节后的习题，一方面能够加深对有限元法基础理论的理解，另一方面能够熟悉ANSYS软件的操作界面，以及利用ANSYS软件完成相关领域数值仿真的过程与步骤，为熟练掌握有限元的分析过程和步骤打下良好的基础。

(4) 所有仿真分析算例均在ANSYS21版上调试通过，以满足读者对该软件升级后的使用。

本书第1、2、5、8章由龚曙光执笔，第3章由翁剑成执笔，第4章由王明旭执笔，第6章由张国智执笔，第7章由许振保执笔，第9章由边炳传执笔。本次修订工作主要由龚曙光执笔完成。

由于修订时间仓促，书中难免存在缺点和不足，殷切希望广大读者批评指正，也欢迎业内人士共同探讨。

编　者

2021年10月于湘潭大学

E-mail：gongsg@xtu.edu.cn

二维码资源使用说明

本书配套数字资源以二维码的形式在书中呈现，读者用智能手机在微信端扫码成功后提示微信登录，授权后进入注册页面，填写注册信息。按照提示输入手机号后点击获取手机验证码，在提示位置输入验证码，按要求设置密码，点击“立即注册”，注册成功（若已经注册，则在“注册”页面底部选择“已有账号？绑定账号”，进入“账号绑定”页面，直接输入手机号和密码，提示登录成功）。接着提示输入学习码，需刮开教材封底学习码的防伪涂层，输入13位学习码（正版图书拥有的一次性使用学习码），输入正确后提示绑定成功，即可查看二维码数字资源。手机第一次登录查看资源成功，以后便可直接在微信端扫码登录，重复查看本书所有的数字资源。

友好提示：如果读者忘记登录密码，请在PC端输入以下链接 http://jixie.hustp.com/index.php?m=Login，先输入已注册的手机号，再单击“忘记密码”，通过短信验证码重新设置密码即可。

目　录

第1章 概 述

1.1 有限元法概况

1.1.1 引言

对于大多数的工程技术问题，由于物体的几何形状和载荷作用方式是很复杂的，除了方程性质比较简单、几何边界相当规则的少数问题可用解析法求解外，其求解过程是非常困难的，有些甚至是不可能的，唯一的途径是应用数值法，以求得问题的近似解。有限元法（finite element method，FEM）是工程技术中对连续物理系统进行分析、设计、试验的一种高效能、常用的数值计算方法，它特别适合于求解几何、物理条件比较复杂的问题。

有限元法起源可以追溯到20世纪40年代——Courant（柯朗，1943）将最小势能原理与现代有限元中的三角形单元结合起来求解了St. Venant弹性扭转问题，但当时没有得到足够的重视。1956年，由Clough等人首次将有限元法用于飞机机翼的结构分析，并于1960年发表了一篇论文《平面应力分析中的有限单元》，从此有限元法第一次被正式提出。此后，有限元法的理论得到了迅速发展，并应用于各种力学问题和非线性问题，成为分析大型、复杂工程问题的强有力手段。我国的力学工作者也为有限元方法的初期发展做出了许多贡献，其中比较著名的有：陈伯屏（结构矩阵方法），钱令希（余能原理），钱伟长（广义变分原理），胡海昌（广义变分原理），冯康（有限单元法理论）。

同时随着计算机技术的发展，有限元法中的大量计算工作就由计算机来完成，从而也就促进了各种商业有限元分析（finite element analysis，FEA）软件的产生。如：1966年，由美国国家航空航天局（NASA）提出了世界上第一套泛用型的有限元分析软件Nastran；1969年，由加州大学Berkeley分校的Wilson教授开发出线性有限元分析程序即SAP；1969年，John Swanson博士开发了ANSYS软件。进入20世纪70年代后，随着有限元理论的成熟，CAE（computer aided engineering，计算机辅助工程）技术进入了蓬勃发展的时期，并出现了大型商用CAE软件，如：20世纪70年代初由Marcal等推出的商业非线性有限元程序MARC；由Hibbitt、Bengt Karlsson与Paul Sorenson于1978年共同推出的ABAQUS软件。

在国产有限元软件方面，1964年初，崔俊芝院士研制出国内第一个平面问题通用有限元程序，解决了刘家峡大坝的复杂应力分析问题；70年代中期，在著名计算力学专家冯钟越的带领下，成功开发了航空结构线性分析有限元程序系统HAJIF-I；1981年，大连理工大学研制出了JEFIX有限元软件，实现了有限元分析与优化设计的集成，并成功应用于重庆长江大桥的分析和设计中；1983年中科院梁国平开始研究有限元程序自动生成系统FEPG，即目前的pFEPG软件，它在耦合方面具有特有的优势，能够实现多物理场任意耦合，且在有限元并行计算方面处于领先地位；80年代中期，北京大学的袁明武教授研制出了SAP-84，并应用到长江三峡大坝的初步设计、黄河小浪底枢纽工程抗震分析等重大工程中。进入21世纪后，CAE技术得到了长足的发展，据不完全统计，全球有超过200种仿真分析软件被企业所使用。

1.1.2　有限元法的分类

(1) 从选择基本未知量出发,有限元法可分为三类,具体如下。

①位移法——选取节点的位移作为基本未知量,它的理论基础是最小势能原理。

②应力法——选取节点的应力作为基本未知量,它的理论基础是最小余能原理。

③混合法——一部分选取节点位移而另一部分则选取节点的应力作为基本未知量,其理论基础为混合变分原理,如 Hellinger-Reissner 变分原理的混合板单元。

在结构静力分析中,对大多数问题,位移法要比应力法简单得多,从而得到了最广泛的应用和发展。本书中只讨论有限元位移法。

(2) 按求解问题,有限元法可分为线弹性有限元法和非线性有限元法,其中线弹性有限元法是非线性有限元法的基础。

线弹性有限元法主要包括弹性静力学分析和动力学分析。它是以理想弹性体为研究对象,建立在小变形假设的基础上,须满足:材料的本构关系为线性,应变与位移的一阶导数呈线性,微元体的平衡方程为线性,边界条件为线性。

非线性有限元法主要涉及:材料非线性问题、几何非线性问题和状态非线性问题。其中,材料的非线性即其本构关系呈现非线性,主要有非线性弹性、弹塑性、黏弹性及蠕变等;几何非线性有小变形非线性(如薄板的大挠度问题等)和有限变形(或大应变)几何非线性(如橡胶制件等);状态非线性即两个结构物的接触边界随加载和变形而改变引起的接触非线性,也包括非线性弹性地基的非线性边界条件和可动边界问题等,如齿轮啮合、冲压成型等,接触边界属于高度非线性边界。实际的非线性问题也可能是上述两种或三种非线性的综合,其求解需采用迭代求解,且比线弹性问题更加复杂、费用更高和更具有不可预知性。

1.2　有限元法的应用

有限元法首先是为了解决固体力学问题而出现的,最初主要用于航空航天领域的强度、刚度计算。随着有限元法理论的日趋成熟和计算机应用技术的发展,有限元法的应用已由固体力学领域推广到温度场、流体场、电磁场和声学等其他连续介质领域。总之有限元分析经历了从线性到非线性、多物理耦合的发展过程,现已应用于机械、土建、水工、桥梁、电机、冶金、造船、飞机、导弹、宇航、核能、地震、物探、气象、渗流、水声、力学、物理学等,几乎所有的科学研究和工程技术领域。

有限元法在结构分析中的应用如图 1-1 所示。

有限元法在场分析中的应用如图 1-2 所示。

有限元法不仅具有开展结构、流体、热、电磁场的单场分析功能,而且随着多学科交叉研究的需要,能够开展多物理场的耦合分析,如:热/结构耦合分析、流体/结构耦合分析、静电/结构耦合分析、静磁/结构耦合分析、声学/结构耦合分析、热/电耦合分析、热/高-低频电磁耦合分析、流体/热耦合分析、流体/电磁耦合分析、压电分析、机电耦合电路模拟。

同时有限元法还能够与优化技术相结合,开展尺寸优化(见图 1-3)、形状优化和拓扑优化(见图 1-4)。

- 结构分析
  - 静力分析　线性、非线性，非线性如自动接触、大变形、弹塑性、蠕变、超弹性、岩土、钢筋混凝土等
  - 动力分析
    - 瞬态动力　隐式求解，如跌落、碰撞、运动等
      显式求解，如跌落、碰撞、穿透、爆炸、失效、裂纹扩展、成型、焊接、运动等
    - 模态分析　如固有频率、预应力、循环对称、复模态等
    - 谐波响应　如风载、浪载等
    - 响应谱　如单点响应谱、多点响应谱、PSD谱等
  - 屈曲分析
    - 随机振动，如地震分析等
    - 线性屈曲，如失稳载荷等
    - 非线性屈曲，如失稳载荷、过屈曲分析等
  - 运动学分析　刚性体、柔性体，如连杆机构运动学分析
  - 疲劳寿命　如应力疲劳、应变疲劳、单轴疲劳、多轴疲劳等
  - 断裂力学　如应力集中因子、J积分等
  - 复合材料

图 1-1　有限元在结构分析中的应用

- 场分析
  - 温度场　如传导、对流、辐射、相变、热–结构
    稳态、瞬态、线性、非线性
  - 电磁场　磁通密度、磁场密度、磁力线、电磁力、电磁力矩、
    能量与磁共能、磁动势、品质因素、散射参数等
    静磁场、瞬态磁场、低频谐波磁场(线性和非线性)等
    高频时变电磁场、电磁兼容、电磁屏蔽等
    电流传导、电阻、电感、互感、焦耳热等
    静电分布、瞬态电场、耦合电路/电磁场等
  - 流　场　计算流体动力学：层流、湍流、可压缩流、不可压缩流、
    牛顿流、非牛顿流、多组分输运分析、自由流面分析、
    管流、势流、渗流等
    颤振分析
  - 声　学　如声波在介质中的传播及压力波特性、噪声及发音设备分析
  - 压　电　如分析三维结构对AC、DC、时变电载荷及机械载荷的响应等

图 1-2　有限元在场分析中的应用

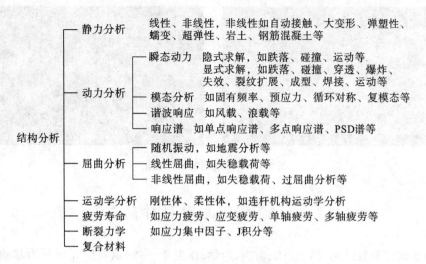

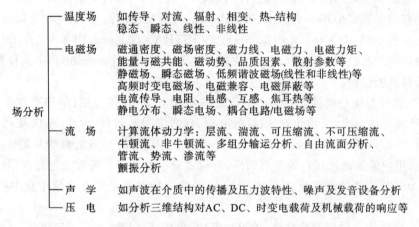

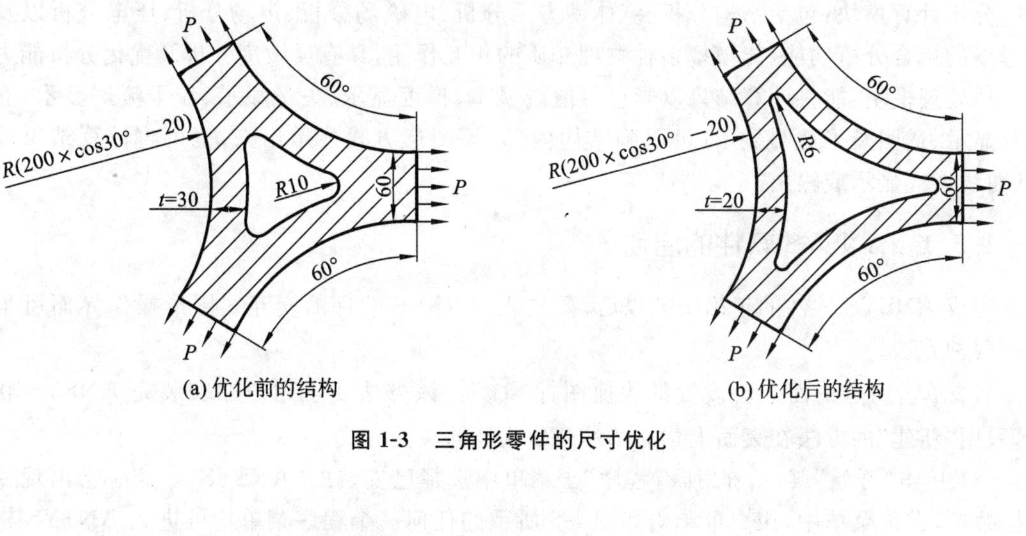

(a) 优化前的结构　　(b) 优化后的结构

图 1-3　三角形零件的尺寸优化

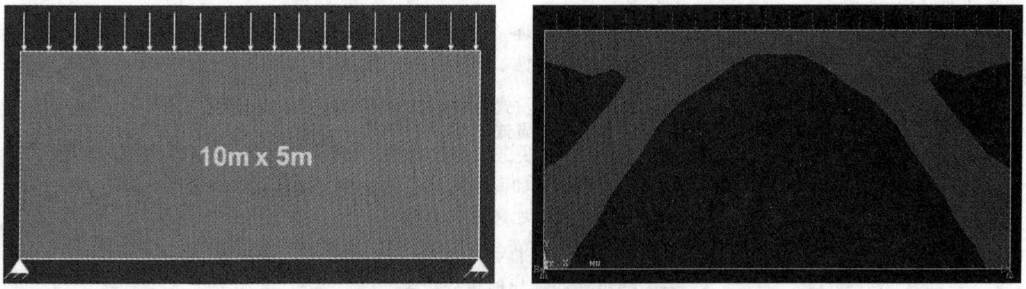

图 1-4　桥梁问题的拓扑优化

1.3　ANSYS 软件操作简介

ANSYS 软件是融结构、热、流体、电磁、声学、压电于一体，以有限元分析为基础的大型通用 CAE 软件。该软件可广泛应用于机械制造、石油化工、轻工、造船、航空航天、汽车交通、电子、核工业、能源、土木工程、水利、铁道、日用家电、生物医学、微机电系统等众多工业领域及科学研究。它有与多数 CAD(computer-aided design，计算机辅助设计)软件相连接的接口，以实现数据的共享和交换，如 Creo、Pro/Engineer、NASTRAN、Alogor、I-DEAS、AutoCAD 等，是现代产品设计中的高级 CAE 工具之一。它能够在 PC(personal computer，个人计算机)、工作站或巨型计算机上运行。

ANSYS 软件为用户提供了一个不断改进的功能清单，具体包括：结构高度非线性分析、电磁分析、计算流体动力学、优化设计、接触分析、自适应网格划分、大应变，以及利用 ANSYS 参数设计语言(ANSYS parametric design language，APDL)的扩展宏命令功能。基于 Motif 的菜单系统，用户能够通过自行设置对话框、下拉式菜单和子菜单等方式进行数据输入和功能选择等。ANSYS 软件的集成化、模块化及可扩展性等特点满足工业领域中众多行业的仿真需求。

ANSYS 软件主要包括三个部分：前处理模块、分析计算模块和后处理模块。

前处理模块：用于实体建模及网格划分，以生成有限元模型。

分析计算模块：包括结构分析、流体动力学分析、电磁场分析、声场分析、压电分析以及多物理场的耦合分析功能，能模拟多种物理介质的相互作用，具有灵敏度分析及优化分析能力。

后处理模块：能将计算结果以彩色等值线显示、梯度显示、矢量显示、粒子流迹显示、立体切片显示、透明及半透明显示(可看到结构内部)等图形方式显示出来，也可将计算结果以图表、曲线形式显示或输出。

1.3.1　ANSYS 软件的启动

完成 ANSYS 软件的正确安装以后，要进入 ANSYS 软件的交互式图形操作界面可采用下面两种方法。

(1) 单击用户桌面上已设置的快捷图标“A”。该方法要求用户在安装完 ANSYS 软件后，采用“新建”的方法在桌面上建立 ANSYS 软件的快捷方式。

(2) 单击“开始”菜单，在“所有程序”子菜单中选择已安装的“ANSYS”。这时会出现一个下拉菜单，在该菜单中，用户可单击如图 1-5 所示的任何一个程序菜单均可进入 ANSYS 软件相关的操作界面。

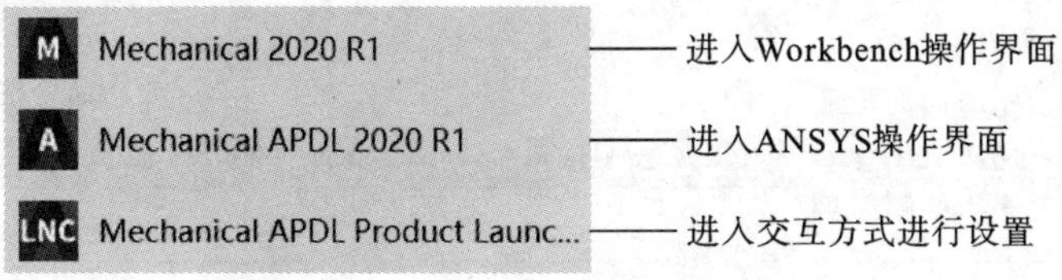

图 1-5 程序菜单

若单击“Mechanical”选项，即可进入 Workbench 操作界面。

若单击“Mechanical APDL”选项，则进入 ANSYS 软件的图形交互方式即图形用户界面(GUI)。

若单击“Mechanical APDL Product Launcher”选项，会出现如图 1-6 所示的对话框。在该对话框中，用户可进行 ANSYS 软件的产品模块(这些模块必须是用户已购买才会出现)的选择、工作目录的选择、工作文件名的设置、内存大小的设置、操作界面的选择以及参数化文件的设定等。在确定这些设置后，单击“Run”命令，就可进入 ANSYS 软件的用户操作界面，即可使用 ANSYS 软件进行分析。要注意的是，其中工作目录和文件名建议不要使用中文，可以是英文字母、数字或两者的组合。

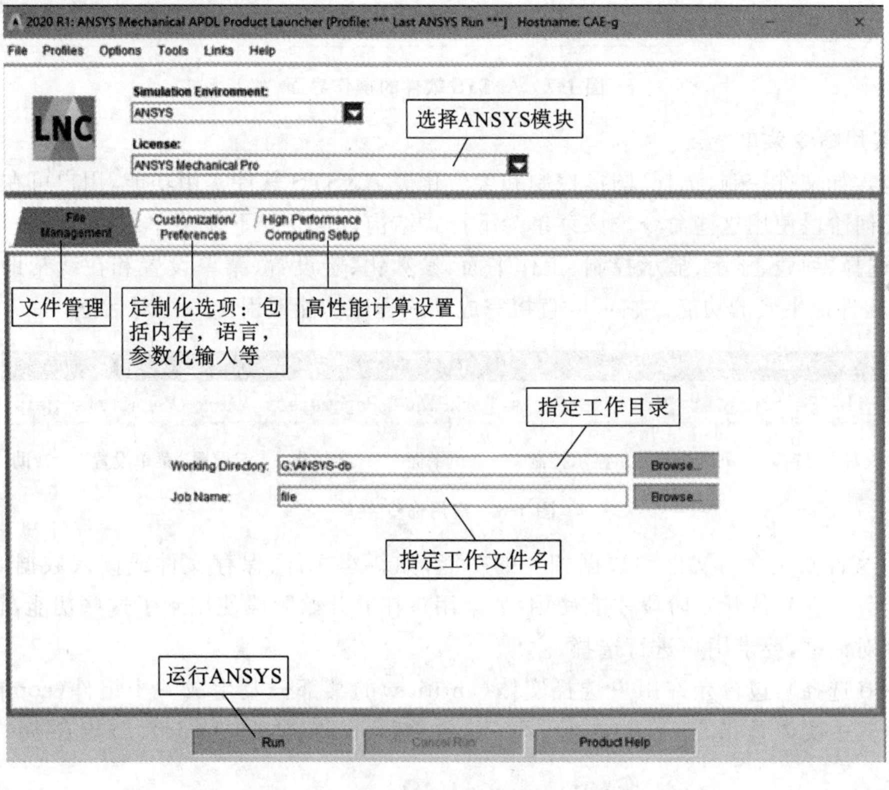

图 1-6 运行对话框

1.3.2 ANSYS 软件的操作界面

ANSYS 软件的操作界面如图 1-7 所示。它由实用命令菜单、快捷菜单、命令输入窗口、图形输出窗口、工具栏、主菜单、信息输出窗口、状态信息显示栏和各种弹出式对话框(它们都可独立关闭)组成。

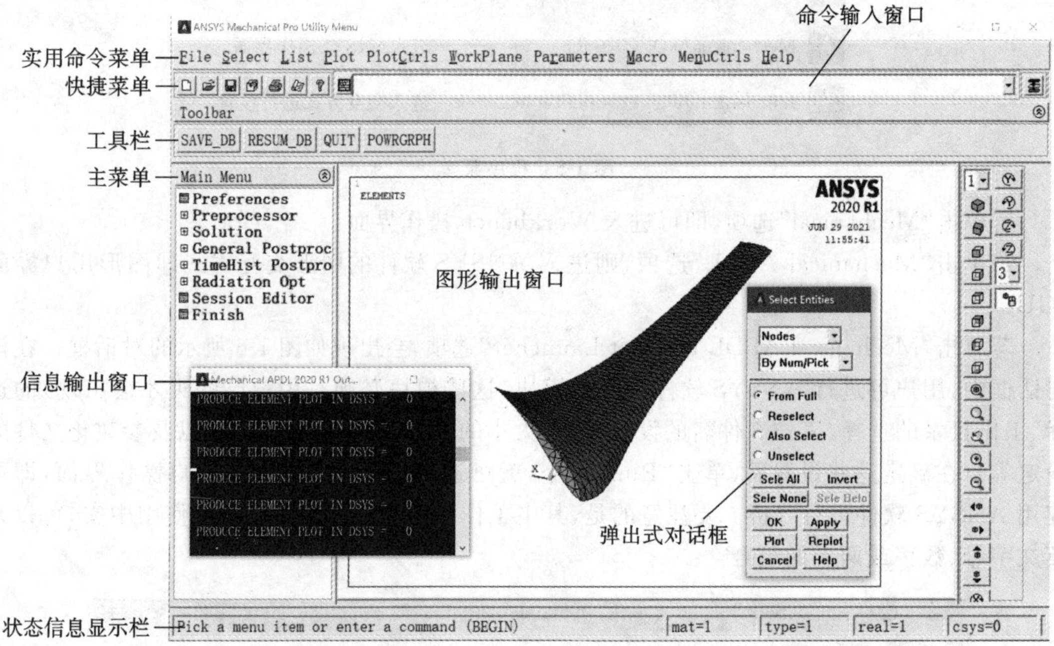

图 1-7　ANSYS 软件的操作界面

1. 实用命令菜单

它包含如文件控制、选择、图形控制和参数化等 ANSYS 软件实用功能,用户可在 ANSYS 软件的任何阶段使用这些命令。该菜单为下拉式结构,由 10 个下拉菜单组成,如图 1-8 所示,即文件、选择、列表、显示、显示控制、工作平面、参数化、宏设置、菜单设置和在线帮助,包括了 ANSYS 软件最主要的功能。它可以直接完成某一程序功能或引出一个对话框。

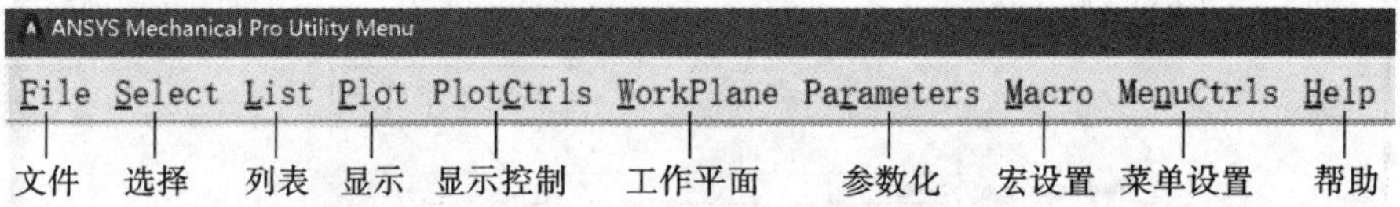

图 1-8　实用命令菜单

File(文件):包含与文件和数据相关的功能,如新建文件、保存文件或读入数据等。其中有些功能只有在软件开始阶段才能使用,如果用户在非开始阶段使用到了这些功能,软件将会出现一个对话框,要求用户进行选择。

Select(选择):包含允许用户选择实体(entities)的某部分及生成一个组件(components)等功能。其中实体是指点(keypoint)、线(line)、面(area)、体(volume)、节点(node)或单元(element)。

List(列表):允许用户将储存在 ANSYS 数据库中的任何数值项以文本方式列出,同时也可以得到在软件不同阶段的状态信息,列表出储存在用户系统中的文件内容。

Plot(显示):允许用户在图形输出窗口中显示出点(keypoint)、线(line)、面(area)、体(volume)、节点(node)和单元(element),以及其他能够用图形显示的数据。

PlotCtrls(显示控制):包含控制图形显示的视角(view)、类型(style)和其他的特色。它的硬拷贝(hard copy)功能能够允许用户将实体屏幕或图形窗口拷贝下来。

WorkPlane(工作平面):允许用户激活工作平面的打开或关闭,同时也可以对工作平面进行移动、旋转或其他操作。在这个菜单里,用户也可以创建、删除或转换坐标系统。

Parameters(参数化):包括定义、编辑和删除标量(scalar)和数组(array)参数的功能。

Macro(宏设置):允许用户执行宏或数据块操作。用户也可创建、编辑和删除出现在工具栏上的缩写词。

MenuCtrls(菜单控制):允许用户对弹出对话框的颜色、字体进行设置。用户也可创建、编辑和删除出现在工具栏上的缩写词。用户一旦设置了一个喜欢的GUI方式,就可以使用"Save Menu Layout"功能将当前的GUI结构保存下来。

Help(帮助):引入一个ANSYS帮助系统。

2. 快捷菜单

它包含一组常用命令的按钮,如图1-9所示。

图1-9 常用命令按钮

:创建一个新的分析。对已经存在的分析数据进行清除,重新开始一个新的分析,相当于执行命令:/CLEAR,START。

:读入ANSYS数据或者输入文件到ANSYS系统。文件类型决定着ANSYS的操作,相当于执行命令:RESUME,"文件名""后缀名""."。

:将当前的分析保存到数据文件。相当于执行命令:SAVE。

:打开"Pan-Zoom-Rotate"对话框。

:打开图形捕捉对话框。用户可以设置将捕捉到的图形送入打印机,以文件方式存入或放在屏幕上。

:打开报告生成器对话框。

:显示ANSYS帮助系统。

:将隐藏的窗口提升到应用屏幕的最顶层。

:在输出窗口中调用一个菜单拾取或一个命令而没有出现或者反应较慢时,重置拾取操作。

:打开接触对管理器。

3. 命令输入窗口

在ANSYS软件操作中,除了采用GUI输入外,还可以采用命令(command)输入。在命令输入窗口中,不仅可以输入ANSYS的各种命令,还可以执行粘贴(Ctrl+V)、复制(Ctrl+C)操作。输入命令后,按"Enter"或"Return"可执行该命令,用户也可以在输入窗口的历史记录区中,对某一行的命令双击鼠标左键,就可以执行该命令。同时也可利用命令窗口来查看某个ANSYS命令的格式,如图1-10所示。

如果用户单击图1-10(a)所示的键盘按钮,将弹出一个浮动命令窗口(见图1-10(b)),它允许用户在输入复杂的命令流时对窗口进行缩放和移动操作,同时所有输入操作也都将保存在历史记录中。

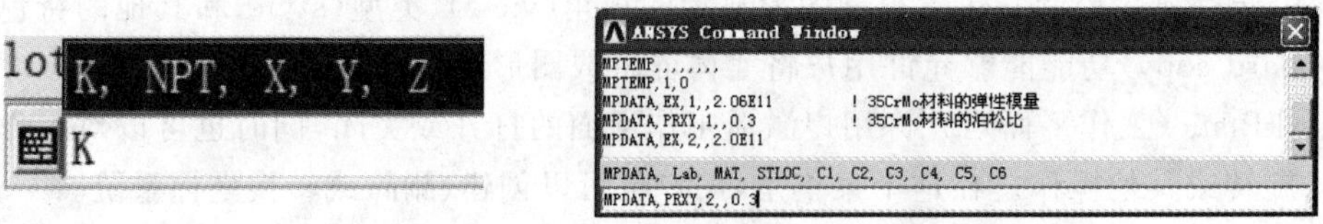

(a) 命令的格式　　(b) 输入命令

图 1-10　命令输入窗口

4. 图形输出窗口

可以在图形输出窗口中显示几何模型、网格、计算结果、云图、等值线等图形,用户可根据个人需求调整该窗口的大小,如图 1-11 所示。ANSYS 软件允许同时打开 5 个窗口,并可对每个窗口单独操作。

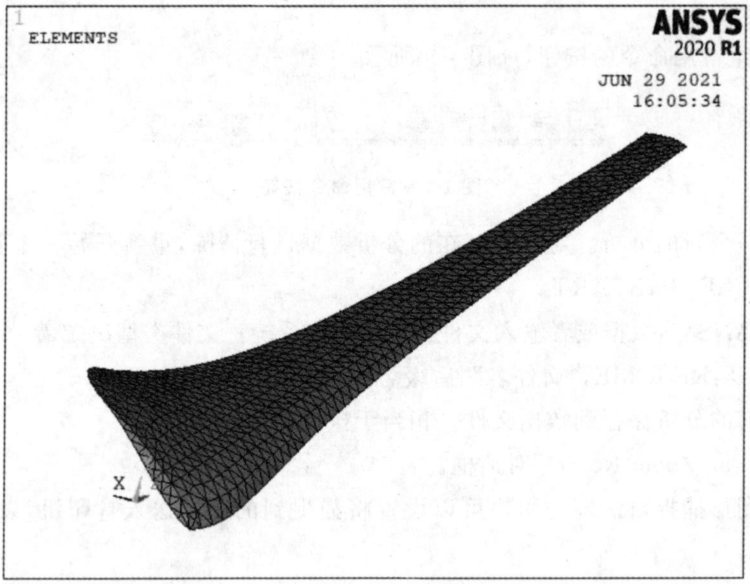

图 1-11　图形输出窗口

5. 工具栏

工具栏主要用于存放一些快捷命令,用户可根据需要对快捷命令进行编辑、修改、删除等操作,只要用鼠标单击即可运行该命令,如图 1-12 所示。

图 1-12　工具栏

6. 信息输出窗口

信息输出窗口用于显示 ANSYS 软件对已输入命令或已使用功能的响应信息,包括用户使用命令时的出错信息、警告信息、执行命令的响应、注意事项以及其他信息,如图 1-13 所示。它一般位于 GUI 窗口的下层。在 GUI 方式下,用户可随时访问该窗口。但要注意,若用户对该窗口使用了关闭操作,则整个 ANSYS 系统将会退出。

7. 主菜单

主菜单(Main Menu)为树形结构排列,包含 ANSYS 软件中的主要分析功能,按有限元分析过程的顺序排列,其中"⊞"表示可继续扩展菜单项,"⊟"表示回到其上级菜单项,"↗"表示将出现一个拾取框,"▤"表示将出现一个对话框,如图 1-14 所示。

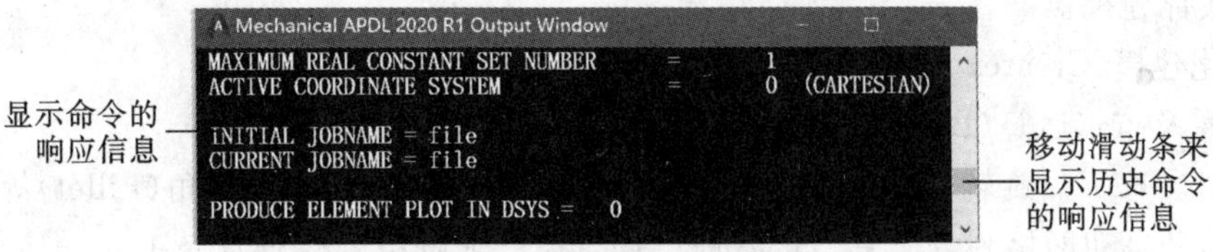

图 1-13　信息输出窗口

Preferences:优先选择。它允许用户将与当前分析无关的选项过滤掉,以缩减菜单项。如选择结构分析,则只有与结构分析相关的菜单或命令出现,其他分析菜单或命令将被屏蔽。

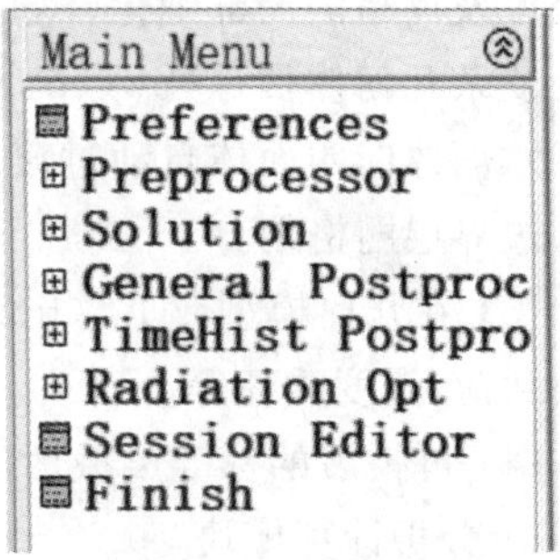

图 1-14　主菜单

Preprocessor:前处理器。它包含建模、划分网格和施加载荷等功能。可以通过执行命令"/PREP7"进入。

Solution:求解器。它包含指定分析类型和选项、施加载荷、载荷步设置,以及求解执行等功能。可通过执行命令"/SOLU"进入。

General Postproc:通用后处理器。它包含结果数据的显示和列表等功能,可通过执行命令"/POST1"进入。它显示模型在某一时刻的结果。

TimeHist Postpro:时间历程后处理器,显示时间历程变量阅览器。它包含变量的定义、列表和显示等功能,可通过执行命令"/POST26"进入。它显示模型中的某部分在一段时间内的结果。

RadiationOpt:进入辐射矩阵生成器。可通过执行命令"/AUX12"进入。

Session Editor:打开对话编辑框。

Finish:结束当前处理器,系统回到开始状态。可通过执行命令"FINISH"替代。

8. 状态信息显示栏

如图 1-15 所示,状态信息显示栏显示用户操作所处的阶段状况,如材料类型(mat)、单元类型(type)、实常数(real)、坐标系(csys)、剖面号(secn),以及当前主菜单所在的模块。

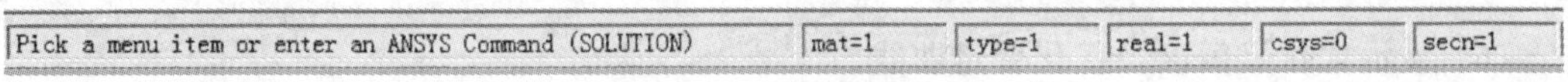

图 1-15　状态信息显示栏

1.3.3　ANSYS 软件的模块化与操作步骤

1. ANSYS 软件的模块化

ANSYS 软件采用模块化结构,并按照有限元分析的顺序来构造其模块,每个模块具有不同的功能。若按照有限元分析的基本功能分,它主要分成三个模块:前处理模块、分析计算模块和后处理模块。这三个模块之间有先后顺序,用户只有在完成前一个模块后,才能进入或使用后一个模块。

1) 前处理模块

它为用户提供了一个强大的实体建模及网格划分工具,用户可以方便地构造有限元模型。软件提供了 100 种以上的单元类型,用来模拟工程中的各种结构和材料。

(1) 实体建模。

参数化建模(Create)。

体素库及布尔运算(Booleans Operate)。

拖拉(Extrude)、旋转(Rotation)、拷贝(Copy)、蒙皮(Skinning)、倒角(Fillet)等。

(2) 多种自动网格划分工具,自动进行单元形态、求解精度检查及修正。

自由(Free)/映射(Mapped)网格划分、智能(Smartsize)网格划分、自适应(Adaptive)网格划分以及网格的局部细化(Refine)。

复杂几何体扫掠(Sweep)网格生成。

六面体向四面体自动过渡网格:金字塔形(Pyramid)。

边界层网格划分。

(3) 在几何模型或FE(finite element,有限单元)模型上加载:点载荷、分布载荷、体载荷、函数载荷、温度载荷等。

(4) 可扩展的标准梁截面形状库。

2) 分析计算模块

该模块包括结构分析(可进行线性分析、非线性分析和高度非线性分析)、流体动力学分析、电磁场分析、声场分析、压电分析以及多物理场的耦合分析,可模拟多种物理介质的相互作用,具有灵敏度分析及优化分析能力。

3) 后处理模块

该模块可将计算结果以彩色等值线显示、梯度显示、矢量显示、粒子流迹显示、立体切片显示、透明及半透明显示(可看到结构内部)等图形方式显示出来,也可将计算结果以图表、曲线形式显示或输出。具体如下。

(1) 计算报告自动生成及定制工具,自动生成符合要求格式的计算报告。

(2) 结果显示菜单:图形显示、抓图、结果列表。

(3) 图形:云图、等值线、矢量显示、粒子流迹显示、切片、透明及半透明显示、纹理。

(4) 对钢筋混凝土单元可显示单元内的钢筋、开裂情况以及压碎部位。

(5) 对梁、管、板、复合材料单元及结果按实际形状显示,显示横截面结果,显示梁单元弯矩图。

(6) 显示优化灵敏度及优化变量曲线。

(7) 各种结果动画显示,可独立保存及重放。

(8) 3D图形注释功能。

(9) 直接生成.bmp、.jpg、.vrml、.wmf、.emf、.png、.ps、.tiff、.hpgl等格式的图形。

(10) 计算结果排序、检索、列表及再组合。

(11) 提供对计算结果的加、减、积分、微分等计算。

(12) 显示沿任意路径的结果曲线,并可进行沿路径的数学计算。

2. ANSYS软件结构分析的步骤

ANSYS软件有限元分析是一种模拟设计载荷条件,并且确定在载荷条件下产品设计响应的方法,是对真实情况的数值近似。ANSYS软件有限元分析过程主要包括以下三个步骤。

1) 建立模型——前处理器(Preprocessor)

(1) 选择单元类型并确定单元的选项(Element Type)。

(2) 输入实常数(Real Constants):若选取的单元为质量单元(Mass)、杆单元(Link)、梁单元(Beam)和壳单元(Shell)等,则必须根据单元特性,输入相关的实常数。

(3) 输入材料性能参数(Material Props),主要包括弹性模量、泊松比,同时根据分析问题的性质,还要输入不同的性能参数,如:要考虑自重或惯性力,则必须输入材料的密度;要分析热应力,则必须输入热膨胀系数等。

(4) 建立几何模型(Modeling):可以采用自顶向下、自底向上或两者相结合的方式来建立几何模型。自顶向下和自底向上的意义如图 1-16 所示。

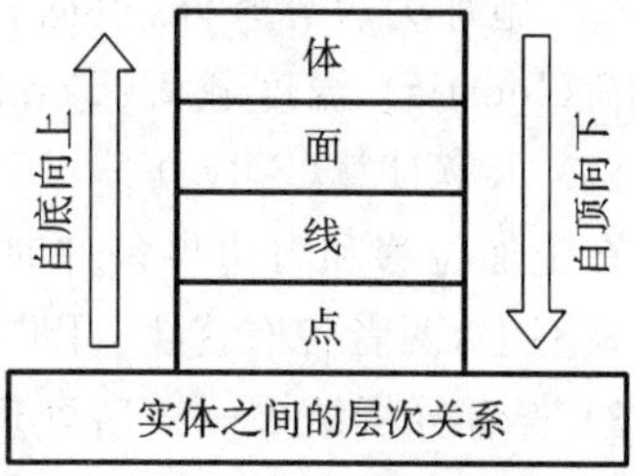

图 1-16　实体模型的层次关系

同时在 ANSYS 软件中已汇集了面、体等几何体素库,图 1-17 所示为面体素图元,图 1-18 所示为体素图元。

要得到一个复杂形状的几何图形,用户可以通过基本体素的布尔运算、拖拉和旋转实现。同时,为了提高建模的速度,用户也可以对已生成的几何体素进行移动、旋转、复制、删除、镜像、合并和修改等操作。

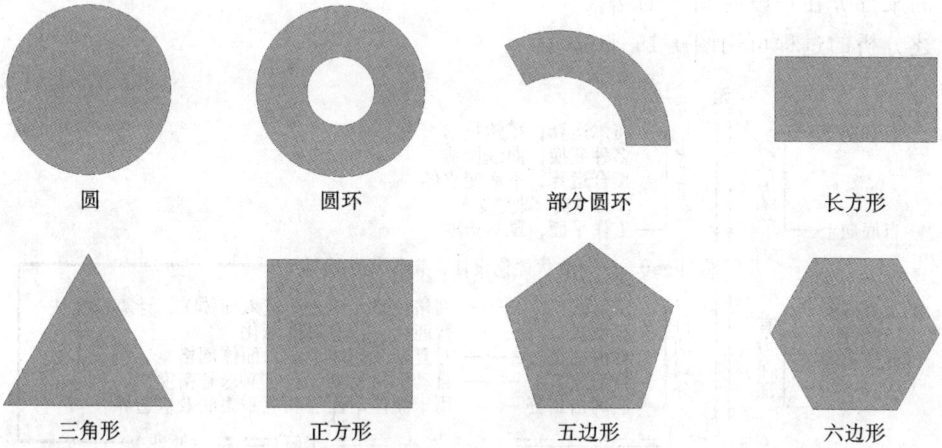

图 1-17　面体素图元

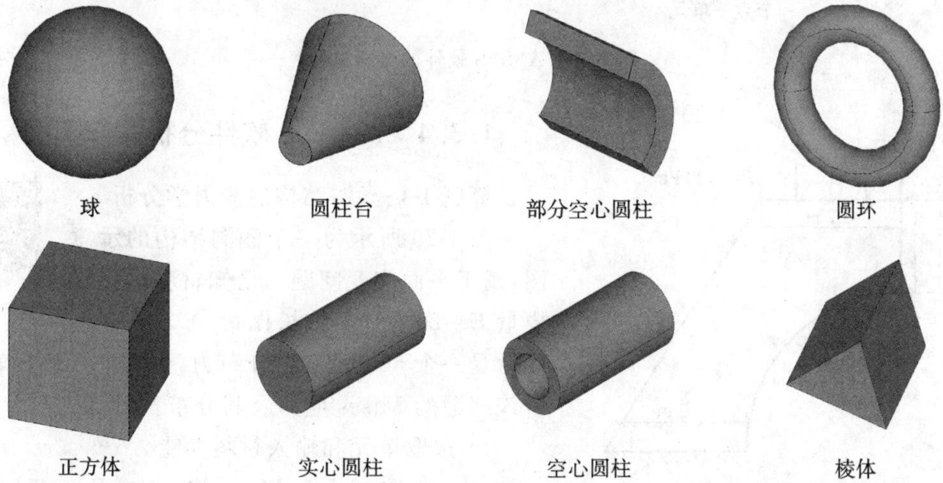

图 1-18　体素图元

(5) 划分网格(Meshing):设置网格大小后,可对点、线、面、体根据其几何形状和特征,采用映射方式、自由方式、扫掠方式等划分网格。

2) 施加载荷并求解——求解器(Solution)

(1) 施加约束条件(Displacement)。

(2) 施加力边界条件,根据分析问题性质,可施加集中载荷(Force)、面载荷(Pressure)、惯性载荷(Inertia)、温度载荷(Temperature)等。

(3) 求解计算(Solve)。

在施加位移和力边界条件时,用户既可将其施加在实体模型上,也可施加在单元或节点等网格模型上,两者各有优劣,用户可根据施加的方便性来进行。

3) 查看分析结果——后处理器

用户可通过后处理器来查看分析计算的结果。在 ANSYS 软件中,后处理器分为两种,一是通用后处理器(General Postproc),主要用来查看整体模型在某一时刻的结果;二是时间历程的处理器(TimeHist Postproc),主要用于查看模型在不同时间段或子步历程上的结果,即模型上的某部分在一段时间内的结果。

上述分析的过程可用图 1-19 来说明。

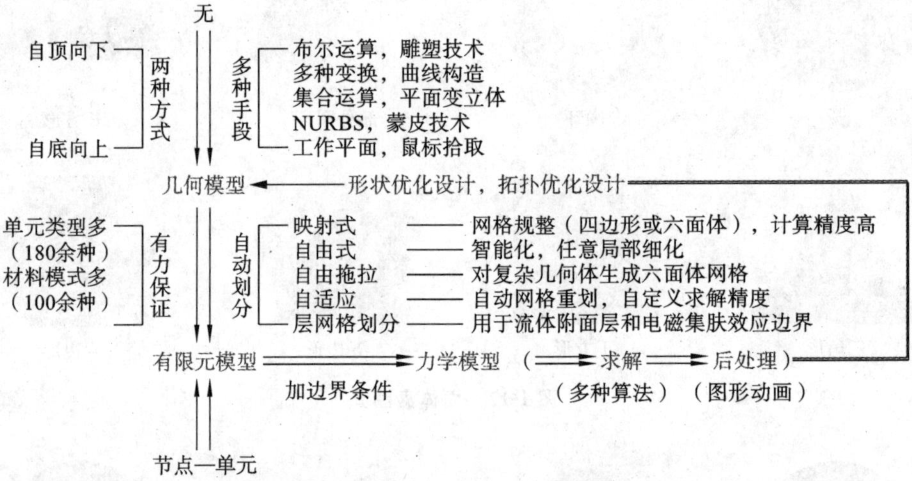

图 1-19　ANSYS 软件的分析过程

1.3.4　ANSYS 软件分析操作实例

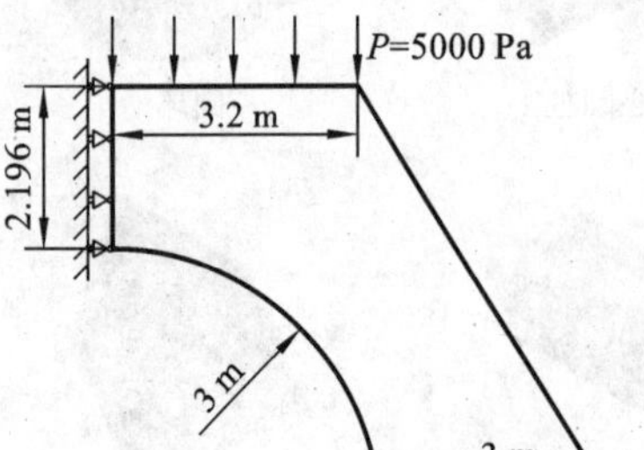

图 1-20　涵洞结构的示意图

算例 1-1:涵洞结构的静力学分析

算例 1-1

图 1-20 所示为一个涵洞结构的示意图,属于平面应变问题。已知材料的弹性模量 $E=200$ GPa,泊松比 $\nu=0.3$,在其上端承受一个 5000 Pa 的分布力,试用 ANSYS 软件分析该问题的 Mises 应力及其分布。

1) 选取单元和输入材料性能

(1) 选取单元。Main Menu → Preprocessor → Element Type → Add/Edit/Delete,单击"Element

Types”对话框中的“Add”，然后在“Library of Element Types”对话框左边的列表栏中选择“Solid”，右边的列表栏中选择“8 node 183”，如图 1-21 所示，单击“OK”；再单击“Element Types”对话框中的“Options”，出现一个“PLANE183 element type options”对话框，设置“K3”为“Plane strain”，如图 1-22 所示，单击“OK”，单击“Close”，完成单元的选取与选项的设置。

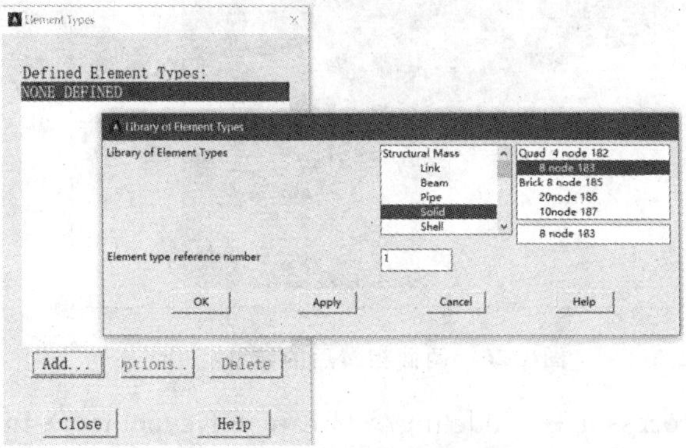

图 1-21　选取单元对话框

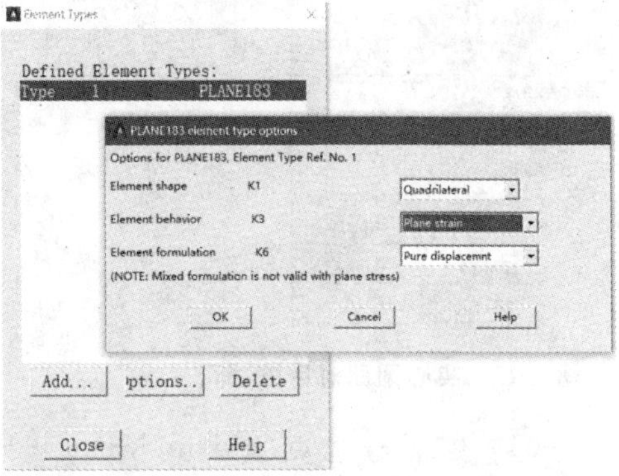

图 1-22　确定单元选项对话框

（2）输入材料参数。Main Menu→Preprocessor→Material Props→Material Models，出现一个如图 1-23 所示的对话框，在“Material Models Available”中，点击打开“Structural→Linear→Elastic→Isotropic”，又出现一个对话框，输入“EX＝2e11，PRXY＝0.3”，单击“OK”，单击“Material→Exit”，完成材料属性的设置。

2）建立几何模型

（1）生成一个矩形。Main Menu→Preprocessor→Modeling→Create→Areas→Rectangle→By Dimension，在出现的对话框中分别输入：X1＝0，X2＝3＋3，Y1＝0，Y2＝3＋2.196。如图 1-24 所示，单击“OK”。

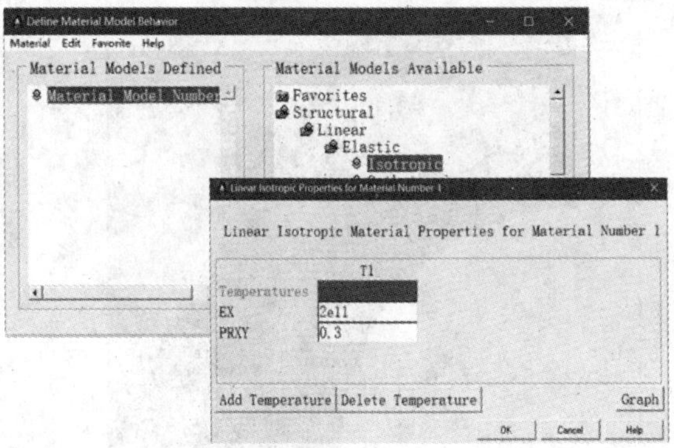

图 1-23　材料性能输入对话框

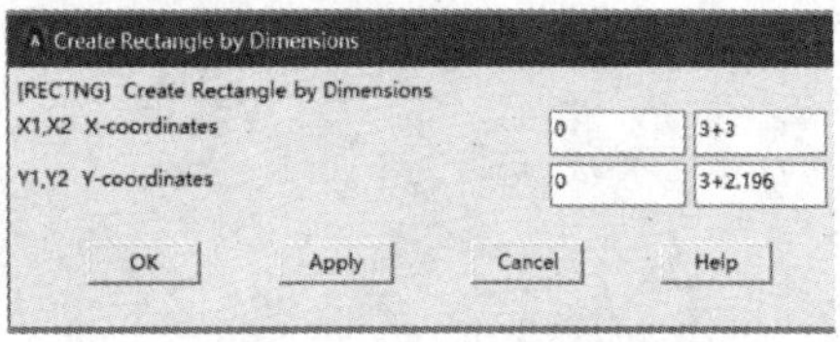

图 1-24　生成矩形对话框

（2）生成实心圆。Main Menu→Preprocessor→Modeling→Create→Areas→Circle→Solid Circle，弹出如图 1-25 所示的对话框，在“Radius”栏中输入 3，单击“OK”，生成一个实心圆。

（3）两面相减。Main Menu→Preprocessor→Modeling→Operate→Booleans→Subtract→Areas，弹出对话框后，先选取矩形面，单击“OK”，再选取实心圆面，单击“OK”，则完成两面相减的操作，生成的结果如图 1-26 所示。

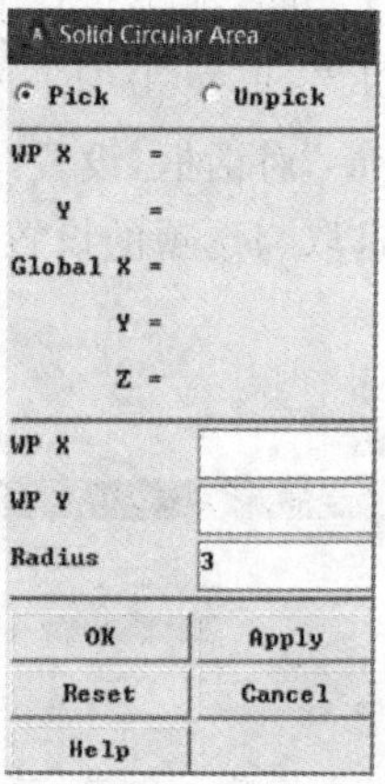

图 1-25　实心圆面对话框

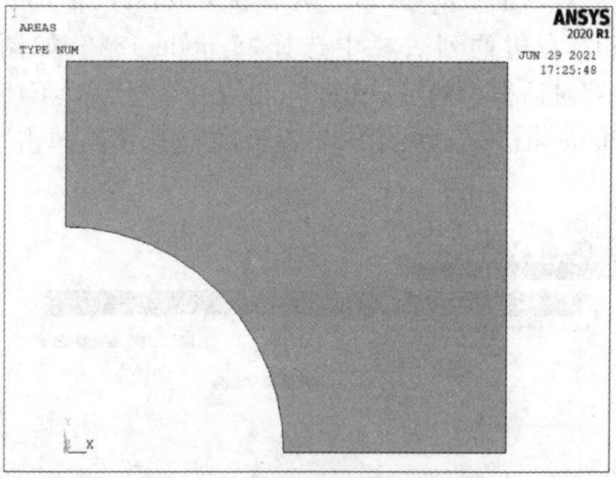

图 1-26　两面相减后的结果

(4) 生成一个点。Main Menu→Preprocessor→Modeling→Create→Keypoints→In Active CS,在弹出的对话框中,对应 X、Y 坐标分别输入 3.2、3＋2.196,单击“OK”,则在图形的上端边线上生成一个编号为“1”的点。

(5) 生成一条线。Main Menu→Preprocessor→Modeling→Create→Lines→Lines→Straight Line,弹出对话框后,在图形中拾取编号为“1”和“2”的点(即图形的右下端点),则在图形中生成一条线,单击“OK”,关闭对话框。

(6) 显示线。Utility Menu→Plot→Lines,生成的结果如图 1-27 所示。

(7) 面由线分割。Main Menu→Preprocessor→Modeling→Operate→Booleans→Divide→Area by Line,弹出对话框后,先选择编号为“3”的面,单击“OK”,再选取图中的斜线(即编号为“L1”的线),单击“OK”,生成的结果如图 1-28 所示。

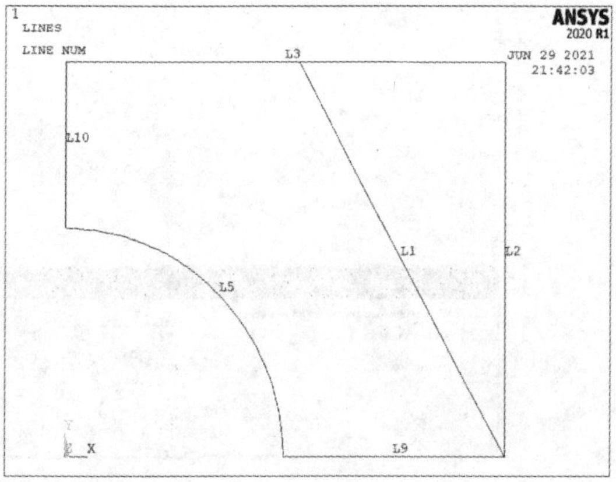

图 1-27　线显示结果

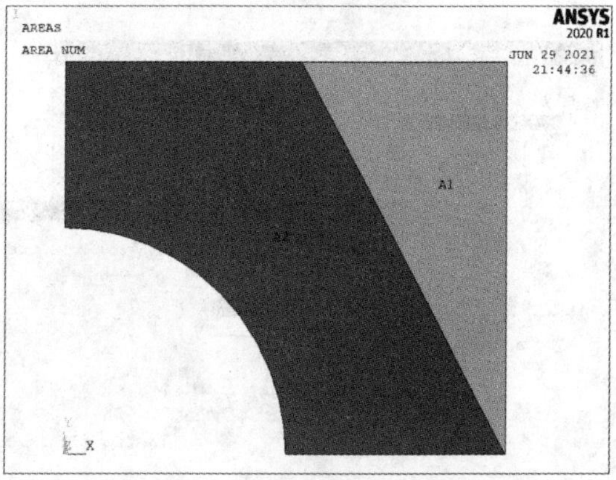

图 1-28　面由线分割的结果

(8) 删除面。Main Menu→Preprocessor→Modeling→Delete→Area and Below,弹出对话框后,选择编号为“A1”的面(即右边的三角形面),单击“OK”,即可得到与图 1-20 相类似的图形,如图 1-29 所示。

3) 划分网格

(1) 设置网格大小。Main Menu→Preprocessor→Meshing→Size Cntrls→ManualSize→Global→Size,在弹出对话框中的“Element edge length”栏中输入“0.1”,即单元的边长设置为

0.1,单击“OK”,关闭对话框。

(2) 划分网格。Main Menu→Preprocessor→Meshing→Mesh→Areas→Mapped→By Corners,弹出对话框后,先选取编号为“2”的面,单击“OK”,再按先后顺序选取编号分别为“5”“2”“4”“6”的四个端点,单击“OK”,生成的网格如图1-30所示。

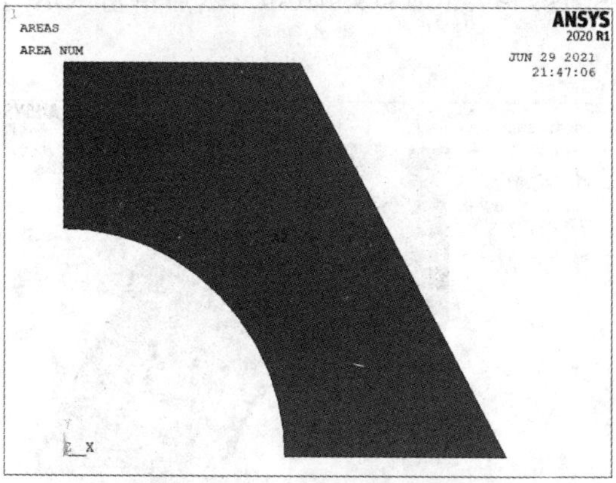

图1-29　生成的几何图形

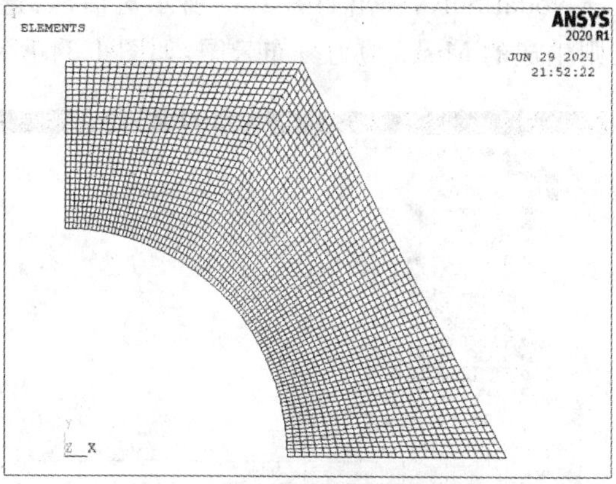

图1-30　生成的网格模型

4) 进入求解器,施加边界条件及计算

(1) 施加约束边界条件。Main Menu→Solution→Define Loads→Apply→Structural→Displacement→On Lines,弹出对话框后,拾取编号为“9”的线,单击“OK”,弹出如图1-31所示的对话框,选取“All DOF”,单击“Apply”,再选取编号为“10”的线,单击“OK”,在图1-31所示对话框中选取“UX”,再单击“OK”,关闭约束施加对话框。

(2) 施加力边界条件。Main Menu→Solution→Define Loads→Apply→Structural→Pressure→On Lines,弹出对话框后,拾取编号为“6”的线,单击“OK”,弹出如图1-32所示的对话框,在“Load PRES value”栏中输入“5000”,再单击“OK”,则完成面力的施加。注意,面力按压力为正、拉力为负进行施加。

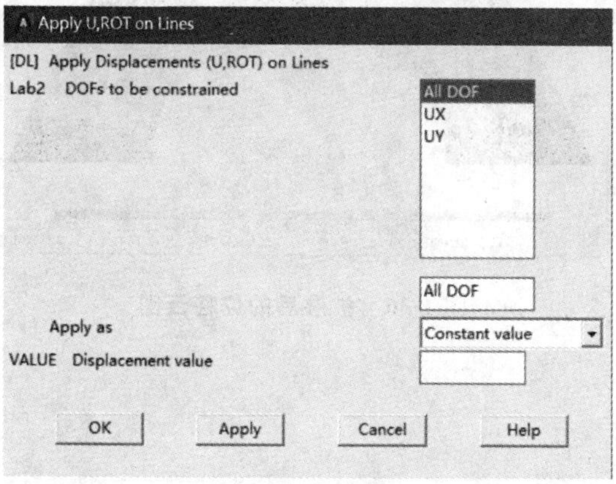

图1-31　施加约束对话框

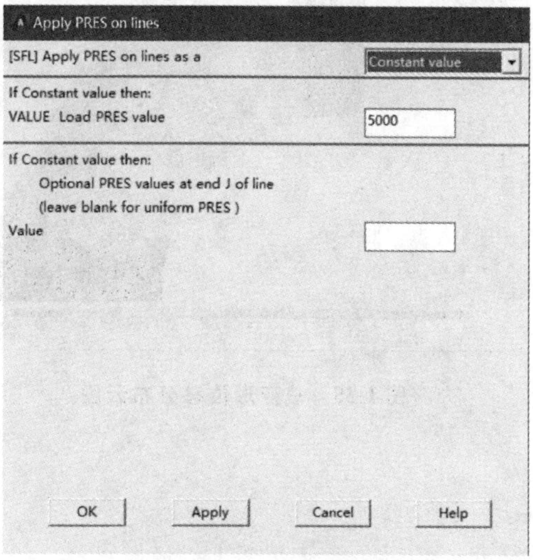

图1-32　施加力边界条件对话框

(3) 分析计算。Main Menu→Solution→Solve→Current LS,弹出对话框后,单击“OK”,则开始分析计算,当出现“Solution is done”对话框,表示分析计算结束。

5) 进入后处理器查看计算结果

(1) 显示 Mises 应力云图。Main Menu→General Postproc→Plot Results→Contour Plot→Nodal Solu,弹出如图 1-33 所示对话框,选择“Stress→von Mises stress”,然后单击“OK”,则生成的 Mises 应力分布云图,如图 1-34 所示。

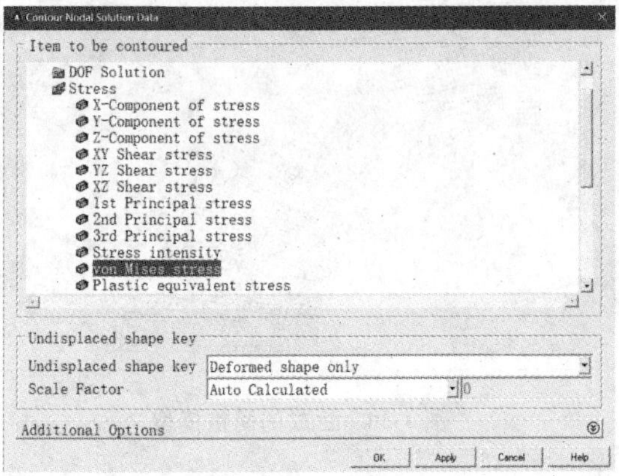

图 1-33　显示结果数据对话框

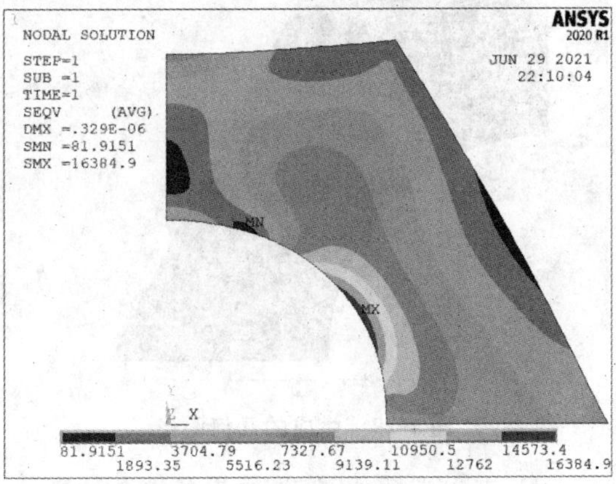

图 1-34　Mises 应力分布云图

(2) 显示总变形位移云图。在图 1-33 中,选择“DOF Solution”→“Displacement vector sum”,则生成的结果如图 1-35 所示。

(3) 扩展显示总变形位移云图。Utility Menu→PlotCtrls→Style→Symmetry Expansion→Periodic/Cyclic Symmetry Expansion,在弹出的对话框中选取“Reflect about YZ”,单击“OK”,生成的结果云图如图 1-36 所示。

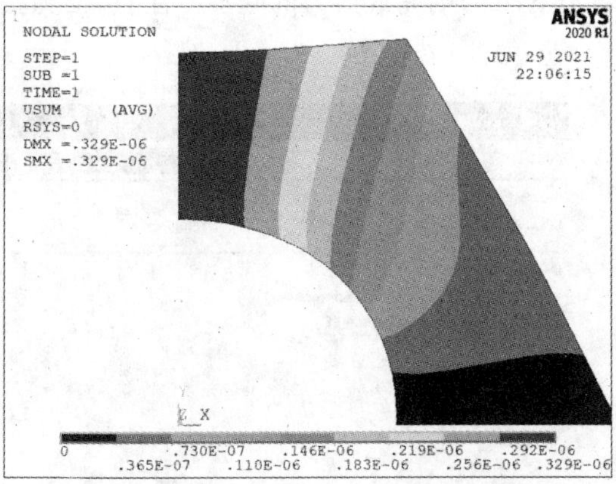

图 1-35　总变形位移分布云图

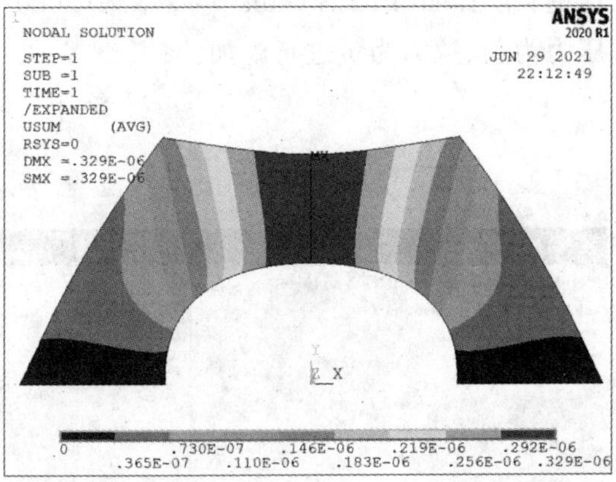

图 1-36　扩展后的位移云图

第2章　弹性力学理论基础

弹性力学是研究弹性体在外部因素(外力、温度等)作用下,所产生的应力、形变和位移的一门学科,是固体力学的一个分支。对于工科专业来说,弹性力学的任务是分析各种结构物或其构件在弹性阶段的应力和位移,校核它们是否具有所需的强度、刚度和稳定性,并寻求或改进它们的计算方法。

用有限元法求解弹性力学问题,并不要求读者全面掌握弹性力学的理论,但必须对某些基本理论和基本方法有所了解和掌握。为了引入有限元法,本章将对弹性力学的一些基本概念和方法作简要介绍。

2.1　基本假设和基本概念

2.1.1　基本假设

在弹性力学问题中,为了由已知量求出未知量,必须确立已知量与未知量之间的函数关系,以及各个未知量之间的关系,从而导出一套求解的方程。并且为了使得导出的方程有解,弹性力学理论提出了如下基本假设。

(1) 连续性假设:物体内部都被组成该物体的介质所填满,没有任何空隙。这样,物体中的位移、应变、应力等物理量都是连续的,可以用坐标的连续函数来表示它们的变化规律。

(2) 完全弹性假设:物体在产生变形的外加因素(外力、温度变化等)被除去以后,能完全恢复到原状而没有任何剩余变形,即物体完全服从胡克定律,如脆性材料在未超过比例极限以前、塑性材料在未达到屈服极限以前均可近似作为完全弹性体。

(3) 均匀性假设:整个物体是由同一材料组成,物体的弹性常数不随位置坐标变化。

(4) 各向同性假设:物体内一点的弹性在各个方向上都相同,即物体的弹性常数不随方向而变化。

凡是满足上述四个假设的物体,则称为理想弹性体。

(5) 无初应力假设:物体在未受载荷或温度变化等作用之前,其内部无应力,即物体处于自然状态。

(6) 小变形假设:在外加因素作用下,物体所有各点的位移远远小于物体原有的尺寸。

根据上述基本假设而建立的弹性力学,称为线性弹性力学。

2.1.2　基本概念

弹性力学中常用到的基本概念有外力、应力、应变和位移。虽然这些概念在材料力学或结构力学中都已用过,但在本教材中仍有再加以详细说明的必要。

1. 外力

作用于物体上的外力,按其作用方式的不同,可以分为体积力和表面力两类,两者也分别简称为体力和面力。

体力：分布在物体体积内部的力，如物体的自重、惯性力、节点温度载荷和磁吸力等。一般在物体内部各点的体力是不相同的，若将任一点 P 处单位体积内所作用的体力，沿着直角坐标轴 x、y、z 三个方向上的投影，分别记为 X、Y、Z，则这三个量被称为物体在该点的体力分量。

面力：作用在物体表面上的力，如作用在墙梁上的均布荷载、水坝上游表面的静水压力、挡土墙的土压力、温度的对流和接触力等。作用在物体表面上各点力的大小和方向一般也是不相同的。若将作用在物体表面上任一点 P 处单位面积上的面力，沿着直角坐标轴 x、y、z 三个方向上的投影，分别记为 $\overline{X}$、$\overline{Y}$、$\overline{Z}$，则这三个量被称为 P 点的面力分量。

2. 应力

物体受外加因素作用后，在其内部将要产生应力。为了描述物体内任一点的应力状态，即各个截面上应力的大小和方向，就在该点设想从物体中取出一个无限小的平行六面体，它的棱边平行于坐标轴，而长度分别为 dx、dy、dz，如图 2-1 所示。此六面体称为微元体。将微元体每一个面上的应力分解为一个正应力和两个剪应力，分别与三个坐标轴平行，并称为该面的三个应力分量，如图 2-2 所示。

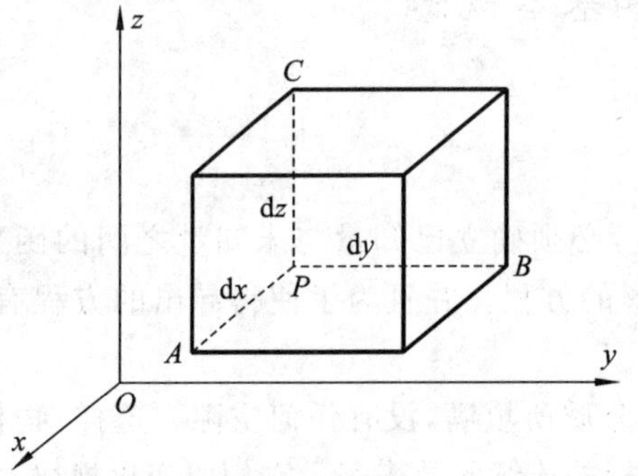

图 2-1　微元体

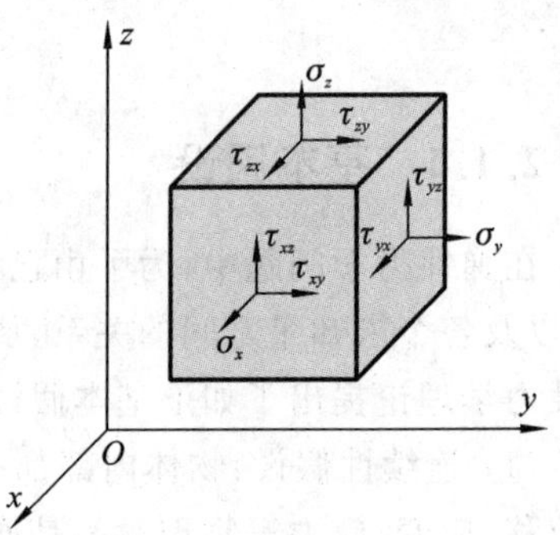

图 2-2　应力分量

用 σ 表示正应力，通常加注下标来表示应力的作用平面和方向，如 σ_x 表示正应力作用的平面与 x 轴相垂直(即 σ_x 与 x 轴平行)。

用 τ 表示剪应力，并以两个下标来表示剪应力的作用平面和方向，其中前一个下标表示作用面的外法线方向，后一个下标表示剪应力指向的坐标轴方向。如 τ_{xy} 表示作用在外法线平行于 x 轴的面上，其作用方向与 y 轴平行，如此类推。由材料力学的剪应力互等定理，六个剪应力是两两相等的，即有

$$\tau_{xy}=\tau_{yx},\quad \tau_{yz}=\tau_{zy},\quad \tau_{zx}=\tau_{xz}$$

由此可见，单元体上的九个应力分量中只有六个是独立的，它们是三个正应力 σ_x、σ_y、σ_z 和三个剪应力 τ_{xy}、τ_{yz}、τ_{zx}。这六个应力分量称为该点的应力分量。

3. 应变

单元体受力之后，要发生形状的改变。为了描述物体内某点的变形，就在该点取一个平行于坐标轴的微元体，其中平行于坐标轴的三个微小棱边 PA、PB、PC 的长度分别为 dx、dy、dz(见图 2-1)。物体变形以后，这三个棱边(线段)的长度及它们之间的角度改变，就作为该点的变形，这种改变可以归结为长度的改变和角度的改变。线段每单位长度的伸缩称为正应变(相对变形或线应变)，线段之间直角的改变称为剪应变。

正应变用 ε 表示，例如 ε_x，表示 x 方向的线段 PA 的正应变，其余类推。正应变以伸长为正，缩短为负，与正应力的正负号规定相对应。

剪应变用 γ 表示，例如 γ_{yz}，表示 y 与 z 两个方向的线段（即 PB 与 PC）之间夹角的改变，其余类推。剪应变以使夹角变小时为正，反之为负，与剪应力的正负号规定相对应。

在物体的任意一点，如果已知 ε_x、ε_y、ε_z、γ_{xy}、γ_{yz}、γ_{zx} 这六个应变，就可以求得经过该点的任一线段的正应变，也可以求得经过该点的任意两个线段之间的角度改变。因此这六个应变，称为该点的形变分量，可以完全确定该点的形变状态。

4. 位移

位移就是位置的移动。物体在受力之后或由于其他原因（如温度改变），其内部各点将产生位移。物体内任一点的位移，在 x、y、z 三个坐标轴方向上的投影，用 u、v、w 来表示，这三个量统称为一点的位移分量。它们以沿坐标轴正方向为正，反之为负。

在一般情况下，弹性体内任一点的体力分量、面力分量、应力分量、应变分量以及位移分量，都是随点的位置不同而不同，因此它们都是点的位置坐标的连续函数。

2.1.3　弹性力学问题求解的基本方法

在研究弹性体在外部因素作用下产生的应力、应变和位移时，由于它们都是点坐标位置的函数，也就是说各个点的应力、应变和位移一般是不相同的，因此，在弹性力学里假想把物体分成无限多个微小六面体（在物体边界处可能是微小四面体），称为微元体。考虑任一微元体的平衡（或运动），可写出一组平衡（或运动）微分方程及边界条件。但未知应力数目总是超出微分方程的个数，所以，弹性力学问题都是超静定的，必须同时再考虑微元体的变形条件以及应力和应变的关系，它们在弹性力学中相应地称为几何方程和物理方程。平衡（或运动）方程、几何方程和物理方程，以及边界条件称为弹性力学的基本方程。

从取微元体入手，综合考虑静力（或运动）、几何、物理三方面条件，得出其基本微分方程，再进行求解，最后利用边界条件确定解中的常数，这就是求解弹性力学问题的基本方法。

在求解弹性力学问题的过程中，以上三方面的方程还可加以综合简化。因为在所得的基本方程中，并非每个方程都包括所有的未知函数。因此，可以将其中的一部分未知函数选为“基本未知函数”，先将它们求出，然后再由此求出其他的未知函数，而得到问题的全部解答。于是就形成以应力为“基本未知函数”的应力解法（简称应力法）和以位移作为“基本未知函数”的位移解法（简称位移法）。根据这两种常用的解题途径，弹性力学中导出了相应的微分方程组和边界条件。在一定边界条件下，按选取的解题方法（应力法或位移法），求出其相应微分方程组的解，也就等于满足了弹性力学全部的基本方程。

值得提出的是，在弹性力学中，无论按应力法还是按位移法，所得到的相应微分方程，一般都是高阶的偏微分方程组，要在边界条件下精确地求出它们的解，在数学上是相当困难的，并非所有问题都已有了解答，只是对某些简单的问题有较大的研究进展。而大量的工程实际问题，特别是结构的几何形状、荷载情况以及材料性质比较复杂的问题，要严格按照弹性力学的基本方程精确求出它们的解，并不是都能办得到的，有时甚至是不可能的。因此，在工程实际中往往不得不采用弹性力学的近似解法和数值解法（如有限元法），以求出问题的近似解答。

2.2　弹性力学的基本方程

任何一个弹性体都是空间物体，在载荷或其他外力作用下，物体内产生的应力、应变和位移必然也是三向的。一般来说，它们都是坐标 x、y、z 的函数。当构件形状有某些特点，并且受到特殊的分布外力作用时,某些空间问题可以简化为弹性力学的平面问题,这些问题中的应力、应变和位移仅为两个坐标(如 x、y)的函数。

因此,下面将主要讨论弹性力学平面问题基本方程的建立,通过对平面问题基本方程的讨论,最后直接引出三维弹性力学的基本方程。

2.2.1 平衡方程

首先从薄板中(或长柱体内)(见图 2-3(a))取出一个微小的单元体,如图 2-3(b)所示。微元体平面尺寸为 $dx\cdot dy$、厚度为 t,微小单元体上作用有内部的体积力和四个侧面上的应力。

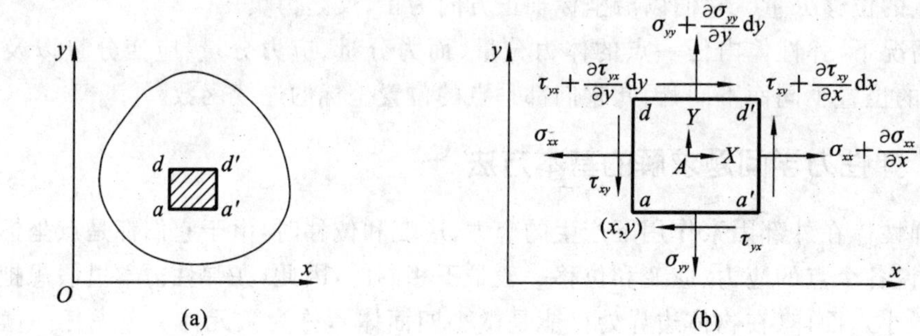

图 2-3 微元体上的应力状态

现在先分析微元体上、下、左、右四个侧面上的应力情况。一般来说,物体内各点的应力分量是不相同的,它们应是坐标 x、y 的函数。因此,作用于左、右两对面或上、下两对面的应力分量不完全相同,而具有微小的差值。假设作用于左面即 ad 面的正应力是 σ_x,则作用于右面即 $a'd'$面的正应力,由于 dx 坐标的改变,根据 Taylor 展开式,将有

$$\sigma_{x+dx}=\sigma_x+\frac{\partial\sigma_x}{\partial x}dx+\frac{1}{2!}\frac{\partial^2\sigma_x}{\partial x^2}dx^2+\cdots$$

略去二阶及二阶以上的微量后,便是

$$\sigma_{x+dx}\approx\sigma_x+\frac{\partial\sigma_x}{\partial x}dx$$

同样设左面的剪应力是 τ_{xy},则右面的剪应力将是 $\tau_{xy}+\dfrac{\partial\tau_{xy}}{\partial x}dx$,其余如此类推。

微元体各侧面上的应力分量如图 2-3(b)所示。由于微元体各侧面尺寸是微小的,在推导平衡方程时,又只考虑单元的合力,因此,各个面上所受的应力可假定为均匀分布,且作用在面的中心位置。同理,六面体所受的体力,也可假设为均匀分布,且作用在体积的中心即 A 点。

下面将根据三个平衡条件列出方程。

(1) 各力在 x 轴方向上的投影代数和应等于零,由 $\sum F_x=0$,得到

$$\left(\sigma_x+\frac{\partial\sigma_x}{\partial x}dx\right)t\,dy-\sigma_x t\,dy+\left(\tau_{yx}+\frac{\partial\tau_{yx}}{\partial y}dy\right)t\,dx-\tau_{yx}t\,dx+Xt\,dx\,dy=0$$

化简后,两边除以 $t\,dx\,dy$,得

$$\frac{\partial\sigma_x}{\partial x}+\frac{\partial\tau_{yx}}{\partial y}+X=0$$

(2) 各力在 y 轴方向上的投影代数和应等于零,由 $\sum F_y=0$,同理可得

$$\frac{\partial \tau_{xy}}{\partial x}+\frac{\partial \sigma_y}{\partial y}+Y=0$$

(3) 各力对单元体中心 A 的力矩代数和应等于零，由 $\sum M_A=0$，得

$$\left(\tau_{xy}+\frac{\partial \tau_{xy}}{\partial x}\mathrm{d}x\right)t\,\mathrm{d}y\cdot\frac{\mathrm{d}x}{2}+\tau_{xy}t\,\mathrm{d}y\cdot\frac{\mathrm{d}x}{2}-\left(\tau_{yx}+\frac{\partial \tau_{yx}}{\partial y}\mathrm{d}y\right)t\,\mathrm{d}x\cdot\frac{\mathrm{d}y}{2}-\tau_{yx}t\,\mathrm{d}x\cdot\frac{\mathrm{d}y}{2}=0$$

再除以 $t\mathrm{d}x\mathrm{d}y$，并略去微量项，合并相同的项后得

$$\tau_{xy}=\tau_{yx}$$

即再一次证明了材料力学中给出的剪应力互等关系。

综上所述，可得到平面问题中应力分量（σ_x、σ_y、τ_{xy} 或 τ_{yx}）和体力分量（X、Y）之间的平衡微分方程为

$$\left.\begin{aligned}\frac{\partial \sigma_x}{\partial x}+\frac{\partial \tau_{yx}}{\partial y}+X=0\\ \frac{\partial \tau_{xy}}{\partial x}+\frac{\partial \sigma_y}{\partial y}+Y=0\end{aligned}\right\} \tag{2-1}$$

由式(2-1)可以看出，它包含着三个未知数 σ_x、σ_y、τ_{xy} 或 τ_{yx}，仅用这两个方程是不可能求出三个应力分量的，因此确定应力分量是一个超静定问题，还必须考虑变形条件即几何条件和物理条件。

2.2.2　几何方程

物体在平面内的变形状态有两类物理量：

(1) 各点在 x 方向的位移 u 和在 y 方向的位移 v；

(2) 各点微小矩形单元体的应变 ε_x、ε_y、γ_{xy}，其中 ε_x 和 ε_y 分别表示沿 x 方向和 y 方向的线应变，γ_{xy} 表示剪应变。

1. 分析各点的位移

过弹性体内的任意一点 P，沿 x 轴和 y 轴的方向，取两个微小长度的线段 $PA=\mathrm{d}x$、$PB=\mathrm{d}y$，如图 2-4 所示。假定弹性体受力以后，P、A、B 三点分别移至 P'、A'、B'。P 点移至 P' 点之后，它沿 x 方向的位移分量用 u 表示，沿 y 方向的位移分量用 v 表示。由于 A 点比 P 点有一个 $\mathrm{d}x$ 坐标增量，因此 A 点相对于 P 点沿 x、y 方向的位移分量也应该有一个微小的增量，采用 Taylor 展开并略去二阶及以上的微量，则点 A' 沿 x、y 方向的位移，应分别为 $u+\frac{\partial u}{\partial x}\mathrm{d}x$ 和 $v+\frac{\partial v}{\partial x}\mathrm{d}x$。同理，由于 B 点比 P 点有一个 $\mathrm{d}y$ 坐标增量，故 B' 点沿 x、y 方向的位移，应分别为 $u+\frac{\partial u}{\partial y}\mathrm{d}y$ 和 $v+\frac{\partial v}{\partial y}\mathrm{d}y$。

2. 求正应变

根据弹性力学的基本假设，弹性体内任一点位移是微小的。因此，线段 PA 在变形后，y 方向的位移 v 所引起的线段 PA 的伸缩是更高一阶的微量，可以略去不计，于是，线段 PA 的正应变为

$$\varepsilon_x=\frac{\left(u+\frac{\partial u}{\partial x}\mathrm{d}x\right)-u}{\mathrm{d}x}=\frac{\partial u}{\partial x} \tag{2-2}$$

同理，可得到线段 PB 的正应变为

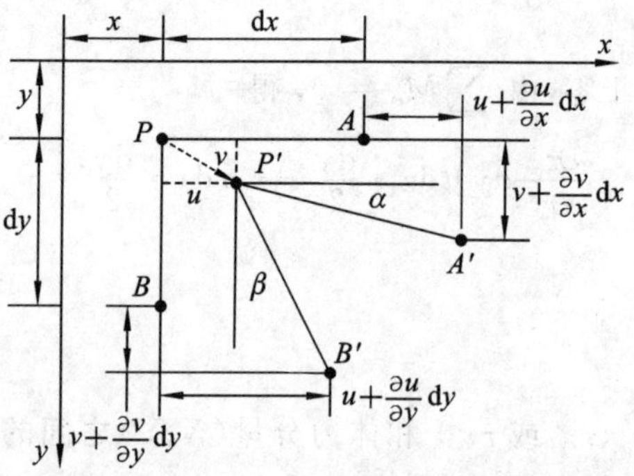

图 2-4 弹性体任一点的变形状态

$$\varepsilon_y = \frac{\partial v}{\partial y} \tag{2-3}$$

3. 求剪应变

由剪应变的定义,线段 PA 和 PB 之间直角的改变称为 P 点的剪应变,用 γ_{xy} 来表示。由图 2-4 可见,这个剪应变是由两部分组成的:一部分是由 y 方向的位移 v 引起的,即 x 方向的线段 PA 的转角 α;另一部分是由 x 方向的位移 u 引起的,即 y 方向的线段 PB 的转角 β。于是得

$$\gamma_{xy} = \alpha + \beta$$

设 P 点在 y 方向的位移分量是 v,则 A 点在 y 方向的位移分量将是 $v+\frac{\partial v}{\partial x}\mathrm{d}x$,由图 2-4 可知,线段 PA 的转角是

$$\alpha = \frac{\left(v+\frac{\partial v}{\partial x}\mathrm{d}x\right)-v}{\mathrm{d}x} = \frac{\partial v}{\partial x}$$

同理,可得到线段 PB 的转角:

$$\beta = \frac{\partial u}{\partial y}$$

于是可见,PA 与 PB 之间直角的改变为

$$\gamma_{xy} = \alpha + \beta = \frac{\partial v}{\partial x} + \frac{\partial u}{\partial y} \tag{2-4}$$

综上所述,可得到平面问题中三个应变分量 ε_x、ε_y、γ_{xy} 和两个位移分量 u、v 之间的关系式:

$$\left.\begin{aligned} \varepsilon_x &= \frac{\partial u}{\partial x} \\ \varepsilon_y &= \frac{\partial v}{\partial y} \\ \gamma_{xy} &= \frac{\partial u}{\partial y} + \frac{\partial v}{\partial x} \end{aligned}\right\} \tag{2-5}$$

式(2-5)即平面问题的几何方程。

当物体的位移分量确定时,则可由式(2-5)求出确定的 3 个应变分量;然而当物体的 3 个应变分量确定时,由式(2-5)则不一定可求出唯一的 2 个位移分量。因此分别求 ε_x、ε_y 对 y、x 的二阶导数,即有

$$\frac{\partial^2 \varepsilon_x}{\partial y^2} = \frac{\partial^3 u}{\partial x \partial y^2}$$

$$\frac{\partial^2 \varepsilon_y}{\partial x^2} = \frac{\partial^3 v}{\partial y \partial x^2}$$

相加,得

$$\frac{\partial^2 \varepsilon_x}{\partial y^2} + \frac{\partial^2 \varepsilon_y}{\partial x^2} = \frac{\partial^2}{\partial x \partial y}\left(\frac{\partial u}{\partial y} + \frac{\partial v}{\partial x}\right) = \frac{\partial^2 \gamma_{xy}}{\partial x \partial y}$$

此式称为变形协调方程或相容方程。其物理意义为:只有当应变分量 ε_x、ε_y、γ_{xy} 满足这一方程

时，才能唯一求出位移分量 u、v。如果函数 ε_x、ε_y、γ_{xy} 任意选取，而不满足相容方程，那么，由几何方程中的任何二式求出的位移分量，将与几何方程的第三式不相容。这就表示物体在发生变形之后，不再是连续体，而是在其内部出现了撕裂或重叠，如图 2-5 所示。

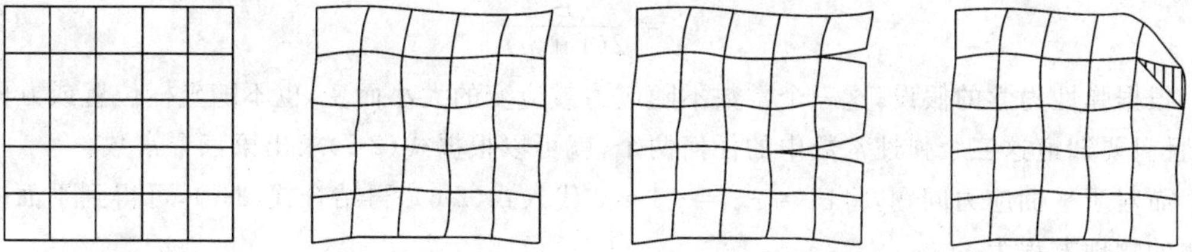

(a) 变形前　(b) 协调变形　(c) 变形后的撕裂　(d) 变形后的重叠

图 2-5　变形的协调性

为了描述方便，平面问题的几何方程即式(2-5)可用矩阵形式来表示，即有

$$\boldsymbol{\varepsilon}=\begin{bmatrix}\varepsilon_x\\ \varepsilon_y\\ \gamma_{xy}\end{bmatrix}=\begin{bmatrix}\dfrac{\partial u}{\partial x}\\ \dfrac{\partial v}{\partial y}\\ \dfrac{\partial u}{\partial y}+\dfrac{\partial v}{\partial x}\end{bmatrix}=\begin{bmatrix}\dfrac{\partial}{\partial x} & 0\\ 0 & \dfrac{\partial}{\partial y}\\ \dfrac{\partial}{\partial y} & \dfrac{\partial}{\partial x}\end{bmatrix}\cdot\begin{bmatrix}u\\ v\end{bmatrix}=\boldsymbol{B}\cdot\boldsymbol{q}$$

其中，$\boldsymbol{B}$ 为几何矩阵，$\boldsymbol{q}$ 为位移向量。它们分别表示为

$$\boldsymbol{B}=\begin{bmatrix}\dfrac{\partial}{\partial x} & 0\\ 0 & \dfrac{\partial}{\partial y}\\ \dfrac{\partial}{\partial y} & \dfrac{\partial}{\partial x}\end{bmatrix}$$

$$\boldsymbol{q}=\begin{bmatrix}u\\ v\end{bmatrix}$$

2.2.3　物理方程

在完全弹性的各向同性体内，应变分量与应力分量之间的关系可根据广义胡克定律(Hooke’s law)导出为

$$\left.\begin{aligned}\varepsilon_x&=\frac{1}{E}[\sigma_x-\mu(\sigma_y+\sigma_z)]\\ \varepsilon_y&=\frac{1}{E}[\sigma_y-\mu(\sigma_z+\sigma_x)]\\ \varepsilon_z&=\frac{1}{E}[\sigma_z-\mu(\sigma_x+\sigma_y)]\\ \gamma_{xy}&=\frac{1}{G}\tau_{xy}\\ \gamma_{yz}&=\frac{1}{G}\tau_{yz}\\ \gamma_{zx}&=\frac{1}{G}\tau_{zx}\end{aligned}\right\}\tag{2-6}$$

式中:G 为剪切弹性模量,又可称为刚度模量;E 为拉压弹性模量,也可简称为弹性模量;μ 为侧向收缩系数,也可称为泊松比系数。

弹性模量 E、泊松比 μ 和剪切模量 G 三者之间的关系如下:

$$G=\frac{E}{2(1+\mu)} \tag{2-7}$$

根据弹性力学的假设,这三个常数不随应力或应变的大小而变,也不随坐标位置或方向而变,且只要知道这三个弹性常数中的任何两个,就可以根据式(2-7)求出第三个常数。

而对于平面应力问题,将 $\sigma_z=\tau_{zy}=\tau_{zx}=0$ 代入式(2-6),再结合式(2-7),可得到平面应力问题的物理方程为

$$\left.\begin{aligned}\sigma_x&=\frac{E}{1-\mu^2}(\varepsilon_x+\mu\varepsilon_y)\\\sigma_y&=\frac{E}{1-\mu^2}(\varepsilon_y+\mu\varepsilon_x)\\\tau_{xy}&=\frac{E}{2(1+\mu)}\gamma_{xy}=\frac{E}{1-\mu^2}\cdot\frac{1-\mu}{2}\gamma_{xy}\end{aligned}\right\} \tag{2-8}$$

式(2-8)的矩阵形式可写为

$$\boldsymbol{\sigma}=\boldsymbol{D}\cdot\boldsymbol{\varepsilon} \tag{2-9}$$

式中:$\boldsymbol{\sigma}$ 为应力向量;$\boldsymbol{D}$ 为平面弹性矩阵,它只与弹性常数 E 和 μ 有关,是一个对称矩阵;$\boldsymbol{\varepsilon}$ 为应变向量,它们的列式分别为

$$\boldsymbol{\sigma}=\begin{bmatrix}\sigma_x\\\sigma_y\\\tau_{xy}\end{bmatrix}$$

$$\boldsymbol{\varepsilon}=\begin{bmatrix}\varepsilon_x\\\varepsilon_y\\\gamma_{xy}\end{bmatrix}$$

$$\boldsymbol{D}=\frac{E}{1-\mu^2}\begin{bmatrix}1&\mu&0\\\mu&1&0\\0&0&\dfrac{1-\mu}{2}\end{bmatrix} \tag{2-10}$$

2.2.4 边界条件

1. 力边界条件

如图 2-6 所示,在弹性体的边界上作用有表面力 $\overline{X}$、$\overline{Y}$,它们仍然满足平衡条件。为了推导出表面力 $\overline{X}$、$\overline{Y}$ 与微元体应力之间的平衡方程,从弹性体边界处割取一个微元体。为不失一般性,这时所取的微元体不再是一个正六面体,而是一个微小的三角形或三棱柱体,如图 2-6(a)中边界处的阴影部分所示。为了清楚起见,取隔离体受力图 2-6(b),它的斜面 bc 与物体的边界面重合,沿 z 方向的厚度为 t,用 N 代表边界面 bc 的外法线方向,它的方向余弦为

$$\cos(n,x)=\cos\alpha=l,\quad \cos(n,y)=\cos\beta=m$$

设边界面 bc 的长度为 $\mathrm{d}s$,则截面 Mc 和 Mb 的长度分别为 $l\mathrm{d}s$ 与 $m\mathrm{d}s$。

由平衡条件 $\sum F_x=0$,得

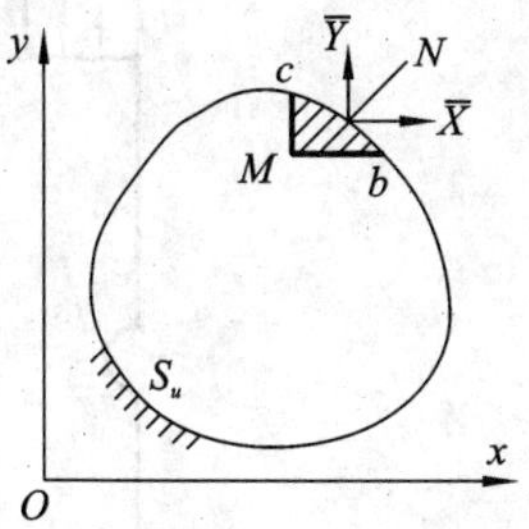

(a) 边界条件施加状态

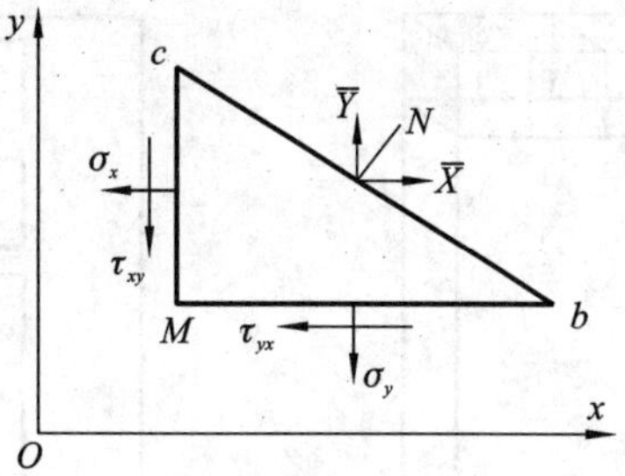

(b) 受力分析

图 2-6　边界条件

$$-\sigma_x \cdot t\mathrm{d}s \cdot l - \tau_{yx} \cdot t\mathrm{d}s \cdot m + \overline{X} \cdot t\mathrm{d}s = 0$$

两边同除以 $t\mathrm{d}s$，得

$$l \cdot \sigma_x + m \cdot \tau_{yx} = \overline{X}$$

同样，由平衡条件 $\sum F_y = 0$，得

$$l \cdot \tau_{xy} + m \cdot \sigma_y = \overline{Y}$$

综上所述，可得到弹性体边界上的应力与表面力之间的平衡方程为

$$\left.\begin{aligned} l \cdot \sigma_x + m \cdot \tau_{yx} &= \overline{X} \\ l \cdot \tau_{xy} + m \cdot \sigma_y &= \overline{Y} \end{aligned}\right\} \tag{2-11a}$$

式(2-11)又称为平面问题静力边界条件。

若弹性体处于平衡状态，则在其内部应满足平衡微分方程即式(2-1)，同时在自由边界上应满足静力边界条件即式(2-11)。

2. 位移边界条件

对于平面问题，关于 x 和 y 坐标轴方向的位移边界条件可表示为

$$\left.\begin{aligned} u &= \overline{u} \\ v &= \overline{v} \end{aligned}\right\} \quad \text{作用在 } S_u \text{ 上} \tag{2-11b}$$

式中：$\overline{u}$、$\overline{v}$ 分别表示沿 x 和 y 坐标轴方向的给定位移值，如图 2-6(a)所示。

2.2.5　问题讨论

1. 平面应力问题

在工程实际中，常有如图 2-7 所示短而高的深梁、图 2-8 所示开有孔洞的剪力墙、图 2-9 所示带有孔洞且承受简单拉伸作用的钢条、图 2-10 所示承受单向拉伸作用的薄板等结构，它们都具有下列结构与受力特征：

(1) 在几何外形上，它们都是等厚度的平面薄板。

(2) 在受力状态上，面力都只作用在板边上，平行于板面，而且不沿厚度变化；体力也平行于板面，也不沿厚度变化。

设薄板的厚度为 t，平分薄板厚度 t 的平面称为薄板的中面，外力合力应在薄板中面平面内。如图 2-11 所示，设薄板的中面为 xOy 平面，z 轴垂直于中面。因为板面上 ($z = \pm t/2$) 处不受力，故作用在该面上的应力必等于零，如图 2-12 所示，因此有

$$(\sigma_z)_{z=\pm\frac{t}{2}} = 0$$

$$(\tau_{zx})_{z=\pm\frac{t}{2}} = 0$$

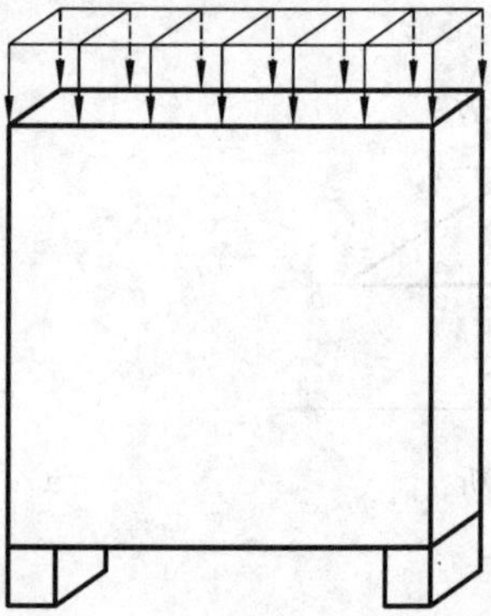

图 2-7　深梁

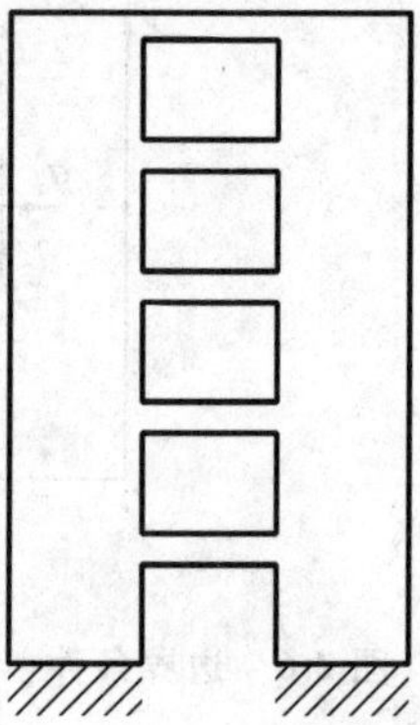

图 2-8　剪力墙

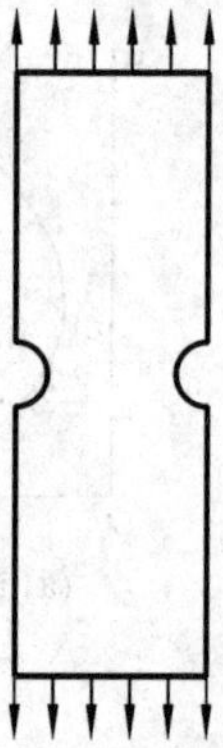

图 2-9　承受拉伸载荷的钢条

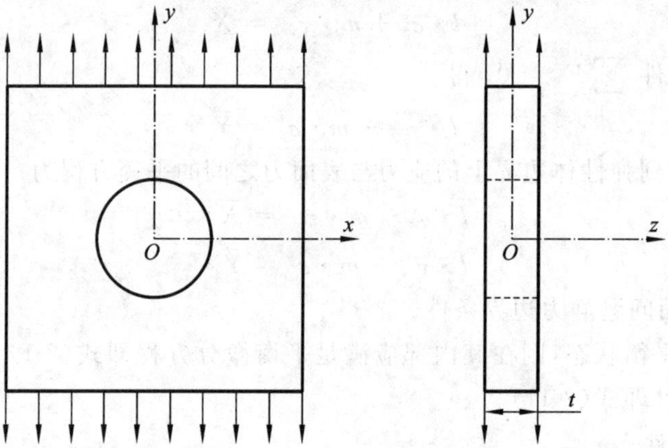

图 2-10　承受单向拉伸的大薄板

$$(\tau_{zy})_{z=\pm\frac{t}{2}} = 0$$

在板内部可以有上述应力,但由于板很薄,外力又不沿厚度变化,因此可以认为在整个薄板的各点都有

$$\sigma_z = 0$$
$$\tau_{zx} = 0$$
$$\tau_{zy} = 0$$

根据剪应力互等定理,又可得

$$\tau_{xz} = 0$$
$$\tau_{yz} = 0$$

这样只剩下平行于 xOy 面的三个应力分量,即 σ_x、σ_y、$\tau_{xy}=\tau_{yx}$,所以这种问题称为平面应力问题。同时这三个应力分量,以及分析问题时需要考虑的应变分量 ε_x、ε_y、γ_{xy} 和位移分量 u、v,都可认为不沿厚度变化,也就是说,它们只是 x 和 y 的函数,不随 z 变化。

由于与 z 轴垂直的两个侧面均不受约束,因此薄板在 z 方向可以任意变形,即沿 z 方向的应变 ε_z 和位移 w 并不等于零,有

$$\varepsilon_z = -\frac{\mu}{E}(\sigma_x + \sigma_y) \tag{2-12}$$

因此对于平面应力问题,有

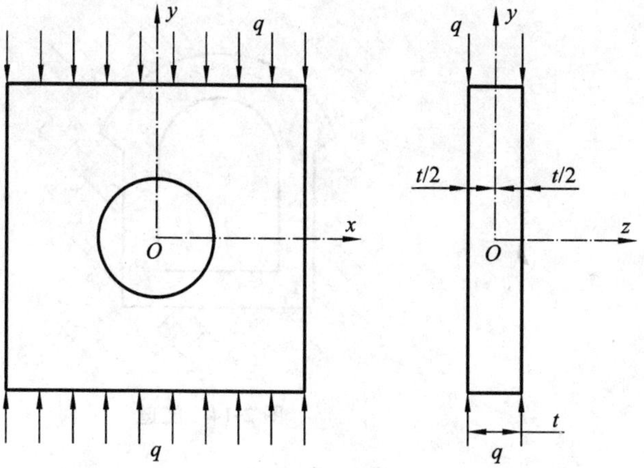

图 2-11　薄板模型

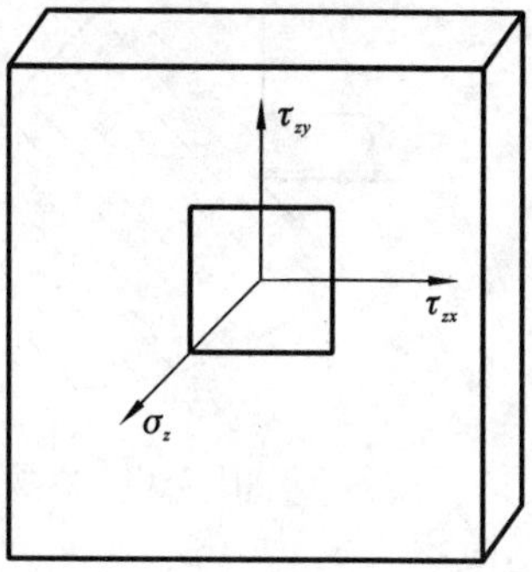

图 2-12　薄板板面上应力分布

位移分量：u、v

应变分量：ε_x、ε_y、γ_{xy}

应力分量：σ_x、σ_y、τ_{xy}

它们对应的三大方程为

$$
\left.\begin{array}{l}
\text{平衡方程}\begin{cases}\dfrac{\partial\sigma_x}{\partial x}+\dfrac{\partial\tau_{yx}}{\partial y}+X=0\\[2mm]\dfrac{\partial\tau_{xy}}{\partial x}+\dfrac{\partial\sigma_y}{\partial y}+Y=0\end{cases}\\[6mm]
\text{几何方程}\begin{cases}\varepsilon_x=\dfrac{\partial u}{\partial x}\\[2mm]\varepsilon_y=\dfrac{\partial v}{\partial y}\\[2mm]\gamma_{xy}=\dfrac{\partial u}{\partial y}+\dfrac{\partial v}{\partial x}\end{cases}\\[6mm]
\text{物理方程}\begin{cases}\sigma_x=\dfrac{E}{1-\mu^2}(\varepsilon_x+\mu\varepsilon_y)\\[2mm]\sigma_y=\dfrac{E}{1-\mu^2}(\varepsilon_y+\mu\varepsilon_x)\\[2mm]\tau_{xy}=\dfrac{E}{2(1+\mu)}\gamma_{xy}=\dfrac{E}{1-\mu^2}\cdot\dfrac{1-\mu}{2}\gamma_{xy}\end{cases}
\end{array}\right\}\tag{2-13}
$$

2. 平面应变问题

在工程实际中，也会遇到如图 2-13 所示的横缝灌水泥浆的重力水坝、如图 2-14 所示的隧道、如图 2-15 所示的挡土墙、如图 2-16 所示受内压的圆柱形长管、如图 2-17 所示受到垂直于纵轴的均匀压力作用的圆柱形长辊轴等结构，它们都具有下列特征。

(1) 在几何形状上，它们都是一个近似等截面的长柱体，它们的长度要比横截面的尺寸大很多。

(2) 在受力情况下，它们都只受到平行于横截面，且沿纵向长度均布的面力和体力，有的在纵向两端还受约束。

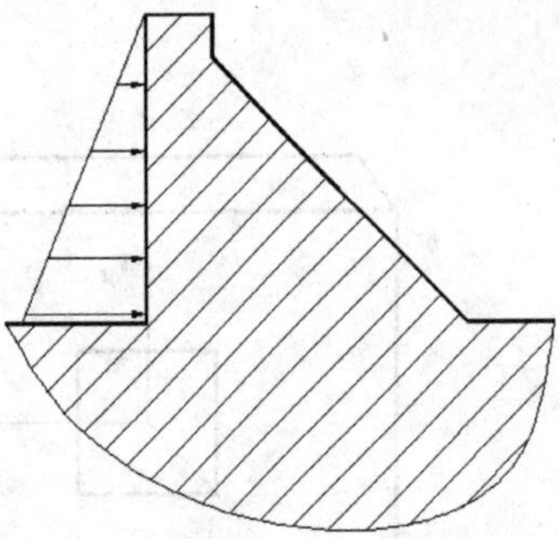

图 2-13 水坝

图 2-14 隧道

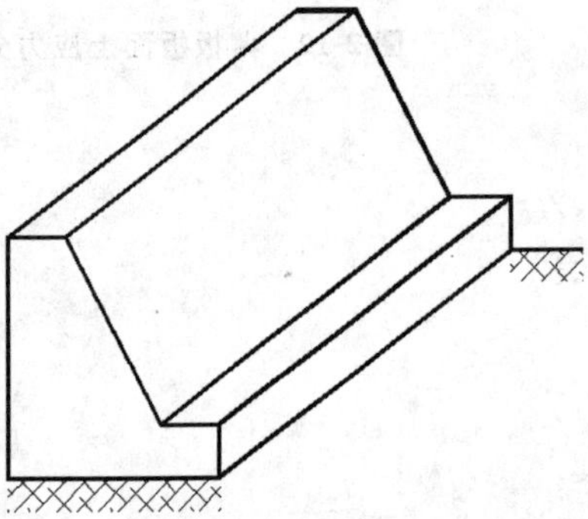

图 2-15 挡土墙

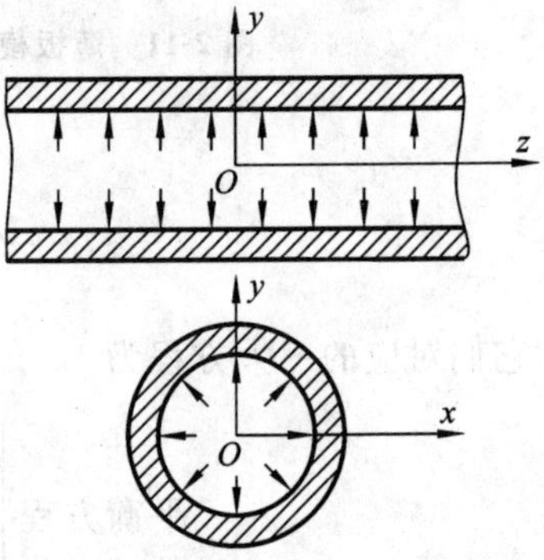

图 2-16 圆柱形长管

设长柱体的任一横截面为 xOy 坐标面,如图 2-18 所示,沿长度方向取为 z 轴,两端的约束可分为两种情况。

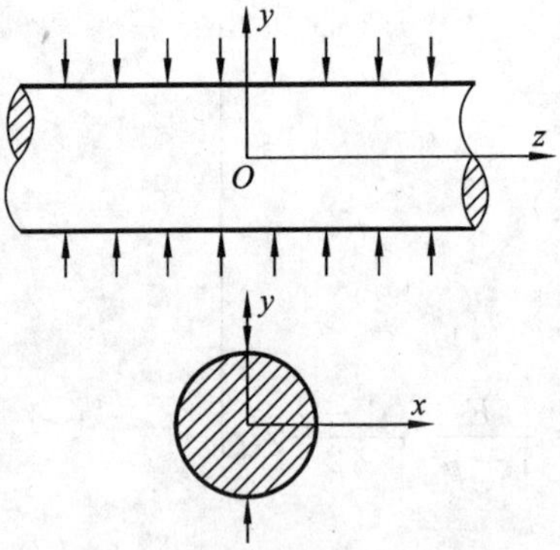

图 2-17 受压的圆柱形长辊轴

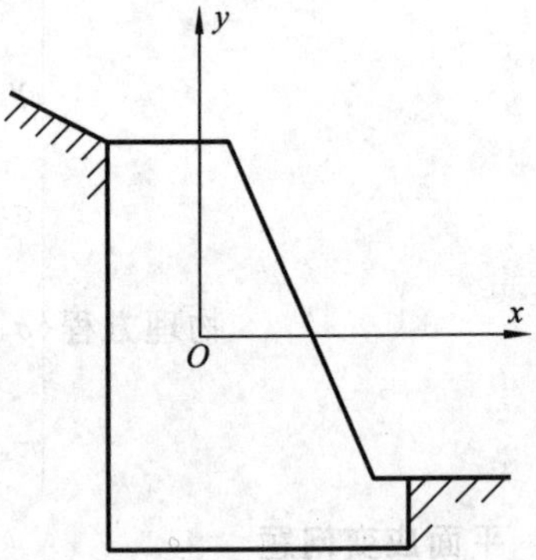

图 2-18 水坝分析模型

第一种情况如隧道,柱形体很长,分析时可以假想该柱形体为无限长,其端点不受 z 方向的约束。此时,任一横截面都可以看作对称面。由于对称,横截面上各点只有沿 x 和 y 方向的位移,而不会有 z 方向的位移,即 $w=0$,由此得 $\varepsilon_z=0$。又由对称条件可知,$\tau_{zx}=0,\tau_{zy}=0$。利用剪应力互等定理,可得 $\tau_{xz}=0,\tau_{yz}=0$。

第二种情况如水坝,两端受到 z 方向岩层的约束,因此,两端面不能沿 z 轴方向移动。假想将水坝沿 z 轴方向切成许多厚度相等的并在 xOy 平面内的薄片。这些薄片的几何形状和受力情况都是相同的，所以，这些薄片的应力、应变和位移分量，都可看成 x、y 的函数，而与 z 坐标无关。因此可以近似地认为，柱体任一横截面上所有各点的轴向位移 $w=0$。从而，沿 z 方向的正应变 $\varepsilon_z=0$，各薄片的两侧面仍保持为平面，因此与 z 方向有关的两个剪应变 γ_{zx}、γ_{zy} 也必等于零，相应的剪应力有 $\tau_{zx}=0$，$\tau_{zy}=0$，再根据剪应力的互等性有 $\tau_{xz}=0$，$\tau_{yz}=0$。这样独立的应变分量中，只剩下平行于 xOy 坐标面的 ε_x、ε_y 和 γ_{xy} 三个应变分量。

上述两种边界约束情况，其共同特征为：任一横截面上，所有各点的 z 轴方向位移都等于零，沿 z 轴方向的正应变也等于零，并且，所有各点的位移矢量都平行于 xOy 坐标面。这种问题本应称为平面位移问题，但由于应变分量只剩下平行于 xOy 坐标面的 ε_x、ε_y 和 γ_{xy}，变形也只发生在横截面内，因此，人们又把该问题称为平面应变问题。在平面应变问题中，尽管有 $\varepsilon_z=0$，但 $\sigma_z\neq 0$，即

$$\sigma_z=\mu(\sigma_x+\sigma_y) \tag{2-14}$$

需要指出的是，许多实际工程问题，如隧道、挡土墙、长辊轴和圆柱形管道等，并不完全符合无限长柱形体的条件。但实践证明，对于距离两端足够远处的截面，按平面应变问题进行分析，其计算结果完全可以满足工程上的精度要求。因此对于平面应变问题，有位移分量 u、v，应变分量 ε_x、ε_y、γ_{xy}，应力分量 σ_x、σ_y、τ_{xy}，它们对应的三大方程为

$$\left.\begin{array}{l}
\text{平衡方程}\begin{cases}\dfrac{\partial\sigma_x}{\partial x}+\dfrac{\partial\tau_{yx}}{\partial y}+X=0\\[2mm]\dfrac{\partial\tau_{xy}}{\partial x}+\dfrac{\partial\sigma_y}{\partial y}+Y=0\end{cases}\\[6mm]
\text{几何方程}\begin{cases}\varepsilon_x=\dfrac{\partial u}{\partial x}\\[2mm]\varepsilon_y=\dfrac{\partial v}{\partial y}\\[2mm]\gamma_{xy}=\dfrac{\partial u}{\partial y}+\dfrac{\partial v}{\partial x}\end{cases}\\[6mm]
\text{物理方程}\begin{cases}\varepsilon_x=\dfrac{1-\mu^2}{E}\left[\sigma_x-\dfrac{\mu}{1-\mu}\sigma_y\right]\\[2mm]\varepsilon_y=\dfrac{1-\mu^2}{E}\left[\sigma_y-\dfrac{\mu}{1-\mu}\sigma_x\right]\\[2mm]\gamma_{xy}=\dfrac{2(1+\mu)}{E}\tau_{xy}\end{cases}
\end{array}\right\} \tag{2-15}$$

对照平面应力问题和平面应变问题的三大方程，可以看出，两者之间的平衡方程和几何方程均相同，不同的是物理方程。若将平面应力问题中的 E 换成 $\dfrac{E}{1-\mu^2}$、μ 换成 $\dfrac{E}{1-\mu}$，则可得到平面应变问题的物理方程，这时平面应变问题的弹性矩阵 $\boldsymbol{D}$ 可表示为

$$\boldsymbol{D}=\frac{E(1-\mu)}{(1+\mu)(1-2\mu)}\begin{bmatrix}1 & \dfrac{\mu}{1-\mu} & 0\\[2mm] \dfrac{\mu}{1-\mu} & 1 & 0\\[2mm] 0 & 0 & \dfrac{1-2\mu}{2(1-\mu)}\end{bmatrix} \tag{2-16}$$

同理,将式(2-15)物理方程中的 E 换为 $\dfrac{E(1+2\mu)}{(1+\mu)^2}$、$\mu$ 换为 $\dfrac{\mu}{1+\mu}$,就可得到平面应力问题的物理方程即式(2-13)。

上述两类问题因有许多共同特点,故统称为弹性力学平面问题。平面问题在工程实际中会经常遇到,但并不是所有工程问题都可简化为平面问题来处理,如薄拱坝、板的弯曲和两球体之间的弹性接触等问题,都属于空间问题,则必须按空间问题去求解。

从上述推导可以看到,平面问题共有 8 个方程、2 类边界条件,而其未知函数也是 8 个,联合上述 8 个方程,即可求出弹性力学问题的解。

3. 刚体位移

刚体位移意味着物体内无任何应变,即有 $\varepsilon=0$,将其代入式(2-5),有

$$\left.\begin{aligned}\varepsilon_x &= \frac{\partial u}{\partial x} = 0\\ \varepsilon_y &= \frac{\partial v}{\partial y} = 0\\ \gamma_{xy} &= \frac{\partial u}{\partial y} + \frac{\partial v}{\partial x} = 0\end{aligned}\right\}$$

其解的形式为

$$\left.\begin{aligned}u(x,y) &= f_1(y)\\ v(x,y) &= f_2(x)\\ \frac{\mathrm{d}f_1(y)}{\mathrm{d}y} &+ \frac{\mathrm{d}f_2(x)}{\mathrm{d}x} = 0\end{aligned}\right\}$$

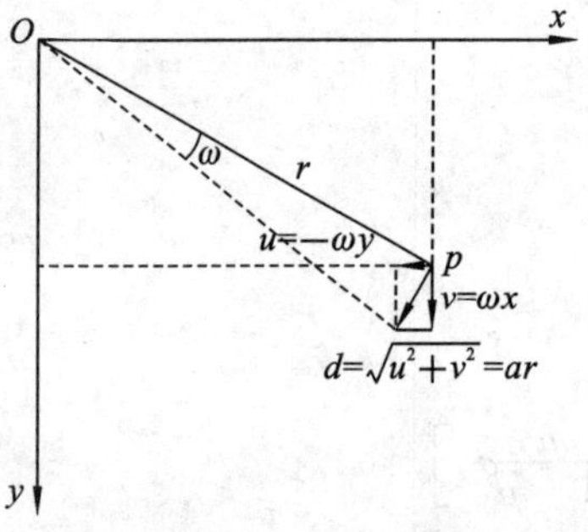

图 2-19　刚性位移之间的关系

要使第三式成立,则一定有

$$\frac{\mathrm{d}f_1(y)}{\mathrm{d}y} + \frac{\mathrm{d}f_2(x)}{\mathrm{d}x} = \omega$$

因此有

$$\left.\begin{aligned}f_1(y) &= -\omega y + u_0\\ f_2(x) &= \omega x + v_0\end{aligned}\right\}$$

即刚体位移的表达式为

$$\left.\begin{aligned}u(x,y) &= -\omega y + u_0\\ v(x,y) &= \omega x + v_0\end{aligned}\right\} \tag{2-17}$$

式中:u_0 为 x 方向的刚体位移;v_0 为 y 方向的刚体位移;ω 为物体刚性转动的转角,如图 2-19 所示。

2.2.6　三维弹性问题的基本方程

为了应用方便,在这里将直接列出弹性力学三维问题的基本方程,有兴趣的读者可以查阅相关的参考文献。

1. 平衡方程

$$\left.\begin{aligned}\frac{\partial \sigma_x}{\partial x} + \frac{\partial \tau_{yx}}{\partial y} + \frac{\partial \tau_{zx}}{\partial z} + X = 0\\ \frac{\partial \tau_{xy}}{\partial x} + \frac{\partial \sigma_y}{\partial y} + \frac{\partial \tau_{zy}}{\partial z} + Y = 0\\ \frac{\partial \tau_{xz}}{\partial x} + \frac{\partial \tau_{yz}}{\partial y} + \frac{\partial \sigma_Z}{\partial z} + Z = 0\end{aligned}\right\} \tag{2-18}$$

2. 几何方程

$$\left.\begin{aligned}\varepsilon_x &= \frac{\partial u}{\partial x},\gamma_{xy} = \frac{\partial v}{\partial x}+\frac{\partial u}{\partial y}\\ \varepsilon_y &= \frac{\partial v}{\partial y},\gamma_{yz} = \frac{\partial w}{\partial y}+\frac{\partial v}{\partial z}\\ \varepsilon_z &= \frac{\partial w}{\partial z},\gamma_{zx} = \frac{\partial u}{\partial z}+\frac{\partial w}{\partial x}\end{aligned}\right\} \tag{2-19}$$

3. 物理方程

若用应变分量表示,应力分量的关系式为

$$\left.\begin{aligned}\sigma_x &= \frac{E(1-\mu)}{(1+\mu)(1-2\mu)}\left[\varepsilon_x+\frac{\mu}{1-\mu}\varepsilon_y+\frac{\mu}{1-\mu}\varepsilon_z\right]\\ \sigma_y &= \frac{E(1-\mu)}{(1+\mu)(1-2\mu)}\left[\frac{\mu}{1-\mu}\varepsilon_x+\varepsilon_y+\frac{\mu}{1-\mu}\varepsilon_z\right]\\ \sigma_z &= \frac{E(1-\mu)}{(1+\mu)(1-2\mu)}\left[\frac{\mu}{1-\mu}\varepsilon_x+\frac{\mu}{1-\mu}\varepsilon_y+\varepsilon_z\right]\\ \tau_{xy} &= \frac{E}{2(1+\mu)}\gamma_{xy}\\ \tau_{yz} &= \frac{E}{2(1+\mu)}\gamma_{yz}\\ \tau_{zx} &= \frac{E}{2(1+\mu)}\gamma_{zx}\end{aligned}\right\} \tag{2-20}$$

4. 边界条件

三维问题的力边界条件为

$$\left.\begin{aligned}l\cdot\sigma_x+m\cdot\tau_{yx}+n\cdot\tau_{zx} &= \overline{X}\\ l\cdot\tau_{xy}+m\cdot\sigma_y+n\cdot\tau_{zy} &= \overline{Y}\\ l\cdot\tau_{xz}+m\cdot\tau_{yz}+n\cdot\sigma_z &= \overline{Z}\end{aligned}\right\} \tag{2-21}$$

三维问题的位移边界条件为

$$\left.\begin{aligned}u &= \overline{u}\\ v &= \overline{v}\\ w &= \overline{w}\end{aligned}\right\} \tag{2-22}$$

综合可知,以上共有 15 个方程、2 类边界条件。三维弹性问题共有 15 个未知函数,联合上述 15 个方程,即可求出弹性力学问题的解。

5. 算例

算例 2-1:一维拉杆的弹性力学分析

图 2-20 所示为左端固定、右端承受一外力 P 的拉杆,已知拉杆的长度为 l、横截面面积为 A,材料的弹性模量为 E,试采用弹性力学方法求出其位移、应变与应力。

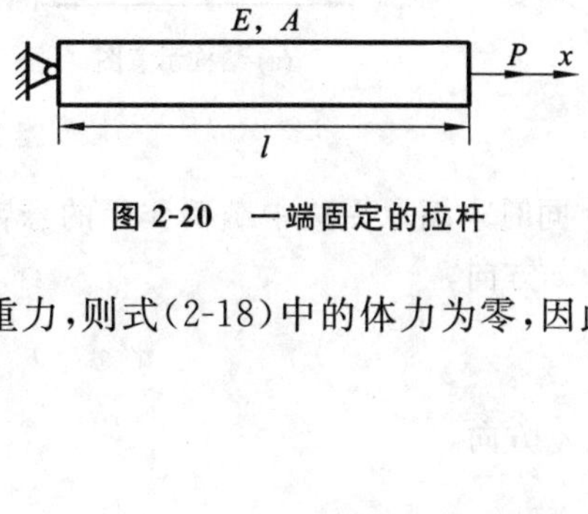

图 2-20　一端固定的拉杆

由于该问题为一维问题,则位移、应变、应力均为 x 的函数,即有 $u(x)$、$\varepsilon(x)$、$\sigma(x)$。因不考虑拉杆的重力,则式(2-18)中的体力为零,因此三大方程可简化为

$$平衡方程:\frac{d\sigma(x)}{dx}=0$$

$$几何方程:\varepsilon_x=\frac{du(x)}{dx}$$

$$物理方程:\sigma(x)=E\cdot\varepsilon(x)$$

由图 2-20 可得其边界条件为

$$位移边界:u(x)\,|_{x=0}=0$$

$$力边界:\sigma(x)\,|_{x=l}=\frac{P}{A}=p_x$$

由上述简化的三大方程进行求解,可得

$$\left.\begin{aligned}\sigma(x)&=c_1\\ \varepsilon(x)&=\frac{c_1}{E}\\ u(x)&=\frac{c_1}{E}x+c_2\end{aligned}\right\}$$

将位移边界条件、力边界条件代入,可得到

$$\left.\begin{aligned}c_2&=0\\ c_1&=\frac{P}{A}\end{aligned}\right\}$$

由此可得到位移、应变、应力的表达式分别为

$$\left.\begin{aligned}\sigma(x)&=\frac{P}{A}\\ \varepsilon(x)&=\frac{P}{EA}\\ u(x)&=\frac{P}{EA}x\end{aligned}\right\}$$

算例 2-2:一端受载的悬臂梁分析

一端承受集中载荷的悬臂梁及其坐标系如图 2-21(a)所示,其力学模型如图 2-21(b)所示,则在其任意横截面的弯矩为

$$M=-W(L-x)$$

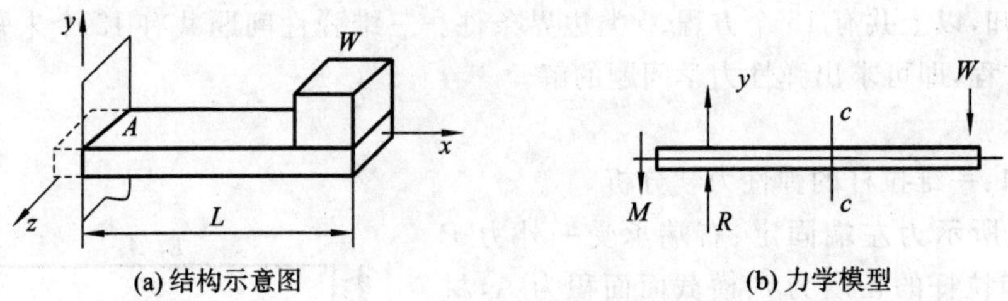

(a) 结构示意图　　(b) 力学模型

图 2-21　悬臂梁力学模型

同时末端承受集中载荷作用的悬臂梁的位移场可用以下多项式表示:

x 方向,

$$u(x,y)=\frac{Wy}{6EI}(6Lx-3x^2-\mu y^2) \tag{2-23a}$$

y 方向,

$$v(x,y)=-\frac{W}{6EI}[3Lx^2-x^3+3\mu y^2(L-x)] \tag{2-23b}$$

将 $y=0$ 代到式(2-23b),即可得到梁在中性面上的挠度为

$$v(x,0)=-\frac{W}{6EI}(3Lx^2-x^3) \tag{2-24}$$

由式(2-24)可知,左侧悬臂梁固定端即 $x=0$ 处的挠曲为 $v=0$;右端受到集中载荷作用且有 $x=L$ 时,则其挠度为 $v=-\frac{WL^3}{3EI}$。该结果与材料力学中的计算公式相同。

受集中载荷作用时,悬臂梁上任何位置处的转角为

$$\theta_{xy}=\frac{1}{2}\left(\frac{\partial v}{\partial x}-\frac{\partial u}{\partial y}\right)=-\frac{W}{6EI}(6Lx-3x^2-3\mu y^2) \tag{2-25}$$

将 $y=0$ 代入式(2-25),即可得到梁中性面上的转角为

$$\theta_{xy}(x,0)=-\frac{W}{6EI}(6Lx-3x^2)$$

悬臂梁固定端即左端且有 $x=0$,则其转角为 $\theta_{xy}=0$;右端点即 $x=L$,其转角为 $\theta_{xy}=-\frac{WL^2}{2EI}$。

将位移场即式(2-23)代入弹性力学几何方程,即可得到悬臂梁的应变场为

$$\left.\begin{aligned}\varepsilon_x&=\frac{\partial u}{\partial x}=\frac{Wy}{EI}(L-x)\\ \varepsilon_y&=\frac{\partial v}{\partial y}=-\frac{W\mu}{EI}(L-x)y\\ \gamma_{xy}&=\frac{\partial u}{\partial y}+\frac{\partial v}{\partial x}=0\end{aligned}\right\} \tag{2-26}$$

将式(2-26)代入物理方程,即可得到受集中载荷作用悬臂梁的应力场为

$$\sigma_x=\frac{E}{1-\mu^2}[\varepsilon_x+\mu\varepsilon_y]=\frac{E}{1-\mu^2}\left[\frac{Wy}{EI}(L-x)-\frac{W\mu^2}{EI}(L-x)y\right]=\frac{W}{I}(L-x)y$$

$$\sigma_y=\frac{E}{1-\mu^2}[\varepsilon_y+\mu\varepsilon_x]=0$$

$$\tau_{xy}=G\gamma_{xy}=0$$

2.3　轴对称问题的基本方程

在空间问题中,如果弹性体的几何形状、约束情况,以及所受的外来因素,都对称于某一轴(通过该轴的任一平面都是对称面),则所有的应力、应变和位移也就对称于这一轴。这种问题称为空间轴对称问题。

分析空间轴对称问题常采用柱坐标系 r、θ、z 来描述,并将弹性体的对称轴定义为 z 轴,如图 2-22 所示,则所有的应力分量、应变分量和位移分量都将只是 r 和 z 的函数,不随 θ 面变化。

2.3.1　平衡方程

取 z 轴垂直向上,用相距 $\mathrm{d}r$ 的两个圆柱体,互成 $\mathrm{d}\theta$ 角的两个垂直面及相距 $\mathrm{d}z$ 的两个水平面,从弹性体上割取一个微小六面体 $PABC$,图 2-22 所示。沿 r 方向的正应力,称为径向应力,用 σ_r 表示;沿 θ 方向的正应力,称为环向应力,用 σ_θ 表示;沿 z 方向的正应力,称为轴向应

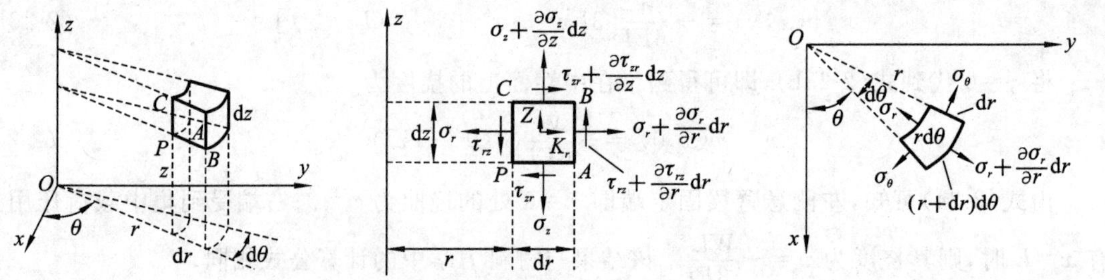

图 2-22　轴对称微元体的应力状态

力,仍然用 σ_z 表示;作用在圆柱面上而沿 z 方向作用的剪应力用 τ_{rz} 代表,作用在水平面上而沿 r 方向作用的剪应力用 τ_{zr} 代表。根据剪应力的互等关系,有 $\tau_{rz}=\tau_{zr}$。由于对称性,$\tau_{r\theta}=\tau_{\theta r}$ 和 $\tau_{\theta z}=\tau_{z\theta}$ 都不存在。这样,总共只有四个应力分量:σ_r、σ_θ、σ_z、$\tau_{zr}=\tau_{rz}$。它们都是 r 和 z 的函数。

如果六面体的内圆柱面上的平均正应力是 σ_r,则外圆柱面上的平均正应力应当是 $\sigma_r+\frac{\partial\sigma_r}{\partial r}\mathrm{d}r$。由于对称,$\sigma_\theta$ 在 θ 方向(环向)没有增量。如果六面体下面的平均正应力是 σ_z,则上面的平均正应力应当是 $\sigma_z+\frac{\partial\sigma_z}{\partial z}\mathrm{d}z$。同样,内面及外面的平均剪应力分别为 τ_{rz} 和 $\tau_{rz}+\frac{\partial\tau_{rz}}{\partial r}\mathrm{d}r$,下面及上面的平均剪应力分别为 τ_{zr} 和 $\tau_{zr}+\frac{\partial\tau_{zr}}{\partial z}\mathrm{d}z$。径向的体力用 K_r 表示;轴向的体力用 Z 表示。

将六面体所受的各力投影到六面体中心的径向轴上,取 $\sin\frac{\mathrm{d}\theta}{2}$ 和 $\cos\frac{\mathrm{d}\theta}{2}$ 分别近似地等于 $\frac{\mathrm{d}\theta}{2}$ 和 1,得平衡方程为

$$\left(\sigma_r+\frac{\partial\sigma_r}{\partial r}\mathrm{d}r\right)(r+\mathrm{d}r)\mathrm{d}\theta\mathrm{d}z-\sigma_r r\mathrm{d}\theta\mathrm{d}z-2\sigma_\theta\mathrm{d}r\mathrm{d}z\frac{\mathrm{d}\theta}{2}+$$
$$\left(\tau_{zr}+\frac{\partial\tau_{zr}}{\partial z}\mathrm{d}z\right)r\mathrm{d}\theta\mathrm{d}r-\tau_{zr}r\mathrm{d}\theta\mathrm{d}r+K_r r\mathrm{d}\theta\mathrm{d}r\mathrm{d}z=0$$

简化后,除以 $r\mathrm{d}\theta\mathrm{d}r\mathrm{d}z$,然后略去二阶微量,得

$$\frac{\partial\sigma_r}{\partial r}+\frac{\partial\tau_{zr}}{\partial z}+\frac{\sigma_r-\sigma_\theta}{r}+K_r=0 \tag{2-27a}$$

将六面体所受的各力投影到 z 轴上,得平衡方程为

$$\left(\tau_{rz}+\frac{\partial\tau_{rz}}{\partial r}\mathrm{d}r\right)(r+\mathrm{d}r)\mathrm{d}\theta\mathrm{d}z-\tau_{rz}r\mathrm{d}\theta\mathrm{d}z+$$
$$\left(\sigma_z+\frac{\partial\sigma_z}{\partial z}\mathrm{d}z\right)r\mathrm{d}\theta\mathrm{d}r-\sigma_z r\mathrm{d}\theta\mathrm{d}r+Zr\mathrm{d}\theta\mathrm{d}r\mathrm{d}z=0$$

简化后,除以 $r\mathrm{d}\theta\mathrm{d}r\mathrm{d}z$,然后略去微量,得

$$\frac{\partial\sigma_z}{\partial z}+\frac{\partial\tau_{rz}}{\partial r}+\frac{\tau_{rz}}{r}+Z=0 \tag{2-27b}$$

综合上述过程,可得到空间轴对称问题的平衡微分方程为

$$\left.\begin{aligned}&\frac{\partial\sigma_r}{\partial r}+\frac{\partial\tau_{zr}}{\partial z}+\frac{\sigma_r-\sigma_\theta}{r}+K_r=0\\&\frac{\partial\sigma_z}{\partial z}+\frac{\partial\tau_{rz}}{\partial r}+\frac{\tau_{rz}}{r}+Z=0\end{aligned}\right\} \tag{2-28}$$

2.3.2　几何方程

为了建立应变与位移之间的关系，如图 2-23(a)所示，沿坐标轴正向取三段微分线段 $AB = dr$、$AC = r\mathrm{d}\theta$、$AD = \mathrm{d}z$，下面讨论这三段微分线段的线变形和它们之间角度的改变。

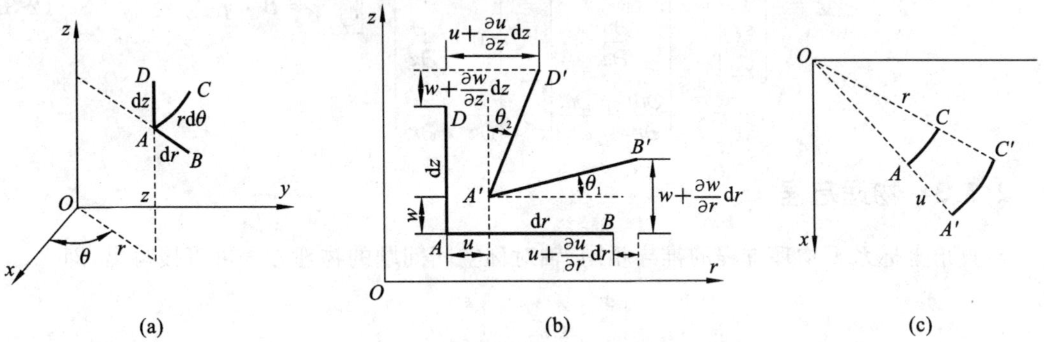

图 2-23　轴对称问题的应变状态

用 ε_r 表示 r 方向的应变，称为径向正应变；以 ε_θ 表示 θ 方向的应变，称为环向正应变；以 ε_z 表示 z 方向的正应变，称为轴向应变；γ_{zr} 表示 r 和 z 方向的微分线段 AB 和 CD 间的直角改变，称为剪应变。

对于微分线段 AB，如果 A 点的径向位移为 u，则 B 点的径向位移为 $u+\frac{\partial u}{\partial r}\mathrm{d}r$（见图 2-23(b)），与平面问题应变分析相类似，可得

$$\varepsilon_r = \frac{u+\frac{\partial u}{\partial r}\mathrm{d}r - u}{\mathrm{d}r} = \frac{\partial u}{\partial r} \tag{2-29a}$$

同理，A 点的轴向应变为

$$\varepsilon_z = \frac{w+\frac{\partial w}{\partial z}\mathrm{d}z - w}{\mathrm{d}z} = \frac{\partial w}{\partial z} \tag{2-29b}$$

对于微分线段 AC，在 A 点发生径向位移 u 以后，它与 z 轴之距离为 $r+u$（见图 2-23(c)）。于是有

$$\varepsilon_\theta = \frac{(r+u)\mathrm{d}\theta - r\mathrm{d}\theta}{r\mathrm{d}\theta} = \frac{u}{r} \tag{2-29c}$$

最后，剪应变 γ_{zr} 为角度改变 θ_1 和 θ_2 之和（见图 2-23(b)）。与平面问题完全相似，推导得剪应变为

$$\gamma_{zr} = \theta_1 + \theta_2 = \frac{\partial w}{\partial r} + \frac{\partial u}{\partial z} \tag{2-29d}$$

综上所述，可得到空间轴对称问题的几何方程为

$$\left.\begin{aligned}
\varepsilon_r &= \frac{\partial u}{\partial r} \\
\varepsilon_\theta &= \frac{u}{r} \\
\varepsilon_z &= \frac{\partial w}{\partial z} \\
\gamma_{rz} &= \frac{\partial w}{\partial r} + \frac{\partial u}{\partial z}
\end{aligned}\right\} \tag{2-30}$$

为了方便使用和描述，将式(2-30)写成矩阵形式：

$$\boldsymbol{\varepsilon}=\begin{bmatrix}\varepsilon_r\\ \varepsilon_\theta\\ \varepsilon_z\\ \gamma_{zr}\end{bmatrix}=\begin{bmatrix}\dfrac{\partial u}{\partial r}\\ \dfrac{u}{r}\\ \dfrac{\partial w}{\partial z}\\ \dfrac{\partial w}{\partial r}+\dfrac{\partial u}{\partial z}\end{bmatrix}=\begin{bmatrix}\dfrac{\partial}{\partial r} & 0\\ \dfrac{1}{r} & 0\\ 0 & \dfrac{\partial}{\partial z}\\ \dfrac{\partial}{\partial z} & \dfrac{\partial}{\partial r}\end{bmatrix}\cdot\begin{bmatrix}u\\ w\end{bmatrix}=\boldsymbol{B}\cdot\boldsymbol{q} \tag{2-31}$$

2.3.3　物理方程

与直角坐标系下物理方程的推导相同，轴对称空间问题的物理方程可直接写出，即

$$\boldsymbol{\sigma}=\begin{bmatrix}\sigma_r\\ \sigma_\theta\\ \sigma_z\\ \tau_{zr}\end{bmatrix}=\boldsymbol{D}\cdot\begin{bmatrix}\varepsilon_r\\ \varepsilon_\theta\\ \varepsilon_z\\ \gamma_{zr}\end{bmatrix}=\boldsymbol{D\varepsilon} \tag{2-32}$$

其中，弹性矩阵 $\boldsymbol{D}$ 为

$$\boldsymbol{D}=\frac{E(1-\mu)}{(1+\mu)(1-2\mu)}\begin{bmatrix}1 & \dfrac{\mu}{1-\mu} & \dfrac{\mu}{1-\mu} & 0\\ \dfrac{\mu}{1-\mu} & 1 & \dfrac{\mu}{1-\mu} & 0\\ \dfrac{\mu}{1-\mu} & \dfrac{\mu}{1-\mu} & 1 & 0\\ 0 & 0 & 0 & \dfrac{1-2\mu}{2(1-\mu)}\end{bmatrix} \tag{2-33}$$

综合可知，以上共有 10 个方程。空间轴对称问题共有 10 个未知变量，联合上述 10 个方程，即可求出弹性力学空间轴对称问题的解。

2.4　有限元法的理论基础

有限元法是一种离散化的数值解法，对于结构的力学特性分析而言，其理论基础是能量原理。在有限元中得到的刚度方程所含未知数的性质有三种情况：一种是以位移作为未知量，则称作位移法，位移法采用最小位能(势能)原理或虚位移原理进行分析；另一种是以应力作为未知量，则称作应力法，应力法常采用最小余能原理进行分析；第三种是以一部分位移和一部分应力作为未知量，则称作混合法，混合法采用修正的能量原理进行分析。

虚位移原理或最小位能(势能)原理、最小余能原理、变分原理等是有限元法的又一重要基础理论。为了学好有限元法，下面将对能量原理和变分原理作简要的介绍。

2.4.1　虚位移原理

1. 弹性体的位移和虚位移

1) 位移

弹性体的位移是弹性体在给定的外载荷作用下，实际产生的确定位移或实位移，简称位

移。它满足变形协调条件和几何边界条件，由施加在弹性体上的外载荷唯一确定。

2）虚位移

弹性体的虚位移是假设的、约束条件允许的、任意的、无限小的位移，但它并未实际发生，只是说明会有产生位移的可能性。弹性体的虚位移也必须满足变形协调条件和几何边界条件，前者限制弹性体内部的变形状态，即保证弹性体内部的连续性，后者限制弹性体边界上一些质点的位移，即在结构边界上的几何条件。

虚位移与实位移的区别在于：虚位移是在约束条件允许的范围内弹性体可能发生的任意的微小的位移，它的发生与时间无关，与弹性体所受的外载荷无关；而弹性体在外载荷作用下产生的实位移是可能的虚位移，因为它也满足变形协调条件和几何边界条件。

2. 功与应变能

图 2-24(a)所示为一根刚度系数为 K 的弹簧，左端固定，右端作用一轴向拉力 F，弹簧在拉力 F 作用下，右端 B 点发生了位移 u_B，拉力 F 做了功。弹簧拉力 F 在实位移 u_B 上所做的功称作外力功或实功，简称功。此功就是图 2-24(b)中三角形 OCD 的面积(线弹性变力做功)，即有

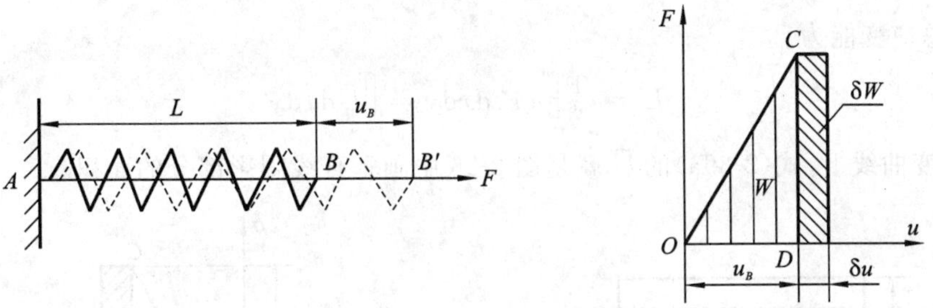

(a) 弹簧的受力状态　　(b) 弹簧力做功

图 2-24　弹簧在拉力作用下所做的功

$$W = \frac{1}{2}Fu_B \tag{2-34}$$

在线弹性情况下，当 $F=0$ 时，$u_B=0$；拉力 F 增加到一定值时，u_B 也线性地增大到一定值。且在弹性范围内，有关系式：$F = Ku_B$。将其代入式(2-34)，有

$$W = \frac{1}{2}Ku_B^2 \tag{2-35}$$

假设施加在弹性体上的外载荷有 $F_1, F_2, \cdots, F_n$，它们从零开始增大到一定值时，弹性体的变形也从零开始线性地增大到一定值。此时在外力作用方向的位移分别为 $u_1, u_2, \cdots, u_n$，则外力所做的功为

$$W = \frac{1}{2}(F_1u_1 + F_2u_2 + \cdots + F_nu_n) \tag{2-36a}$$

写成矩阵形式时，

$$\boldsymbol{W} = \frac{1}{2}\boldsymbol{q}^{\mathrm{T}}\boldsymbol{F} \tag{2-36b}$$

式中：外载荷向量 $\boldsymbol{F}=[F_1\quad F_2\quad \cdots\quad F_n]^{\mathrm{T}}$；位移向量 $\boldsymbol{q}=[u_1\quad u_2\quad \cdots\quad u_n]$。

若不考虑变形过程中的热量损失、弹性体的动能及外界阻尼等，则外力所做的功将全部转变为贮存于弹性体内的位能——应变能。当外载荷去掉时，贮存于弹性体内的位能或应变能

将使弹性体恢复原状。因此图 2-24(a)所示弹簧的应变能为

$$U=\frac{1}{2}Ku_B^2 \tag{2-37}$$

如果把图 2-25 所示的微元体，看成一个长度为 dx，截面面积为 $A=dy\times1$（设微元体的厚度为 1 个单位）的弹簧，则在拉力 F 的作用下，右端相对左面移动了 $\varepsilon_x dx$，此过程所做的功为

$$dW=\frac{1}{2}F\varepsilon_x dx$$

由于有 $F=\sigma_x A=\sigma_x dy\times1$，则

$$dW=\frac{1}{2}F\varepsilon_x dx=\frac{1}{2}\sigma_x\varepsilon_x dxdy \tag{2-38a}$$

因此，贮存在微元体内的应变能 dU 为

$$dU=\frac{1}{2}\sigma_x\varepsilon_x dxdy \tag{2-38b}$$

如果用 $\overline{U}$ 表示单位体积内的应变能，即

$$\overline{U}=\frac{1}{2}\sigma_x\varepsilon_x \tag{2-39a}$$

则结构的总应变能为

$$U=\frac{1}{2}\iint\sigma_x\varepsilon_x dxdy=\iint\overline{U}dxdy \tag{2-39b}$$

在应力-应变曲线上，式(2-39a)的 $\overline{U}$ 就是图 2-26 中画垂直线阴影部分的面积。

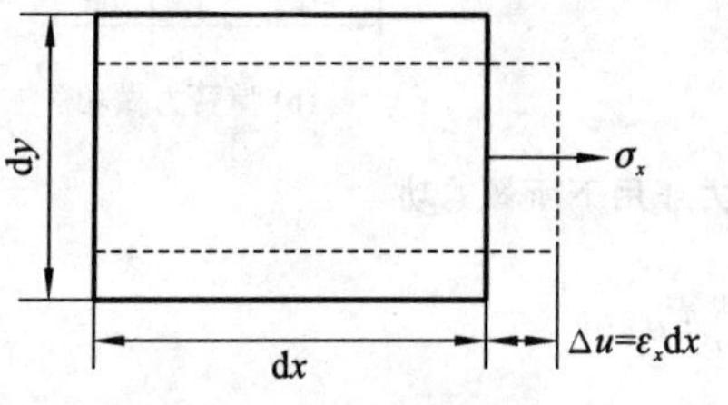

图 2-25　弹性微元体

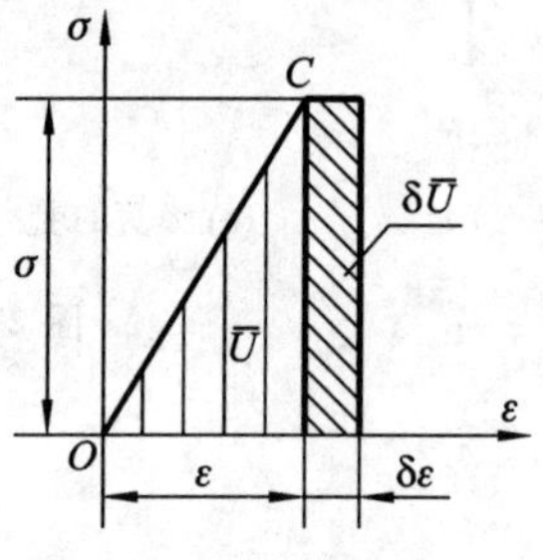

图 2-26　微元体的应变能

如果微元体(见图 2-25)上不仅有 σ_x，还有 σ_y 和 τ_{xy} 作用，根据力的叠加原理，得外力所做的功贮存在微元体内的应变能为

$$\begin{aligned}dU&=\frac{1}{2}\sigma_x\varepsilon_x dxdy+\frac{1}{2}\sigma_y\varepsilon_y dxdy+\frac{1}{2}\tau_{xy}\gamma_{xy}dxdy\\&=\frac{1}{2}(\sigma_x\varepsilon_x+\sigma_x\varepsilon_x+\tau_{xy}\gamma_{xy})dxdy\end{aligned} \tag{2-40}$$

令

$$\overline{U}=\frac{1}{2}(\sigma_x\varepsilon_x+\sigma_y\varepsilon_y+\tau_{xy}\gamma_{xy}) \tag{2-41a}$$

写成矩阵形式，得

$$\overline{\boldsymbol{U}}=\frac{1}{2}\boldsymbol{\varepsilon}^{\mathrm{T}}\boldsymbol{\sigma} \tag{2-41b}$$

式中：$\overline{U}$ 是单位体积内的应变能；$\boldsymbol{\varepsilon}=[\varepsilon_x\quad\varepsilon_y\quad\gamma_{xy}]$；$\boldsymbol{\sigma}=[\sigma_x\quad\sigma_y\quad\tau_{xy}]^{\mathrm{T}}$。

弹性体的总应变能为

$$U=\iint \overline{U}\mathrm{d}x\mathrm{d}y=\frac{1}{2}\iint \varepsilon^{\mathrm{T}}\cdot\sigma\mathrm{d}x\mathrm{d}y \tag{2-42}$$

对于一般弹性体来讲,单位体积的应变能为

$$\overline{U}=\frac{1}{2}(\sigma_x\varepsilon_x+\sigma_y\varepsilon_y+\sigma_z\varepsilon_z+\tau_{xy}\gamma_{xy}+\tau_{yz}\gamma_{yz}+\tau_{zx}\gamma_{zx})$$

则一般弹性体的总应变能为

$$U=\int_V \overline{U}\mathrm{d}V=\frac{1}{2}\int_V \varepsilon^{\mathrm{T}}\cdot\sigma\mathrm{d}V \tag{2-43}$$

式中:$\mathrm{d}V$ 为微元体的体积;且有

$$\boldsymbol{\varepsilon}=[\varepsilon_x\quad \varepsilon_y\quad \varepsilon_z\quad \gamma_{xy}\quad \gamma_{yz}\quad \gamma_{zx}]$$

$$\boldsymbol{\sigma}=[\sigma_x\quad \sigma_y\quad \sigma_z\quad \tau_{xy}\quad \tau_{yz}\quad \tau_{zx}]^{\mathrm{T}}$$

根据 2.2 节的算例 2-1,已知图 2-20 所示杆结构的位移、应变和应力分别为

$$\left.\begin{aligned}\sigma(x)&=\frac{P}{A}\\ \varepsilon(x)&=\frac{P}{EA}\\ u(x)&=\frac{P}{EA}x\end{aligned}\right\}$$

则将其代入式(2-43),可得杆结构的总应变能为

$$U=\frac{1}{2}\int_V \boldsymbol{\varepsilon}^{\mathrm{T}}\cdot\boldsymbol{\sigma}\mathrm{d}V=\frac{1}{2}\int_0^l \sigma(x)\cdot\varepsilon(x)\cdot A\mathrm{d}x=\frac{P^2l}{2EA}$$

外力做的功为

$$W=P\cdot u(x)\mid_{x=l}=\frac{P^2l}{EA}$$

3. 外力虚功与虚应变能

弹性体在平衡状态下发生虚位移时,不仅在外载荷的作用点上发生虚位移 $\delta\boldsymbol{q}$,而且在虚位移的发生过程中,弹性体内部将产生虚应变 $\delta\boldsymbol{\varepsilon}$,则外载荷在虚位移上所做的功称为虚功,如图 2-24(b)所示,用 $\delta\boldsymbol{W}$ 表示,得

$$\delta\boldsymbol{W}=\delta\boldsymbol{q}^{\mathrm{T}}\boldsymbol{F} \tag{2-44}$$

应力在虚应变上所做的虚功,是贮存在弹性体内的虚应变能,如图 2-26 所示,用 $\delta\boldsymbol{U}$ 表示,因此可得

$$\delta\boldsymbol{U}=\int_V \delta\boldsymbol{\varepsilon}^{\mathrm{T}}\boldsymbol{\sigma}\mathrm{d}V \tag{2-45}$$

由于在平衡状态下发生虚位移时,外载荷已作用于弹性体,而且在虚位移发生的过程中,外载荷和应力均保持不变,是恒力所做的功,因此,在式(2-44)和式(2-45)中均不带有$\frac{1}{2}$因子。在单轴情况下,图 2-24(b)右边画斜线的矩形面积表示虚功,图 2-26 中右边画斜线的矩形面积表示单位体积的虚应变能:

$$\delta\overline{\boldsymbol{U}}=\delta\boldsymbol{\varepsilon}^{\mathrm{T}}\boldsymbol{\sigma}$$

4. 弹性体的虚位移原理

虚位移原理亦称虚功原理,是最基本的能量原理,它用功的概念来阐述弹性体的平衡条件。

虚位移原理叙述为：如果在虚位移发生之前，弹性体处于平衡状态，那么在虚位移发生时，外载荷在虚位移上所做的虚功就等于弹性体的虚应变能——应力在虚应变上所做的虚功，即

$$\delta \boldsymbol{W} = \delta \boldsymbol{U} \tag{2-46}$$

或

$$\delta \boldsymbol{q}^{\mathrm{T}} \boldsymbol{F} = \int_V \delta \boldsymbol{\varepsilon}^{\mathrm{T}} \boldsymbol{\sigma} \mathrm{d}V \tag{2-47}$$

式(2-47)就是用于弹性体分析时虚位移原理的一般表达式。但必须指出的是，对于虚位移原理，在虚位移发生过程中，原有的外力、应力、温度及速度均保持不变，也就是说，没有热能或动能的改变。这样，按照能量守恒原理，虚应变能的增加应当等于外力位能的减小，也就是等于外力所做的虚功。

外力包括集中力 $\boldsymbol{R}$、体积力 $\boldsymbol{G}$ 和表面力 $\boldsymbol{P}$，对于平面弹性体而言，上述外力的总虚功为

$$\delta \boldsymbol{W} = \delta \boldsymbol{q}^{\mathrm{T}} \boldsymbol{R} + \int_V \delta \boldsymbol{q}^{\mathrm{T}} \boldsymbol{G} \mathrm{d}V + \int_S \delta \boldsymbol{q}^{\mathrm{T}} \boldsymbol{P} \mathrm{d}S \tag{2-48}$$

式中：$\delta \boldsymbol{q} = [\delta u \quad \delta v]^{\mathrm{T}}$；等号右边第一项为集中力虚功，第二项为体积力虚功，第三项为表面力虚功。

2.4.2　最小位能原理

最小位能原理亦称最小势能原理，它是虚位移原理的另一种形式。根据虚位移原理，有

$$\delta U - \delta W = \delta U + (-\delta W) = 0 \tag{2-49}$$

由于虚位移是微小的，在虚位移过程中，外力的大小可看成常量，外力方向保持不变，只是作用点有了改变，这样，就可以把式(2-49)中的变分记号 δ 提到括号外面，即

$$\delta(U - W) = 0 \tag{2-50}$$

令 $\Pi = U - W$，则

$$\delta \Pi = 0 \tag{2-51}$$

Π 称为弹性体的总位能，它等于弹性体的应变能 U 与外力位能 W 的代数和。由于弹性体总位能的变化是虚位移或位移的变分引起的，那么，给出不同的位移函数，就可以求出对应于该位移函数的总位能，而使总位能最小的那个位移函数接近于真实的位移解。从数学观点来说，$\delta \Pi = 0$，表示总位能对位移函数的一次变分等于零。因为总位能是位移函数的函数，称作泛函，而 $\delta \Pi = 0$ 就是对泛函求极值。如果考虑二阶变分，就可以证明：对于稳定平衡状态，这个极值是极小值，也就是最小或极小位能原理。

因此最小位能原理可以叙述为：在给定外力作用下，弹性体在满足变形协调条件和位移边界条件的所有各组位移解中，实际存在的一组位移应使总位能最小。

算例 2-3：弹簧系统的分析

如图 2-27 所示，已知 4 个弹簧的刚度系数，试采用最小位能原理建立外载荷 F 与节点位移 q 之间的关系。

由图 2-27 可知，4 个弹簧及弹簧力所做的功如表 2-1 所示，其中功按式(2-44)计算。

弹簧系统中弹簧力所做的总功应为 4 个弹簧单独做功的总和，即

$$W_{\mathrm{s}} = \frac{1}{2} k_1 (q_1 - q_2)^2 + \frac{1}{2} k_2 q_2^2 + \frac{1}{2} k_3 (q_3 - q_2)^2 + \frac{1}{2} k_4 q_3^2 \tag{2-52}$$

外力 $\boldsymbol{F}$ 在对应位移 $\boldsymbol{q}$ 上做的功为

$$W_F = F_1 q_1 + F_3 q_3 \tag{2-53}$$

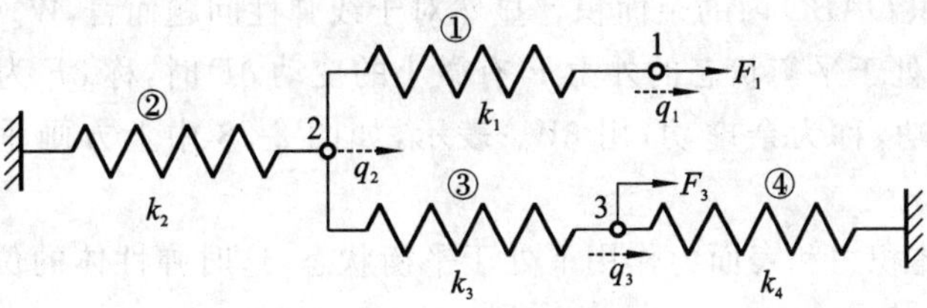

图 2-27　弹簧系统

表 2-1　弹簧力做功

弹簧编号	刚度系数	伸长量	功
①	k_1	q_1-q_2	$\frac{1}{2}k_1(q_1-q_2)^2$
②	k_2	q_2	$\frac{1}{2}k_2q_2^2$
③	k_3	q_3-q_2	$\frac{1}{2}k_3(q_3-q_2)^2$
④	k_4	q_3	$\frac{1}{2}k_4q_3^2$

因此弹簧系统总的位能为

$$\begin{aligned}\Pi &= W_s - W_F \\ &= \frac{1}{2}k_1(q_1-q_2)^2+\frac{1}{2}k_2q_2^2+\frac{1}{2}k_3(q_3-q_2)^2+\frac{1}{2}k_4q_3^2-F_1q_1-F_3q_3\end{aligned} \tag{2-54}$$

将式(2-54)代入式(2-51)，即总位能对位移变量 $\boldsymbol{q}$ 求导，并令其等于零，有

$$\frac{\partial\Pi}{\partial q_1}=k_1(q_1-q_2)-F_1=0$$

$$\frac{\partial\Pi}{\partial q_2}=-k_1(q_1-q_2)+k_2q_2-k_3(q_3-q_2)=0$$

$$\frac{\partial\Pi}{\partial q_3}=k_3(q_3-q_2)+k_4q_3-F_3=0$$

可用矩阵形式来表示，即

$$\begin{bmatrix} k_1 & -k_1 & 0 \\ -k_1 & k_1+k_2+k_3 & -k_3 \\ 0 & -k_3 & k_3+k_4 \end{bmatrix}\begin{bmatrix} q_1 \\ q_2 \\ q_3 \end{bmatrix}=\begin{bmatrix} F_1 \\ 0 \\ F_3 \end{bmatrix} \tag{2-55}$$

式(2-51)也可以写成如下的刚度方程：

$$\boldsymbol{K}\cdot\boldsymbol{q}=\boldsymbol{F}$$

2.4.3　最小余能原理

当以应力作为未知函数来求解时，就要利用最小余能原理。

1. 余功和余虚功

对于简单拉伸曲线，如图 2-28 所示，下面画横线阴影部分的面积，定义为余功，记为 W_c。

它可以看作矩形面积 $OABC$ 内的余面积。显然对于线弹性问题而言，$W_c=W$。

若是位移不变，处于平衡状态的外力 F 有微小的变动 δF 时，称 δF 为虚力，虚力在平衡状态下的位移 u 上做功，称为余虚功，用 δW_c 表示，如图 2-28 中上方画垂线的矩形面积所表示的。

假设弹性体在体积力和表面力作用下处于平衡状态，这时弹性体的位移为 $\boldsymbol{q}$，如果体积力为 $\boldsymbol{G}$，面力为 $\boldsymbol{P}$，则余虚功为

$$\delta \boldsymbol{W}_c = \int_V \boldsymbol{q}^{\mathrm{T}} \delta \boldsymbol{G} \mathrm{d}V + \int_S \boldsymbol{q}^{\mathrm{T}} \delta \boldsymbol{P} \mathrm{d}S \tag{2-56}$$

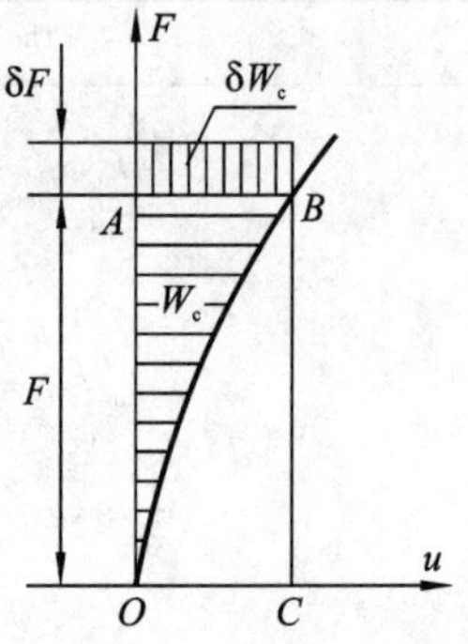

图 2-28 余功与余虚功

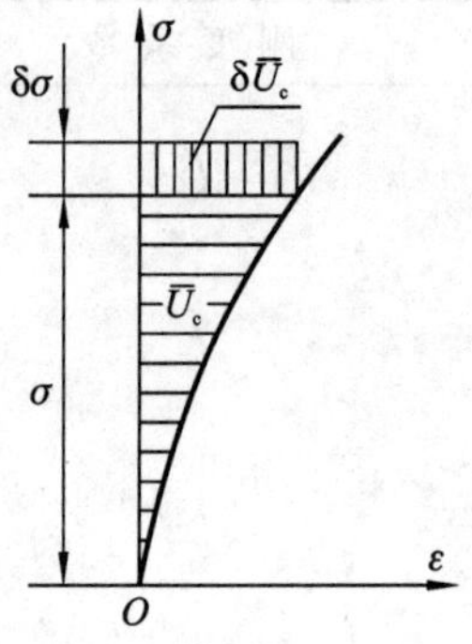

图 2-29 余应变能与余虚应变能

2. 余应变能和余虚应变能

在应力-应变曲线中，如图 2-29 所示，下方横线阴影所示的面积，表示单位体积的余应变能 $\overline{\boldsymbol{U}}_c$。在线弹性情况下，$\overline{\boldsymbol{U}}_c$ 的表达式为

$$\overline{\boldsymbol{U}}_c = \frac{1}{2}\boldsymbol{\varepsilon}^{\mathrm{T}}\boldsymbol{\sigma}$$

将式中的应变用应力来表示，并令对称矩阵

$$\boldsymbol{d}=\boldsymbol{d}^{\mathrm{T}}=\boldsymbol{D}^{-1}$$

则得到

$$\overline{\boldsymbol{U}}_c=\frac{1}{2}\boldsymbol{\sigma}^{\mathrm{T}} \cdot \boldsymbol{d} \cdot \boldsymbol{\sigma} \tag{2-57}$$

将式(2-57)进行体积分，可得弹性体的余应变能为

$$\boldsymbol{U}_c = \int_V \frac{1}{2}\boldsymbol{\sigma}^{\mathrm{T}} \cdot \boldsymbol{d} \cdot \boldsymbol{\sigma} \mathrm{d}V \tag{2-58}$$

在平衡状态下保持应变 $\boldsymbol{\varepsilon}$ 不变，当弹性体内发生虚应力 $\delta\boldsymbol{\sigma}$ 时，则虚应力在应变上所做的功，称为余虚应变能，其表达式为

$$\delta \boldsymbol{U}_c = \int_V \boldsymbol{\varepsilon}^{\mathrm{T}} \delta\boldsymbol{\sigma} \mathrm{d}V \tag{2-59}$$

单位体积的余虚应变能，用 $\delta\overline{\boldsymbol{U}}_c$ 表示，如图 2-29 中上方用垂线表示的矩形面积，其表达式为

$$\delta\overline{\boldsymbol{U}}_c = \boldsymbol{\varepsilon}^{\mathrm{T}} \cdot \delta\boldsymbol{\sigma} \tag{2-60}$$

则弹性体的余虚应变能也可表示为

$$\delta \boldsymbol{U}_c = \int_V \delta\overline{\boldsymbol{U}}_c \mathrm{d}V \tag{2-61}$$

3. 最小余能原理

如果在弹性体的一部分边界 S_u 上作用有边界面力 $\boldsymbol{P}$，由此产生的位移为 $\boldsymbol{q}$，则面力的余位能为

$$\boldsymbol{W}_{\mathrm{c}}=\int_{S}\boldsymbol{q}^{\mathrm{T}}\boldsymbol{P}\mathrm{d}S$$

弹性体的余能定义为弹性体的余应变能与边界 S_u 上边界面力余位能之差，即

$$\boldsymbol{\Pi}_{\mathrm{c}}=\boldsymbol{U}_{\mathrm{c}}-\boldsymbol{W}_{\mathrm{c}} \tag{2-62a}$$

则

$$\boldsymbol{\Pi}_{\mathrm{c}}=\int_{V}\frac{1}{2}\boldsymbol{\sigma}^{\mathrm{T}}\cdot\boldsymbol{d}\cdot\boldsymbol{\sigma}\mathrm{d}V-\int_{S}\boldsymbol{q}^{\mathrm{T}}\boldsymbol{P}\mathrm{d}S \tag{2-62b}$$

最小余能原理可叙述如下：

在弹性体内部满足平衡条件且在边界上满足静力边界条件的应力分量中，只有同时在弹性体内满足应力-应变关系并在边界上满足边界位移条件的应力分量，才能使弹性体的总余能取极值，且可以证明，若弹性体处于稳定平衡状态，总余能为极小值，即

$$\delta\Pi_{\mathrm{c}}=\delta U_{\mathrm{c}}-\delta W_{\mathrm{c}}=0 \tag{2-63}$$

弹性力学的变分原理，主要包括虚位移原理、最小位能原理和最小余能原理。它们是有限元法的理论基础。

最小位能原理与虚位移原理的本质是一样的。它们都是在实际平衡状态的位移发生虚位移时，能量守恒原理的具体应用，只是表达方式有所不同而已。可根据不同的需要，采用其中的一种。

最小余能原理与最小位能原理的基本区别在于：最小位能原理对应于弹性体或结构的平衡条件，以位移为变化量，而最小余能原理对应于弹性体的变形协调条件，以力为变化量。

2.5　习　　题

2-1　在平面问题的三大方程的推导过程中，都用到了哪个假设？

2-2　对于平面应力问题，试推导用正应力分量表示的相容方程。

2-3　在平面应变问题中，已知：$\sigma_x=138$ MPa，$\sigma_y=-69$ MPa，弹性模量 $E=206$ GPa，泊松比 $\mu=0.3$，试求出 σ_z。

2-4　已知下列位移场：

$$u=(-x^2+2y^2+6xy)\times10^{-4}$$
$$v=(3x+6y-y^2)\times10^{-4}$$

试求坐标(1,0)处的应变值。

2-5　如习题 2-5 图所示的杆结构，其左端固定，已知杆内的应变场为 $\varepsilon_x=1+2x^2$，请确定右端的位移值。

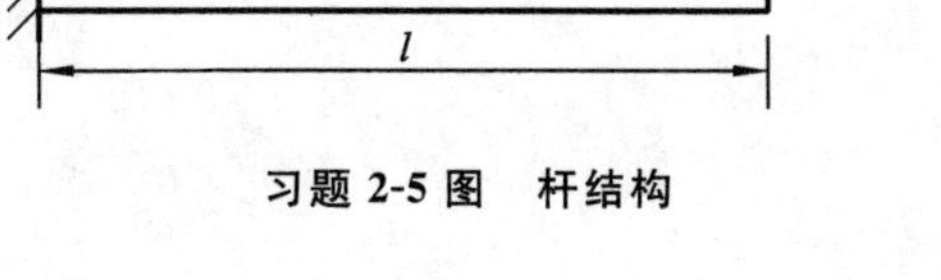

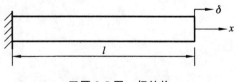

习题 2-5 图　杆结构

2-6　请说明下列应变状态是否存在,为什么?

$$\boldsymbol{\varepsilon}_{ij}=\begin{bmatrix}A(x^2+y^2) & Axy & 0\\ Axy & Ay^2 & 0\\ 0 & 0 & 0\end{bmatrix}$$

2-7　试确定习题 2-7 图所示弹簧系统中节点的位移。

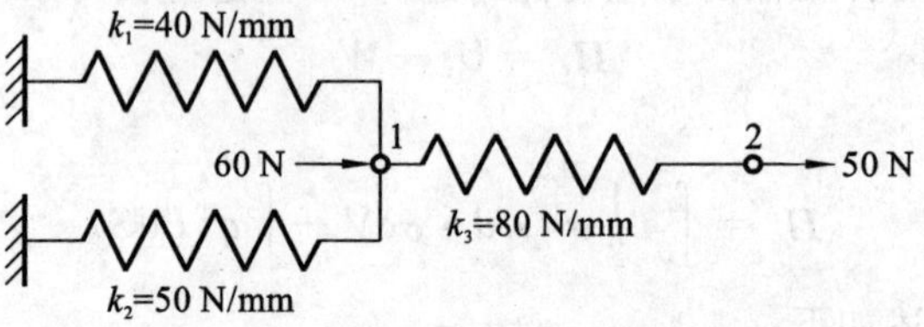

习题 2-7 图　弹簧结构

2-8　习题 2-8 图所示为一个有限单元的位移场,请确定其应变场。

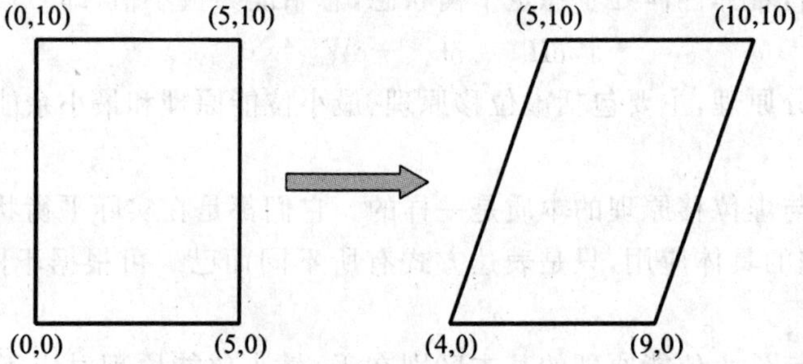

习题 2-8 图　有限单元的位移场

第 3 章　杆梁结构的有限元分析

杆梁结构是指长度远大于其横截面尺寸的构件组成的杆件系统，例如机床中的传动轴，厂房刚架与桥梁结构中的梁杆等。它是工程中常见的结构，其形状比较简单，可以用杆单元或梁单元来进行离散化。

平面杆系是指各杆轴线和外力作用线位于一个平面内的杆系，若各杆轴线和外力作用线不在一个平面内则称为空间杆系。

本章主要介绍利用杆单元与梁单元进行结构静力学分析的原理。首先介绍了杆单元和梁单元的分析方法，详细给出了利用杆单元和梁单元进行有限元分析的整个过程，并以一个平面悬臂梁力学模型为算例，分别采用材料力学、弹性力学方法以及有限元法进行了分析与求解。

3.1　杆梁结构的直接刚度法

3.1.1　直杆结构

先以图 3-1 所示的杆问题为例来说明求解的基本思路。如图 3-1(a)所示的杆结构可看成连接三个节点的两个单元，如图 3-1(b)所示。在已知杆参数的情况下，由材料力学可知杆伸缩量 Δl 的计算式为

$$\Delta l = \frac{Fl}{EA} \tag{3-1}$$

或写成

$$F = \frac{EA}{l} \cdot \Delta l \tag{3-2}$$

参照弹簧力公式，即有

$$F = \frac{EA}{l} \cdot \Delta l = k \cdot \Delta l \tag{3-3}$$

式中：k 为刚度系数，且有 $k = \dfrac{EA}{l}$；E 为材料的弹性模量；A 为杆的横截面面积；l 为杆的长度。

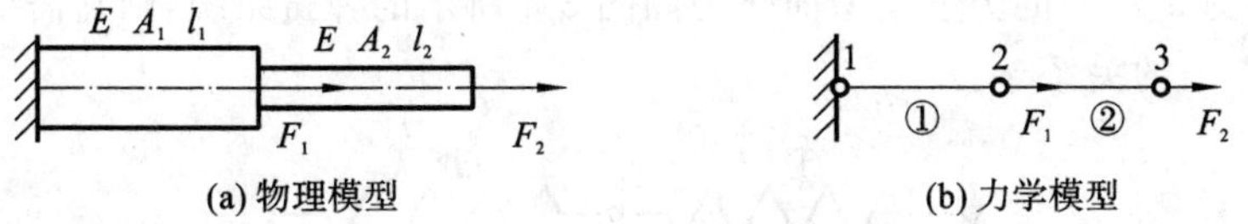

图 3-1　杆结构

先以单元①为例进行分析，依据式(3-3)，将单元①简化为一个弹簧结构，如图 3-2 所示，每个节点有一个节点力和节点位移，如节点 1 的位移为 u_1，节点力为 F_1。

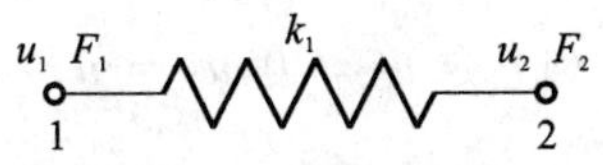

图 3-2　简化后的单元

为了建立节点力与节点位移的关系，将图 3-2 所示的弹

簧拆分为两个简单系统进行分析，如图 3-3 所示，其分析过程如下：

(1) 令 $u_1=1, u_2=0$，则有 $F_{11}=k_1 \cdot u_1$，根据作用力与反作用力定律，有 $F_{21}=-k_1 \cdot u_1$。

(2) 令 $u_1=0, u_2=1$，则有 $F_{22}=k_1 \cdot u_2$，同理有 $F_{12}=-k_1 \cdot u_2$。

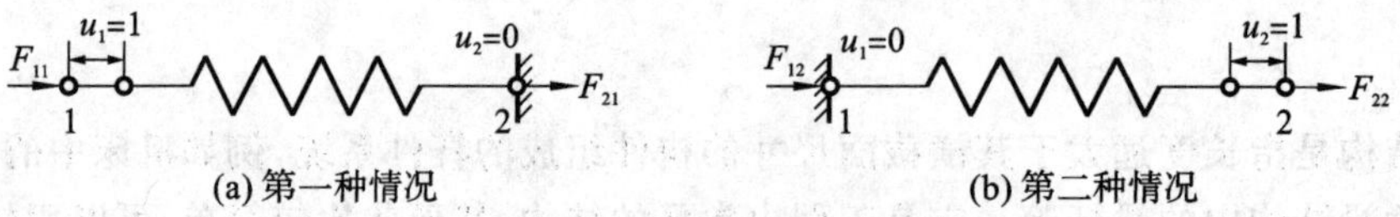

图 3-3　拆分后的弹簧系统

依据力的叠加原理，则分别作用在节点上的合力为

$$\left.\begin{aligned} F_1 &= F_{11}+F_{12}=k_1u_1-k_1u_2 \\ F_2 &= F_{21}+F_{22}=-k_1u_1+k_1u_2 \end{aligned}\right\} \tag{3-4}$$

将式(3-4)写成矩阵形式，有

$$\begin{bmatrix} k_1 & -k_1 \\ -k_1 & k_1 \end{bmatrix}\begin{bmatrix} u_1 \\ u_2 \end{bmatrix}=\begin{bmatrix} F_1 \\ F_2 \end{bmatrix} \tag{3-5}$$

或简写为

$$\boldsymbol{K}^e \cdot \boldsymbol{q}^e=\boldsymbol{F}^e \tag{3-6}$$

式中：$\boldsymbol{K}^e$ 为单元刚度矩阵，

$$\boldsymbol{K}^e=\begin{bmatrix} k_1 & -k_1 \\ -k_1 & k_1 \end{bmatrix}$$

$\boldsymbol{q}^e$ 为单元节点位移向量，

$$\boldsymbol{q}^e=\begin{bmatrix} u_1 \\ u_2 \end{bmatrix}$$

$\boldsymbol{F}^e$ 为单元载荷向量，

$$\boldsymbol{F}^e=\begin{bmatrix} F_1 \\ F_2 \end{bmatrix}$$

将单元①的参数代入式(3-5)，有

$$\begin{bmatrix} \dfrac{EA_1}{l_1} & -\dfrac{EA_1}{l_1} \\ -\dfrac{EA_1}{l_1} & \dfrac{EA_1}{l_1} \end{bmatrix}\begin{bmatrix} u_1 \\ u_2 \end{bmatrix}=\begin{bmatrix} F_1 \\ F_2 \end{bmatrix} \tag{3-7}$$

类似地，将图 3-1(b)的力学模型简化为如图 3-4 所示的弹簧系统，则它需要分三步来建立节点位移和节点力的关系。

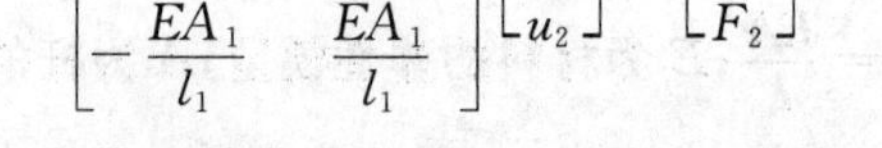

图 3-4　简化后的弹簧系统

(1) 令 $u_1 \neq 0, u_2=u_3=0$，则有

$$\left.\begin{aligned} F_{11} &= k_1u_1 \\ F_{21} &= -F_{11}=-k_1u_1 \\ F_{31} &= 0 \end{aligned}\right\}$$

(2) 令 $u_2 \neq 0, u_1 = u_3 = 0$，则有

$$\left.\begin{aligned} F_{12} &= -k_1 u_2 \\ F_{22} &= (k_1 + k_2) u_2 \\ F_{32} &= -k_2 u_2 \end{aligned}\right\}$$

(3) 令 $u_3 \neq 0, u_1 = u_2 = 0$，则有

$$\left.\begin{aligned} F_{13} &= 0 \\ F_{23} &= -F_{33} = -k_2 u_3 \\ F_{33} &= k_2 u_3 \end{aligned}\right\}$$

将节点力进行叠加，可得到弹簧系统的总刚度方程为

$$\left.\begin{aligned} F_1 &= F_{11} + F_{12} + F_{13} = k_1 u_1 - k_1 u_2 + 0 \\ F_2 &= F_{21} + F_{22} + F_{23} = -k_1 u_1 + (k_1 + k_2) u_2 + k_2 u_3 \\ F_3 &= F_{31} + F_{32} + F_{33} = 0 - k_2 u_2 + k_2 u_3 \end{aligned}\right\} \tag{3-8}$$

写成矩阵形式，有

$$\begin{bmatrix} k_1 & -k_1 & 0 \\ -k_1 & k_1 + k_2 & -k_2 \\ 0 & -k_2 & k_2 \end{bmatrix} \cdot \begin{bmatrix} u_1 \\ u_2 \\ u_3 \end{bmatrix} = \begin{bmatrix} F_1 \\ F_2 \\ F_3 \end{bmatrix} \tag{3-9}$$

将 $k_1 = \dfrac{EA_1}{l_1}, k_2 = \dfrac{EA_2}{l_2}$ 代入式(3-9)，有

$$\begin{bmatrix} \dfrac{EA_1}{l_1} & -\dfrac{EA_1}{l_1} & 0 \\ -\dfrac{EA_1}{l_1} & \dfrac{EA_1}{l_1} + \dfrac{EA_2}{l_2} & -\dfrac{EA_2}{l_2} \\ 0 & -\dfrac{EA_2}{l_2} & \dfrac{EA_2}{l_2} \end{bmatrix} \cdot \begin{bmatrix} u_1 \\ u_2 \\ u_3 \end{bmatrix} = \begin{bmatrix} F_1 \\ F_2 \\ F_3 \end{bmatrix} \tag{3-10}$$

或简写成

$$\boldsymbol{K} \cdot \boldsymbol{q} = \boldsymbol{F} \tag{3-11}$$

同时读者也可以参照单元①的刚度矩阵即式(3-5)，类似地写出单元②的刚度矩阵，即

$$\begin{bmatrix} k_2 & -k_2 \\ -k_2 & k_2 \end{bmatrix} \begin{bmatrix} u_2 \\ u_3 \end{bmatrix} = \begin{bmatrix} F_2 \\ F_3 \end{bmatrix} \tag{3-12}$$

利用力的叠加原理，将式(3-5)和式(3-12)相加，也可得到式(3-8)。

3.1.2　直梁结构

梁是用于承受横向载荷的细长构件，如用于建筑、桥梁中长的水平构件和轴承支撑的轴类构件，梁通过刚性连接构成的复杂结构称为框架，可应用于汽车、飞机以及传递运动、力的机器或机构中。在本教材中，考虑的梁具有关于载荷面对称的横截面。

图 3-5 中，u_i, v_i, θ_i 和 u_j, v_j, θ_j 分别表示单元 e 中 i、j 两个节点的位移，设定位移正方向为 u(右)、v(上)、θ(逆时针)；U_i, V_i, M_i 和 U_j, V_j, M_j 分别表示同一单元由节点位移引起的节点力和弯矩，可由材料力学中的力法求得，正方向与位移的一致。图 3-5 中作用在单元上的力均满足平衡方程；单元局部坐标如图所示(i 节点为原点，x 轴指向 j 点)。

图 3-5 事实上是由一个杆单元和一个纯弯梁单元组成，如图 3-6 所示。

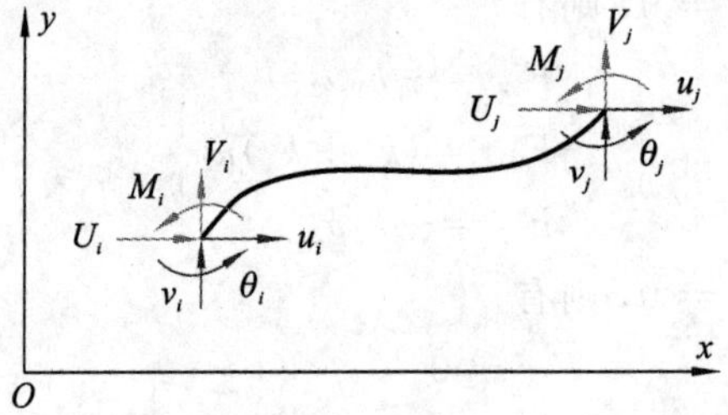

图 3-5　梁单元

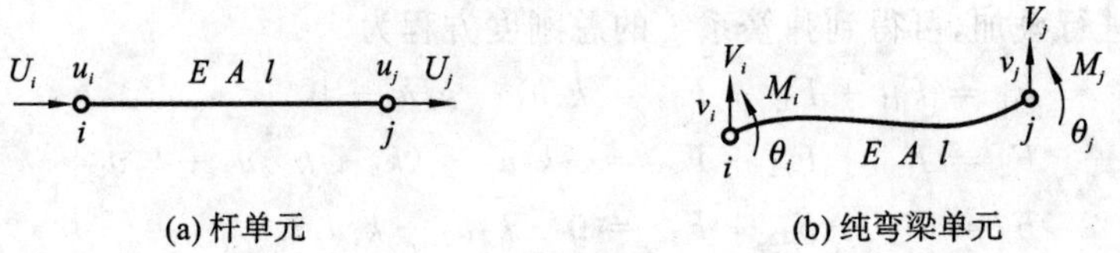

图 3-6　梁单元的分解

对于图 3-6(a)中的杆单元，其分析过程可参考 3.1.1 节的内容，而作用在节点 i 上的节点力由式(3-4)可得到，即有

$$U_i = \frac{EA}{l}u_i - \frac{EA}{l}u_j \tag{3-13}$$

对于图 3-6(b)中的纯弯梁单元，根据材料力学可知，每个节点有 2 个位移分量，即挠度 v 和转角 θ，因此纯弯梁的位移分量可表示为

$$\boldsymbol{\delta}^e = [v_i \quad \theta_i \quad v_j \quad \theta_j]^T$$

其节点力向量为

$$\boldsymbol{P}^e = [V_i \quad M_i \quad V_j \quad M_j]^T$$

在弹性范围和小变形的前提下，由材料力学可知，节点力和节点位移之间是线性关系，即有

$$\left.\begin{aligned} V_i &= a_{11}v_i + a_{12}\theta_i + a_{13}v_j + a_{14}\theta_j \\ M_i &= a_{21}v_i + a_{22}\theta_i + a_{23}v_j + a_{24}\theta_j \\ V_j &= a_{31}v_i + a_{32}\theta_i + a_{33}v_j + a_{34}\theta_j \\ M_j &= a_{41}v_i + a_{42}\theta_i + a_{43}v_j + a_{44}\theta_j \end{aligned}\right\} \tag{3-14}$$

写成矩阵形式为

$$\begin{bmatrix} V_i \\ M_i \\ V_j \\ M_j \end{bmatrix} = \begin{bmatrix} a_{11} & a_{12} & a_{13} & a_{14} \\ a_{21} & a_{22} & a_{23} & a_{24} \\ a_{31} & a_{32} & a_{33} & a_{34} \\ a_{41} & a_{42} & a_{43} & a_{44} \end{bmatrix} \cdot \begin{bmatrix} v_i \\ \theta_i \\ v_j \\ \theta_j \end{bmatrix} \tag{3-15}$$

或写成

$$\boldsymbol{P}^e = \boldsymbol{K} \cdot \boldsymbol{\delta}^e \tag{3-16}$$

式中：$\boldsymbol{K}$ 为单元刚度矩阵。

下面将分别求出单元刚度矩阵中的系数 a_{ij}。

(1) 如图 3-7 所示，现假定 j 点固定，且在 i 点仅产生一个挠度，即有 $v_i = 1, \theta_i = v_j = \theta_j = 0$，将其代入式(3-15)，即有

$$\begin{bmatrix} V_i \\ M_i \\ V_j \\ M_j \end{bmatrix} = \begin{bmatrix} a_{11} & a_{12} & a_{13} & a_{14} \\ a_{21} & a_{22} & a_{23} & a_{24} \\ a_{31} & a_{32} & a_{33} & a_{34} \\ a_{41} & a_{42} & a_{43} & a_{44} \end{bmatrix} \cdot \begin{bmatrix} 1 \\ 0 \\ 0 \\ 0 \end{bmatrix} = \begin{bmatrix} a_{11} \\ a_{21} \\ a_{31} \\ a_{41} \end{bmatrix} \tag{3-17}$$

式(3-16)中单元刚度矩阵 **K** 第一列元素的物理意义：为使纯弯梁产生如图 3-7 所示的节点位移，作用在纯弯梁单元节点上的节点力。类似地，元素 a_{ij} 的物理意义：单元每 i 个节点上产生的位移分量为 1，其他节点位移分量为 0 时，对应第 j 个节点的节点力分量。

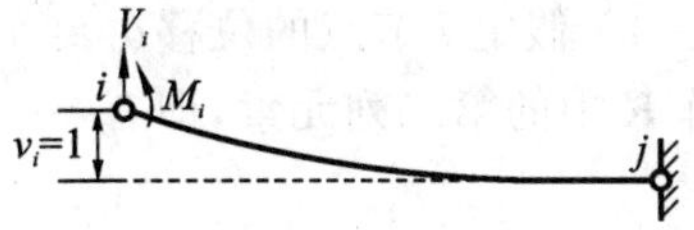

图 3-7　节点 i 的位移

由于 i 节点上作用有两个节点力即 V_i 和 M_i，设 V_i 单独作用时，产生的位移分量为 v_i^1 和 θ_i^1，M_i 单独作用时产生的位移分量为 v_i^2 和 θ_i^2，根据叠加原理，并结合图 3-7，可得

$$\left.\begin{aligned} v_1 &= v_i^1 + v_i^2 = 1 \\ \theta_i &= \theta_i^1 + \theta_i^2 = 0 \end{aligned}\right\} \tag{3-18}$$

由材料力学可知，当 V_i 单独作用时，图 3-7 可简化为一个在末端承受集中载荷的悬臂梁，如图 3-8(a)所示，则有

$$v_i^1 = \frac{V_i l^3}{3EI}, \quad \theta_i^1 = -\frac{V_i l^2}{2EI} \tag{3-19}$$

当 M_i 单独作用时，图 3-7 可简化为一个在末端承受弯矩的悬臂梁，如图 3-8(b)所示，同时要注意，此时的弯矩 M_i 与其转角 θ_i^2 的方向相反，则有

$$v_i^2 = -\frac{M_i l^2}{2EI}, \quad \theta_i^2 = \frac{M_i l}{EI} \tag{3-20}$$

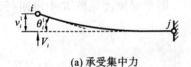

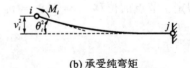

(a) 承受集中力　　(b) 承受纯弯矩

图 3-8　节点力单独作用时的悬臂梁

将式(3-19)、式(3-20)代入式(3-18)，有

$$\left.\begin{aligned} \frac{V_i l^3}{3EI} - \frac{M_i l^2}{2EI} &= 1 \\ -\frac{V_i l^2}{2EI} + \frac{M_i l}{EI} &= 0 \end{aligned}\right\} \tag{3-21}$$

求解方程式(3-21)，得

$$\left.\begin{aligned} V_i &= \frac{12EI}{l^3} = a_{11} \\ M_i &= \frac{6EI}{l^2} = a_{21} \end{aligned}\right\} \tag{3-22}$$

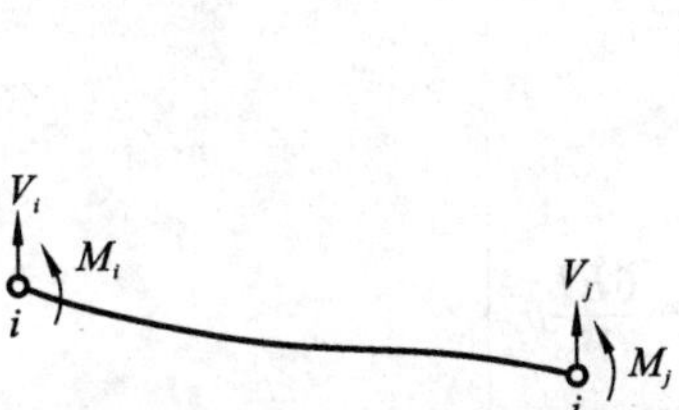

图 3-9　梁单元的受力分析

对梁单元进行受力分析，如图 3-9 所示，并列出其平衡方程为

$$\left.\begin{aligned} V_i + V_j &= 0 \\ M_i + M_j - V_i l &= 0 \end{aligned}\right\} \tag{3-23}$$

联合式(3-22),求解方程(3-23),可得

$$\left.\begin{aligned} V_j &= -V_i = \frac{12EI}{l^3} = a_{31} \\ M_j &= V_i l - M_i = \frac{6EI}{l^2} = a_{41} \end{aligned}\right\} \tag{3-24}$$

(2) 假定 i 节点的位移 $\theta_i = 1, v_i = v_j = \theta_j = 0$,则利用上述同样的方式,可求出单元刚度矩阵 $\boldsymbol{K}$ 中的第二列元素,即有

$$\left.\begin{aligned} a_{12} &= \frac{6EI}{l^2} \\ a_{22} &= \frac{4EI}{l} \\ a_{32} &= -\frac{6EI}{l^2} \\ a_{42} &= \frac{2EI}{l} \end{aligned}\right\} \tag{3-25}$$

(3) 假定 j 节点的位移 $v_j = 1, \theta_i = v_i = \theta_j = 0$,则单元刚度矩阵 $\boldsymbol{K}$ 中第三列元素的值为

$$\left.\begin{aligned} a_{13} &= -\frac{12EI}{l^3} \\ a_{23} &= -\frac{6EI}{l^2} \\ a_{33} &= \frac{12EI}{l^3} \\ a_{43} &= -\frac{6EI}{l^2} \end{aligned}\right\} \tag{3-26}$$

(4) 假定 j 节点的位移 $v_j = 1, \theta_i = v_i = \theta_j = 0$,则单元刚度矩阵 $\boldsymbol{K}$ 中第四列元素的值为

$$\left.\begin{aligned} a_{14} &= \frac{6EI}{l^2} \\ a_{24} &= \frac{2EI}{l} \\ a_{34} &= -\frac{6EI}{l^2} \\ a_{44} &= \frac{4EI}{l} \end{aligned}\right\} \tag{3-27}$$

将上述得到的 a_{ij} 系数代入式(3-14),再联合式(3-13),有

$$\left.\begin{aligned} U_i &= \frac{EA}{l}u_i - \frac{EA}{l}u_j \\ V_i &= \frac{12EI}{l^3}v_i + \frac{6EI}{l^2}\theta_i - \frac{12EI}{l^3}v_j + \frac{6EI}{l^2}\theta_j \\ M_i &= \frac{6EI}{l^2}v_i + \frac{4EI}{l}\theta_i - \frac{6EI}{l^2}v_j + \frac{2EI}{l}\theta_j \\ U_j &= -\frac{EA}{l}u_i + \frac{EA}{l}u_j \\ V_j &= -\frac{12EI}{l^3}v_i - \frac{6EI}{l^2}\theta_i + \frac{12EI}{l^3}v_j - \frac{6EI}{l^2}\theta_j \\ M_j &= \frac{6EI}{l^2}v_i + \frac{2EI}{l}\theta_i - \frac{6EI}{l^2}v_j + \frac{4EI}{l}\theta_j \end{aligned}\right\} \tag{3-28}$$

将式(3-28)写成矩阵形式，有

$$\begin{bmatrix} U_i \\ V_i \\ M_i \\ U_j \\ V_j \\ M_j \end{bmatrix} = \begin{bmatrix} \frac{EA}{l} & 0 & 0 & -\frac{EA}{l} & 0 & 0 \\ 0 & \frac{12EI}{l^3} & \frac{6EI}{l^2} & 0 & -\frac{12EI}{l^3} & \frac{6EI}{l^2} \\ 0 & \frac{6EI}{l^2} & \frac{4EI}{l} & 0 & -\frac{6EI}{l^2} & \frac{2EI}{l} \\ -\frac{EA}{l} & 0 & 0 & \frac{EA}{l} & 0 & 0 \\ 0 & -\frac{12EI}{l^3} & -\frac{6EI}{l^2} & 0 & \frac{12EI}{l^3} & -\frac{6EI}{l^2} \\ 0 & \frac{6EI}{l^2} & \frac{2EI}{l} & 0 & -\frac{6EI}{l^2} & \frac{4EI}{l} \end{bmatrix} \cdot \begin{bmatrix} u_i \\ v_i \\ \theta_i \\ u_j \\ v_j \\ \theta_j \end{bmatrix} \tag{3-29}$$

简化式(3-29)，有

$$\boldsymbol{P}^e = \boldsymbol{K}^e \cdot \boldsymbol{\delta}^e \tag{3-30}$$

其中，$\boldsymbol{P}^e$ 为单元节点力列阵，

$$\boldsymbol{P}^e = [U_i \quad V_i \quad M_i \quad U_j \quad V_j \quad M_j]^T$$

$\boldsymbol{\delta}^e$ 为单元节点位移列阵，

$$\boldsymbol{\delta}^e = [u_i \quad v_i \quad \theta_i \quad u_j \quad v_j \quad \theta_j]^T$$

$\boldsymbol{K}^e$ 为单元刚度矩阵，

$$\boldsymbol{K}^e = [\cdots 6 \times 6 \cdots]$$

为讨论单元刚度矩阵 $\boldsymbol{K}^e$ 的一些性质，将式(3-30)表示为下列展开式：

$$\begin{bmatrix} U_i \\ V_i \\ M_i \\ U_j \\ V_j \\ M_j \end{bmatrix} = \begin{bmatrix} k_{11} & k_{12} & k_{13} & k_{14} & k_{15} & k_{16} \\ k_{21} & k_{22} & k_{23} & k_{24} & k_{25} & k_{26} \\ k_{31} & k_{32} & k_{33} & k_{34} & k_{35} & k_{36} \\ k_{41} & k_{42} & k_{43} & k_{44} & k_{45} & k_{46} \\ k_{51} & k_{52} & k_{53} & k_{54} & k_{55} & k_{56} \\ k_{61} & k_{62} & k_{63} & k_{64} & k_{65} & k_{66} \end{bmatrix} \cdot \begin{bmatrix} u_i \\ v_i \\ \theta_i \\ u_j \\ v_j \\ \theta_j \end{bmatrix} \tag{3-31}$$

单元刚度矩阵具有如下性质：

(1) $\boldsymbol{K}^e$ 中各个元素 k_{ij} 均是由单位位移所引起的节点力，即为刚度系数。同一行中的 6 个元素是 6 个节点位移对某一节点力的影响系数。同一列中的 6 个元素是同一个节点位移对 6 个节点力的影响系数。即 k_{ij} 为 j 点产生单位位移在 i 点引起的节点力。

(2) 单元刚度矩阵每一列元素表示一组平衡力系，对于平面问题，每列元素之和为零。

设 $u_i = 1, v_i = \theta_i = u_j = v_j = \theta_j = 0$，将其代入式(3-31)即 $\boldsymbol{K}^e$ 的展开式，有

$$\begin{bmatrix} U_i \\ V_i \\ M_i \\ U_j \\ V_j \\ M_j \end{bmatrix} = \begin{bmatrix} k_{11} \\ k_{21} \\ k_{31} \\ k_{41} \\ k_{51} \\ k_{61} \end{bmatrix}$$

因此，单元刚度矩阵的第一列元素的物理意义：当节点 i 在 x 方向有单位位移即 $u_i = 1$，单

元其他位移为零的情况下,在单元各节点上所需施加的力处于平衡状态,且单元的节点力组成平衡力系,因此,它们在轴和轴的投影之和等于零,即

$$\left.\begin{aligned} U_i+U_j&=0\\ V_i+V_j&=0\\ \sum M_i&=0 \end{aligned}\right\}$$

显然,在平面问题中,第一列元素之和为零,其他列有同样的性质。

(3) $\boldsymbol{K}^{\mathrm{e}}$ 具有分块性。

式(3-31)能够表示为

$$\begin{bmatrix} \boldsymbol{F}_i^{\mathrm{e}} \\ \boldsymbol{F}_j^{\mathrm{e}} \end{bmatrix}=\begin{bmatrix} \boldsymbol{K}_{ii}^{\mathrm{e}} & \boldsymbol{K}_{ij}^{\mathrm{e}} \\ \boldsymbol{K}_{ji}^{\mathrm{e}} & \boldsymbol{K}_{jj}^{\mathrm{e}} \end{bmatrix}\cdot\begin{bmatrix} \boldsymbol{\delta}_i^{\mathrm{e}} \\ \boldsymbol{\delta}_j^{\mathrm{e}} \end{bmatrix} \tag{3-32}$$

式中:$\boldsymbol{K}_{ij}^{\mathrm{e}}$ 是节点 j 的位移 $\boldsymbol{\delta}_j^{\mathrm{e}}$ 对节点 i 的节点力 $\boldsymbol{F}_i^{\mathrm{e}}$ 的影响系数子矩阵。

(4) $\boldsymbol{K}^{\mathrm{e}}$ 具有对称性。这可由功的互等定理得到证明。

3.2　杆件系统的有限元分析

杆件只承受轴向力,可以视为一种特殊的梁,下面将先介绍一维杆问题的有限元求解过程,然后通过转换将其推广到平面杆和空间杆结构。

3.2.1　一维杆问题

图 3-10 所示为杆件结构,其左端铰支,右端作用一个集中力,相关参数如图所示,具体求解过程如下。

1. 确定初始条件

对于铰链杆单元,在小变形假设的前提下,与杆垂直方向的位移并不使杆产生应变和应力。于是,在以杆单元左端点为坐标原点,x 轴水平向右的坐标系中,对每一个节点只需考虑一个节点位移和节点力,因而只需研究如图 3-11 所示的杆单元(即二力杆单元)。

在图 3-11 所示的杆单元中,它有 2 个节点,节点 1 的坐标为 x_1,位移为 u_1,节点力为 P_1;节点 2 的坐标为 x_2,位移为 u_2,节点力为 P_2。

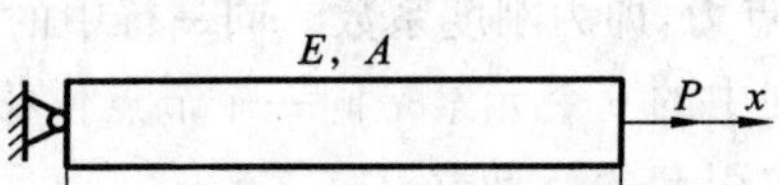

图 3-10　受轴向拉力的直杆结构

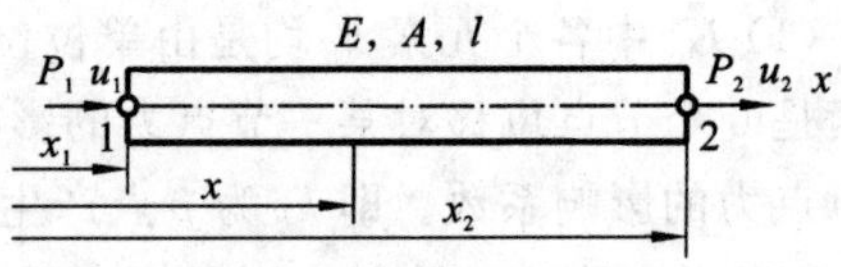

图 3-11　杆单元

对于两个节点的杆单元,其节点力和节点位移之间的关系式为

$$\begin{bmatrix} P_1 \\ P_2 \end{bmatrix}=\boldsymbol{k}^{\mathrm{e}}\begin{bmatrix} u_1 \\ u_2 \end{bmatrix} \tag{3-33}$$

式中:$\boldsymbol{k}^{\mathrm{e}}$ 称为单元刚度矩阵。

2. 确定位移模式

单元在节点力作用下各点之间的位移称为内位移,描绘内位移的函数称为位移函数。由材料力学可知,仅受轴向作用的二力杆,其应力及应变在轴线各点处均是恒定常数,因此位移

沿杆的轴线呈线性变化，即有

$$u(x)=a_1+a_2x \tag{3-34}$$

式(3-34)即二力杆单元的位移函数，也称为位移插值模式。式中待定系数 a_1、a_2 可由 1、2 两个节点的位移 u_1、u_2 唯一确定。

3. 形函数矩阵的推导

由单元的节点条件，两个节点坐标为 x_1、x_2，两个节点位移分别为

$$u(x)\big|_{x=x_1}=u_1$$
$$u(x)\big|_{x=x_2}=u_2$$

代入式(3-34)即位移插值模式中，有

$$\left.\begin{aligned}a_1+a_2x_1=u_1\\a_1+a_2x_2=u_2\end{aligned}\right\}$$

求解可得到

$$\left.\begin{aligned}a_1&=u_1-x_1\frac{u_2-u_1}{x_2-x_1}=\frac{1+x_1}{x_2-x_1}u_1-\frac{1}{x_2-x_1}u_2\\a_2&=\frac{u_2-u_1}{x_2-x_1}=-\frac{1}{x_2-x_1}u_1+\frac{1}{x_2-x_1}u_2\end{aligned}\right\} \tag{3-35}$$

或写成

$$\begin{bmatrix}a_1\\a_2\end{bmatrix}=\begin{bmatrix}1&x_1\\1&x_2\end{bmatrix}^{-1}\cdot\begin{bmatrix}u_1\\u_2\end{bmatrix}=\frac{1}{x_2-x_1}\begin{bmatrix}1+x_1&-1\\-1&1\end{bmatrix}\cdot\begin{bmatrix}u_1\\u_2\end{bmatrix} \tag{3-36}$$

将式(3-36)代入式(3-34)，并以矩阵形式表示为

$$\boldsymbol{u}(x)=[1\quad x]\cdot\begin{bmatrix}a_1\\a_2\end{bmatrix}=[1\quad x]\cdot\begin{bmatrix}1&x_1\\1&x_2\end{bmatrix}^{-1}\begin{bmatrix}u_1\\u_2\end{bmatrix}=\boldsymbol{N}(x)\cdot\begin{bmatrix}u_1\\u_2\end{bmatrix} \tag{3-37}$$

式中：$\boldsymbol{N}(x)$为形函数矩阵，可表示为

$$\boldsymbol{N}(x)=\left[1-\frac{x}{x_2-x_1}\quad\frac{x}{x_2-x_1}\right]=\left[1-\frac{x}{l}\quad\frac{x}{l}\right]=[N_1\quad N_2] \tag{3-38}$$

其中，$l=x_2-x_1$。

假若节点位移矢量为

$$\boldsymbol{\delta}^{\mathrm{e}}=[u_1\quad u_2]^{\mathrm{T}}$$

则用形函数矩阵表示单元内任一点的位移函数为

$$\boldsymbol{u}(x)=\boldsymbol{N}(x)\boldsymbol{\delta}^{\mathrm{e}} \tag{3-39}$$

在有限元法中，N_1、N_2 分别为节点 1、节点 2 的形状函数或插值函数，$\boldsymbol{N}$ 称为形函数矩阵，它把单元的节点位移和单元的内位移连接起来，形函数矩阵中的每一个元素都是坐标的函数。

由式(3-39)可知，一旦确定单元内节点的形函数，则单元内的位移场也得以确定。形函数的特性可用图 3-12 来表示。

从图 3-12(a)可知，形函数 N_1 在 x_1 的值为 1，而在 x_2 的值为 0；图 3-12(b)说明形函数 N_2 在 x_1 的值为 0，而在 x_2 的值为 1；图 3-12(c)说明了单元内的位移与形函数之间的关系。

4. 应变场和应力场

将式(3-37)或式(3-38)代入杆单元的几何关系中，有

$$\varepsilon(x)=\frac{\partial u}{\partial x}=\frac{\mathrm{d}\boldsymbol{N}(x)}{\mathrm{d}x}\begin{bmatrix}u_1\\u_2\end{bmatrix}=\left[-\frac{1}{l}\quad\frac{1}{l}\right]\begin{bmatrix}u_1\\u_2\end{bmatrix}=\boldsymbol{B}\begin{bmatrix}u_1\\u_2\end{bmatrix}$$

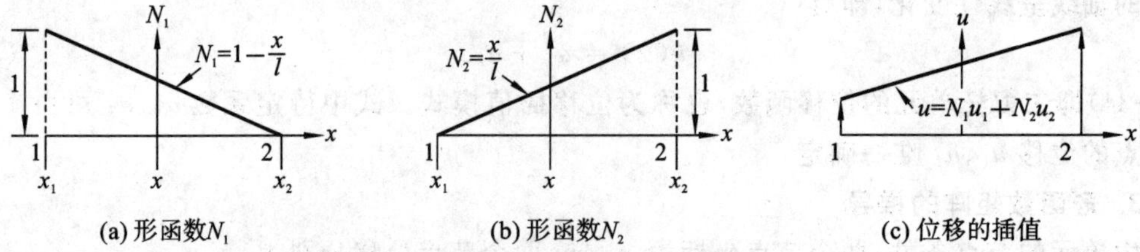

图 3-12　形函数及其位移的表示

或写成

$$\varepsilon = \boldsymbol{B} \cdot \boldsymbol{\delta}^e \tag{3-40}$$

式中：$\boldsymbol{B}$ 称为几何矩阵，$\boldsymbol{B}=[-1 \quad 1]/l$，它把单元的节点位移 $\boldsymbol{\delta}^e=[u_1 \quad u_2]^T$ 和应变列阵 $\boldsymbol{\varepsilon}$ 联系起来。

将式(3-40)代入弹性力学的应力-应变关系中，有

$$\boldsymbol{\sigma}(x) = E \cdot \boldsymbol{B}(x) \cdot \boldsymbol{\delta}^e = \boldsymbol{S}(x) \cdot \boldsymbol{\delta}^e = \begin{bmatrix} -\frac{E}{l} & \frac{E}{l} \end{bmatrix} \begin{bmatrix} u_1 \\ u_2 \end{bmatrix} \tag{3-41}$$

式中：E 为弹性模量；$\boldsymbol{S}(x)$称为应力矩阵，$\boldsymbol{S}(x)=E\boldsymbol{B}$，对于拉(压)杆单元，有

$$\boldsymbol{S}(x) = \frac{E}{l}[-1 \quad 1]$$

5. 单元刚度方程

单元产生节点位移之后，相应地在单元端点存在节点力，设节点力向量用 $\boldsymbol{f}^e$ 表示，且有 $\boldsymbol{f}^e=(P_1 \quad P_2)^T$。单元在外力和内力作用下处于平衡状态，反映单元平衡状态的关系式就是刚度方程。

下面将利用最小势能原理推导单元的刚度方程。

已知单元的势能表达式：

$$\Pi^e = U^e + W^e$$

其中，U^e 为单元的应变能；W^e 为外力做功。由第 2 章的内容可知，单元的应变能有

$$U^e = \frac{1}{2}\int_\Omega \boldsymbol{\varepsilon}^T \boldsymbol{\sigma} \mathrm{d}V = \frac{1}{2}\int_\Omega (\boldsymbol{B} \cdot \boldsymbol{\delta}^e)^T E \cdot \boldsymbol{B} \cdot \boldsymbol{\delta}^e \mathrm{d}V$$

$$= \frac{1}{2}(\boldsymbol{\delta}^e)^T \int_\Omega \boldsymbol{B}^T \cdot E \cdot \boldsymbol{B} \mathrm{d}V \cdot \boldsymbol{\delta}^e$$

令 $\boldsymbol{K}^e = \int_\Omega \boldsymbol{B}^T E \boldsymbol{B} \mathrm{d}V$，则 $\boldsymbol{K}^e$ 为单元刚度矩阵，或称单元特性矩阵。故

$$U^e = \frac{1}{2}(\delta^e)^T \boldsymbol{K}^e \boldsymbol{\delta}^e$$

外力势能为

$$W^e = -(\boldsymbol{\delta}^e)^T \boldsymbol{f}^e$$

则单元的总势能为

$$\Pi^e = U^e + W^e = \frac{1}{2}(\boldsymbol{\delta}^e)^T \boldsymbol{K}^e \boldsymbol{\delta}^e - (\boldsymbol{\delta}^e)^T \boldsymbol{f}^e \tag{3-42a}$$

或写成列式，有

$$\Pi^e = \frac{1}{2}[u_1 \quad u_2] \frac{EA}{l} \begin{bmatrix} 1 & -1 \\ -1 & 1 \end{bmatrix} \begin{bmatrix} u_1 \\ u_2 \end{bmatrix} - [P_1 \quad P_2] \begin{bmatrix} u_1 \\ u_2 \end{bmatrix} \tag{3-42b}$$

根据最小势能原理，势能泛函取驻值的必要条件为

$$\frac{\partial \Pi^e}{\partial \boldsymbol{u}^e} = \boldsymbol{K}^e \boldsymbol{\delta}^e - \boldsymbol{f}^e = 0$$

故

$$\boldsymbol{K}^e \cdot \boldsymbol{\delta}^e = \boldsymbol{f}^e \tag{3-43}$$

式(3-43)为杆单元的单元刚度方程，其中杆单元的单元刚度矩阵为

$$\begin{aligned}\boldsymbol{K}^e &= \int_\Omega \boldsymbol{B}^T \boldsymbol{D} \boldsymbol{B} \mathrm{d}V = \int_0^l \frac{1}{l} \cdot \begin{bmatrix} -1 \\ 1 \end{bmatrix} \cdot \frac{1}{l} E \cdot [-1 \quad 1] A \mathrm{d}x \\ &= \frac{EA}{l} \begin{bmatrix} 1 & -1 \\ -1 & 1 \end{bmatrix}\end{aligned} \tag{3-44}$$

6. 单元集成

对于图 3-1 所示阶梯结构，因每段的面积或材料不相同，需将其划分为两个单元，如图 3-13 所示。

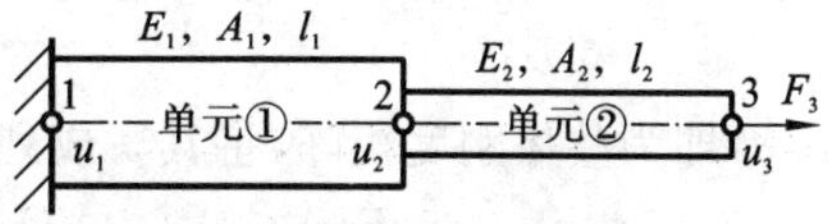

图 3-13　杆的单元模型

根据前面的推导可知，单元①：

$$\boldsymbol{u}^{(1)} = \begin{bmatrix} u_1 \\ u_2 \end{bmatrix}$$

$$\boldsymbol{K}^{(1)} = \frac{E_1 A_1}{l_1} \begin{bmatrix} 1 & -1 \\ -1 & 1 \end{bmatrix}$$

$$\boldsymbol{f}^{(1)} = \begin{bmatrix} R_1 \\ 0 \end{bmatrix}$$

$$\Pi_1^e = \frac{1}{2} [u_1 \quad u_2] \frac{E_1 A_1}{l_1} \begin{bmatrix} 1 & -1 \\ -1 & 1 \end{bmatrix} \begin{bmatrix} u_1 \\ u_2 \end{bmatrix} - [R_1 \quad 0] \begin{bmatrix} u_1 \\ u_2 \end{bmatrix}$$

单元②：

$$\boldsymbol{u}^{(2)} = \begin{bmatrix} u_2 \\ u_3 \end{bmatrix}$$

$$\boldsymbol{K}^{(2)} = \frac{E_2 A_2}{l_2} \begin{bmatrix} 1 & -1 \\ -1 & 1 \end{bmatrix}$$

$$\boldsymbol{f}^{(2)} = \begin{bmatrix} 0 \\ F_3 \end{bmatrix}$$

$$\Pi_2^e = \frac{1}{2} [u_2 \quad u_3] \frac{E_2 A_2}{l_2} \begin{bmatrix} 1 & -1 \\ -1 & 1 \end{bmatrix} \begin{bmatrix} u_2 \\ u_3 \end{bmatrix} - [0 \quad F_3] \begin{bmatrix} u_2 \\ u_3 \end{bmatrix}$$

其中，R_1 为节点 1 的节点力或支反力。

整体结构的总势能则是单元①和②的势能之和，即

$$\begin{aligned}\Pi = \Pi_1^e + \Pi_2^e &= \frac{1}{2} [u_1 \quad u_2] \frac{E_1 A_1}{l_1} \begin{bmatrix} 1 & -1 \\ -1 & 1 \end{bmatrix} \cdot \begin{bmatrix} u_1 \\ u_2 \end{bmatrix} - [R_1 \quad 0] \begin{bmatrix} u_1 \\ u_2 \end{bmatrix} \\ &+ \frac{1}{2} [u_2 \quad u_3] \frac{E_2 A_2}{l_2} \begin{bmatrix} 1 & -1 \\ -1 & 1 \end{bmatrix} \cdot \begin{bmatrix} u_2 \\ u_3 \end{bmatrix} - [0 \quad F_3] \begin{bmatrix} u_2 \\ u_3 \end{bmatrix}\end{aligned} \tag{3-45}$$

把式(3-45)表示为整体位移矢量的函数，即

$$\Pi = \frac{1}{2}[u_1 \quad u_2 \quad u_3]\begin{bmatrix} \frac{E_1A_1}{l_1} & -\frac{E_1A_1}{l_1} & 0 \\ -\frac{E_1A_1}{l_1} & \frac{E_1A_1}{l_1}+\frac{E_2A_2}{l_2} & -\frac{E_2A_2}{l_2} \\ 0 & -\frac{E_2A_2}{l_2} & \frac{E_2A_2}{l_2} \end{bmatrix} \cdot \begin{bmatrix} u_1 \\ u_2 \\ u_3 \end{bmatrix} - [R_1 \quad 0 \quad F_3]\begin{bmatrix} u_1 \\ u_2 \\ u_3 \end{bmatrix} \tag{3-46}$$

可记作

$$\Pi = \frac{1}{2}\boldsymbol{u}^{\mathrm{T}}\boldsymbol{K}\boldsymbol{u} - \boldsymbol{f}^{\mathrm{T}}\boldsymbol{u} \tag{3-47}$$

对式(3-47)求位移 $\boldsymbol{u}$ 的偏导数并令其等于 0,可得到

$$\boldsymbol{K}\boldsymbol{u} = \boldsymbol{f} \tag{3-48a}$$

式(3-48)即为整体刚度矩阵,将其写成列式为

$$\begin{bmatrix} \frac{E_1A_1}{l_1} & -\frac{E_1A_1}{l_1} & 0 \\ -\frac{E_1A_1}{l_1} & \frac{E_1A_1}{l_1}+\frac{E_2A_2}{l_2} & -\frac{E_2A_2}{l_2} \\ 0 & -\frac{E_2A_2}{l_2} & \frac{E_2A_2}{l_2} \end{bmatrix} \cdot \begin{bmatrix} u_1 \\ u_2 \\ u_3 \end{bmatrix} = \begin{bmatrix} R_1 \\ 0 \\ F_3 \end{bmatrix} \tag{3-48b}$$

7. 引入边界条件

由图 3-13 可知,其位移边界条件为

$$u_1 = 0$$

由于 $u_1=0$,将其代入式(3-46)中,即可划去它所对应的行和列,这样基于许可位移场的系统总势能为

$$\Pi = \frac{1}{2}[u_2 \quad u_3]\begin{bmatrix} \frac{E_1A_1}{l_1}+\frac{E_2A_2}{l_2} & -\frac{E_2A_2}{l_2} \\ -\frac{E_2A_2}{l_2} & \frac{E_2A_2}{l_2} \end{bmatrix} \cdot \begin{bmatrix} u_2 \\ u_3 \end{bmatrix} - [0 \quad F_3]\begin{bmatrix} u_2 \\ u_3 \end{bmatrix}$$

8. 建立系统弹性方程

由最小势能原理,势能函数对未知位移 $[u_2 \quad u_3]^{\mathrm{T}}$ 求变分,满足的条件分别是 $\frac{\partial \Pi}{\partial u_2} = 0$,$\frac{\partial \Pi}{\partial u_3} = 0$,可得如下方程式:

$$\begin{bmatrix} 0 \\ F_3 \end{bmatrix} = \begin{bmatrix} \frac{E_1A_1}{l_1}+\frac{E_2A_2}{l_2} & -\frac{E_2A_2}{l_2} \\ -\frac{E_2A_2}{l_2} & \frac{E_2A_2}{l_2} \end{bmatrix} \cdot \begin{bmatrix} u_2 \\ u_3 \end{bmatrix} \tag{3-49}$$

9. 求解节点位移

求解式(3-49)可得到 $[u_2 \quad u_3]^{\mathrm{T}}$,即有

$$\left.\begin{aligned} u_2 &= \frac{F_3}{k_1} = \frac{l_1}{E_1A_1}F_3 \\ u_3 &= \frac{k_1+k_2}{k_1k_2}F_3 = \frac{E_1A_1l_2+E_2A_2l_1}{E_1A_1 \cdot E_2A_2}F_3 \end{aligned}\right\} \tag{3-50}$$

式中：$k_1=\dfrac{E_1A_1}{l_1}$；$k_2=\dfrac{E_2A_2}{l_2}$。

10. 单元应变与单元应力

将得到的位移代入杆的几何方程中，可得到单元应变为

$$\varepsilon^{(1)}(x)=\boldsymbol{B}^{(1)}(x)\times\boldsymbol{u}^{(1)}=\begin{bmatrix}-\dfrac{1}{l_1} & \dfrac{1}{l_1}\end{bmatrix}\cdot\begin{bmatrix}u_1\\u_2\end{bmatrix}$$

$$\varepsilon^{(2)}(x)=\boldsymbol{B}^{(2)}(x)\times\boldsymbol{u}^{(2)}=\begin{bmatrix}-\dfrac{1}{l_2} & \dfrac{1}{l_2}\end{bmatrix}\cdot\begin{bmatrix}u_2\\u_3\end{bmatrix}$$

将得到的单元应变代入物理方程中，即可求得单元应力为

$$\boldsymbol{\sigma}^{(1)}=E\boldsymbol{\varepsilon}^{(1)}=E\boldsymbol{B}^{(1)}(x)\boldsymbol{u}^{(1)}$$

$$\boldsymbol{\sigma}^{(2)}=E\boldsymbol{\varepsilon}^{(2)}=E\boldsymbol{B}^{(2)}(x)\boldsymbol{u}^{(2)}$$

11. 支座反力

由式(3-48b)可以得到支座反力的计算式为

$$R_1=\frac{E_1A_1}{l_1}(u_1-u_2)$$

12. 算例

算例 3-1：阶梯轴的有限元分析

若已知图 3-13 中两杆的参数如下：

弹性模量为

$$E_1=E_2=2\times10^7\ \mathrm{Pa}$$

杆的面积为

$$A_1=2A_2=2\ \mathrm{cm}^2$$

杆的长度为

$$l_1=l_2=10\ \mathrm{cm}$$

作用力为

$$F_3=10\ \mathrm{N}$$

将杆的参数代入上述计算公式，即可得到

单元①的刚度矩阵：

$$\boldsymbol{K}^{(1)}=4\times10^4\begin{bmatrix}1 & -1\\-1 & 1\end{bmatrix}$$

单元②的刚度矩阵：

$$\boldsymbol{K}^{(2)}=2\times10^4\begin{bmatrix}1 & -1\\-1 & 1\end{bmatrix}$$

系统的总势能为

$$\Pi=10^4[u_1\quad u_2\quad u_3]\begin{bmatrix}2 & -2 & 0\\-2 & 3 & -1\\0 & 1 & 1\end{bmatrix}\cdot\begin{bmatrix}u_1\\u_2\\u_3\end{bmatrix}-[R_1\quad 0\quad 10]\begin{bmatrix}u_1\\u_2\\u_3\end{bmatrix}$$

将边界条件 $u_1=0$ 代入总势能，对位移求偏导后得到的方程组联立求解，即得到位移：

$$\begin{bmatrix} u_1 \\ u_2 \\ u_3 \end{bmatrix} = \begin{bmatrix} 0 \\ 2.5 \times 10^{-4} m \\ 7.5 \times 10^{-4} m \end{bmatrix}$$

单元应变:

$$\varepsilon^{(1)} = 2.5 \times 10^{-3}, \quad \varepsilon^{(2)}(x) = 5 \times 10^{-3}$$

单元应力:

$$\sigma^{(1)} = 0.05 \text{ MPa}, \quad \sigma^{(2)} = 0.1 \text{ MPa}$$

支座反力:

$$R_1 = -10\text{N}$$

算例 3-2:杆单元的分析

如图 3-14 所示的杆单元,求 P 的形函数。若已知 $u_1 = 0.003$ mm、$u_2 = -0.005$ mm,求 P 的位移值。

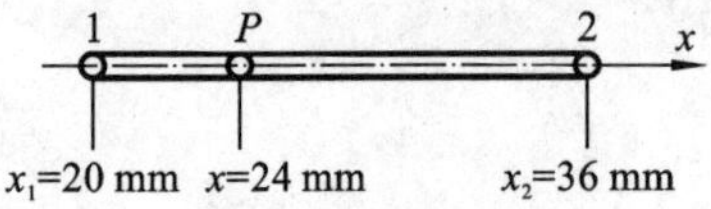

图 3-14　杆单元及相关尺寸

将图 3-14 的相关尺寸参数代入式(3-38),可得到 P 的形函数值为

$$\boldsymbol{N}(x) = \begin{bmatrix} 1 - \dfrac{24-20}{36-20} & \dfrac{24-20}{36-20} \end{bmatrix} = \begin{bmatrix} 1 - \dfrac{4}{16} & \dfrac{4}{16} \end{bmatrix} = [0.75 \quad 0.25]$$

即 P 的形函数值为

$$N_1 = 0.75, \quad N_2 = 0.25$$

将节点位移和 P 的形函数值代入式(3-37),即可得到 P 的位移为

$$u(P) = [N_1 \quad N_2] \cdot \begin{bmatrix} u_1 \\ u_2 \end{bmatrix} = [0.75 \quad 0.25] \cdot \begin{bmatrix} 0.003 \\ -0.005 \end{bmatrix}$$

$$= 0.001 \text{ mm}$$

形函数值及位移的分布规律如图 3-15 所示。

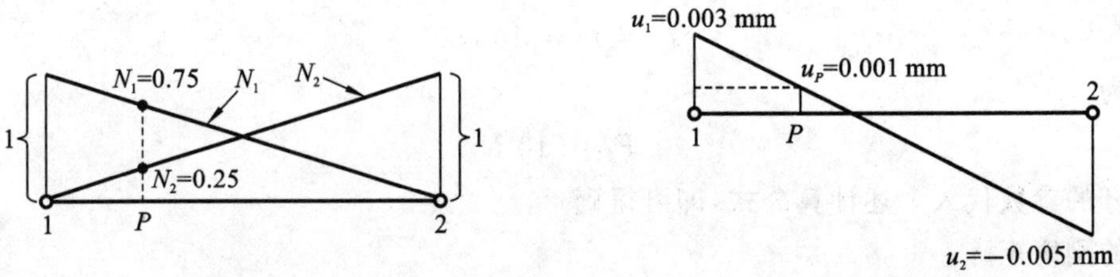

(a) 形函数的分布　　(b) 位移分布

图 3-15　P 点的形函数和位移值

3.2.2　杆单元的坐标变换

1. 平面坐标转换

一维杆单元事实上也可认作局部坐标下的单元,因为在实际的工程桁架结构中,各个杆件所处的整体坐标是不一致的,如图 3-16 所示。因此需要将原来在局部坐标系中所得到的单元表达等价地转换到整体坐标系中,从而使得不同位置的单元均具有相同的坐标基准,以便于各个单元的集成。

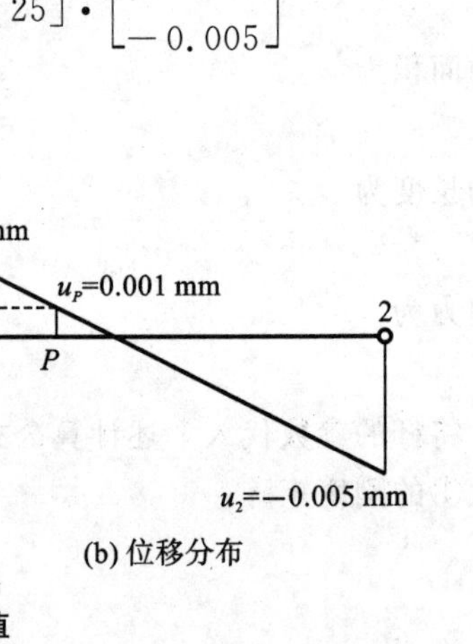

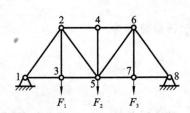

图 3-16　平面桁架结构

以图 3-16 中的 1-2 杆为例来说明局部坐标与整体坐标之间的关系。

如图 3-17 所示，$\bar{x}$ 为局部坐标系，其方向由节点 1 指向节点 2。在局部坐标中，每个节点有一个节点位移 δ，也称为一个自由度；整体坐标系为 xOy 且固定不动，并与 1-2 杆的位置无关。在整体坐标系中，每个节点沿坐标轴方向各有一个节点位移 u、v，即每个节点有 2 个自由度。

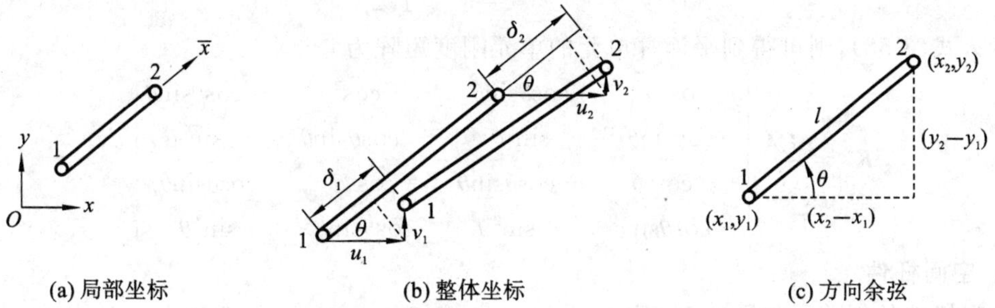

图 3-17　平面杆单元

在局部坐标系下，杆件的位移向量为

$$\boldsymbol{\delta}^{\mathrm{e}} = [\delta_1 \quad \delta_2]^{\mathrm{T}} \tag{3-51}$$

在整体坐标系下，杆件的位移向量为

$$\boldsymbol{q}^{\mathrm{e}} = [u_1 \quad v_1 \quad u_2 \quad v_2]^{\mathrm{T}} \tag{3-52}$$

则 $\boldsymbol{\delta}^{\mathrm{e}}$ 与 $\boldsymbol{q}^{\mathrm{e}}$ 之间的关系如图 3-17(b)所示，即有

$$\left.\begin{aligned} \delta_1 &= u_1\cos\theta + v_1\sin\theta \\ \delta_2 &= u_2\cos\theta + v_2\sin\theta \end{aligned}\right\} \tag{3-53}$$

写成向量形式，有

$$\boldsymbol{\delta}^{\mathrm{e}} = \boldsymbol{T} \cdot \boldsymbol{q}^{\mathrm{e}} \tag{3-54}$$

其列式为

$$\begin{bmatrix} \delta_1 \\ \delta_2 \end{bmatrix} = \begin{bmatrix} \cos\theta & \sin\theta & 0 & 0 \\ 0 & 0 & \cos\theta & \sin\theta \end{bmatrix} \begin{bmatrix} u_1 \\ v_1 \\ u_2 \\ v_2 \end{bmatrix} \tag{3-55}$$

式中：$\boldsymbol{T}$ 称为转换矩阵，其表达式为

$$\boldsymbol{T} = \begin{bmatrix} \cos\theta & \sin\theta & 0 & 0 \\ 0 & 0 & \cos\theta & \sin\theta \end{bmatrix} \tag{3-56}$$

其中，

$$\cos\theta = \frac{x_2 - x_1}{l}, \quad \sin\theta = \frac{y_2 - y_1}{l}$$

将式(3-56)代入式(3-41)，则杆的总势能为

$$\begin{aligned} \Pi^{\mathrm{e}} &= \frac{1}{2}(\boldsymbol{T} \cdot \boldsymbol{q}^{\mathrm{e}})^{\mathrm{T}} \overline{\boldsymbol{K}}^{\mathrm{e}} \boldsymbol{T} \cdot \boldsymbol{q}^{\mathrm{e}} - (\boldsymbol{T} \cdot \boldsymbol{q}^{\mathrm{e}})^{\mathrm{T}} \boldsymbol{f}^{\mathrm{e}} \\ &= \frac{1}{2}\boldsymbol{q}^{\mathrm{eT}} \cdot \boldsymbol{T}^{\mathrm{T}} \overline{\boldsymbol{K}}^{\mathrm{e}} \boldsymbol{T} \cdot \boldsymbol{q}^{\mathrm{e}} - \boldsymbol{q}^{\mathrm{eT}} \cdot \boldsymbol{T}^{\mathrm{T}} \boldsymbol{f}^{\mathrm{e}} \\ &= \frac{1}{2}\boldsymbol{q}^{\mathrm{eT}} \cdot \boldsymbol{K}^{\mathrm{e}} \cdot \boldsymbol{q}^{\mathrm{e}} - \boldsymbol{q}^{\mathrm{eT}} \cdot F^{\mathrm{e}} \end{aligned} \tag{3-57}$$

式中：

$$\boldsymbol{K}^{e}=\boldsymbol{T}^{T}\overline{\boldsymbol{K}}^{e}\boldsymbol{T} \tag{3-58}$$

$$\boldsymbol{F}^{e}=\boldsymbol{T}^{T}\boldsymbol{f}^{e} \tag{3-59}$$

因杆单元在局部坐标系的单元刚度为

$$\overline{\boldsymbol{K}}^{e}=\frac{EA}{l}\begin{bmatrix}1 & -1\\ -1 & 1\end{bmatrix}$$

将其代入式(3-58)，则可得到平面杆单元的单元刚度矩阵为

$$\boldsymbol{K}^{e}=\frac{EA}{l}\begin{bmatrix}\cos^{2}\theta & \cos\theta\sin\theta & -\cos^{2}\theta & -\cos\theta\sin\theta\\ \cos\theta\sin\theta & \sin^{2}\theta & -\cos\theta\sin\theta & -\sin^{2}\theta\\ -\cos^{2}\theta & -\cos\theta\sin\theta & \cos^{2}\theta & \cos\theta\sin\theta\\ -\cos\theta\sin\theta & -\sin^{2}\theta & \cos\theta\sin\theta & \sin^{2}\theta\end{bmatrix} \tag{3-60}$$

2. 空间杆件

空间杆件的杆单元如图 3-18 所示。

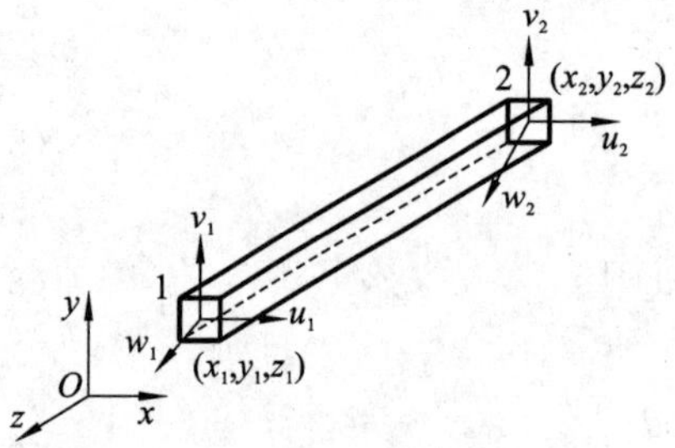

图 3-18 空间单元

该单元在整体坐标系下的位移向量为

$$\boldsymbol{q}^{e}=[u_1\quad v_1\quad w_1\quad u_2\quad v_2\quad w_2]^{T} \tag{3-61}$$

而在局部坐标系下时，其位移向量表示为

$$\boldsymbol{\delta}^{e}=[\delta_1\quad \delta_2]^{T} \tag{3-62}$$

定义空间杆件的方向余弦为

$$m=\cos(\bar{x},x)=\frac{x_2-x_1}{l}$$

$$n=\cos(\bar{x},y)=\frac{y_2-y_1}{l}$$

$$p=\cos(\bar{x},z)=\frac{z_2-z_1}{l}$$

从图 3-18 中即得到 $\boldsymbol{\delta}^{e}$ 与 $\boldsymbol{q}^{e}$ 之间的关系为

$$\boldsymbol{\delta}^{e}=\begin{bmatrix}\delta_1\\ \delta_2\end{bmatrix}=\begin{bmatrix}m & n & p & 0 & 0 & 0\\ 0 & 0 & 0 & m & n & p\end{bmatrix}\begin{bmatrix}u_1\\ v_1\\ w_1\\ u_2\\ v_2\\ w_2\end{bmatrix} \tag{3-63}$$

$$=\boldsymbol{T}\cdot\boldsymbol{q}^{e}$$

式中：$\boldsymbol{T}$ 为空间杆件的转换矩阵，其表达式为

$$\boldsymbol{T}=\begin{bmatrix}m & n & p & 0 & 0 & 0\\ 0 & 0 & 0 & m & n & p\end{bmatrix}$$

$$=\begin{bmatrix}\cos(\bar{x},x) & \cos(\bar{x},y) & \cos(\bar{x},z) & 0 & 0 & 0\\ 0 & 0 & 0 & \cos(\bar{x},x) & \cos(\bar{x},y) & \cos(\bar{x},z)\end{bmatrix} \tag{3-64}$$

利用与平面杆件推导相类似的方法，可得到空间杆件单元的单元刚度矩阵和节点的表示式为

$$\underset{(6\times6)}{\boldsymbol{K}^{e}}=\underset{(6\times2)}{\boldsymbol{T}^{T}}\cdot\underset{(2\times2)}{\overline{\boldsymbol{K}}^{e}}\cdot\underset{(2\times6)}{\boldsymbol{T}} \tag{3-65}$$

$$\underset{(6\times1)}{\boldsymbol{F}^{e}}=\underset{(6\times2)}{\boldsymbol{T}^{T}}\underset{(2\times1)}{\boldsymbol{f}^{e}} \tag{3-66}$$

且单元刚度矩阵的列式为

$$\boldsymbol{K}^{e}=\frac{EA}{l}\begin{bmatrix} m^2 & mn & mp & -m^2 & -mn & -mp \\ mn & n^2 & np & -mn & -n^2 & -np \\ mp & np & p^2 & -mp & np & -p^2 \\ -m^2 & -mn & -mp & m^2 & mn & mp \\ -mn & -n^2 & -np & mn & n^2 & np \\ -mp & -np & -p^2 & mp & np & p^2 \end{bmatrix} \tag{3-67}$$

3.2.3　典型例题及分析

算例 3-3:四杆桁架结构的有限元分析

图 3-19 所示为四杆桁架结构的示意图,各杆的弹性模量和横截面面积均相同,$E=295$ GPa,$A=100\ \mathrm{mm}^2$。试求解该结构的节点位移、单元应力及支反力。

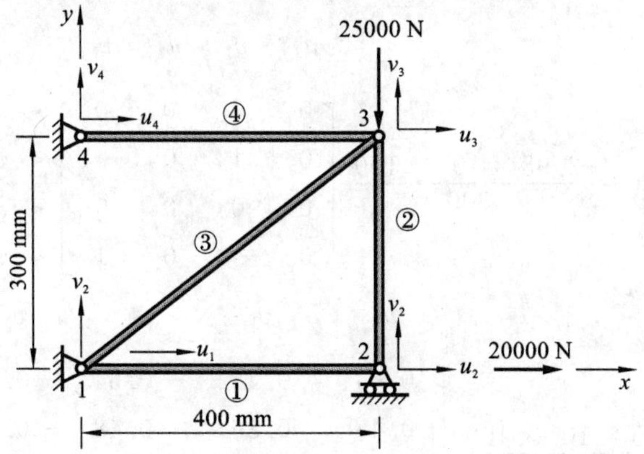

算例 3-3

图 3-19　四杆桁架结构

1. 有限元理论求解

对该问题进行有限元分析的过程如下。

1）结构的离散化与编号

对该结构进行离散,节点编号和单元编号如图 3-19 所示,有关节点和单元的信息见表 3-1 与表 3-2。

表 3-1　节点及坐标与单元及编号

节　点	x	y	单　元	节　点	
1	0	0	①	1	2
2	400	0	②	3	2
3	400	300	③	1	3
4	0	300	④	4	3

表 3-2 各单元的长度及轴线方向余弦

单　元	l	n_x	n_y
①	400	1	0
②	300	0	−1
③	500	0.8	0.6
④	400	1	0

2）单元刚度矩阵

由于结构中各杆所处的方位和位置均不相同，因此为获得整体坐标下的节点位移，需对单元刚度矩阵进行变换。各单元经坐标变换后的刚度矩阵如下：

$$\boldsymbol{K}^{(1)}=\frac{2.95\times10^5\times100}{400}\begin{bmatrix}1&0&-1&0\\0&0&0&0\\-1&0&1&0\\0&0&0&0\end{bmatrix}\begin{matrix}\leftarrow u_1\\\leftarrow v_1\\\leftarrow u_2\\\leftarrow v_2\end{matrix}\quad(\text{列}: u_1\ v_1\ u_2\ v_2)\tag{3-68}$$

$$\boldsymbol{K}^{(2)}=\frac{2.95\times10^5\times100}{300}\begin{bmatrix}0&0&0&0\\0&1&0&-1\\0&0&0&0\\0&-1&0&1\end{bmatrix}\begin{matrix}\leftarrow u_3\\\leftarrow v_3\\\leftarrow u_2\\\leftarrow v_2\end{matrix}\quad(\text{列}: u_3\ v_3\ u_2\ v_2)\tag{3-69}$$

$$\boldsymbol{K}^{(3)}=\frac{2.95\times10^5\times100}{500}\begin{bmatrix}0.64&0.48&-0.64&-0.48\\0.48&0.36&-0.48&-0.36\\-0.64&-0.48&0.64&0.48\\-0.48&-0.36&0.48&0.36\end{bmatrix}\begin{matrix}\leftarrow u_1\\\leftarrow v_1\\\leftarrow u_3\\\leftarrow v_3\end{matrix}\quad(\text{列}: u_1\ v_1\ u_3\ v_3)\tag{3-70}$$

$$\boldsymbol{K}^{(4)}=\frac{2.95\times10^5\times100}{400}\begin{bmatrix}1&0&-1&0\\0&0&0&0\\-1&0&1&0\\0&0&0&0\end{bmatrix}\begin{matrix}\leftarrow u_4\\\leftarrow v_4\\\leftarrow u_3\\\leftarrow v_3\end{matrix}\quad(\text{列}: u_4\ v_4\ u_3\ v_3)\tag{3-71}$$

3）建立整体刚度方程

将所得到的各单元刚度矩阵按节点编号进行组装，可以形成整体刚度矩阵，同时将所有节点载荷也进行组装。

刚度矩阵：

$$\boldsymbol{K}=\boldsymbol{K}^{(1)}+\boldsymbol{K}^{(2)}+\boldsymbol{K}^{(3)}+\boldsymbol{K}^{(4)}$$

节点位移：

$$\boldsymbol{\delta}^{\mathrm{e}}=[u_1\quad v_1\quad u_2\quad v_2\quad u_3\quad v_3\quad u_4\quad v_4]^{\mathrm{T}}$$

节点力：

$$\boldsymbol{P}=\boldsymbol{R}+\boldsymbol{F}=[R_{x1}\quad R_{y1}\quad 2\times10^4\quad R_{y2}\quad 0\quad -2.5\times10^4\quad R_{x4}\quad R_{y4}]^{\mathrm{T}}$$

其中：R_{x1}，R_{y1} 分别为节点 1 处沿 x 和 y 方向的支反力；R_{y2} 为节点 2 处 y 方向的支反力；R_{x4}，R_{y4} 分别为节点 4 处沿 x 和 y 方向的支反力。

整体刚度方程为

$$\frac{2.95\times10^5\times100}{6000}\begin{bmatrix}\overset{u_1\downarrow}{22.68} & \overset{v_1\downarrow}{5.76} & \overset{u_2\downarrow}{-15.0} & \overset{v_2\downarrow}{0} & \overset{u_3\downarrow}{-7.68} & \overset{v_3\downarrow}{-5.76} & \overset{u_4\downarrow}{0} & \overset{v_4\downarrow}{0}\\ 5.76 & 4.32 & 0 & 0 & -5.76 & -4.32 & 0 & 0\\ -15.0 & 0 & 15 & 0 & 0 & 0 & 0 & 0\\ 0 & 0 & 0 & 20.0 & 0 & -20.0 & 0 & 0\\ -7.68 & -5.76 & 0 & 0 & 22.68 & 5.76 & -15.0 & 0\\ -5.76 & -4.32 & 0 & -20.0 & 5.76 & 24.32 & 0 & 0\\ 0 & 0 & 0 & 0 & -15.0 & 0 & 15.0 & 0\\ 0 & 0 & 0 & 0 & 0 & 0 & 0 & 0\end{bmatrix}\cdot\begin{bmatrix}u_1\\v_1\\u_2\\v_2\\u_3\\v_3\\u_4\\v_4\end{bmatrix}$$

$$=\begin{bmatrix}R_{x1}\\R_{y1}\\F_{x2}\\R_{y2}\\F_{x3}\\F_{y3}\\R_{x4}\\R_{y4}\end{bmatrix}=\begin{bmatrix}R_{x1}\\R_{y1}\\2\times10^4\\R_{y2}\\0\\-2.5\times10^4\\R_{x4}\\R_{y4}\end{bmatrix}$$

4）边界条件的处理及刚度方程求解

将边界条件 $u_1=u_2=u_3=u_4=0$ 代入整体刚度方程，经化简后有

$$\frac{2.95\times10^5\times100}{6000}\begin{bmatrix}15 & 0 & 0\\ 0 & 22.68 & 5.76\\ 0 & 5.76 & 24.32\end{bmatrix}\cdot\begin{bmatrix}u_2\\u_3\\v_3\end{bmatrix}=\begin{bmatrix}2\times10^4\\0\\-2.5\times10^4\end{bmatrix}\tag{3-72}$$

对式(3-72)进行求解，有

$$\begin{bmatrix}u_2\\u_3\\v_3\end{bmatrix}=\begin{bmatrix}0.2712\\0.0565\\-0.2225\end{bmatrix}\ \mathrm{mm}$$

则所有的节点位移为

$$\boldsymbol{\delta}^{\mathrm{e}}=[0\quad 0\quad 0.2712\quad 0\quad 0.0565\quad -0.2225\quad 0\quad 0]^{\mathrm{T}}$$

5）计算单元应力

$$\sigma^{(1)}=E\cdot\boldsymbol{B}\cdot\boldsymbol{T}\cdot\boldsymbol{\delta}^{\mathrm{e}}=\frac{E}{l}[-1\quad 1]\cdot\boldsymbol{T}\cdot\boldsymbol{\delta}^{\mathrm{e}}$$

$$=\frac{2.95\times10^5}{400}[-1\quad 0\quad 1\quad 0]\begin{bmatrix}0\\0\\0.2712\\0\end{bmatrix}=200\ \mathrm{MPa}$$

式中:$\boldsymbol{T}$ 为坐标转换矩阵。同理,可求出其他单元的应力为

$$\sigma^{(2)}=-218.8\ \text{MPa}$$

$$\sigma^{(3)}=-52.08\ \text{MPa}$$

$$\sigma^{(4)}=41.67\ \text{MPa}$$

6) 计算支反力

将求解得到的节点位移代入整体刚度方程中,可求出支反力为

$$\begin{bmatrix}R_{x1}\\R_{y1}\\R_{y2}\\R_{x4}\\R_{y4}\end{bmatrix}=\frac{2.95\times10^4}{6}\begin{bmatrix}22.68 & 5.76 & -15.0 & 0 & -7.68 & -5.76 & 0 & 0\\5.76 & 4.32 & 0 & 0 & -5.76 & -4.32 & 0 & 0\\0 & 0 & 0 & 20.0 & 0 & -20.0 & 0 & 0\\0 & 0 & 0 & 0 & -15.0 & 0 & 15.0 & 0\\0 & 0 & 0 & 0 & 0 & 0 & 0 & 0\end{bmatrix}\cdot\begin{bmatrix}0\\0\\0.2712\\0\\0.0565\\-0.2225\\0\\0\end{bmatrix}$$

$$=\begin{bmatrix}-15833.0\\3126.0\\21879.0\\-4167.0\\0\end{bmatrix}\text{N}$$

2. ANSYS 软件求解

针对图 3-19 所示的问题,在 ANSYS 软件平台上,完成相应的力学分析,其求解过程和步骤如下。

1) 选择单元和输入材料属性

(1) 选取单元。Main Menu→Preprocessor→Element Type→Add/Edit/Delete,单击“Element Types”对话框中的“Add”,然后在“Library of Element Types”对话框左边的列表栏中选择“Link”,右边的列表栏中选择“3D finit stn 180”,如图 3-20 所示,单击“OK”,再单击“Close”。

(2) 输入杆单元的面积属性。Main Menu→Preprocessor→Real Constants→Add/Edit/Delete,弹出一个“Real Constants”的对话框,单击“Add”,又弹出一个“Element Type for Real Constants”对话框,选择“Type 1 Link 180”,单击“OK”,再次弹出一个“Real Constant Set Number 1,for LINK180”的对话框,如图 3-21 所示,在其中“Cross-sectional area”后面的输入栏中输入杆的面积即“100e-6”,单击“OK”,再单击“Close”,完成杆单元的实常数设置。

(3) 输入材料参数。Main Menu→Preprocessor→Material Props→Material Models,出现一个如图 1-23 所示的对话框,在“Material Models Available”中,点击打开“Structural→Linear→Elastic→Isotropic”,又出现一个对话框,输入“EX=2.95e11,PRXY=0”,单击“OK”,单击“Material→Exit”,完成材料属性的设置。

2) 建立单元模型

(1) 生成 4 个节点。Main Menu→Preprocessor→Modeling→Create→Nodes→In Active CS,此时弹出如图 3-22 所示的对话框,在“Node number”后的输入栏中输入节点编号“1”,在“X,Y,Z Location in active CS”后的输入栏中,对应地输入节点编号为“1”的坐标位置,

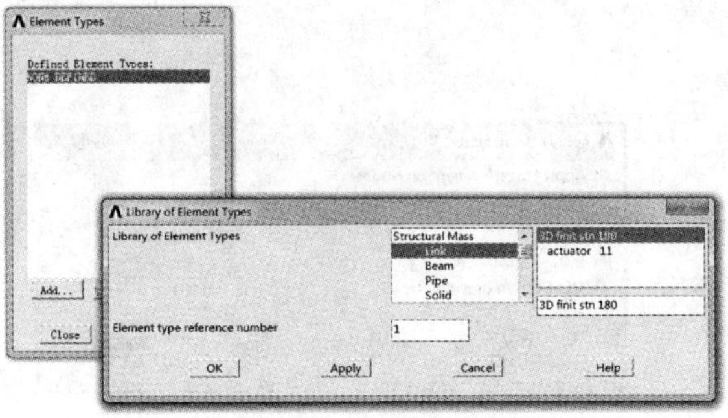

图 3-20　杆单元选择

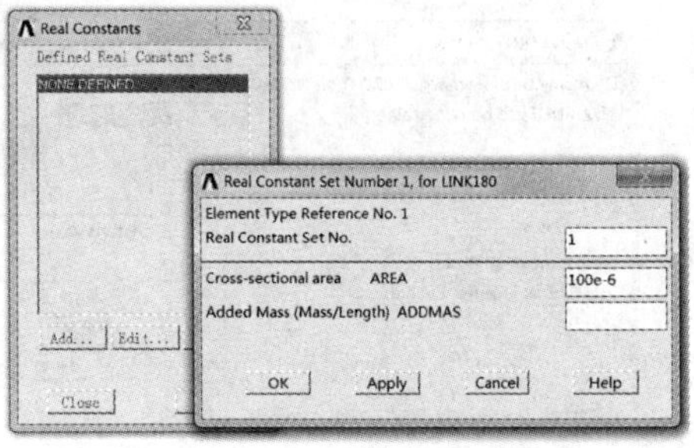

图 3-21　输入单元的面积

即“0,0,0”,单击“Apply”,同样操作输入其他 3 个节点的编号及其坐标位置,即“2:(0.4,0,0)、3:(0.4,0.3,0)、4:(0,0.3,0)”,输入第 4 个节点编号及其坐标位置后,单击“OK”,这时屏幕会显示 4 个节点的位置。

(2) 生成杆单元。Main Menu→Preprocessor→Modeling→Create→Elements→Auto Numbered→Thru Nodes,弹出一个“Element from Nodes”拾取框,在输出窗口拾取节点编号“1”和“2”,单击“Apply”,重复上述操作分别拾取:“2”和“3”,“1”和“3”,“4”和“3”,最后单击“OK”,生成的杆单元模型如图 3-23 所示。

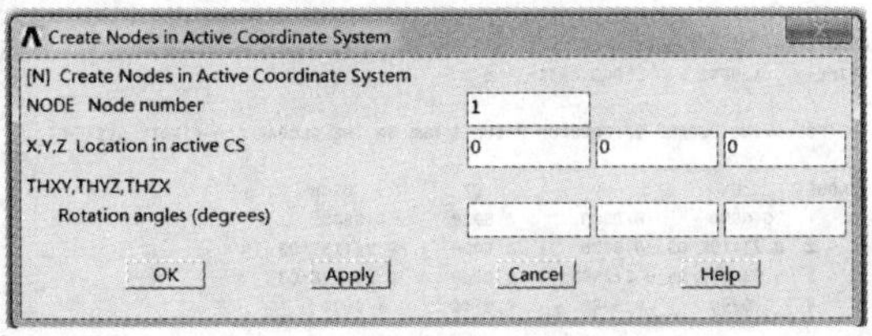

图 3-22　生成节点对话框

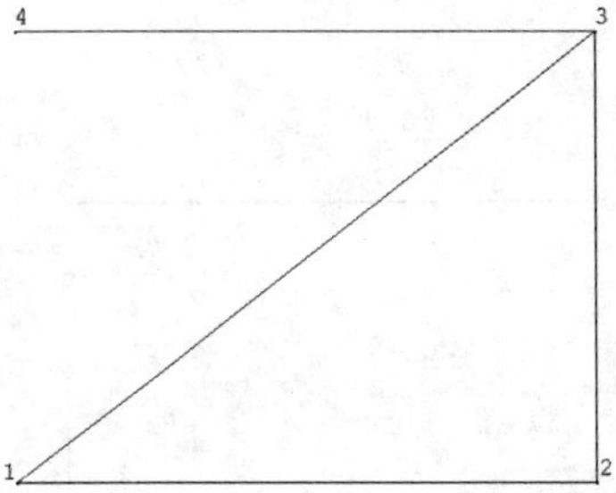

图 3-23　杆单元模型

3) 施加边界条件并求解

(1) 施加全约束边界条件。Main Menu→Solution→Define Loads→Apply→Structural→Displacement→On Nodes,弹出一个“Apply U,ROT on Nodes”拾取框,在输出窗口拾取编号为“1”和“4”的节点,单击“OK”,弹出一个如图 3-24 所示的对话框,选择“All DOF”后,单击“OK”。

(2) 施加 UY 方向的约束。Main Menu→Solution→Define Loads→Apply→Structural→Displacement→On Nodes,弹出一个“Apply U,ROT on Nodes”拾取框,在输出窗口拾取编号为“2”的节点,单击“OK”,弹出一个如图 3-24 所示的对话框,选择“UY”后,单击“OK”。

(3) 施加集中力。Main Menu→Solution→Define Loads→Apply→Structural→Force/Moment→On Nodes,弹出一个“Apply F/M on Nodes”拾取框,在输出窗口拾取编号为“3”的节点,单击“OK”,弹出一个如图 3-25 所示的对话框,在“Direction of force/mom”后的选择栏中选择“FY”,在“Force/moment value”后的输入栏中输入“-25000”,单击“Apply”;再在输出窗口拾取编号为“2”的节点,单击“OK”,在弹出对话框中“Direction of force/mom”后的选择栏中选择“FX”,在“Force/moment value”后的输入栏中输入“20000”,单击“OK”,载荷与边界条

件的施加结果如图 3-26 所示。

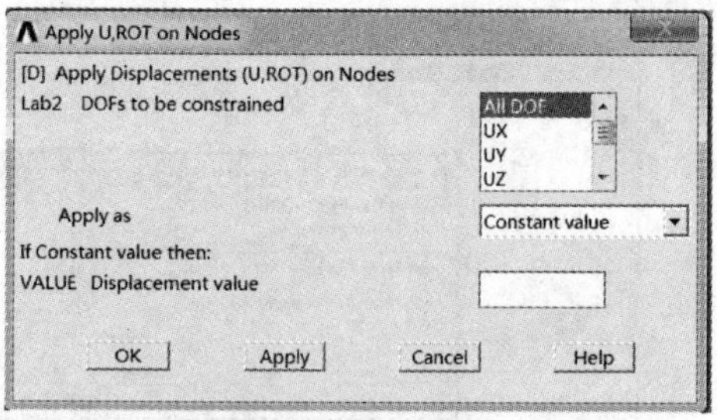

图 3-24　施加约束对话框

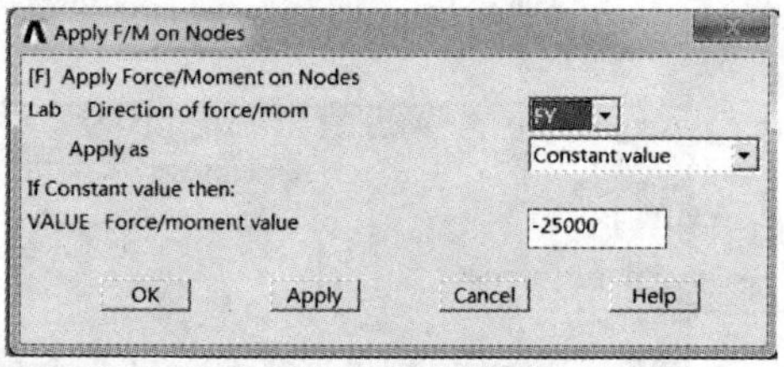

图 3-25　施加集中力对话框

(4) 分析计算。Main Menu→Solution→Solve→Current LS，弹出对话框后，单击“OK”，则开始分析计算。当出现“Solution is done”的对话框时，表示分析计算结束。

4) 进入后处理器查看计算结果

(1) 列表查看节点位移。Main Menu→General Postproc→List Results→Nodal Solution，弹出一个“List Nodal Solution”选取框，选取“DOF Solution→Displacement vector sum”后，单击“OK”，弹出如图 3-27 所示的列表框，从列表中可以看到分析结果与其理论分析相同。

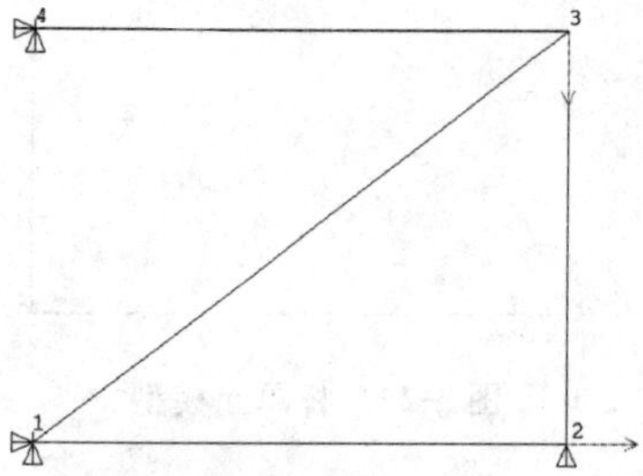

图 3-26　载荷与约束的施加结果

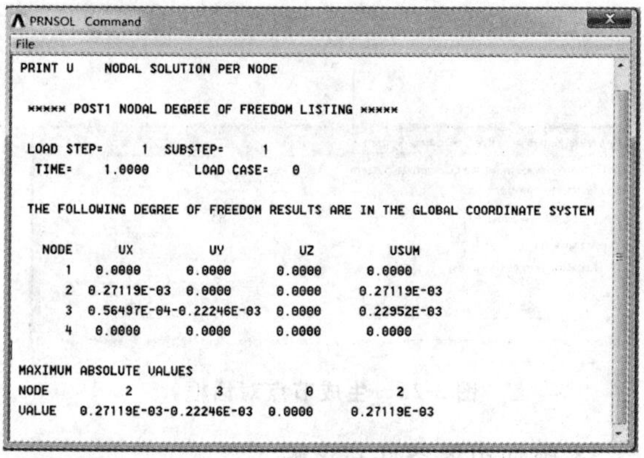

图 3-27　节点位移的列表

(2) 列表查看支座反作用力。Main Menu→General Postproc→List Results→Reaction Solu，弹出一个“List Reaction Solution”对话框，单击“OK”，显示的结果如图 3-28 所示。

(3) 提取杆所承受的力。Utility Menu→Parameters→Get Scalar Data，弹出一个“Get Scalar Data”选取框，选取“Results data”及后面的“Element results”，单击“OK”；弹出一个“Get Element Results Data”对话框，在“Name of parameter to be defined”后面输入“F2”，在“Element number N”后面输入编号“2”的单元，选取“By sequence num”及“SMISC,”，并在“SMISC,”后面输入“1”，如图 3-29 所示，单击“OK”，即可得到“2”号单元所承担的力。重复上述操作即可得到其他 3 根杆所承受的力。

(4) 查看单元所承受的力。Utility Menu→Parameters→Scalar Parameters，弹出一个如图 3-30 所示的显示框，其中列出了每根杆所承受的力，将力除以杆的面积即可得到每根杆的应力。从图 3-30 可看到，ANSYS 软件分析得到的应力值与其理论分析值是一致的。

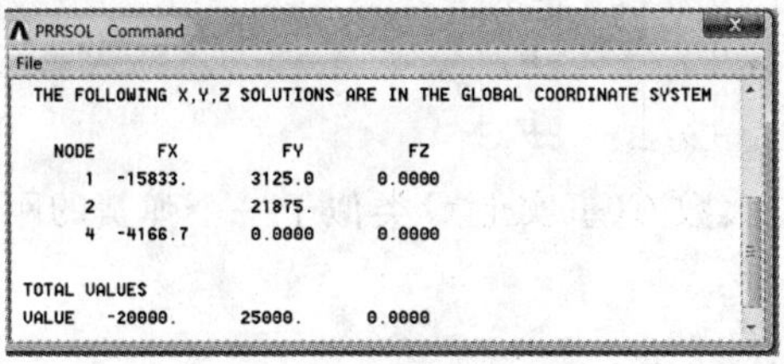

图 3-28　支座反作用力

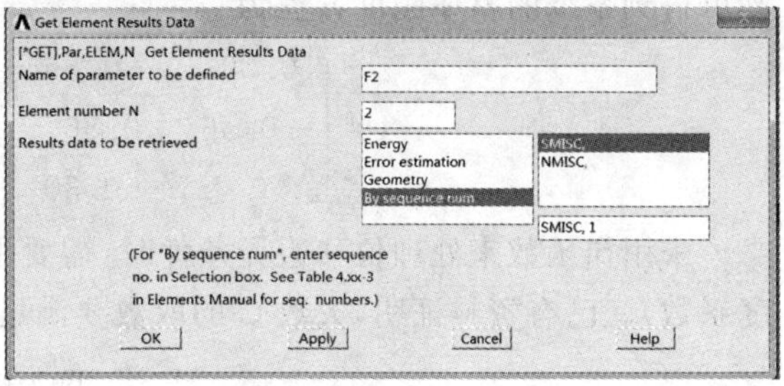

图 3-29　提取单元承受力

算例 3-4：采用罚函数法处理位移边界条件

图 3-31 所示为由两种材料构成的阶梯轴，其两端固定，施加一个轴向载荷 $P=2\times10^5$ N，试求出节点位移、支反力和应力。尺寸参数如图 3-31 所示。

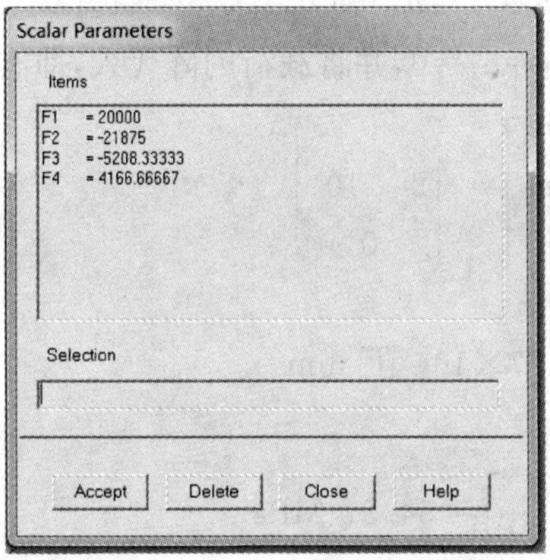

图 3-30　显示每根杆的作用力

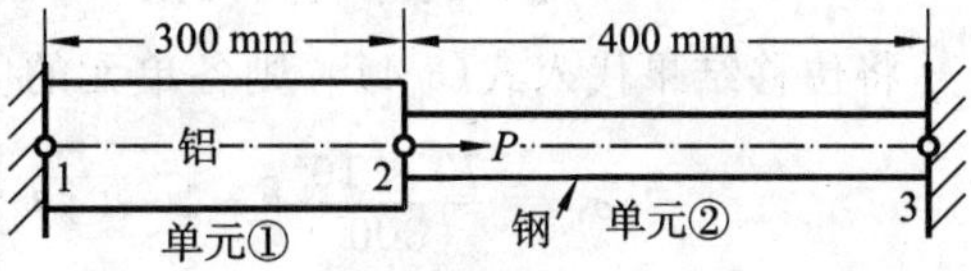

图 3-31　两端固定的阶梯轴

已知：铝材料的弹性模量为 $E_1=70$ GPa，截面面积为 $A_1=2400\ \text{mm}^2$；

钢材料的弹性模量为 $E_2=200$ GPa，截面面积为 $A_2=600\ \text{mm}^2$。

因阶梯轴的材料和截面面积的特点，将其划分为两个单元，如图 3-31 所示。其中单元①由节点 1 和 2 组成，单元②由节点 2 和 3 组成。则可知载荷列阵：

$$\boldsymbol{F}=[0\quad 2\times10^5\quad 0]^{\mathrm{T}}$$

位移边界：

$$u_1=u_3=0$$

将各单元的参数代入式(3-44)，可得到各单元的刚度矩阵如下。

单元①：

$$\boldsymbol{K}_1^{\mathrm{e}}=\frac{70\times10^3\times2400}{300}\begin{bmatrix}1 & -1\\ -1 & 1\end{bmatrix}$$

单元②：

$$\boldsymbol{K}_2^{\mathrm{e}}=\frac{200\times10^3\times600}{400}\begin{bmatrix}1 & -1\\ -1 & 1\end{bmatrix}$$

因此系统的整体刚度矩阵为

$$\boldsymbol{K}=10^6\begin{bmatrix}0.56 & -0.56 & 0\\ -0.56 & 0.86 & -0.30\\ 0 & -0.30 & 0.30\end{bmatrix}$$

则可得到系统的整体刚度方程为

$$10^6\begin{bmatrix}0.56 & -0.56 & 0\\ -0.56 & 0.86 & -0.30\\ 0 & -0.30 & 0.30\end{bmatrix}\cdot\begin{bmatrix}u_1\\ u_2\\ u_3\end{bmatrix}=\begin{bmatrix}F_1\\ F_2\\ F_3\end{bmatrix}$$

采用罚函数来处理位移边界条件时,需要乘以一个大数 C(事实上 C 类似于一个弹簧的刚度系数)。已有资料证明,大数 C 的取数要满足下列条件:

$$C=\max|k_{ij}|\times 10^4$$

由整体刚度矩阵可知,可取大数:$C=(0.86\times 10^6)\times 10^4$。由于位移边界有 $u_1=u_3=0$,因此将系统的整体刚度方程调整为

$$10^6\begin{bmatrix}0.56+C & -0.56 & 0\\ -0.56 & 0.86 & -0.30\\ 0 & -0.30 & 0.30+C\end{bmatrix}\cdot\begin{bmatrix}u_1\\ u_2\\ u_3\end{bmatrix}=\begin{bmatrix}F_1+Ca_1\\ F_2\\ F_3+Ca_3\end{bmatrix}$$

其中:a_1、a_3 分别为节点 1 和节点 3 的位移初值,显然有 $a_1=a_3=0$,并将载荷列阵代入,即有

$$10^6\begin{bmatrix}8600.56 & -0.56 & 0\\ -0.56 & 0.86 & -0.30\\ 0 & -0.30 & 8600.30\end{bmatrix}\cdot\begin{bmatrix}u_1\\ u_2\\ u_3\end{bmatrix}=\begin{bmatrix}0\\ 2\times 10^5\\ 0\end{bmatrix}$$

求解得位移列阵为

$$\boldsymbol{u}=[15.1432\times 10^{-6}\quad 0.23257\quad 8.1127\times 10^{-6}]^{\mathrm{T}}\ \mathrm{mm}$$

将位移结果代入式(3-41),则各单元的应力为

$$\sigma_1=\frac{70\times 10^3}{300}[-1\quad 1]\cdot\begin{bmatrix}15.1432\times 10^{-6}\\ 0.23257\end{bmatrix}=54.27\ \mathrm{MPa}$$

$$\sigma_2=\frac{200\times 10^3}{400}[-1\quad 1]\cdot\begin{bmatrix}0.23257\\ 8.1127\times 10^{-6}\end{bmatrix}=-116.29\ \mathrm{MPa}$$

节点 1 和节点 3 的支反力为

$$R_1=-C\times(u_1-a_1)=-(0.86\times 10^6)\times 10^4\times 15.1432\times 10^{-6}\ \mathrm{N}=-130.23\times 10^3\ \mathrm{N}$$

$$R_3=-C\times(u_3-a_3)=-(0.86\times 10^6)\times 10^4\times 8.1127\times 10^{-6}\ \mathrm{N}=-69.77\times 10^3\ \mathrm{N}$$

从上述的求解过程可看到,罚函数法(也称为乘大数法)是一种不降阶处理位移边界的方法,特别适用于边界位移为给定值即本例中 $a_1\neq 0$ 或 $a_3\neq 0$ 的情况。

3.3　梁的有限元分析

本节以平面梁为例,分析平面梁单元的构造原理,并以此说明用有限元法分析平面梁问题的基本思想。

3.3.1　平面纯弯梁的有限元法

1. 位移模式

在局部坐标系 xOy 中,长度为 l、弹性模量为 E、横截面面积为 A 的梁单元有两个节点,如图 3-32 所示,每个节点有 2 个自由度即挠度和转角,单元共有 4 个自由度。于是单元的节点位移(或称为广义位移)列阵为

$$\boldsymbol{\delta}^e = [v_i \quad \theta_i \quad v_j \quad \theta_j]^T \tag{3-73}$$

式中：v_i，v_j 分别是节点 i，j 的挠度；θ_i，θ_j 分别是节点 i，j 的转角。

与之对应的等效节点力（或称广义力）列阵为

$$\boldsymbol{F}^e = [Q_i \quad M_i \quad Q_j \quad M_j]^T \tag{3-74}$$

式中：M_i，M_j 分别是节点 i，j 的弯矩；Q_i，Q_j 分别是节点 i，j 的剪力，如图 3-32 所示。

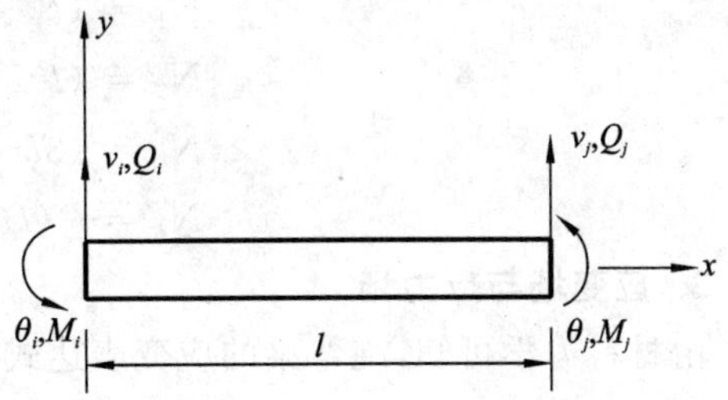

图 3-32　梁单元

设平面梁单元的位移场 $v(x)$ 含有四个未知常数，即

$$v(x) = a_1 + a_2 x + a_3 x^2 + a_4 x^3 \tag{3-75}$$

由材料力学可知，梁的转角为

$$\theta(x) = \frac{dv}{dx} = a_2 + 2a_3 x + 3a_4 x^2 \tag{3-76}$$

从图 3-32 中已知节点的坐标和位移条件为

$$\left.\begin{aligned} v(x)\big|_{x=0} &= v_i \\ \theta(x)\big|_{x=0} &= \theta_i \\ v(x)\big|_{x=l} &= v_j \\ \theta(x)\big|_{x=l} &= \theta_j \end{aligned}\right\} \tag{3-77}$$

将式(3-75)、式(3-76)代入式(3-77)，即可求出式(3-75)中的系数为

$$\left.\begin{aligned} a_1 &= v_i \\ a_2 &= \theta_i \\ a_3 &= \frac{3}{l^2}(v_j - v_i) - \frac{1}{l}(2\theta_i + \theta_j) \\ a_4 &= \frac{2}{l^3}(v_i - v_j) + \frac{1}{l^2}(\theta_i + \theta_j) \end{aligned}\right\} \tag{3-78}$$

将式(3-78)代入式(3-75)并整理后，可得

$$\begin{aligned} v(x) = &\left[1 - 3\left(\frac{x}{l}\right)^2 + 2\left(\frac{x}{l}\right)^3\right]v_i + \left[x - 2\frac{x^2}{l} + \frac{x^3}{l^2}\right]\theta_i \\ &+ \left[3\left(\frac{x}{l}\right)^2 - 2\left(\frac{x}{l}\right)^3\right]v_j + \left[-\frac{x^2}{l} + \frac{x^3}{l^2}\right]\theta_j \end{aligned} \tag{3-79}$$

式(3-79)也可以表示成

$$v(x) = N_1 v_i + N_2 \theta_i + N_3 v_j + N_4 \theta_j = \boldsymbol{N}(x) \cdot \boldsymbol{\delta}^e \tag{3-80}$$

式中：$\boldsymbol{N}$ 表示平面梁单元的形函数；$\boldsymbol{\delta}^e$ 表示节点位移向量。式(3-80)可写成矩阵形式，即

$$v(x) = [N_1 \quad N_2 \quad N_3 \quad N_4]\begin{bmatrix} v_i \\ \theta_i \\ v_j \\ \theta_j \end{bmatrix} \tag{3-81}$$

式中：

$$\left.\begin{aligned} N_1 &= (l^3 - 3lx^2 + 2x^3)/l^3 \\ N_2 &= (l^2 x - 2lx^2 + x^3)/l^2 \\ N_3 &= (3lx^2 - 2x^3)/l^3 \\ N_4 &= -(lx^2 - x^3)/l^2 \end{aligned}\right\} \tag{3-82}$$

2. 应变场与应力场

由材料力学可知,纯弯梁的应变表达式为

$$\boldsymbol{\varepsilon}^e(x) = -\bar{y}\cdot\frac{\mathrm{d}^2 v(x)}{\mathrm{d}x^2} = \overline{\boldsymbol{B}}\cdot\boldsymbol{\delta}^e \tag{3-83}$$

式中:$\bar{y}$ 是以中性层为起点的 y 方向的坐标;$\boldsymbol{B} = -\bar{y}\cdot[B_1 \quad B_2 \quad B_3 \quad B_4]$,可对式(3-81)求二阶导数得到,即有

$$\begin{aligned} \frac{\mathrm{d}^2 v}{\mathrm{d}x^2} &= \left[\frac{\mathrm{d}^2 N_1}{\mathrm{d}x^2} \quad \frac{\mathrm{d}^2 N_2}{\mathrm{d}x^2} \quad \frac{\mathrm{d}^2 N_3}{\mathrm{d}x^2} \quad \frac{\mathrm{d}^2 N_4}{\mathrm{d}x^2}\right]\cdot\begin{bmatrix} v_i \\ \theta_i \\ v_j \\ \theta_j \end{bmatrix} \\ &= [B_1 \quad B_2 \quad B_3 \quad B_4]\cdot\begin{bmatrix} v_i \\ \theta_i \\ v_j \\ \theta_j \end{bmatrix} = \boldsymbol{B}\cdot\boldsymbol{\delta}^e \end{aligned} \tag{3-84}$$

式中:$\boldsymbol{B}$ 为几何矩阵,$\boldsymbol{B} = [B_1 \quad B_2 \quad B_3 \quad B_4]$,且有

$$\left.\begin{aligned} B_1 &= \frac{\mathrm{d}^2 N_1}{\mathrm{d}x^2} = -\frac{6}{l^2} + 12\frac{x}{l^3} \\ B_2 &= \frac{\mathrm{d}^2 N_2}{\mathrm{d}x^2} = -\frac{4}{l} + 6\frac{x}{l^2} \\ B_3 &= \frac{\mathrm{d}^2 N_3}{\mathrm{d}x^2} = \frac{6}{l^2} - 12\frac{x}{l^3} \\ B_4 &= \frac{\mathrm{d}^2 N_4}{\mathrm{d}x^2} = -\frac{2}{l} + 6\frac{x}{l^2} \end{aligned}\right\} \tag{3-85}$$

将式(3-83)代入梁的物理方程,有

$$\boldsymbol{\sigma}^e(x) = E\cdot\boldsymbol{\varepsilon}^e(x) = E\cdot\overline{\boldsymbol{B}}\cdot\boldsymbol{\delta}^e = \boldsymbol{S}\cdot\boldsymbol{\delta}^e \tag{3-86}$$

式中:$\boldsymbol{S}$ 为应力矩阵。

3. 单元刚度矩阵

下面根据瑞利法,以节点位移的形式来表达梁单元的应变能,即

$$U = \frac{1}{2}\int_L EI\left(\frac{\mathrm{d}^2 v}{\mathrm{d}x^2}\right)^2 \mathrm{d}x \tag{3-87}$$

将式(3-84)代入式(3-87),则梁单元的应变能计算式为

$$U = \frac{1}{2}EI\int_L (\boldsymbol{\delta}^e)^{\mathrm{T}}\boldsymbol{B}^{\mathrm{T}}\boldsymbol{B}\cdot\boldsymbol{\delta}^e\,\mathrm{d}x \tag{3-88}$$

因节点位移向量 $\boldsymbol{\delta}^e$ 不是 x 的函数,式(3-88)可写成

$$U = \frac{1}{2}(\boldsymbol{\delta}^e)^{\mathrm{T}}\left[EI\int_L \boldsymbol{B}^{\mathrm{T}}\boldsymbol{B}\,\mathrm{d}x\right]\boldsymbol{\delta}^e \tag{3-89}$$

或写成

$$U=\frac{1}{2}(\boldsymbol{\delta}^{e})^{T}\cdot \boldsymbol{k}\cdot \boldsymbol{\delta}^{e} \tag{3-90}$$

式中：$\boldsymbol{K}^e$ 为平面纯弯梁单元的刚度矩阵，且有

$$\boldsymbol{K}^{e}=EI\int_{L}\boldsymbol{B}^{T}\boldsymbol{B}\mathrm{d}x \tag{3-91}$$

考虑到 $\boldsymbol{B}$ 是 x 的函数，将式(3-85)代入并积分后，有

$$\boldsymbol{K}^{e}=\frac{E\cdot I}{l^{3}}\begin{bmatrix}12 & 6l & -12 & 6l\\ 6l & 4l^{2} & -6l & 2l^{2}\\ -12 & -6l & 12 & -6l\\ 6l & 2l^{2} & -6l & 4l^{2}\end{bmatrix} \tag{3-92}$$

算例 3-5：受均布载荷的悬臂梁

图 3-33 所示为一端受均布载荷的悬臂梁，已知材料的弹性模量为 200 GPa，惯性矩为 $4\times 10^{6}\ \mathrm{mm}^{4}$，求均布载荷中点的位移。

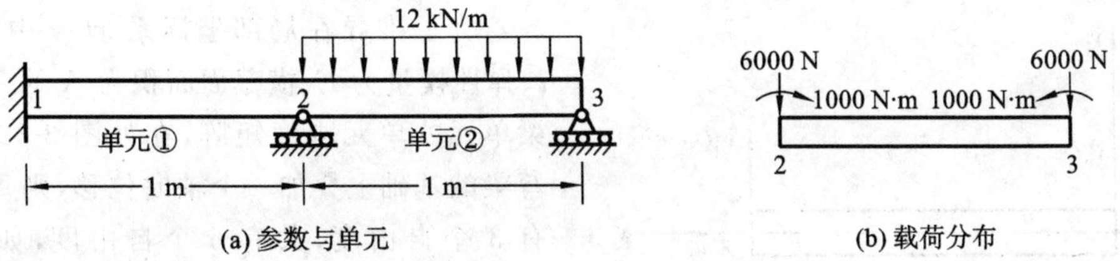

图 3-33　简支悬臂梁

将均布载荷向节点 2 和节点 3 进行等效移置，其移置结果如图 3-33(b)所示。

将悬臂梁划分为两个单元和三个节点，则有

位移列阵：

$$\boldsymbol{q}=[v_{1}\quad \theta_{1}\quad v_{2}\quad \theta_{2}\quad v_{3}\quad \theta_{3}]^{T}$$

载荷列阵：

$$\boldsymbol{F}=[R_{1}\quad M_{1}\quad R_{2}-6000\quad -1000\quad R_{3}-6000\quad 1000]^{T}$$

由于两个单元的长度和截面均相同，有

$$\frac{EI}{l^{3}}=\frac{200\times 10^{9}\times 4\times 10^{-6}}{1^{3}}\ \mathrm{N/m}=8\times 10^{5}\ \mathrm{N/m}$$

则其刚度矩阵为

$$\boldsymbol{K}^{(1)}=\boldsymbol{K}^{(2)}=8\times 10^{5}\cdot\begin{bmatrix}12 & 6 & -12 & 6\\ 6 & 4 & -6 & 2\\ -12 & -6 & 12 & -6\\ 6 & 2 & -6 & 4\end{bmatrix}$$

通过组装可得到系统的整体刚度方程为

$$8\times 10^{5}\begin{bmatrix}12 & 6 & -12 & 6 & 0 & 0\\ 6 & 4 & -6 & 2 & 0 & 0\\ -12 & -6 & 12+12 & -6+6 & -12 & 6\\ 6 & 2 & -6+6 & 4+4 & -6 & 2\\ 0 & 0 & 12 & -6 & 12 & -6\\ 0 & 0 & 6 & 2 & -6 & 4\end{bmatrix}\cdot\begin{bmatrix}v_{1}\\ \theta_{1}\\ v_{2}\\ \theta_{2}\\ v_{3}\\ \theta_{3}\end{bmatrix}=\begin{bmatrix}R_{1}\\ M_{1}\\ R_{2}-6000\\ -1000\\ R_{3}-6000\\ 1000\end{bmatrix}$$

根据图 3-33,将已知的边界条件即 $v_1=\theta_1=v_3=v_5=0$ 代入,有

$$8\times10^5\begin{bmatrix}8 & 2\\2 & 4\end{bmatrix}\cdot\begin{bmatrix}\theta_2\\\theta_3\end{bmatrix}=\begin{bmatrix}-1000\\1000\end{bmatrix}$$

解为

$$\left.\begin{aligned}\theta_2&=-2.679\times10^{-4}\\\theta_3&=4.464\times10^{-4}\end{aligned}\right\}$$

将上述解代入式(3-79),有

$$v\left(\frac{1}{2}\right)=\left[\frac{1}{2}-2\frac{0.5^2}{1}+\frac{0.5^3}{1}\right]\times(-2.679\times10^{-4})\ \text{m}+\left[-\frac{0.5^2}{1}+\frac{0.5^3}{1}\right]\times(4.464\times10^{-4})\ \text{m}$$
$$=-0.0893\ \text{mm}$$

3.3.2 梁单元及坐标变换

1. 一般平面梁单元

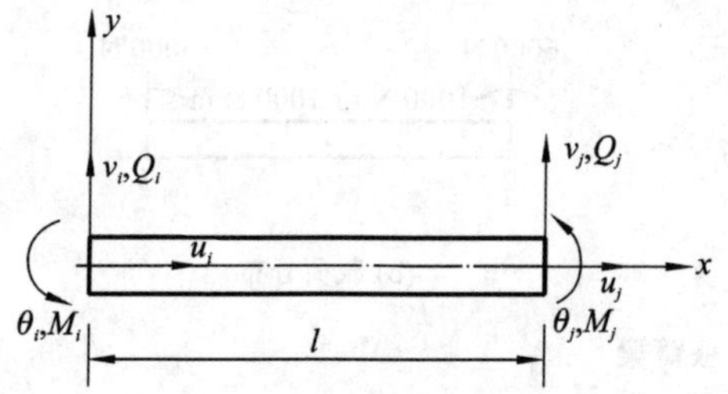

图 3-34 平面梁单元

为了推导在局部坐标系 xOy 中,长度为 l、弹性模量为 E、横截面面积为 A 的一般平面梁单元的单元刚度矩阵,在如图 3-32 所示纯弯梁的基础上叠加一个轴向位移,则每个节点有 3 个自由度,共有 6 个自由度,如图 3-34 所示。

此时单元的节点位移列阵 $\boldsymbol{\delta}^e$ 和节点力列阵 $\boldsymbol{F}^e$ 分别为

$$\left.\begin{aligned}\boldsymbol{\delta}^e&=[u_i\quad v_i\quad \theta_i\quad u_j\quad v_j\quad \theta_j]^T\\\boldsymbol{F}^e&=[Q_{xi}\quad Q_{yi}\quad M_i\quad Q_{xj}\quad Q_{yj}\quad M_j]^T\end{aligned}\right\}\tag{3-93}$$

相应的刚度方程为

$$\underset{6\times6}{\boldsymbol{K}^e}\cdot\boldsymbol{\delta}^e_{6\times1}=\boldsymbol{F}^e_{6\times1}\tag{3-94}$$

对应于图 3-34 的节点位移和式(3-93)中节点位移列阵的排列次序,将杆单元刚度矩阵与纯弯梁单元刚度矩阵进行组合,可得到式(3-94)中的单元刚度矩阵,即

$$\underset{6\times6}{\boldsymbol{K}^e}=\begin{bmatrix}\frac{EA}{l} & 0 & 0 & -\frac{EA}{l} & 0 & 0\\ 0 & \frac{12EI}{l^3} & \frac{6EI}{l^2} & 0 & -\frac{12EI}{l^3} & -\frac{6EI}{l^2}\\ 0 & \frac{6EI}{l^2} & \frac{4EI}{l} & 0 & -\frac{6EI}{l^2} & \frac{2EI}{l}\\ -\frac{EA}{l} & 0 & 0 & \frac{EA}{l} & 0 & 0\\ 0 & -\frac{12EI}{l^3} & -\frac{6EI}{l^2} & 0 & \frac{12EI}{l^3} & -\frac{6EI}{l^2}\\ 0 & \frac{6EI}{l^2} & \frac{2EI}{l} & 0 & -\frac{6EI}{l^2} & \frac{4EI}{l}\end{bmatrix}\tag{3-95}$$

2. 空间梁单元

在建筑、汽车车身、自行车、航天器、机器人等方面经常会遇到三维框架结构。一个典型的

框架结构如图 3-35 所示，每个节点有 6 个自由度，包括三个移动和三个转角自由度。

x 方向的轴向位移$[u_i \quad u_j]^{\mathrm{T}}$ 对应于杆单元的刚度矩阵，即有

$$\boldsymbol{K}_x^{\mathrm{e}}=\frac{EA}{l}\begin{bmatrix}1 & -1\\ -1 & 1\end{bmatrix} \tag{3-96}$$

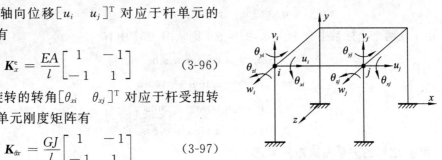

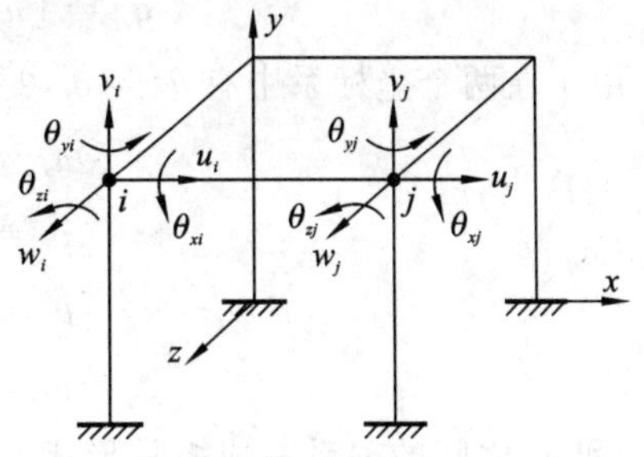

图 3-35　空间框架结构

绕 x 轴旋转的转角$[\theta_{xi} \quad \theta_{xj}]^{\mathrm{T}}$ 对应于杆受扭转时的形态，其单元刚度矩阵有

$$\boldsymbol{K}_{\theta x}=\frac{GJ}{l}\begin{bmatrix}1 & -1\\ -1 & 1\end{bmatrix} \tag{3-97}$$

在 xOy 平面的位移$[v_i \quad \theta_{zi} \quad v_j \quad \theta_{zj}]^{\mathrm{T}}$，以及 xOz 平面内的位移$[w_i \quad \theta_{yi} \quad w_j \quad \theta_{yj}]^{\mathrm{T}}$，分别对应于纯弯梁的刚度矩阵，即有

$$\boldsymbol{K}_{xOy}^{\mathrm{e}}=\frac{E\cdot I_z}{l^3}\begin{bmatrix}12 & 6l & -12 & 6l\\ 6l & 4l^2 & -6l & 2l^2\\ -12 & -6l & 12 & -6l\\ 6l & 2l^2 & -6l & 4l^2\end{bmatrix} \tag{3-98}$$

$$\boldsymbol{K}_{xOz}^{\mathrm{e}}=\frac{E\cdot I_y}{l^3}\begin{bmatrix}12 & 6l & -12 & 6l\\ 6l & 4l^2 & -6l & 2l^2\\ -12 & -6l & 12 & -6l\\ 6l & 2l^2 & -6l & 4l^2\end{bmatrix} \tag{3-99}$$

将式(3-96)～式(3-99)进行组合，同时令 $\mathrm{AS}=\frac{EA}{l}$、$\mathrm{TS}=\frac{GJ}{l}$、$a_z=\frac{12EI_z}{l^3}$、$b_z=\frac{6EI_z}{l^3}$、$c_z=\frac{4EI_z}{l^3}$、$d_z=\frac{2EI_z}{l^3}$、$a_y=\frac{12EI_y}{l^3}$、$b_y=\frac{6EI_y}{l^3}$、$c_y=\frac{4EI_y}{l^3}$、$d_y=\frac{2EI_y}{l^3}$，可得到空间梁单元在局部坐标系下的单元刚度矩阵，即有

$$\boldsymbol{K}^{\mathrm{e}}=\begin{bmatrix}
\mathrm{AS} & 0 & 0 & 0 & 0 & 0 & -\mathrm{AS} & 0 & 0 & 0 & 0 & 0\\
0 & a_z & 0 & 0 & 0 & b_z & 0 & -a_z & 0 & 0 & 0 & b_z\\
0 & 0 & a_y & 0 & -b_y & 0 & 0 & 0 & -a_y & 0 & -b_y & 0\\
0 & 0 & 0 & \mathrm{TS} & 0 & 0 & 0 & 0 & 0 & -\mathrm{TS} & 0 & 0\\
0 & 0 & -b_y & 0 & c_y & 0 & 0 & 0 & b_y & 0 & d_y & 0\\
0 & b_z & 0 & 0 & 0 & c_z & 0 & -b_z & 0 & 0 & 0 & d_z\\
-\mathrm{AS} & 0 & 0 & 0 & 0 & 0 & \mathrm{AS} & 0 & 0 & 0 & 0 & 0\\
0 & -a_z & 0 & 0 & 0 & -b_z & 0 & a_z & 0 & 0 & 0 & -b_z\\
0 & 0 & -a_y & 0 & b_y & 0 & 0 & 0 & c_y & 0 & b_y & 0\\
0 & 0 & 0 & -\mathrm{TS} & 0 & 0 & 0 & 0 & 0 & \mathrm{TS} & 0 & 0\\
0 & 0 & -b_y & 0 & d_y & 0 & 0 & 0 & b_y & 0 & c_y & 0\\
0 & b_z & 0 & 0 & 0 & d_z & 0 & -b_z & 0 & 0 & 0 & c_z
\end{bmatrix}\begin{matrix}\leftarrow u_i\\ \leftarrow v_i\\ \leftarrow w_i\\ \leftarrow \theta_{xi}\\ \leftarrow \theta_{yi}\\ \leftarrow \theta_{zi}\\ \leftarrow u_j\\ \leftarrow v_j\\ \leftarrow w_j\\ \leftarrow \theta_{xj}\\ \leftarrow \theta_{yj}\\ \leftarrow \theta_{zj}\end{matrix} \tag{3-100}$$

3. 坐标变换

如图 3-35 所示，梁单元在 $\overline{xOy}$ 局部坐标系下的位移列阵为

$$\boldsymbol{\delta}^{\mathrm{e}}=[\bar{u}_i \quad \bar{v}_i \quad \bar{\theta}_i \quad \bar{u}_j \quad \bar{v}_j \quad \bar{\theta}_j]^{\mathrm{T}} \tag{3-101}$$

其在 xOy 整体坐标系的位移列阵为

$$\boldsymbol{q}^{e}=[u_i \quad v_i \quad \theta_i \quad u_j \quad v_j \quad \theta_j]^{T} \tag{3-102}$$

由于在两个坐标系中有 $\bar{\theta}_i=\theta_i,\bar{\theta}_j=\theta_j$，则从图 3-35 中有

$$\left.\begin{aligned} u_i &= \bar{u}_i\cos\alpha+\bar{v}_i\sin\alpha \\ v_i &= -\bar{u}_i\sin\alpha+\bar{v}_i\cos\alpha \\ u_j &= \bar{u}_j\cos\alpha+\bar{v}_j\sin\alpha \\ v_j &= -\bar{u}_j\sin\alpha+\bar{v}_j\cos\alpha \end{aligned}\right\} \tag{3-103}$$

则 $\boldsymbol{\delta}^{e}$ 和 $\boldsymbol{q}^{e}$ 之间的关系写成矩阵形式，有

$$\boldsymbol{\delta}^{e}=\boldsymbol{T}^{e}\cdot\boldsymbol{q}^{e} \tag{3-104}$$

式中：$\boldsymbol{T}^{e}$ 为转换矩阵，有

$$\boldsymbol{T}^{e}=\begin{bmatrix} \cos\alpha & \sin\alpha & 0 & 0 & 0 & 0 \\ -\sin\alpha & \cos\alpha & 0 & 0 & 0 & 0 \\ 0 & 0 & 1 & 0 & 0 & 0 \\ 0 & 0 & 0 & \cos\alpha & \sin\alpha & 0 \\ 0 & 0 & 0 & -\sin\alpha & \cos\alpha & 0 \\ 0 & 0 & 0 & 0 & 0 & 1 \end{bmatrix} \tag{3-105}$$

类似地，梁单元在整体坐标系中的单元刚度方程为

$$\boldsymbol{K}^{e}\cdot\boldsymbol{q}^{e}=\boldsymbol{F}^{e} \tag{3-106}$$

式中：

$$\boldsymbol{K}^{e}=\boldsymbol{T}^{eT}\cdot\bar{\boldsymbol{K}}^{e}\cdot\boldsymbol{T}^{e} \tag{3-107}$$

$$\boldsymbol{F}^{e}=\boldsymbol{T}^{eT}\cdot\bar{\boldsymbol{F}}^{e} \tag{3-108}$$

类似地，可推导得到空间梁单元的转换矩阵为

$$\boldsymbol{T}^{e}=\begin{bmatrix} \boldsymbol{\lambda} & 0 & 0 & 0 \\ 0 & \boldsymbol{\lambda} & 0 & 0 \\ 0 & 0 & \boldsymbol{\lambda} & 0 \\ 0 & 0 & 0 & \boldsymbol{\lambda} \end{bmatrix} \tag{3-109}$$

式中：

$$\boldsymbol{\lambda}=\begin{bmatrix} \cos(\bar{x},x) & \cos(\bar{x},y) & \cos(\bar{x},z) \\ \cos(\bar{y},x) & \cos(\bar{y},y) & \cos(\bar{y},z) \\ \cos(\bar{z},x) & \cos(\bar{z},y) & \cos(\bar{z},z) \end{bmatrix} \tag{3-110}$$

其中，$\cos(\bar{x},x),\cdots,\cos(\bar{z},z)$ 表示局部坐标轴 $(\bar{x},\bar{y},\bar{z})$ 对整体坐标轴 (x,y,z) 的方向余弦。

3.3.3 典型算例及分析

算例 3-6：框架结构的有限元分析

如图 3-36 所示的框架结构，其顶端受均布力作用，用有限元方法分析结构的位移。结构中梁的截面为圆环，其内半径为 42.5 mm，外半径为 45 mm，材料的弹性模量为 E=207 GPa，通过计算可得到惯性矩为 $I=6.57\times10^{-7}\ \text{m}^4$，截面面积为 $A=6.87\times10^{-4}\ \text{m}^2$。

算例 3-6

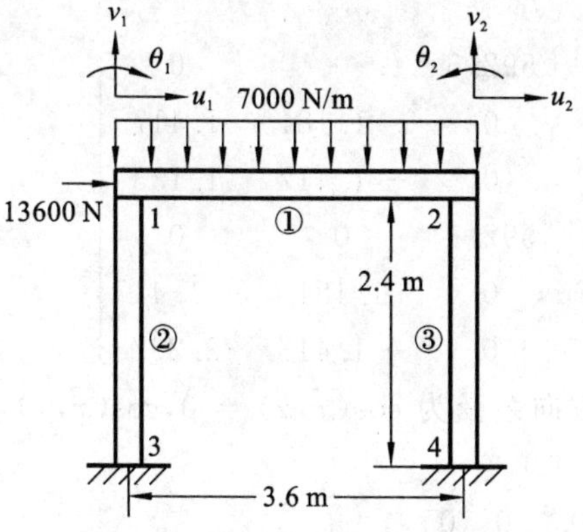

图 3-36　承受均布力作用的框架结构

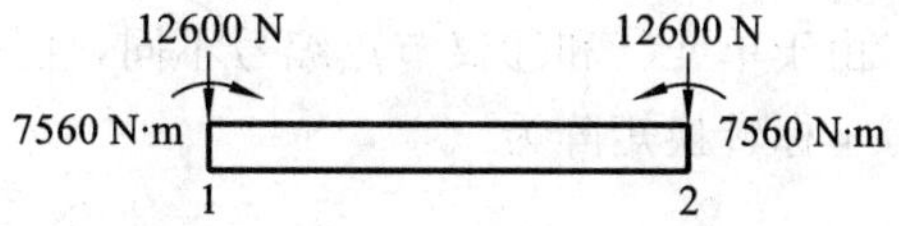

图 3-37　均布载荷的节点等效

1. 有限元的理论分析

1）结构的离散化与编号

将该结构离散为 3 个单元，节点位移及单元编号如图 3-36 所示，均布载荷的节点等效如图 3-37 所示，则

节点位移为

$$\boldsymbol{\delta}=[u_1\quad v_1\quad \theta_1\quad u_2\quad v_2\quad \theta_2\quad u_3\quad v_3\quad \theta_3\quad u_4\quad v_4\quad \theta_4]^{\mathrm{T}}$$

节点外载荷为

$$\boldsymbol{F}=[13600\quad -12600\quad -7560\quad 0\quad -12600\quad 7560\quad 0\quad 0\quad 0\quad 0\quad 0\quad 0]^{\mathrm{T}}$$

节点支反力为

$$\boldsymbol{R}=[0\quad 0\quad 0\quad 0\quad 0\quad 0\quad R_{x3}\quad R_{y3}\quad R_{\theta 3}\quad R_{x4}\quad R_{y4}\quad R_{\theta 4}]^{\mathrm{T}}$$

其中，R_{x3}，R_{y3}，$R_{\theta 3}$ 分别为节点 3 沿 x 方向支反力、y 方向支反力和支反力矩；R_{x4}，R_{y4}，$R_{\theta 4}$ 分别为节点 4 沿 x 方向支反力、y 方向支反力和支反力矩。

总的节点载荷为

$$\begin{aligned}\boldsymbol{P}&=\boldsymbol{F}+\boldsymbol{R}\\&=[13600\quad -12600\quad -7560\quad 0\quad -12600\quad 7560\quad R_{x3}\quad R_{y3}\quad R_{\theta 3}\quad R_{x4}\quad R_{y4}\quad R_{\theta 4}]^{\mathrm{T}}\end{aligned}$$

2）生成单元刚度矩阵

将各单元的参数分别代入式(3-95)，可得到各单元的刚度矩阵如下。

单元①：

$$\boldsymbol{K}^{(1)}=10^5\times\begin{bmatrix}395.03 & 0 & 0 & -395.03 & 0 & 0\\ 0 & 0.350 & 0.630 & 0 & -0.350 & 0.630\\ 0 & 0.630 & 1.511 & 0 & -0.630 & 0.756\\ -395.03 & 0 & 0 & 395.03 & 0 & 0\\ 0 & -0.350 & -0.630 & 0 & 0.350 & -0.630\\ 0 & 0.630 & 0.756 & 0 & -0.630 & 1.511\end{bmatrix}\begin{matrix}\leftarrow u_1\\ \leftarrow v_1\\ \leftarrow \theta_1\\ \leftarrow u_2\\ \leftarrow v_2\\ \leftarrow \theta_2\end{matrix}\tag{3-111}$$

单元②：

$$\widetilde{\boldsymbol{K}}^{(2)}=10^5\times\begin{bmatrix}592.5 & 0 & 0 & 592.5 & 0 & 0\\ 0 & 1.181 & 1.417 & 0 & -1.181 & 1.417\\ 0 & 1.417 & 2.267 & 0 & -1.417 & 1.133\\ 592.5 & 0 & 0 & 592.5 & 0 & 0\\ 0 & -1.181 & -1.417 & 0 & 1.181 & -1.417\\ 0 & 1.417 & 1.133 & 0 & -1.417 & 2.267\end{bmatrix}$$

由于单元②和③仅节点编号不同，且其轴线的方向余弦为 $\cos(\overline{x},x)=0,\cos(\overline{x},y)=1$，则有坐标转换矩阵为

$$\boldsymbol{T}=\begin{bmatrix}0 & 1 & 0 & 0 & 0 & 0\\ -1 & 0 & 0 & 0 & 0 & 0\\ 0 & 0 & 1 & 0 & 0 & 0\\ 0 & 0 & 0 & 0 & 1 & 0\\ 0 & 0 & 0 & -1 & 0 & 0\\ 0 & 0 & 0 & 0 & 0 & 1\end{bmatrix}$$

从而可以计算出整体坐标下，单元②和③的单元刚度矩阵为

$$\boldsymbol{K}^{(2)}=\boldsymbol{T}^{\mathrm{T}}\widetilde{\boldsymbol{K}}^{(2)}\boldsymbol{T}=10^5\times\begin{bmatrix}1.181 & 0 & -1.417 & -1.181 & 0 & -1.417\\ 0 & 592.5 & 0 & 0 & -592.5 & 0\\ -1.417 & 0 & 2.267 & 1.417 & 0 & 1.133\\ -1.181 & 0 & 1.417 & 1.181 & 0 & 1.417\\ 0 & -592.5 & 0 & 0 & 592.5 & 0\\ -1.417 & 0 & 1.133 & 1.417 & 0 & 2.267\end{bmatrix}\tag{3-112}$$

但两个单元所对应的节点位移分别为

单元②：

$$[u_3\quad v_3\quad \theta_3\quad u_1\quad v_1\quad \theta_1]^{\mathrm{T}}$$

单元③：

$$[u_4\quad v_4\quad \theta_4\quad u_2\quad v_2\quad \theta_2]^{\mathrm{T}}$$

3）施加边界条件并求解

从图 3-36 已知其位移边界条件为

$$u_3=v_3=\theta_3=u_4=v_4=\theta_4=0$$

将式(3-112)中的阴影部分分别添加到式(3-111)中，即可得到去除位移边界条件后的整体刚度矩阵：

$$\boldsymbol{K}=10^5\times\begin{bmatrix}395.03+1.181 & 0 & 0+1.417 & -395.03 & 0 & 0\\ 0 & 0.350+592.5 & 0.630 & 0 & -0.350 & 0.630\\ 0+1.417 & 0.630 & 1.511+2.267 & 0 & -0.630 & 0.756\\ -395.03 & 0 & 0 & 395.03+1.181 & 0 & 0+1.417\\ 0 & -0.350 & -0.630 & 0 & 0.350+592.5 & -0.630\\ 0 & 0.630 & 0.756 & 0+1.417 & -0.630 & 1.511+2.267\end{bmatrix}$$

因此整体刚度方程为

$$10^5 \times \begin{bmatrix} 396.211 & 0 & 1.417 & -395.03 & 0 & 0 \\ 0 & 592.85 & 0.630 & 0 & -0.350 & 0.630 \\ 1.417 & 0.630 & 3.778 & 0 & -0.630 & 0.756 \\ -395.03 & 0 & 0 & 396.211 & 0 & 1.417 \\ 0 & -0.350 & -0.630 & 0 & 592.85 & -0.630 \\ 0 & 0.630 & 0.756 & 1.417 & -0.630 & 3.778 \end{bmatrix} \begin{bmatrix} u_1 \\ v_1 \\ \theta_1 \\ u_2 \\ v_2 \\ \theta_2 \end{bmatrix} = \begin{bmatrix} 13600 \\ -12600 \\ -7560 \\ 0 \\ -12600 \\ 7560 \end{bmatrix}$$

求解后的结果为

$$\left.\begin{aligned} u_1 &= 0.0923 \text{ m} \\ v_1 &= -1.515 \times 10^{-4} \text{ m} \\ \theta_1 &= -0.0539 \text{ rad} \\ u_2 &= 0.0920 \text{ m} \\ v_2 &= -2.738 \times 10^{-4} \text{ m} \\ \theta_2 &= -0.0037 \text{ rad} \end{aligned}\right\}$$

2. 在 ANSYS 软件平台上求解

1）选择单元与输入材料属性

（1）选取单元。Main Menu→Preprocessor→Element Type→Add/Edit/Delete，单击"Element Types"对话框中的"Add"，然后在"Library of Element Types"对话框左边的列表栏中选择"Beam"，右边的列表栏中选择"2 node 188"，如图 3-38 所示，单击"OK"，再单击"Close"。

（2）输入材料参数。Main Menu→Preprocessor→Material Props→Material Models，出现一个如图 1-23 所示的对话框，在"Material Models Available"中，点击打开"Structural→Linear→Elastic→Isotropic"，又出现一个对话框，输入"EX=2.07e11，PRXY=0"，单击"OK"，单击"Material→Exit"，完成材料属性的设置。

（3）输入梁单元的截面属性。Main Menu→Preprocessor→Sections→Beam→Common Sections，出现一个"Beam Tool"的对话框，如图 3-39 所示，在"Sub-Type"后面的选择栏中选择"○"，输入：Ri=0.0425，Ro=0.045。单击"OK"，完成了梁截面的设置。用户也可以在单击"OK"之前，单击"Preview"来浏览梁截面的属性，即梁截面的面积和惯性矩等。

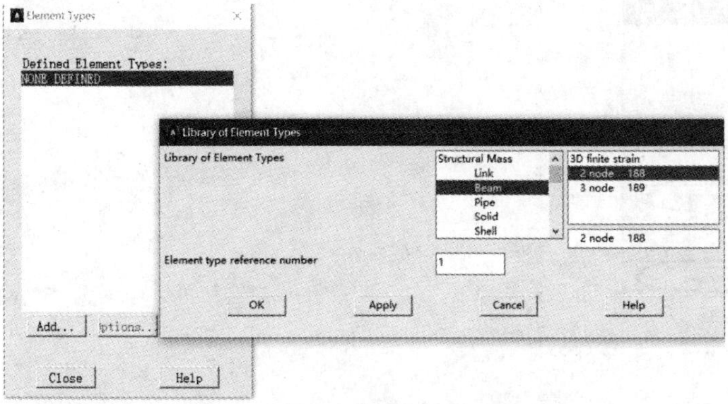

图 3-38　梁单元选择

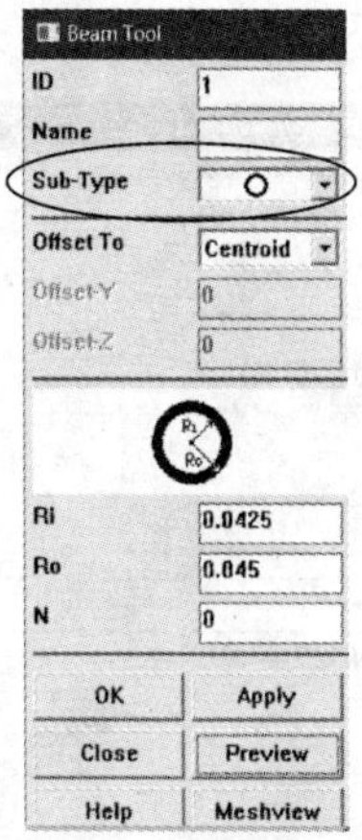

图 3-39　输入梁截面属性

2）建立模型

（1）生成 4 个关键点。Main Menu→Preprocessor→Modeling→Create→Keypoints→In Active CS，弹出如图 3-40 所示的对话框，在“Keypoint number”后面的输入栏中输入关键点编号“1”，在“X，Y，Z Location in active CS”后面的输入栏中，对应地输入关键点编号为“1”的坐标位置，即“0，2.4，0”，单击“Apply”。同样操作输入其他 3 个节点的编号及其坐标位置，即“2：(3.6，2.4，0)、3：(0，0，0)、4：(3.6，0，0)”，输入第 4 个关键点编号及其坐标位置后，单击“OK”，这时屏幕会显示 4 个关键点的位置。

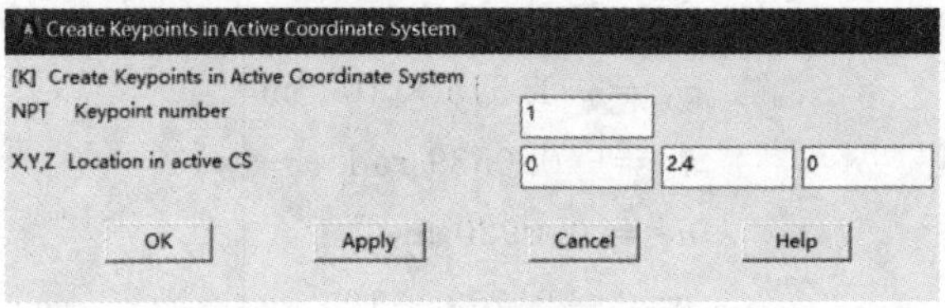

图 3-40　生成关键点对话框

（2）连线。Main Menu→Preprocessor→Modeling→Create→Lines→Lines→Straight Line，弹出一个“Create Straight Line”拾取框，在输出窗口拾取关键点编号“1”和“2”，单击“Apply”。重复上述操作分别拾取“1”和“3”，“2”和“4”，最后单击“OK”。

（3）设置梁单元的等份数。Main Menu→Preprocessor→Meshing→Size Cntrls→ManualSize→Lines→Picked Line，弹出一个“Element Size on Picked Line”拾取框，在输出窗口拾取编号为“1”的线，单击“OK”，在弹出对话框中“No. of element divisions”后面的输入栏中输入“36”，单击“OK”。对其他 2 条线进行同样操作，不同的是其输入栏中要输入“24”。

（4）对线划分单元。Main Menu→Preprocessor→Meshing→Mesh→Lines，弹出拾取框后，单击拾取框上的“Pick All”，则完成对线的单元划分。

（5）显示节点编号。Utility Menu→PlotCtrls→Numbering，在弹出如图 3-41 所示对话框中，在“Elem/Attrib numbering”后的下拉框中选择“Element numbers”；在“[/NUM] Numbering shown with”后的下拉框中选取“Color & numbers”选项，单击“OK”；再执行：Utility Menu→Plot→Element。输出窗口显示的结果如图 3-42 所示，图中显示了每个单元的编号。

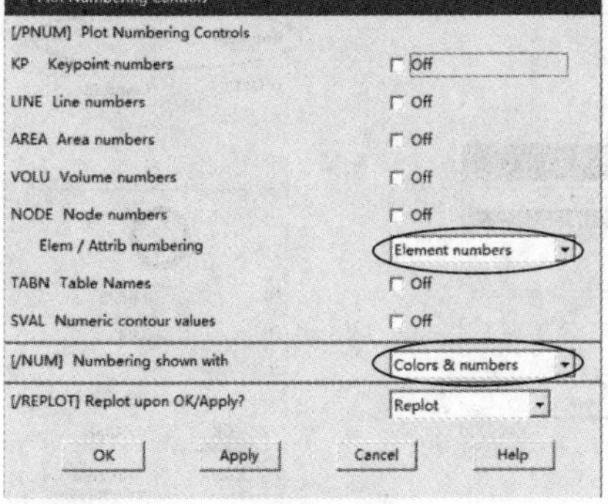

图 3-41　显示单元编号的对话框

图 3-42　梁结构的单元模型

3）施加边界条件并求解

（1）施加全约束边界条件。Main Menu→Solution→Define Loads→Apply→Structural→Displacement→On Nodes，弹出一个“Apply U，ROT on Nodes”拾取框，在输出窗口拾取编号为“38”和“62”的节点，单击“OK”，弹出一个如图 3-24 所示的对话框，选择“All DOF”后，单击“OK”。

（2）施加集中力。Main Menu→Solution→Define Loads→Apply→Structural→Force/Moment→On Nodes，弹出一个“Apply F/M on Nodes”拾取框，在输出窗口拾取编号为“1”的节点，单击“OK”，弹出一个如图 3-43 所示的对话框，在“Direction of force/mom”后面的选择栏中选择“FX”，在“Force/moment value”后面的输入栏中输入“13600”，单击“OK”。

（3）选取单元。Utility Menu→Select→Entities，弹出一个“Select Entities”选取框，如图 3-44 所示；在左边最上端的框中选取“Nodes”，第二个框中选取“By Location”，单选框中选取“Y coordinates”，在输入栏中输入“2.4”，单击“Apply”，则选中 Y 坐标为“2.4”的所有节点；再在右边最上端中的框中选取“Elements”，第二个框中选取“Attached to”，在单选框中选取“Nodes，all”，单击“OK”，则选取了在节点“1”和“2”之间的所有单元。

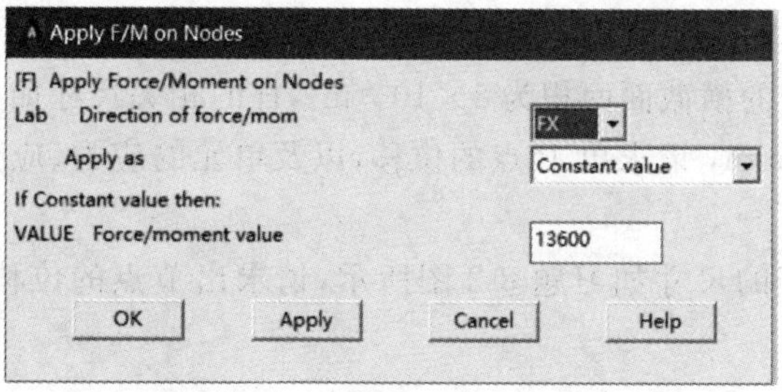

图 3-43　施加集中力对话框

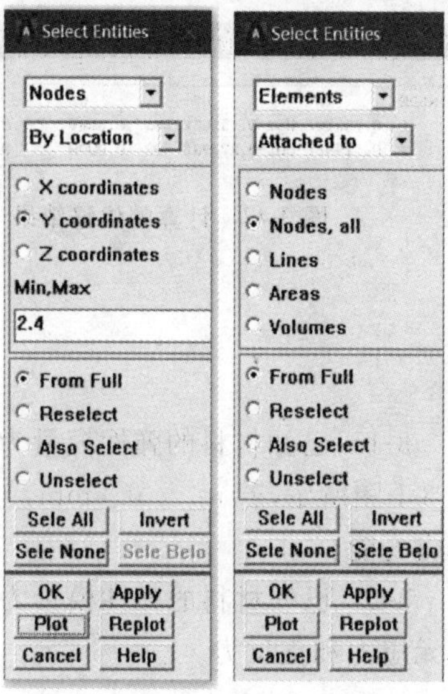

图 3-44　节点和单元的选取框

（4）在梁单元上施加均布载荷。Main Menu→Solution→Define Loads→Apply→Structural→Pressure→On Beams，弹出一个“Apply PRES on Beams”拾取框，如图 3-45 所示，在“Load key”后面的输入栏中输入“1”，“Pressure value at node I”后面的输入栏中输入“7000”，单击“OK”；

（5）选取所有实体。Utility Menu→Select→Everything，再单击 Utility Menu→Plot→Element，则施加后的最终结果如图 3-46 所示。

（6）分析计算。Main Menu→Solution→Solve→Current LS，弹出对话框后，单击“OK”，则开始分析计算，当出现“Solution is done”的对话框时，表示分析计算结束。

4）进入后处理器查看计算结果

列表查看节点位移。Main Menu→General Postproc→List Results→Nodal Solution，弹

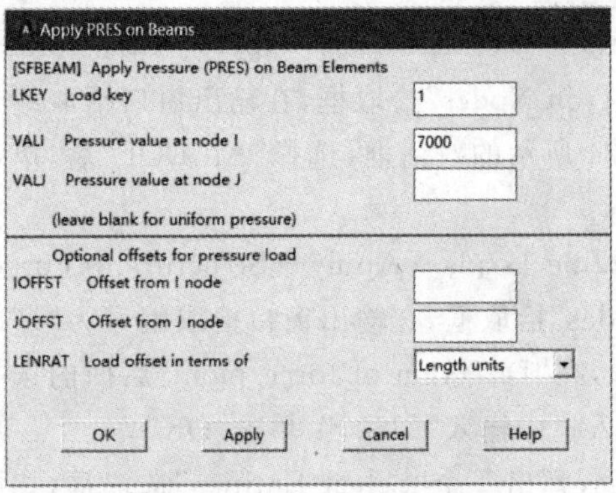

图 3-45　梁单元均布载荷输入框

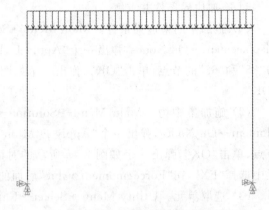

图 3-46　载荷与边界条件的最终结果

出一个"List Nodal Solution"选取框，选取"DOF Solution→Displacement vector sum"后，单击"OK"，弹出如图 3-47 所示的位移列表框；再选取"DOF Solution→Rotation vector sum"，单击"OK"，弹出如图 3-48 所示的转角列表框，从列表中可以看到分析结果与其理论分析结果相同。

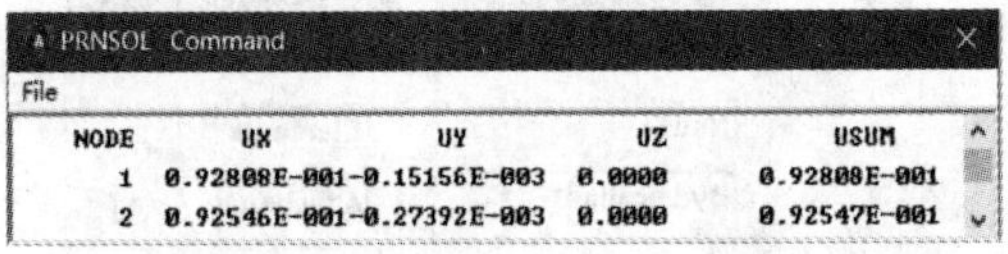
PRNSOL Command

File

NODE	UX	UY	UZ	USUM
1	0.92808E-001	-0.15156E-003	0.0000	0.92808E-001
2	0.92546E-001	-0.27392E-003	0.0000	0.92547E-001

图 3-47　计算的位移结果

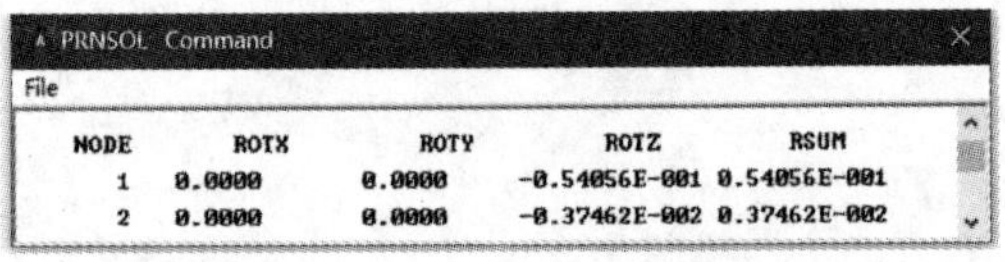
PRNSOL Command

File

NODE	ROTX	ROTY	ROTZ	RSUM
1	0.0000	0.0000	-0.54056E-001	0.54056E-001
2	0.0000	0.0000	-0.37462E-002	0.37462E-002

图 3-48　计算的转角结果

3.4　习　　题

3-1　已知材料的弹性模量为 200 GPa，杆的横截面面积为 $8\times10^{-4}\ \mathrm{m}^2$，杆的相关尺寸如习题 3-1 图所示，若 $u_1=0.5\mathrm{mm}$，　$u_2=0.64\ \mathrm{mm}$，请求出 P 点的位移，以及单元的应力、应变和应变能。

3-2　已知材料的弹性模量为 200 GPa，杆的尺寸如习题 3-2 图所示，请求出节点的位移、单元应力和支反力。

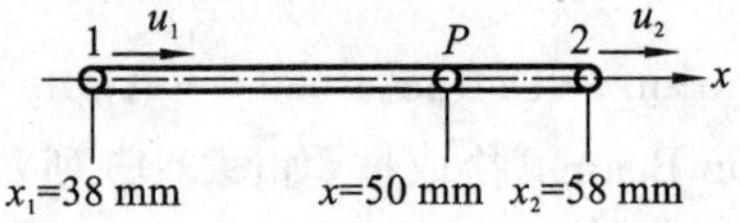

习题 3-1 图

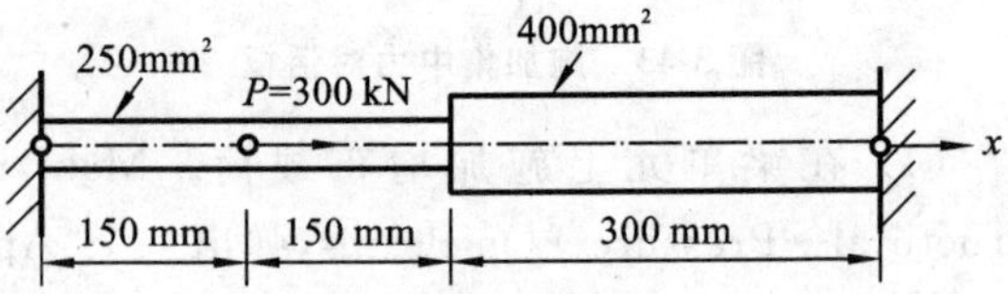

习题 3-2 图

3-3　已知材料的弹性模量为 200 GPa，杆的横截面面积为 $14\ \mathrm{cm}^2$，平面杆的坐标如习题 3-3 图所示，若节点的位移为 $q^e=[3.8\quad 2.5\quad 5.4\quad 11.0]^T\ \mathrm{mm}$，请求出单元的应力和应变能，以及其在局部坐标系中的位移向量。

3-4　已知材料的弹性模量为 200 GPa，杆的横截面面积均为 $10\ \mathrm{cm}^2$，在节点 2 的 x 方向作用有水平向右的载荷 18 kN，如习题 3-4 图所示，请求出节点位移、单元应力和支反力。

3-5　请用商业有限元软件分析习题 3-5 图所示桁架结构的变形。已知杆的横截面面积均为 $52\mathrm{cm}^2$，$\theta=60°$。

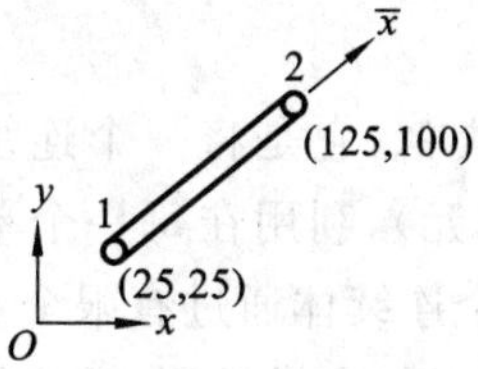

习题 3-3 图

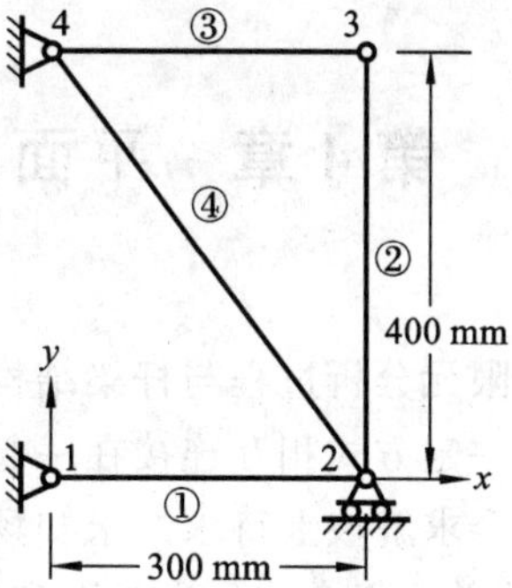

习题 3-4 图

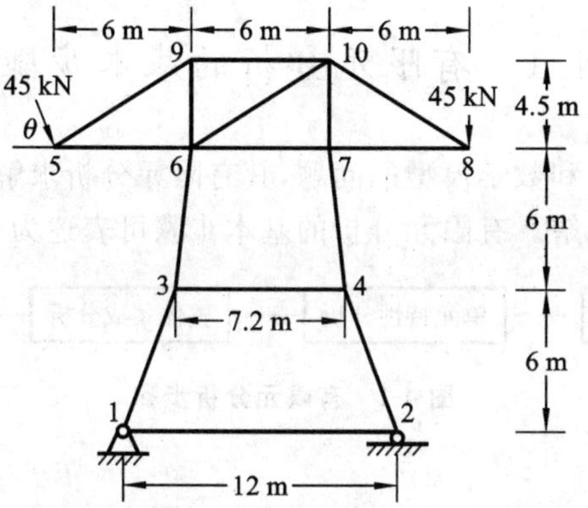

习题 3-5 图

3-6　习题 3-6 图所示为三段梁，已知弹性模量为 200 GPa，惯性矩为 $I = 6.4 \times 10^{-3}\ \mathrm{m}^4$，请求出梁的挠度曲线和支反力。

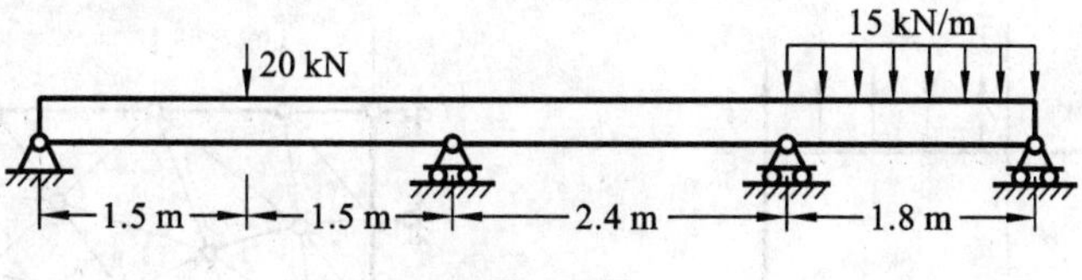

习题 3-6 图

3-7　习题 3-7 图所示为街灯的简化模型，其在 A 点固定，假设材料 AC、CD 段均是直径为 25 mm、壁厚为 3 mm 的空心圆钢，BC 段是直径为 6 mm 的实心圆钢，通过分析比较下列两种状态的变形形态：

(1) 仅使用 AC、CD 段；

(2) 增加拉杆 BC 段。

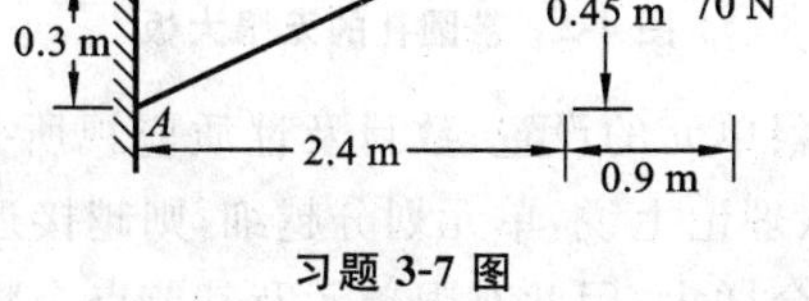

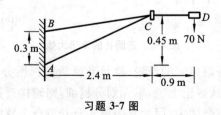

习题 3-7 图

第 4 章　平面问题的有限元分析

平面问题的有限元分析过程与杆梁结构的分析相类似，它是将一个连续求解区域分割成有限个不重叠且按一定方式相互连接在一起的子域(单元)，利用在每一个单元内假设的近似函数来分片地表示全求解域上待求的未知场函数。一个连续体通过有限个单元离散后就变成了一个离散体(或称单元组合体)，它是真实结构的一个近似力学模型，而连续体的所有相关数值计算就在离散化后的模型上进行。

4.1　有限元分析的基本步骤

对于具有不同物理性质和数学模型的问题，其有限元分析求解具有相同的基本步骤，不同的是具体公式推导和运算求解。有限元分析的基本步骤可表述为如图 4-1 所示的 4 个步骤。

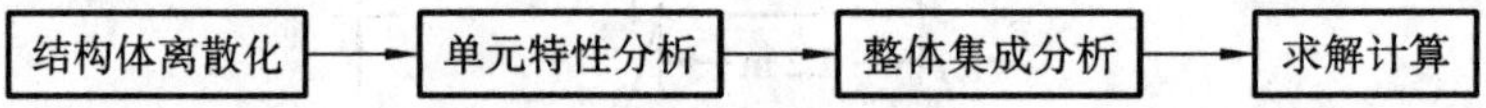

图 4-1　有限元分析步骤

1. 结构体离散化

图 4-2(a)所示为一个两端受拉且中心有圆孔的无限大板，若用三角形单元对其四分之一模型离散化，得到的三角形网格如图 4-2(b)所示。这些网格称为单元，单元之间的交点称为节点。由于离散后的单元与单元之间只通过节点相互连接，且离散后的单元和节点数目均有限，因此称这种方法为有限单元法，简称为有限元法。

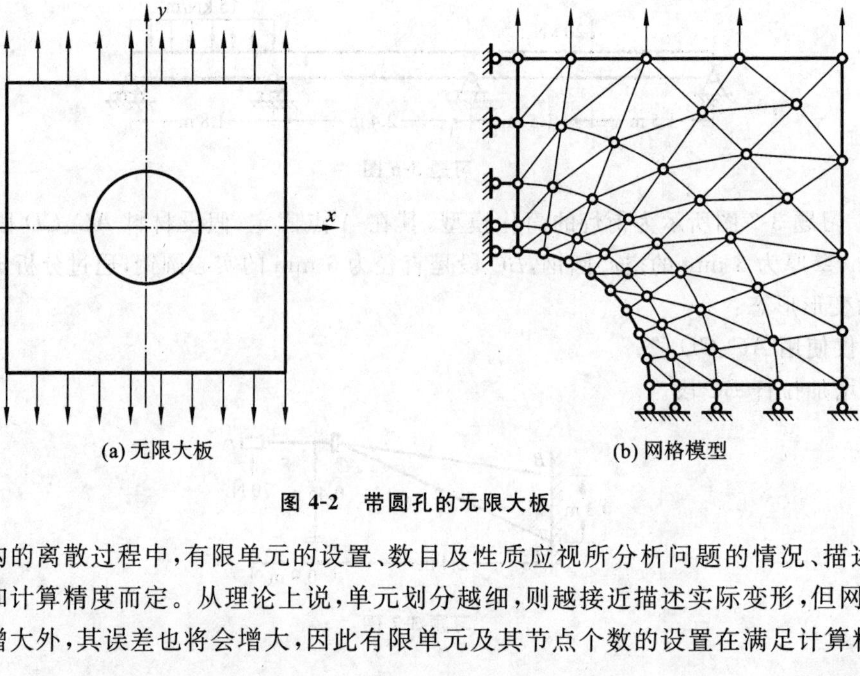

(a) 无限大板　　(b) 网格模型

图 4-2　带圆孔的无限大板

在结构的离散过程中，有限单元的设置、数目及性质应视所分析问题的情况、描述变形形态的需要和计算精度而定。从理论上说，单元划分越细，则越接近描述实际变形，但网格太小，除计算量增大外，其误差也将会增大，因此有限单元及其节点个数的设置在满足计算精度的前提下适度为好。

算例 4-1：带圆孔无限大板的分析

对图 4-2(a)所示的无限大板，采用平面 4 节点单元进行分析，设置单元尺寸的缩小倍数为 1～8，通过仿真计算得到最大 Mises 应力值与单元尺寸缩小倍数之间的关系如图 4-3 所示，其中最大 Mises 应力的理论值为 3。从图 4-3 可以看到，随着单元尺寸缩小倍数的增大，计算精度逐渐提高，但到某个位置，其计算精度出现了下降。（分析的 APDL 命令流见二维码电子资源。）

算例 4-1

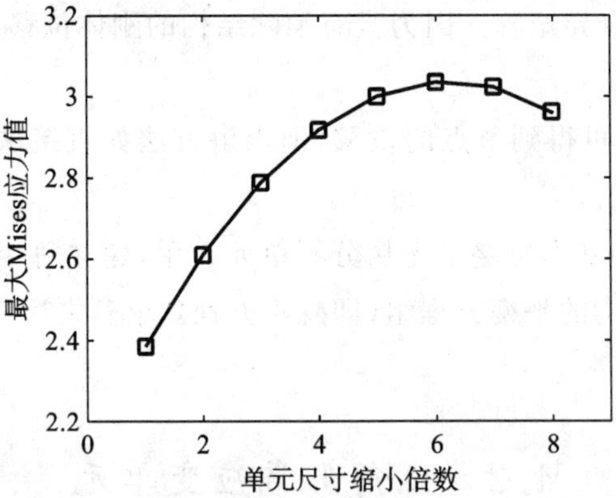

图 4-3　计算精度与网格尺寸的关系

同时，单元的形状也会影响到分析的精度，畸形单元不仅会降低计算精度，且在计算过程中有缺秩的危险，导致计算无法求解，因此单元形状以规则为好。

2. 单元特性分析

单元分析的主要任务是建立单元刚度矩阵，即建立单元节点位移与节点力之间的关系。

1）选择位移模式

在位移法中，当结构体离散后，则单元内的物理量如位移、应变、应力等用节点位移来表示，此时为描述单元内的位移情况需采用一个近似函数来逼近原位移的形态，且近似函数为坐标变量的简单函数，则称近似函数为位移模式或位移函数。如一维杆单元的位移模式为

$$u(x) = a_1 + a_2 x$$

2）分析单元的力学性质

根据单元的材料性质、形状、尺寸、节点数目、位置及其含义等，找出单元节点力和节点位移的关系式。此时需要用到弹性力学中的几何方程和物理方程，再根据能量原理导出单元刚度矩阵。

3）计算等效节点载荷

结构体在离散后，力是通过节点从一个单元传递到另一个单元，而外载荷如体力、面力等一般作用在物体的边界或单元边上。因此需要将作用在边界上的外载荷等效地移到节点上，即用等效的节点力来取代所有作用在边界上的力。

3. 整体集成分析

在完成所有单元的特性分析后，得到了各单元的单元刚度矩阵，利用能量原理或力的叠加原理即可得到整体刚度矩阵即总刚。它再与结构的节点载荷列阵和节点位移列阵一起构成了整个结构的刚度方程或平衡方程组，即

$$\boldsymbol{K} \cdot \boldsymbol{Q} = \boldsymbol{F} \tag{4-1}$$

式中:$\boldsymbol{K}$ 是整体结构的刚度矩阵或称为总刚;$\boldsymbol{Q}$ 是节点位移列阵;$\boldsymbol{F}$ 是节点载荷列阵。

整体刚度矩阵具有下列性质:

(1) 对称性。整体刚度矩阵中的元素均对称于主对角线元素。

(2) 主对角线元素恒为正值。这说明作用力方向与位移方向是一致的。

(3) 整体刚度矩阵仅与材料的物理性质和结构的几何尺寸有关系。

(4) 整体刚度矩阵中的任一行(或列)元素之和为零。这反映了平衡条件。

(5) 整体刚度矩阵是奇异矩阵。因为没有消除结构的刚体位移。

4. 求解计算

对式(4-1)进行求解就可得到节点的位移,但求解方法如直接法、迭代法或随机法等的选取需根据方程组的特点进行。

综上所述,有限元法的基本思路是先从分析单元入手,建立每个单元的刚度矩阵,然后再组集各单元以建立整个结构的平衡方程组(即总刚方程),求解之后,由此获得结构在各节点处的近似数值解。

4.2 三角形常应变单元

4.2.1 单元特性分析

单元特性分析的主要任务是建立单元刚度矩阵,即求出单元节点位移和节点力之间的转换关系。它是有限元分析的基本步骤之一。单元特性分析的步骤如图 4-4 所示。

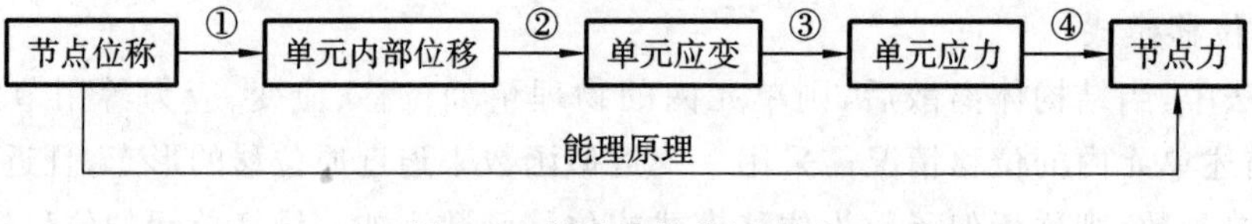

图 4-4　单元特性分析步骤

1. 确定位移模式

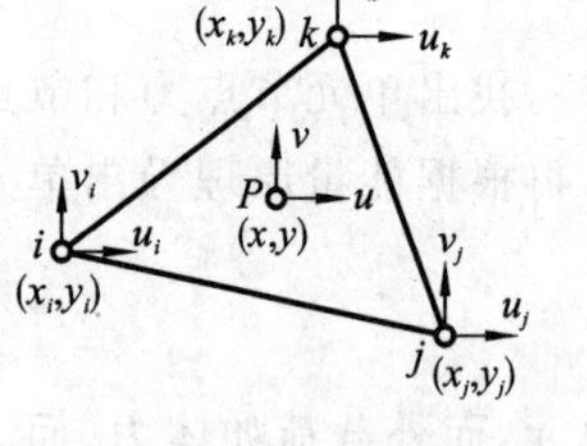

图 4-5　3 节点三角形单元

图 4-5 所示为三角形常应变单元,其中节点编号 i,j,k 按逆时针顺序标注。

设单元内 P 点的位移表示为

$$\boldsymbol{q}(x,y)=[u(x,y)\quad v(x,y)]^{\mathrm{T}} \tag{4-2}$$

为了简单起见,将式(4-2)简化为

$$\boldsymbol{q}=[u\quad v]^{\mathrm{T}}$$

当单元很小时,P 点的位移 $\boldsymbol{q}$ 可通过对节点位移进行插值得到,现假设单元内 P 点的位移可表示为 x、y 的线性函数,即有

$$\left.\begin{aligned}u&=u(x,y)=a_1+a_2x+a_3y\\v&=v(x,y)=a_4+a_5x+a_6y\end{aligned}\right\} \tag{4-3}$$

或写为矩阵形式,有

$$
\boldsymbol{q}=\begin{bmatrix}u\\v\end{bmatrix}=\begin{bmatrix}1&x&y&0&0&0\\0&0&0&1&x&y\end{bmatrix}\cdot\begin{bmatrix}a_1\\a_2\\a_3\\a_4\\a_5\\a_6\end{bmatrix}\tag{4-4}
$$

式中：$a_i(i=1,2,\cdots,6)$ 为待求系数。

将 i,j,k 三个节点的坐标及其位移值代入式(4-3)并整理成矩阵形式，有

$$
\boldsymbol{q}^{\mathrm{e}}=\begin{bmatrix}u_i\\v_i\\u_j\\v_j\\u_k\\v_k\end{bmatrix}=\begin{bmatrix}1&x_i&y_i&0&0&0\\0&0&0&1&x_i&y_y\\1&x_j&y_j&0&0&0\\0&0&0&1&x_j&y_j\\1&x_k&y_k&0&0&0\\0&0&0&1&x_k&y_k\end{bmatrix}\cdot\begin{bmatrix}a_1\\a_2\\a_3\\a_4\\a_5\\a_6\end{bmatrix}=\boldsymbol{C}\cdot\boldsymbol{a}\tag{4-5}
$$

式中：上标 e 表示该变量为单元变量。

由式(4-5)可求出待求系数 $\boldsymbol{a}$ 为

$$
\begin{aligned}
\boldsymbol{a}&=\boldsymbol{C}^{-1}\cdot\boldsymbol{q}^{\mathrm{e}}\\
&=\frac{1}{2A}\begin{bmatrix}a_i&0&a_j&0&a_k&0\\b_i&0&b_j&0&b_k&0\\c_i&0&c_j&0&c_k&0\\0&a_i&0&a_j&0&a_k\\0&b_i&0&b_j&0&b_k\\0&c_i&0&c_j&0&c_k\end{bmatrix}\cdot\begin{bmatrix}u_i\\v_i\\u_j\\v_j\\u_k\\v_k\end{bmatrix}
\end{aligned}\tag{4-6}
$$

将式(4-6)代入式(4-3)，可得到单元内 P 点的位移函数为

$$
\left.\begin{aligned}
u&=\frac{1}{2A}[(a_i+b_ix+c_iy)u_i+(a_j+b_jx+c_jy)u_j+(a_k+b_kx+c_ky)u_k]\\
v&=\frac{1}{2A}[(a_i+b_ix+c_iy)v_i+(a_j+b_jx+c_jy)v_j+(a_k+b_kx+c_ky)v_k]
\end{aligned}\right\}\tag{4-7}
$$

式中：A 为三角形的面积，其计算式可表示为

$$
2A=\begin{vmatrix}1&x_i&y_i\\1&x_j&y_j\\1&x_k&y_k\end{vmatrix}=(x_j-x_i)(y_k-y_j)-(x_k-x_j)(y_j-y_i)\tag{4-8}
$$

式(4-8)中节点编号 i,j,k 的排序须按逆时针方向进行，否则由式(4-8)得到的面积 A 的值为负。同时式(4-6)的系数 a_i,b_i,c_i 对应着式(4-8)中行列式第一行的余子式，其余可类推，即有

$$
\begin{aligned}
&a_i=x_jy_k-x_ky_j,\quad a_j=x_ky_i-x_iy_k,\quad a_k=x_iy_j-x_jy_i\\
&b_i=y_j-y_k,\quad b_j=y_k-y_i,\quad b_k=y_i-y_j\\
&c_i=x_k-x_j,\quad c_j=x_i-x_k,\quad c_k=x_j-x_i
\end{aligned}
$$

将式(4-7)改写成

$$
\left.\begin{aligned}
u(x,y)&=N_iu_i+N_ju_j+N_ku_k\\
v(x,y)&=N_iv_i+N_jv_j+N_kv_k
\end{aligned}\right\}\tag{4-9}
$$

或简写成

$$\boldsymbol{q}=\boldsymbol{N}\cdot\boldsymbol{q}^{e} \tag{4-10}$$

式中：

$$\boldsymbol{N}=\begin{bmatrix} N_i & 0 & N_j & 0 & N_k & 0 \\ 0 & N_i & 0 & N_j & 0 & N_k \end{bmatrix} \tag{4-11}$$

$\boldsymbol{N}$ 称为形函数矩阵，其中的元素如 N_i 称为第 i 点的形函数，且有

$$\left.\begin{aligned} N_i &= \frac{1}{2A}(a_i+b_ix+c_iy) \\ N_j &= \frac{1}{2A}(a_j+b_jx+c_jy) \\ N_k &= \frac{1}{2A}(a_k+b_kx+c_ky) \end{aligned}\right\} \tag{4-12}$$

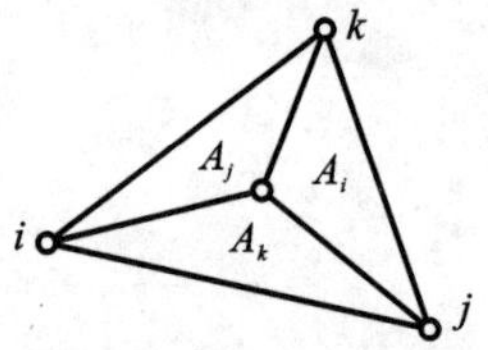

图 4-6　面积划分示意图

式(4-10)为单元内 P 点的位移用节点位移插值得到的插值多项式，这意味着 3 节点三角形单元内任一点的位移均可通过式(4-10)计算得到。

同时若将单元内的 P 点与三个节点 i,j,k 分别相连，则将三角形分成三个小块面积，且与节点 i 相对的面积定义为 A_i，其余类推，如图 4-6 所示。

参照式(4-8)可得到三个面积 A_i,A_j,A_k 的计算式分别为

$$2A_i=\begin{vmatrix} 1 & x & y \\ 1 & x_j & y_j \\ 1 & x_k & y_k \end{vmatrix},\quad 2A_j=\begin{vmatrix} 1 & x_i & y_i \\ 1 & x & y \\ 1 & x_k & y_k \end{vmatrix},\quad 2A_k=\begin{vmatrix} 1 & x_i & y_i \\ 1 & x_j & y_j \\ 1 & x & y \end{vmatrix}$$

显然有

$$A_i+A_j+A_k=A$$

现定义 L_i,L_j,L_k 分别为

$$\left.\begin{aligned} L_i &= \frac{A_i}{A} \\ L_j &= \frac{A_j}{A} \\ L_k &= \frac{A_k}{A} \end{aligned}\right\} \tag{4-13}$$

则三角形单元内部 P 点的位置也可以用 L_i,L_j,L_k 来定义，即 $P(L_i,L_j,L_k)$，因此将 L_i,L_j,L_k 定义为面积坐标。面积坐标的特性如下。

(1) 面积坐标之和为 1，即 $L_i+L_j+L_k=1$。

(2) 三角形三个顶点的面积坐标为：$i(L_i,0,0)$、$j(0,L_j,0)$、$k(0,0,L_k)$。

(3) 三角形三条边的边方程为

j—k 边：　$L_i=0$

k—i 边：　$L_j=0$

i—j 边：　$L_k=0$

(4) 三角形内部与各边相平行直线上的诸点和平行边的面积坐标相同。

同时由式(4-13)得到

$$L_i = \frac{A_i}{A} = \frac{1}{2A}\begin{vmatrix} 1 & x & y \\ 1 & x_j & y_j \\ 1 & x_k & y_k \end{vmatrix} = \frac{1}{2A}(a_i + b_i x + c_i y) = N_i$$

类似地，有 $L_j = N_j, L_k = N_k$。

这意味着三角形内部 P 点的位移也可以用面积坐标来表示，即

$$\left.\begin{aligned} u(x,y) &= L_i u_i + L_j u_j + L_k u_k \\ v(x,y) &= L_i v_i + L_j v_j + L_k v_k \end{aligned}\right\} \tag{4-14}$$

因此由面积坐标的特性即可证明形状函数的两个性质：

(1) $N_i + N_j + N_k = \sum N = 1$；

(2) $N_{iP} = \begin{cases} 1, P = i \\ 0, P \neq i \end{cases}$，即满足 δ 函数性质。

2. 单元应变和单元应力

将求得的单元内部位移模式即式(4-10)代入平面问题的几何方程，即

$$\boldsymbol{\varepsilon} = \begin{bmatrix} \varepsilon_x \\ \varepsilon_y \\ \gamma_{xy} \end{bmatrix} = \begin{bmatrix} \dfrac{\partial u}{\partial x} \\ \dfrac{\partial v}{\partial y} \\ \dfrac{\partial u}{\partial y} + \dfrac{\partial v}{\partial x} \end{bmatrix} = \begin{bmatrix} \dfrac{\partial}{\partial x} & 0 \\ 0 & \dfrac{\partial}{\partial y} \\ \dfrac{\partial}{\partial y} & \dfrac{\partial}{\partial x} \end{bmatrix} \cdot \begin{bmatrix} u \\ v \end{bmatrix} \tag{4-15}$$

则可得到单元的应变场为

$$\boldsymbol{\varepsilon}^{e} = \frac{1}{2A}\begin{bmatrix} b_i & 0 & b_j & 0 & b_k & 0 \\ 0 & c_i & 0 & c_j & 0 & c_k \\ c_i & b_i & c_j & b_j & c_k & b_k \end{bmatrix} \cdot \boldsymbol{q}^{e} = \boldsymbol{B} \cdot \boldsymbol{q}^{e} \tag{4-16}$$

式中：$\boldsymbol{B}$ 为单元几何矩阵，有

$$\boldsymbol{B} = \frac{1}{2A}\begin{bmatrix} b_i & 0 & b_j & 0 & b_k & 0 \\ 0 & c_i & 0 & c_j & 0 & c_k \\ c_i & b_i & c_j & b_j & c_k & b_k \end{bmatrix} \tag{4-17}$$

也可以写成分块形式

$$\boldsymbol{B} = [\boldsymbol{B}_i \quad \boldsymbol{B}_j \quad \boldsymbol{B}_k] \tag{4-18a}$$

而子矩阵

$$\boldsymbol{B}_i = \frac{1}{2A}\begin{bmatrix} b_i & 0 \\ 0 & c_i \\ c_i & b_i \end{bmatrix} \quad (i,j,k) \tag{4-18b}$$

由于 A 和 b_i、b_j、b_m、c_i、c_j 和 c_m 等都是常数，因此矩阵 $\boldsymbol{B}$ 中的元素都是常量，故单元中任意一点的应变分量 ε_x、ε_y 和 γ_{xy} 也都是常量。通常称 3 节点三角形单元为常应变单元。

将式(4-16)代入平面问题的物理方程中，则单元的应力场为

$$\boldsymbol{\sigma}^{e} = \boldsymbol{D}\boldsymbol{B}\boldsymbol{q}^{e} = \boldsymbol{S} \cdot \boldsymbol{q}^{e} \tag{4-19}$$

式中：$\boldsymbol{D}$ 为弹性矩阵；$\boldsymbol{S}$ 为应力矩阵，以分块形式表示为

$$\boldsymbol{S} = \boldsymbol{D}[\boldsymbol{B}_i \quad \boldsymbol{B}_j \quad \boldsymbol{B}_m] = [\boldsymbol{S}_i \quad \boldsymbol{S}_j \quad \boldsymbol{S}_m] \tag{4-20}$$

对于平面应力问题，应力矩阵的子矩阵可写为

$$\boldsymbol{S}_i = \frac{E}{2(1-\mu^2)A}\begin{bmatrix} b_i & \mu c_i \\ \mu b_i & c_i \\ \frac{1-\mu}{2}c_i & \frac{1-\mu}{2}b_i \end{bmatrix} \quad (i,j,k) \tag{4-21}$$

弹性矩阵可写为

$$\boldsymbol{D} = \frac{E}{1-\mu^2}\begin{bmatrix} 1 & \mu & 0 \\ \mu & 1 & 0 \\ 0 & 0 & \frac{1-\mu}{2} \end{bmatrix} \tag{4-22}$$

对于平面应变问题,$\boldsymbol{S}$ 的子矩阵可写为

$$\boldsymbol{S}_i = \frac{E(1-\mu)}{2(1+\mu)(1-2\mu)A}\begin{bmatrix} b_i & \frac{\mu}{1-\mu}c_i \\ \frac{\mu}{1-\mu}b_i & c_i \\ \frac{1-2\mu}{2(1-\mu)}c_i & \frac{1-2\mu}{2(1-\mu)}b_i \end{bmatrix} \tag{4-23}$$

弹性矩阵可写为

$$\boldsymbol{D} = \frac{E(1-\mu)}{(1+\mu)(1-2\mu)}\begin{bmatrix} 1 & \frac{\mu}{1-\mu} & 0 \\ \frac{\mu}{1-\mu} & 1 & 0 \\ 0 & 0 & \frac{1-2\mu}{2(1-\mu)} \end{bmatrix} \tag{4-24}$$

3. 单元刚度矩阵

根据虚功原理,在结构处于平衡后,给出任意节点虚位移,则外力和内力所做的虚功之和等于零,即

$$\delta W_F + \delta W_\sigma = 0 \tag{4-25}$$

假定单元节点上产生了虚位移 $\delta \boldsymbol{q}^e$,即有

$$\delta \boldsymbol{q}^e = [\delta u_i \quad \delta v_i \quad \delta u_j \quad \delta v_j \quad \delta u_k \quad \delta v_k]^T \tag{4-26}$$

将式(4-26)代入式(4-10)和式(4-16),则分别得到单元内任一点的虚位移和虚应变,即

$$\delta \boldsymbol{q} = \begin{bmatrix} \delta u \\ \delta v \end{bmatrix} = \boldsymbol{N} \cdot \delta \boldsymbol{q}^e \tag{4-27}$$

$$\delta \boldsymbol{\varepsilon}^e = \boldsymbol{B} \cdot \delta \boldsymbol{q}^e \tag{4-28}$$

外力 $\boldsymbol{F}^e$ 产生的虚功为

$$\begin{aligned} \delta W_F &= \delta u_i F_{xi} + \delta v_i F_{yi} + \delta u_j F_{xj} + \delta v_j F_{yj} + \delta u_k F_{xk} + \delta v_k F_{yk} \\ &= \delta \boldsymbol{q}^e \cdot \boldsymbol{F}^e \end{aligned} \tag{4-29}$$

内力 $\boldsymbol{\sigma}^e$ 产生的虚应变能为

$$\begin{aligned} \delta W_\sigma &= -\int_V (\sigma_x \delta \varepsilon_x + \sigma_y \delta \varepsilon_y + \tau_{xy} \delta \gamma_{xy}) \mathrm{d}V \\ &= -\int_V (\delta \varepsilon^e)^T \cdot \boldsymbol{\sigma}^e \mathrm{d}V \end{aligned} \tag{4-30}$$

将式(4-19)和式(4-28)代入式(4-30),有

$$\delta W_{\sigma} = -\int_V (\boldsymbol{B} \cdot \delta \boldsymbol{q}^e)^T \cdot \boldsymbol{D}\boldsymbol{B}\boldsymbol{q}^e \mathrm{d}V = -(\delta \boldsymbol{q}^e)^T \int_V \boldsymbol{B}^T \boldsymbol{D}\boldsymbol{B} \mathrm{d}V \cdot \boldsymbol{q}^e \tag{4-31}$$

将式(4-31)和式(4-29)代入式(4-25)，有

$$\delta \boldsymbol{q}^e \cdot \boldsymbol{F}^e = (\delta \boldsymbol{q}^e)^T \int_V \boldsymbol{B}^T \boldsymbol{D}\boldsymbol{B} \mathrm{d}V \cdot \boldsymbol{q}^e \tag{4-32}$$

两侧消除虚位移后，可得到单元的刚度方程为

$$\boldsymbol{F}^e = \int_V \boldsymbol{B}^T \boldsymbol{D}\boldsymbol{B} \mathrm{d}V \cdot \boldsymbol{q}^e = \boldsymbol{K}^e \cdot \boldsymbol{q}^e \tag{4-33}$$

则 3 节点三角形单元的刚度矩阵为

$$\boldsymbol{K}^e = \int_V \boldsymbol{B}^T \boldsymbol{D}\boldsymbol{B} \mathrm{d}V = \int_A \boldsymbol{B}^T \boldsymbol{D}\boldsymbol{B} \cdot t \mathrm{d}x \mathrm{d}y \tag{4-34}$$

式中：t 为单元厚度。

将几何矩阵即式(4-17)和平面应力的弹性矩阵 $\boldsymbol{D}$ 即式(4-22)代入式(4-34)，则得到平面应力问题中常应变三角形单元的刚度矩阵为

$$\boldsymbol{K}^e = \begin{bmatrix} \boldsymbol{K}_{ii} & \boldsymbol{K}_{ij} & \boldsymbol{K}_{ik} \\ \boldsymbol{K}_{ji} & \boldsymbol{K}_{jj} & \boldsymbol{K}_{jk} \\ \boldsymbol{K}_{ki} & \boldsymbol{K}_{kj} & \boldsymbol{K}_{kk} \end{bmatrix} \tag{4-35}$$

式中：

$$\boldsymbol{K}_{rs} = \boldsymbol{B}_r^T \boldsymbol{D}\boldsymbol{B}_s hA = \frac{Eh}{4(1-\mu^2)A} \begin{bmatrix} b_r b_s + \frac{1-\mu}{2} c_r c_s & \mu b_r c_s + \frac{1-\mu}{2} c_r b_s \\ \mu c_r b_s + \frac{1-\mu}{2} b_r c_s & c_r c_s + \frac{1-\mu}{2} b_r b_s \end{bmatrix} \quad (r, s = i, j, k) \tag{4-36}$$

3 节点三角形单元刚度矩阵 $\boldsymbol{K}^e$ 事实上一个 6×6 的矩阵，其完整的形式为

$$\boldsymbol{K}^e = \begin{bmatrix} k_{11} & k_{12} & k_{13} & k_{14} & k_{15} & k_{16} \\ k_{21} & k_{22} & k_{23} & k_{24} & k_{25} & k_{26} \\ k_{31} & k_{32} & k_{33} & k_{34} & k_{35} & k_{36} \\ k_{41} & k_{42} & k_{43} & k_{44} & k_{45} & k_{46} \\ k_{51} & k_{52} & k_{53} & k_{54} & k_{55} & k_{56} \\ k_{61} & k_{62} & k_{63} & k_{64} & k_{65} & k_{66} \end{bmatrix} \tag{4-37}$$

它有下列特性：

(1) 单元刚度矩阵中的每一个元素是一个刚度系数。

(2) 单元刚度矩阵只取决于单元的形状、大小、方向和弹性系数，而与单元的位置无关。

(3) 单元刚度矩阵为对称矩阵。

(4) 单元刚度矩阵是奇异矩阵。

4.2.2　整体特性分析

在求出每个单元的单元刚度矩阵后，需要组集整体刚度矩阵，以代替原来的连续体，整体特性分析主要分为三个步骤，如图 4-7 所示。

图 4-7　整体特性分析步骤

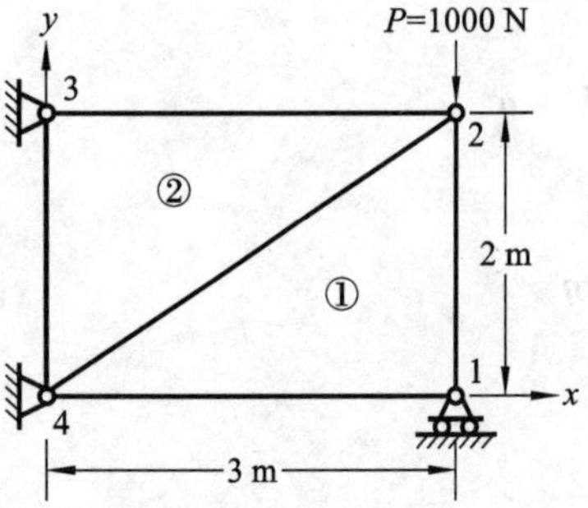

图 4-8　单元结构

1. 组集整体刚度矩阵

整体刚度矩阵的组集是基于力的叠加原理，当某节点是几个单元的公共节点时，则该节点上节点力是几个单元的所有节点位移在该节点上引起的节点力之和。下面以图 4-8 所示单元结构来说明整体刚度矩阵的组集过程。

算例 4-2:承受集中载荷平板的计算

图 4-8 中共有 2 个单元 4 节点，在节点上作用有一个集中力，且节点 3 和 4 为固支约束，节点 1 上有一个 y 向约束，则其位移列阵和载荷列阵分别为

$$\boldsymbol{Q}=[u_1\quad v_1\quad u_2\quad v_2\quad u_3\quad v_3\quad u_4\quad v_4]^{\mathrm{T}}$$
$$\boldsymbol{F}=[F_{x1}\quad F_{y1}\quad F_{x2}\quad F_{y2}\quad F_{x3}\quad F_{y3}\quad F_{x4}\quad F_{y4}]^{\mathrm{T}}$$

若已知单元的厚度 $t=0.5$ mm，材料的弹性模量 $\boldsymbol{E}=300$ GPa，泊松比 $\boldsymbol{\mu}=0.25$，将其代入平面应力问题的弹性矩阵，则有

$$\boldsymbol{D}=\frac{E}{1-\mu^2}\begin{bmatrix}1 & \mu & 0\\ \mu & 1 & 0\\ 0 & 0 & \dfrac{1-\mu}{2}\end{bmatrix}=10^7\begin{bmatrix}3.2 & 0.8 & 0\\ 0.8 & 3.2 & 0\\ 0 & 0 & 1.2\end{bmatrix}$$

单元①的节点顺序取为 1、2、4，则其几何矩阵为

$$\boldsymbol{B}^1=\frac{1}{2A}\begin{bmatrix}b_i & 0 & b_j & 0 & b_m & 0\\ 0 & c_i & 0 & c_j & 0 & c_m\\ c_i & b_i & c_j & b_j & c_m & b_m\end{bmatrix}=\frac{1}{6}\begin{bmatrix}y_{24} & 0 & y_{41} & 0 & y_{12} & 0\\ 0 & x_{42} & 0 & x_{14} & 0 & x_{21}\\ x_{42} & y_{24} & x_{14} & y_{41} & x_{21} & y_{12}\end{bmatrix}$$
$$=\frac{1}{6}\begin{bmatrix}2 & 0 & 0 & 0 & -2 & 0\\ 0 & -3 & 0 & 3 & 0 & 0\\ -3 & 2 & 3 & 0 & 0 & -2\end{bmatrix}$$

式中：$x_{ij}=x_i-x_j$；$y_{ij}=y_i-y_j$。

单元②的节点顺序取为 2、3、4，则其几何矩阵为

$$\boldsymbol{B}^2=\frac{1}{6}\begin{bmatrix}y_{34} & 0 & y_{42} & 0 & y_{23} & 0\\ 0 & x_{43} & 0 & x_{24} & 0 & x_{32}\\ x_{43} & y_{34} & x_{24} & y_{42} & x_{32} & y_{23}\end{bmatrix}=\frac{1}{6}\begin{bmatrix}2 & 0 & -2 & 0 & 0 & 0\\ 0 & 0 & 0 & 3 & 0 & -3\\ 0 & 2 & 3 & -2 & -3 & 0\end{bmatrix}$$

将 D、B 代入式(4-34)，则单元①和②的刚度矩阵分别为

$$\boldsymbol{K}^1=\begin{bmatrix}\boldsymbol{K}_{11} & \boldsymbol{K}_{12} & \boldsymbol{K}_{14}\\ \boldsymbol{K}_{21} & \boldsymbol{K}_{22} & \boldsymbol{K}_{24}\\ \boldsymbol{K}_{41} & \boldsymbol{K}_{42} & \boldsymbol{K}_{44}\end{bmatrix}=10^7\begin{bmatrix}0.983 & -0.5 & -0.45 & 0.2 & -0.533 & 0.3\\ -0.5 & 1.4 & 0.3 & -1.2 & 0.2 & -0.2\\ -0.45 & 0.3 & 0.45 & 0 & 0 & -0.3\\ 0.2 & -1.2 & 0 & 1.2 & -0.2 & 0\\ -0.533 & 0.2 & 0 & -0.2 & 0.533 & 0\\ 0.3 & -0.2 & -0.3 & 0 & 0 & 0.2\end{bmatrix}\begin{matrix}\leftarrow u_1\\ \leftarrow v_1\\ \leftarrow u_2\\ \leftarrow v_2\\ \leftarrow u_4\\ \leftarrow v_4\end{matrix}\tag{4-38}$$

$$\boldsymbol{K}^2=\begin{bmatrix}\boldsymbol{K}_{22} & \boldsymbol{K}_{23} & \boldsymbol{K}_{24}\\ \boldsymbol{K}_{32} & \boldsymbol{K}_{33} & \boldsymbol{K}_{34}\\ \boldsymbol{K}_{42} & \boldsymbol{K}_{43} & \boldsymbol{K}_{44}\end{bmatrix}=10^7\begin{bmatrix}0.533 & 0 & -0.533 & 0.2 & 0 & -0.2\\ 0 & 0.2 & 0.3 & -0.2 & -0.3 & 0\\ -0.533 & 0.3 & 0.983 & -0.5 & 0.45 & 0.2\\ 0.2 & -0.2 & -0.5 & 1.4 & 0.3 & -1.2\\ 0 & -0.3 & -0.45 & 0.3 & 0.45 & 0\\ 0.2 & 0 & 0.2 & -1.2 & 0 & 1.2\end{bmatrix}\begin{matrix}\leftarrow u_2\\ \leftarrow v_2\\ \leftarrow u_3\\ \leftarrow v_3\\ \leftarrow u_4\\ \leftarrow v_4\end{matrix} \tag{4-39}$$

由于图 4-8 中有 4 个节点，则整体刚度矩阵 $\boldsymbol{K}$ 是一个 8×8 的方阵，将 $\boldsymbol{K}^1$ 和 $\boldsymbol{K}^2$ 分别按节点位移顺序扩展成一个 8×8 的方阵，即有

$$\boldsymbol{K}^1=10^7\begin{bmatrix}0.983 & -0.5 & -0.45 & 0.2 & 0 & 0 & -0.533 & 0.3\\ -0.5 & 1.4 & 0.3 & -1.2 & 0 & 0 & 0.2 & -0.2\\ -0.45 & 0.3 & 0.45 & 0 & 0 & 0 & 0 & -0.3\\ 0.2 & -1.2 & 0 & 1.2 & 0 & 0 & -0.2 & 0\\ 0 & 0 & 0 & 0 & 0 & 0 & 0 & 0\\ 0 & 0 & 0 & 0 & 0 & 0 & 0 & 0\\ -0.533 & 0.2 & 0 & -0.2 & 0 & 0 & 0.533 & 0\\ 0.3 & -0.2 & -0.3 & 0 & 0 & 0 & 0 & 0.2\end{bmatrix}\begin{matrix}\leftarrow u_1\\ \leftarrow v_1\\ \leftarrow u_2\\ \leftarrow v_2\\ \leftarrow u_3\\ \leftarrow v_3\\ \leftarrow u_4\\ \leftarrow v_4\end{matrix}$$

$$\boldsymbol{K}^2=10^7\begin{bmatrix}0 & 0 & 0 & 0 & 0 & 0 & 0 & 0\\ 0 & 0 & 0 & 0 & 0 & 0 & 0 & 0\\ 0 & 0 & 0.533 & 0 & -0.533 & 0.2 & 0 & -0.2\\ 0 & 0 & 0 & 0.2 & 0.3 & -0.2 & -0.3 & 0\\ 0 & 0 & -0.533 & 0.3 & 0.983 & -0.5 & 0.45 & 0.2\\ 0 & 0 & 0.2 & -0.2 & -0.5 & 1.4 & 0.3 & -1.2\\ 0 & 0 & 0 & -0.3 & -0.45 & 0.3 & 0.45 & 0\\ 0 & 0 & 0.2 & 0 & 0.2 & -1.2 & 0 & 1.2\end{bmatrix}\begin{matrix}\leftarrow u_1\\ \leftarrow v_1\\ \leftarrow u_2\\ \leftarrow v_2\\ \leftarrow u_3\\ \leftarrow v_3\\ \leftarrow u_4\\ \leftarrow v_4\end{matrix}$$

因此有

$$\boldsymbol{K}=\boldsymbol{K}^1+\boldsymbol{K}^2=\begin{bmatrix}\boldsymbol{K}_{11}^{①} & \boldsymbol{K}_{12}^{①} & \boldsymbol{0} & \boldsymbol{K}_{14}^{①}\\ \boldsymbol{K}_{21}^{①} & \boldsymbol{K}_{22}^{①+②} & \boldsymbol{K}_{23}^{②} & \boldsymbol{K}_{24}^{①+②}\\ \boldsymbol{0} & \boldsymbol{K}_{32}^{②} & \boldsymbol{K}_{33}^{②} & \boldsymbol{K}_{34}^{②}\\ \boldsymbol{K}_{41}^{①} & \boldsymbol{K}_{42}^{①+②} & \boldsymbol{K}_{43}^{②} & \boldsymbol{K}_{44}^{①+②}\end{bmatrix}$$

$$=10^7\begin{bmatrix}0.983 & -0.5 & -0.45 & 0.2 & 0 & 0 & -0.533 & 0.3\\ -0.5 & 1.4 & 0.3 & -1.2 & 0 & 0 & 0.2 & -0.2\\ -0.45 & 0.3 & 0.983 & 0 & -0.533 & 0.2 & 0 & -0.5\\ 0.2 & -1.2 & 0 & 1.4 & 0.3 & -0.2 & -0.5 & 0\\ 0 & 0 & -0.533 & 0.3 & 0.983 & -0.5 & -0.45 & 0.2\\ 0 & 0 & 0.2 & -0.2 & -0.5 & 1.4 & 0.3 & -1.2\\ -0.533 & 0.2 & 0 & -0.5 & -0.45 & 0.3 & 0.983 & 0\\ 0.3 & -0.2 & -0.5 & 0 & 0.2 & -1.2 & 0 & 1.4\end{bmatrix} \tag{4-40}$$

式中:上标表示单元编号。

从上述分析可以看到,整体刚度矩阵的组集,就是按单元循环进行单元刚度矩阵计算时,将节点编号相同的刚度元素值放入整体刚度矩阵中的对应位置并进行叠加,如式(4-38)和式(4-39)中的阴影部分,将下标相同的元素进行叠加即可得到式(4-40)。

2. 存储刚度矩阵

一般来说,随着整体刚度矩阵 $\boldsymbol{K}$ 的阶数增大,$\boldsymbol{K}$ 具有对称性、稀疏性(零元素很多)和带状性,即 $\boldsymbol{K}$ 中的非零元素都处在对角线附近一条狭长的带中。

在刚度矩阵 $\boldsymbol{K}$ 中,当其下标 $i-j>s$ 或 $j-i>t$ 时,有 $k_{ij}=0$,则称 $\boldsymbol{K}$ 为带状矩阵。当 s 随着行号 i 发生变化时,则称为变带宽带状矩阵;当 s 为常数时,则称为等带宽带状矩阵。同时 s 称为半带宽,$\beta=2s+1$,称为带宽。

刚度矩阵的带宽与一个单元中最大节点编号之差相关,对 3 节点三角形单元有

$$m_e = \max(|i-j|,|j-k|,|k-i|)$$

则其半带宽为

$$\mathrm{HBW} = 2(\max_{1\leqslant e\leqslant \mathrm{NE}}(m_e)+1)$$

其中:NE 为单元个数;系数 2 为每个节点的自由度数。

(式(4-40)为什么不是带状矩阵?怎样才能使其成为带状矩阵?请读者思考。)

刚度矩阵的存储原则:节省存储元素的空间和存取元素的时间。但对大型问题来说,有时节省存储空间显得更加重要。

(1) 设 $\boldsymbol{K}$ 为对称等带宽带状矩阵,可以用二维或一维数组存储其下半带内的元素,如

$$\boldsymbol{K} = \begin{bmatrix} k_{11} & k_{12} & 0 & 0 & 0 & 0 \\ k_{21} & k_{22} & k_{23} & 0 & 0 & 0 \\ 0 & k_{32} & k_{33} & k_{34} & 0 & 0 \\ 0 & 0 & k_{43} & k_{44} & k_{45} & 0 \\ 0 & 0 & 0 & k_{54} & k_{55} & k_{56} \\ 0 & 0 & 0 & 0 & k_{65} & k_{66} \end{bmatrix} \tag{4-41}$$

在式(4-41)中的零元素可以不要存储,且由于对称性有 $k_{ij}=k_{ji}$,可将其存于二维数组 $\boldsymbol{R}(6,2)$,即

$$\boldsymbol{R} = \begin{bmatrix} \times & r_{12} \\ r_{21} & r_{22} \\ r_{31} & r_{32} \\ r_{41} & r_{42} \\ r_{51} & r_{52} \\ r_{61} & r_{62} \end{bmatrix} = \begin{bmatrix} \times & k_{11} \\ k_{21} & k_{22} \\ k_{32} & k_{33} \\ k_{43} & k_{44} \\ k_{54} & k_{55} \\ k_{65} & k_{66} \end{bmatrix} \tag{4-42}$$

显然同一元素在不同数组中存在一个对应关系,即对于 r_{mn} 和 k_{ij},有

$$m=i$$

$$n=j-i+s+1$$

对比式(4-42)和式(4-41)的存储,可以看到式(4-42)节省了 2/3 的存储空间。

若将式(4-41)存于一维数组 $\boldsymbol{Q}(11)$ 中,有

$$\begin{aligned} \boldsymbol{Q} &= [q_1 \quad q_2 \quad q_3 \quad q_4 \quad q_5 \quad q_6 \quad q_7 \quad q_8 \quad q_9 \quad q_{10} \quad q_{11}] \\ &= [k_{11} \quad k_{21} \quad k_{22} \quad k_{32} \quad k_{33} \quad k_{43} \quad k_{44} \quad k_{54} \quad k_{55} \quad k_{65} \quad k_{66}] \end{aligned}$$

同一元素 q_m 与 a_{ij} 下标之间的关系为

$$m=\frac{i\times(i-1)}{2}+j$$

(2) 若 **K** 为对称变带宽带状矩阵，则可采用索引存储法来存放下半带宽内的元素，如

$$\boldsymbol{K}=\begin{bmatrix} k_{11} & k_{12} & k_{13} & & & \\ k_{21} & k_{22} & 0 & & & \\ k_{31} & 0 & k_{33} & & k_{35} & \\ & & & k_{44} & k_{45} & \\ & & k_{53} & k_{54} & k_{55} & k_{56} \\ & & & & k_{65} & k_{66} \end{bmatrix}$$

用一维数组 **AN** 按行存储 **K** 中的下半带内元素，每行只存储从第 1 个非零元素直到该行对角元素为止的元素，即

$$\mathbf{AN}=[k_{11}\quad k_{21}\quad k_{22}\quad k_{31}\quad 0\quad k_{33}\quad k_{44}\quad k_{53}\quad k_{54}\quad k_{55}\quad k_{65}\quad k_{66}]$$

用一维数组 **ID**(0:6)存储元素索引，即 **ID**(i)表示第 i 行对角元素在 **AN** 中的序号，并规定 **ID**(0)=0，于是有

$$\mathbf{ID}=[0\quad 1\quad 3\quad 6\quad 7\quad 10\quad 12]$$

同一元素 **ID**(m)与 k_{ij} 下标之间的对应关系有

$$m=\mathbf{ID}(i)-i+j$$

3. 处理位移边界条件

1) 位移边界条件

根据不同的支承约束情况，边界约束条件可以分为下列 3 类：

(1) 基础支承结构，即在结构与基础相连的节点上，某一个方向的自由度受到约束，故节点在该方向上的位移为零。

(2) 节点位移为给定值。基础支承结构是给定位移约束的特例。

(3) 具有对称轴的结构。由于结构和载荷的对称性，在分析时只取结构的 1/2 或 1/4 进行分析即可，但要补加由对称性而产生的约束条件，即在对称轴的节点上加画垂直于对称轴的铰支座来约束。

不管哪一种约束情况，要约束的自由度数目至少要等于可能产生刚体位移的数目，即结构的支承条件应使整个结构不能有刚体位移，如图 4-9 所示。

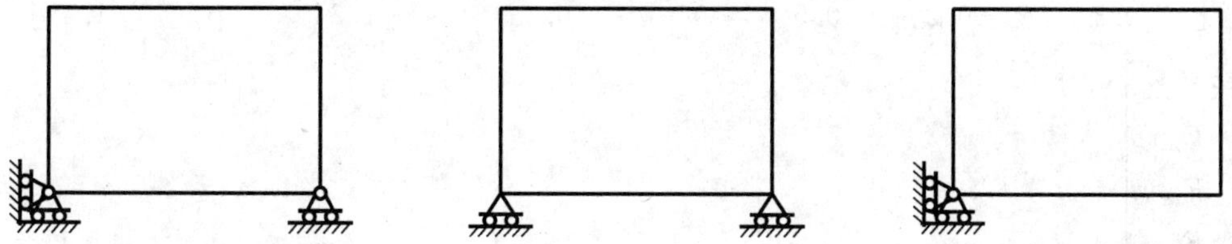

(a) 施加正确　　(b) x向自由　　(c) 转动自由

图 4-9　刚体位移的消除示意图

2) 边界约束条件的处理

有限元分析中对边界约束条件的处理主要有两种方法，分别适用于基础支承结构和节点位移给定值的约束情况。

(1) 当位移值为 0 时,可采用降阶法即删除刚度矩阵中节点位移值为 0 所对应的行与列,或采用不降阶法即将相应行与列的对角元素置 1,其余元素置 0。

例如,图 4-8 中的位移约束有:$v_1 = u_3 = v_3 = u_4 = v_4 = 0$。若采用降阶法,则由式(4-40)可得到消除位移约束后的整体刚度方程为

$$10^7 \begin{bmatrix} 0.983 & -0.45 & 0.2 \\ -0.45 & 0.983 & 0 \\ 0.2 & 0 & 1.4 \end{bmatrix} \begin{bmatrix} u_1 \\ u_2 \\ v_2 \end{bmatrix} = \begin{bmatrix} F_{x1} \\ F_{x2} \\ F_{y2} \end{bmatrix} \tag{4-43}$$

若采用不降阶法,则将位移值为 0 所对应行和列中的对角元素置 1,其余元素置 0,由式(4-40)可得到消除位移约束后的整体刚度方程为

$$10^7 \begin{bmatrix} 0.983 & 0 & -0.45 & 0.2 & 0 & 0 & 0 & 0 \\ 0 & 1 & 0 & 0 & 0 & 0 & 0 & 0 \\ -0.45 & 0 & 0.983 & 0 & 0 & 0 & 0 & 0 \\ 0.2 & 0 & 0 & 1.4 & 0 & 0 & 0 & 0 \\ 0 & 0 & 0 & 0 & 1 & 0 & 0 & 0 \\ 0 & 0 & 0 & 0 & 0 & 1 & 0 & 0 \\ 0 & 0 & 0 & 0 & 0 & 0 & 1 & 0 \\ 0 & 0 & 0 & 0 & 0 & 0 & 0 & 1 \end{bmatrix} \begin{bmatrix} u_1 \\ v_1 \\ u_2 \\ v_2 \\ u_3 \\ v_3 \\ u_4 \\ v_4 \end{bmatrix} = \begin{bmatrix} F_{x1} \\ 0 \\ F_{x2} \\ F_{y2} \\ 0 \\ 0 \\ 0 \\ 0 \end{bmatrix}$$

(2) 当位移值为给定值(不为 0 的任意值)时,可采用置大数法(或称为惩罚法)。

若已知位移值为

$$v_1 = \alpha, \quad u_3 = \beta, \quad v_3 = \gamma$$

取大数为 $C=(1.4\times10^7)\times10^4$,则由式(4-40)可得到其整体刚度方程为

$$10^7 \begin{bmatrix} \boxed{0.983\times C} & -0.5 & -0.45 & 0.2 & 0 & 0 & -0.533 & 0.3 \\ -0.5 & 1.4 & 0.3 & -1.2 & 0 & 0 & 0.2 & -0.2 \\ -0.45 & 0.3 & 0.983 & 0 & -0.533 & 0.2 & 0 & -0.5 \\ 0.2 & -1.2 & 0 & 1.4 & 0.3 & -0.2 & -0.5 & 0 \\ 0 & 0 & -0.533 & 0.3 & \boxed{0.983\times C} & -0.5 & -0.45 & 0.2 \\ 0 & 0 & 0.2 & -0.2 & -0.5 & \boxed{1.4\times C} & 0.3 & -1.2 \\ -0.533 & 0.2 & 0 & -0.5 & -0.45 & 0.3 & 0.983 & 0 \\ 0.3 & -0.2 & -0.5 & 0 & 0.2 & -1.2 & 0 & 1.4 \end{bmatrix} \cdot \begin{bmatrix} u_1 \\ v_1 \\ u_2 \\ v_2 \\ u_3 \\ v_3 \\ u_4 \\ v_4 \end{bmatrix}$$

$$= \begin{bmatrix} \boxed{\alpha\times C} \\ F_{y1} \\ F_{x2} \\ F_{y2} \\ \boxed{\beta\times C} \\ \boxed{\gamma\times C} \\ F_{x4} \\ F_{y4} \end{bmatrix}$$

4. 移置节点载荷

弹性力学中的外载荷主要包括集中载荷、面载荷和体载荷，当进行有限元分析时，施加在物体边界上的载荷均要移置到节点上，即生成节点载荷后才能进行分析。

1）集中载荷

如图 4-10 所示，单元内任意一点 M 作用有集中载荷 $\boldsymbol{P}$，其在 x、y 方向的分量分别为 p_x、p_y，当其向该单元节点上移置时，则其等效节点载荷向量为

$$\boldsymbol{F}_P^e = [F_{xi}^P \quad F_{yi}^P \quad F_{xj}^P \quad F_{yj}^P \quad F_{xk}^P \quad F_{yk}^P]^T \tag{4-44}$$

若在单元内任意点产生虚位移 $\delta\boldsymbol{q} = [\delta u \quad \delta v]^T$，则在单元节点上相应地产生一个虚节点位移，即

$$\delta\boldsymbol{q}^e = [\delta u_i \quad \delta v_i \quad \delta u_j \quad \delta v_j \quad \delta u_k \quad \delta v_k]^T$$

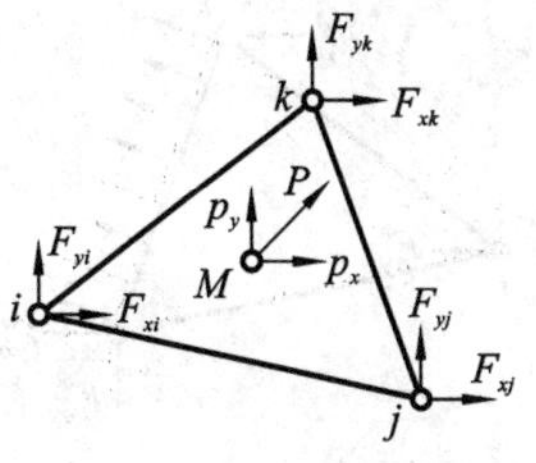

图 4-10　载荷的移置

且有

$$\delta\boldsymbol{q} = \boldsymbol{N} \cdot \delta\boldsymbol{q}^e \tag{4-45}$$

由虚功原理可知，移置后的节点载荷所产生的虚功应等于作用在 M 点上的集中载荷 $\boldsymbol{P}$ 所产生的虚功。即有

$$(\delta\boldsymbol{q}^e)^T \cdot \boldsymbol{F}_P^e = \delta\boldsymbol{q}^T \cdot \boldsymbol{P} \tag{4-46}$$

将式(4-45)代入式(4-46)，并整理后有

$$\boldsymbol{F}_P^e = \boldsymbol{N}^T \cdot \boldsymbol{P} \tag{4-47}$$

即集中载荷的移置由该单元的形函数确定。

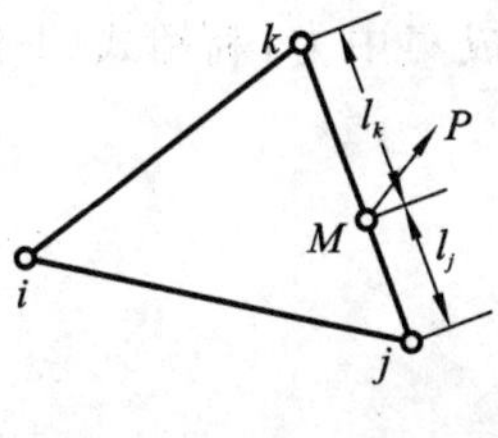

图 4-11　集中载荷分解

若在 j—k 边界上的 M 点作用有一个集中载荷 $\boldsymbol{P} = [p_x \quad p_y]^T$，如图 4-11 所示，由三角形的面积坐标与其形函数的关系可知，M 点的形函数为

$$\begin{aligned}\boldsymbol{N}_M^T &= [N_{iM} \quad N_{jM} \quad N_{kM}]^T = [L_{iM} \quad L_{jM} \quad L_{kM}]^T \\ &= \left[0 \quad \frac{l_j}{l_j + l_k} \quad \frac{l_k}{l_j + l_k}\right]^T\end{aligned} \tag{4-48}$$

将式(4-48)代入式(4-47)，可得到等效的节点载荷列阵为

$$\boldsymbol{F}_P^e = \left[0 \quad 0 \quad \frac{l_j}{l_j + l_k}p_x \quad \frac{l_j}{l_j + l_k}p_y \quad \frac{l_k}{l_j + l_k}p_x \quad \frac{l_k}{l_j + l_k}p_y\right]^T \tag{4-49}$$

式(4-49)表明，与作用在单元边界上集中力相应的等效节点载荷向量，可以按杠杆原理将力分配到边界线两端的节点上。

对照式(4-49)可知，图 4-8 中的节点载荷列阵为 $\boldsymbol{F}_2 = [0 \quad -1000]^T$，并将其代入式(4-43)中，即有

$$10^7 \begin{bmatrix} 0.983 & -0.45 & 0.2 \\ -0.45 & 0.983 & 0 \\ 0.2 & 0 & 1.4 \end{bmatrix} \begin{bmatrix} u_1 \\ u_2 \\ v_2 \end{bmatrix} = \begin{bmatrix} 0 \\ 0 \\ -1000 \end{bmatrix} \tag{4-50}$$

求解式(4-50)，即可得到节点的位移为

$$\left.\begin{aligned} u_1 &= 0.01909\ \text{mm} \\ u_2 &= 0.00874\ \text{mm} \\ v_2 &= -0.0741\ \text{mm} \end{aligned}\right\}$$

2) 面载荷

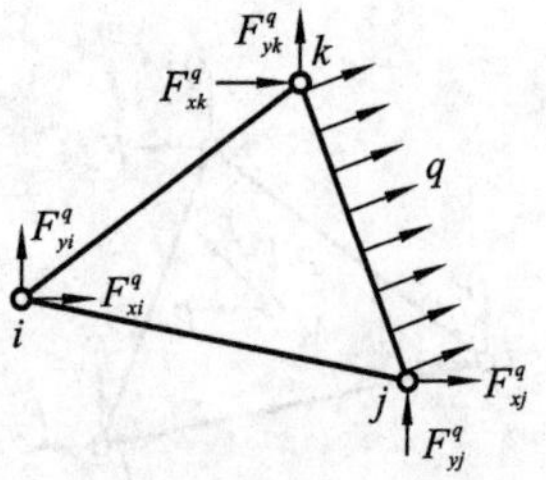

图 4-12　线分布载荷

设在单元边界 $j—k$ 上作用有线分布载荷 $\boldsymbol{q}=[q_x \quad q_y]^{\mathrm{T}}$，已知单元的厚度为 $t=1$，如图 4-12 所示。

在 $j—k$ 边界上取一微小段 $\mathrm{d}s$，则作用在 $\mathrm{d}s$ 上的线分布力的合力为 $\boldsymbol{q}\cdot t\mathrm{d}s$，并将这个合力作为集中载荷作用在单元 $j—k$ 边界上，利用式(4-47)，在 $j—k$ 边界积分，可得到线分布载荷移置后的等效节点载荷为

$$\boldsymbol{F}^{\mathrm{e}}_q=\int_j^k \boldsymbol{N}^{\mathrm{T}}\cdot\boldsymbol{q}\cdot t\mathrm{d}s \tag{4-51}$$

式中：

$$\boldsymbol{F}^{\mathrm{e}}_q=[F^q_{xi} \quad F^q_{yi} \quad F^q_{xj} \quad F^q_{yj} \quad F^q_{xk} \quad F^q_{yk}]^{\mathrm{T}}$$

将形函数与面积坐标的关系代入式(4-51)，并取 $j—k$ 边的长度为 l，通过积分可得到面载荷移置后的节点等效载荷列阵为

$$\boldsymbol{F}^{\mathrm{e}}_q=\begin{bmatrix}0 & 0 & \dfrac{l\cdot t}{2}q_x & \dfrac{l\cdot t}{2}q_y & \dfrac{l\cdot t}{2}q_x & \dfrac{l\cdot t}{2}q_y\end{bmatrix}^{\mathrm{T}} \tag{4-52}$$

3) 体载荷

当单元仅受到体载荷作用时，设其单位体积力为 $\boldsymbol{G}=[g_x \quad g_y]^{\mathrm{T}}$，单元的厚度为 $t=1$，则在一个微元体上的体力合力为 $\boldsymbol{G}\cdot t\mathrm{d}x\mathrm{d}y$。把微元体上的体力合力当成集中力，利用式(4-47)，并在单元上进行积分，可得到体力移置后的等效节点载荷为

$$\boldsymbol{F}^{\mathrm{e}}_G=\iint_A \boldsymbol{N}^{\mathrm{T}}\boldsymbol{G}\cdot t\mathrm{d}x\mathrm{d}y \tag{4-53}$$

式中：

$$\boldsymbol{F}^{\mathrm{e}}_G=[F^G_{xi} \quad F^G_{yi} \quad F^G_{xj} \quad F^G_{yj} \quad F^G_{xk} \quad F^G_{yk}]^{\mathrm{T}}$$

利用形函数与面积坐标之间的关系，并注意到有

$$\iint_A N_i\mathrm{d}x\mathrm{d}y=\iint_A L_i^1L_j^0L_k^0\mathrm{d}x\mathrm{d}y=2A\,\frac{1!0!0!}{(1+0+0+2)!}=\frac{A}{3}$$

同理，有

$$\left.\begin{aligned}\iint_A N_j\mathrm{d}x\mathrm{d}y=\frac{A}{3}\\ \iint_A N_k\mathrm{d}x\mathrm{d}y=\frac{A}{3}\end{aligned}\right\}$$

代入式(4-53)，可得到单元体力移置到节点后的节点载荷列阵为

$$\boldsymbol{F}^{\mathrm{e}}_G=\begin{bmatrix}\dfrac{A\cdot t}{3}g_x & \dfrac{A\cdot t}{3}g_y & \dfrac{A\cdot t}{3}g_x & \dfrac{A\cdot t}{3}g_y & \dfrac{A\cdot t}{3}g_x & \dfrac{A\cdot t}{3}g_y\end{bmatrix}^{\mathrm{T}} \tag{4-54}$$

综上所述，最后得到所有外载荷移置后的节点等效载荷为

$$\boldsymbol{F}^{\mathrm{e}}=\boldsymbol{F}^{\mathrm{e}}_P+\boldsymbol{F}^{\mathrm{e}}_q+\boldsymbol{F}^{\mathrm{e}}_G \tag{4-55}$$

4.2.3 整理计算结果

由式(4-50)求出物体的节点位移向量后，代入式(4-16)，可求出单元应变：

$$\boldsymbol{\varepsilon}^{(1)} = \frac{1}{2A}\begin{bmatrix} b_i & 0 & b_j & 0 & b_k & 0 \\ 0 & c_i & 0 & c_j & 0 & c_k \\ c_i & b_i & c_j & b_j & c_k & b_k \end{bmatrix} \cdot \boldsymbol{q}^{\mathrm{e}}$$

$$= \frac{1}{6}\begin{bmatrix} 2 & 0 & 0 & 0 & -2 & 0 \\ 0 & -3 & 0 & 3 & 0 & 0 \\ -3 & 2 & 3 & 0 & 0 & -2 \end{bmatrix} \cdot 10^{-4} \begin{bmatrix} 0.1909 \\ 0 \\ 0.0874 \\ -0.7416 \\ 0 \\ 0 \end{bmatrix}$$

$$= 10^{-4}\begin{bmatrix} 0.0636 \\ -0.3708 \\ -0.0517 \end{bmatrix}$$

$$\boldsymbol{\varepsilon}^{(2)} = \frac{1}{6}\begin{bmatrix} 2 & 0 & 0 & 0 & -2 & 0 \\ 0 & -3 & 0 & 3 & 0 & 0 \\ -3 & 2 & 3 & 0 & 0 & -2 \end{bmatrix} \cdot 10^{-4} \begin{bmatrix} 0.0874 \\ -0.7416 \\ 0 \\ 0 \\ 0 \\ 0 \end{bmatrix} = 10^{-4}\begin{bmatrix} 0.0291 \\ 0 \\ -0.2472 \end{bmatrix}$$

代入式(4-19)后，即可求出单元应力为

$$\boldsymbol{\sigma}^{(1)} = [-93.0 \quad -1135.7 \quad -62.1]^{\mathrm{T}}\ \mathrm{Pa}$$

$$\boldsymbol{\sigma}^{(2)} = [93.23 \quad 23.31 \quad -296.6]^{\mathrm{T}}\ \mathrm{Pa}$$

位移方面：通过求解整体刚度方程得到的节点位移 $\boldsymbol{q}^{\mathrm{e}}$ 就是结构上各离散点的位移值，可直接根据 $\boldsymbol{q}^{\mathrm{e}}$ 画出结构的位移分布曲线。

应力方面：由于常应变三角形单元的应力是常量，因此通常把它当作三角形单元形心处的应力，而为了得到离散点处的应力值，一般采用平均计算法。对于边界内的节点，可采用绕节点平均法或二单元平均法；而对于边界上的节点，可通过对内节点的应力进行插值得到。

绕节点平均法就是把绕某一节点的所有单元应力相加再除以单元个数，从而得到该节点的应力值，如图 4-13(a)所示；二单元平均法就是把相邻两个单元的应力值相加再除以 2，以得到两单元公共边界中点处的应力值，如图 4-13(b)所示。

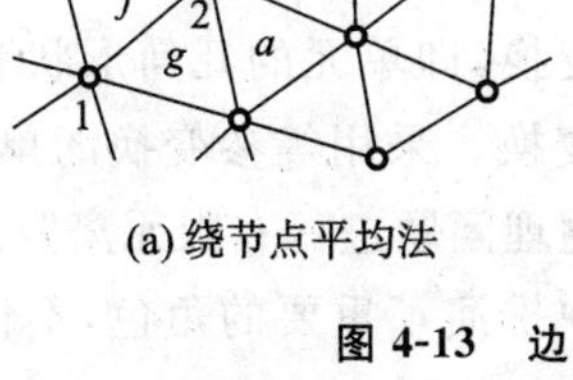

(a) 绕节点平均法

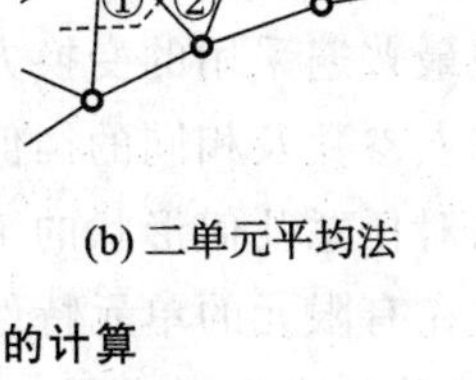

(b) 二单元平均法

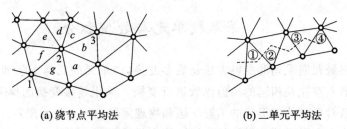

图 4-13　边界内节点应力的计算

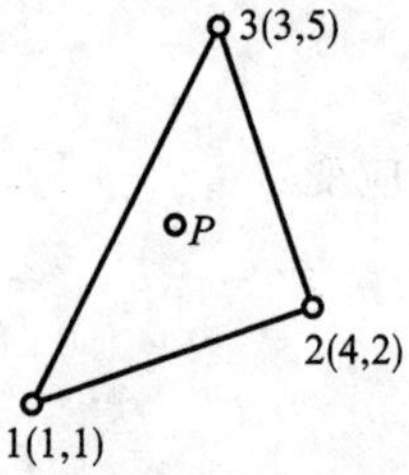

图 4-14 三角形单元

通过平均计算法求出所有离散点的应力后，利用材料力学中的计算公式，就可以求出每个单元的主应力以及应力强度，然后根据节点的应力画出结构的应力分布曲线。

算例 4-3:计算三角形单元的几何矩阵

如图 4-14 所示，已知 P 点的形函数为 $N_1=0.15$，$N_2=0.25$，求 P 点的坐标及单元的几何矩阵 $\boldsymbol{B}$。

从图 4-14 已知，节点的坐标为 $x_1=1$，$y_1=1$，$x_2=4$，$y_2=2$，$x_3=3$，$y_3=5$，则三角形的面积为

$$2A=\begin{vmatrix}1&1&1\\1&4&2\\1&3&5\end{vmatrix}=(4-1)(5-2)-(3-4)(2-1)=10$$

且有

$$a_1=x_2y_3-x_3y_2=4\times5-3\times2=14$$
$$a_2=x_3y_1-x_1y_3=3\times1-1\times5=-2$$
$$a_3=x_1y_2-x_2y_1=1\times2-4\times1=-2$$
$$b_1=y_2-y_3=2-5=-3,\quad b_2=y_3-y_1=5-1=4,\quad b_3=y_1-y_2=1-2=-1$$
$$c_1=x_3-x_2=3-4=-1,\quad c_2=x_1-x_3=1-3=-2,\quad c_3=x_2-x_1=4-1=3$$

将上述算出的系数代入形函数计算式即式(4-12)，有

$$\left.\begin{aligned}N_1&=\frac{1}{2A}(a_1+b_1x+c_1y)=\frac{1}{10}(14-3x-y)\\N_2&=\frac{1}{2A}(a_2+b_2x+c_2y)=\frac{1}{10}(-2+4x-2y)\\N_3&=\frac{1}{2A}(a_3+b_3x+c_3y)=\frac{1}{10}(-2-x+3y)\end{aligned}\right\}$$

将已知的形函数值代入形函数的计算式，即有

$$\left.\begin{aligned}14-3x-y&=1.5\\-2+4x-2y&=2.5\end{aligned}\right\}$$

联立求解可得到：$x=2.95$，$y=3.65$。

将上述计算得到的系数代入式(4-17)，即可得到其几何矩阵 $\boldsymbol{B}$ 为

$$\boldsymbol{B}=\frac{1}{2A}\begin{bmatrix}b_1&0&b_2&0&b_3&0\\0&c_1&0&c_2&0&c_3\\c_1&b_1&c_2&b_2&c_3&b_3\end{bmatrix}=\frac{1}{10}\begin{bmatrix}-3&0&4&0&-1&0\\0&-1&0&-2&0&3\\-1&-3&-2&4&3&-1\end{bmatrix}$$

4.3 等参数单元与数值积分

在有限元法中最普遍采用的变换方法是等参变换，即单元的几何形状和单元内的场函数采用相同数目的节点参数及相同的插值函数进行变换。采用等参变换的单元称为等参单元。借助等参元就可以对任意几何形状的工程问题和物理问题进行有限元离散。

数值积分方法在有限元的单元特性分析计算中扮演了重要的角色，不仅对常用的积分适用，尤其在有限元法分析中广泛应用。

4.3.1　等参变换

为了将局部(自然)坐标中几何形状规则的单元转换成总体坐标中几何形状不规则的单元,以满足对任意几何形状进行离散化的需要,必须建立一个坐标变换,即

$$\begin{bmatrix} x \\ y \\ z \end{bmatrix} = f\left(\begin{bmatrix} \xi \\ \eta \\ \zeta \end{bmatrix}\right) \text{或} f\left(\begin{bmatrix} L_1 \\ L_2 \\ L_3 \\ L_4 \end{bmatrix}\right) \tag{4-56}$$

为建立前面所述的变换,最方便的方法是将式(4-56)也表示为插值函数的形式,即

$$x = \sum_{i=1}^{m} N_i x_i,\quad y = \sum_{i=1}^{m} N_i y_i,\quad z = \sum_{i=1}^{m} N_i z_i \tag{4-57}$$

其中:m 为要进行坐标变换的单元节点数;x_i, y_i, z_i 为 i 节点在总体坐标内的坐标值,N_i 为 i 节点的形函数,实际上它也是用局部坐标表示的插值函数。

通过坐标变化,可将自然坐标系内形状规则的单元变为总体坐标内形状不规整的单元,如图 4-15 所示。

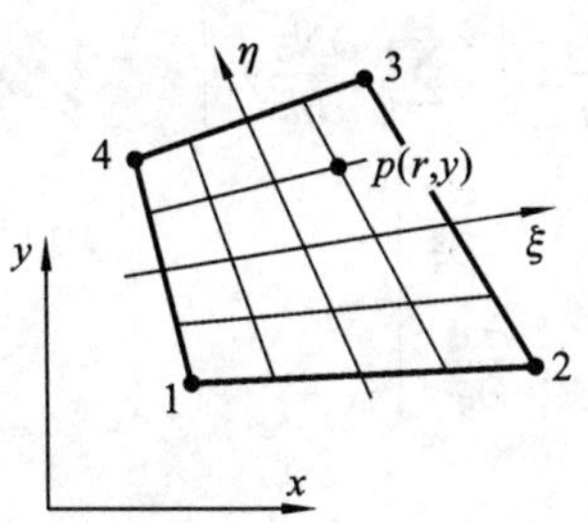

(a) 直角坐标系与实际单元

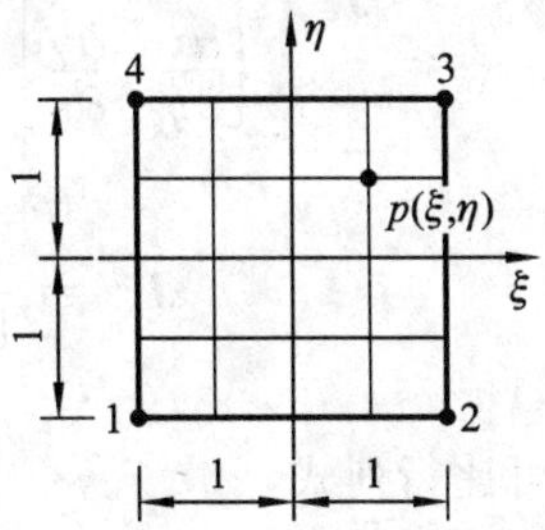

(b) 自然坐标系与基本单元

图 4-15　二维单元的变换

4.3.2　单元矩阵的变换

在有限元分析中,为建立求解方程,需要进行各单元体积内或面积内的积分,它们的一般形式为

$$\begin{aligned} \int_{v_e} G\mathrm{d}v &= \iiint_{v_e} G(x,y,z)\,\mathrm{d}x\mathrm{d}y\mathrm{d}z \\ \int_{s_e} g\mathrm{d}s &= \iint_{s_e} g(x,y,z)\,\mathrm{d}S \end{aligned} \tag{4-58}$$

而 G 和 g 中还包含着场函数对于总体坐标 x,y,z 的导数。

在等参数单元中,场函数使用自然坐标来表示,而自然坐标内的积分区间是规格化的,因此希望能在自然坐标内按规格化的数值积分方法完成式(4-58)的积分。为此需要建立两个坐标系内导数、体积微元、面积微元之间的变化关系。

1. 导数之间的关系

平面等参单元的形函数是 ξ、η 的函数,而 ξ、η 很难用整体坐标 x、y 的显式给出,形函数不能直接对 x、y 求偏导数,必须根据复合函数求导法则,建立形函数对两种坐标偏导数之间的关系,即

$$\begin{aligned}\frac{\partial N_i}{\partial \xi} &= \frac{\partial N_i}{\partial x}\frac{\partial x}{\partial \xi} + \frac{\partial N_i}{\partial y}\frac{\partial y}{\partial \xi} \\ \frac{\partial N_i}{\partial \eta} &= \frac{\partial N_i}{\partial x}\frac{\partial x}{\partial \eta} + \frac{\partial N_i}{\partial y}\frac{\partial y}{\partial \eta}\end{aligned} \tag{4-59}$$

写成矩阵形式：

$$\begin{bmatrix}\dfrac{\partial N_i}{\partial \xi} \\ \dfrac{\partial N_i}{\partial \eta}\end{bmatrix} = \begin{bmatrix}\dfrac{\partial x}{\partial \xi} & \dfrac{\partial y}{\partial \xi} \\ \dfrac{\partial x}{\partial \eta} & \dfrac{\partial y}{\partial \eta}\end{bmatrix} \cdot \begin{bmatrix}\dfrac{\partial N_i}{\partial x} \\ \dfrac{\partial N_i}{\partial y}\end{bmatrix} = \boldsymbol{J} \cdot \begin{bmatrix}\dfrac{\partial N_i}{\partial x} \\ \dfrac{\partial N_i}{\partial y}\end{bmatrix} \tag{4-60}$$

求逆：

$$\begin{bmatrix}\dfrac{\partial N_i}{\partial x} \\ \dfrac{\partial N_i}{\partial y}\end{bmatrix} = \boldsymbol{J}^{-1} \cdot \begin{bmatrix}\dfrac{\partial N_i}{\partial \xi} \\ \dfrac{\partial N_i}{\partial \eta}\end{bmatrix} \tag{4-61}$$

式中：$\boldsymbol{J}$ 称为雅可比(Jacobi)矩阵，且有

$$\boldsymbol{J} = \begin{bmatrix}\dfrac{\partial x}{\partial \xi} & \dfrac{\partial y}{\partial \xi} \\ \dfrac{\partial x}{\partial \eta} & \dfrac{\partial y}{\partial \eta}\end{bmatrix} = \begin{bmatrix}\sum \dfrac{\partial N_i}{\partial \xi} x_i & \sum \dfrac{\partial N_i}{\partial \xi} y_i \\ \sum \dfrac{\partial N_i}{\partial \eta} x_i & \sum \dfrac{\partial N_i}{\partial \eta} y_i\end{bmatrix} \tag{4-62}$$

$$\boldsymbol{J}^{-1} = \frac{1}{|\boldsymbol{J}|}\begin{bmatrix}\dfrac{\partial y}{\partial \eta} & -\dfrac{\partial y}{\partial \xi} \\ -\dfrac{\partial x}{\partial \eta} & \dfrac{\partial x}{\partial \xi}\end{bmatrix}$$

其中：$|\boldsymbol{J}|$ 称为雅可比行列式，

$$|\boldsymbol{J}| = \frac{\partial x}{\partial \xi}\frac{\partial y}{\partial \eta} - \frac{\partial x}{\partial \eta}\frac{\partial y}{\partial \xi}$$

由此可见，求出 $\dfrac{\partial N_i}{\partial x}$ 和 $\dfrac{\partial N_i}{\partial y}$ 的必要条件是雅可比矩阵 $\boldsymbol{J}$ 可逆，且要求 $\boldsymbol{J}$ 为正定矩阵，即 $|\boldsymbol{J}|>0$。这就要求在整体坐标下划分单元时，尽可能地使单元的边长相等，且划分的任意四边形单元必须是凸四边形。

2. 平面等参单元的刚度矩阵

不同节点数的平面等参元形成的单元形状不同，但其单元刚度矩阵及其形式是相同的。

1）单元的位移模式

$$\left.\begin{aligned}u(\xi,\eta) &= \sum_{i=1}^{n} N_i(\xi,\eta)u_i \\ v(\xi,\eta) &= \sum_{i=1}^{n} N_i(\xi,\eta)v_i\end{aligned}\right\} \tag{4-63}$$

写成矩阵形式：

$$\boldsymbol{u} = \boldsymbol{N} \cdot \boldsymbol{\delta}^{e} \tag{4-64}$$

式中：

$$\boldsymbol{\delta}^{e} = [u_1 \quad v_1 \quad u_2 \quad v_2 \quad \cdots \quad u_n \quad v_n]^{T}$$

$$\boldsymbol{N} = \begin{bmatrix}N_1 & 0 & N_2 & 0 & \cdots & N_n & 0 \\ 0 & N_1 & 0 & N_2 & \cdots & 0 & N_n\end{bmatrix}$$

对于图 4-15 所述的 4 节点等参数单元，其形函数为

$$\left.\begin{aligned} N_1 &= \frac{1}{4}(1-\xi)(1-\eta) \\ N_2 &= \frac{1}{4}(1+\xi)(1-\eta) \\ N_3 &= \frac{1}{4}(1-\xi)(1+\eta) \\ N_4 &= \frac{1}{4}(1+\xi)(1+\eta) \end{aligned}\right\} \tag{4-65}$$

位移模式为

$$\left.\begin{aligned} u &= N_1 u_1 + N_2 u_2 + N_3 u_3 + N_4 u_4 \\ v &= N_1 v_1 + N_2 v_2 + N_3 v_3 + N_4 v_4 \end{aligned}\right\} \tag{4-66}$$

采用类似方法，也可以写出单元内某点的坐标与节点坐标之间的关系为

$$\left.\begin{aligned} x &= N_1 x_1 + N_2 x_2 + N_3 x_3 + N_4 x_4 \\ y &= N_1 y_1 + N_2 y_2 + N_3 y_3 + N_4 y_4 \end{aligned}\right\} \tag{4-67}$$

将式(4-65)代入式(4-62)，可得到如图 4-15 所示单元的雅可比矩阵的计算式为

$$\boldsymbol{J} = \frac{1}{4}\begin{bmatrix} -(1-\eta)x_1+(1-\eta)x_2 & -(1-\eta)y_1+(1-\eta)y_2 \\ +(1+\eta)x_3-(1+\eta)x_4 & +(1+\eta)y_3-(1+\eta)y_4 \\ -(1-\xi)x_1-(1+\xi)x_2 & -(1-\xi)y_1-(1+\xi)y_2 \\ +(1+\xi)x_3+(1-\xi)x_4 & +(1+\xi)y_3+(1-\xi)y_4 \end{bmatrix}$$

$$= \begin{bmatrix} J_{11} & J_{12} \\ J_{21} & J_{22} \end{bmatrix}$$

2）几何矩阵

由弹性力学的几何方程，有

$$\boldsymbol{\varepsilon} = \boldsymbol{B} \cdot \boldsymbol{\delta}^{e} \tag{4-68}$$

式中：$\boldsymbol{B}=[\boldsymbol{B}_1 \quad \boldsymbol{B}_2 \quad \cdots \quad \boldsymbol{B}_n]$，且有

$$\boldsymbol{B}_i = \begin{bmatrix} \dfrac{\partial N_i}{\partial x} & 0 \\ 0 & \dfrac{\partial N_i}{\partial y} \\ \dfrac{\partial N_i}{\partial x} & \dfrac{\partial N_i}{\partial y} \end{bmatrix} \quad (i=1,2,\cdots,n)$$

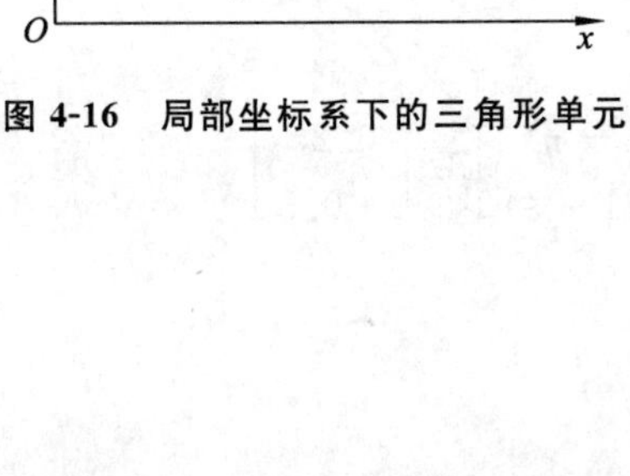

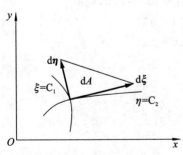

图 4-16　局部坐标系下的三角形单元

3）单元刚度矩阵

由于几何矩阵 $\boldsymbol{B}$ 是局部坐标系 ξ、η 的函数，需将微元体的面积转变成 $\mathrm{d}\xi\mathrm{d}\eta$ 的积分形式，如图 4-16 所示。

设 ξ 和 η 是平面 xOy 中的曲线坐标，$\mathrm{d}\boldsymbol{\xi}$ 是与曲线 $\eta=k$ 相切的矢量，$\mathrm{d}\boldsymbol{\eta}$ 是与曲线 $\xi=\bar{k}$ 相切的矢量，其中 k 与 $\bar{k}$ 为常量。则

$$\left.\begin{aligned} \mathrm{d}\boldsymbol{\xi} &= \boldsymbol{i}\frac{\partial x}{\partial \xi}\mathrm{d}\xi + \boldsymbol{j}\frac{\partial y}{\partial \xi}\mathrm{d}\xi \\ \mathrm{d}\boldsymbol{\eta} &= \boldsymbol{i}\frac{\partial x}{\partial \eta}\mathrm{d}\eta + \boldsymbol{j}\frac{\partial y}{\partial \eta}\mathrm{d}\eta \end{aligned}\right\}$$

由矢量运算可知，以 d$\boldsymbol{\xi}$ 和 d$\boldsymbol{\eta}$ 为边的三角形微元面积 dA 可表示为

$$dA = \frac{1}{2} \mid d\boldsymbol{\xi} \times d\boldsymbol{\eta} \mid = \frac{1}{2}\begin{vmatrix} \dfrac{\partial x}{\partial \xi} & \dfrac{\partial y}{\partial \xi} \\ \dfrac{\partial y}{\partial \eta} & \dfrac{\partial y}{\partial \eta} \end{vmatrix} d\xi d\eta = \frac{1}{2} \mid \boldsymbol{J} \mid d\xi d\eta$$

则单元的刚度矩阵为

$$\boldsymbol{K}^e = \iint_A \boldsymbol{B}^T \boldsymbol{DB} t\, dA = \frac{1}{2}\int_{-1}^{1}\int_{-1}^{1} \boldsymbol{B}^T \boldsymbol{DB} t \mid \boldsymbol{J} \mid d\xi d\eta \tag{4-69}$$

式中：t 为单元厚度。

4) 等效节点载荷

单元体积力的等效节点载荷计算公式为

$$\boldsymbol{F}_G^e = \int_{-1}^{1}\int_{-1}^{1} \boldsymbol{N}^T \boldsymbol{G} \cdot t \mid \boldsymbol{J} \mid d\xi d\eta \tag{4-70}$$

单元边界力的等效节点载荷只在该单元的受载边界上存在，则其积分变量变换式为

$$\boldsymbol{F}_q^e = \int_{S_p^e} \boldsymbol{N}^T \boldsymbol{q} \cdot t ds = \int_{-1}^{1} \boldsymbol{N}^T \boldsymbol{q} \cdot t \mid \boldsymbol{J} \mid \left.\frac{ds}{d\zeta}\right|_s d\zeta \tag{4-71}$$

式中：dζ 为单元受面力作用的边 s 在局部坐标中的微段弧长，如果单元 s 边在局部坐标系中的方程是 $\xi = \pm 1$，则 dζ=dη；若 s 边的方程是 $\eta = \pm 1$，则 dζ=dξ。

$$\left.\frac{ds}{d\zeta}\right|_s = \left.\sqrt{\left(\frac{dx}{d\zeta}\right)^2 + \left(\frac{dx}{d\zeta}\right)^2}\right|_s = \left.\sqrt{\left(\sum \frac{\partial N_i}{\partial \zeta} x_i\right)^2 + \left(\sum \frac{\partial N_i}{\partial \zeta} y_i\right)^2}\right|_s$$

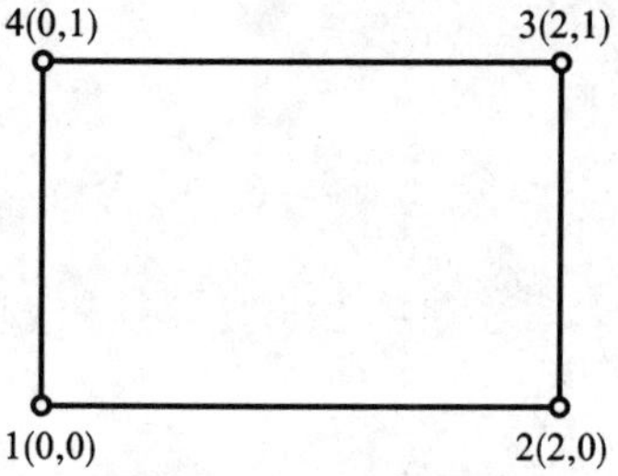

图 4-17　四边形单元

载荷的计算通常也要用到数值积分，得到的单元节点载荷是沿整体坐标 x,y 方向，常用的数值积分方法有高斯积分等。

算例 4-4：四边形单元雅可比矩阵的计算

图 4-17 所示为一个四边形单元，已知材料的弹性模量为 200 GPa，泊松比为 0.3，节点的位移列阵为

$$q = [0\quad 0\quad 0.002\quad 0.003\quad 0.006\quad 0.0032\quad 0\quad 0]^T$$

求 $\eta = \xi = 0$ 时的雅可比矩阵 $\boldsymbol{J}$、几何矩阵 $\boldsymbol{B}$，以及应力。

将四边形的参数代入式(4-67)，可得到其 $\boldsymbol{J}$ 为

$$\boldsymbol{J} = \frac{1}{4}\begin{bmatrix} 2(1-\eta)+2(1+\eta) & (1+\eta)-(1+\eta) \\ -2(1+\xi)+2(1+\xi) & (1+\xi)+(1-\xi) \end{bmatrix} = \begin{bmatrix} 1 & 0 \\ 0 & 0.5 \end{bmatrix}$$

可见，对于图 4-17 所示的四边形单元，$\boldsymbol{J}$ 为一个常量矩阵，且有 $|\boldsymbol{J}|=0.5$，则有

$$\boldsymbol{J}^{-1} = \frac{1}{|\boldsymbol{J}|}\begin{bmatrix} J_{22} & -J_{12} \\ -J_{21} & J_{11} \end{bmatrix} = \begin{bmatrix} 1 & 0 \\ 0 & 2 \end{bmatrix}$$

由式(4-61)有

$$\begin{bmatrix} \dfrac{\partial N_1}{\partial x} \\ \dfrac{\partial N_1}{\partial y} \end{bmatrix} = \boldsymbol{J}^{-1} \cdot \begin{bmatrix} \dfrac{\partial N_1}{\partial \xi} \\ \dfrac{\partial N_1}{\partial \eta} \end{bmatrix} = \begin{bmatrix} 1 & 0 \\ 0 & 2 \end{bmatrix} \cdot \frac{1}{4}\begin{bmatrix} -(1-\eta) \\ -(1-\xi) \end{bmatrix} = \begin{bmatrix} -0.25 \\ -0.5 \end{bmatrix}$$

$$\begin{bmatrix} \dfrac{\partial N_2}{\partial x} \\ \dfrac{\partial N_2}{\partial y} \end{bmatrix} = \boldsymbol{J}^{-1} \cdot \begin{bmatrix} \dfrac{\partial N_2}{\partial \xi} \\ \dfrac{\partial N_2}{\partial \eta} \end{bmatrix} = \begin{bmatrix} 1 & 0 \\ 0 & 2 \end{bmatrix} \cdot \frac{1}{4}\begin{bmatrix} (1-\eta) \\ -(1+\xi) \end{bmatrix} = \begin{bmatrix} 0.25 \\ -0.5 \end{bmatrix}$$

$$\begin{bmatrix} \dfrac{\partial N_3}{\partial x} \\ \dfrac{\partial N_3}{\partial y} \end{bmatrix} = \boldsymbol{J}^{-1} \cdot \begin{bmatrix} \dfrac{\partial N_3}{\partial \xi} \\ \dfrac{\partial N_3}{\partial \eta} \end{bmatrix} = \begin{bmatrix} 1 & 0 \\ 0 & 2 \end{bmatrix} \cdot \frac{1}{4} \begin{bmatrix} (1+\eta) \\ (1+\xi) \end{bmatrix} = \begin{bmatrix} 0.25 \\ 0.5 \end{bmatrix}$$

$$\begin{bmatrix} \dfrac{\partial N_4}{\partial x} \\ \dfrac{\partial N_4}{\partial y} \end{bmatrix} = \boldsymbol{J}^{-1} \cdot \begin{bmatrix} \dfrac{\partial N_4}{\partial \xi} \\ \dfrac{\partial N_4}{\partial \eta} \end{bmatrix} = \begin{bmatrix} 1 & 0 \\ 0 & 2 \end{bmatrix} \cdot \frac{1}{4} \begin{bmatrix} -(1+\eta) \\ (1-\xi) \end{bmatrix} = \begin{bmatrix} -0.25 \\ 0.5 \end{bmatrix}$$

将上述计算结果代入式(4-68)，得其几何矩阵为

$$\boldsymbol{B} = \begin{bmatrix} -0.25 & 0 & 0.25 & 0 & 0.25 & 0 & -0.25 & 0 \\ 0 & -0.5 & 0 & -0.5 & 0 & 0.5 & 0 & 0.5 \\ -0.5 & -0.25 & -0.5 & 0.25 & 0.5 & 0.25 & 0.5 & -0.25 \end{bmatrix}$$

弹性矩阵为

$$\boldsymbol{D} = \frac{E}{1-\mu^2} \begin{bmatrix} 1 & \mu & 0 \\ \mu & 1 & 0 \\ 0 & 0 & \dfrac{1-\mu}{2} \end{bmatrix} = \frac{200 \times 10^9}{1-0.09} \begin{bmatrix} 1 & 0.3 & 0 \\ 0.3 & 1 & 0 \\ 0 & 0 & 0.35 \end{bmatrix}$$

则在 $\eta=\xi=0$ 的应力为

$$\begin{aligned} \boldsymbol{\sigma} &= \boldsymbol{DBq}^{e} \\ &= \frac{200 \times 10^9}{1-0.09} \begin{bmatrix} 1 & 0.3 & 0 \\ 0.3 & 1 & 0 \\ 0 & 0 & 0.35 \end{bmatrix} \\ &\quad \cdot \begin{bmatrix} -0.25 & 0 & 0.25 & 0 & 0.25 & 0 & -0.25 & 0 \\ 0 & -0.5 & 0 & -0.5 & 0 & 0.5 & 0 & 0.5 \\ -0.5 & -0.25 & -0.5 & 0.25 & 0.5 & 0.25 & 0.5 & -0.25 \end{bmatrix} \cdot \begin{bmatrix} 0 \\ 0 \\ 0.002 \\ 0.003 \\ 0.006 \\ 0.0032 \\ 0 \\ 0 \end{bmatrix} \\ &= \begin{bmatrix} 446.15 \\ 153.85 \\ 273.08 \end{bmatrix} \text{MPa} \end{aligned}$$

若将图 4-17 所示的四边形退化为如图 4-18 所示的四边形，则其雅可比矩阵是不定的，特别是图 4-18(b)所示的情况要尽量避免。

4.3.3　高斯积分公式

在等参数单元刚度矩阵和节点载荷矩阵列阵中，需要进行如下形式的积分运算：

$$\int_{-1}^{1} f(\xi)\,\mathrm{d}\xi \quad \text{和} \quad \int_{-1}^{1}\int_{-1}^{1} f(\xi,\eta)\,\mathrm{d}\xi\,\mathrm{d}\eta$$

当被积函数比较复杂时，必须采用数值积分来代替函数积分。

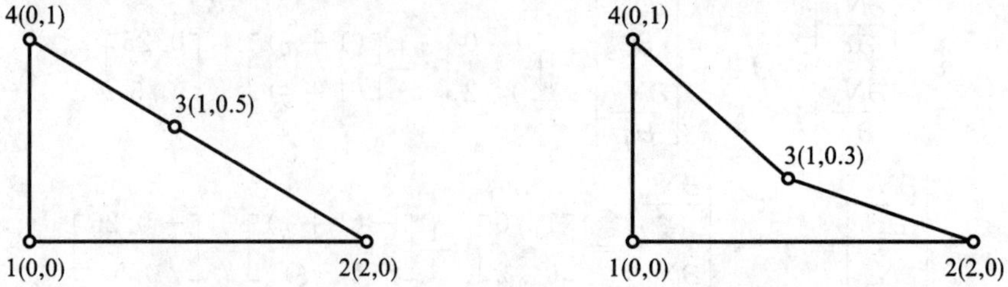

(a) 内角为180°　　(b) 内角大于180°

图 4-18　退化的四边形情况

一元的高斯积分公式可表述为

$$\int_{-1}^{1} f(\xi)\,\mathrm{d}\xi = \sum_{i=1}^{n} A_i f(\xi_i)$$

式中:A_i 为加权系数;ξ_i 为积分点 i(也称高斯积分点),位于区域中心对称的位置上;$f(\xi_i)$ 为被积函数在积分点 ξ_i 处的数值;n 为积分点的数目。

对于二维(矩形)区域,通过先对一个坐标进行积分后再对另一个坐标进行积分,就可以得到高斯积分公式为

$$\int_{-1}^{1}\int_{-1}^{1} f(\xi,\eta)\,\mathrm{d}\xi\mathrm{d}\eta = \int_{-1}^{1}\Big[\sum_{i=1}^{m} A_i f(\xi_i,\eta)\Big]\mathrm{d}\eta = \sum_{j=1}^{n} A_j\Big[\sum_{i=1}^{m} A_i f(\xi_i,\eta_i)\Big]$$

$$= \sum_{i=1}^{m}\sum_{j=1}^{n} A_i A_j f(\xi_i,\eta_i)$$

高斯积分公式中的 ξ_i 和 A_i 的数值如表 4-1 所示。

表 4-1　高斯积分公式中的 ξ_i 和 A_i

n	ξ_i	A_i	n	ξ_i	A_i
1	0	2	5	±0.906 179 846	0.236 926 885 1
2	±0.577 350 269	1		±0.538 469 310	0.478 628 670 5
3	±0.774 596 669	0.555 555 555 6		0	0.568 888 888 9
	0	0.888 888 888 9	6	±0.932 469 514	0.171 324 492 4
4	±0.861 136 312	0.347 854 845 1		±0.661 209 387	0.360 761 573 0
	±0.339 981 044	0.652 145 154 9		±0.238 619 186	0.467 913 934 6

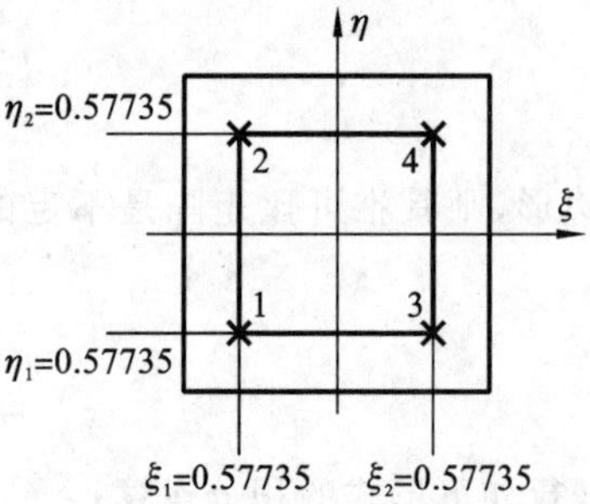

图 4-19　积分点的布置

在高斯积分中,积分点数目 n 的选取与被积函数 $f(\xi)$有关,如 $f(\xi)$是 x 的 $2n-1$ 次或小于 $2n-1$ 次的多项式,则用 n 个点的高斯求积是准确的;若 $f(\xi)$不是多项式,应通过试算选取适当的 n,一般 n 选取过大,计算工作量会随之增加。

对于一个四边形单元,当使用 2×2 个积分点时,其积分点在四边形中的分布如图 4-19 所示,其积分计算如下:

$$\int_{-1}^{1}\int_{-1}^{1} f(\xi,\eta)\,\mathrm{d}\xi\mathrm{d}\eta = A_1^2 f(\xi_1,\eta_1) + A_1A_2 f(\xi_1,\eta_2)$$
$$+ A_2A_1 f(\xi_2,\eta_1) + A_2^2 f(\xi_2,\eta_2)$$

在有限元法中，计算单元刚度矩阵的积分时，可以根据单元面积以及应变规律选择合适的积分点数目。

4.4　平面问题的高阶单元

由于三节点三角形单元采用的位移模式是线性的，从而其形函数也是线性的，即

$$N_1 = L_1, \quad N_2 = L_2, \quad N_3 = L_3$$

因此单元内的应力和应变都是常数。为了提高计算精度以及适用于复杂的问题，必须采用较精密的单元。

4.4.1　位移模式与形函数

位移模式就是单元内任意一点的位移被表述为节点坐标的函数。在平面问题中，任一点的位移分量可用下列多项式表示，即

$$\left.\begin{aligned} u &= \alpha_1 + \alpha_2 x + \alpha_3 y + \alpha_4 xy + \alpha_5 x^2 + \alpha_6 y^2 + \alpha_7 x^2 y + \cdots \\ v &= \beta_1 + \beta_2 x + \beta_3 y + \beta_4 xy + \beta_5 x^2 + \beta_6 y^2 + \beta_7 x^2 y + \cdots \end{aligned}\right\} \tag{4-72}$$

显然位移模式的项数取得越多，计算也越精确，但项数越多，待定系数也就越多。然而待定系数是通过代入节点坐标及其位移来确定，所以一般要根据单元中的节点及其自由度的个数来确定项数，因此不同的单元，其位移模式也是不相同的。

为了使有限元的解能够收敛于精确解，任何单元的位移模式都必须满足以下三个条件：

(1) 位移模式中必须包括反映刚体位移的常数项。刚体位移是单元的基本位移，当单元做刚体位移时，单元内各点的位移均相等，而和各点的坐标值无关。

(2) 位移模式中必须包括反映常应变的线性位移项。当单元分割得十分细小时，单元中的应变就接近于常量。

满足上述两个条件的单元称为完备单元。

(3) 位移模式必须保证单元之间位移的连续性。相邻单元的公共边界必须具有相同的位移，以避免发生两相邻单元的互相脱离或互相侵入的现象。这种连续性又称为协调性或相容性。

同时项数的选取还必须满足 Pascal 三角关系，如图 4-20 所示。

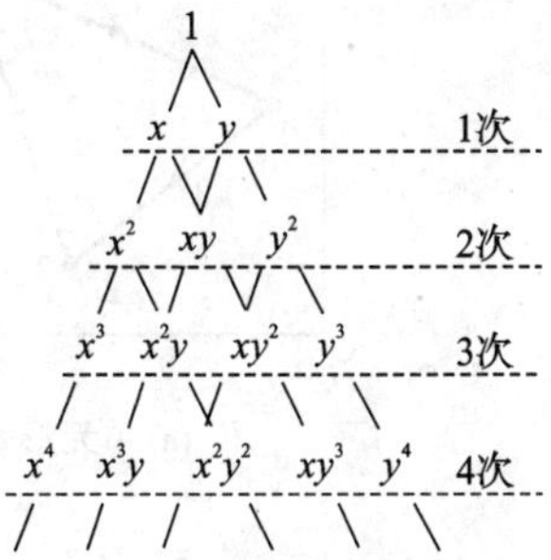

图 4-20　Pascal 三角关系

形函数是有限元分析中一个重要概念，它决定了单元内位移的分布形态(例如，图 4-21 所示为三角形单元形函数的分布情况)，同时，单元内任意点的位移可通过形函数和节点位移的组合得到，即有

$$\left.\begin{aligned} u &= \sum_{i=1}^{n} N_i u_i \\ v &= \sum_{i=1}^{n} N_i v_i \end{aligned}\right\} \tag{4-73}$$

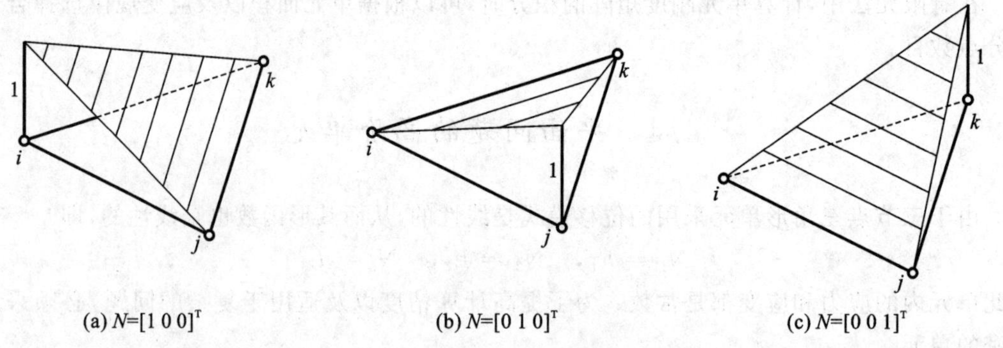

图 4-21　形函数的分布形态

这意味着单元内每个节点都有其形函数 $N_i, N_j, N_k, \cdots$。一个单元的形函数均满足下列两个条件：

(1) 满足 δ 函数性质，即

$$\left.\begin{array}{ll}\text{在节点 } i, & N_i(x,y)=1 \\ \text{在其他节点}, & N_i(x,y)=0\end{array}\right\}$$

(2) 一个单元所有形函数之和为 1，即有

$$\sum_{i=1}^{n} N_i = 1$$

4.4.2　平面高阶单元

1. 六节点三角形单元

如图 4-22 所示，每个单元具有 6 个节点，即 3 个角点和 3 个边中点，具有 12 个自由度，位移函数可取为完全二次多项式，单元中的应力是线性变化的，不再是常数。

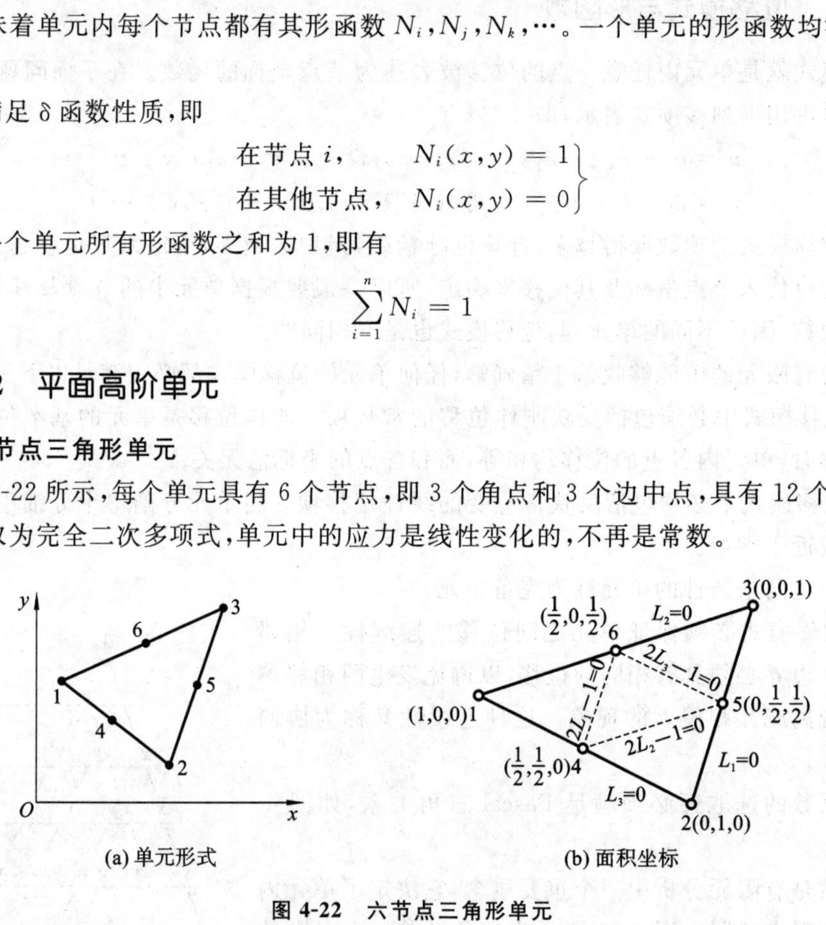

图 4-22　六节点三角形单元

取如下位移函数：

$$\left.\begin{array}{l}u=\beta_1+\beta_2 x+\beta_3 y+\beta_4 x^2+\beta_5 xy+\beta_6 y^2 \\ v=\beta_7+\beta_8 x+\beta_9 y+\beta_{10} x^2+\beta_{11} xy+\beta_{12} y^2\end{array}\right\} \tag{4-74}$$

利用 12 个节点的位移分量 u_i, v_i，就可以确定式(4-74)中 12 个系数。在单元的边界上，位移分量是按抛物线变化的，每条公共边界上有 3 个公共节点，正好可以保证相邻两单元位移的连续性。另外，式(4-74)中的 $\beta_1, \beta_2, \beta_3$ 和 $\beta_7, \beta_8, \beta_9$ 反映了刚体位移和常应变。因此，位移函数能满足解的收敛条件。

采用直角坐标表示的位移函数如式(4-74)，求解系数 $\beta_1 \sim \beta_{12}$ 以及计算刚度矩阵、节点载荷等运算相对比较复杂。下面将采用面积坐标来求解其形函数。

基于面积坐标和拉格朗日插值函数的概念，可构造如下的插值函数。

$$N_i = \prod_{i=1}^{2} \frac{f_j^{(i)}(L_1, L_2, L_3)}{f_j^{(i)}(L_{1i}, L_{2i}, L_{3i})} \tag{4-75}$$

$f_j^{(i)}(L_1, L_2, L_3)(j = 1,2)$ 是通过除节点 i 以外所有节点的两条直线的方程 $f_j^{(i)}(L_1, L_2, L_3) = 0$ 的左端项，如当 $i=1$ 时，$f_j^{(1)}$ 分别是通过节点 4、6 的直线方程 $f_1^{(1)}(L_1, L_2, L_3) = L_1 - 0.5 = 0$ 和通过节点 2、5、3 的直线方程 $f_2^{(1)}(L_1, L_2, L_3) = L_1 = 0$ 的左端项。L_{1i}, L_{2i}, L_{3i} 则是节点 i 的面积坐标，如图 4-22(b)所示。因此有

$$N_1 = \frac{L_1 - 0.5}{0.5} \cdot \frac{L_1}{1} = (2L_1 - 1)L_1$$

类似地，可以推导出其他节点的形函数为

$$N_2 = \frac{L_2 - 0.5}{0.5} \cdot \frac{L_2}{1} = (2L_2 - 1)L_2$$

$$N_3 = \frac{L_3 - 0.5}{0.5} \cdot \frac{L_3}{1} = (2L_3 - 1)L_3$$

$$N_4 = \frac{L_1}{0.5} \cdot \frac{L_2}{0.5} = 4L_1 L_2$$

$$N_5 = \frac{L_2}{0.5} \cdot \frac{L_3}{0.5} = 4L_2 L_3$$

$$N_6 = \frac{L_3}{0.5} \cdot \frac{L_1}{0.5} = 4L_3 L_1$$

上述形函数的构造方法也称为划线法。

利用上述形函数，可将位移函数表示如下：

$$\left.\begin{aligned} u &= \sum_{i=1}^{6} N_i u_i \\ v &= \sum_{i=1}^{6} N_i v_i \end{aligned}\right\} \tag{4-76}$$

或

$$\boldsymbol{q} = \begin{bmatrix} u \\ v \end{bmatrix} = \boldsymbol{N} \cdot \boldsymbol{q}^{\mathrm{e}}$$

式中：

$$\boldsymbol{N} = \begin{bmatrix} N_1 & 0 & N_2 & 0 & N_3 & 0 & N_4 & 0 & N_5 & 0 & N_6 & 0 \\ 0 & N_1 & 0 & N_2 & 0 & N_3 & 0 & N_4 & 0 & N_5 & 0 & N_6 \end{bmatrix}$$

$$\boldsymbol{q}^{\mathrm{e}} = [u_1 \quad v_1 \quad u_2 \quad v_2 \quad u_3 \quad v_3 \quad u_4 \quad v_4 \quad u_5 \quad v_5 \quad u_6 \quad v_6]^{\mathrm{T}}$$

将式(4-76)代入弹性力学的几何方程，可得到其几何矩阵为

$$\boldsymbol{B}_i = \frac{1}{2A} \begin{bmatrix} b_i(4L_i - 1) & 0 \\ 0 & c_i(4L_i - 1) \\ c_i(4L_i - 1) & b_i(4L_i - 1) \end{bmatrix} \quad (i = 1,2,3) \tag{4-77a}$$

$$\boldsymbol{B}_j = \frac{1}{2A} \begin{bmatrix} 4(b_1 L_2 + L_1 b_2) & 0 \\ 0 & 4(c_1 L_2 + L_1 c_2) \\ 4(c_1 L_2 + L_1 c_2) & 4(b_1 L_2 + L_1 b_2) \end{bmatrix} \quad (j = 4,5,6;1,2,3) \tag{4-77b}$$

2. 十节点三角形单元

十节点三角形单元的位移函数采用完全的三次多项式，即有

$$\left.\begin{aligned}u &= \beta_1+\beta_2 x+\beta_3 y+\beta_4 x^2+\beta_5 xy+\beta_6 y^2+\beta_7 x^3+\beta_8 x^2 y+\beta_9 xy^2+\beta_{10} y^3\\ v &= \beta_{11}+\beta_{12} x+\beta_{13} y+\beta_{14} x^2+\beta_{15} xy+\beta_{16} y^2+\beta_{17} x^3+\beta_{18} x^2 y+\beta_{19} xy^2+\beta_{20} y^3\end{aligned}\right\} \tag{4-78}$$

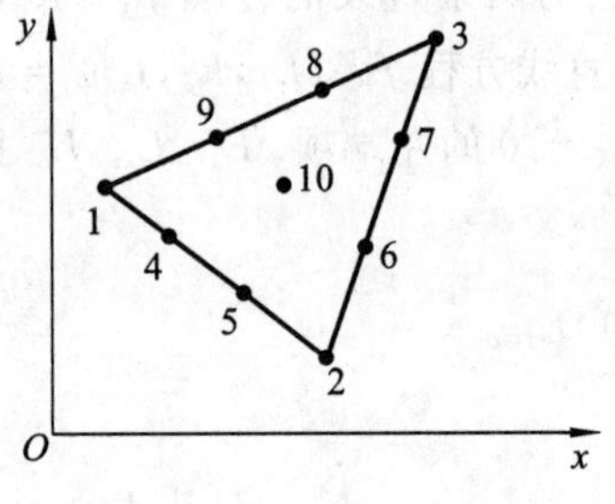

图 4-23　十节点三角形单元

位移函数中共包含 20 个系数，需要 20 个节点位移才能确定这些系数，因此需要 10 个节点，除了 3 个角点外，每边取 2 个三分点，另外再取一个内部节点——单元形心，如图 4-23 所示。

在单元边界上，位移按三次曲线分布，每边 4 个节点，可以保证相邻单元之间的位移连续性。系数 β_1,β_2,β_3 及 $\beta_{11},\beta_{12},\beta_{13}$ 反映了刚体位移及常应变。因此，构建的位移函数满足解的收敛条件。

采用与图 4-22 相类似的划线法，即可得到十节点三角形单元的形函数为

角点：

$$N_i=\frac{1}{2}(3L_i-1)(3L_i-2)L_i \quad (i=1,2,3)$$

边三分点：

$$N_i=\frac{9}{2}L_1 L_2(3L_1-1) \quad (i=4,5,6,7,8,9)$$

内点：

$$N_{10}=27L_1 L_2 L_3$$

位移函数取为

$$\left.\begin{aligned}u &= \sum_{i=1}^{10} N_i u_i\\ v &= \sum_{i=1}^{10} N_i v_i\end{aligned}\right\} \tag{4-79}$$

3. 四节点矩形单元

设图 4-24 所示矩形单元的边长分别为 $2a$ 和 $2b$，四个节点分别以 i,j,m,p 表示。为了简便，取单元形心为坐标原点，x 轴、y 轴与单元边界平行。

矩形单元的位移函数取为

$$\left.\begin{aligned}u &= a_1+a_2 x+a_3 y+a_4 xy\\ v &= a_5+a_6 x+a_7 y+a_8 xy\end{aligned}\right\} \tag{4-80}$$

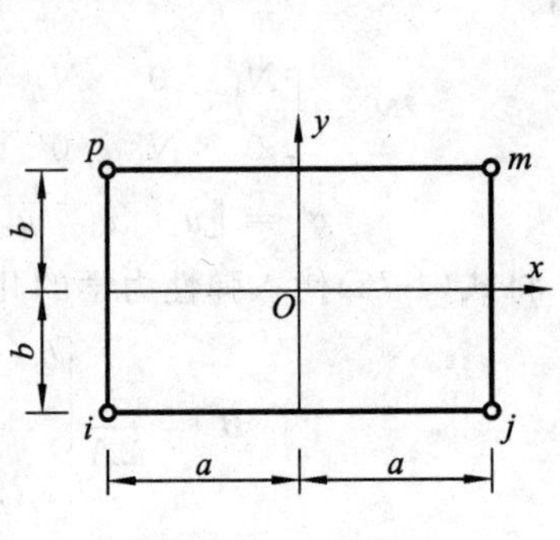

图 4-24　矩形单元

对于 i,j,m,p 四个节点，将相应的节点坐标代入式(4-80)，即可求出这 8 个未知量 a_i。再将 a_i 代入式(4-80)，有

$$\left.\begin{aligned}u &= N_i u_i+N_j u_j+N_m u_m+N_p u_p\\ v &= N_i v_i+N_j v_j+N_m v_m+N_p v_p\end{aligned}\right\} \tag{4-81a}$$

式中：

$$\left.\begin{aligned}N_i&=\frac{1}{4}\left(1-\frac{x}{a}\right)\left(1-\frac{y}{b}\right)\\N_j&=\frac{1}{4}\left(1+\frac{x}{a}\right)\left(1-\frac{y}{b}\right)\\N_m&=\frac{1}{4}\left(1+\frac{x}{a}\right)\left(1+\frac{y}{b}\right)\\N_p&=\frac{1}{4}\left(1-\frac{x}{a}\right)\left(1+\frac{y}{b}\right)\end{aligned}\right\}\tag{4-81b}$$

式(4-81a)也可以写矩阵形式，即有

$$\boldsymbol{q}=\begin{bmatrix}u\\v\end{bmatrix}=\boldsymbol{N}^{\mathrm{T}}\boldsymbol{q}^{\mathrm{e}}\tag{4-82}$$

式中：

$$\boldsymbol{q}^{\mathrm{e}}=[u_i\quad v_i\quad u_j\quad v_j\quad u_m\quad v_m\quad u_p\quad v_p]^{\mathrm{T}}$$

$$\boldsymbol{N}=\begin{bmatrix}N_i&0&N_j&0&N_m&0&N_p&0\\0&N_i&0&N_j&0&N_m&0&N_p\end{bmatrix}$$

上述位移函数能够满足解的收敛性。并且当坐标 x 为定值时，位移 u,v 都是坐标 y 的线性函数；反之，当坐标 y 一定时，位移将是 x 的线性函数，因此，称位移函数(4-80)为双线性函数。

将式(4-82)代入弹性力学的几何方程，可求得单元的几何矩阵为

$$\boldsymbol{B}=\frac{1}{4ab}\begin{bmatrix}-(b-y)&0&b-y&0&b+y&0&-(b+y)&0\\0&-(a-x)&0&-(a+x)&0&a+x&0&a-x\\-(a-x)&-(b-y)&-(a+x)&b-y&a+x&b+y&a-x&-(b+y)\end{bmatrix}$$

4. 八节点等参数单元

图 4-25(a)所示为一个八节点曲线四边形单元，图 4-25(b)所示为其基本单元。

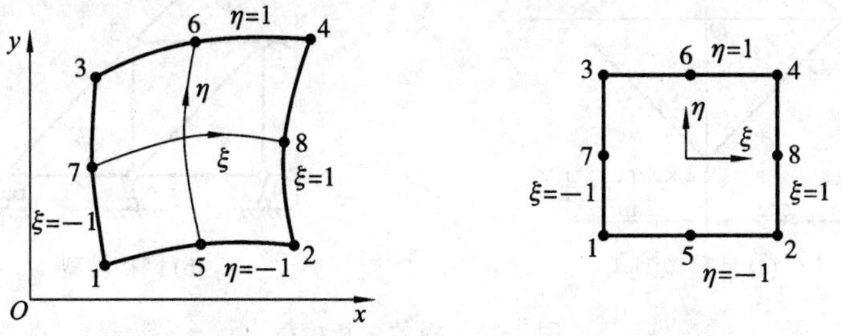

(a) 子单元　　(b) 母单元

图 4-25　八节点等参数单元

仿四边形等参单元，其位移模式可取为

$$\left.\begin{aligned}u&=\sum_{i=1}^{8}N_iu_i\\v&=\sum_{i=1}^{8}N_iv_i\end{aligned}\right\}\tag{4-83}$$

其中的形函数分别取为

$$
\left.\begin{aligned}
N_1 &= \frac{1}{4}(1-\xi)(1-\eta)(-\xi-\eta-1)\\
N_2 &= \frac{1}{4}(1+\xi)(1-\eta)(\xi-\eta-1)\\
N_3 &= \frac{1}{4}(1-\xi)(1+\eta)(-\xi+\eta-1)\\
N_4 &= \frac{1}{4}(1+\xi)(1+\eta)(\xi+\eta-1)\\
N_5 &= \frac{1}{4}(1-\xi^2)(1-\eta)\\
N_6 &= \frac{1}{4}(1-\xi^2)(1+\eta)\\
N_7 &= \frac{1}{4}(1-\xi)(1-\eta^2)\\
N_8 &= \frac{1}{4}(1+\xi)(1-\eta^2)
\end{aligned}\right\}
\tag{4-84}
$$

式(4-83)的位移模式和式(4-84)的形函数均能满足前面所述的完备及协调条件。

4.5 典型算例及分析

算例 4-5:正方形平板的有限元分析

设有图 4-26(a)所示的正方形板,在沿其对角线顶点上作用有压力,载荷沿厚度均匀分布且为 2000 N/m,板厚 $h=1$ m,试计算板的应力值。

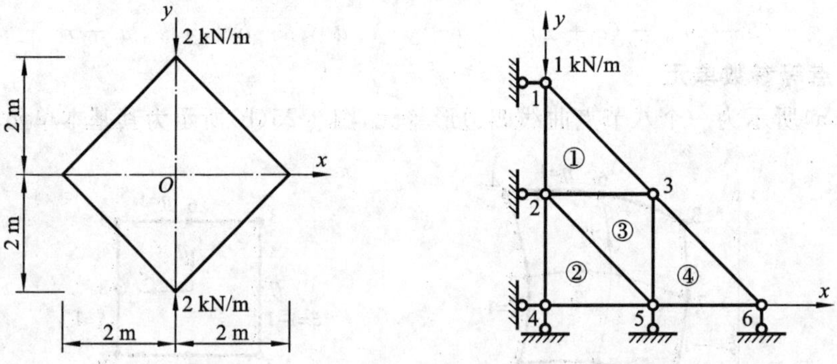

(a) 计算模型　　(b) 网格模型

算例 4-5

图 4-26　板的分析模型

由于两个对角线均为该板的对称轴,因此只需取板的四分之一作为计算对象即可,如图 4-26(b)所示,并在对称面上施加垂直于对称轴的约束。根据板的受力情况,可按平面应力问题处理。

将讨论对象划分为 4 个三角形单元,各单元及节点的编号如图 4-26(b)所示。根据计算简图,约束条件为

$$u_1 = u_2 = u_4 = v_4 = v_5 = v_6 = 0$$

选择对称轴作为坐标轴，则各节点的坐标值如表 4-2 所示，每个单元对应的节点编号如表 4-3 所示。

表 4-2　节点的坐标

坐　标	1	2	3	4	5	6
x	0.00	0.00	1.00	0.00	1.00	2.00
y	2.00	1.00	1.00	0.00	0.00	0.00

表 4-3　单元对应的节点编号

单　元	节点编号
①	1、2、3
②	2、4、5
③	2、5、3
④	3、5、6

为了计算简单，取材料的泊松比 $\mu=0$，弹性模量 $E=1000$ kPa，计算各单元的系数和单元面积，然后计算各单元刚度矩阵的元素，再按直接刚度法形成整体刚度矩阵，由各单元的等效节点载荷组集结构的载荷向量，从而得到整体刚度方程。下面将分别采用有限元理论计算和 ANSYS 软件平台来进行求解。

1. 有限元理论计算

1）计算单元刚度矩阵

下面将以单元①为例来计算单元刚度矩阵，并由此得到其他 3 个单元的刚度矩阵。

(1) 计算面积及相关系数。

从图 4-26 可知，单元①中的 3 个节点编号为 1,2,3。各节点对应的坐标分别为

$$x_1=0,\quad y_1=2;\quad x_2=0,\quad y_2=1;\quad x_3=1,\quad y_3=1$$

将 3 个节点的坐标代入式(4-8)，有

$$2A=\begin{vmatrix}1 & x_1 & y_1\\ 1 & x_2 & y_2\\ 1 & x_3 & y_3\end{vmatrix}=(x_2-x_1)(y_3-y_2)-(x_3-x_2)(y_2-y_1)$$

$$=\begin{vmatrix}1 & 0 & 2\\ 1 & 0 & 1\\ 1 & 1 & 1\end{vmatrix}=(0-0)(1-1)-(1-0)(1-2)=1$$

$$a_1=x_2y_3-x_3y_2=0\times1-1\times1=-1,\quad a_2=x_3y_1-x_1y_3=1\times2-0\times1=2,$$

$$a_3=x_1y_2-x_2y_1=0\times1-0\times2=0$$

$$b_1=y_2-y_3=1-1=0,\quad b_2=y_3-y_1=1-2=-1,\quad b_3=y_1-y_2=2-1=1$$

$$c_1=x_3-x_2=1-0=1,\quad c_2=x_1-x_3=0-1=-1,\quad c_3=x_2-x_1=0-0=0$$

(2) 计算形函数及其矩阵。

将上述计算结果代入式(4-12)，有

$$\left.\begin{aligned}N_1&=(a_1+b_1x+c_1y)/2A=(-1+0\times x+y)/1=(y-1)\\ N_2&=(a_2+b_2x+c_2y)/2A=(2+(-1)\times x+(-1)\times y)/1=2-x-y\\ N_3&=(a_3+b_3x+c_3y)/2A=(0+1\times x+0\times y)/1=x\end{aligned}\right\}$$

则形函数矩阵为

$$\boldsymbol{N}=\begin{bmatrix}N_1 & 0 & N_2 & 0 & N_3 & 0\\ 0 & N_1 & 0 & N_2 & 0 & N_3\end{bmatrix}$$

$$=\begin{bmatrix}y-1 & 0 & 2-x-y & 0 & x & 0\\ 0 & y-1 & 0 & 2-x-y & 0 & x\end{bmatrix}$$

(3) 计算几何矩阵。

将上述计算结果代入式(4-17),有

$$\boldsymbol{B}=\frac{1}{2A}\begin{bmatrix}b_1 & 0 & b_2 & 0 & b_3 & 0\\ 0 & c_1 & 0 & c_2 & 0 & c_3\\ c_1 & b_1 & c_2 & b_2 & c_3 & b_3\end{bmatrix}$$

$$=\begin{bmatrix}0 & 0 & -1 & 0 & 1 & 0\\ 0 & 1 & 0 & -1 & 0 & 0\\ 1 & 0 & -1 & -1 & 0 & 1\end{bmatrix}$$

(4) 计算单元刚度矩阵。

对于平面应力问题,其弹性矩阵

$$\boldsymbol{D}=\frac{E}{1-\mu^2}\begin{bmatrix}1 & \mu & 0\\ \mu & 1 & 0\\ 0 & 0 & \dfrac{1-\mu}{2}\end{bmatrix}$$

将 $\boldsymbol{B}$ 和 $\boldsymbol{D}$ 代入式(4-36),有

$$\boldsymbol{K}_{11}=\boldsymbol{B}_1^{\mathrm{T}}\boldsymbol{D}\boldsymbol{B}_1hA=\frac{Eh}{4(1-\mu^2)A}\begin{bmatrix}b_1b_1+\dfrac{1-\mu}{2}c_1c_1 & \mu b_1c_1+\dfrac{1-\mu}{2}c_1b_1\\ \mu c_1b_1+\dfrac{1-\mu}{2}b_1c_1 & c_1c_1+\dfrac{1-\mu}{2}b_1b_1\end{bmatrix}$$

$$=\frac{10^6}{2}\begin{bmatrix}0.5 & 0\\ 0 & 1\end{bmatrix}$$

$$\boldsymbol{K}_{12}=\boldsymbol{B}_1^{\mathrm{T}}\boldsymbol{D}\boldsymbol{B}_2hA=\frac{Eh}{4(1-\mu^2)A}\begin{bmatrix}b_1b_2+\dfrac{1-\mu}{2}c_1c_2 & \mu b_1c_2+\dfrac{1-\mu}{2}c_1b_2\\ \mu c_1b_2+\dfrac{1-\mu}{2}b_1c_2 & c_1c_2+\dfrac{1-\mu}{2}b_1b_2\end{bmatrix}$$

$$=\frac{10^6}{2}\begin{bmatrix}-0.5 & -0.5\\ 0 & -1\end{bmatrix}$$

同样可以计算得到

$$\boldsymbol{K}_{13}=\frac{10^6}{2}\begin{bmatrix}0 & 0.5\\ 0 & 0\end{bmatrix},\quad \boldsymbol{K}_{22}=\frac{10^6}{2}\begin{bmatrix}1.5 & 0.5\\ 0.5 & 1.5\end{bmatrix}$$

$$\boldsymbol{K}_{23}=\frac{10^6}{2}\begin{bmatrix}-1 & -0.5\\ 0 & -0.5\end{bmatrix},\quad \boldsymbol{K}_{33}=\frac{10^6}{2}\begin{bmatrix}1 & 0\\ 0 & 0.5\end{bmatrix}$$

根据对称性,由此可以得到单元①的刚度矩阵为

$$
\boldsymbol{k}^{(1)}=\frac{10^6}{2}\begin{bmatrix}
0.5 & 0 & -0.5 & -0.5 & 0 & 0.5\\
0 & 1 & 0 & -1 & 0 & 0\\
-0.5 & 0 & 1.5 & 0.5 & -1 & -0.5\\
-0.5 & -1 & 0.5 & 1.5 & 0 & -0.5\\
0 & 0 & -1 & 0 & 1 & 0\\
0.5 & 0 & -0.5 & -0.5 & 0 & 0.5
\end{bmatrix}\begin{matrix}\leftarrow u_1\\ \leftarrow v_1\\ \leftarrow u_2\\ \leftarrow v_2\\ \leftarrow u_3\\ \leftarrow v_3\end{matrix}
$$

由于单元①、②与④具有相同的结构及尺寸，其单元刚度矩阵也就相同，不同的是其对应的位移向量分别为

单元①：

$$\boldsymbol{q}^1=[u_1 \quad v_1 \quad u_2 \quad v_2 \quad u_3 \quad v_3]^{\mathrm{T}}$$

单元②：

$$\boldsymbol{q}^2=[u_2 \quad v_2 \quad u_4 \quad v_4 \quad u_5 \quad v_5]^{\mathrm{T}}$$

单元④：

$$\boldsymbol{q}^3=[u_3 \quad v_3 \quad u_5 \quad v_5 \quad u_6 \quad v_6]^{\mathrm{T}}$$

按上述方式，可以得到单元③的刚度矩阵为

$$
\boldsymbol{k}^{(3)}=\frac{10^6}{2}\begin{bmatrix}
0.5 & 0 & 0 & 0 & -1 & 0\\
0 & 0.5 & 0.5 & 0 & -0.5 & -0.5\\
0 & 0.5 & 0.5 & 0 & -0.5 & -0.5\\
0 & 0 & 0 & 1 & 0 & -1\\
-0.5 & -0.5 & -0.5 & 0 & 1.5 & 0.5\\
0 & -0.5 & -0.5 & 1 & 0.5 & 1.5
\end{bmatrix}\begin{matrix}\leftarrow u_2\\ \leftarrow v_2\\ \leftarrow u_5\\ \leftarrow v_5\\ \leftarrow u_3\\ \leftarrow v_3\end{matrix}
$$

2）生成整体刚度矩阵

由图 4-26 可知，结构共有 6 个节点，对于平面问题，每个节点有 2 个自由度，则整体结构的位移向量为

$$\boldsymbol{q}=[u_1 \quad v_1 \quad u_2 \quad v_2 \quad u_3 \quad v_3 \quad u_4 \quad v_4 \quad u_5 \quad v_5 \quad u_6 \quad v_6]^{\mathrm{T}}$$

载荷向量为

$$\boldsymbol{R}=[R_{1x} \quad R_{1y} \quad R_{2x} \quad R_{2y} \quad R_{3x} \quad R_{3y} \quad R_{4x} \quad R_{4y} \quad R_{5x} \quad R_{5y} \quad R_{6x} \quad R_{6y}]^{\mathrm{T}}$$

而由图 4-8(b)有 $R_{1y}=-1000$ N，代入载荷向量后，有

$$\boldsymbol{R}=[0 \quad -1000 \quad 0 \quad 0 \quad 0 \quad 0 \quad 0 \quad 0 \quad 0 \quad 0 \quad 0 \quad 0]^{\mathrm{T}}$$

通过组装，生成的整体结构刚度方程为

$$
\frac{10^6}{2}\begin{bmatrix}
0.5 & 0 & -0.5 & -0.25 & 0 & 0.5 & 0 & 0 & 0 & 0 & 0 & 0\\
0 & 1 & 0 & -1 & 0 & 0 & 0 & 0 & 0 & 0 & 0 & 0\\
-0.5 & 0 & 3 & 0.5 & -2.0 & -0.5 & -0.5 & -0.5 & 0 & 0.5 & 0 & 0\\
-0.5 & -1 & 0.5 & 3 & -0.5 & -1 & 0 & -1 & 0.5 & 0 & 0 & 0\\
0 & 0 & -2.0 & -0.5 & 3 & 0.5 & 0 & 0 & -1 & -0.5 & 0 & 0.5\\
0.5 & 0 & -0.5 & -1 & 0.5 & 3 & 0 & 0 & -0.5 & -2 & 0 & 0\\
0 & 0 & -0.5 & 0 & 0 & 0 & 1.5 & 0.5 & -1 & -0.5 & 0 & 0\\
0 & 0 & -0.5 & -1 & 0 & 0 & 0.5 & 1.5 & 0 & -0.5 & 0 & 0\\
0 & 0 & 0 & 0.5 & -1 & -0.5 & -1 & 0 & 3 & 0.5 & -1 & -0.5\\
0 & 0 & 0.5 & 0 & -0.5 & -2.0 & -0.5 & -0.5 & 0.5 & 3 & 0 & -0.5\\
0 & 0 & 0 & 0 & 0 & 0 & 0 & 0 & -1 & 0 & 1 & 0\\
0 & 0 & 0 & 0 & 0.5 & 0 & 0 & 0 & -0.5 & -0.5 & 0 & 0.5
\end{bmatrix}\cdot\begin{bmatrix}u_1\\ v_1\\ u_2\\ v_2\\ u_3\\ v_3\\ u_4\\ v_4\\ u_5\\ v_5\\ u_6\\ v_6\end{bmatrix}=\begin{bmatrix}0\\ -1000\\ 0\\ 0\\ 0\\ 0\\ 0\\ 0\\ 0\\ 0\\ 0\\ 0\end{bmatrix}
$$

3) 计算求解

根据约束条件,在方程组中划去与零位移相对应的 1、3、7、8、10、12 行和列,重新排列后,刚度方程组可简化为

$$\frac{10^6}{2}\begin{bmatrix}1 & -1 & 0 & 0 & 0 & 0\\ -1 & 3 & -0.5 & -1 & 0.5 & 0\\ 0 & -0.5 & 3 & 0.5 & -1 & 0\\ 0 & -1 & 0.5 & 3 & -0.5 & 0\\ 0 & 0.5 & -1 & -0.5 & 3 & -1\\ 0 & 0 & 0 & 0 & -1 & 1\end{bmatrix}\begin{bmatrix}v_1\\ v_2\\ u_3\\ v_3\\ u_5\\ u_6\end{bmatrix}=\begin{bmatrix}-1000\\ 0\\ 0\\ 0\\ 0\\ 0\end{bmatrix}$$

通过对化简后整体刚度方程进行求解,可得到

$$v_1=-3.252\ \text{mm},\quad v_2=-1.252\ \text{mm},\quad u_3=-0.088\ \text{mm}$$
$$v_3=-0.372\ \text{mm},\quad u_5=0.176\ \text{mm},\quad u_6=0.176\ \text{mm}$$

将得到的位移值代入物理方程即式(4-19),对于单元①来说,其单元应力为

$$\boldsymbol{\sigma}_1^e=\boldsymbol{DBq}^e=10^6\begin{bmatrix}1 & 0 & 0\\ 0 & 1 & 0\\ 0 & 0 & 0.5\end{bmatrix}\begin{bmatrix}0 & 0 & -1 & 0 & 1 & 0\\ 0 & 1 & 0 & -1 & 0 & 0\\ 1 & 0 & -1 & -1 & 0 & 1\end{bmatrix}\cdot 10^{-3}\begin{bmatrix}0\\ -3.252\\ 0\\ -1.252\\ -0.088\\ -0.372\end{bmatrix}$$

$$=\begin{bmatrix}-0.088\\ -2.0\\ 0.440\end{bmatrix}\text{kPa}$$

余下的三个单元可参照上述算式进行计算,可得到图 4-26 所示结构的四个单元的应力如表 4-4 所示。

表 4-4 单元应力

求解方法		1	2	3	4
本题解/kPa	σ_x	−0.088	0.176	−0.088	0.00
	σ_y	−2.0	−1.252	−0.372	−0.372
	τ_{xy}	0.440	0.00	0.308	−0.132
ANSYS/kPa	σ_x	−0.087912	0.17582	−0.087912	0.00
	σ_y	−2.0	−1.2527	0.37363	0.37363
	τ_{xy}	0.43956	0.00	0.30769	−0.13187

2. ASNYS 软件平台

针对图 4-26 所示的问题,在 ANSYS 软件平台上,完成相应的力学分析,其求解过程和步骤如下。

1) 选择单元和输入材料属性

(1) 选取单元。Main Menu→Preprocessor→Element Type→Add/Edit/Delete,单击"Element Types"对话框中的"Add",然后在"Library of Element Types"对话框左边的列表栏

中选择“Solid”，右边的列表栏中选择“Quad 4 node 182”，单击“OK”，再单击“Close”。（注意：由于在 ANSYS 软件的高版本中已没有三角形单元，这里将采用四边形单元取代，在划分网格时，将四边形单元进行退化，从而形成三角形单元。）

（2）输入材料参数。Main Menu→Preprocessor→Material Props→Material Models，出现一个如图 1-23 所示的对话框，在“Material Models Available”中，点击打开“Structural→Linear→Elastic→Isotropic”，又出现一个对话框，输入“EX=1e6，PRXY=0”，单击“OK”，单击“Material→Exit”，完成材料属性的设置。

2）建立单元模型

（1）生成 6 个节点。Main Menu→Preprocessor→Modeling→Create→Nodes→In Active CS，弹出如图 4-27 所示的对话框，在“NODE Node number”后面的输入栏中输入节点编号“1”，在“X，Y，Z Location in active CS”后面的输入栏中，对应地输入节点编号为“1”的坐标位置，即“0，2，0”，单击“Apply”。同样操作输入其他 5 个节点的编号及其坐标位置，即“2：(0，1，0)、3：(1，1，0)、4：(0，0，0)、5：(1，0，0)、6：(2，0，0)”，输入第 6 个节点编号及其坐标位置后，单击“OK”，这时屏幕会显示 6 个节点的位置。

（2）生成实体单元。Main Menu→Preprocessor→Modeling→Create→Elements→Auto Numbered→Thru Nodes，弹出一个“Element from Nodes”拾取框，在输出窗口依次拾取编号为“1、2、3”的节点，单击“Apply”。重复上述操作，分别拾取“2、4、5”，“2、5、3”和“3、5、6”，最后单击“OK”，生成的三角形单元模型如图 4-28 所示。

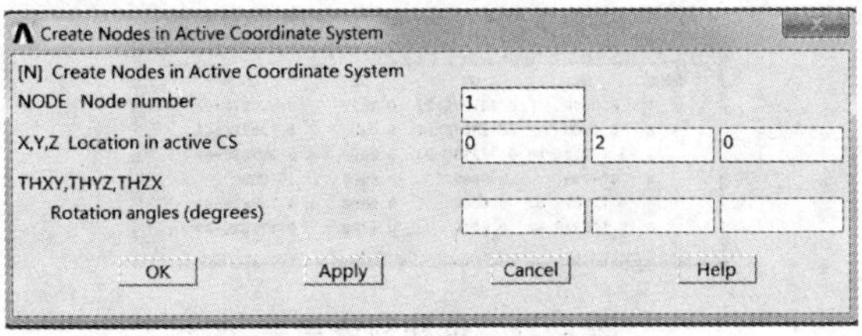

图 4-27　生成节点对话框

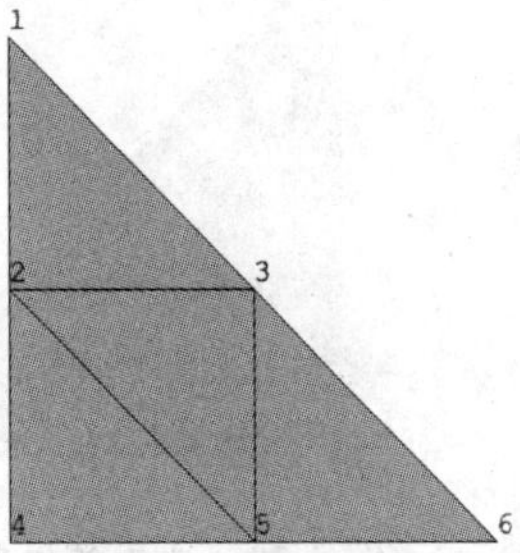

图 4-28　板的网格模型

3）施加边界条件并求解

（1）选取 $x=0$ 的节点。Utility Menu→Select→Entities，弹出一个“Select Entities”选取框，如图 4-29 所示。在最上端的框中选取“Nodes”，第二个框中选取“By Location”，随后选取“X coordinates”，并在输入栏中输入“0”，单击“Apply”，则选择 x 坐标为“0”的所有节点。

（2）在选取节点上施加 x 向约束。Main Menu→Solution→Define Loads→Apply→Structural→Displacement→On Nodes，弹出一个“Apply U，ROT on Nodes”拾取框，单击“Pick all”，在弹出的对话框中仅选取“UX”，单击“OK”。（可参考图 3-24 所示的对话框。）

（3）选取 $y=0$ 的节点。Utility Menu→Select→Entities，弹出一个“Select Entities”选取框，参考图 4-29；在最上端的框中选取“Nodes”，第二个框中选取“By Location”，随后选取“Y coordinates”，

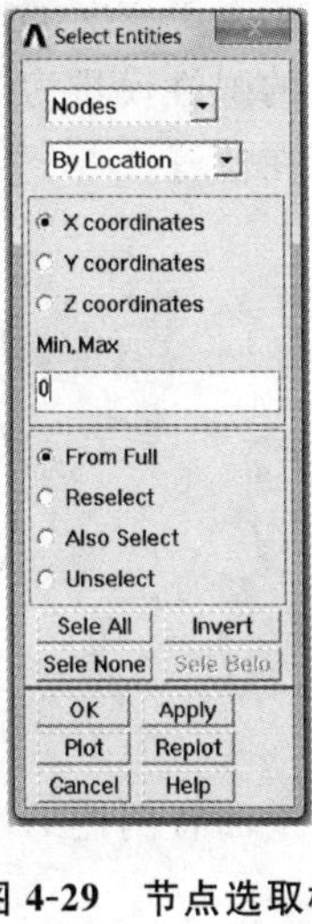

图 4-29　节点选取框

并在输入栏中输入“0”,单击“Apply”,则选择 y 坐标为“0”的所有节点。

(4) 在选取节点上施加 y 向约束。Main Menu→Solution→Define Loads→Apply→Structural→Displacement→On Nodes,弹出一个“Apply U,ROT on Nodes”拾取框,单击“Pick all”,在弹出的对话框中选取“UY”,单击“OK”。(可参考图 3-24 所示的对话框。)

(5) 选取所有实体。Utility Menu→Select→Everything。

(6) 施加集中力。Main Menu→Solution→Define Loads→Apply→Structural→Force/Moment→On Nodes,弹出一个“Apply F/M on Nodes”拾取框,在输出窗口拾取编号为“1”的节点,单击“OK”,弹出对话框(可参考图 3-25),在“Direction of force/mom”后面的选择栏中选择“FY”,并在“Force/moment value”后面的输入栏中输入“−1000”,单击“OK”。最终的施加结果如图 4-30 所示。

(7) 分析计算。Main Menu→Solution→Solve→Current LS,弹出对话框后,单击“OK”,则开始分析计算。当出现“Solution is done”的对话框时,表示分析计算结束。

4) 进入后处理器查看计算结果

列表查看节点位移。Main Menu→General Postproc→List Results→Nodal Solution,弹出一个“List Nodal Solution”选取框,选取“DOF Solution→Displacement vector sum”后,单击“OK”,弹出如图 4-31 所示的位移列表框。从列表中可以看到,分析结果与其理论分析的相同。

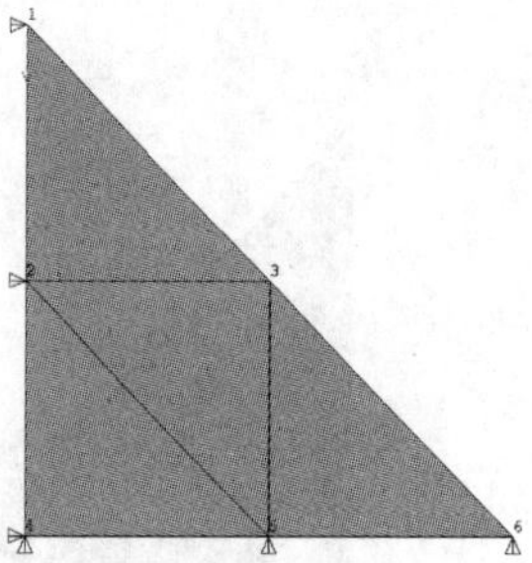

图 4-30　边界条件的施加结果

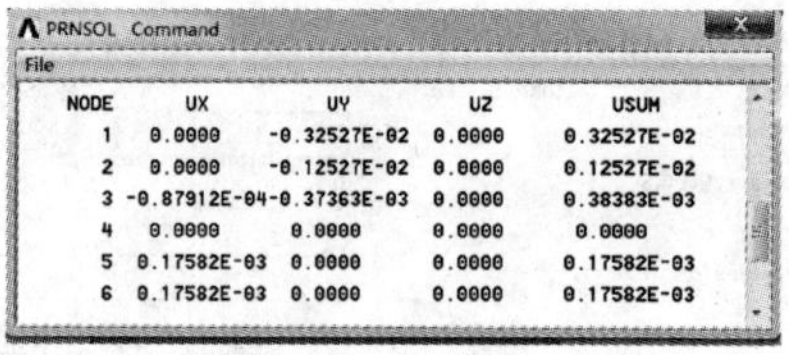

PRNSOL Command

File

NODE	UX	UY	UZ	USUM
1	0.0000	-0.32527E-02	0.0000	0.32527E-02
2	0.0000	-0.12527E-02	0.0000	0.12527E-02
3	-0.87912E-04	-0.37363E-03	0.0000	0.38383E-03
4	0.0000	0.0000	0.0000	0.0000
5	0.17582E-03	0.0000	0.0000	0.17582E-03
6	0.17582E-03	0.0000	0.0000	0.17582E-03

图 4-31　位移列表结果

算例 4-6:扭矩臂的应力分析

算例 4-6

图 4-32 所示为汽车上的一根扭矩臂。图中注明了结构尺寸和载荷情况,已知材料的弹性模量为 200 GPa,泊松比为 0.3,请确定扭矩臂上的最大 Mises 应力及其所在位置。

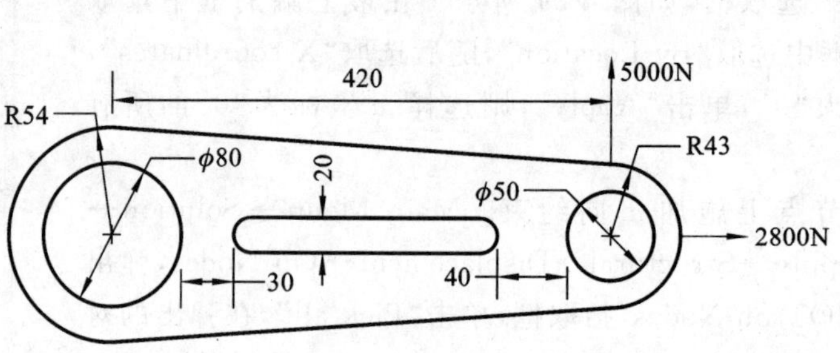

图 4-32　扭矩臂

下面将阐述 ANSYS 软件的分析过程。

1）选择单元和输入材料属性

（1）选取单元。Main Menu→Preprocessor→Element Type→Add/Edit/Delete，单击“Element Type”对话框中的“Add”，然后在“Library of Element Types”对话框左边的列表栏中选择“Solid”，右边的列表栏中选择“Quad 4 node 182”，单击“OK”，再单击“Close”。（注意：因涉及圆弧边界，因此选用 8 节点等参元进行分析。）

（2）输入材料参数。Main Menu→Preprocessor→Material Props→Material Models，出现一个如图 1-23 所示的对话框，在“Material Model Available”中，点击打开“Structural→Linear→Elastic→Isotropic”，又出现一个对话框，输入“EX＝2e11，PRXY＝0.3”，单击“OK”，单击“Material→Exit”，完成材料属性的设置。

2）建立几何模型

（1）打开工作平面。Utility Menu→WorkPlane→Display Working Plane，将在输出窗口显示一个 WX-WY-WZ 的坐标系。

（2）生成半个圆面。Main Menu→Preprocessor→Modeling→Create→Areas→Circle→Partial Annulus，弹出一个如图 4-33 所示的对话框，在“Rad-1”后的输入栏中输入“5.4e-2”，在“Theta-1”后的输入栏中输入“90”（起始角度），在“Theta-2”后的输入栏中输入“270”（终止角度），单击“OK”，则在输出窗口显示一个半圆面。（若在这里生成整个圆面，则在后面的实体合并过程中会出现干涉。）

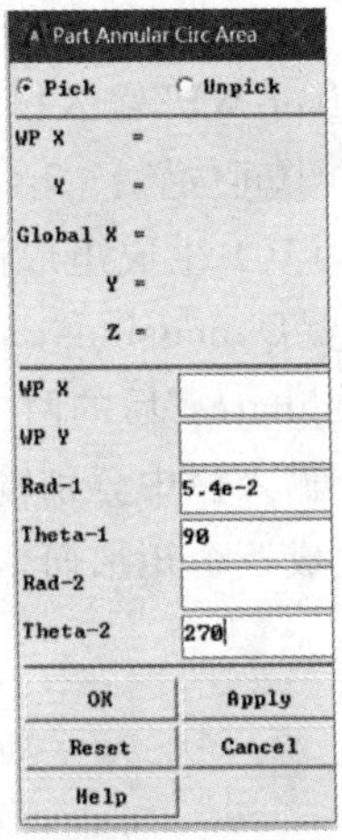

图 4-33　部分圆弧面

（3）生成实心圆面。Main Menu→Preprocessor→Modeling→Create→Areas→Circle→Solid Circle，在弹性对话框的“WP X”后输入“42e-2”，在“Radius”后面输入“4.3e-2”，单击“OK”，则在输出窗口上生成一个实心圆面。

（4）连线。Main Menu→Preprocessor→Modeling→Create→Lines→Straight Line，弹出一个拾取框，在输出窗口中分别拾取角点编号“1”和“5”、“2”和“7”，单击“OK”，则在输出窗口生成两条线，生成的结果如图 4-34 所示。

图 4-34　生成圆面与直线

（5）由线生成面。Main Menu→Preprocessor→Modeling→Create→Areas→Arbitrary→By Lines，弹出一个拾取框，在窗口按顺序拾取编号为“5，8，3，2，9，6”的线段，单击“OK”，则图 4-34 中的中间部分生成了一个实体面。

（6）面相加。Main Menu→Preprocessor→Modeling→Operate→Booleans→Add→Areas，弹出一个拾取框，单击拾取框上的“Pick All”，则上述生成的三个面通过“Add”操作生成了一个面。

（7）生成实心圆面。Main Menu→Preprocessor→Modeling→Create→Areas→Circle→Solid Circle，在弹出对话框的“Radius”后输入“4.0e-2”，单击“Apply”，再在“WP X”后输入

“42e-2”,在“Radius”后面输入“2.5e-2”,单击“OK”,则在输出窗口上生成两个实心圆面。

(8) 面相减。Main Menu→Preprocessor→Modeling→Operate→Booleans→Subtract→Areas,弹出一个“Subtract Area”拾取框,在窗口上先拾取编号为“4”的面,单击“OK”,再拾取编号为“1”的面,单击“Apply”,则出现了一个空心圆;再在窗口上拾取编号为“3”的面,单击“OK”;再拾取编号为“2”的面,单击“OK”,然后将上一步所生成的两个实心圆面减去,生成的结果如图 4-35 所示。

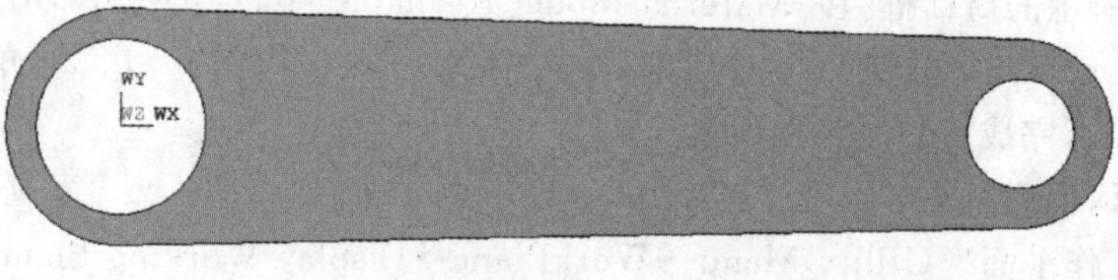

图 4-35　面相减后生成的结果

(9) 移动工作平面。Utility Menu→WorkPlane→Offset WP by Increments,弹出一个“Offset WP”输入框,在“X,Y,Z Offsets”下输入“21e-2”,单击“OK”,则工作平面移动到两圆心的中间位置。

(10) 生成矩形面。Main Menu→Preprocessor→Modeling→Create→Areas→Rectangle→By Dimensions,弹出一个“Create Rectangle by Dimensions”输入框,在“X1,X2 X-coordinates”后的两个输入栏中分别输入“－0.13”和“0.135”,在“Y1,Y2 Y-coordinates”后的两个输入栏中分别输入“－0.01”和“0.01”,如图 4-36 所示,单击“OK”,则在工作平面坐标两侧生成一个矩形面。

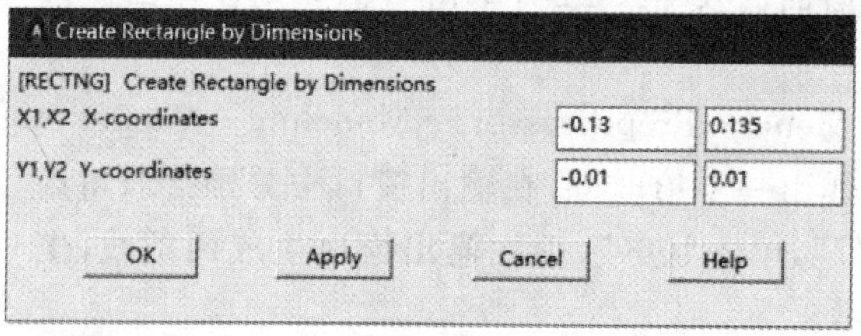

图 4-36　生成矩形面的对话框

(11) 生成两个小圆面。Main Menu→Preprocessor→Modeling→Create→Areas→Circle→Solid Circle,在弹性对话框的“WP X”后输入“－13e-2”,“Radius”后输入“1e-2”,单击“Apply”,再在“WP X”后输入“13.5e-2”,在“Radius”后面输入“1e-2”,单击“OK”,则在输出窗口上生成两个实心圆面。

(12) 面相减。Main Menu→Preprocessor→Modeling→Operate→Booleans→Subtract→Areas,弹出一个“Subtract Area”拾取框,在窗口先拾取编号为“1”的面,单击“OK”,然后再拾取编号为“2,3,4”的面,单击“OK”。

(13) 关闭工作平面。Utility Menu→WorkPlane→Display Working Plane,将下拉菜单中的“√”去掉即可,最后生成的几何模型如图 4-37 所示。

3) 建立单元模型

(1) 设置网格大小。Main Menu→Preprocessor→Meshing→Size Cntrls→ManualSize→Global→Size,弹出一个“Global Element Sizes”对话框,在“Size Element edge length”后输入

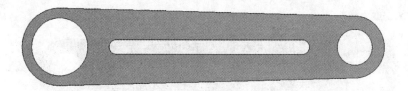

图 4-37　生成的几何模型

“0.5e-2”,单击“OK”。

(2) 采用自由方式划分网格。Main Menu→Preprocessor→Meshing→Mesh→Areas→Free,弹出一个“Mesh Areas”拾取框,单击“Pick All”,则生成的网格模型如图 4-38 所示。

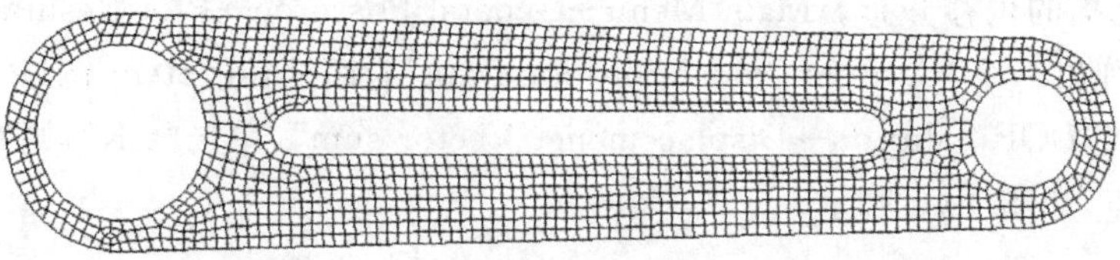

图 4-38　网格模型

4) 进入求解器,施加边界条件并求解

(1) 改变当前坐标系为柱坐标系。Utility Menu→WorkPlane→Change Active CS to→Global Cylindrical。

(2) 选取节点。Utility Menu→Select→Entities,弹出一个“Select Entities”对话框,在第一个下拉菜单中选取“Nodes”,在第二个下拉框中选取“By location”,在其下的单取框中选取“X Coordinates”,并在其下的输入栏中输入“4e-2”,单击“OK”,则选择了半径为“4.0e-2”的所有节点。

(3) 施加约束。Main Menu→Preprocessor→Loads→Define Loads→Apply→Structural→Displacement→On Nodes,弹出一个“Apply U,ROT on nodes”拾取框,单击“Pick All”,又弹出一个对话框,在第一栏中选取“All DOF”,单击“OK”,则在所选取的节点上施加全约束。

(4) 选取所有内容。Utility Menu→Select→Everything。

(5) 改变当前坐标系为直角坐标系。Utility Menu→WorkPlane→Change Active CS to→Global Cartesian。

(6) 在角点上施加载荷。Main Menu→Solution→Define Loads→Apply→Structural→Force/Moment→On Keypoints,弹出一个“Apply F/M on KPs”拾取框。在窗口拾取编号为“4”的角点,单击“OK”,又弹出一个对话框,在“Lab Direction of force/mom”后的下拉菜单中选取“FX”,在“VALUE Force/moment value”后的输入栏中输入“2800”,单击“Apply”;又选取编号为“5”的角点,在“Lab Direction of force/mom”后的下拉菜单中选取“FY”,在“VALUE Force/moment value”后的输入栏中输入“5000”,单击“OK”,则完成了载荷的施加。最终施加载荷和边界条件的结果如图 4-39 所示。

(7) 求解计算。Main Menu→Solution→Solve→Current LS,弹出一个“/STATUS Command”信息框和一个“Solve Current Load Step”确定框。单击“/STATUS Command”框上的“File→close”,关闭信息框。然后单击“Solve Current Load Step”确定框上的“OK”,则开始求解计算。直到弹出一个“Solution is done!”信息框,则表示求解正常结束,可以查看计算结果。

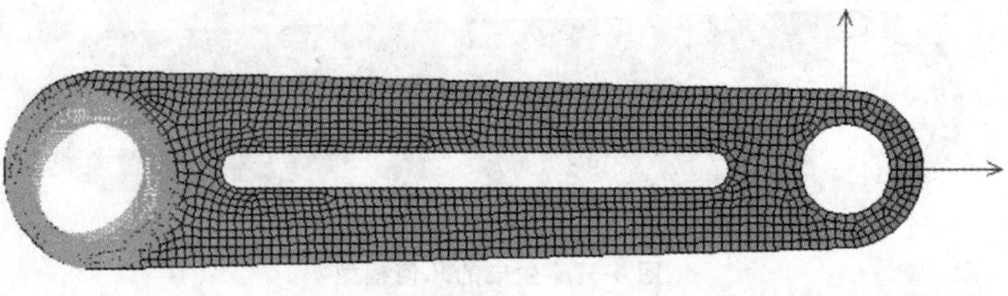

图 4-39 约束和载荷的施加结果

5）进入后处理器,查看计算结果

（1）读取数据。Main Menu→General Postproc→Read Results→First Set,读取计算结果。

（2）显示结构的位移分布。Main Menu→General Postproc→Plot Results→Contour Plot→Nodal Solu,弹出一个"Contour Nodal Solution Data"对话框,在"Item to be contoured"下面的选取框中选取"DOF Solution→Displacemenet Vector sum",单击"OK",则在窗口上显示了结构的位移分布,如图 4-40 所示。

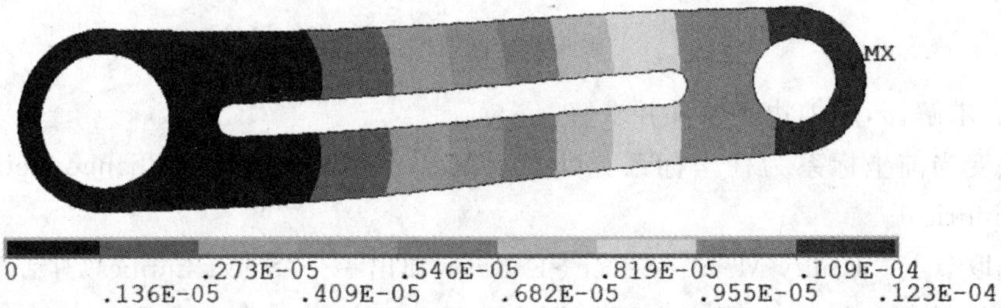

图 4-40 扭转臂的位移分布

（3）显示 Mises 应力分布。Main Menu→General Postproc→Plot Results→Contour Plot→Nodal Solu,弹出一个"Contour Nodal Solution Data"对话框,在"Item to be contoured"下面的选取框中选取"Stress→von Mises Stress",单击"OK",则在窗口上显示了结构的 Mises 应力分布,如图 4-41 所示,图中"MX"即为最大 Mises 应力所在的位置。

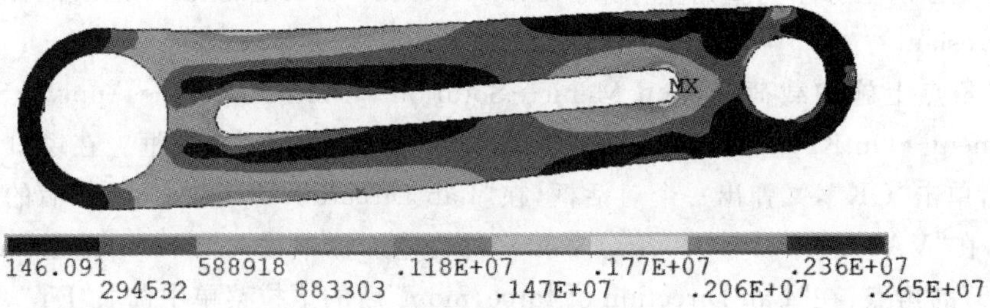

图 4-41 Mises 应力分布

4.6 习 题

4-1 已知三角形的节点坐标如习题 4-1 图所示,P 点的 x 坐标为 3.3,形函数 $N_1=0.3$,求 P 点的 y 坐标值及形函数 N_2 和 N_3 的值。

4-2　当三角形单元仅绕某个节点产生一个刚体转动时，证明单元内所有的应变和应力均为零。

4-3　对于一个矩形结构，若采用一个四节点单元或两个三节点三角形单元，试分析这两种计算方案的计算量、计算精度和计算效率。

4-4　三角形的节点坐标如习题 4-4 图所示，材料的弹性模量为 200 GPa，泊松比为 0.3，已知单元的位移列阵为

$$\boldsymbol{q}^{e}=[0.001\quad -0.004\quad 0.003\quad 0.002\quad -0.002\quad 0.005]^{T}$$

求单元的几何矩阵 $\boldsymbol{B}$ 和单元应力 $\boldsymbol{\sigma}^{e}$。（位移和坐标的单位相同。）

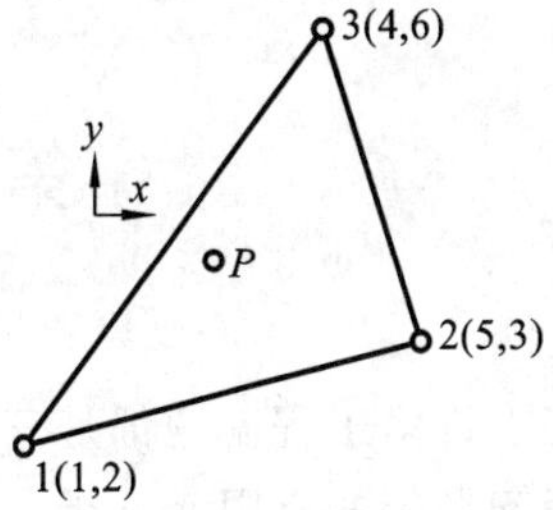

习题 4-1 图

4-5　习题 4-5 图所示为平面应力问题，已知弹性模量为 70 GPa，泊松比为 0.33，试分别采用 4 节点和 8 节点等参单元进行分析，并与材料力学的梁理论值进行比较。

4-6　已知材料的弹性模量为 150 GPa，泊松比为 0.25，厚度 $t=1$ cm，结构的尺寸和载荷如习题 4-6 图所示，试采用两个三节点三角形单元和一个四边形单元进行分析，并与 ANSYS 软件的分析结果进行比较。

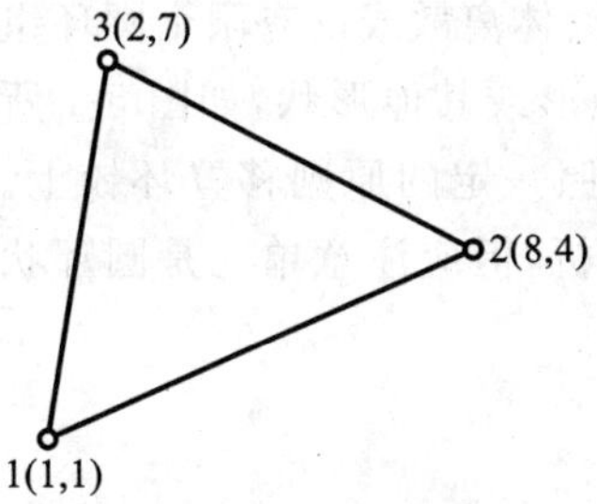

习题 4-4 图

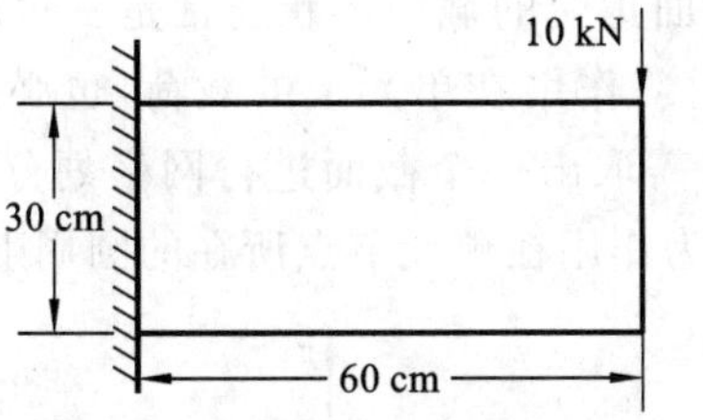

习题 4-5 图

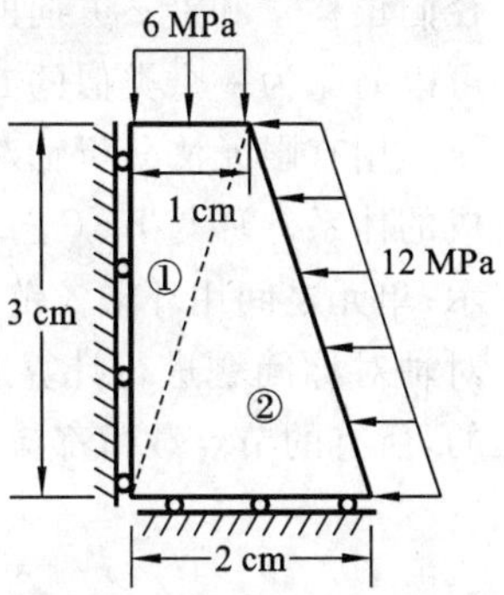

习题 4-6 图

第 5 章　三维问题的有限元分析

许多工程问题都是三维结构。至今为止，前面章节已经给出了一些简单模型如杆、梁、平面问题等的有限元分析，本章将主要阐述三维问题的有限元分析。前面给出的有限元分析过程与步骤也适用于三维问题，因此为了不重复前面的内容，本章将主要介绍轴对称问题中的三角形环形单元、四节点四面体单元，对块状单元也将进行简单的介绍。

5.1　轴对称问题的有限元法

在轴对称问题的分析中，通常采用柱坐标(r,θ,z)。以对称轴作为 z 轴，所有应力、应变和位移都与 θ 方向无关，只是 r 和 z 的函数。任一点的位移只有两个方向的分量，即沿 r 方向的径向位移 u 和沿 z 方向的轴向位移 w。由于轴对称，θ 方向的位移 v 等于零，因此轴对称问题可以简化为一个类似的二维问题。

用有限元法分析轴对称空间问题时，通常采用环形单元，将连续体离散成由有限个圆环组成的体系。环与 rz（子午面）面正交的截面形状通常是三角形、矩形或其他形状，如图 5-1 所示；单元之间用环形铰链相连接；作用在单元上的载荷，也必须按照一定的原则移置环铰上。对轴对称问题进行计算时，只需取出一个截面进行网格划分和分析，但应注意单元是圆环状的，所有的节点载荷都应理解为作用在单元节点所在的圆周上。

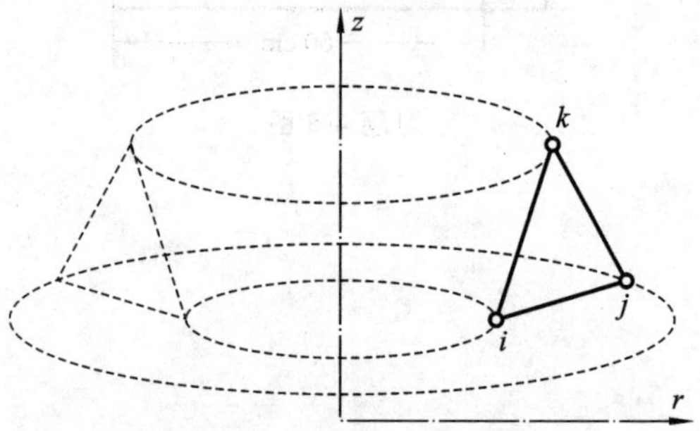

图 5-1　三角形环形单元

本节将介绍 3 节点三角形环形单元和轴对称等参数单元，其中主要介绍其位移模式的选取、单元刚度矩阵和载荷的移置等，在建立了单元刚度矩阵后，其整体分析也可以参照 3.2.1 节中的内容进行。

5.1.1　三角形截面环形单元

1. 位移模式

如图 5-2 所示，任取一单元 ijk，则单元的节点位移为

$$\boldsymbol{q}^{e}=\begin{bmatrix}u_i & w_i & u_j & w_j & u_k & w_k\end{bmatrix}^{T}$$

与平面三角形单元相似，仍选取线性位移模式，即

$$\left.\begin{aligned} u &= a_1 + a_2 r + a_3 z \\ w &= a_4 + a_5 r + a_6 z \end{aligned}\right\} \tag{5-1}$$

式中：$a_1, a_2, \cdots, a_6$ 是待定系数。

将单元节点的位移代入式(5-1)后，求得 $a_1, a_2, \cdots, a_6$，再代入式(5-1)后，可得到

$$\left.\begin{aligned} u &= N_i u_i + N_j u_j + N_k u_k \\ w &= N_i w_i + N_j w_j + N_k w_k \end{aligned}\right\} \tag{5-2}$$

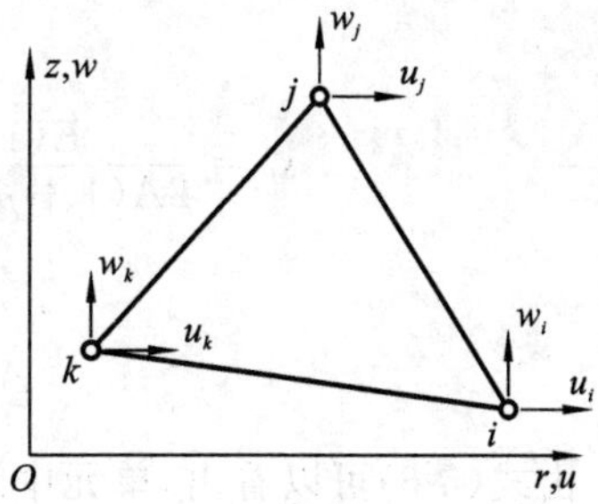

图 5-2　环形三角形单元

将其写成矩阵形式，有

$$\boldsymbol{q} = \begin{bmatrix} u \\ w \end{bmatrix} = \boldsymbol{N}\boldsymbol{q}^{e} \tag{5-3}$$

式中：

$$\boldsymbol{N} = \begin{bmatrix} N_i & 0 & N_j & 0 & N_k & 0 \\ 0 & N_i & 0 & N_j & 0 & N_k \end{bmatrix}$$

其中，

$$\left.\begin{aligned} N_i &= \frac{1}{2A}(a_i + b_i r + c_i z) \\ N_j &= \frac{1}{2A}(a_j + b_j r + c_j z) \\ N_k &= \frac{1}{2A}(a_k + b_k r + c_k z) \end{aligned}\right\} \tag{5-4}$$

$$a_i = r_j z_k - r_k z_j, \quad b_i = z_j - z_k, \quad c_i = -r_j + r_k \quad (i, j, k)$$

$$A = \frac{1}{2}\begin{vmatrix} 1 & r_i & z_i \\ 1 & r_j & z_j \\ 1 & r_k & z_k \end{vmatrix}$$

2. 单元刚度矩阵

将式(5-3)代入轴对称问题的几何方程即式(2-30)，可得到单元应变的几何矩阵为

$$\boldsymbol{B} = [\boldsymbol{B}_i \quad \boldsymbol{B}_j \quad \boldsymbol{B}_k] \tag{5-5a}$$

而

$$\boldsymbol{B}_i = \frac{1}{2A}\begin{bmatrix} \dfrac{\partial N_i}{\partial r} & 0 \\ 0 & \dfrac{\partial N_i}{\partial z} \\ \dfrac{N_i}{r} & 0 \\ \dfrac{\partial N_i}{\partial z} & \dfrac{\partial N_i}{\partial r} \end{bmatrix} = \frac{1}{2A}\begin{bmatrix} b_i & 0 \\ 0 & c_i \\ f_i & 0 \\ c_i & b_i \end{bmatrix} \quad (i, j, k) \tag{5-5b}$$

$$f_i = \frac{a_i}{r} + b_i + \frac{c_i}{r} z \quad (i, j, k)$$

式(5-5)表明，在轴对称空间问题中，单元应变不再是常量，f_i, f_j, f_k 与单元中各点的位置 (r, z) 有关。这与平面三角形单元不相同。

将式(5-5)代入弹性材料的本构关系即式(2-32)中，可得到应力矩阵为

$$\boldsymbol{S} = [\boldsymbol{s}_i \quad \boldsymbol{s}_j \quad \boldsymbol{s}_k]$$

其中每个应力矩阵分块为

$$\boldsymbol{s}_i = \frac{E(1-\mu)}{2A(1+\mu)(1-2\mu)}\begin{bmatrix} b_i + A_1 f_i & A_1 c_i \\ A_1(b_i + f_i) & c_i \\ A_1 b_i + f_i & A_1 b_i \\ A_2 c_i & A_2 b_i \end{bmatrix} \quad (i,j,k) \tag{5-6}$$

$$A_1 = \frac{\mu}{1-\mu},\quad A_2 = \frac{1-2\mu}{2(1-\mu)}$$

由式(5-6)可以看出,单元中除了剪应力 τ_{rz} 外,其他应力分量也不是常量。

在轴对称情况下,由虚功原理可推导出单元刚度矩阵,即有

$$\begin{aligned}\boldsymbol{K}^{\mathrm{e}} &= \iiint_V \boldsymbol{B}^{\mathrm{T}}\boldsymbol{DB}\,\mathrm{d}\theta\mathrm{d}r\mathrm{d}z \\ &= 2\pi\iint \boldsymbol{B}^{\mathrm{T}}\boldsymbol{DB}r\,\mathrm{d}r\mathrm{d}z\end{aligned} \tag{5-7}$$

为了简化计算和消除在对称轴上出现 $r=0$ 所引起的麻烦,把单元中随点变化的 r,z 用单元截面形心处的坐标 $\bar{r},\bar{z}$ 来近似,即有

$$\left.\begin{aligned} r \approx \bar{r} = \frac{1}{3}(r_i + r_j + r_k) \\ z \approx \bar{z} = \frac{1}{3}(z_i + z_j + z_k) \end{aligned}\right\}$$

这样处理后,几何矩阵 $\boldsymbol{B}$ 中的元素变为常量,则单元刚度矩阵可近似地写为

$$\begin{aligned}\boldsymbol{K}^{\mathrm{e}} &= 2\pi\bar{r}\boldsymbol{B}^{\mathrm{T}}\boldsymbol{DB}\cdot\int_A \mathrm{d}r\mathrm{d}z \\ &= 2\pi\bar{r}A\cdot\boldsymbol{B}^{\mathrm{T}}\boldsymbol{DB}\end{aligned} \tag{5-8a}$$

式中:A 为三角形 ijk 的面积,$A=\int_A \mathrm{d}r\mathrm{d}z$。将式(5-5a)代入式(5-8a),有

$$\boldsymbol{K}^{\mathrm{e}} = \begin{bmatrix} \boldsymbol{k}_{ii} & \boldsymbol{k}_{ij} & \boldsymbol{k}_{ik} \\ \boldsymbol{k}_{ji} & \boldsymbol{k}_{jj} & \boldsymbol{k}_{jk} \\ \boldsymbol{k}_{ki} & \boldsymbol{k}_{kj} & \boldsymbol{k}_{kk} \end{bmatrix} \tag{5-8b}$$

式中:$\boldsymbol{k}_{ii}$是一个 2×2 的子矩阵。

弹性矩阵

$$\boldsymbol{D} = \frac{E(1-\mu)}{(1+\mu)(1-2\mu)}\begin{bmatrix} 1 & \frac{\mu}{1-\mu} & \frac{\mu}{1-\mu} & 0 \\ \frac{\mu}{1-\mu} & 1 & \frac{\mu}{1-\mu} & 0 \\ \frac{\mu}{1-\mu} & \frac{\mu}{1-\mu} & 1 & 0 \\ 0 & 0 & 0 & \frac{1-2\mu}{2(1-\mu)} \end{bmatrix}$$

3. 载荷向节点移置

作用在环形单元上的体积力 $\boldsymbol{G}=[g_r \quad g_z]^{\mathrm{T}}$、面力 $\boldsymbol{Q}=[Q_r \quad Q_z]^{\mathrm{T}}$ 和集中力 $\boldsymbol{P}=[p_r \quad p_z]^{\mathrm{T}}$ 应分别移置单元节点上,形成单元的等效节点载荷。设单元等效节点载荷可表示为

$$\boldsymbol{F}^{\mathrm{e}} = [F_{ri} \quad F_{zi} \quad F_{rj} \quad F_{zj} \quad F_{rk} \quad F_{zk}]^{\mathrm{T}} \tag{5-9}$$

当单元上只有体积力时,则有

$$F_G^e = 2\pi\iint_A N^T G \cdot r\mathrm{d}r\mathrm{d}z \tag{5-10}$$

为了简化计算，在积分时可以采用面积坐标进行计算。

如果体积力为自重，即 $G=[0 \quad -\rho]^T$，代入式(5-10)并积分，有

$$F_G^e = -\frac{\pi\rho A}{6}[0 \quad 2r_i + r_j + r_k \quad 0 \quad 2r_j + r_k + r_i \quad 0 \quad 2r_k + r_i + r_j]^T \tag{5-11a}$$

如果体积力为离心力，即 $G=[\rho\omega^2 r \quad 0]^T$，代入式(5-10)并积分，有

$$F_G^e = \frac{\pi\rho\omega^2 A}{15}[2r_i^2 + 9\bar{r}^2 - r_j r_k \quad 0 \quad 2r_j^2 + 9\bar{r}^2 - r_k r_i \quad 0 \quad 2r_k^2 + 9\bar{r}^2 - r_i r_j \quad 0]^T \tag{5-11b}$$

设在环形单元 ijk 的 ij 边上受有水平方向且线性分布的径向表面力，在节点 i 处的集度为 Q_{ri}，在节点 j 处的集度为 Q_{rj}，若 ij 边长为 l，则表面力分量 Q_r 用面积坐标表示为 $Q_r = Q_{ri}L_i + Q_{rj}L_j$，即 $Q_z = 0$，更进一步，等效节点载荷向量为

$$F_Q^e = 2\pi\int N^T Q_r r\,\mathrm{d}s \tag{5-12a}$$

对式(5-12a)采用面积积分后，得到单元的等效节点载荷为

$$F_Q^e = \frac{\pi l}{6}[Q_{ri}(3r_i + r_j) + Q_{rj}(r_i + r_j) \quad 0 \quad Q_{ri}(r_i + r_j) + Q_{rj}(r_i + 3r_j) \quad 0 \quad 0 \quad 0] \tag{5-12b}$$

式中：l 是单元边 ij 的长度，有

$$l = \sqrt{(r_2 - r_1)^2 + (z_2 - z_1)^2}$$

算例 5-1：轴对称单元边界节点载荷的计算

如图 5-3 所示，线分布载荷作用在轴对称单元的边界上，已知节点坐标为 2(20,70)，4(40,55)，6(60,40)，单位为 mm。其载荷值如图 5-3 所示，请计算节点 2、4、6 的节点载荷。

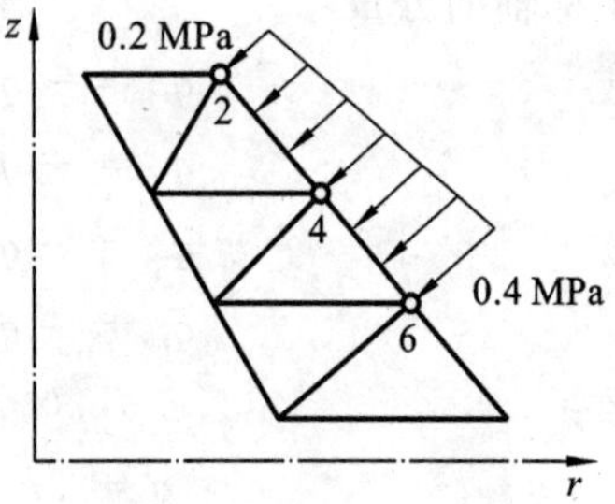

图 5-3　分布载荷计算

对于 2—4 边，有

单元边长：

$$l = \sqrt{(20-40)^2 + (55-70)^2} = 25 \text{ mm}$$

方向余弦：

$$c = \frac{z_4 - z_2}{l} = \frac{70-55}{25} = 0.6$$

$$s = \frac{x_2 - x_4}{l} = \frac{40-20}{25} = 0.8$$

沿坐标轴的分量：

$$q_{r2} = -q_2 c = -0.2 \text{ MPa} \times 0.6 = -0.12 \text{ MPa}$$

$$q_{r4} = -q_4 c = -0.3 \text{ MPa} \times 0.6 = -0.18 \text{ MPa}$$

$$q_{z2} = -q_2 s = -0.2 \text{ MPa} \times 0.8 = -0.16 \text{ MPa}$$

$$q_{z4} = -q_4 s = -0.3 \text{ MPa} \times 0.8 = -0.24 \text{ MPa}$$

系数：

$$a = 3r_2 + r_4 = (3 \times 20 + 40) \text{ mm} = 0.1\text{m}$$

$$b = r_2 + r_4 = (20 + 40)\ \text{mm} = 0.06\ \text{m}$$

$$d = r_2 + 3r_4 = (20 + 3 \times 40)\ \text{mm} = 0.14\ \text{m}$$

各节点的分量为

$$F_{r2} = q_{r2}a + q_{r4}b = (-0.12 \times 0.1 - 0.18 \times 0.06) \times 10^6\ \text{N/m} = -22.8 \times 10^3\ \text{N/m}$$

$$F_{z2} = q_{z2}a + q_{z4}b = (-0.16 \times 0.1 - 0.24 \times 0.06) \times 10^6\ \text{N/m} = -30.4 \times 10^3\ \text{N/m}$$

$$F_{r4} = q_{r2}b + q_{r4}d = (-0.12 \times 0.06 - 0.18 \times 0.14) \times 10^6\ \text{N/m} = -32.4 \times 10^3\ \text{N/m}$$

$$F_{z4} = q_{z2}b + q_{z4}d = (-0.16 \times 0.06 - 0.24 \times 0.14) \times 10^6\ \text{N/m} = -43.2 \times 10^3\ \text{N/m}$$

将上述参数值代入式(5-12b),有

$$\boldsymbol{F}^{e}_{Q2-4} = \frac{\pi l_{2-4}}{6}[q_{r2}a + q_{r4}b \quad q_{z2}a + q_{z4}b \quad q_{r2}b + q_{r4}d \quad q_{z2}b + q_{z4}d]^{T}$$

$$= \frac{\pi \times 0.025}{6}[-22.8 \quad -30.4 \quad -32.4 \quad -43.2]^{T} \times 10^3$$

$$= [-298.5 \quad -397.9 \quad -424.1 \quad -565.5]^{T}$$

对于 4—6 边,有

单元边长:

$$l = \sqrt{(60-40)^2 + (55-40)^2} = 25\ \text{mm}$$

方向余弦:

$$c = \frac{z_4 - z_6}{l} = \frac{55-40}{25} = 0.6$$

$$s = \frac{r_6 - r_4}{l} = \frac{60-40}{25} = 0.8$$

沿坐标轴的分量:

$$q_{r4} = -q_4 c = -0.3\ \text{MPa} \times 0.6 = -0.18\ \text{MPa}$$

$$q_{r6} = -q_6 c = -0.4\ \text{MPa} \times 0.6 = -0.24\ \text{MPa}$$

$$q_{z4} = -q_4 s = -0.3\ \text{MPa} \times 0.8 = -0.24\ \text{MPa}$$

$$q_{z6} = -q_6 s = -0.4\ \text{MPa} \times 0.8 = -0.32\ \text{MPa}$$

系数:

$$a = 3r_4 + r_6 = (3 \times 40 + 60)\ \text{mm} = 0.18\text{m}$$

$$b = r_4 + r_6 = (40 + 60)\ \text{mm} = 0.1\ \text{m}$$

$$d = r_4 + 3r_6 = (40 + 3 \times 60)\ \text{mm} = 0.22\ \text{m}$$

各节点的分量为

$$F_{r4} = q_{r4}a + q_{r6}b = (-0.18 \times 0.18 - 0.24 \times 0.1) \times 10^6\ \text{N/m} = -56.4 \times 10^3\ \text{N/m}$$

$$F_{z4} = q_{z4}a + q_{z6}b = (-0.24 \times 0.18 - 0.32 \times 0.1) \times 10^6\ \text{N/m} = -75.2 \times 10^3\ \text{N/m}$$

$$F_{r6} = q_{r4}b + q_{r6}d = (-0.18 \times 0.1 - 0.24 \times 0.22) \times 10^6\ \text{N/m} = -70.8 \times 10^3\ \text{N/m}$$

$$F_{z6} = q_{z4}b + q_{z6}d = (-0.24 \times 0.1 - 0.32 \times 0.22) \times 10^6\ \text{N/m} = -94.4 \times 10^3\ \text{N/m}$$

将上述参数值代入式(5-12b),有

$$\boldsymbol{F}^{e}_{Q4-6} = \frac{\pi \times 0.025}{6}[-56.4 \quad -75.2 \quad -70.8 \quad -94.4]^{T} \times 10^3$$

$$= [-738.3 \quad -984.3 \quad -926.8 \quad -1235.7]^{T}$$

最后得到作用在节点 2、4、6 上的节点载荷列阵为

$$
\begin{aligned}
F^e_{Q2-4-6} &= [-298.5 \quad -397.9 \quad -424.1 \quad -738.3 \quad -565.6 \\
&\quad -984.3 \quad -926.8 \quad -1235.7]^{\mathrm T} \\
&= [-298.5 \quad -397.9 \quad -1162.4 \quad -1549.9 \quad -926.8 \quad -1235.7]^{\mathrm T}
\end{aligned}
$$

5.1.2　轴对称等参数单元

1. 位移模式

与前面相同，坐标变换式和位移模式分别是

$$
r = \sum_{i=1}^{n} N_i r_i, \quad z = \sum_{i=1}^{n} N_i z_i \tag{5-13a}
$$

$$
u = \sum_{i=1}^{n} N_i u_i, \quad w = \sum_{i=1}^{n} N_i w_i \tag{5-13b}
$$

其中，n 为单元的节点数(下同)，如 8 节点等参数单元，则 $n=8$。

2. 单元特性分析

将式(5-13b)代入轴对称问题的几何方程式(2-30)，可得到其几何矩阵为

$$
\boldsymbol{B} = [\boldsymbol{B}_1 \quad \boldsymbol{B}_2 \quad \cdots \quad \boldsymbol{B}_n] \tag{5-14a}
$$

而

$$
\boldsymbol{B}_i = \begin{bmatrix} \dfrac{\partial N_i}{\partial r} & 0 \\ 0 & \dfrac{\partial N_i}{\partial z} \\ \dfrac{N_i}{r} & 0 \\ \dfrac{\partial N_i}{\partial z} & \dfrac{\partial N_i}{\partial r} \end{bmatrix} \quad (i = 1,2,\cdots,n) \tag{5-14b}
$$

由于形函数 $N_i(\xi,\eta)$ 是局部坐标的函数，N_i 对整体坐标(r,z)求导时，根据复合函数求导规则，则有

$$
\begin{bmatrix} \dfrac{\partial N_i}{\partial r} \\ \dfrac{\partial N_i}{\partial z} \end{bmatrix} = \boldsymbol{J}^{-1} \begin{bmatrix} \dfrac{\partial N_i}{\partial \xi} \\ \dfrac{\partial N_i}{\partial \eta} \end{bmatrix} \tag{5-15}
$$

式中：$\boldsymbol{J}^{-1}$ 为雅可比矩阵 $\boldsymbol{J}$ 的逆矩阵。

将式(5-14)代入应力计算式(2-32)，可得到应力矩阵的计算式为

$$
\boldsymbol{S} = [\boldsymbol{s}_1 \quad \boldsymbol{s}_2 \quad \cdots \quad \boldsymbol{s}_n] \tag{5-16a}
$$

其中，每个应力矩阵分块为

$$
\boldsymbol{s}_i = A_3 \begin{bmatrix} \dfrac{\partial N_i}{\partial r} + A_1 \dfrac{N_i}{r} & A_1 \dfrac{\partial N_i}{\partial z} \\ A_1\left(\dfrac{\partial N_i}{\partial r} + \dfrac{N_i}{r}\right) & \dfrac{\partial N_i}{\partial z} \\ A_1 \dfrac{\partial N_i}{\partial r} + \dfrac{N_i}{r} & A_1 \dfrac{\partial N_i}{\partial z} \\ A_2 \dfrac{\partial N_i}{\partial z} & A_2 \dfrac{\partial N_i}{\partial r} \end{bmatrix} \quad (i = 1,2,\cdots,n) \tag{5-16b}
$$

式中:

$$A_1=\frac{\mu}{1-\mu},\quad A_2=\frac{1-2\mu}{2(1-\mu)},\quad A_3=\frac{E(1-\mu)}{(1+\mu)(1-2\mu)}$$

单元刚度矩阵的形式为

$$\begin{aligned}\boldsymbol{K}^{\mathrm{e}}&=\iiint_V \boldsymbol{B}^{\mathrm{T}}\boldsymbol{D}\boldsymbol{B}\,\mathrm{d}\theta\mathrm{d}r\mathrm{d}z\\&=2\pi\iint \boldsymbol{B}^{\mathrm{T}}\boldsymbol{D}\boldsymbol{B}r\mid\boldsymbol{J}\mid\mathrm{d}\xi\mathrm{d}\eta\end{aligned}\tag{5-17}$$

用矩阵形式表示为

$$\boldsymbol{K}^{\mathrm{e}}=\begin{bmatrix}\boldsymbol{k}_{11}&\boldsymbol{k}_{12}&\cdots&\boldsymbol{k}_{1n}\\\boldsymbol{k}_{21}&\boldsymbol{k}_{22}&\cdots&\boldsymbol{k}_{2n}\\\vdots&\vdots&&\vdots\\\boldsymbol{k}_{n1}&\boldsymbol{k}_{n2}&\cdots&\boldsymbol{k}_{nn}\end{bmatrix}\tag{5-17a}$$

式中每一个子块为

$$\boldsymbol{k}_{ij}=2\pi\int_{-1}^{1}\int_{-1}^{1}\boldsymbol{B}_i^{\mathrm{T}}\boldsymbol{D}\boldsymbol{B}_j r\mid\boldsymbol{J}\mid\mathrm{d}\xi\mathrm{d}\eta\tag{5-17b}$$

3. 等效节点载荷的计算

设在单元径向坐标为 r_M 的点作用有集中力 $\boldsymbol{P}=[p_r\quad p_z]^{\mathrm{T}}$,移置单元节点上的等效节点载荷及其计算式为

$$\boldsymbol{F}_P^{\mathrm{e}}=\begin{bmatrix}F_{ir}\\F_{iz}\end{bmatrix}=2\pi r_M(N_i)_M\begin{bmatrix}p_r\\p_z\end{bmatrix}\quad(i=1,2,3,\cdots,n)\tag{5-18a}$$

式中:$(N_i)_M$ 是形函数 N_i 在载荷作用点 M 的值。

若在单元某边界上作用有面力 $\boldsymbol{Q}=[Q_r\quad Q_z]^{\mathrm{T}}$,而其 q_n,q_t 分别是单元面力在作用边外法线方向和切线方向的投影,则在此边界上各节点的等效节点载荷计算式为

$$\boldsymbol{F}_Q^{\mathrm{e}}=\begin{bmatrix}F_{ir}\\F_{iz}\end{bmatrix}=2\pi\int_\Gamma N_i\begin{bmatrix}-q_n\mathrm{d}z+q_t\mathrm{d}r\\q_t\mathrm{d}z+q_n\mathrm{d}r\end{bmatrix}\quad(i=1,2,\cdots,n)\tag{5-18b}$$

设单元体力为 $\boldsymbol{G}=[g_r\quad g_z]^{\mathrm{T}}$,则作用在单元各节点上的等效节点载荷计算式为

$$\boldsymbol{F}_G^{\mathrm{e}}=\begin{bmatrix}F_{ir}\\F_{iz}\end{bmatrix}=2\pi\int_{-1}^{1}\int_{-1}^{1}rN_i\begin{bmatrix}g_r\\g_z\end{bmatrix}\mid\boldsymbol{J}\mid\mathrm{d}\xi\mathrm{d}\eta\quad(i=1,2,\cdots,n)\tag{5-18c}$$

5.1.3 典型算例及分析

算例 5-2:承受内压圆筒体的应力分析

图 5-4(a)所示为承受内压的圆筒体,其结构尺寸:内半径为 5 cm,外半径为 10 cm,圆筒体高为 20 cm。承受内压为 $p=10$ MPa。已知材料的弹性模量为 $E=2\times10^5$ MPa,泊松比为 $\mu=0.3$,试用有限元法分析该结构的应力状态。

1. 有限元理论分析

如图 5-4(b)所示,采用两个三角形单元对 10 cm 长的圆筒体进行分析,并求其在内径上的节点位移以及单元应力。

已知单元①的节点编号为 1、2、4;单元②的节点编号为 2、3、4。

节点的坐标分别为:1(5,10),2(5,0),3(10,0),4(10,10)。

位移边界条件为

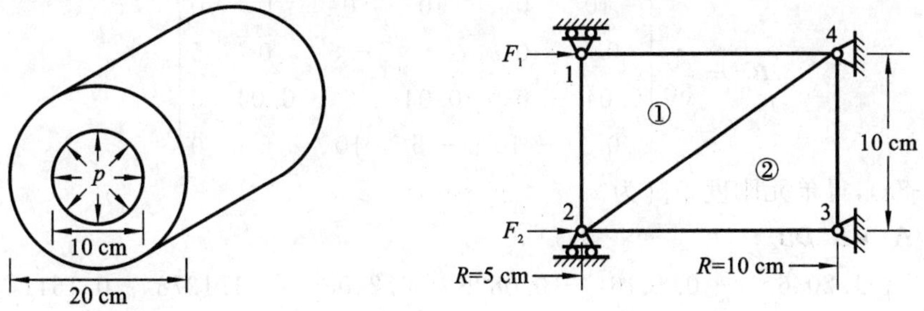

(a) 圆筒体结构　　　　(b) 三角形单元

图 5-4　承受内压的圆筒体

$$v_1 = v_2 = u_3 = v_3 = u_4 = v_4 = 0$$

节点 1 和 2 上的载荷为

$$F_1 = F_2 = \frac{2\pi r l p}{2} = (\pi \times 5 \times 10 \times 10)\ \text{N} = 1570.8\ \text{N}$$

单元①和单元②的面积相同，即有

$$A_2 = \begin{vmatrix} 1 & 5 & 0 \\ 1 & 10 & 0 \\ 1 & 10 & 10 \end{vmatrix} = A_1 = \begin{vmatrix} 1 & 5 & 10 \\ 1 & 5 & 0 \\ 1 & 10 & 10 \end{vmatrix} = 25\ \text{cm}^2$$

将材料参数代入弹性矩阵 $\boldsymbol{D}$，有

$$\boldsymbol{D} = 10^5 \cdot \begin{bmatrix} 2.6923 & 1.1538 & 1.1538 & 0 \\ 1.1538 & 2.6923 & 1.1538 & 0 \\ 1.1538 & 1.1538 & 2.6923 & 0 \\ 0 & 0 & 0 & 0.7692 \end{bmatrix}$$

单元①和单元②的形心位置分别为

$$\bar{r}_1 = \frac{1}{3}(r_1 + r_2 + r_4) = \frac{1}{3}(5 + 5 + 10)\ \text{cm} = 6.667\ \text{cm}$$

$$\bar{r}_2 = \frac{1}{3}(r_2 + r_3 + r_4) = \frac{1}{3}(5 + 10 + 10)\ \text{cm} = 8.333\ \text{cm}$$

由单元①节点坐标值，可得到

$$a_1 = 50,\quad b_1 = -10,\quad c_1 = 5$$
$$a_2 = 50,\quad b_2 = 0,\quad c_2 = -5$$
$$a_4 = -50,\quad b_4 = 10,\quad c_4 = 0$$

为简单起见，几何矩阵中的 r 采用三角形形心位置值来表示，且在三角形的形心处，有

$$N_1 = N_2 = N_4 = \frac{1}{3}$$

因此，将上述参数代入式(5-5b)，则单元①的几何矩阵为

$$\boldsymbol{B}^1 = \frac{1}{50}\begin{bmatrix} -10 & 0 & 0 & 0 & 10 & 0 \\ 0 & 5 & 0 & -5 & 0 & 0 \\ 0.05 & 0 & 0.05 & 0 & 0.05 & 0 \\ 5 & -10 & -5 & 0 & 0 & 10 \end{bmatrix}$$

同样可得到单元②的几何矩阵为

$$\boldsymbol{B}^2=\frac{1}{50}\begin{bmatrix}-10 & 0 & 10 & 0 & 0 & 0\\ 0 & 0 & 0 & -5 & 0 & 5\\ 0.04 & 0 & 0.04 & 0 & 0.04 & 0\\ 0 & -10 & -5 & 10 & 5 & 0\end{bmatrix}$$

由式(5-8a),得单元刚度矩阵为

$$\boldsymbol{K}^1=2\pi\bar{r}_1A_1\cdot\boldsymbol{B}^{\mathrm{T}}\boldsymbol{DB}$$

$$=10^7\cdot\begin{bmatrix}1.2036 & -0.4016 & -0.0829 & 0.2405 & -1.1278 & 0.1611\\ -0.4016 & 0.6042 & 0.1623 & -0.2820 & 0.2429 & -0.3222\\ -0.0829 & 0.1623 & 0.0806 & -0.0012 & 0.0024 & -0.1611\\ 0.2405 & -0.2820 & -0.0012 & 0.2820 & -0.2429 & 0\\ -1.1278 & 0.2429 & 0.0024 & -0.2429 & 1.1329 & 0\\ 0.1611 & -0.3222 & -0.1611 & 0 & 0 & 0.3222\end{bmatrix}\begin{matrix}\leftarrow u_1\\ \leftarrow v_1\\ \leftarrow u_2\\ \leftarrow v_2\\ \leftarrow u_4\\ \leftarrow v_4\end{matrix}$$

同理可得到

$$\boldsymbol{K}^2=10^7\cdot\begin{bmatrix}1.4048 & 0 & -1.4096 & 0.3008 & -0.0024 & -0.3008\\ 0 & 0.4027 & 0.2014 & -0.4027 & -0.2014 & 0\\ -1.4096 & 0.2014 & 1.5151 & -0.5046 & -0.0982 & 0.3033\\ 0.3008 & -0.4027 & -0.5046 & 0.7551 & 0.2002 & -0.3524\\ -0.0024 & -0.2014 & -0.0982 & 0.2002 & 0.1007 & 0.0012\\ -0.3008 & 0 & 0.3033 & -0.3524 & 0.0012 & 0.3524\end{bmatrix}\begin{matrix}\leftarrow u_2\\ \leftarrow v_2\\ \leftarrow u_3\\ \leftarrow v_3\\ \leftarrow u_4\\ \leftarrow v_4\end{matrix}$$

将两个单元刚度矩阵按节点编号顺序相加,即可得到整体刚度矩阵:

$$\boldsymbol{K}=10^7\cdot\begin{bmatrix}\boxed{1.2036} & -0.4016 & \boxed{-0.0829} & 0.2405 & 0 & 0 & -1.1278 & 0.1611\\ -0.4016 & 0.6042 & 0.1623 & -0.2820 & 0 & 0 & 0.2429 & -0.3222\\ \boxed{-0.0829} & 0.1623 & \boxed{1.4854} & -0.0012 & -1.4096 & 0.3008 & 0.0001 & -0.4620\\ 0.2405 & -0.2820 & -0.0012 & 0.6847 & 0.2014 & -0.4027 & -0.4443 & 0\\ 0 & 0 & -1.4096 & 0.2014 & 1.5151 & -0.5046 & -0.0982 & 0.3033\\ 0 & 0 & 0.3008 & -0.4027 & -0.5046 & 0.7551 & 0.2002 & -0.3524\\ -1.1278 & 0.2429 & 0.0001 & -0.4443 & -0.0982 & 0.2002 & 1.2334 & 0.0012\\ 0.1611 & -0.3222 & -0.4620 & 0 & 0.3033 & -0.3524 & 0.0012 & 0.6746\end{bmatrix}$$

在刚度矩阵中引入位移边界条件,则可得到整体刚度方程为

$$10^7\cdot\begin{bmatrix}1.2036 & -0.089\\ -0.089 & 1.4854\end{bmatrix}\cdot\begin{bmatrix}u_1\\ u_2\end{bmatrix}=\begin{bmatrix}1570.8\\ 1570.8\end{bmatrix}$$

求解整体刚度方程,即可得到节点位移为

$$\left.\begin{aligned}u_1&=0.1389\times10^{-3}\\ u_2&=0.1141\times10^{-3}\end{aligned}\right\}$$

因此,两个单元的位移列阵分别为

$$\boldsymbol{q}_1^{\mathrm{e}}=10^{-3}[0.1389\quad 0\quad 0.1141\quad 0\quad 0\quad 0]^{\mathrm{T}}\ \mathrm{cm}$$

$$\boldsymbol{q}_2^{\mathrm{e}}=10^{-3}[0.1141\quad 0\quad 0\quad 0\quad 0\quad 0]^{\mathrm{T}}\ \mathrm{cm}$$

代入单元的物理方程,有

$$\sigma_1^{\mathrm{e}}=\boldsymbol{DB}_1\boldsymbol{q}_1^{\mathrm{e}}=[-7.45\quad -3.1762\quad -3.1373\quad 0.1908]^{\mathrm{T}}\ \mathrm{MPa}$$

$$\sigma_2^e = \boldsymbol{DB}_2 \boldsymbol{q}_2^e = [-6.1333 \quad -2.6225 \quad -2.6085 \quad 0]^T \text{ MPa}$$

从上述单元的应力结果，可知其误差相差较大，这主要是因为单元网格太粗造成的。下面将采用 ANSYS 软件来计算。

2. ANSYS 软件分析

ANSYS 软件分析的操作步骤如下：

(1) 选取单元。Main Menu→Preprocessor→Element Type→Add/Edit/Delete，单击“Element Types”对话框中的“Add”，然后在“Library of Element Types”对话框左边的列表栏中选择“Solid”，右边的列表栏中选择“8 node 183”，如图 5-5 所示，单击“OK”；再单击“Element Types”对话框中的“Options”，出现一个“PLANE183 Element type options”对话框，设置“K3”为“Axisymmetric”，如图 5-6 所示，单击“OK”，再单击“Close”，则完成了单元选取和轴对称单元设置。

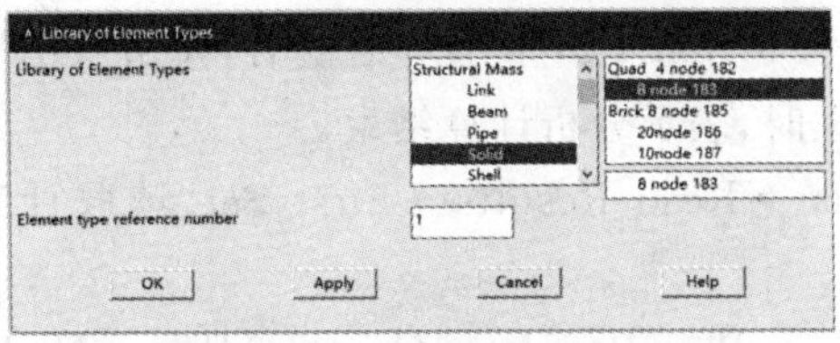

图 5-5　单元选取对话框

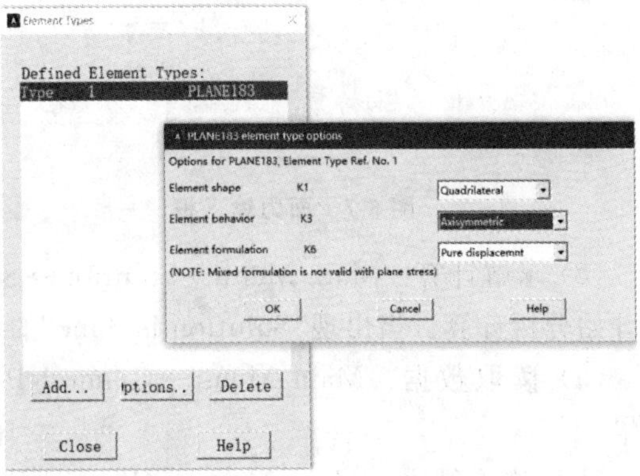

图 5-6　单元选项对话框

(2) 输入材料参数。Main Menu→Preprocessor→Material Props→Material Models，出现一个对话框，在“Material Model Available”中，点击打开“Structural→Linear→Elastic→Isotropic”，又出现一个对话框，输入“EX＝2e5，PRXY＝0.3”，单击“OK”，单击“Material→Exit”，完成材料属性的设置。

(3) 建立几何模型。Main Menu→Preprocessor→Modeling→Create→Areas→Rectangle→By Dimension，在出现的对话框中分别输入：X1＝5，X2＝10，Y1＝0，Y2＝10，单击“OK”。

(4) 设置网格大小。Main Menu→Preprocessor→Meshing→Size Cntrls→ManualSize→Global→Size，在弹出对话框中的“Element edge length”的对应栏中输入“1”，即单元的边长设置为 1，单击“OK”，关闭对话框。

(5) 划分网格。Main Menu→Preprocessor→Meshing→Mesh→Areas→Mapped→3 or 4 sided，在弹出对话框后，先选取编号为“1”的面，单击“OK”。

(6) 施加约束。Main Menu→Solution→Define Loads→Apply→Structural→Displacement→Symmetry B. C.→On Lines，用鼠标在图形窗口上拾取编号为“1”和“3”的线段，单击“OK”，就会在这两条线上显示一个“S”的标记，即为对称约束条件。

(7) 施加面力。Main Menu→Solution→Define Loads→Apply→Structural→Pressure→On Lines，弹出一个拾取框，在图形窗口上拾取编号为“4”的线段，单击“OK”后弹出如图 5-7 所示的对话框，在“VALUE Load PRES value”后面的输入框中输入“10”，然后单击“OK”即可，施加约束和载荷的结果如图 5-8 所示。（注意：面力施加的方向是压力为正，拉力为负。）

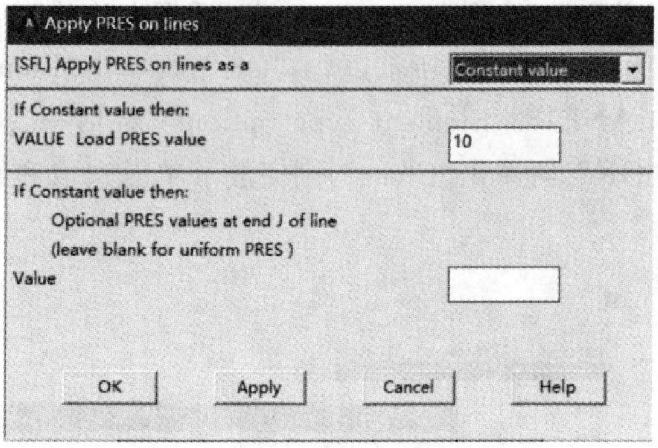

图 5-7　面力输入框

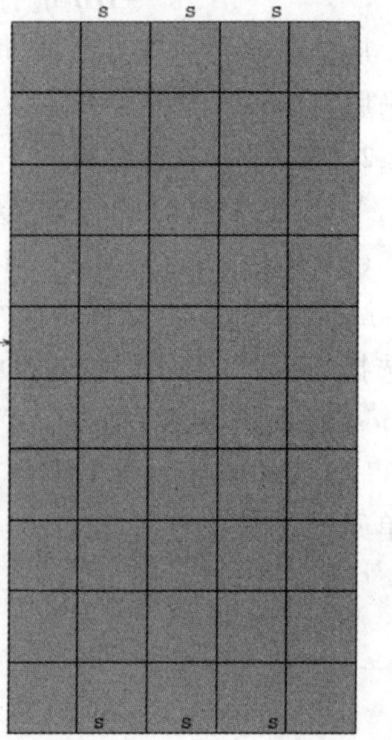

图 5-8　施加约束条件和载荷的结果

(8) 求解计算。Main Menu→Solution→Solve→Current LS,弹出对话框后,单击“OK”,则开始分析计算。当出现“Solution is done”的对话框时,表示分析计算结束。

(9) 读取数据。Main Menu→General Postproc→Read Results→First Set,读取计算结果。

(10) 查看结果。Main Menu→General Postproc→Plot Results→Contour Plot→Nodal Solu,在弹出如图 5-9 所示对话框中,选择“Stress→Z-Component of stress”,然后单击“OK”,则生成的 σ_θ 应力分布云图如图 5-10 所示。

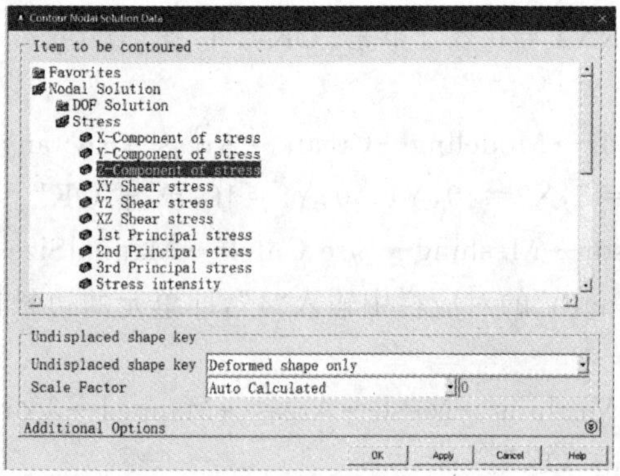

图 5-9　显示结果数据对话框

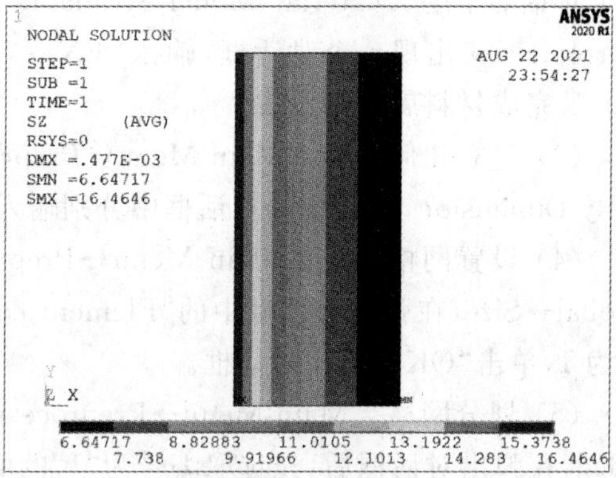

图 5-10　σ_θ 应力分布云图

(11) 设置路径。Main Menu→General Postproc→Path Operations→Define Path→By Nodes,弹出一个拾取框,在窗口中分别拾取编号为“1”和“2”的节点,单击“OK”,又弹出一个“By Nodes”对话框,如图 5-11 所示。在“Name Define Path Name:”后面输入路径名“aa”(路径名可由读者自由定义,建议不要采用中文);在“nDiv Number of divisions”后输入“5”(即将路径分成 5 个等份,显示 6 个数据),单击“OK”,并关闭随后又弹出的信息框,则完成路径的设置。

(12) 映射数据到路径。Main Menu→General Postproc→Path Operations→Map onto Path，弹出一个如图 5-12 所示的对话框，在“Lab User label for items”的输入栏中输入“sigma”(读者可以自由指定名称，建议一般与需要选定的对象相对应，当然，读者也可以不指定，则使用系统默认的名称)；在“Item，Comp Item to be mapped”后的第一栏中选定“Stress”，再在随后的栏中选定“Z-direction SZ”(即环向应力)，单击“OK”，则完成数据向路径的映射。

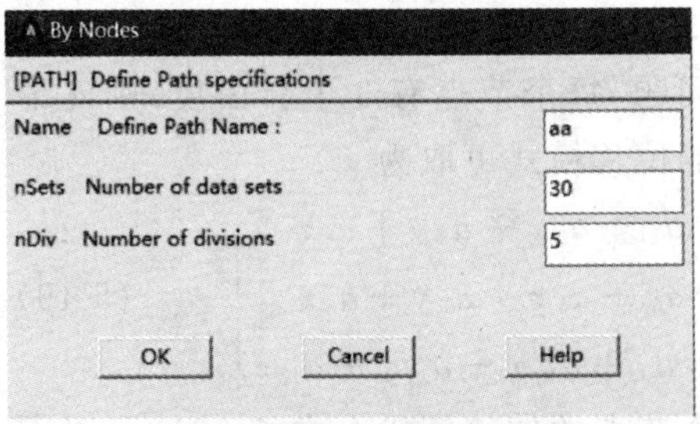

图 5-11　定义路径

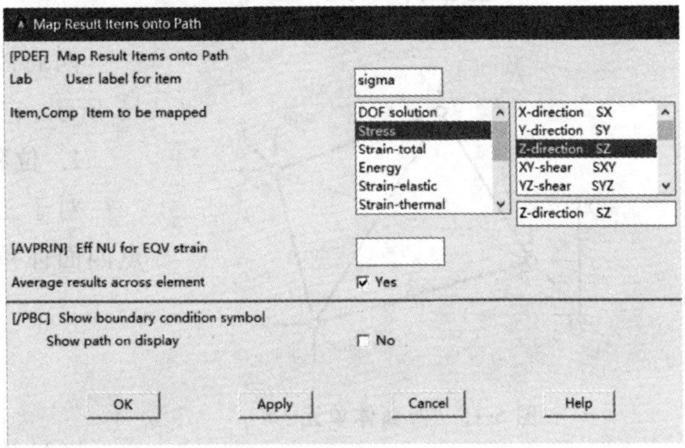

图 5-12　数据向路径映射

(13) 查看路径的数据。Main Menu→General Postproc→Path Operations→Plot Path Item→List Path Items，弹出一个“List Path Items”对话框，如图 5-13 所示。在选定栏中选择“SIGMA”，单击“OK”，弹出一个信息框，如图 5-14 所示。信息框中的数据即指定路径上环向应力值。

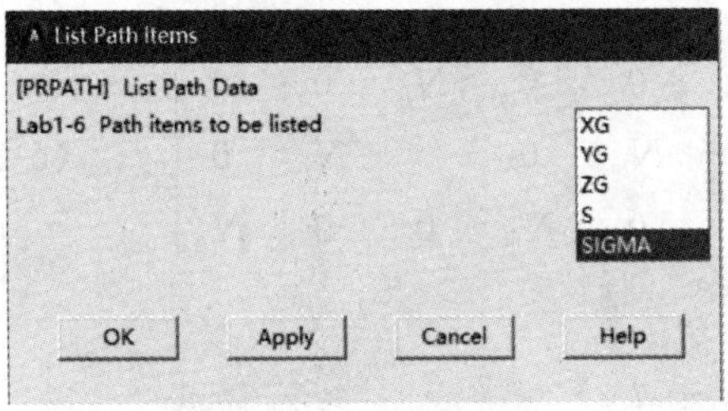

图 5-13　选定显示的数据

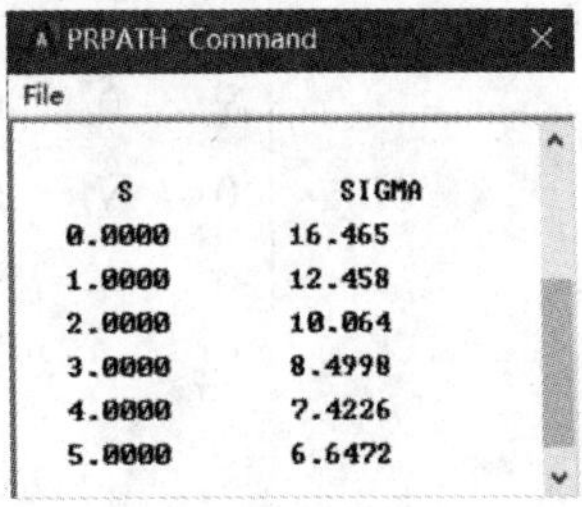

图 5-14　列表指定路径上的数据

图 5-14 中的数据与理论值的对比如表 5-1 所示。从表 5-1 可以看到，两者是非常接近的，若对网格进行加密，则两者非常吻合。读者可以自己尝试分析一下。

表 5-1　σ_θ 应力值比较　　(单位：MPa)

半径 r	5 cm	6 cm	7 cm	8 cm	9 cm	10 cm
8 节点	16.465	12.458	10.064	8.4998	7.4226	6.6472
函数解	16.597	12.615	10.186	8.5958	7.5012	6.7193

(14) 退出 ANSYS 软件系统。Utility Menu→File→Exit，在弹出的对话框中选择“Quit-No save”，然后单击“OK”，则 ANSYS 软件将不保存任何数据，并退出。

5.2 空间问题的有限元法

用有限元方法计算弹性力学空间问题,其过程与计算平面问题时相似,即首先要把连续的空间弹性体变换成为一个离散的空间结构物,其模拟的单元分别有四面体、六面体、棱柱等。本节将介绍四面体单元和六面体等参数体单元。

5.2.1 四面体单元

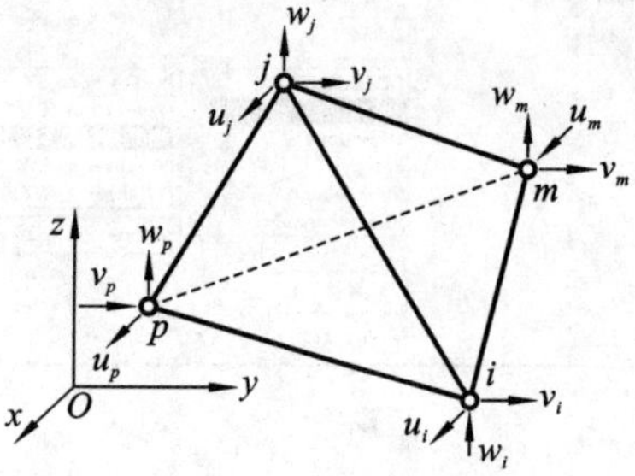

图 5-15 四面体单元

四面体单元是一种最简单的空间单元。如图 5-15 所示,它可以看作平面三角形单元的推广。

1. 位移模式和形函数

对于三维问题,每个节点有 3 个自由度,则 4 节点四面体单元的位移模式可取为

$$\left.\begin{aligned} u &= a_1 + a_2 x + a_3 y + a_4 z \\ v &= a_5 + a_6 x + a_7 y + a_8 z \\ w &= a_9 + a_{10} x + a_{11} y + a_{12} z \end{aligned}\right\} \tag{5-19}$$

通过将 4 个节点的位移值代入式(5-19),可以求得其待定系数 $a_i (i = 1,2,\cdots,12)$ 的值,再将其代入式(5-19),可得到

$$\boldsymbol{q} = \begin{bmatrix} u \\ v \\ w \end{bmatrix} = \boldsymbol{N}^{\mathrm{T}} \boldsymbol{q}^{\mathrm{e}} \tag{5-20}$$

式中:

$$\boldsymbol{q}^{\mathrm{e}} = [u_i \quad v_i \quad w_i \quad u_j \quad v_j \quad w_j \quad u_m \quad v_m \quad w_m \quad u_p \quad v_p \quad w_p] \tag{5-20a}$$

$$\boldsymbol{N} = \begin{bmatrix} N_i & 0 & 0 & N_j & 0 & 0 & N_m & 0 & 0 & N_p & 0 & 0 \\ 0 & N_i & 0 & 0 & N_j & 0 & 0 & N_m & 0 & 0 & N_p & 0 \\ 0 & 0 & N_i & 0 & 0 & N_j & 0 & 0 & N_m & 0 & 0 & N_p \end{bmatrix} \tag{5-20b}$$

其中,

$$\left.\begin{aligned} N_i &= \frac{1}{6V}(a_i + b_i x + c_i y + d_i z) \\ N_j &= -\frac{1}{6V}(a_j + b_j x + c_j y + d_j z) \\ N_m &= \frac{1}{6V}(a_m + b_m x + c_m y + d_m z) \\ N_p &= -\frac{1}{6V}(a_p + b_p x + c_p y + d_p z) \end{aligned}\right\} \tag{5-20c}$$

$$6V = \begin{vmatrix} 1 & x_i & y_i & z_i \\ 1 & x_j & y_j & z_j \\ 1 & x_m & y_m & z_m \\ 1 & x_p & y_p & z_p \end{vmatrix}$$

而

$$b_i=(-1)^i\begin{vmatrix}1 & y_j & z_j\\ 1 & y_m & z_m\\ 1 & y_p & z_p\end{vmatrix},\quad c_i=(-1)^{i+1}\begin{vmatrix}x_j & 1 & z_j\\ x_m & 1 & z_m\\ x_p & 1 & z_p\end{vmatrix},\quad d_i=(-1)^i\begin{vmatrix}x_j & y_j & 1\\ x_m & y_m & 1\\ x_p & y_p & 1\end{vmatrix}$$

$$(i=1,2,3,4),j,m,p$$

式(5-20c)中的 V 表示四面体单元的体积，为了保证该体积的值为正，单元的四个顶点的编号必须遵循右手螺旋规则，即右手螺旋按照 i,j,m 顺序转动时，其大拇指方向应指向顶点 p。

2. 单元刚度矩阵

将式(5-20)代入三维问题的几何方程中，可得到其几何矩阵的表示式为

$$\boldsymbol{B}=[\boldsymbol{B}_i\quad \boldsymbol{B}_j\quad \boldsymbol{B}_m\quad \boldsymbol{B}_p] \tag{5-21}$$

其中，

$$\boldsymbol{B}_i=\begin{bmatrix}N_{i,x} & 0 & 0\\ 0 & N_{i,y} & 0\\ 0 & 0 & N_{i,z}\\ N_{i,y} & N_{i,x} & 0\\ 0 & N_{i,z} & N_{i,y}\\ N_{i,z} & 0 & N_{i,x}\end{bmatrix}=\frac{1}{6V}\begin{bmatrix}b_i & 0 & 0\\ 0 & c_i & 0\\ 0 & 0 & d_i\\ c_i & b_i & 0\\ 0 & d_i & c_i\\ d_i & 0 & b_i\end{bmatrix}\quad (i,j,m,p) \tag{5-21a}$$

式中：$N_{i,x}$ 表示对形函数 N_i 求 x 的偏导数。从式(5-21a)可以看到，应变是一个常量，因此，四面体单元也称为常应变单元。

将式(5-21)代入三维问题的物理方程中，有

$$\boldsymbol{S}=[\boldsymbol{s}_i\quad \boldsymbol{s}_j\quad \boldsymbol{s}_m\quad \boldsymbol{s}_p] \tag{5-22}$$

式中：

$$\boldsymbol{s}_i=\frac{E(1-\mu)}{6(1+\mu)(1-2\mu)V}\begin{bmatrix}b_i & A_1c_i & A_1d_i\\ A_1b_i & c_i & A_1d_i\\ A_1b_i & A_1c_i & d_i\\ A_2c_i & A_2b_i & 0\\ 0 & A_2d_i & A_2c_i\\ A_2d_i & 0 & A_2b_i\end{bmatrix}\quad (i,j,m,p) \tag{5-22a}$$

利用虚功原理，采用平面问题类似的处理方法，可以得到四面体单元的单元刚度矩阵为

$$\boldsymbol{K}^{\mathrm{e}}=\iiint_V \boldsymbol{B}^{\mathrm{T}}\boldsymbol{D}\boldsymbol{B}\,\mathrm{d}x\mathrm{d}y\mathrm{d}z=\boldsymbol{B}^{\mathrm{T}}\boldsymbol{D}\boldsymbol{B}\cdot V \tag{5-23}$$

写成分块形式为

$$\boldsymbol{K}^{\mathrm{e}}=\begin{bmatrix}k_{ii} & k_{ij} & k_{im} & k_{ip}\\ k_{ji} & k_{jj} & k_{jm} & k_{jp}\\ k_{mi} & k_{mj} & k_{mm} & k_{mp}\\ k_{pi} & k_{pj} & k_{pm} & k_{pp}\end{bmatrix} \tag{5-23a}$$

式中：

$$k_{rs}=\frac{E(1-\mu)}{36(1+\mu)(1-2\mu)V}\cdot\begin{bmatrix}b_rb_s+A_2(c_rc_s+d_rd_s) & A_1b_rc_s+A_2c_rb_s & A_1b_rd_s+A_2d_rb_s\\ A_1c_rb_s+A_2b_rc_s & c_rc_s+A_2(d_rd_s+b_rb_s) & A_1c_rd_s+A_2d_rc_s\\ A_1d_rb_s+A_2b_rd_s & A_1d_rc_s+A_2c_rd_s & d_rd_s+A_2(b_rb_s+c_rc_s)\end{bmatrix}$$

$$(r,s=i,j,m,p) \tag{5-23b}$$

算例 5-3：四面体单元的计算分析

图 5-16 所示为一个 4 节点四体面单元。已知弹性模量为 200 GPa，泊松比为 0.3，节点 2、3、4 固定，节点 1 承受一个 z 向向下的载荷，求节点 1 的位移。

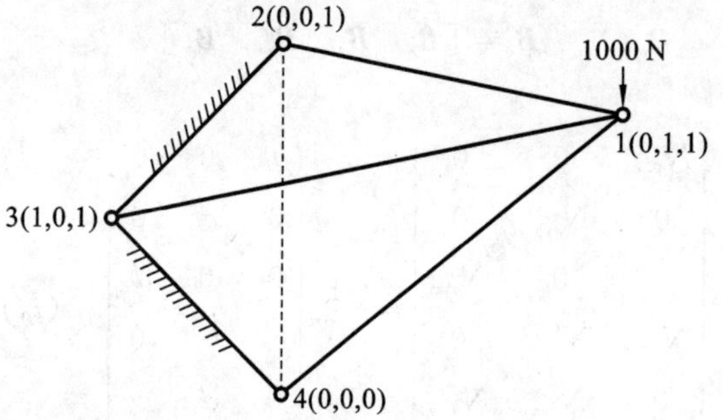

图 5-16　四面体单元结构(单位：mm)

由图 5-16 可知，4 个节点的坐标为

$$1(0,1,1),2(0,0,1),3(1,0,1),4(0,0,0)$$

根据右手螺旋定则，节点的顺序为 2、3、4、1，则四面体的体积为

$$6V=\begin{vmatrix}1 & x_i & y_i & z_i\\ 1 & x_j & y_j & z_j\\ 1 & x_m & y_m & z_m\\ 1 & x_p & y_p & z_p\end{vmatrix}=\begin{vmatrix}1 & 0 & 0 & 1\\ 1 & 1 & 0 & 1\\ 1 & 0 & 0 & 0\\ 1 & 0 & 1 & 1\end{vmatrix}=1\times10^{-9}\ \mathrm{m}^3$$

由体积计算式，可计算得到形函数的系数为

$$b_2=-\begin{vmatrix}1 & y_3 & z_3\\ 1 & y_4 & z_4\\ 1 & y_1 & z_1\end{vmatrix}=-1,\quad c_2=\begin{vmatrix}x_3 & 1 & z_3\\ x_4 & 1 & z_4\\ x_1 & 1 & z_1\end{vmatrix}=1,\quad d_2=-\begin{vmatrix}x_3 & y_3 & 1\\ x_4 & y_4 & 1\\ x_1 & y_1 & 1\end{vmatrix}=1$$

$$b_3=\begin{vmatrix}1 & y_2 & z_2\\ 1 & y_4 & z_4\\ 1 & y_1 & z_1\end{vmatrix}=1,\quad c_3=-\begin{vmatrix}x_2 & 1 & z_2\\ x_4 & 1 & z_4\\ x_1 & 1 & z_1\end{vmatrix}=0,\quad d_3=\begin{vmatrix}x_2 & y_2 & 1\\ x_4 & y_4 & 1\\ x_1 & y_1 & 1\end{vmatrix}=0$$

$$b_4=-\begin{vmatrix}1 & y_2 & z_2\\ 1 & y_3 & z_3\\ 1 & y_1 & z_1\end{vmatrix}=0,\quad c_4=\begin{vmatrix}x_2 & 1 & z_2\\ x_3 & 1 & z_3\\ x_1 & 1 & z_1\end{vmatrix}=0,\quad d_4=-\begin{vmatrix}x_2 & y_2 & 1\\ x_3 & y_3 & 1\\ x_1 & y_1 & 1\end{vmatrix}=-1$$

$$b_1=\begin{vmatrix}1 & y_2 & z_2\\ 1 & y_3 & z_3\\ 1 & y_4 & z_4\end{vmatrix}=0,\quad c_1=-\begin{vmatrix}x_2 & 1 & z_2\\ x_3 & 1 & z_3\\ x_4 & 1 & z_4\end{vmatrix}=-1,\quad d_1=\begin{vmatrix}x_2 & y_2 & 1\\ x_3 & y_3 & 1\\ x_4 & y_4 & 1\end{vmatrix}=0$$

则几何矩阵 $\boldsymbol{B}$ 为

$$\boldsymbol{B}=10^{3}\cdot\begin{bmatrix}-1&0&0&1&0&0&0&0&0&0&0&0\\0&1&0&0&0&0&0&0&0&0&-1&0\\1&-1&1&0&0&0&0&0&-1&0&0&0\\0&1&1&0&1&0&0&0&0&-1&0&0\\1&0&1&0&0&0&0&-1&0&0&0&-1\\0&0&0&0&0&1&-1&0&0&0&0&0\end{bmatrix}$$

将材料性能参数代入弹性矩阵，可得

$$\boldsymbol{D}=10^{11}\cdot\begin{bmatrix}2.6923&1.1538&1.1538&0&0&0\\1.1538&2.6923&1.1538&0&0&0\\1.1538&1.1538&2.6923&0&0&0\\0&0&0&0.7692&0&0\\0&0&0&0&0.7692&0\\0&0&0&0&0&0.7692\end{bmatrix}$$

故单元刚度矩阵 $\boldsymbol{K}$ 为

$$\boldsymbol{K}=V\boldsymbol{B}^{\mathrm{T}}\boldsymbol{D}\boldsymbol{B}$$

$$=10^{7}\begin{bmatrix}6.41&-2.56&3.85&-2.56&0&0&0&-1.28&-2.56&0&0&-1.28\\-2.56&6.41&-1.28&0&-1.28&0&0&0&2.56&-1.28&-2.56&0\\3.85&-1.28&7.05&1.92&1.28&0&0&-1.28&-4.49&-1.28&-1.92&-1.28\\-2.56&0&1.92&4.49&0&0&0&0&-1.92&0&-1.92&0\\0&-1.28&1.28&0&1.28&0&0&0&0&-1.28&0&0\\0&0&0&0&0&1.28&-1.28&0&0&0&0&0\\0&0&0&0&0&-1.28&1.28&0&0&0&0&0\\-1.28&0&-1.28&0&0&0&0&1.28&0&0&0&1.28\\-2.56&2.56&-4.49&-1.92&0&0&0&0&4.49&0&1.92&0\\0&-1.28&-1.28&0&-1.28&0&0&0&0&1.28&0&0\\0&-2.56&-1.92&-1.92&0&0&0&0&1.92&0&4.49&0\\-1.28&0&-1.28&0&0&0&0&1.28&0&0&0&1.28\end{bmatrix}$$

由于节点 2、3、4 为全约束，即有 9 个自由度为零，仅有节点 1 的自由度需要计算，因此将计算结果代入刚度矩阵，可得到其刚度方程为

$$10^{7}\begin{bmatrix}1.28&0&0\\0&4.49&0\\0&0&1.28\end{bmatrix}\cdot\begin{bmatrix}u_1\\v_1\\w_1\end{bmatrix}=\begin{bmatrix}0\\0\\-1000\end{bmatrix}$$

求解之，即可得到节点 1 的位移列阵为

$$\boldsymbol{q}_1^{\mathrm{e}}=[0\quad 0\quad -0.0781]^{\mathrm{T}}\ \mathrm{mm}$$

5.2.2　三维等参数体单元

将平面等参数单元推广到三维结构，即可得到三维等参数单元，如图 5-17 所示。实际单元用直角坐标(x,y,z)来表示，基本单元则用局部坐标(ξ,η,ζ)表示。由于其推导过程与平面等参数单元相类似，在这里，仅介绍三维等参数体元的位移模式和形函数。

选取位移和坐标变换式为

$$u = \sum_{i=1}^{n} N_i u_i, \quad v = \sum_{i=1}^{n} N_i v_i, \quad w = \sum_{i=1}^{n} N_i w_i \tag{5-24}$$

$$x = \sum_{i=1}^{n} N_i x_i, \quad y = \sum_{i=1}^{n} N_i y_i, \quad z = \sum_{i=1}^{n} N_i z_i \tag{5-25}$$

在三维等参元中,常用的基本单元有 8 节点块体单元、20 节点立方体单元、三角形棱柱单元和 8-21 变节点单元,如图 5-17 所示。下面将列出这些单元的形函数。

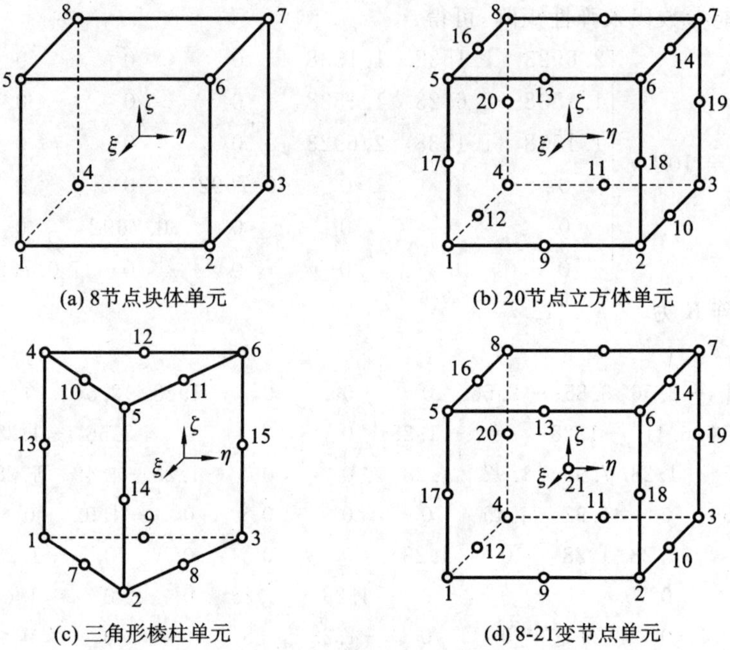

(a) 8节点块体单元　(b) 20节点立方体单元

(c) 三角形棱柱单元　(d) 8-21变节点单元

图 5-17　三维等参数单元

8 节点块体单元(见图 5-17(a))的形函数为

$$N_i = \frac{1}{8}(1+\xi\xi_i)(1+\eta\eta_i)(1+\zeta\zeta_i) \quad (i=1,2,\cdots,8) \tag{5-26}$$

20 节点立方体单元(见图 5-18(b))的形函数为

$$\begin{aligned} N_i &= \frac{1}{8}(1+\xi\xi_i)(1+\eta\eta_i)(1+\zeta\zeta_i)(\xi\xi_i+\eta\eta_i+\zeta\zeta_i-2) \quad (i=1,2,\cdots,8) \\ N_i &= \frac{1}{4}(1+\xi\xi_i)(1-\eta^2)(1+\zeta\zeta_i) \quad (i=9,11,13,15) \\ N_i &= \frac{1}{4}(1-\xi^2)(1+\eta\eta_i)(1+\zeta\zeta_i) \quad (i=10,12,14,16) \\ N_i &= \frac{1}{8}(1+\xi\xi_i)(1+\eta\eta_i)(1-\zeta^2) \quad (i=17,18,19,20) \end{aligned} \tag{5-27}$$

15 节点三角形棱柱单元,如图 5-17(c)所示,沿棱柱方向用局部坐标 ζ 表示,在与棱柱方向垂直的三角形平面则采用面积坐标 L_1、L_2 和 L_3,这时形函数为

$$\left.\begin{aligned}
&N_i=\frac{1}{2}L_i(2L_i-1)(1-\zeta)-\frac{1}{2}L_i(1-\zeta^2)\quad(i=1,2,3)\\
&N_i=\frac{1}{2}L_{i-3}(2L_{i-3}-1)(1+\zeta)-\frac{1}{2}L_{i-3}(1-\zeta^2)\quad(i=4,5,6)\\
&N_7=2L_1L_2(1-\zeta)\\
&N_8=2L_2L_3(1-\zeta)\\
&N_9=2L_3L_1(1-\zeta)\\
&N_{10}=2L_1L_2(1+\zeta)\\
&N_{11}=2L_2L_3(1+\zeta)\\
&N_{12}=2L_3L_1(1+\zeta)\\
&N_i=2L_{i-12}(1-\zeta^2)\quad(i=13,14,15)
\end{aligned}\right\}\tag{5-28}$$

8-21 变节点单元，如图 5-17(d)所示，其中第 21 点处于单元形心处，其形函数分类讨论如下：

当节点数等于 8 时，其形函数为

$$N_i=\frac{1}{8}(1+\xi\xi_i)(1+\eta\eta_i)(1+\zeta\zeta_i)\quad(i=1,2,\cdots,8)\tag{5-29}$$

当节点数大于 8 时，其形函数为

$$\left.\begin{aligned}
&N_i'=N_i-\frac{1}{2}(N_{i+8}+N_{i+11}+N_{17})-\frac{1}{8}N_{21}\quad(i=1,5)\\
&N_{i+4j}'=N_{i+4j}-\frac{1}{2}(N_{i+4j+7}+N_{i+4j+8}+N_{i+16})-\frac{1}{8}N_{21}\quad(i=2,3,4;j=0,1)\\
&N_i=\frac{1}{4}(1+\xi\xi_i)(1-\eta^2)(1+\zeta\zeta_i)-\frac{1}{4}N_{21}\quad(i=9,11,13,15)\\
&N_i=\frac{1}{4}(1-\xi^2)(1+\eta\eta_i)(1+\zeta\zeta_i)-\frac{1}{4}N_{21}\quad(i=10,12,14,16)\\
&N_i=\frac{1}{4}(1+\xi\xi_i)(1+\eta\eta_i)(1-\zeta^2)-\frac{1}{4}N_{21}\quad(i=17,18,19,20)\\
&N_{21}=(1-\xi^2)(1-\eta^2)(1-\zeta^2)
\end{aligned}\right\}\tag{5-30}$$

其中：$N_1,N_2,\cdots,N_8$ 即式(5-29)中的值。当取 21 节点时，必须修改 $N_1,N_2,\cdots,N_8$，代之以式(5-30)中的 $N_1',N_2',\cdots,N_8'$，而其余的 $N_9,N_{10},\cdots,N_{21}$ 就直接写出，对少于 21 节点的情况可从式(5-30)中舍去相应的项即可。如对于 9 节点单元，则只要修改 N_1',N_2'，其余 $N_3,N_4,\cdots,N_9$ 仍用式(5-30)表达。

容易验证，上述形函数均满足完备性和协调性准则。

5.2.3　三维问题的应力分析

算例 5-4：汽车制动踏板的应力分析

图 5-18 所示为汽车制动踏板结构。已知其材料的弹性模量为 200 GPa，泊松比为 0.3，试分析该结构在承受 500 N 作用下的变形及应力分布。

算例 5-4

ANSYS 软件分析的过程及步骤如下。

1）选取单元与输入材料性能

(1) 选取单元。Main Menu→Preprocessor→Element Type→Add/Edit/Delete，单击

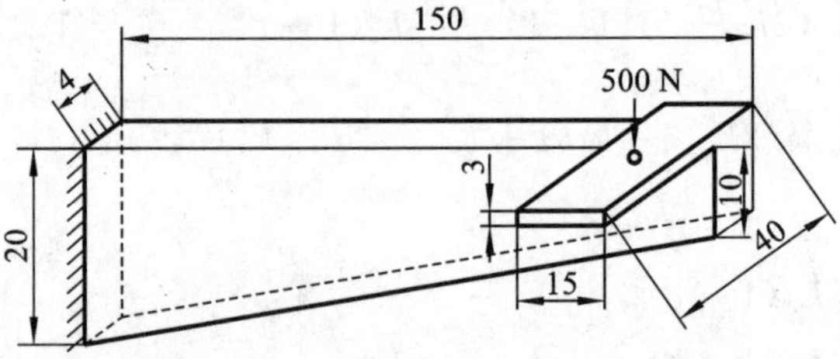

图 5-18　汽车制动踏板结构

“Element Types”对话框中的“Add”,然后在“Library of Element Types”对话框左边的列表栏中选择“Solid”,右边的列表栏中选择“20node 186”,单击“OK”,再单击“Element Types”对话框中的“Close”,完成单元选取。

(2) 输入材料参数。Main Menu→Preprocessor→Material Props→Material Models,出现一个如图 1-23 所示的对话框,在“Material Models Available”中,点击打开“Structural→Linear→Elastic→Isotropic”,又出现一个对话框,输入“EX=2e11,PRXY=0.3”,单击“OK”,单击“Material→Exit”,完成材料属性的设置。

2) 生成几何模型

(1) 打开工作平面。Utility Menu→WorkPlane→Display Working Plane,在图形窗口将出现一个 WX、WY、WZ 的坐标轴显示。

在实用菜单上选择“Utility Menu→WorkPlane→Display Working Plane→Offset WP by Increments”,会弹出一个“Offset WP”对话框,在“XY,YZ,ZX Angles”下面的输入框中输入“0,-90”,单击“Apply”,则工作平面的 WZ 方向指向正上方;再单击图形窗口右边的“”按钮,即图形窗口坐标轴将按轴测图方式显示。

(2) 生成一个块体。Main Menu→Preprocessor→Modeling→Create→Volumes→Block→By Dimensions,弹出一个如图 5-19 所示的对话框,输入:X1=0,X2=0.150,Y1=0,Y2=0.004,Z1=0,Z2=0.020。单击“OK”,生成的结果如图 5-20 所示。

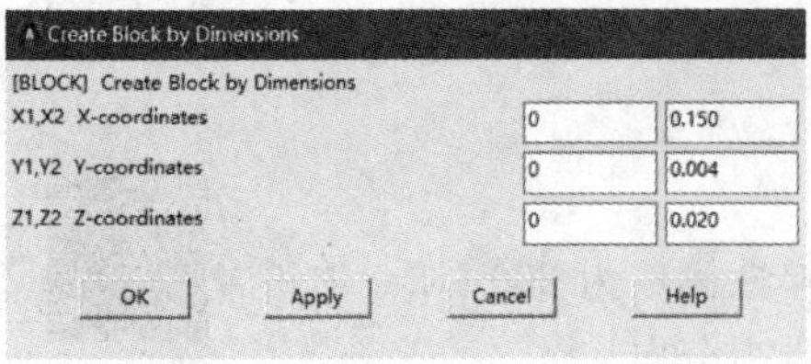

图 5-19　生成块体的数据输入框

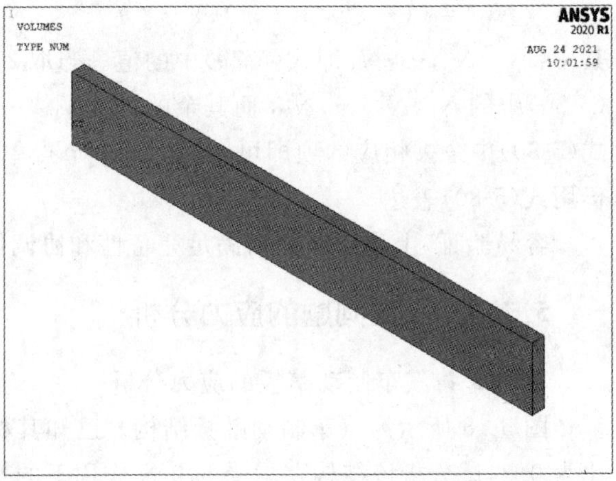

图 5-20　生成的块体结构

(3) 平移工作平面并切割面。在“Offset WP”对话框中的“X,Y,Z Offsets”输入栏里输入“0,0,0.010”,单击“Apply”。

切割面：Main Menu→Preprocessor→Modeling→Operate→Booleans→Divide→Area by WrkPlane，弹出一个拾取框，用鼠标在图形窗口拾取编号为“6”的面，单击“OK”。

(4) 由点生成面。Main Menu→Preprocessor→Modeling→Create→Areas→Arbitrary→Through KPs，弹出拾取框后，用鼠标在图形窗口依次拾取编号为“2，10，9，1”的关键点，单击“OK”，则在体内生成一个编号为“6”的面。

(5) 由面分割体。Main Menu→Preprocessor→Modeling→Operate→Booleans→Divide→Volume by Are，弹出拾取框后，用鼠标在图形窗口中拾取编号为“1”的体，单击“OK”，再用鼠标在图形窗口中拾取编号为“6”的面，单击“OK”，则体被分割为 2 个，生成的结果如图 5-21 所示。

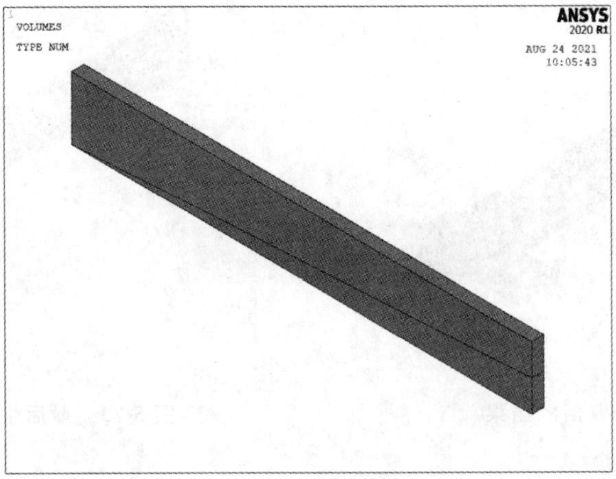

图 5-21　块体分割后的结果

(6) 移动工作平面。Utility Menu→WorkPlane→Offset WP to→Keypoints，弹出拾取框后，用鼠标在图形窗口拾取编号为“7”的关键点，单击“OK”。

(7) 生成体。Main Menu→Preprocessor→Modeling→Create→Volumes→Block→By Dimensions，弹出一个如图 5-19 所示的对话框，输入：X1＝－0.015，X2＝0，Y1＝－0.040，Y2＝0，Z1＝0，Z2＝0.003。单击“OK”。

(8) 旋转移动工作平面并切割体。在“Offset WP”对话框中的“XY，YZ，ZX Angles”输入框里输入“0，90”，单击“Apply”；在“X，Y，Z Offsets”输入栏里输入“0，0，0.004”，单击“Apply”。

切割体：Main Menu→Preprocessor→Modeling→Operate→Booleans→Divide→Volu by WrkPlane，弹出拾取框后，用鼠标在图形窗口拾取编号为“1”的体，单击“OK”。平移工作平面：在“X，Y，Z Offsets”输入栏里输入“0，0，0.016”，单击“Apply”。

分割体：Main Menu→Preprocessor→Modeling→Operate→Booleans→Divide→Volu by WrkPlane，弹出拾取框后，用鼠标在图形窗口拾取编号为“4”的体，单击“OK”。

(9) 旋转工作平面并分割体。在“Offset WP”对话框中的“XY，YZ，ZX Angles”输入框里输入“0，0，90”，单击“Apply”；在“X，Y，Z Offsets”输入栏里输入“0，0，－0.015/2”，单击“Apply”。

分割体：Main Menu→Preprocessor→Modeling→Operate→Booleans→Divide→Volu by WrkPlane，弹出拾取框后，单击“Pick All”。

平移工作平面:在“X,Y,Z Offsets”输入栏里输入“0,0,-0.015/2”,单击“Apply”。

分割体:Main Menu→Preprocessor→Modeling→Operate→Booleans→Divide→Volu by WrkPlane,弹出拾取框后,单击“Pick All”,生成的结果如图 5-22 所示。

(10) 删除体。Main Menu→Preprocessor→Modeling→Delete→Volume and Below,弹出拾取框后,用鼠标在图形窗口拾取编号为“1,3,8”的体,单击“OK”。

关闭工作平面:执行命令“Utility Menu→WorkPlane→Display Working Plane”即可。

(11) 叠分体。Main Menu→Preprocessor→Modeling→Operate→Booleans→Partition→Volumes,单击弹出对话框中的“Pick All”,最后生成的结果如图 5-23 所示。

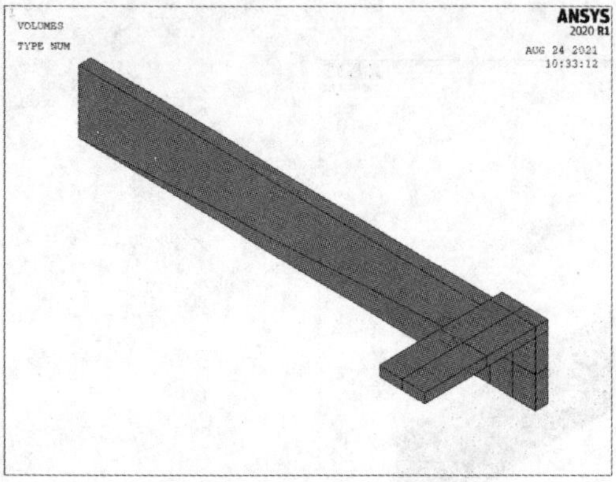

图 5-22 体分割后的结果

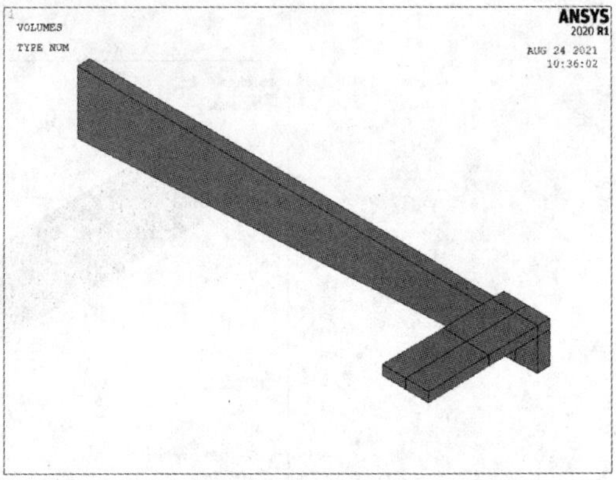

图 5-23 最后生成的制动踏板结构

3) 生成网格模型

(1) 指定单元尺寸。Main Menu→Preprocessor→Meshing→Size Cntrls→ManualSize→Global→Size,在弹出对话框中“Element edge length”的对应栏里输入“0.002”,即单元的边长设置为 0.002,单击“OK”,关闭对话框。

(2) 采用扫掠方式生成单元。Main Menu→Preprocessor→Meshing→Mesh→Volume Sweep→Sweep,单击对话框中的“Pick All”,则生成的网格结果如图 5-24 所示。

4) 求解计算

(1) 施加位移边界条件。Main Menu→Solution→Define Loads→Apply→Structural→Displacement→On Areas,弹出拾取框后,用鼠标在图形窗口拾取编号为“5”的面,单击“OK”。随后再弹出一个“Apply U,ROT on Areas”对话框,在“DOFs to be constrained”后面的选择栏中选择“All DOF”,单击“OK”。

(2) 施加集中载荷。Main Menu→Solution→Define Loads→Apply→Structural→Force/Moment→On Keypoints,弹出拾取框后,用鼠标在图形窗口拾取编号为“36”的关键点,单击“OK”。随后弹出一个“Apply F/M KPs”对话框,在“Direction of force/mom”后面的选择栏中选择“FY”,在“Force/moment value”后面的输入栏里输入“-500”,单击“OK”,生成的结果如图 5-25 所示。

(3) 分析计算。Main Menu→Solution→Solve→Current LS,弹出对话框后,单击“OK”,则开始分析计算。当出现“Solution is done”的对话框时,表示分析计算结束。

5) 进入后处理器查看计算结果

(1) 读取数据。Main Menu→General Postproc→Read Results→First Set,读取计算

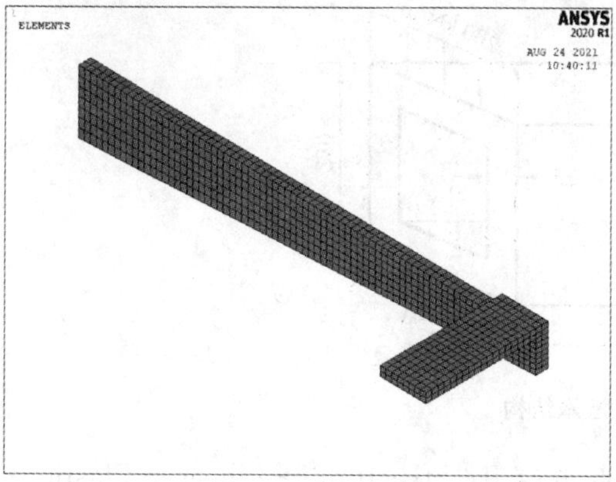

图 5-24　生成的网格模型

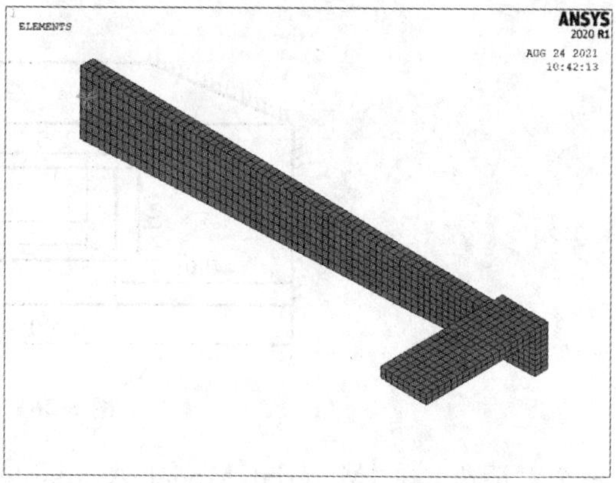

图 5-25　施加边界条件后的结果

结果。

(2) 显示 Mises 应力分布云图。Main Menu→General Postproc→Plot Results→Contour Plot→Nodal Solu，在弹出如图 1-33 所示的对话框中，选择“Stress→von Mises stress”，然后单击“OK”，则生成的 Mises 应力分布云图如图 5-26 所示。

(3) 显示 y 方向位移分布云图。在图 1-33 中，选择“DOF Solution→ Y-Component of displacement”，则生成的结果如图 5-27 所示。

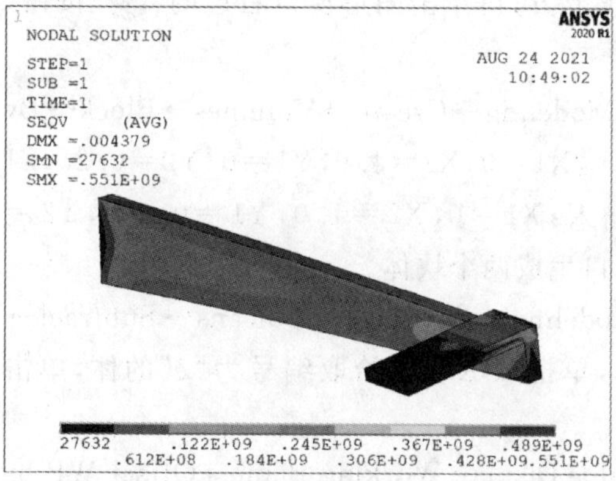

图 5-26　生成的 Mises 应力分布云图

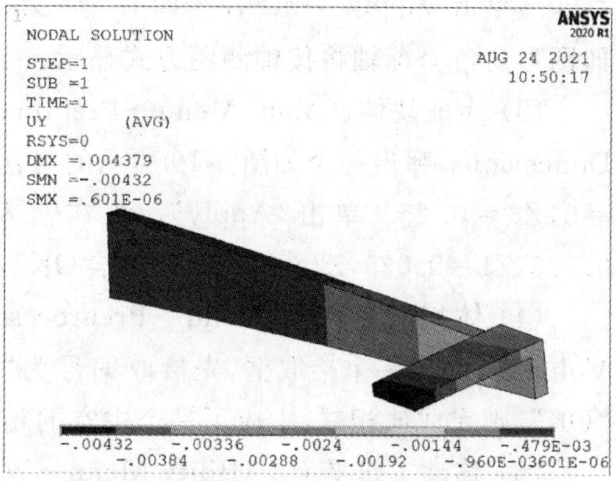

图 5-27　生成 y 方向位移(挠度)分布云图

算例 5-5：箱体结构的应力分析

图 5-28 所示为一个铸铁类箱体结构，其左端固定，右端承受一个线分布载荷，试分析载荷作用处的挠度，确定最大的 Mises 应力，并与未开孔的结构进行比较。已知材料的弹性模量为 165 GPa，泊松比为 0.25。

算例 5-5

ANSYS 软件分析的过程与步骤如下。

1) 选取单元与输入材料性能

(1) 选取单元。Main Menu→Preprocessor→Element Type→Add/Edit/Delete，单击“Element Types”对话框中的“Add”，然后在“Library of Element Types”对话框左边的列表栏中选择“Solid”，右边的列表栏中选择“Brick 8 node 185”，单击“OK”，再单击“Element Types”对话框中的“Close”，完成单元选取。

(2) 输入材料参数。Main Menu→Preprocessor→Material Props→Material Models，出现

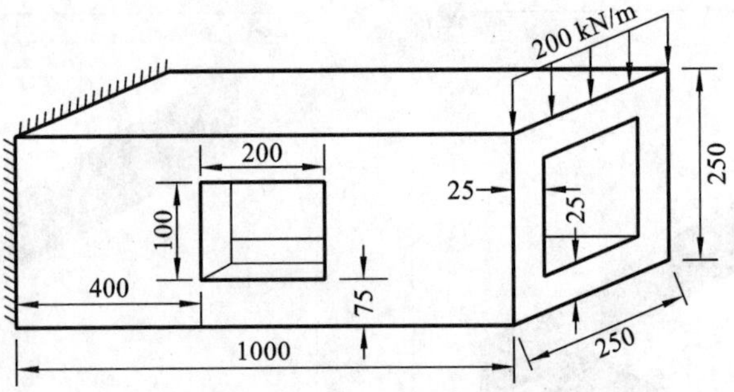

图 5-28　铸铁类箱体结构

一个对话框,在“Material Model Available”中,点击打开“Structural→Linear→Elastic→Isotropic”,又出现一个对话框,输入“EX=1.65e11,PRXY=0.25”,单击“OK”,单击“Material→Exit”,完成材料属性的设置。

2）生成几何模型

(1) 打开工作平面。Utility Menu→WorkPlane→Display Working Plane,在图形窗口将出现一个 WX、WY、WZ 的坐标轴显示。

(2) 旋转工作平面。Utility Menu→WorkPlane→Display Working Plane→Offset WP by Increments,弹出一个“Offset WP”对话框,在“XY,YZ,ZX Angles”下面的输入框中输入“0,−90”,单击“Apply”,则工作平面的 WZ 方向指向正上方;再单击图形窗口右边的“”按钮,即图形窗口坐标轴将按轴测图方式显示。

(3) 生成块体。Main Menu→Preprocessor→Modeling→Create→Volumes→Block→By Dimensions,弹出一个如图 5-19 所示的对话框,输入:X1=0,X2=1.0,Y1=0,Y2=0.25,Z1=0,Z2=0.25。单击“Apply”。再在输入栏中输入:X1=0,X2=1.0,Y1=0.025,Y2=0.225,Z1=0.025,Z2=0.225。单击“OK”,则在窗口生成两个块体。

(4) 体相减。Main Menu→Preprocessor→Modeling→Operate→Booleans→Subtract→Volumes,弹出一个拾取框,先拾取编号为“1”的体,单击“OK”,再拾取编号为“2”的体,单击“OK”,则完成体相减,生成了一个中空的箱体结构。

(5) 移动工作平面。Utility Menu→WorkPlane→Display Working Plane→Offset WP by Increments,弹出一个“Offset WP”对话框,在“X,Y,Z Offsets”下的输入栏中,输入“0.4,0,0.075”,单击“Apply”,则工作平面移动到侧面开孔之处。

(6) 生成一个块体。Main Menu→Preprocessor→Modeling→Create→Volumes→Block→By Dimensions,弹出一个如图 5-19 所示的对话框,输入:X1=0,X2=0.2,Y1=0,Y2=0.05(这个尺寸大于侧壁厚即可),Z1=0,Z2=0.1,单击“OK”。

(7) 体相减。Main Menu→Preprocessor→Modeling→Operate→Booleans→Subtract→Volumes,弹出一个拾取框,先拾取编号为“3”的体,单击“OK”,再拾取编号为“4”的体,单击“OK”,生成的结果如图 5-29 所示。

3）生成网格模型

箱体结构在开孔后属于不规则结构,均不满足映射(Mapping)、扫掠(Sweep)的网格划分方式,需对其进行切割,以满足映射网格划分方式。

(1) 切割体。Main Menu→Preprocessor→Modeling→Operate→Booleans→Divide→

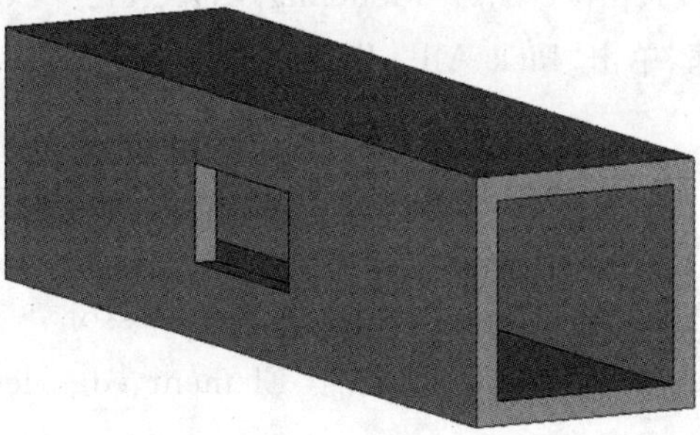

图 5-29　生成的箱体结构

Volu by WrkPlane，弹出一个拾取框，单击“Pick All”，则完成第 1 次体切割。

(2) 移动工作平面并切割体。Utility Menu→WorkPlane→Display Working Plane→Offset WP by Increments，弹出一个“Offset WP”对话框，在“X，Y，Z Offsets”下的输入栏中，输入“0，0，0. 1”，单击“Apply”。

切割体：Main Menu→Preprocessor→Modeling→Operate→Booleans→Divide→Volu by WrkPlane，弹出一个拾取框，单击“Pick All”，则完成第 2 次体切割。

(3) 旋转工作平面并切割体。在“Offset WP”对话框的“XY，YZ，ZX Angles”下的输入栏中，输入“0，0，90”，单击“Apply”。

切割体：Main Menu→Preprocessor→Modeling→Operate→Booleans→Divide→Volu by WrkPlane，弹出一个拾取框，单击“Pick All”，则完成第 3 次体切割。

(4) 移动工作平面并切割体。在“Offset WP”对话框的“X，Y，Z Offsets”下的输入栏中，输入“0，0，0. 2”，单击“Apply”。

切割体：Main Menu→Preprocessor→Modeling→Operate→Booleans→Divide→Volu by WrkPlane，弹出一个拾取框，单击“Pick All”，则完成第 4 次体切割。

(5) 移动工作平面到角点。Utility Menu→WorkPlane→Offset WP to→Keypoints，弹出一个拾取框，在窗口拾取编号为“14”的角点，单击“OK”。

(6) 旋转工作平面并切割体。在“Offset WP”对话框的“XY，YZ，ZX Angles”下的输入栏中，输入“0，90”，单击“Apply”；

切割体：Main Menu→Preprocessor→Modeling→Operate→Booleans→Divide→Volu by WrkPlane，弹出一个拾取框，单击“Pick All”，则完成第 5 次体切割。

(7) 移动工作平面到角点并切割体。Utility Menu→WorkPlane→Offset WP to→Keypoints，弹出一个拾取框，在窗口拾取编号为“15”的角点，单击“OK”。

切割体：Main Menu→Preprocessor→Modeling→Operate→Booleans→Divide→Volu by WrkPlane，弹出一个拾取框，单击“Pick All”，则完成第 6 次体切割。

(8) 旋转工作平面并切割体。在“Offset WP”对话框的“XY，YZ，ZX Angles”下的输入栏中，输入“0，0，90”，单击“Apply”；

切割体：Main Menu→Preprocessor→Modeling→Operate→Booleans→Divide→Volu by WrkPlane，弹出一个拾取框，单击“Pick All”，则完成第 7 次体切割。

(9) 移动工作平面到角点并切割体。Utility Menu→WorkPlane→Offset WP to→Keypoints，弹出一个拾取框，在窗口拾取编号为“11”的角点，单击“OK”。

切割体:Main Menu→Preprocessor→Modeling→Operate→Booleans→Divide→Volu by WrkPlane,弹出一个拾取框,单击“Pick All”,则完成第 8 次体切割。最终生成的结果如图 5-30 所示。

(10) 关闭工作平面。执行命令“Utility Menu→WorkPlane→Display Working Plane”即可。

(11) 指定网格长度尺寸。Main Menu→Preprocessor→Meshing→Size Cntrls→ManualSize→Global→Size,在弹出对话框中的“Element edge length”后的对应栏里输入“0.0125”,单击“OK”。

(12) 采用映射方式划分网格。Main Menu→Preprocessor→Meshing→Mesh→Volumes→Mapped→4 to 6 sided,在弹出的对话框中单击“Pick All”,则完成了网格划分,生成的结果如图 5-31 所示。

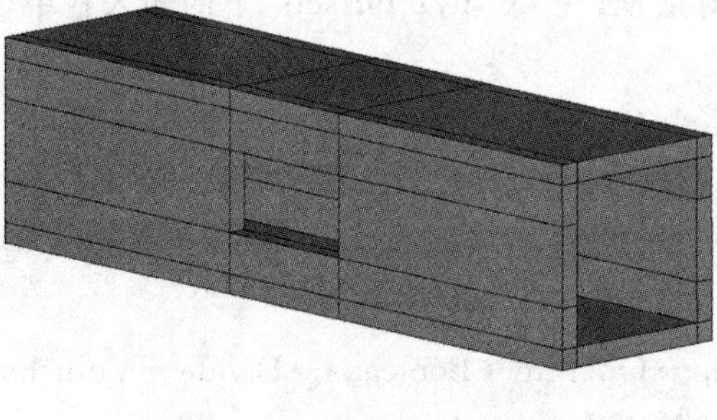

图 5-30　体切割后的结果

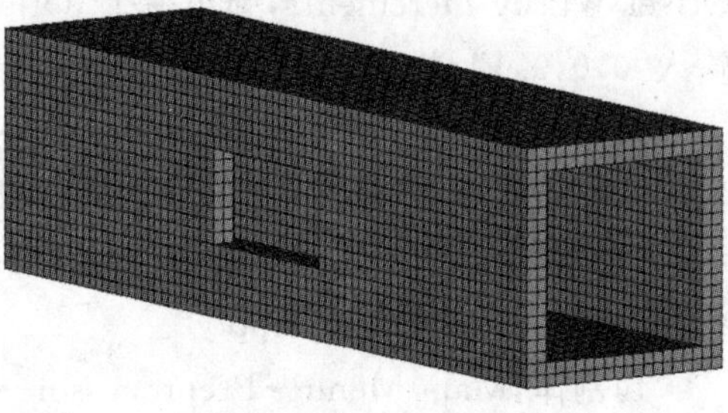

图 5-31　生成的网格模型

4) 求解计算

(1) 选择 x 坐标值为 0 的面。Utility Menu→Select→Entities,弹出一个“Select Entities”对话框,在第一个下拉菜单中选取“Areas”,在第二个下拉菜单中选取“By Location”,选择“X coordinates”单选项,再在其下的输入栏中输入“0”,如图 5-32 所示,单击“OK”。

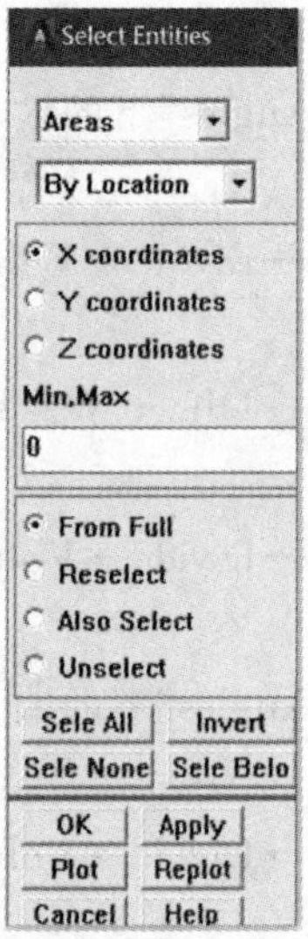

图 5-32　面选取设置

(2) 施加位移边界条件。Main Menu→Solution→Define Loads→Apply→Structural→Displacement→On Areas,在弹出的拾取框中单击“Pick All”,随后再弹出一个“Apply U,ROT on Areas”对话框,在“DOFs to be constrained”后面的选择栏中选择“All DOF”,单击“OK”。

(3) 施加集中载荷。Main Menu→Solution→Define Loads→Apply→Structural→Force/Moment→On Keypoints,弹出拾取框后,拾取编号为“6”和“7”的角点,单击“OK”,随后弹出一个“Apply F/M KPs”对话框,在“Direction of force/mom”后面的选择栏中选择“FY”,在“Force/moment value”后面的输入栏里输入“－2500”,单击“Apply”;再拾取编号为“72”和“80”的角点,在“Direction of force/mom”后面的选择栏中选择“FY”,在“Force/moment value”后面的输入栏里输入“－22500”,单击“OK”。(注意:由于在三维结构分析中不能施加线分布载荷,因此需将其等效转换到对应的角点上,形成集中载荷进行施加。)

（4）分析计算。Main Menu→Solution→Solve→Current LS，弹出对话框后，单击“OK”，则开始分析计算。当出现“Solution is done”的对话框时，表示分析计算结束。

5）进入后处理器查看计算结果

（1）读取数据。Main Menu→General Postproc→Read Results→First Set，读取计算结果。

（2）显示总位移分布云图。Main Menu→General Postproc→Plot Results→Contour Plot→Nodal Solu，在弹出如图 1-33 所示的对话框中，选择“DOF Solution→Displacement vector sum”，则生成的结果如图 5-33 所示。

（3）显示 Mises 应力分布云图。在图 1-33 所示的对话框中，选择“Stress→von Mises stress”，然后单击“OK”，则生成的 Mises 应力分布云图如图 5-34 所示。

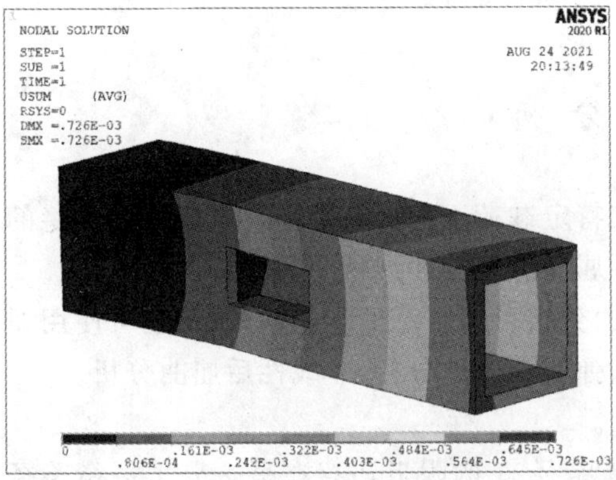

图 5-33 总位移分布云图

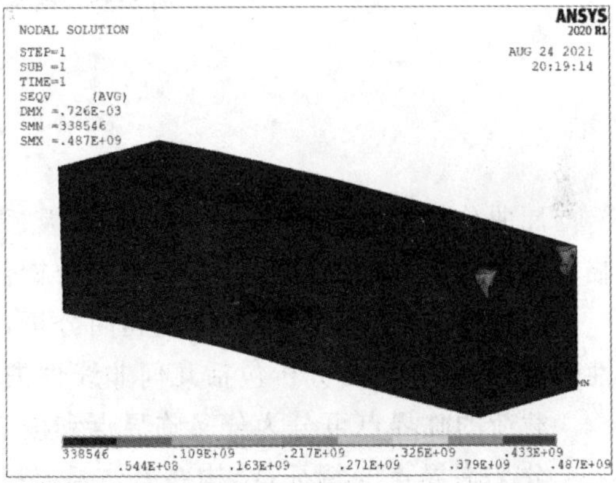

图 5-34 Mises 应力分布云图

从图 5-34 可以看到，最大 Mises 应力位于集中载荷施加的位置。这与悬臂梁的受力情况不相符，根据圣维南原理，这个最大应力应该属于局部应力，不能反映所分析结构的整体情况，因此需要去除局部效应。下面将显示去除局部效应之后所分析结构的整体受载情况。

（4）通过位置选择节点。Utility Menu→Select→Entities，弹出一个如图 5-32 所示的“Select Entities”对话框，在第一个下拉菜单中选取“Nodes”，在第二个下拉菜单中选取“By Location”，选择“X coordinates”单选项，再在其下的输入栏中输入“0，0.95”，单击“Apply”。

（5）选择依附于节点的单元。在如图 5-32 所示的“Select Entities”对话框中，在第一个下拉菜单中选取“Elements”，在第二个下拉菜单中选取“Attached to”，随后选择“Nodes”单选项，单击“Apply”，则选取了与所选节点相关的单元。

（6）显示 Mises 应力。Main Menu→General Postproc→Plot Results→Contour Plot→Nodal Solu，在弹出如图 1-33 所示的对话框中，选择“Stress→von Mises stress”，然后单击“OK”，则生成的 Mises 应力分布云图如图 5-35 所示。

从图 5-35 可以看到，此时结构的最大 Mises 应力值位于侧面开孔处，且整体结构的受载情况与悬臂梁结构相类似，至于与未开孔结构的比较则由读者参照上述分析过程来完成。

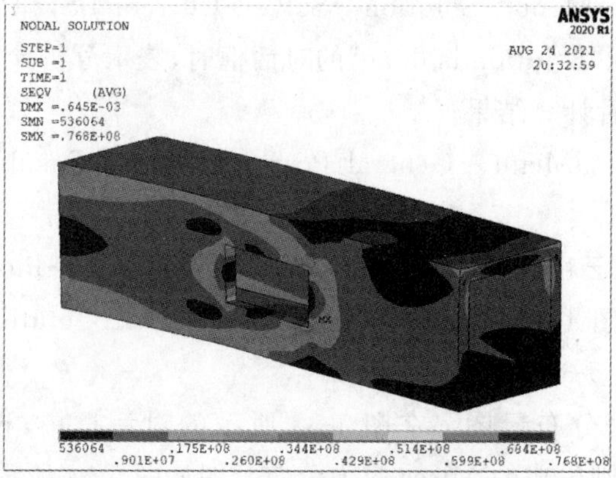

图 5-35　结构的 Mises 应力分布云图

5.3　屈曲分析

屈曲分析主要用于研究结构如杆、板、壳体等在特定载荷下的稳定性以及确定结构失稳的临界载荷和失稳后的屈曲形态。屈曲分析包括线性屈曲分析和非线性屈曲分析。

线弹性失稳分析又称特征值屈曲分析，线性屈曲分析可以考虑固定的预载荷，也可使用惯性释放；非线性屈曲分析包括几何非线性失稳分析、弹塑性失稳分析、非线性后屈曲分析。

载荷的临界点可分为分叉临界点和极值临界点。

分叉临界点的特征：结构在基本载荷-位移平衡路径 A 的附近还存在另一分叉平衡路径 B，如图 5-36(a)所示。当载荷到达临界值 p_c 时，如果结构或载荷有一微小的扰动，载荷-位移将沿分叉平衡路径发展，即沿 B 路径发展。若沿图 5-36(a)所示的路径 B_2 发展，结构将会出现很大的变形甚至破坏。发生在"完善"结构(几何结构上无初始缺陷，载荷也无偏心)的理想状态条件下的失稳常属于此种情况，如直杆承受沿中心线方向的压力作用、中面内受均布压力或剪力作用的平板等的失稳。

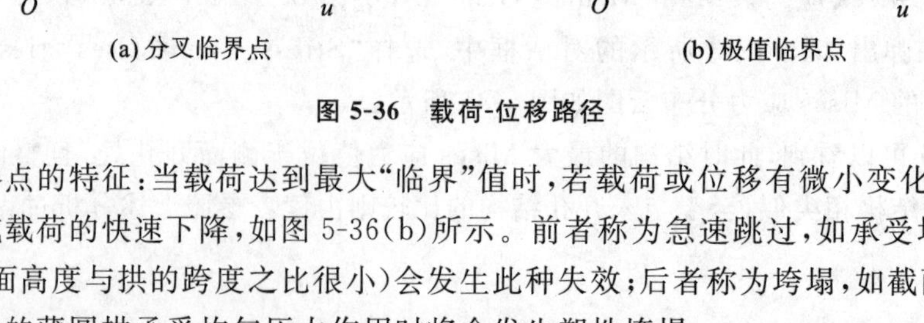

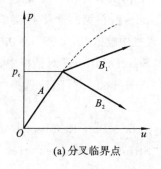

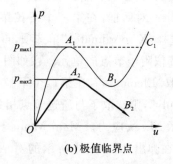

(a) 分叉临界点　　(b) 极值临界点

图 5-36　载荷-位移路径

极值临界点的特征：当载荷达到最大"临界"值时，若载荷或位移有微小变化，将分别发生位移的跳跃或载荷的快速下降，如图 5-36(b)所示。前者称为急速跳过，如承受均匀压力作用的薄圆拱(截面高度与拱的跨度之比很小)会发生此种失效；后者称为垮塌，如截面高度与拱的跨度之比很大的薄圆拱承受均匀压力作用时将会发生塑性垮塌。

对于结构稳定问题，其载荷形式可表示为

$$Q = p\overline{Q} \tag{5-31}$$

式中：$\overline{Q}$ 为载荷模式；p 为载荷幅值。

确定结构的临界载荷就是寻找使结构几何非线性方程的切线刚度矩阵成为奇异时 p 的临界值 p_c，即求解以下的特征值问题：

$$\widetilde{\boldsymbol{K}}\boldsymbol{\Phi} = 0 \tag{5-32}$$

式中：$\widetilde{\boldsymbol{K}}$ 表示广义的刚度矩阵，并由不同的分析需求进行选取。根据失稳前变形状态的大小决定失稳前用线性分析还是采用非线性分析。

5.3.1　线性屈曲分析

若失稳前结构处于小变形状态，可不考虑几何非线性对弹性方程的影响，即材料还处于弹性状态，则可用线弹性分析来求解结构内的位移和应力，即

$$\left.\begin{aligned}\boldsymbol{u}^{t} &= p\overline{\boldsymbol{u}}\\ \boldsymbol{\sigma}^{t} &= p\overline{\boldsymbol{\sigma}}\end{aligned}\right\} \tag{5-33}$$

式中：$\overline{\boldsymbol{u}}=\boldsymbol{K}_e^{-1}\boldsymbol{q}^e$，$\boldsymbol{K}_e$ 为单元刚度矩阵；$\overline{\boldsymbol{\sigma}}=\boldsymbol{DBq}^e$。

经典稳定分析的特征方程为

$$(\boldsymbol{K} + p\boldsymbol{K}_\sigma)\boldsymbol{\Phi} = 0 \tag{5-34}$$

式中：$\boldsymbol{K}$ 表示结构的整体弹性刚度矩阵；$\boldsymbol{K}_\sigma$ 表示承受单位载荷作用时的应力刚度矩阵。通过求解式(5-34)，即可得到一系列的特征值 $p_1, p_2, \cdots$，其中最小的特征值 p_1 就是结构线性稳定分析时的临界载荷，相应的模态就是结构失稳时的屈曲模态，因此线性屈曲分析又可称为特征值失稳分析。

由于在线性屈曲分析中忽略了任何非线性和结构变形的影响，线性屈曲分析得到的结果要高于结构的实际临界失稳力，也就是说利用线性屈曲分析得到的是屈曲载荷的上限，是非保守解，因此在实际的工程结构分析时一般不用线性屈曲分析。但线性屈曲分析的特点是计算速度快，得到的结果作为非线性屈曲分析的初步评估也是非常有用的。

线性屈曲分析的步骤：建立模型→获得静力解→获得特征值屈曲解→拓展结果→查看结果。在分析中，读者可以指定扩展失稳模态的个数，每个模态所对应的失稳载荷就是特征值失稳求解的结果。

算例 5-6：承受均布压力空间矩形板的线性屈曲分析

图 5-37 所示为承受均布压力的空间矩形板。在板的上端作用有一均布载荷 p，约束板四周边的 z 向以及下端边的 y 向，板厚为0.003 m，结构其他尺寸如图 5-37 所示，材料的弹性模量为 200 GPa，泊松比为 0.32，试求出结构的 4 个失稳模态与对应的失稳载荷。

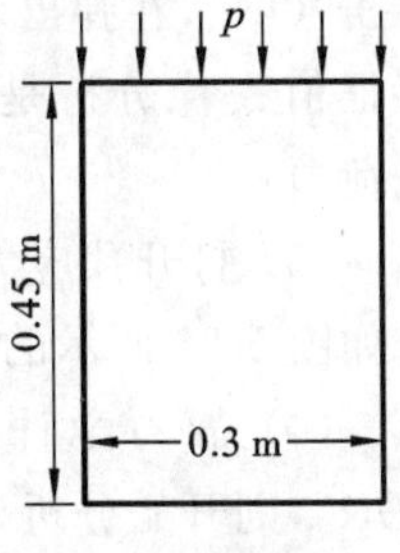

图 5-37　板结构

ANSYS 软件分析的过程和步骤如下。

1) 选取单元与输入材料性能

(1) 选取单元。Main Menu→Preprocessor→Element Type→Add/Edit/Delete，单击“Element Types”对话框中的“Add”，然后在“Library of Element Types”对话框左边的列表栏中选择“Structural Shell”，右边的列表栏中选择“3D 8 node 281”，单击“OK”，再单击“Element Types”对话框中的“Close”，完成单元选取。

算例 5-6

(2) 输入材料参数。Main Menu→Preprocessor→Material Props→Material Models,出现一个对话框,在“Material Model Available”中,点击打开“Structural→ Linear→ Elastic→Isotropic”,又出现一个对话框,输入“EX=2e11,PRXY=0.32”,单击“OK”,单击“Material→Exit”。

(3) 输入板厚。Main Menu→Preprocessor→Sections→Shell→Lay-up→Add/Edit,弹出一个“Create and Modify Shell Sections”对话框,在“Thickness”下面输入“0.003”,单击“OK”。

2) 生成网格模型

(1) 生成矩形。Main Menu→Preprocessor→Modeling→Create→Areas→Rectangle→By Dimensions,在弹出的“Create Rectangle by Dimension”对话框中,输入:X1=0,X2=0.3,Y1=0,Y2=0.45。单击“OK”。

(2) 指定单元尺寸。Main Menu→Preprocessor→Meshing→Size Cntrls→ManualSize→Global→Size,弹出一个“Globe Element Sizes”对话框,在“Element edge length”后面输入“0.02”,单击“OK”。

(3) 生成网格。Main Menu→Preprocessor→Meshing→Mesh→Areas→Mapped→3 or 4 sided,弹出一个“Mesh Area”拾取框,单击“Pick All”,则完成映射方式的单元划分。

3) 求解分析

(1) 施加线约束。Main Menu → Preprocessor → Loads → Define Loads → Apply → Structural→Displacement→On Lines,弹出一个“Apply U,ROT on Lines”拾取框,在窗口拾取板的四周边线,单击“OK”,弹出一个对话框,在“DOFs to be constrained”的左侧栏中选取“UZ”,单击“Apply”,又拾取编号为“1”的线(最下端的边线),单击“OK”,再在“DOFs to be constrained”的左侧栏中选取“UY”,单击“OK”。

施加点约束:Main Menu→Preprocessor→Loads→Define Loads→Apply→Structural→Displacement→On Keypoints,弹出一个“Apply U,ROT on KPs”拾取框,在窗口拾取编号为“1”的关键点,在弹出对话框的选择栏中,选取“UX”,单击“OK”。

(2) 施加载荷。Main Menu→Preprocessor→Loads→Define Loads→Apply→Structural→Pressure→On Lines,弹出一个“Apply PRES on Lines”拾取框,在窗口拾取编号为“3”的线,单击“OK”,在弹出对话框中的“VALUE Load PRES value”左侧,输入“1”,单击“OK”。(由于特征值失稳分析是计算已存在载荷的标量系数,若施加一个单位载荷,则所得结果即失稳载荷。)

(3) 打开预应力效应。Main Menu→Solution→Analysis Type→Sol'n Controls,弹出一个如图 5-38 所示的对话框,选择“Calculate prestress effects”后,单击“OK”。

(4) 静力学计算。Main Menu→Solution→Solve→Current LS,弹出对话框后,单击“OK”,则开始分析计算。当出现“Solution is done”的对话框时,表示分析计算结束。

(5) 指定分析类型。Main Menu→Solution→Analysis Type→New Analysis,弹出一个如图 5-39 所示的对话框,选取“Eigen Buckling”,单击“OK”。

(6) 扩展模态。Main Menu→Solution→Analysis Type→Analysis Options,弹出一个“Eigenvalue Buckling Options”对话框,在“NMODE No. of modes to extract”后面输入“4”,单击“OK”。

(7) 确定扩展模量个数。Main Menu→Solution→Load Step Opts→ExpansionPass→Single Expand→Expand Modes,在弹出对话框中的“NMODE No. of modes to extract”后面输

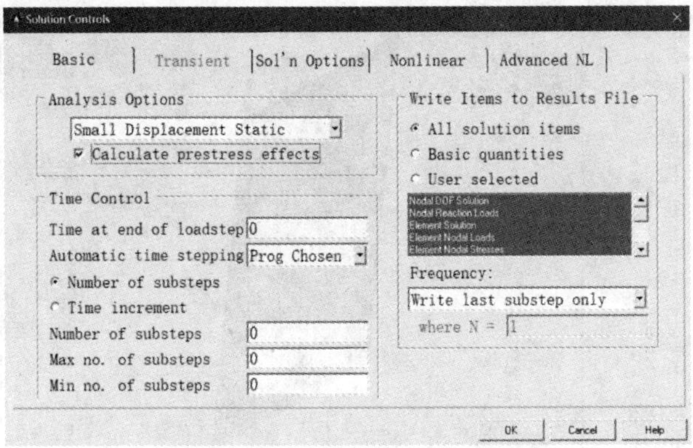

图 5-38　求解控制对话框

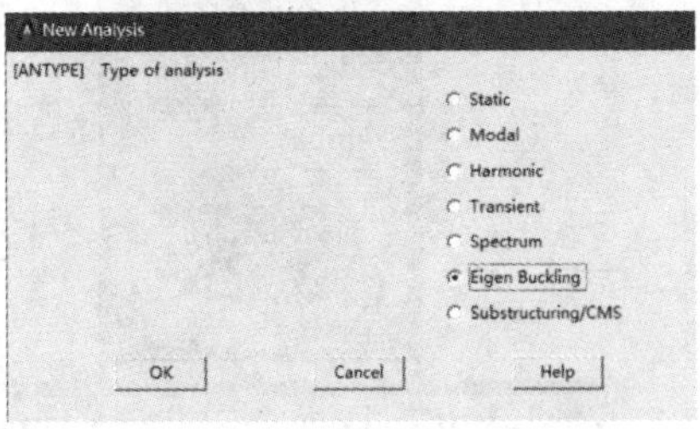

图 5-39　分析类型对话框

入“4”，单击“OK”。

（8）特征值求解。Main Menu→Solution→Solve→Current LS，检查并关闭求解状态信息框，再单击“OK”，直到出现“Solution is done”，则表示求解结束。

4）浏览分析结果

（1）得到失稳载荷。Main Menu→General PostProc→Results Summary，弹出一个如图 5-40 所示的列表框。第一阶模态的失稳载荷为 0.23686E+06Pa（即 0.23686 MPa），这意味着施加的载荷 p 达到这个值时，板结构将在第一阶模态失稳。读者也可以单击“File”→“save”，对列表框进行保存。

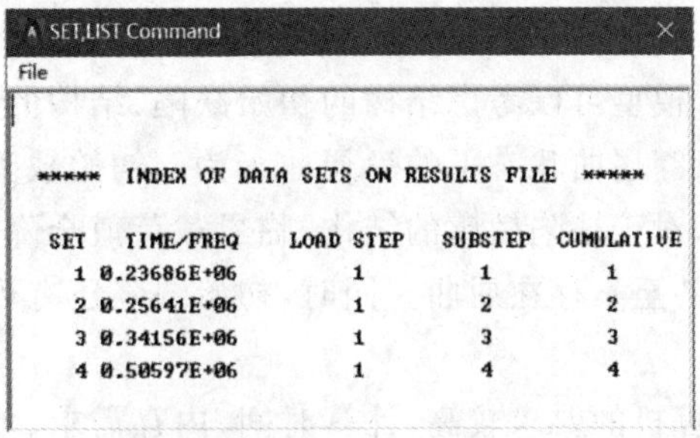
SET,LIST Command

File

***** INDEX OF DATA SETS ON RESULTS FILE *****

SET	TIME/FREQ	LOAD STEP	SUBSTEP	CUMULATIVE
1	0.23686E+06	1	1	1
2	0.25641E+06	1	2	2
3	0.34156E+06	1	3	3
4	0.50597E+06	1	4	4

图 5-40　失稳载荷列表

（2）浏览失稳模态。Main Menu→General PostProc→Read Results→First Set，读入第一阶失稳载荷的结果。

显示 z 方向的位移：Main Menu→General Postproc→Plot Results→Contour Plot→Nodal Solu，在弹出对话框中，选取“Nodal Solution → DOF Solution → Z-Component of Displacement”，单击“OK”，则显示的结果如图 5-41 所示。

显示变形形状：Main Menu→General Postproc→Plot Results→Deformed Shape，再单击 Utility Menu→PlotCtrls→Pan Zoom Rotate，或单击窗口右侧的“”按钮（即轴测图显示方式），则在窗口显示第一阶模态的变形状态，如图 5-42 所示。

（3）显示变形的动画。Utility Menu→PlotCtrls→Animate→Mode Shape，弹出一个“Animate Mode Shape”对话框，在“Display Type”后面的选取框中，选取“DOF solution→Deformed Shape”，单击“OK”，则在窗口出现模态变形的动画。读者在查看完动画后，可单击

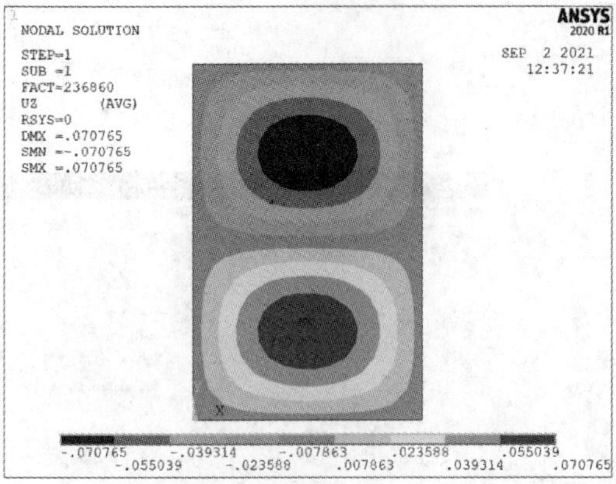

图 5-41　第一阶模态 z 方向的位移

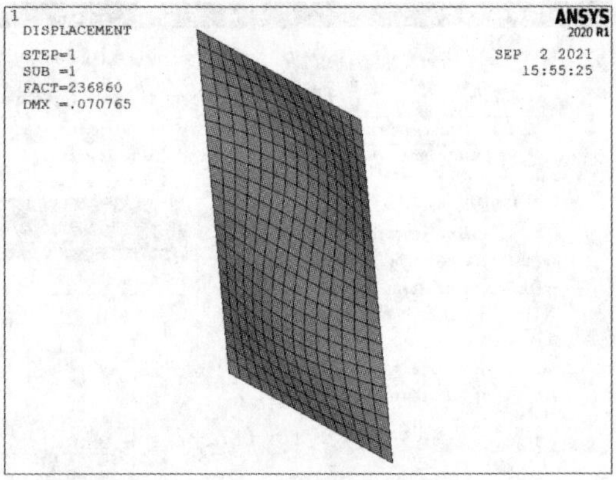

图 5-42　第一阶模态的变形状态

动画控制框上的“Close”,关闭动画。

读者也可按上述的类似操作分别显示出第二、第三和第四阶模态的结果及其变形状态,在读入结果时需采用命令“Main Menu→General PostProc→Read Results→Next Set”。

5.3.2　非线性屈曲分析

对于大多数工程结构,必须采用非线性屈曲分析。它是指失稳前结构处于大变形状态,这时结构的刚度矩阵是载荷幅值 p 和位移向量 $\boldsymbol{u}$ 的非线性函数。为了较精确地描述载荷-位移的全过程曲线,必须采用非线性静态分析,通过逐步增加载荷水平,来寻找当结构变得不稳定时的临界载荷。

在非线性分析中,分析模型可以考虑结构的初始缺陷、结构的塑性行为、间隙以及大变形响应等。显然,它也可以跟踪屈曲状态下的后屈曲行为。初始缺陷对临界载荷的影响程度取决于结构对缺陷的敏感性,对于缺陷敏感的结构,临界载荷值会降低很多;对缺陷不敏感的结构,临界载荷值下降得少,甚至不存在屈曲。同时,初始缺陷还有可能使分支问题转化为极限问题。

非线性屈曲分析对计算机的要求较高,计算时间、内存需求、硬盘存储空间消耗量均远大于线性屈曲分析的。

非线性屈曲分析是在选定大变形效应(考虑几何非线性)的情况下所做的一种静力分析。该分析过程一直进行到结构最大载荷或极限载荷为止。当选用弧长法时,非线性屈曲分析还可以跟踪结构的后屈曲行为。同时,该分析还要注意下列几个因素:

(1) 施加载荷增量。非线性屈曲分析是逐步施加一个恒定的载荷增量,一直到求解开始发散为止。当要求达到期望的临界屈曲载荷值时,应该确保使用足够精细的载荷增量。如果增量太大,将不能得到精确的屈曲载荷预测值,但在分析时选定二分法和自动时间步长选项可以避免这个问题的发生。

(2) 自动时间步长。如果在给定的载荷下求解不能收敛,则 ANSYS 软件会自动把时间步长缩减一半,然后在较小的载荷条件下重新求解。

(3) 非收敛解不一定就意味着已经达到了最大载荷。它也可能是由于数值上的不稳定造成的。这时可通过细化模型来纠正。

(4) 在大变形分析中,给定的力和位移载荷将保持其初始方向,但是表面载荷将随着结构几何形状的改变而改变，因此在分析之前，需要确保施加正确的载荷类型。

(5) 预先进行一个线性屈曲分析有助于非线性屈曲分析，因为线性屈曲载荷是预期线性载荷的上限，同时特征矢量屈曲形状可以作为施加初始缺陷或扰动载荷的根据。

算例 5-7：圆柱壳结构的非线性屈曲分析

算例 5-7

图 5-43 所示为一个对边简支的圆柱壳结构，在其中心作用有一个集中载荷 $P=1000$ N，试求 A、B 两点垂直位移与载荷之间的关系曲线。已知材料的弹性模量为 3.1 GPa，泊松比为 0.3，壳体厚度为 6.35 mm。

下面将利用参数化方式来进行分析，其 ANSYS 软件分析过程和步骤如下。

1) 定义工作文件名及工作标题

(1) 定义工作文件名。Utility Menu→File→Change Jobname，在弹出的对话框中输入工作文件名为“Cylinder”，单击“OK”。

(2) 定义工作标题。Utility Menu→File→Change title，在弹出的话框中输入工件标题名为“Nonlinear Buckling Analysis of Cylindrical Shell”，单击“OK”。

2) 定义参数、材料属性和单元类型

(1) 定义参数的初始值。Utility Menu→Parameters→Scalar Parameters，弹出一个如图 5-44 所示的对话框，分别在“Selection”下面的输入栏中输入：L＝254，按回车键(也可以单击“Accept”)；R1＝2540，按回车键；PI＝3.1415926，按回车键；THETA＝5.7，按回车键。所得结果如图 5-44 所示，单击“Close”。

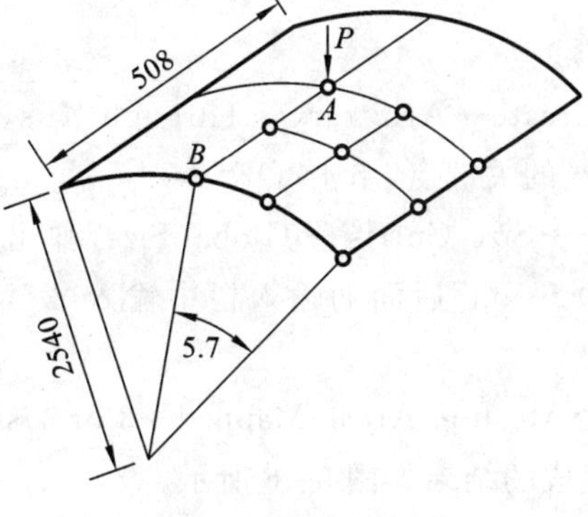

图 5-43　部分壳体结构

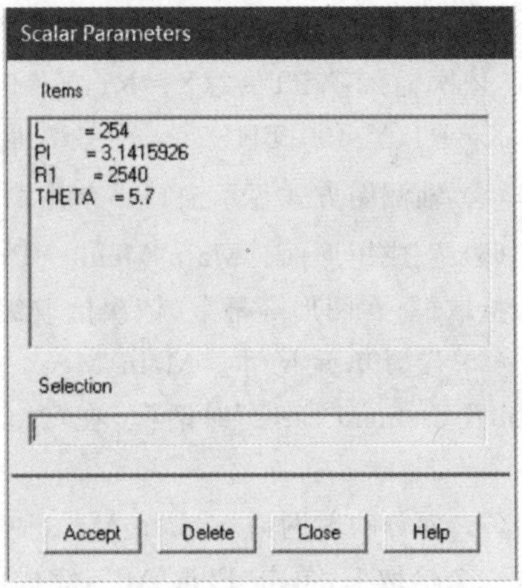

图 5-44　参数化对话框

(2) 设置材料属性。Main Menu→Preprocessor→Material Props→Material Models，弹出一个对话框，在“Material Model Available”中，点击打开“Structural→Linear→Elastic→Isotropic”，又弹出一个对话框，输入“EX＝3100，PRXY＝0.3”，单击“OK”，再单击“Material→Exit”，完成材料属性的设置。

(3) 定义单元类型。Main Menu→Preprocessor→Element Type→Add/Edit/Delete，单击“Element Types”对话框中的“Add”，然后在“Library of Element Types”对话框左边的列表栏中选择“Structural Shell”，右边的列表栏中选择“3D 8 node 281”，单击“OK”，再单击“Element Types”对话框中的“Close”，完成单元选取。

(4) 输入壳体厚度。Main Menu→Preprocessor→Sections→Shell→Lay-up→Add/Edit，

弹出一个"Create and Modify Shell Sections"对话框,在"Thickness"下面输入"6.35",单击"OK"。

3)生成有限元模型

(1)激活柱坐标系。Utility Menu→WorkPlane→Change active CS to→Global Cylindrical。

(2)生成节点。Main Menu→Preprocessor→Create→Nodes→In Active CS,弹出一个如图5-45所示的对话框,在"Node number"后面的输入栏中输入数字"1",在"X,Y,Z Location in active CS"后面的输入栏中依次输入"R1,90",单击"Apply"。重复上述过程,依次输入:Node=2,X=R1,Y=90,Z=L。单击"OK",则在图形屏幕上生成两个节点。

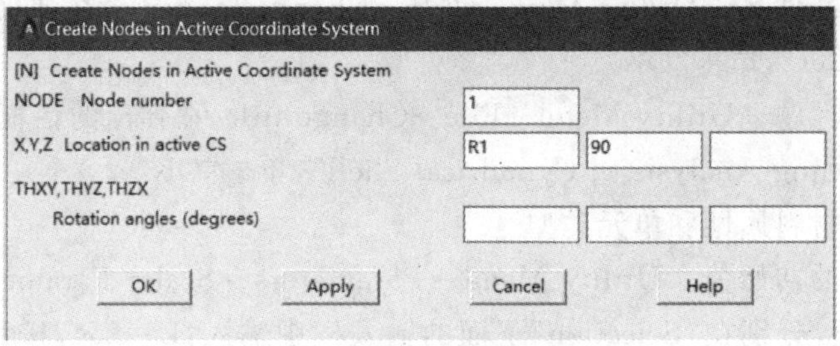

图5-45　生成节点对话框

(3)生成关键点。Main Menu→Preprocessor→Create→Keypoints→In Active CS,弹出一个类似于图5-45的对话框,输入:NPT=1,X=R1,Y=90,Z=0,单击"Apply"。重复上述过程,依次输入:NPT=2,X=R1,Y=90-THETA,Z=0;NPT=3,X=R1,Y=90,Z=L;NPT=4,X=R1,Y=90-THETA,Z=L。最后单击"OK",则在图形屏幕上生成4个关键点。

(4)轴测图方式显示窗口。单击窗口右侧按钮" "。

(5)生成矩形面。Main Menu→Preprocessor→Create→Arbitrary→Through KPs,出现一个拾取框,在图形屏幕上,依次拾取编号为"1,3,4,2"的关键点,单击"OK"。

(6)设置单元尺寸。Main Menu→Preprocessor→Size Cntrls→-Global-Size,弹出一个"Global Element Sizes"对话框,在"No. of Element Division"后面的输入栏中输入"2",单击"OK"。

(7)划分映射网格。Main Menu→Preprocessor→Mesh→-Areas-Mapped→3 or 4 sided,出现一个拾取框,单击"Pick All",完成网格的划分,生成的结果如图5-46所示。

(8)节点合并。Main Menu→Preprocessor→Numbering Ctrls→Merge Items,弹出一个"Merges Coincident or Equivalently Defined Items"对话框,单击"OK"。

4)施加约束与载荷

(1)选择Z=0的节点。Utility Menu→Select→Entities,弹出一个"Select Entities"工具条,在最上面的选择栏中选择"Nodes",在其第二栏中选择"By Location",再单选"Z Coordinates",在"Min,Max"下面的输入栏中输入数字"0",单击"Apply"。

(2)在Z=0的节点上施加对称约束。Main Menu→Preprocessor→Loads→Apply→Displacement→Symmetric B. C.-On Nodes,弹出一个如图5-47所示的对话框,在"Symm surface is normal to"后面的下拉式选择栏中选择"Z-axis",单击"OK"。

(3)选择Y=90的节点。Utility Menu→Select→Entities,弹出一个"Select Entities"工

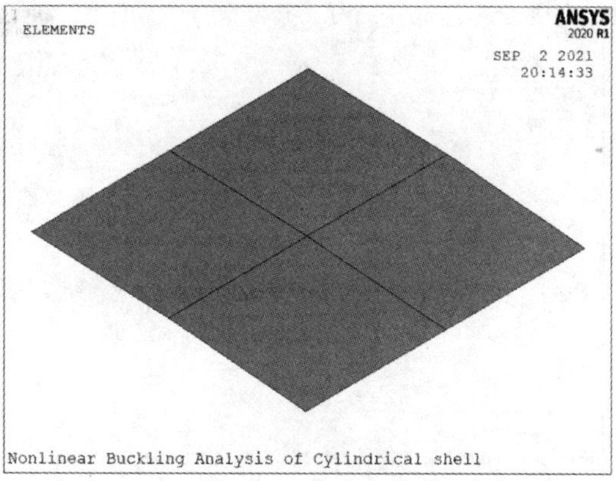

图 5-46　网格模型

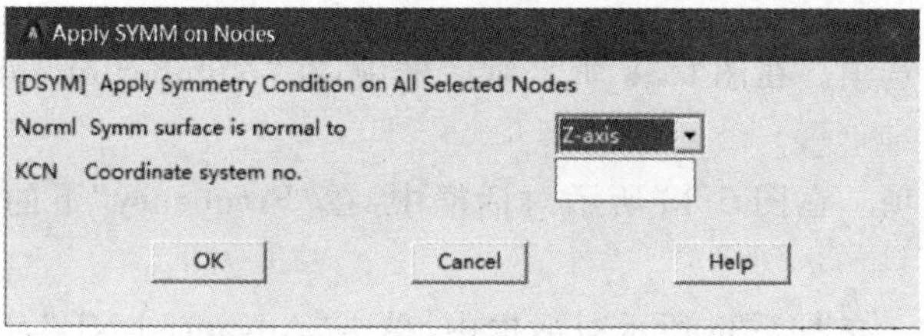

图 5-47　节点上施加对称约束对话框

具条，在最上面的选择栏中选择“Node”，在其第二栏中选择“By Location”，选中“Y Coordinates”，在“Min，Max”下面的输入栏中输入数字“90”，单击“Apply”。

(4) 在 Y＝90 的节点上施加对称约束。Main Menu→Preprocessor→Loads→Apply→Displacement→Symmetric B. C. -On Nodes，弹出一个如图 5-47 所示的对话框，在“Symm surface is normal to”后面的下拉式选择栏中选择“X-axis”，单击“OK”。

(5) 选择 Y＝90-theta 的节点。Utility Menu→Select→Entities，弹出一个“Select Entities”工具条，在最上面的选择栏中选择“Node”，在其第二栏中选择“By Location”，选择“Y Coordinates”，在“Min，Max”下面的输入栏中输入数字“90-theta”，单击“Apply”。

(6) 在 Y＝90-theta 的节点上施加约束。Main Menu→Solution→Apply→Displacement→On Nodes，出现一个拾取框，单击“Pick All”，弹出一个“Apply U，Rot on Nodes”对话框，在“DOFs to be constrained”后面的选择栏中选择“UX，UY，UZ”，单击“OK”。

(7) 选择所有的内容。Utility Menu→Select→Everything，施加约束后的结果如图 5-48 所示。

(8) 施加载荷。Main Menu→Solution→Apply→Force/Moment→On Nodes，出现一个拾取框，在窗口上拾取编号为“1”的节点，单击“OK”，弹出一个“Apply F/M on Nodes”对话框，在“Direction of force/mom”后的下拉式选择栏中选择“FY”，在“Force/moment value”后面的输入栏中输入“－250”，单击“OK”。(因为模型为整体结构的四分之一，其作用力也就要除以 4。)

5) 分析设置与求解

(1) 打开大变形效应。Main Menu→Solution→Analysis Type→Sol'n Controls，弹出一个如图 5-38 所示的对话框，在“Analysis Options”下的选择栏中，选取“Large Displacement

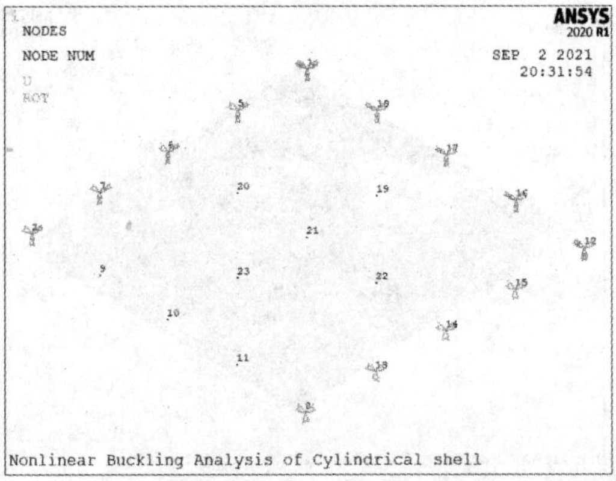

图 5-48　约束施加在节点上的情况

Static”。

(2) 设置载荷步选项。在图 5-38 所示对话框中,在“Number of substeps”右边的输入框中输入“30”。

(3) 输出控制选项。在图 5-38 所示对话框中,在“Frequency”下的单选栏中选取“Write every substep”。

(4) 选择弧长法。在图 5-38 所示对话框中,单击“Advanced NL”,出现一个对话框,单击“Activate arc-length method”,并在其下“Maximum multiplier”右侧的输入栏中输入“4”,单击“OK”。

(5) 求解运算。Main Menu→Solution→Current LS,弹出一个状态信息框和一个对话框,浏览信息框中的信息,确认无误后,单击“File”→“Close”,关闭信息框,再单击对话框中的“OK”,则开始求解运算,其平衡迭代过程将出现在屏幕上,如图 5-49 所示。直到出现一个“Solution is done”的窗口,单击“Close”,则运算结束。

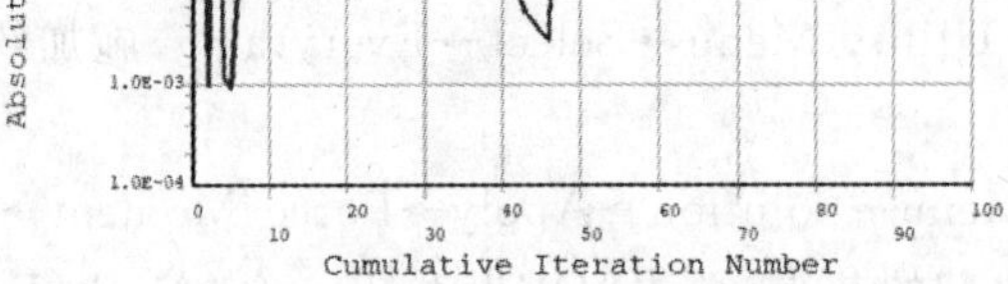

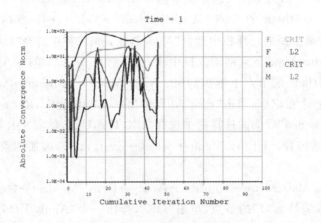

图 5-49　求解的收敛曲线

6) 浏览计算结果

(1) 读取计算结果。Main Menu→General PostProc→Read Results→Last Set。

(2) 读取节点 1 和节点 2 在 y 向的位移。Main Menu→TimeHist Postpro→Define Variables,弹出一个“Define Time-History Variable”对话框,单击“Add”,又弹出一个“Add Time-History Variable”对话框,单击“OK”(即接受“Nodal DOF result”的缺省设置),出现一

个拾取框。在图形窗口上拾取编号为“1”的节点，单击拾取框上的“OK”，再次弹出一个如图 5-50 所示的对话框，在“User-specified label”右侧输入“N1_Disp”，在“Item，Comp data item”后面的第二栏中选择“UY”，单击“OK”，完成节点 1 的数据读取。重复上述过程，拾取编号为“2”的节点，在“User-specified label”右侧输入“N2_Disp”，单击“OK”，再单击“Close”，则完成了 2 个节点数据的读取。

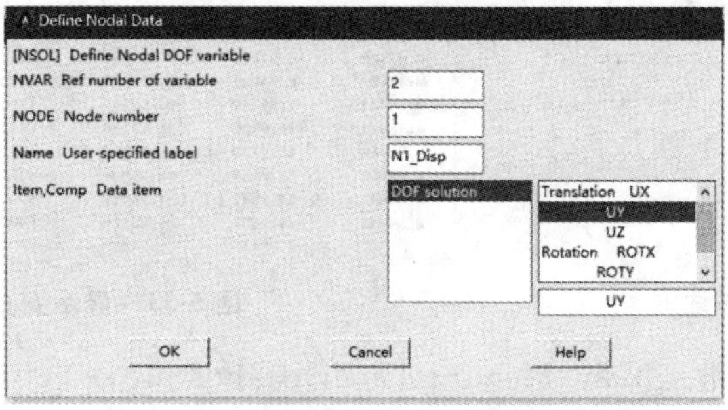

图 5-50　读取节点在 y 向的位移

(3) 利用相乘操作改变位移变量的符号并得到载荷值。

获取载荷值。Main Menu→TimeHist Postpro→Math Operations→Multiply，弹出如图 5-51 所示的对话框，输入：IR＝4，FACTA＝4＊250，IA＝1，Name＝Load，单击“Apply”。

改变节点 1 即变量 2 的符号。在如图 5-51 所示的对话框，输入：IR＝5，FACTA＝－1，IA＝2，Name＝N1_Disp，单击“Apply”。

改变节点 2 即变量 3 的符号。在如图 5-51 所示的对话框，输入：IR＝6，FACTA＝－1，IA＝3，Name＝N2_Disp，单击“OK”。

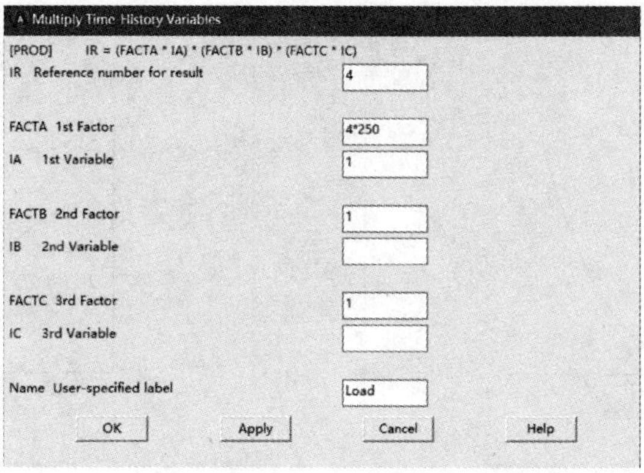

图 5-51　相乘操作对话框

(4) 列出时间历程变量值的状态。Main Menu→TimeHist Postpro→List Variables，弹出如图 5-52 所示的对话框，在输入栏中按顺序分别输入“2，3，4，5，6”，单击“OK”，又弹出如图 5-53 所示的信息窗口，浏览完后，单击“File”→“Close”。

(5) 定义坐标轴的标题。Utility Menu→PlotCtrl→Style→Graphs→Modify Axes，弹出一个对话框，在“X_axis Label”后面输入“Deflection(mm)”，在“Y_axis Label”后面输入“Total Load(N)”，在“/XRANGE”下面选择“Specified Range”，并输入“0，35”，在“/YRANGE”下面选择“Specified Range”，并输入“－500，1050”，单击“OK”。

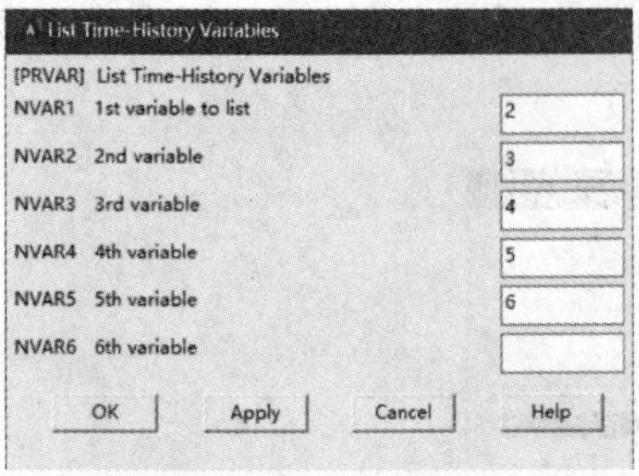

图 5-52　列表变量的对话框

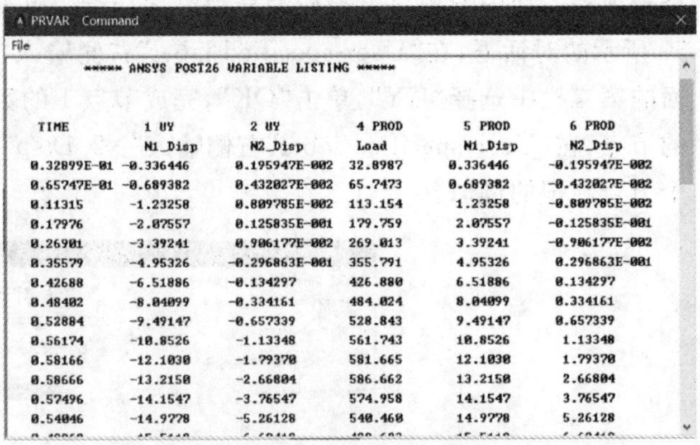
PRVAR Command
File
***** ANSYS POST26 VARIABLE LISTING *****

TIME	1 UY N1_Disp	2 UY N2_Disp	4 PROD Load	5 PROD N1_Disp	6 PROD N2_Disp
0.32899E-01	-0.336446	0.195947E-002	32.8987	0.336446	-0.195947E-002
0.65747E-01	-0.689382	0.432027E-002	65.7473	0.689382	-0.432027E-002
0.11315	-1.23258	0.809785E-002	113.154	1.23258	-0.809785E-002
0.17976	-2.07557	0.125835E-001	179.759	2.07557	-0.125835E-001
0.26901	-3.39241	0.906177E-002	269.013	3.39241	-0.906177E-002
0.35579	-4.95326	-0.296863E-001	355.791	4.95326	0.296863E-001
0.42688	-6.51886	-0.134297	426.880	6.51886	0.134297
0.48402	-8.04099	-0.334161	484.024	8.04099	0.334161
0.52884	-9.49147	-0.657339	528.843	9.49147	0.657339
0.56174	-10.8526	-1.13348	561.743	10.8526	1.13348
0.58166	-12.1030	-1.79370	581.665	12.1030	1.79370
0.58666	-13.2150	-2.66804	586.662	13.2150	2.66804
0.57496	-14.1547	-3.76547	574.958	14.1547	3.76547
0.54046	-14.9778	-5.26128	540.460	14.9778	5.26128

图 5-53　显示变量值的信息框

(6) 设置 x 轴变量。Main Menu→TimeHist Postpro→Settings→Graph，弹出一个"Graph Setting"对话框，在"X-axis Variable"下面选择"Single Variable"，并在其输入栏中输入"5"，单击"OK"。

(7) 显示载荷与 A 点在 y 方向位移之间的变化规律。Main Menu→TimeHist Postpro→Graph Variables，弹出一个"Graph Time-History Variable"对话框，在"1st Variable to Graph"后面的输入栏中输入"4"，单击"OK"，所得结果如图 5-54 所示。

(8) 设置 x 轴变量为 B 点在 y 方向的位移。Main Menu→TimeHist Postpro→Settings→Graph，弹出一个"Graph Setting"对话框，在"X-axis Variable"下面选择"Single Variable"，并在其输入栏中输入"6"，单击"OK"。

再重复步骤(7)的操作，所得结果如图 5-55 所示。

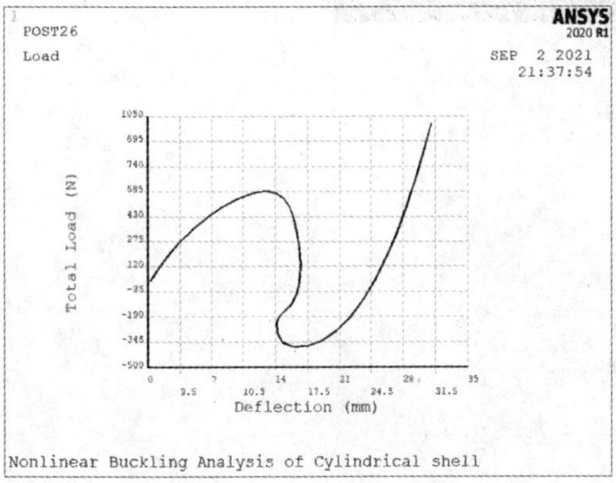

图 5-54　A 点 y 方向位移与载荷之间的变化

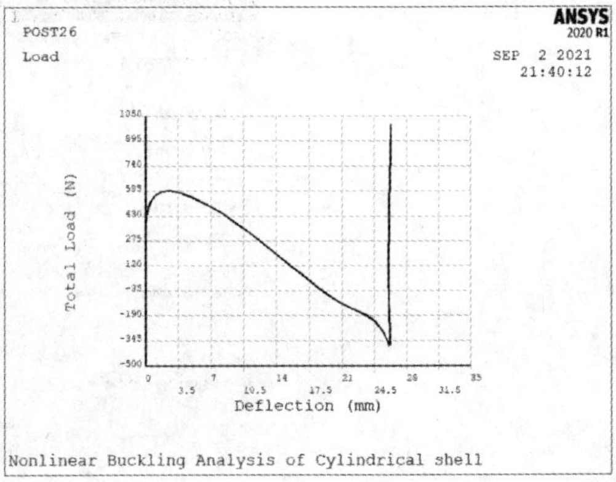

图 5-55　B 点 y 方向位移与载荷之间的变化

5.4　有限元分析中几个问题的讨论

5.4.1　解的收敛性和误差估计

1. 解的收敛准则

从表面上看，有限元解的精度取决于离散化模型逼近原结构的程度；从实质看，它依赖于有限元所建立的位移模式逼近真实位移形态的状况。因为在有限元法中，应力、应变转换矩阵的建立，单元刚度矩阵的建立，以及外载荷向节点的移置等，都依赖于位移模式。因此位移模式选取的好坏，是决定有限元解收敛性的必要条件。一般为了保证解的收敛性，选用的位移模式应当满足两个方面的准则：

(1) 完备性准则，即位移模式中应包含单元的刚体位移状态和常量应变状态。

(2) 协调性准则，即位移模式应当保证相邻单元在公共边界处位移是连续的。这种连续性又称为相容性准则。

理论和实践证明，准则(1)是收敛的必要条件，准则(1)+(2)是收敛的充分条件。简单地讲，当选取的单元既完备又协调时，有限元解是收敛的，即当单元尺寸趋于零时，有限元解趋于真正解。但当单元选取的位移模式满足完备性准则，但不完全满足单元之间的位移及其导数连续条件时，称单元为非协调单元。若非协调单元能够通过分片试验，则其解仍然收敛于正确的解。

2. 收敛速度与误差估计

有限元法收敛性问题又可分为 h 收敛和 p 收敛。h 为单元的特征尺寸，p 为位移函数完备多项式的阶次。无限地减小 h 能使有限元网格无限地逼近连续体。同时，无限地增加位移函数的阶次，能使位移函数无限地逼近实际变化的位移。但是，这两点是做不到的，也是不必要的。实际上 h 小到一定程度，p 取到一定阶次，有限元得到的数值解误差很小。

对于 h 收敛来说，当有限元两次网格划分所计算的结果比较一致，网格的划分无需再精密。但在做这种比较时，必须保证两个网格中粗与细网格的全部区域相同、单元相似，否则无法比较。单元形状应尽量规则，单元大小的过渡尽量缓慢，单元内的材料应一致。当有大钝角的单元、小单元和大单元相邻接以及跨越不同材料的单元时，都将会引起较大的误差。

上述的论述可决定有限元解的收敛速度。因为精确解总可以在域内某点 i 的邻域内展开为一个多项式，如平面问题中的位移 u 可以展开为

$$u = u_i + \left(\frac{\partial u}{\partial x}\right)_i \Delta x + \left(\frac{\partial u}{\partial y}\right)_i \Delta y + \cdots \tag{5-35}$$

如果在尺寸为 h 的单元内，有限元解采用 p 阶完全多项式，则它能局部地拟合上述 Taylor 展开式直到 p 阶。由于 Δx、Δy 是 h 的量级，因此位移解 u 的误差是 $O(h^{p+1})$。例如，常应变三角形单元的位移模式为线性，即 $p=1$，所以 u 的误差是 $O(h^2)$，并可预计收敛速度也是 $O(h^2)$ 的量级。也就是说，将有限元网格进一步细化，使所有单元尺寸减半，则 u 的误差是前一次网格划分误差的 1/4。

类似的论证可以用于应变和应力误差及收敛速度的估计，如果应变是由位移的 m 阶导数给出，则它的误差是 $O(h^{p-m+1})$。例如，在常应变三角形单元中，因有 $p=m=1$，则应变的误差估计是 $O(h)$。

上述分析给出了误差在量级上的估计，但在实际工作中，人们更加关心的是所计算有限元解误差的具体估计，一般可采用下列两个方法来解决。

(1) 选择一个与已知解析解相类似的问题，求解域尽可能和实际分析的问题相近，并采用相同形式的单元和差不多的网格划分，用有限元求解此问题的误差可以估计实际问题的误差。

(2) 利用上述讨论中关于收敛速度的量级估计，采取外推的方法求解校正的解答。因为若有限元的形函数满足完备性和协调性要求，则单元尺寸 $h\to 0$ 时，有限元解应是单调和收敛的。因此，如果第一次网格划分的解答是 u_1，然后将各单元尺寸减半作为第二次的网格划分，

则得到的解答为 u_2。若已知收敛速度是 $O(h^r)$,则可由式(5-36)来预测精确解:

$$\frac{u_1-u}{u_2-u}=\frac{O(h^r)}{O((h/2)^r)} \tag{5-36}$$

若为平面 3 节点三角形单元,则 $r=2$,代入式(5-36)并化简,有

$$u=\frac{1}{3}(4u_2-u_1) \tag{5-37}$$

另一主要误差是由计算机性能有限的有效数字位数所引起,它包含舍入误差和截断误差。前者带有概率的性质,主要靠增加有效位数和减少运算次数来控制;后者除与有效位数直接有关外,还与结构的性质有密切关系。

同时,还必须指出,位移有限元法得到的位移解总体上不大于真正解,即其解具有下限性质。

5.4.2 网格划分精度的确定

在有限元分析中,要将连续体结构进行离散化,其工作一般是由人工控制。从上述有限元解的收敛性可以得知,网格划分的好坏也直接影响有限元解的真实性;另一方面,网格划分的多少也将影响计算的机时等,因此这项工作也是有限分析中的一个重要环节。单元的划分,一般应满足以下几个要求:

(1) 满足工程要求的计算精度。

(2) 不超过计算机的速度和容量。

(3) 要符合所使用的程序功能。

(4) 节省上机费用。

1. 单元尺寸

从上述误差分析中得到,对于常应变三角形单元,在收敛的前提下,应力的误差与单元尺寸成正比,位移的误差与单元的尺寸的平方成正比。因此从理论上讲,单元分得越细,计算结果越精确。另一方面,过分加密网格,将使计算量激增,从而会导致计算误差的增大,加密网格超过了一定的限度,不但不能提高精度,有时反而使精度降低。因此在划分单元时,可采用下列措施:

(1) 对于不同部位,可以采用大小不同的单元。例如,对于应力和位移状态需要了解得比较详细的重要部位,对应力和位移变化的梯度较大的部位,以及易发生应力集中,应力、应变剧烈部位等,在这些部位可以将单元划分得小一些,而对于其他次要的部位,以及应力和位移变化得比较平缓的部位,单元可以划分得大一些。

(2) 当网格密度超过了计算机的计算容量时,可以将计算分多次进行。如图 5-56(a)所示,在第一次计算时,可把凹槽附近的网格划分得比别处略密一些,以便大致反映裂缝对应力分布的影响,其目的还是要算出次要部位(如 $ABCD$ 以外部分)的应力及位移。在第二次计算时,可将第一次计算时所得的 $ABCD$ 线上各节点的位移作为已知量输入,这时可把凹槽附近的网格划分得更加细密,如图 5-56(b)所示。

(3) 在结构受力复杂、应力和位移的状态不易预估时,可先用比较均匀的单元网格进行一次预算,然后根据预算结果,对需要详细了解的重要部位,再重新划分单元,进行第二次有目标的计算。

(4) 对于模型尺度存在量级差的模型,建议在网格划分时采用过渡方式或逐步过渡方式。

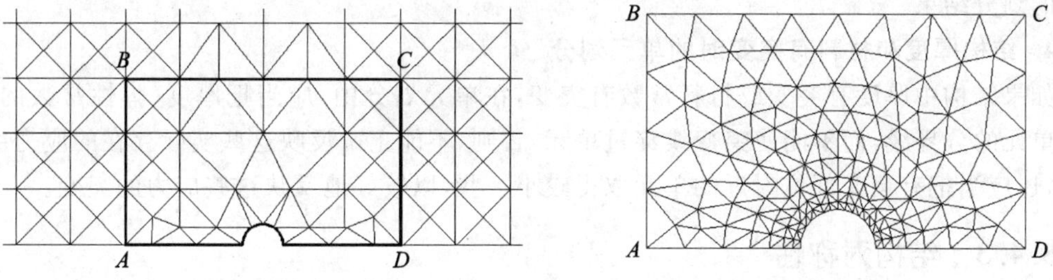

(a) 粗化网格　(b) 细化网格

图 5-56　网格多次划分

例如，对金属表面的涂层进行分析时，其中涂层厚度为微米级，而金属表面为毫米级，如果采用同一尺度划分网格会造成模型的自由度膨大，进而会给仿真分析计算带来很大的困难。对于这种情况，过渡网格的划分应如图 5-57 所示，其中 AB、EF 线上网格的等分数分别比 CD、GH 线的减小一半。

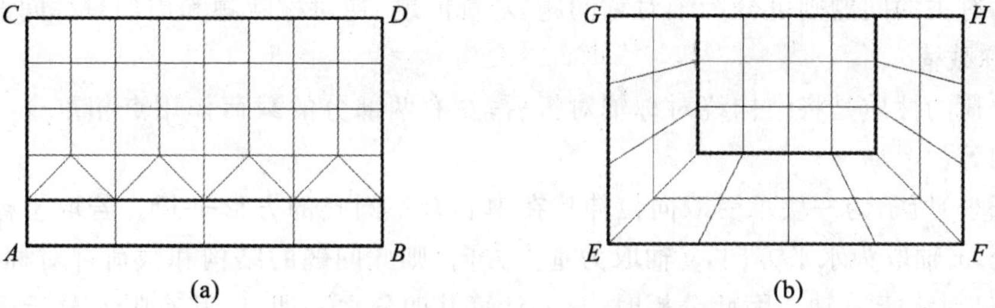

(a)　(b)

图 5-57　网格划分的过渡方式

2. 单元的形状

对于常应变三角形单元，应力及位移的误差与单元的最小内角正弦成正比。在采用等边三角形单元及采用等腰直角三角形单元时，误差之比为 sin45°/sin60°＝1/1.23。显然，等边三角形单元的精度要高一些。但有时为了适应弹性体的边界，为了适应单元由小到大的过渡，为了便于整理计算成果，往往宁愿采用直角三角形单元，而不采用等边三角形单元。但此时要注意，内角太小或太大的单元会引起较大的误差。

对于等参数单元，当单元的各向长度相差较大时，计算结果会产生一定的误差。尽管等参数单元比其他单元能够更好地拟合曲折的棱边，但是每一种等参数单元所能拟合的曲率边界是有限度的。如平面 8 节点等参元，其单元棱边是二次曲线，这不可能去拟合一段具有反向曲率的边界，否则将会引起较大的误差；对于具有折线的边界，尽量使单元边上没有折点，如不可避免时，也只能有凸出的折点。棱边夹角应尽量接近 90°，避免出现太尖的或者接近 180°的角；棱边上节点的间距尽量均匀，避免相差很大，尤其不能使两点太靠近，否则会引起较大的误差，甚至会引起计算溢出。

一般来说，理想单元的边长比为 1，但在一般情况下，线性单元的长宽比要小于 3，二次单元的长宽比要小于 10。对于同形态的单元，线性单元对边长比的敏感性要大于高阶单元，而非线性分析比线性分析更加敏感。

3. 单元阶次的选取

单元阶次一般可分为一次、二次、三次等，其阶次的选择一般与结构构型相关，同时也与求解域内应力变化的特点相关。应力梯度大的区域，单元阶次要高，否则即使网格很密也难达到理想的划分结果。

4. 结构厚度和材料有突变时的单元划分

如果结构中厚度有突变或材料常数有突变，在单元划分中，应当把厚度、弹性常数的突变作为单元的分界线，而不能使突变线穿过单元，否则，不能正确反映这些实际存在的应力突变。另外，还应当把有突变部位附近的单元取得较小一些，以较好地反映这些应力的突变。

5.4.3 结构对称性

在有限元分析过程中，有限元的计算时间和其自由度有很大关系，因此在保证计算精度的条件下，不宜采用过多的节点或自由度，以节约计算机的运行时间。

当计算对象的结构具有对称性时，可以利用此特点以减少参加计算的节点数。结构的对称性，是指结构的几何形状和边界条件关于某轴对称，同时截面和材料性质也关于此轴对称。也就是说，结构绕对称轴对折时，左右两部分完全重合，这种结构称为对称结构。

对称结构可分为点对称、线对称、旋转对称(轴对称)、面对称、周期对称等；考虑载荷状况，与对称结构有关的问题则可分为轴对称问题、对称问题、逆对称问题和周期对称问题。

1. 对称载荷

对称载荷的性质是将结构绕对称轴对折后，左右两部分的载荷作用点相重合，方向相同，载荷数值相等。

图 5-58(a)所示为一块承受双向拉伸且在中心有一圆孔的方形平板。若取坐标原点在圆孔的圆心处，x 轴取为水平方向，y 轴取为垂直方向，则此问题的结构和载荷都对称，而且既对称于 x 轴，又对称于 y 轴。因此分析时，只要计算其四分之一即可，其有限元分析模型如图 5-58(b)所示。由于对称性，x 轴上各节点的 y 向位移，以及 y 轴上各节点的 x 向位移均为零，这样可以节省 3/4 的计算工作量。

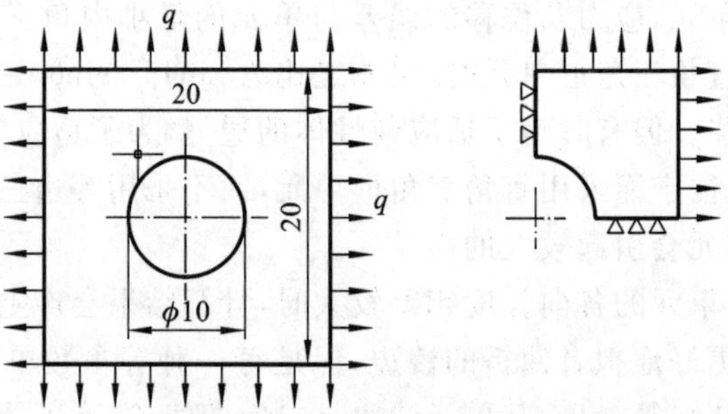

图 5-58 平面对称结构

2. 反对称载荷

反对称载荷的性质是将结构绕对称轴对折后，左右两部分的载荷作用点相重合，方向相反，载荷数值相等。

图 5-59(a)所示为一个关于 y 轴对称的薄板结构，载荷 P 对 y 轴反对称。这时可取结构的一半进行计算，网格划分如图 5-59(b)所示，由于反对称性，结构的位移应是反对称的，因此，对称轴上的节点没有轴向的位移，即 y 轴上各节点在 y 方向的位移为零。据此，在节点位移为零的方向上，可设置链杆支承，在原固定边的地方，改设为节点铰支承，如图 5-59(b)所示。如此简化后，可节省近一半的计算工作量。

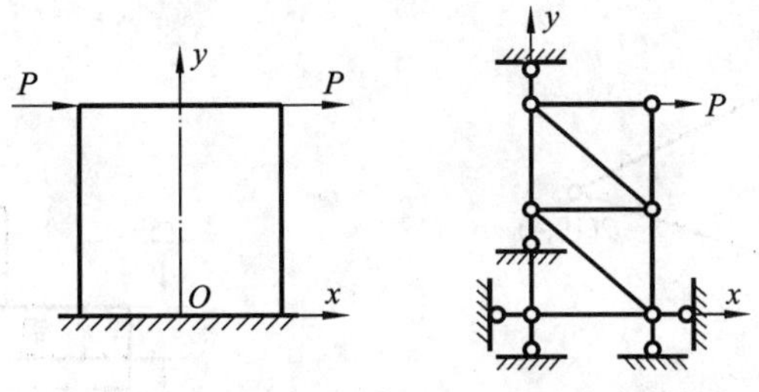

图 5-59　反对称载荷的分析模型

图 5-60(a)所示为一个轮齿结构,其结构对称于 y 轴,但载荷并不对称。这时,可将载荷 P 分解为对称载荷(见图 5-60(b))和反对称载荷(见图 5-60(c))两组。

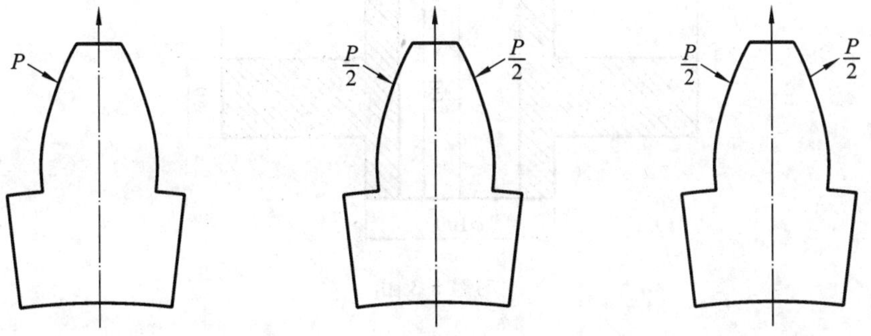

图 5-60　轮齿的分析过程

首先取轮齿结构的左侧划分网格,按对称载荷计算,其分析过程与图 5-58 所示实例相同;然后按反对称荷载计算,其分析过程与图 5-59 所示实例相同;最后将这两次计算的结果相叠加,就可得到整个轮齿在原载荷 P 作用下的位移及应力。经验表明,尽管这样计算要进行两次,但仍可节省不少时间。但若取轮齿结构的右侧划分网格,则两次计算结果应相减。

5.5　习　　题

5-1　对于一个轴对称问题,已知单元的坐标(见习题 5-1 图)和位移值,位移值为 1(0,0), 2(−0.2,−0.1),3(0.6,0.8),弹性模量为 200 GPa,泊松比为 0.3,请求出其环向应力与 Mises 应力强度。

5-2　一个直径为 1 m 的铝板受到钢制冲头的冲压,冲头的尺寸如习题 5-2 图所示。已知铝的弹性模量为 78 GPa,泊松比为 0.35;钢的弹性模量为 200 GPa,泊松比为 0.3;铝板圆周固定。试分析当冲头向下推进 3 mm 时,铝板的变形和应力分布。

5-3　飞轮以 3000 r/min 的速度旋转,飞轮材料的弹性模量为 200 GPa,泊松比为 0.3,其结构尺寸如习题 5-3 图所示,试确定飞轮的变形与应力分布。

5-4　习题 5-4 图所示为汽车连杆的几何模型,连杆的厚度为 12 mm,连杆材料的弹性模量为 200 GPa,泊松比为 0.3,在小头孔的内侧 90°范围内承受 $P=1000$ N 的面载荷作用,试利用有限元法分析该连杆的受力状态。

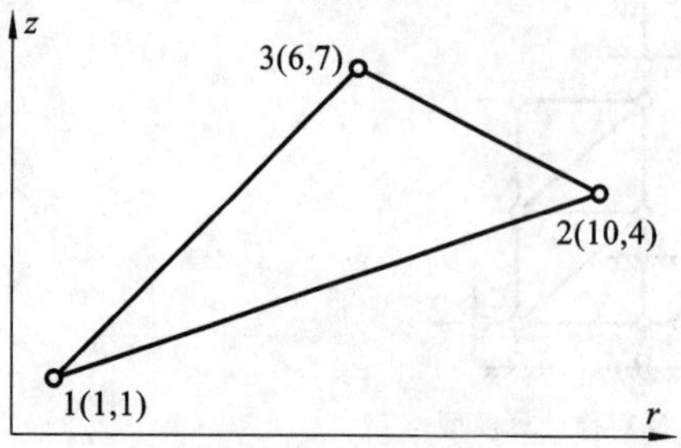

习题 5-1 图

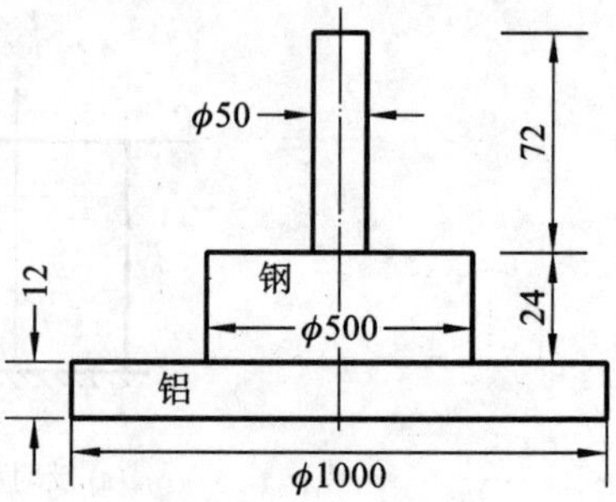

习题 5-2 图

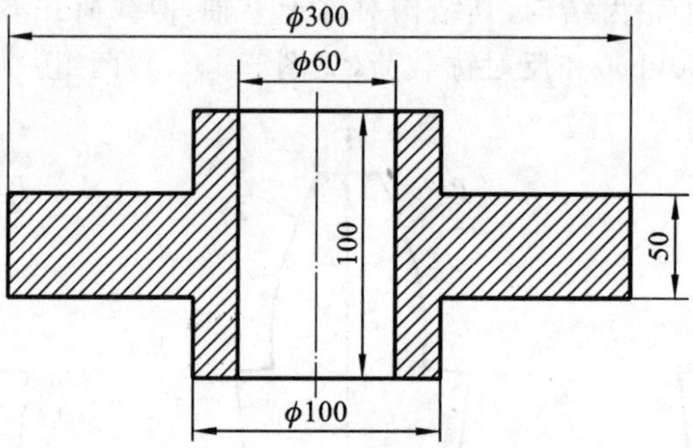

习题 5-3 图

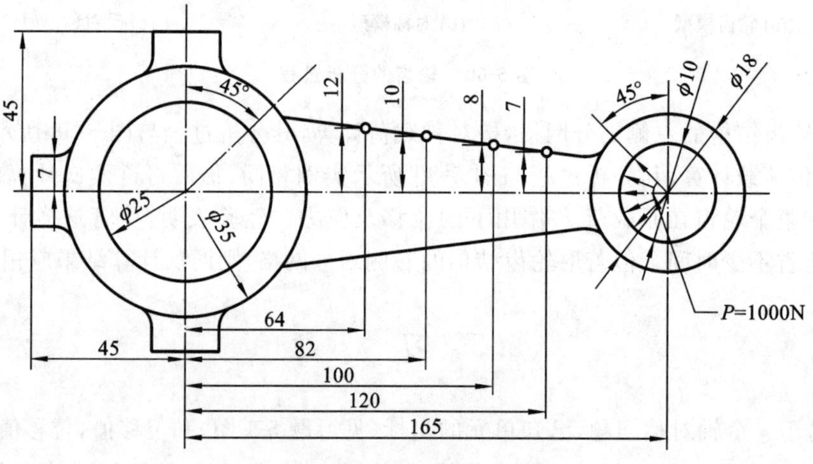

习题 5-4 图

5-5　习题 5-5 图所示为一个在力测试系统中的 S 形块体，块体材料的弹性模量为 70 GPa，泊松比为 0.25，已知块体上端承受 20 MPa 的面载荷，其下端固定，请确定块体的压缩量。

5-6　习题 5-6 图所示为中心有圆孔的矩形板，其两侧承受线性分布载荷。如何利用对称性减少求解的计算量？请画出其计算模型并列出计算步骤。

5-7　已知一根垂直摆放圆钢的直径为 50 mm，杆长为 500 mm，圆钢的上端固定，试采用杆单元、对称单元和三维单元分析其在自重作用下的伸长量。

5-8　已知梁的截面为方形，其尺寸为 5 mm×5 mm，梁长 2 m，材料的弹性模量为 200 GPa，泊松比为 0.3，梁的左端固支，中间和右端简支，且在右端作用有平行于梁轴线的压力 P，试对梁进行线性和非线性屈曲分析。

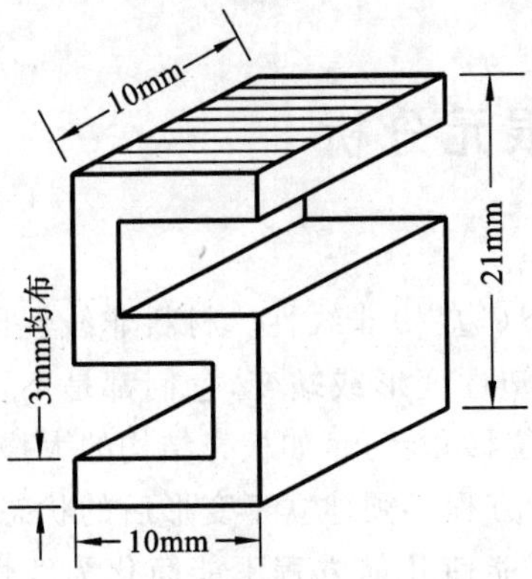

习题 5-5 图

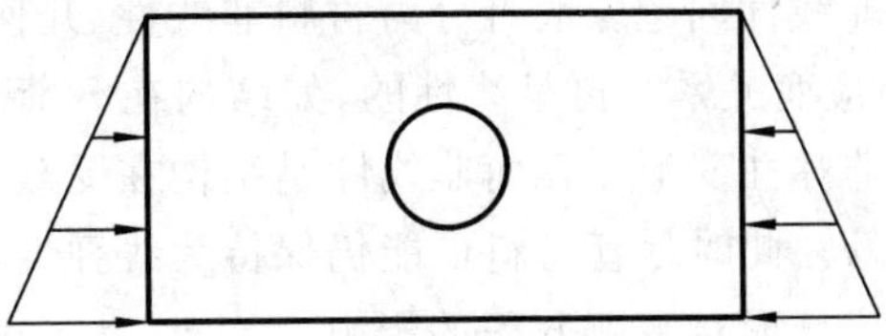

习题 5-6 图

第6章　接触问题的有限元分析

非线性问题一般可分为材料非线性、几何非线性和状态(边界)非线性。材料非线性即其应力-应变关系不再是线性的,如结构在载荷作用下发生了塑性变形或蠕变,它们都是不可恢复的非弹性变形。几何非线性是结构在受载后产生了大的位移和转角,如板壳结构的大挠度、屈曲等。此时尽管材料可能仍保持为线弹性,但结构的平衡方程必须建立于变形后的状态,即要考虑变形对平衡方程的影响。当然,大位移、大挠度也可能使几何方程不能简化为线性形式。状态非线性也称为边界非线性。最典型的案例是两个物体的接触和碰撞,它们相互接触边界的位置和范围以及接触面上的力和大小事先不能给定,需要依赖于整个问题的求解才能确定。同时,如果作用在边界上力的大小和方向非线性依赖于物体变形时,此类问题也归于边界非线性问题。

接触问题在生产和生活中无处不在,如车轮与地面或导轨的接触、轴与轴承之间的接触、轮齿与轮齿之间的接触,等等。两个物体在接触面上相互作用是复杂的力学现象,也是它们损伤直至失效和破坏的重要原因。

接触过程可能同时涉及三种非线性,除材料非线性、几何非线性外,还有接触界面的非线性,它主要来源于:

(1) 接触界面的区域大小和相互位置以及接触状态不仅事先是未知的,而且是随时间变化的,需要在求解过程中确定。

(2) 接触条件的非线性,主要包括:接触物体不可相互侵入;接触力的法向分量只能是压力;切向接触条件等。

接触界面的非线性,使得在接触过程分析中需要经常插入接触界面的搜寻步骤,因此本章将主要介绍接触界面非线性问题的求解。

通过上述分析可知,接触问题的求解存在两个较大的难点:其一,在求解问题之前,接触区域不确定,表面之间是接触的还是分开的是未知的、瞬时变化的,它由载荷、材料、边界条件和其他因素确定;其二,大多接触问题需要计算摩擦,有多种摩擦及其模型可供挑选,但它们都是非线性的,摩擦使问题的收敛变得困难。

一般来说,接触问题可分为两种基本类型:刚体-柔体接触,柔体-柔体接触。在刚体-柔体接触中,接触面的一个或多个被当作刚体(与它接触的变形体相比,有大得多的刚度)。一般情况下,一种软材料和一种硬材料接触时,问题可以被假定为刚体-柔体的接触,许多金属成形问题可归为此类接触。柔体-柔体接触是一种更普遍的类型,在这种情况下,两个接触体都是变形体(有近似的刚度)。

6.1　接触边界的有限元算法

6.1.1　直接迭代法

迭代法是解决非线性问题的常用方法,它在接触问题的研究中也首先得到了应用。在用有限元位移法求解接触问题时，首先假设初始接触状态形成系统刚度矩阵，求得位移和接触力后，根据接触条件不断修改接触状态，重新形成刚度矩阵求解，反复迭代直至收敛。

在迭代法中，每次迭代都要重新形成刚度矩阵，求解控制方程，而实际上接触问题的非线性主要反映在接触边界上。因此，通常采用静力凝聚技术，使得每次迭代只是对接触点进行。这大大提高了求解效率。另外，虚力法采用沿边界的虚拟等效压力来模拟接触状态。这样在每次迭代中并不重新形成刚度矩阵，所做的只是回代工作。

有限元混合法在弹性接触问题的求解中也得到较广泛的应用。它以节点位移和接触力为未知量，并采用有限元形函数插值，将接触区域的位移约束条件和接触力约束条件均反映到刚度矩阵中，构成有限元混合法控制方程：

$$\begin{bmatrix} \boldsymbol{K} & \boldsymbol{J} \\ \boldsymbol{L} & \boldsymbol{0} \end{bmatrix} \cdot \begin{bmatrix} \boldsymbol{U} \\ \boldsymbol{C} \end{bmatrix} = \begin{bmatrix} \boldsymbol{F} \\ \boldsymbol{0} \end{bmatrix} \tag{6-1}$$

式中：$\boldsymbol{K}$，$\boldsymbol{U}$，$\boldsymbol{F}$ 分别为有限元位移法中的刚度矩阵，位移向量和节点荷载向量；$\boldsymbol{J}$，$\boldsymbol{L}$，$\boldsymbol{C}$ 分别为接触力约束矩阵，位移约束矩阵和接触力向量。

由于求解式(6-1)中的非对称方程组将耗费很多时间，并且要占较大的内存，因此，不少学者在对称化算法上进行了大量的研究。

对弹塑性接触问题，在求解过程中接触非线性和材料非线性都需要迭代求解。通常是利用系统刚度矩阵的变化来反映材料非线性的影响，在每次塑性修正迭代过程中都要结合对接触状态的判断进行接触迭代计算，并且，载荷增量更是受到在一个增量步中不允许出现两种非线性的限制。

6.1.2　接触约束算法

接触问题可描述为求区域内位移场 $\boldsymbol{U}$，使得系统的势能 $\Pi(\boldsymbol{U})$ 在接触边界条件的约束下达到最小，即

$$\left.\begin{aligned} &\min \Pi(\boldsymbol{U}) = \frac{1}{2}\boldsymbol{U}^{\mathrm{T}} \cdot \boldsymbol{K} \cdot \boldsymbol{U} - \boldsymbol{U}^{\mathrm{T}} \cdot \boldsymbol{F} \\ &\text{s. t.} \quad g(\boldsymbol{U}) \geqslant 0 \end{aligned}\right\} \tag{6-2}$$

接触约束算法就是通过对接触边界约束条件的适当处理，将式(6-2)所示的约束优化问题转化为无约束优化问题进行求解。根据无约束优化方法的不同，接触约束算法可分为罚函数方法和 Lagrange 乘子法，同时也可以用数学规划法进行求解。

1. 罚函数方法

罚函数方法实际上是将接触非线性问题转化为材料非线性问题进行求解。根据处理方法不同，罚函数方法又分为障碍函数法和惩罚函数法。障碍函数法假设接触面之间充满某虚拟物质，在未接触时其刚度趋于零，不影响物体的自由运动；在接触时其刚度变得足够大，能阻止接触物体之间的相互嵌入，常用的间隙元等方法均属于此类。该方法处理简单，编程方便，只是在传统有限元分析中增加一种单元模式而已。惩罚函数法对接触约束条件的处理是通过在势能泛函中增加一个惩罚势能，即

$$\Pi_{\mathrm{p}}(\boldsymbol{U}) = \frac{1}{2}\boldsymbol{P}^{\mathrm{T}}\boldsymbol{E}_{\mathrm{p}} \cdot \boldsymbol{P} \tag{6-3}$$

式中：$\boldsymbol{E}_{\mathrm{p}}$ 是惩罚因子；$\boldsymbol{P}$ 为嵌入深度，是节点位移 $\boldsymbol{U}$ 的函数。这样，接触问题就等价于无约束优化问题：

$$\min \Pi^*(\boldsymbol{U}) = \Pi(\boldsymbol{U}) + \Pi_p(\boldsymbol{U}) \tag{6-4}$$

以位移 $\boldsymbol{U}$ 为未知量,系统控制方程为

$$(\boldsymbol{K}+\boldsymbol{K}_p)\cdot\boldsymbol{U} = \boldsymbol{F}-\boldsymbol{F}_p \tag{6-5}$$

式中:

$$\begin{cases}\boldsymbol{K}_p = \left(\dfrac{\partial\boldsymbol{P}}{\partial\boldsymbol{U}}\right)^{\mathrm{T}}\cdot\boldsymbol{E}_p\cdot\left(\dfrac{\partial\boldsymbol{P}}{\partial\boldsymbol{U}}\right)\\ \boldsymbol{K}_p = \left(\dfrac{\partial\boldsymbol{P}}{\partial\boldsymbol{U}}\right)^{\mathrm{T}}\cdot\boldsymbol{E}_p\cdot\boldsymbol{P}_0\end{cases} \tag{6-6}$$

罚函数方法不增加系统的求解规模,但由于人为假设了很大的罚因子,可能会引起方程产生病态。

2. Lagrange 乘子法与增广 Lagrange 乘子法

Lagrange 乘子法通过引入乘子 λ,定义接触势能:

$$\Pi_c(\boldsymbol{U}) = \frac{1}{2}g(\boldsymbol{U})^{\mathrm{T}}\cdot\boldsymbol{\lambda} \tag{6-7}$$

将式(6-2)的约束最小化问题转化为无约束最小化问题,即

$$\min\Pi^*(\boldsymbol{U},\boldsymbol{\lambda}) = \frac{1}{2}\boldsymbol{U}^{\mathrm{T}}\boldsymbol{K}\cdot\boldsymbol{U}-\boldsymbol{U}^{\mathrm{T}}\cdot\boldsymbol{F}+g(\boldsymbol{U})^{\mathrm{T}}\cdot\boldsymbol{\lambda} \tag{6-8}$$

通常,可将 $g(\boldsymbol{U})$ 对位移场 $\boldsymbol{U}$ 做 Taylor 展开,取其一次项,有

$$g(\boldsymbol{U}) \approx g_0(\boldsymbol{U}) + \frac{\partial g(\boldsymbol{U})}{\partial\boldsymbol{U}}\cdot\boldsymbol{U} = g_0(\boldsymbol{U}) + \boldsymbol{G}\cdot\boldsymbol{U} \tag{6-9}$$

将式(6-9)代入式(6-8)后,可得到以位移场 $\boldsymbol{U}$ 和 Lagrange 乘子 $\boldsymbol{\lambda}$ 为基本未知量的系统控制方程:

$$\begin{bmatrix}\boldsymbol{K} & \boldsymbol{G}^{\mathrm{T}}\\ \boldsymbol{G} & \boldsymbol{0}\end{bmatrix}\cdot\begin{bmatrix}\boldsymbol{U}\\ \boldsymbol{\lambda}\end{bmatrix} = \begin{bmatrix}\boldsymbol{F}\\ -g_0(\boldsymbol{U})\end{bmatrix} \tag{6-10}$$

Lagrange 乘子法中的接触约束条件可以精确满足,由于罚函数方法和 Lagrange 乘子法各有优缺点,人们自然就想到了将两者联合使用,从而形成了各种增广 Lagrange 乘子法。其中,最直接的一种方法是构造修正的势能泛函:

$$\Pi^*(\boldsymbol{U}) = \Pi(\boldsymbol{U}) + \Pi_p(\boldsymbol{U}) + \Pi_c(\boldsymbol{U}) \tag{6-11}$$

相应的控制方程为

$$\begin{bmatrix}\boldsymbol{K}+\boldsymbol{K}_p & \boldsymbol{G}^{\mathrm{T}}\\ \boldsymbol{G} & \boldsymbol{0}\end{bmatrix}\cdot\begin{bmatrix}\boldsymbol{U}\\ \boldsymbol{\lambda}\end{bmatrix} = \begin{bmatrix}\boldsymbol{F}-\boldsymbol{F}_p\\ -g_0(\boldsymbol{U})\end{bmatrix} \tag{6-12}$$

考虑到 Lagrange 乘子的物理意义,可将其用接触对的接触应力代替,通过迭代计算得到问题的正确解。在迭代过程中,接触应力作为已知量出现,这样既吸收了罚函数方法和 Lagrange 乘子法的优点,又不增加系统的求解规模,而且收敛速度也比较快。

另一种增广 Lagrange 乘子法主要是为了弥补 Lagrange 乘子法中控制矩阵存在零主元的弱点,它在修正势能泛函式(6-8)中增加一惩罚项:

$$\Pi_\varepsilon(\boldsymbol{U}) = -\frac{1}{2}\boldsymbol{\lambda}^{\mathrm{T}}\boldsymbol{E}_p^{-1}\boldsymbol{\lambda} \tag{6-13}$$

即

$$\min\Pi^*(\boldsymbol{U},\boldsymbol{\lambda}) = \frac{1}{2}\boldsymbol{U}^{\mathrm{T}}\boldsymbol{K}\cdot\boldsymbol{U}-\boldsymbol{U}^{\mathrm{T}}\cdot\boldsymbol{F}+g(\boldsymbol{U})^{\mathrm{T}}\cdot\boldsymbol{\lambda}-\frac{1}{2}\boldsymbol{\lambda}^{\mathrm{T}}\boldsymbol{E}_p^{-1}\boldsymbol{\lambda} \tag{6-14}$$

当罚因子 $\boldsymbol{E}_p\to\infty$ 时,式(6-13)的解收敛于式(6-8)的解。经适当处理后,可将系统的控制

方程写为

$$(\boldsymbol{K}+\boldsymbol{G}^{\mathrm{T}}\boldsymbol{E}_{\mathrm{p}}\boldsymbol{G})\boldsymbol{U}=\boldsymbol{F}-\boldsymbol{G}^{\mathrm{T}}\boldsymbol{E}_{\mathrm{p}}g_0(\boldsymbol{U}) \tag{6-15}$$

3. 数学规划法

接触问题的数学规划法是基于势能或余能原理，并利用变分不等式等现代数学方法而导出。最初该方法是针对无摩擦接触问题提出，利用了无摩擦接触问题的非穿透条件和互补条件：

$$\left.\begin{aligned}&\Delta u_n+\delta^*\geqslant 0\\&p_n\leqslant 0\\&p_n\cdot(\Delta u_n+\delta^*)=0\end{aligned}\right\} \tag{6-16}$$

经有限元离散后，无摩擦接触问题被归结为二次规划（线性互补）问题求解。摩擦条件可以写成如下带导数的互补形式：

$$\left.\begin{aligned}&w_T=\lambda\frac{\partial\varphi}{\partial p_T}\\&\varphi\leqslant 0\\&\lambda\geqslant 0\\&\varphi\cdot\lambda=0\end{aligned}\right\} \tag{6-17}$$

对摩擦条件的另一种处理方法是引进惩罚因子，然后仿照塑性力学将摩擦接触条件表示成有惩罚因子的互补形式：

$$\left.\begin{aligned}&p_T=E_T\left(u\cdot T-\lambda\frac{\partial g}{\partial p_T}\right)\\&\varphi+v=0\\&v\cdot\lambda=0\\&v\geqslant 0\\&\lambda\geqslant 0\end{aligned}\right\} \tag{6-18}$$

式中：φ 为滑动函数，$\varphi=|\ p_T\ |+\mu_{pN}$；$g$ 是相应的滑动势函数；λ 为滑动因子，E_T 是惩罚因子。

有了上述摩擦接触条件的互补关系，就可以利用参变量变分原理或虚功原理建立摩擦接触问题的有限元二次规划（线性互补）模型。对这类线性互补问题，常采用 Lemke 算法求解。

对三维摩擦接触问题，为了能利用线性互补方法求解，通常以多面体棱锥近似代替 Coulomb 圆锥，从而实现滑动函数的线性化，但该方法大大增加了问题的求解规模。为了尽量减小线性化所增加的求解规模，有的学者又提出了参数二次规划迭代算法、序列线性互补方法等。然而，三维摩擦接触问题本质上属于非线性互补问题，由此出发可以建立非线性互补接触力法模型和非线性互补接触位移法模型。

数学规划方法在弹塑性接触问题的应用中，通常用迭代法反映材料非线性特征，从而进行求解。然而，钟万勰等利用参变量变分原理将接触问题和弹塑性问题表示成具有相同形式的有限元参数二次规划问题，很方便地实现了弹塑性接触问题的数学规划解法。

6.2　ANSYS 软件中的接触算法

6.2.1　显式接触边界算法

ANSYS/LS-DYNA 程序中处理不同结构界面的接触碰撞和相对滑动是非常重要和独特

的功能,有 20 多种不同的接触类型可供选择。主要是变形体与变形体的接触、离散点与变形体的接触、变形体本身不同部分的单面接触、变形体与刚性体的接触、变形结构固连以及根据失效准则接触固连,模拟钢筋在混凝土中固连和失效滑动的一维滑动线等。

ANSYS/LS-DYNA 程序处理接触碰撞面主要采用 3 种不同的算法,即节点约束法、对称罚函数法和分配参数法。节点约束法现仅用于固连界面;分配参数法现仅用于滑动界面;对称罚函数法是最常用的算法。本节将对节点约束法和分配参数法作简单介绍,重点介绍对称罚函数法。不同结构可能相互接触的两个面分别称为主表面(其中的单元表面称为主片、节点称为主节点)和从表面(其中的单元表面称为从片、节点称为从节点)。

节点约束法是最早选用的接触算法。它的原理:在每一时间步长修正构型之前,检查每一个没有与主表面接触的从节点,是否在当前时间步长内贯穿主表面。如果从节点贯穿主表面,则将时间步长缩小,使那些贯穿从节点都不贯穿主表面,而其中有的刚到达主表面。在下一个时间步长开始时,对刚到达主表面的从节点施加碰撞条件;对所有已经与主表面接触的从节点都施加约束条件,以保持从节点与主表面接触。此外,检查与主表面接触的从节点所属单元是否存在受拉交界面力。如有受拉面力,则用释放条件使从节点脱离主表面。由于此算法比较复杂,后来只用于固连界面。

分配参数法在 LS-DYNA 程序中仅用于滑动处理,其原理:将每一个正在接触的从单元一半质量分配到被接触的主表面面积上,同时由每一个从单元的内应力确定所用在接受质量的主表面面积上的分布压力。在完成质量和压力分配后,程序修正主表面的加速度。然后对从节点的加速度和速度施加约束,以保证从节点沿主表面运动。程序不允许从节点穿透主表面,从而避免反弹。

对称罚函数法是一种新的算法,1982 年 8 月开始用于 DYNA2D 程序。其原理比较简单:每一子步先检查各从节点是否穿透主表面,没有穿透则对该从节点不做任何处理;如果穿透,则在该从节点与被穿透主表面之间引入一个较大的界面接触力,其大小与穿透深度、主片刚度成正比,称为罚函数值。它的物理意义相当于在从节点和被穿透主表面之间放置一个弹簧,以限制从节点对主表面的穿透。对称罚函数法是同时再对各主节点处理一遍,其算法与从节点一样。对称罚函数法编程简单,很少激起网格沙漏效应,没有噪声,这是因为算法具有对称性,动力守恒准确,不需要碰撞和释放条件的结果。罚函数值大小受到稳定性限制,若计算中发生明显穿透,则可以放大罚函数值或缩小时间步长来调节。下面介绍对称罚函数法。它在每一子步分别对从节点和主节点循环处理一遍,算法相同。这里介绍从节点的处理方法。

对任意一个从节点 n_s 的计算步骤如下:

(1) 对从节点 n_s 进行搜索。为了确定与它最靠近的主节点 m_s,主节点 m_s 周围的主片是 S_1、S_2、S_3、S_4,如图 6-1 所示。

(2) 检查与主节点 m_s 有关的所有主片。目的是确定从节点 n_s 穿透主表面时可能接触的主片,如图 6-2 所示。

若主节点 m_s 与从节点 n_s 不重合,那么满足下列两个不等式时,从节点 n_s 可能与主片 S_i 接触。

$$(\boldsymbol{C}_i \times \boldsymbol{S}) \cdot (\boldsymbol{C}_i \times \boldsymbol{C}_{i+1}) > 0 \tag{6-19}$$

$$(\boldsymbol{C}_i \times \boldsymbol{S}) \cdot (\boldsymbol{S} \times \boldsymbol{C}_{i+1}) > 0 \tag{6-20}$$

其中,$\boldsymbol{C}_i$ 和 $\boldsymbol{C}_{i+1}$ 矢量是主片 $\boldsymbol{S}_i$ 的两条边,从主节点 m_s 向外。

矢量 $\boldsymbol{S}$ 是矢量 $\boldsymbol{g}$ 在主表面上的投影矢量,而矢量 $\boldsymbol{g}$ 是从主节点 m_s 到从节点 n_s 的矢量。

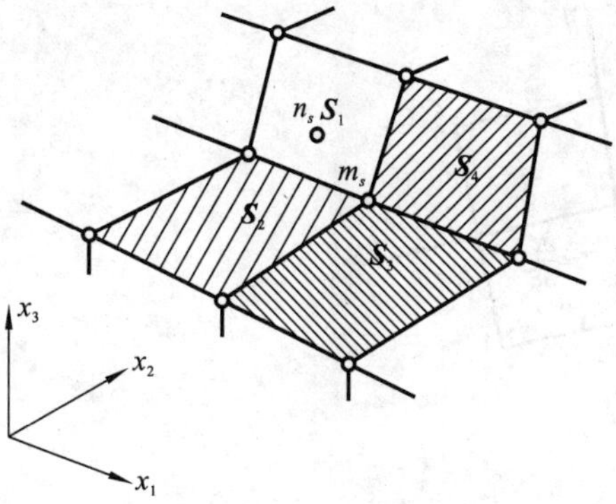

图 6-1　从节点空间位置

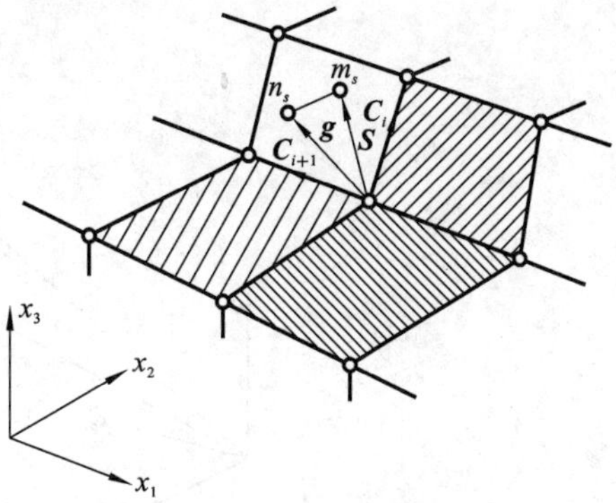

图 6-2　接触搜索

$$\boldsymbol{S}=\boldsymbol{g}-(\boldsymbol{g}\cdot\boldsymbol{m})\boldsymbol{m} \tag{6-21}$$

$$\boldsymbol{m}=\frac{\boldsymbol{C}_i\times\boldsymbol{C}_{i+1}}{|\boldsymbol{C}_i\times\boldsymbol{C}_{i+1}|} \tag{6-22}$$

对于主片 $\boldsymbol{S}_i$，矢量 $\boldsymbol{m}$ 是主片 $\boldsymbol{S}_i$ 处的法向单位矢量。

如果从节点 n_s 接近或位于两个主片的交线上，上述不等式可能不确定。在这种情况下，若从节点 n_s 位于两个主片的交线 $\boldsymbol{C}_i$ 上，则下述量为极大值。

$$\frac{\boldsymbol{g}\cdot\boldsymbol{C}_i}{|\boldsymbol{C}_i|}\quad(i=1,2,\cdots) \tag{6-23}$$

（3）确定从节点 n_s 在主片 $\boldsymbol{S}_i$ 上可能接触点 C 的位置。主片 $\boldsymbol{S}_i$ 上任意一点位置矢量 $\boldsymbol{r}$ 的参数表示法见图 6-3。

$$\boldsymbol{r}=f_1(\xi,\eta)\boldsymbol{i}_1+f_2(\xi,\eta)\boldsymbol{i}_2+f_3(\xi,\eta)\boldsymbol{i}_3 \tag{6-24}$$

$$f_i(\xi,\eta)=\sum_{j=1}^{4}\phi_j(\xi,\eta)x_i^j \tag{6-25}$$

$$\phi_j(\xi,\eta)=\frac{1}{4}(1+\xi_i\xi)(1+\eta_i\eta) \tag{6-26}$$

式中：x_i^j 为单元第 j 节点的坐标值；$\boldsymbol{i}_1$、$\boldsymbol{i}_2$、$\boldsymbol{i}_3$ 分别为 x_1、x_2、x_3 坐标轴的单位矢量。

接触点 $C(\xi_C,\eta_C)$ 位置必须满足下列两个方程：

$$\begin{cases}\dfrac{\partial\boldsymbol{r}}{\partial\xi}(\xi_C,\eta_C)\cdot[\boldsymbol{t}-\boldsymbol{r}(\xi_C,\eta_C)]=0\\[2ex]\dfrac{\partial\boldsymbol{r}}{\partial\eta}(\xi_C,\eta_C)\cdot[\boldsymbol{t}-\boldsymbol{r}(\xi_C,\eta_C)]=0\end{cases} \tag{6-27}$$

由式(6-27)，可以求得接触点 C 的坐标(ξ_C,η_C)。

（4）检查从节点 n_s 是否穿透主片。判断根据为

$$l=\boldsymbol{n}_i\cdot[\boldsymbol{t}-\boldsymbol{r}(\xi_C,\eta_C)]<0 \tag{6-28}$$

如果式(6-28)成立，则表示从节点 n_s 穿透含有接触点 $C(\xi_C,\eta_C)$ 的主片 S_i。

式(6-28)中，$\boldsymbol{n}_i$ 是在接触点 $C(\xi_C,\eta_C)$ 处主片 S_i 的外向法线单位矢量，其算式为

$$\boldsymbol{n}_i=\frac{\dfrac{\partial}{\partial\xi}(\xi_C,\eta_C)\times\dfrac{\partial}{\partial\eta}(\xi_C,\eta_C)}{\left|\dfrac{\partial}{\partial\xi}(\xi_C,\eta_C)\times\dfrac{\partial}{\partial\eta}(\xi_C,\eta_C)\right|} \tag{6-29}$$

如果 $l\geqslant0$，即从节点 n_s 没有穿透主表面，则不用作任何处理，从节点 n_s 的搜索结束。

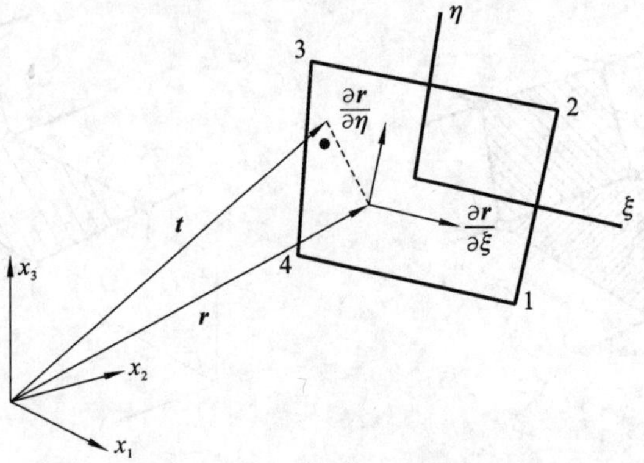

图 6-3 主片上从节点矢量表示

(5) 法向接触力的计算。如果从节点 n_s 穿透主片 $\boldsymbol{S}_i$，即 $l<0$，则在从节点和接触点之间附加一个法向接触力矢量 $\boldsymbol{f}_s$。

$$\boldsymbol{f}_s = -lk_i\boldsymbol{n}_i \tag{6-30}$$

式中：k_i 为主片的刚度因子，有

$$k_i = \frac{fK_iA_i^2}{V_i} \tag{6-31}$$

其中，K_i 为主片 $\boldsymbol{S}_i$ 所在单元的体积模量；V_i 是主片 $\boldsymbol{S}_i$ 所在单元的体积；A_i 是主片 $\boldsymbol{S}_i$ 所在单元的面积；f 为接触刚度因子，由用户输入，缺省值为 0.1，f 取值过大，可能造成不稳定，除非缩短时间步长。

因为在从节点 n_s 上附加法向接触力 $\boldsymbol{f}_s$ 矢量，根据作用-反作用原理，在主片 $\boldsymbol{S}_i$ 的接触点 $C(\xi_C,\eta_C)$ 上就作用一个反方向的 $\boldsymbol{f}_s$ 力，按式(6-32)计算就可得到等效作用到主片 $\boldsymbol{S}_i$ 的 4 个主节点上的接触力 $\boldsymbol{f}_{jm}$($j=1,2,3,4$)(单元第 j 个节点)。

$$\boldsymbol{f}_{jm} = -\phi_j(\xi_C,\eta_C)\boldsymbol{f}_s = \phi_j(\xi_C,\eta_C)lk_i\boldsymbol{n}_i \quad (j=1,2,3,4) \tag{6-32}$$

式中：$\phi_j(\xi_C,\eta_C)$ 为主片 $\boldsymbol{S}_i$ 的二维函数在接触点 $C(\xi_C,\eta_C)$ 的值，有

$$\sum_{j=1}^{4}\phi_j(\xi_C,\eta_C) = 1 \tag{6-33}$$

(6) 摩擦力的计算。设从节点 n_s 的法向接触力为 $\boldsymbol{f}_s$，则它的最大摩擦力值如式(6-34)所示。

$$f_y = \mu\,|\,\boldsymbol{f}_s\,| \tag{6-34}$$

式中：μ 为摩擦系数。

设在上一时刻 t_n 从节点 n_s 的摩擦力为 f^n，则现时刻 t_{n+1} 可能产生的摩擦力(或称试探摩擦力) f^* 为

$$f^* = f^n - k\Delta e \tag{6-35}$$

式中：k 为界面刚度；Δe 的计算式为

$$\Delta e = r^{n+1}(\xi_C^{n+1},\eta_C^{n+1}) - r^{n+1}(\xi_C^n,\eta_C^n) \tag{6-36}$$

现时刻 t_{n+1} 的摩擦力 f^{n+1} 为

$$f^{n+1} = \begin{cases} f^*, & |f^*| \leqslant f_y \\ f_y f^*/|f^*|, & |f^*| > f_y \end{cases} \tag{6-37}$$

按作用-反作用原理，就可计算出对应主片 $\boldsymbol{S}_i$ 上 4 个主节点的摩擦力。

若静摩擦系数为 μ_s，动摩擦系数为 μ_d，则用指数插值函数来使二者平滑过渡。

$$\mu = \mu_d + (\mu_s - \mu_d)e^{-C|V|} \tag{6-38}$$

$$V = \Delta e/\Delta t \tag{6-39}$$

式中：Δt 为时间步长；C 为衰减系数。

由库仑摩擦造成界面的剪应力，在某些情况下，可能非常大，以致超过材料承受的能力，此时，程序采用某种限制措施，令

$$f^{n+1} = \min(f_c^{n+1}, kA_i) \tag{6-40}$$

式中：f_c^{n+1} 为按式(6-37)考虑库仑摩擦计算出的 t_{n+1} 时刻的摩擦力；A_i 为主片 $\boldsymbol{S}_i$ 的表面积；k 为黏性系数。

(7) 节点力总体坐标轴方向分量的获得。将接触力矢量和摩擦力矢量投影到总体坐标轴方向并组集到总体载荷矢量 $\boldsymbol{P}$ 里。

对称罚函数法是将上述算法对从节点和主节点分别循环处理，如果仅对从节点循环处理，则称为"分离和摩擦滑动一次算法"。此种算法用于金属模具压力成形问题。此时，将模具视为刚体，变形体表面定义为从表面，而刚体表面定义为主表面。它比对称算法节省时间。

近年来，ANSYS/LS-DYNA 程序对表面与表面间的接触算法又做了不少改进，主要是为了使薄板模压成形问题计算更加精确。例如接触搜索，采用刚体近似冲压模具时有的单元长宽比很不好，搜索与从节点最靠近的主节点有时很困难。为防止这类问题发生，采用搜索最接近的主片位置来代替搜索最接近的主节点。又由于计算接触表面位置考虑到壳单元的厚度，因此在薄板模压成形时，壳单元的厚度变化对接触表面摩擦力的影响很大。另外，在接触计算中增加黏性接触阻尼项，以阻止薄板模压成形计算过程中垂直于接触表面的振荡。

6.2.2 隐式接触边界算法

ANSYS 隐式算法中的接触问题分为 2 种基本类型：刚体-柔体的接触，柔体-柔体的接触。在刚体-柔体的接触问题中，一个或多个接触面能被当作刚体(与它接触的变形体相比，有较大的刚度)。一般情况下，当一种软材料和一种硬材料接触时，可以假定为刚体-柔体的接触，许多金属成形问题可归为此类接触。柔体-柔体的接触是一种更常用的类型，在这种情况下，两个接触体都是变形体(有相似的刚度)，比如螺栓法兰连接。ANSYS 支持 5 种接触方式：点-面、面-面、线-线、线-面和点-点接触。每种接触方式使用不同的接触单元集，并适用于某一特定类型的问题。不同接触方式的单元如表 6-1 所示。

表 6-1　不同接触方式的单元列表

接触类型	点-面	面-面		线-线	线-面	点-点
接触单元编号	175	172,175	174,175,177	177	177	178
目标单元编号	169,170	169	170	170	170	—

1. 面-面接触单元

在涉及两个边界的接触问题中，一个边界通常被指定为目标面，另一个边界则为接触面。对于刚-柔接触来说，目标面总是刚性表面，接触面是变形表面；对于柔-柔接触来说，接触与目标面两者均与变形体相连，两个表面一起构成接触对。

使用 TARGE169 和 CONTA172、CONTA175 来定义一个 2D 接触对；对于 3D 接触对，则使用 TARGE170 和 CONTA174、CONTA175、CONTA177 单元，每个接触对都指定了一个

相同的实常数。

面-面接触非常适合于过盈配合、装配接触或进入接触、锻造和拉深等问题的接触分析。与点-点接触单元(CONTA175)相比,面-面接触单元有下列优点:

(1) 支持低阶和高阶单元(也就是仅有角节点或具有中间节点的单元)。

(2) 为工程需要提供更好的接触结果,如显示法向压力和摩擦应力的云图。

(3) 对目标面的形状没有限制,表面可以是自然不连续或由于网格离散引起不连续。

(4) 能模拟流体压力渗透载荷。

对刚性表面使用这些单元,可以在 2D 和 3D 中模拟直线和曲线表面。这些表面通常使用简单的几何形状,如圆、抛物线、球体、圆锥体和圆柱体表面。更加复杂的刚性形状或一般可变形形状能够使用特殊前处理技术建模。

面-面接触单元不适合于点-点、点-面、边缘-面或 3D 线-线接触,如管道套筒或卡扣组件。对于这些情况,应该使用点-面、点-点或线-线单元。对于大多数接触区域,能够使用面-面接触;对于靠近接触角点位置,可使用少量的点-面接触。

面-面接触单元只支持一般的静态和瞬态分析、屈曲分析、谐分析、模态或频谱分析、子结构分析。

2. 点-面接触单元

CONTA175 是一个点-面接触单元,它支持大滑动、大变形以及接触面之间存在的不同网格。当单元渗透到指定目标面上的某个目标单元(TARGE169,TARGE170)时发生接触。它可用来模拟如扣合件的角点沿配合面滑动等的点-面接触应用问题。

如果接触面是由一组节点组成并生成了多个单元时,还可以使用 CONTA175 单元来模拟面-面接触,表面可以是刚体或变形体,如电线插入插槽内。

与点-点接触单元不同的是,读者事先不需要知道接触的精确位置,接触组件之间也不需要匹配的网格。尽管可用于模拟小滑动,但同时也允许模拟大变形和更大的相对滑动。

CONTA175 单元并不支持接触表面侧具有 3D 高阶单元。如果目标面出现严重不连续,该单元会出现失效。该单元不能采用等值线方式来显示接触结果。

3. 3D 线-线接触单元

线-线接触单元(CONTA177)一般用于模拟 3D 梁-梁接触(交叉梁或相互平行梁),或管道在另一个管道内滑动,如编织织物和网球拍弦。

CONTA177 可连接到 3D 梁或管单元,并支持接触上的低阶和高阶单元,目标表面可用 3D 线段(TARGE170 直线或抛物线单元)建模。它可应用于大滑动和大位移。

4. 线-面接触单元

线-面接触单元(CONTA177)可用来模拟 3D 梁、壳边缘接触实体或壳单元,还可以模拟 3D 边缘-边缘接触。

CONTA177 单元支持接触表面上的低阶或高阶单元,目标面可用 3D 线段单元(TARGE170)来建模,可适用于大滑动、大位移等问题。

5. 点-点接触单元

点-点接触单元(CONTA178)通常用于模拟点-点的接触行为,为了使用点-点的接触单元,必须预先知道接触位置。这类接触问题只能适用于接触面之间有较小相对滑动的情况(即使在几何非线性情况下)。如在管道缠绕模型中,接触点总是位于管道尖端和约束之间。

如果两个面上的节点一一对应,相对滑动变形又可以忽略不计,两个面的挠度(转动)较小，则可用点-点接触单元来求解面-面的接触问题，如过盈装配问题就是一个可以用点-点接触单元来模拟面-面接触问题的典型例子。

另外，点-点接触单元也可用于极其精确的表面应力分析中，如涡轮叶片分析。

除了单向接触外，CONTA178 还提供了圆柱形间隙选项，以模拟具有较小相对滑动的两个平行管道之间的接触(对于大滑动可采用3D线-线接触)，这两个管道可以是相邻的，或者一根管道位于另一根空心管道之中。此外，CONTA178 可以模拟两个刚性球体之间的接触，两个球体可以是相邻的，或一个位于另一个空心球体内。

6.3 接触对生成与参数设置

6.3.1 接触对的生成

在 ANSYS 软件中，有2种方法来生成接触对：接触对管理器和接触向导。接触管理器能够指定、浏览和编辑接触对，它提供了一种非常方便的方式来管理所有的接触对；接触向导能引导生成接触对，它也可从接触管理器中进入。

1. 接触管理器(Contact Manager)

单击 ANSYS 软件工具栏中的按钮“”或使用菜单路径 Preprocessor > Modeling > Create > Contact Pair，进入 ANSYS 软件接触管理器，如图 6-4 所示。接触管理器为生成和管理接触对提供了一个非常直观的界面，它可在开始阶段、前处理器、求解器和通用后处理器中使用。管理器支持面-面接触分析、节点-面接触分析(CONTA175)和接触的内部多点约束(MPC)方法。注意：接触管理器并不支持一般的接触定义。下面将对接触管理器的按钮进行说明。

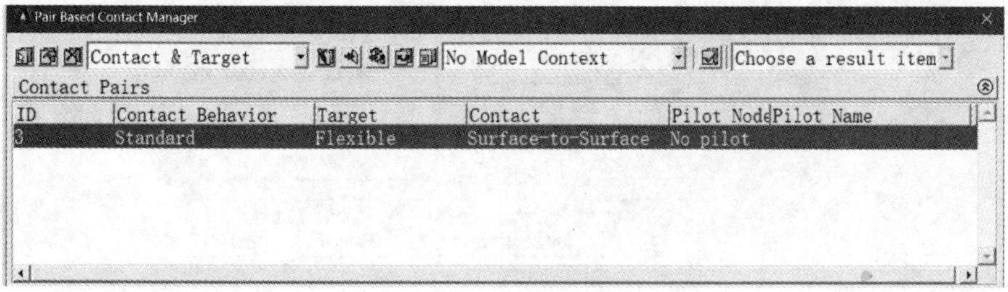

图 6-4 接触管理器

• 接触向导(Contact Wizard)：允许读者采用手动方式来指定目标和接触面，可应用于2维和3维几何模型。

• 接触特性(Contact Properites)：对于使用的接触单元，可以通过实常数和关键字(KEYOPTS)来指定接触对的性能。

• 删除接触对(Delete Contact Pairs)：删除接触对列表中被选的接触对。

• 接触对选择选项(Contact Selection Options)：指定接触单元、目标单元或两者在窗口中的显示。

• 显示单元/结果(Plot Element/Results)：显示被选接触对的单元，如果当前处于后处理器，则可显示接触结果(需在接触结果域中指定或在“Model context”中设置“Result-”)，否则只列表单元。

• 显示接触对的法向(Show Normals):确定在显示接触对时是否显示单元的法向。

• 转换法向(Flip Normals):转换被选接触对单元的法向。它仅适用于在"接触对选择选项"中指定的单元。

• 目标和接触单元转换(Switch Contact and Target):将接触面和目标面之间相互转换,仅适用于柔性-柔性接触的面-面接触对。

• 列表单元/结果(List Elements/Results):列表出被选接触对的单元,如果处于通用后处理器中,则可列表出接触结果(需在接触结果域中指定或在"Model context"中设置"Result-"),否则只列表单元。

• 模型环境(Model Context):采用半透明方式在整体模型上显示接触对,或仅显示接触对,如果设置有"Resule-",则可控制接触对结果的显示或列表。

• 接触对状态(Check Contact Status):提供被选接触对的相关状态信息。

• 接触对结果(Contact Results):显示接触结果项。

2. 接触向导(Contact Wizard)

如图 6-5 所示,接触向导能引导读者采用手工方式创建接触对,可用于刚体-柔性接触和柔性-柔性接触,也可用于面-面接触和点-面接触的配置。但要注意,它并不支持刚性目标初始化,以及一般接触对的定义。

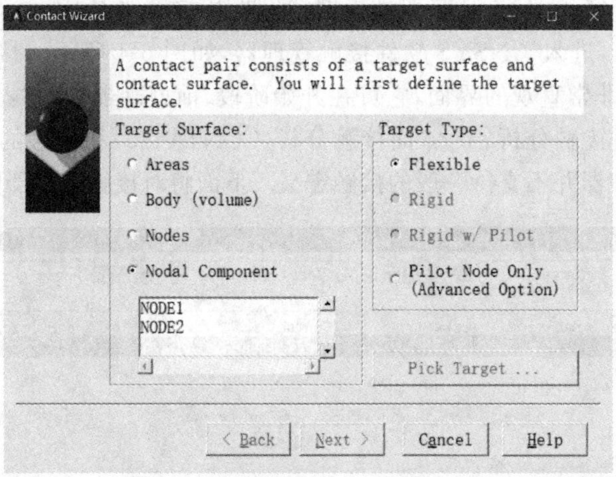

图 6-5　接触向导对话框

如果模型没有划分网格,则不能进入接触向导。如果希望创建一个刚体-柔性模型,在启动向导之前,仅需要对作为柔性表面的模型划分网格(刚体目标面不要划分网格);如果想创建一个柔性-柔性模型,则在启动向导之前,必须对作为接触表面的模型全部划分网格。

可以使用线、面、体、被选的一组节点或节点组件来生成目标和接触面,接触向导也允许同时选择多个面来指定为目标和接触面,因此一个接触面可以由多个面组成。

在指定好目标和接触面后,在创建接触对之前也可以指定接触对的属性(包括实常数和关键字),然后单击"Create",则创建了一个接触对、一组唯一的实常数以及与目标和接触表面相匹配的单元。

6.3.2　接触分析的参数设置

每个接触单元均包含一些实常数(KEYOPTS),建议尽量使用缺省设置,因为它们适合大多数的接触问题。对于一些特殊的应用,可以通过指定设置来覆盖缺省设置,单元的关键字可以控制某些接触行为。但要注意缺省的关键字也非常依赖于所处的分析环境。

1. 面-面接触分析

1) 接触算法的选择(KEYOPT(2))

对面-面接触单元,其接触算法有:

- 罚函数方法(KEYOPT(2)=1)
- 增广的 Lagrange 法(KEYOPT(2)=0)(缺省值)
- 在接触法向为 Lagrange 乘子法,接触切向为罚函数法(KEYOPT(2)=3)
- Lagrange 乘子法(KEYOPT(2)=4)
- 内部多点约束法(MPC)(KEYOPT(2)=2)

罚函数法是使用一个接触"弹簧"来建立两个接触面之间的联系,弹簧刚度就称为接触刚度。该法使用的实常数有:对于 KEYOPT(10)所有选项有 FKN 和 FKT,如果 KEYOPT(10)=0 或 2,则还需要 FTOLN 和 SLTO。

增广的 Lagrange 法是对罚函数法进行一系列修正迭代,在平衡迭代中接触力(压力和摩擦应力)被放大,以至于最后的渗透要比许可公差(FTOLN)小很多。与罚函数法相比,增广的 Lagrange 法易导致良态条件,对接触刚度的敏感性较小。然而,在有些分析中,增广的 Lagrange 法可能需要更多的迭代,特别是在变形后网格变得太扭曲时。

当接触关闭时,Lagrange 乘子法将施加零的渗透,当出现黏性接触时,它施加一个"零的滑移"。Lagrange 乘子法并不需要接触刚度 FKN 和 FKT,相反它需要颤动控制参数 FTOLN 和 TNOP。该法将接触力作为一个附加的自由度添加到模型上,从而需要附加迭代来稳定接触条件,与增进的 Lagrange 法相比,它的计算时间要长一些。

另一种算法是在接触法向使用 Lagrange 乘子法而在其摩擦面采用罚函数法(切向接触刚度)。对于黏性接触,该法将施加一个零的渗透,并允许有小量的滑动,除了最大许可弹性滑动参数 SLTO 外,还需要颤动控制参数 FTOLN 和 TNOP。

内部多点约束算法与绑定接触(KEYOPT(12)=5 或 6))和不分离接触(KEYOPT(12)=4)一起使用,可用来模拟接触装配和运动学约束等。

同时对于 Lagrange 乘子法,读者还需要记住下列要点:

- Lagrange 乘子法(KEYOPT(2)=3,4)在面-面接触时并不支持 Gauss 点检测选项(KEYOPT(4)=0)。对于面-面接触和点-面接触,它支持节点检测选项,当使用这个选项时,注意不要过约束模型。当一个节点已经确定为边界条件、刚体方程或耦合方程时,模型就属于过约束。软件首先会尝试检测所有潜在的过约束,然后通过转换成罚函数法消除过约束。然而并不保证软件会消除掉所有的过约束。

对于 3D 高阶单元(CONTA174),Lagrange 乘子法施加在每个接触点(包含单元中间点),但罚函数法仅施加在接触单元的中心,即使使用了 KEYOPT(2)=3,4 设置。

一般情况下,当使用 Lagrange 乘子法时,法向接触刚度(FKN)对接触结果的影响不大,在大多数情况下,不要改变 FKN 的缺省值。

- Lagrange 乘子法会引入更多的自由度,这可能导致模态分析和线性屈曲分析中出现杂散模态,而增广 Lagrange 法(KEYOPT(2)=0)是较好的选择。
- Lagrange 乘子法在刚度矩阵中会引入零对角项,任何迭代求解器(如 PCG 法)都会遇到这些方法的预处理矩阵奇异,此时应该使用稀疏求解器。

2) 决定接触刚度

对于增广的 Lagrange 法和罚函数法,需要定义法向和切向接触刚度。在接触与目标面之间的渗透量取决于法向刚度,而在黏性接触中的滑动量取决于切向刚度。

较大的刚度值会减少渗透/滑动量,但会导致一个病态的整体刚度矩阵并引起收敛困难;较小的刚度值会导致一定数量的渗透/滑动量并产生一个不精确的解。理想状态是定义一个足够高的刚度,以便于渗透/滑动量达到可接受的小量,而一个足够低的刚度会使问题在收敛方面具有良好的状态。

ANSYS 软件为接触刚度(FKN,FKT)、许可渗透(FTOLN)和许可滑移(SLTO)提供了一个缺省值。但单元的材料性能会影响接触刚度缺省值的计算。

- 如果材料为各向异性弹性材料,则所有的弹性模量会影响接触刚度。
- 覆盖在层状结构实体单元(SOLID185 或 SOLID186)上的接触单元的初始接触刚度,会受到由各层厚度加权的材料性能影响。

在大多数情况下,不需要定义接触刚度,同时建议使用"KEYOPT(10)=0 或 2"允许系统自动更新接触刚度。

对于某些接触问题,可选择使用实常数 FKN(缺省值为 1.0)来定义法向接触刚度系数。该系数介于 0.01~1.0 内,其缺省值适用于大多数情况。采用表格输入 FKN 也可定义为一个主变量的函数。同时缺省的法向接触刚度会受到模型中的材料属性、单元大小和读者指定的渗透公差的影响。

实常数 FTOLN(缺省值为 0.1)与增广的 Lagrange 法一起使用,FTOLN 是一个公差因子并被施加在表面的法向。它的范围要小于 1.0(通常小于 0.2),并取决于其下实体单元、壳单元或梁单元的厚度。该因子用来确定渗透兼容性是否满足。

如果渗透是在一个许可的公差范围(FTOLN 乘以其下单元的厚度)内,则接触的协调性是满足的。如果 ANSYS 系统检测到任意渗透量大于这个许可范围,即使残余力和位移增量已达到收敛,则整体求解还是考虑为不收敛。缺省的接触法向刚度与最终穿透公差成反比,公差越紧,接触法刚度越高。同时 FTOLN 也可与 Lagrange 乘子法一起使用,但此时它将是一个颤动控制参数。如果接触刚度太大以至于计算机精度不能保证整体刚度矩阵处于良态时,在可能的条件下可缩放力的单位。

系统会自动生成一个缺省的切向接触刚度,它与 MU(摩擦系数)和法向刚度 FKN 成比例。缺省的切向刚度与 FKT=1.0 相对应,FKT 的正值是一个比例因子,负值则指定绝对切向刚度值。对于 KEYOPT(10)=0 或 2、或 KEYOPT(2)=3 时,系统会根据当前法向接触压力、最大许可弹性滑移(SLTO)自动更新切向接触刚度(KT=FKT×MU×PRES/SLTO)。当 FKT 在每次迭代自动更新时,SLTO 则控制最大滑移距离。一个大的值会提高收敛但会影响精度。

从一个载荷步到另一个载荷步或在一个重新启动分析中,实常数 FKN、FKT、FTOLN 和 SLTO 会自动修改或调节,为了确定得到一个好的刚度值,需要某些经验。下面给出了一些试运行的步骤:

(1) 开始时取一个较低的接触刚度值,一般来说,低估值比高估值要好一些,因为较低的接触刚度所导致的渗透问题要比过高的接触刚度导致的收敛性困难要容易解决。

(2) 用最终载荷的一小部分来运行分析(刚好使接触完全建立)。

(3) 检查每个子步中的渗透和平衡迭代的次数。如果整体不收敛是由于渗透量过大引起，而不是由残余力和位移增量引起，则这时 FKN 是一个低估值或者 FTOLN 的值过小；如果整体收敛需要许多平衡迭代步才能满足残余力和位移的收敛，则表明 FKN 和 FKT 的值被高估了。

(4) 根据需要调整 FKN、FKT、FTOLN 或 SLOT 的值，开始一个完整的分析过程，如果在整体平衡迭代中，渗透控制占主导地位，这时可以增大 FTOLN 的值来获得更大的许可渗透量，或者增大 FKN 的值。

3) 选择摩擦模型

在基本的库仑摩擦模型中，两个接触面在开始相互滑动之前，在界面上会有某一大小的剪应力产生，这种状态称为黏着状态(stick)。库仑摩擦模型定义了一个等效剪应力 τ，当其值达到接触压力 p 的一小部分时，表面开始滑动，如式(6-41)所示。一旦剪应力超过此值后，两个表面将开始相互滑动，这种状态称为滑动状态(sliding)。黏着/滑动计算决定一个点什么时候从黏着状态到滑动状态或从滑动状态到黏着状态的转变。

$$\tau = \mu p + \mathrm{COHE} \tag{6-41}$$

式中：μ 为摩擦系数；COHE 为黏聚力。

对于另一种系统支持的摩擦模型，可以使用 USERFRIC 子程序来定义用户需要的摩擦模型。

对于无摩擦、粗糙和绑定接触，接触单元的刚度矩阵是对称的。涉及摩擦的接触问题会产生不对称的刚度矩阵，每次迭代中使用不对称求解器比对称求解器需要更多的计算时间。因为这个缘故，对于大多数摩擦接触问题，还是采用对称求解器来求解，但摩擦应力对整体位移有很大的影响时会导致低的收敛率，此时可通过“NROPT,UNSYM”来设置非对称求解器以改善收敛精度。

界面摩擦系数 MU 适用于库仑摩擦，库仑摩擦可以是各向同性或正交各向异性。

实常数 TAUMAX 是具有应力单位的最大接触摩擦。引入最大接触摩擦应力，这样当摩擦应力达到这个值时，不管法向接触压力如何改变，滑动都将会发生。当接触应力非常大时(如金属成形过程)，可以使用 TAUMAX，其缺省值为 1.0E20。对于 TAUMAX 来说，其值比较接近 $\sigma_y/\sqrt{3}$，σ_y 是变形时材料的 Mises 屈服应力。

另一个使用实常数是凝聚力：COHE(缺省值为 0)，具有应力单位。即使法向压力为零，它也提供一个滑动阻力，如图 6-6 所示。

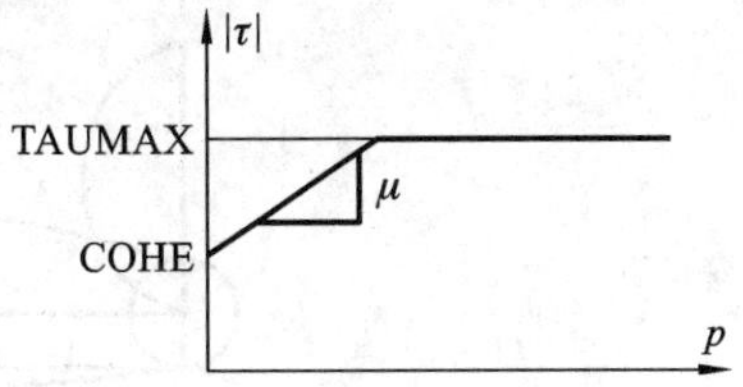

图 6-6　摩擦模式

摩擦系数依赖于接触面的相对速度，通常静摩擦系数要高于动摩擦系数。ANSYS 中提供了如下的指数衰减摩擦模型：

$$\mu = \mathrm{MU} \times (1 + (\mathrm{FACT} - 1)\exp(-\mathrm{DC} \times V_{\mathrm{rel}})) \tag{6-42}$$

式中：MU 为动摩擦系数；FACT 为静摩擦系数与动摩擦系数之比，缺省值为最小值 1.0；DC 为衰减系数，缺省值为 0.0，单位为 time/length；V_{rel} 为系统计算的滑动率。

若已知静、动摩擦系数和至少一个数据点(μ_1，V_{rel})，则摩擦衰减系数按式(6-43)确定：

$$\mathrm{DC} = \frac{1}{V_{\mathrm{rel}}} \times \ln\left(\frac{\mu_1 - \mathrm{MU}}{(\mathrm{FACT} - 1) \times \mathrm{MU}}\right) \tag{6-43}$$

如果不指定衰减系数，且 FACT 大于 1.0，当接触进入滑动摩擦状态时，摩擦系数会从静摩擦系数突变到动摩擦系数。由于这种模型会导致收敛困难，所以不建议采用。

4) 接触检查位置的选择

接触检查点位于接触单元内的积分点上。在积分点上,接触单元不能穿透进入目标面,但目标面能穿透进入接触面,如图 6-7 所示。

面-面接触单元使用高斯积分点作为缺省值,它比节点检测方法一般来说会提供更精确的结果,节点检测法是采用节点本身作为积分点。而对于接触单元 CONTA175 和 CONTA177,总是采用节点检测法。

节点检测法需要一个光滑的接触表面(KEYOPT(4)=1)或一个光滑的目标面(KEYOPT(4)=2),这是相当耗费时间的。该方法仅用于处理角点、点-面或边缘-表面的接触问题,如图 6-8 所示。

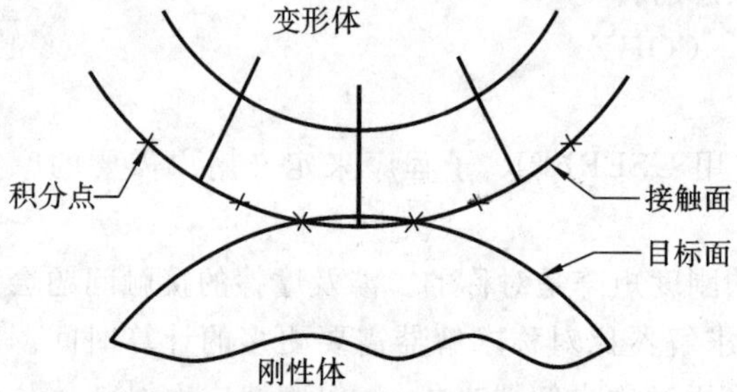

图 6-7　接触检查点位于高斯积分点上

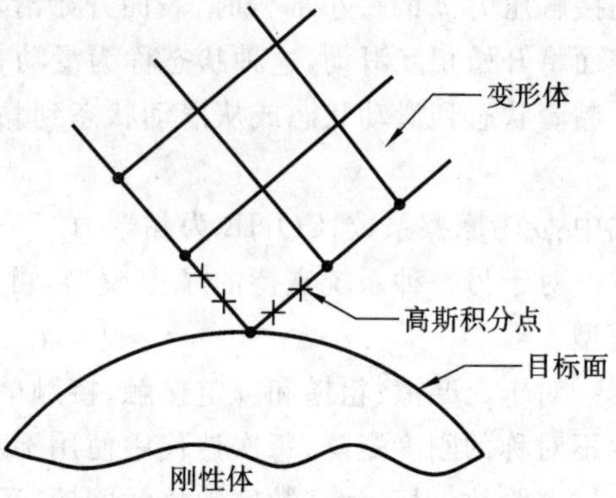

图 6-8　接触检查点位于节点上

然而也要注意到,使用节点作为接触检查点可能会导致其他收敛性问题,如节点滑脱(节点滑出目标面的边界),如图 6-9 所示。当实常数 TOLS 的缺省值不能避免这个问题时,应设置 TOLS 来延长目标面来防止节点滑脱。对于大多数的点-面接触问题,建议使用 CONTA175。

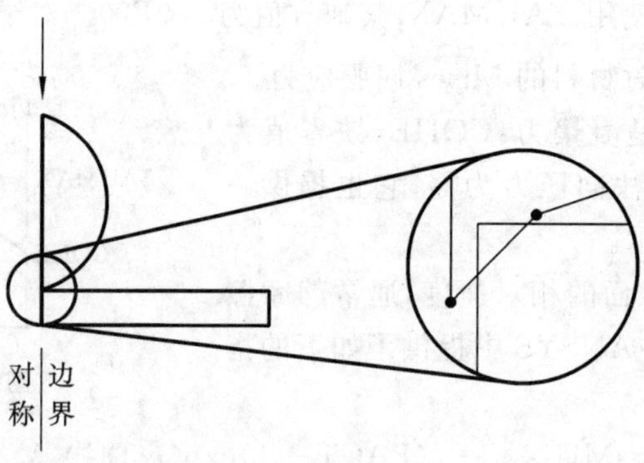

图 6-9　节点脱滑

当接触节点有可能位于目标的边缘时,则 TOLS 是非常有用的。TOLS 的单位是百分数,即 1.0 表示增加接触边缘长度的 1.0%,一个非常小的值也许就可以防止滑脱的发生,对于小变形问题其缺省值为 10,对于大变形问题("NLGEOM,on")其缺省值为 2.0。

5) 调整初始接触条件

在动态分析中,刚体运动一般不会引起问题,然而在静力分析中,当物体没有足够的约束时会产生刚体运动。若在静态分析中，出现了“Zero or negative”的警告信息或不实际的、非常大的位移，则表明出现了没有约束的运动。

在仅通过出现接触来约束刚体运动的仿真中，必须保证在初始几何体中，接触对是接触的，换句话说，就是要在建立模型时，接触对是“刚好接触”的，然而这样可能会遇到以下问题：

(1) 刚体外形常常是复杂的，很难决定第一个接触点发生在哪里。

(2) 即使实体模型是在初始接触状态，在网格划分后基于数值舍入误差，两个面的单元网格之间也可能会产生小的缝隙。

(3) 接触单元的积分点和目标单元之间可能有小的缝隙。

(4) 对于表面突出的接触，即使在某个接触点有几何渗透，但缝隙距离也可能存在。

因为同样的原因，接触和目标面之间会出现过多的初始渗透。在此情况下，接触单元也许高估了接触力，从而导致不收敛或偏离了接触，因此定义初始接触也许是建立接触分析模型时的一个重要方面，因ANSYS软件提供了几种方法来调整接触对的初始接触条件。

下面的技巧可以在开始分析时独立执行或几个联合起来执行，其目的是消除生成网格造成的数值舍入误差而引起的小缝隙或渗透，而不是改正网格或几何数据的错误。

(1) 实常数CNOF：指定接触表面偏移量。指定正值将使整体接触面接近目标面，负值将使接触面偏离目标面。但如果同时输入CNOF和PINB时，要确定PINB的值要大于CNOF的值，否则CNOF将会被忽略；如果输入了CNOF，而PINB采用缺省值，则PINB将会被调节到大于CONF的值。通过设置KEYOPT(5)的值，系统会自动调整CNOF的值。

- KEYOPT(5)＝1：关闭间隙。
- KEYOPT(5)＝2：减少初始渗透。
- KEYOPT(5)＝3：既关闭间隙又减少初始渗透。

(2) 实常数ICONT：指定一个小的初始接触环。初始接触环是指沿着目标面的“调整环”深度。输入的正值表示相对于变形体单元厚度的比例因子，负值表示接触环的真正值。当KEYOPT(5)＝0、1、2或3时，其缺省值为0；若KEYOPT(5)＝4，系统将根据几何尺寸提供较小且有意义的值，并给出一个该值已指定的警告信息。

任何落在“调整环”领域内的接触检查点会被自动移到目标面上，如图6-10(a)所示情况。建议使用一个小的ICONT值，否则，可能会发生大的不连续，如图6-10(b)所示。

使用CNOF和ICONT的区别是：前者用CNOF的距离改变整个接触表面；后者移动落在ICONT调节环内的所有初始断开的接触点到目标面。

(3) 实常数PMIN和PMAX：指定初始容许渗透的上下限。当指定PMAX或PMIN后，在开始分析时，系统会将目标面移到一个初始接触的状态。如果初始渗透大于PMAX，则系统会调整目标面以减少渗透；如果初始渗透小于PMIN，则系统会调节目标面以保证初始接触。接触状态的初始调节仅仅通过平移来实现。

对于给定载荷或位移的刚性目标面，将会执行初始接触状态的初始调节。同样，对于没有指定边界条件的目标面，也可以进行初始接触的调整。但当目标面所有的节点被赋予0值时，初始调节将不支持使用PMAX和PMIN。

系统独立地处理目标面上节点的自由度，如：若指定自由度UX值为0，那沿着x方向就不会有初始调节，然而，在y和z方向仍然会激活PMAX和PMIN选项。

初始状态调整是一个迭代过程，最多不超过20次迭代，如果目标面不能进入可接受的渗透范围(PMIN到PMAX)，系统则会使用未调节的几何模型，并会给出一个警告信息，这时可

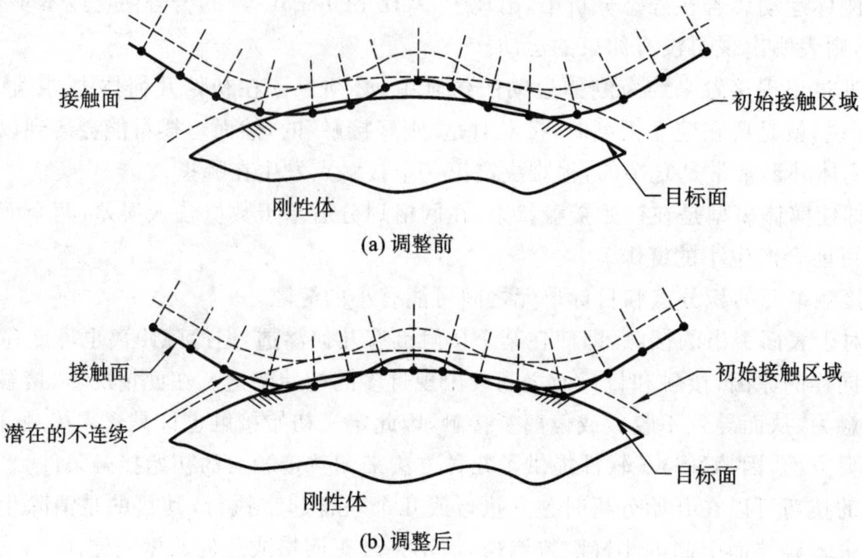

图 6-10　用 ICON 进行接触面的调整

能需要调整初始几何模型。

图 6-11 给出了一个初始接触调整迭代失败的例子。目标面的 UY 被约束住，对初始接触的调整仅有可能在 x 方向。然而，在这个问题中，刚性目标面在 x 方向的任何运动都不会引起初始接触。

(4) 使用 KEYOPT(9)来调整初始渗透或缝隙，如图 6-12 所示。

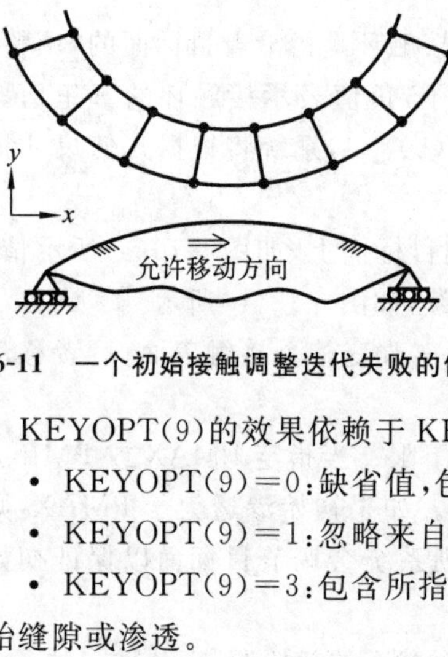

图 6-11　一个初始接触调整迭代失败的例子

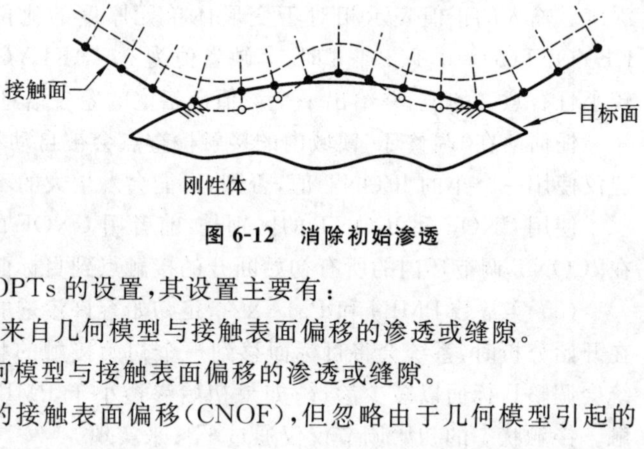

图 6-12　消除初始渗透

KEYOPT(9)的效果依赖于 KEYOPTs 的设置，其设置主要有：

• KEYOPT(9)＝0：缺省值，包含来自几何模型与接触表面偏移的渗透或缝隙。

• KEYOPT(9)＝1：忽略来自几何模型与接触表面偏移的渗透或缝隙。

• KEYOPT(9)＝3：包含所指定的接触表面偏移(CNOF)，但忽略由于几何模型引起的初始缝隙或渗透。

• KEYOPY(9)＝5：包含所指定的接触表面偏移(CNOF)，但忽略由于几何模型引起的初始缝隙或渗透。即使 KEYOPY(12)没有设置为 4 或 5，只要在 pinBall 区域内检测到接触，则 KEYOPT(9)的这个设置将忽略开口缝隙弹簧的初始力。

对于过盈装配、期望有过度渗透的问题，如果在第一个载荷步中，初始渗透采用阶跃式施加常常会引起收敛困难。此时为了缓解收敛困难，可在第一个载荷步中采用渐进式施加初始渗透，其设置可以是：

• 渐进总的初始渗透或缝隙（CNOF＋由于几何模型引起的偏移），设置 KEYOPT(9)＝2。

• 渐进指定的接触表面渗透或缝隙（CNOF），但忽略由于几何模型引起的渗透或缝隙，且设置 KEYOPT(9)＝4。

• 设置 KEYOPY(9)＝6，渐进指定的接触偏移量，但忽略由于几何模型引起的初始渗透，即使 KEYOPT(12)没有设置为 4 或 5，只要在 pinBall 区域内检测到接触，则 KEYOPT(9)的这个设置将忽略开口缝隙弹簧的初始力。

对于上述关于 KEYOPT(9)的设置，同时要设置 KBC＝0，如图 6-13 所示，且在第一个载步中不要给定其他任何外载荷。另外，要确保 pinball 区域足够大，以便能够捕获到初始过盈量。

对于给定的目标面，如果没有发现接触，系统会给出警告信息。这可能是因为目标面离接触面太远（超出了 pinball 区域）或者接触/目标单元已经被"杀死"。

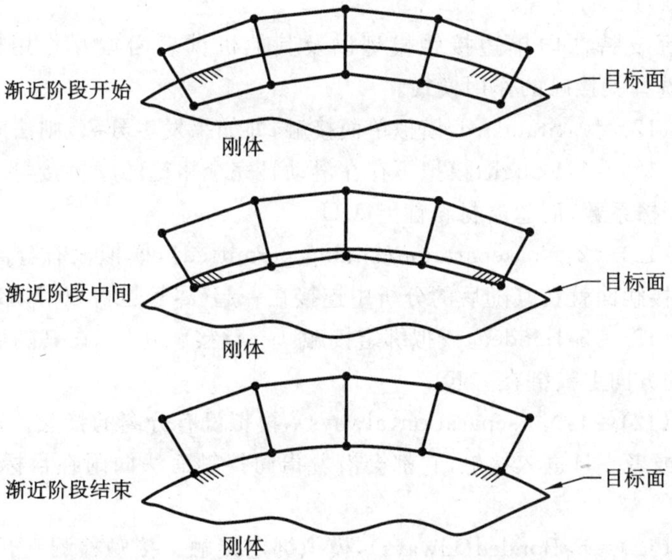

图 6-13　渐进初始渗透

6）决定接触状态和 pinball 区域

接触单元相对于目标面的运动和位置决定了接触单元的状态。系统检测每个接触单元并给出一种状态：

• STAT＝0，未合的且未靠近接触
• STAT＝1，未合的近区接触
• STAT＝2，滑动接触
• STAT＝3，黏着接触

当它的积分点落到与相关目标面由系统计算（用户指定）的距离内时，接触单元就被考虑为近区域接触，这个距离内的区域就被认定为 pinball 区域，且为以 Gauss 点为中心的圆（二维）或球（三维）。

使用实常数 PINB 来为 pinball 指定一个比例因子（正值）或真实值（负值），可以为 PINB 指定任何值。在缺省状态，并假定大变形效应打开时，系统将 pinball 区域定义为一个以 r 为半径的圆(二维问题)或球(三维问题),对于刚性-柔性接触,$r=4\times$变形体单元厚度;对于柔性-柔性接触,$r=2\times$变形体单元厚度。如果大变形效应未打开,则 pinball 区域是大变形效应的一半。

如果输入了实常数 CNOF,且缺省的 PINB 值小于 CNOF 的绝对值,那么缺省的 PINB 值将被设置为 1.1 * CNOF 的绝对值。

寻找接触的计算成本依赖于 pinball 区域的大小。远区接触计算是简单的且计算时间较短;近区接触计算是较慢的且较复杂。一旦单元实际接触,则计算最为复杂。

如果目标面有好几个凸形区域,则为了克服伪接触状态,需要设置一个合适的 pinball 区域。然而对大多数接触问题,缺省值是合适的。

一旦接触状态发生突变,如从远区接触转到封闭,系统将会给出警告信息。这也许是因为子步增加大太或 pinball 值(PINB)太小。

7) 选择表面作用模式

(1) KEYOPT(12)的设置。

面-面接触单元支持法向单边接触模型以及其他机械表面相互作用模型,可通过设置 KEYOPT(12)来选择其接触的作用模式。

- KEYOPT(12)=0:Standard,模拟单面接触,即如果发生分离,则法向应力为零。
- KEYOPT(12)=1:Rough,模拟不存在滑动且完全粗糙的摩擦接触。这种情况类似于有一个无限大的摩擦系数,而忽略材料性能 MU。
- KEYOPT(12)=2:No separation(sliding permitted),模拟没有分离的接触。一旦接触建立,目标面和接触面就在其随后的分析中连接在一起(尽管也可以滑动)。
- KEYOPT(12)=3:Bonded,模拟绑定接触。一旦接触建立,在其随后的分析中目标面和接触面在所有的方向上被绑在一起。
- KEYOPT(12)=4:No separation(always),模拟没有分离的接触。接触检测点开始位于 pinball 区域内或者一旦进入接触,它都会沿着指向接触面法向附在目标面上(允许滑动存在)。
- KEYOPT(12)=5:Bonded(always),模拟绑定接触。接触检测点开始位于 pinball 区域内或者一旦进入接触,它都会沿着指向接触面的法向和切向附在目标面上(全绑定)。
- KEYOPT(12)=6:Bonded(initial contact),模拟绑定接触。开始位于接触状态的接触检测点保持依附于目标面,开始处于未接触状态的接触检测点将在整个分析中保持不接触。

对于所有绑定接触类型(KEYOPT(12)=2、3、4、5、6),接触的分离可采用解除绑定方式来模拟。

对于未分离(KEYOPT(12)=4)和总处于绑定(KEYOPT(12)=5),一个较小的 PINB 的值可用来防止任何假接触。对 KEYOPT(12)的设置,在小变形分析("NLGEOM,off")中,PINB 的缺省值是 0.25(接触深度的 25%);在大变形分析("NLGEOM,on")中,PINB 的缺省值是 0.5(接触深度的 50%)。

对于 KEYOPT(12)=6,可以设置一个相对大的 ICONT 的值来捕捉接触。对 KEYOPT(12)的设置,在 KEYOPT(5)=0 或 4 时,ICONT 的缺省值是 0.05(接触深度的 5%)。

(2) 实常数 FKOP。

FKOP 是一个当接触未合时的刚度系数,仅在没有分离或绑定接触时使用(KEYOPT(12)=2、3、4、5 或 6 时)。

如果 FKOP 是一个缩放系数(正值),真实的接触未闭合刚度等于 FKOP 乘以接触闭合时所要施加的接触刚度。如果 FKOP 是一个真实值(负值),该值将作为一个真实接触未闭合刚度施加。FKOP 的缺省值是 1。

当接触出现未闭合时,不分离和绑定接触产生一个"回拖"力,该力并不完全防止分离。为了减少分离,可指定一个较大 FKOP 值。此外,在某些情况下,当接触面之间需要连接以防止刚体运动时,则需要分离。在这种情况下,可为 FKOP 指定一个小值,以保持接触面之间的连接(这是一种弱弹簧效应)。

对于绑定接触,缺省的接触开启刚度受到法向接触刚度的影响。然而,无论接触状态或 FKOP 的值如何,当指定切向刚度的绝对值时,切向刚度保持不变。

2. 点-面接触分析

在点-面接触中,使用的接触单元是 CONTA175。它与面-面接触的关键字(KEYOPT)和实常数大多数相同,其不同之处将在下面进行阐述。

对于接触表面,其实体单元特别是在 3D 情况下,要尽量避免使用具有中节点的单元。在接触表面节点上的有效刚度是非常不均匀的,如对一个 20 节点的块单元(SOLID186),在角节点具有一个负刚度,然而点-面接触算法假定在接触建立时整个表面的节点刚度是均匀分布,这种条件下在接触中使用中节点单元会导致收敛困难。中节点单元仅能够在绑定或非分离接触时才使用,也能够在 2D 接触表面或在 2D/3D 目标面上使用中节点。

CONTA175 是一个点单元,不能显示其接触结果,但能够使用命令"PRESOL,CONT"或"PRETAB"列表出其结果。

1) KEYOPT(3)

CONTA175 单元中的 KEYOPT(3)允许用户在一个基于集中力的接触模型(KEYOPT(3)=0,缺省值)和基于面力的接触模型(KEYOPT(3)=1)之间进行选择。对于一个基于面力的接触模型,系统确定与接触节点相关的面;对于单点接触情况,将使用一个单位面积,即类似于基于集中力的接触模型。

当使用基于面力的接触模型时,实常数 FKN、FKT、TCC、ECC、MCC、PSEE、DCC 和 DCON 与面-面接触单元(CONTA172、CONTA174)使用相同的单位。

当使用基于集中力的接触模型时,上述实常数的单位与在基于面力中的使用多了一个"面积"的因子,如在基于集中力模型中,接触刚度 FKN 的单位是 FORCE/LENGTH,而在基于面力的接触模型中,则为 $FORCE/LENGTH^3$。在基于集中力模型中,PRES 是一个接触法向集中力,而在基于面力的接触模型中,则是接触应力。

同时若其下的单元是 3D 梁或管道单元,则不能使用基于面力的接触模型(KEYOPT(3)=1)。

2) KEYOPT(4)

CONTA175 单元中 KEYOPT(4)允许读者选择接触的法向。接触法向既可以垂直于目标面(KEYOPT(4)=0,3,缺省值为 0),也可以垂直于接触面(KEYOPT(4)=1,2)。当接触出现在梁或壳的底面,且包含壳厚度效应(KEYOPT(11)=1),或者指定了 CNOF 时,为了捕捉到接触,应该使用 KEYOPT(4)=2 或 3。

使用实常数 TOLS 可为内部延伸目标面的边缘添加一个小的容差。当接触节点有可能位于目标面的边缘时,可以使用 TOLS,否则接触节点会反复地滑出目标面,甚至脱离接触,从而引起收敛困难。

3) CONTA175 的实常数

CONTA175 与面-面接触单元 CONTA172 和 CONTA174 具有相同的实常数。仅有的差别是实常数的单位不相同

3. 3D 线-线接触分析

在许多实际应用中,会遇到大变形梁之间的接触问题,如管道、电缆电线、线圈等。可使用 3D 线-线接触单元(CONTA177)来模拟 3D 梁-梁接触。

对于 3D 梁-梁接触,有三种不同的情况:

(1) 内部接触,一根梁在另一根空心梁中滑动。

(2) 外部接触,两根梁大致平行且相互沿其外表面接触。

(3) 外部接触,两根梁外表面之间交叉接触。

对上述三种情况,可使用三维线段(直线或抛物线)来指定目标面(TARGE170),也可以将接触单元和目标单元附着在三维梁或管上,其中单元可以是一阶或二阶。两根梁之间可以是柔性-柔性接触或刚性-柔性接触。

当模拟内部接触时,插入梁或管道应作为接触面,而外梁或管道可作为目标面。当内部梁的刚度要远大于外部梁时,可考虑将内部梁作为目标面。当模拟外部接触时,具有较大刚度的梁或粗网格的梁可考虑作为目标面。

必须将 CONTA177 与 3D 目标线段 TARGE170 配对来模拟 3D 梁-梁接触,其分析的步骤与面-面接触分析相类似,可使用命令"ESURF"在相关接触对之间生成 CONTA177 单元。

CONTA177 的实常数大多与面-面接触单元(CONTA172 和 CONTA174)的相同,但 KEYOPT(3)、KEYOPT(4)和 KEYOPT(14)与其他单元的不同,且不使用 KEYOPT(11)。下面将介绍它的不同之处。

1) 实常数 R1 和 R2

对于梁-梁接触,一个重要的假设是采用了恒定的圆形截面梁模型,在接触对中对所有 CONTA177 单元,其接触半径假定是相同的。类似地,对所有 TARGE170 单元,其目标半径假定也是相同的,并分别通过实常数 R1 和 R2 来指定。

对于一般的梁截面,在接触定义中可以使用等效圆形梁,且按下列步骤确定:

(1) 沿着梁的轴线确定最小的截面;

(2) 在该截面内确定最大的内嵌圆。

R1 用来确定目标侧的半径,R2 用来确定接触侧的半径。一般情况下,接触半径和目标半径不需要指定,系统会自动根据其下的单元来计算等效半径,但等效半径可能随时会发生变化。如果 TRAGE170 单元作为一个刚性目标面,则需要指定目标半径。

2) KEYOPT(3)

对于 CONTA177,KEYOPT(3)用来确定梁-梁接触的类型。

- KEYOPT(3)=0 或 1:可模拟平行梁之间接触。
- KEYOPT(3)=3 或 4:可模拟交叉梁的接触。
- KEYOPT(3)=2:可模拟平行梁与或交叉梁之间的接触。

对于目标单元(TARGE170),KEYOPT(9)可用来确定梁之间是外部接触(KEYOPT(9)=0,缺省值)还是内部接触(KEYOPT(9)=1)。

KEYOPT(3)也允许选择是基于力的接触模型(KEYOPT(3)=0 或 4)还是基于面力的接触模型(KEYOPT(3)=1,2 或 3)。

3) 实常数 TOLS

对于 CONTA177 单元，接触法向唯一被指定并同时垂直于接触面和目标面。TOLS 用来指定一个小的容差，允许目标面边缘的内部延伸，其他用法与面-面接触单元的相同。

4) KEYOPT(4)

使用 CONTA177 单元与 MPC 法（KEYOPT（2）＝0）一起来指定基于面的约束。KEYOPT(4)用来确定基于面约束的类型。

- KEYOPT(4)＝0：设置为刚体面约束（CONTA175 和 CONTA177）。
- KEYOPT(4)＝1：设置为一个分布力约束。
- KEYOPT(4)＝2：设置为一个刚性面约束（CONTA172 和 CONTA174）。
- KEYOPT（4）＝ 3：设置为耦合约束（CONTA172、CONTA174、CONTA175 和 CONTA177）。

5) KEYOPT(14)

KEYOPT(14)允许每个接触检测点同时与多个目标段交互作用。

- KEYOPT(14)＝0：每个接触检测点仅与一个目标段发生相互作用。
- KEYOPT(14)＝1：每个接触检测点能与多达 4 个目标段发生相互作用。
- KEYOPT(14)＝2：每个接触检测点能与多达 8 个目标段发生相互作用。

每个接触检测点允许的最大接触交互次数由 KEYOPT(14)和 KEYOPT(3)设置决定。

4. 线-面接触分析

可使用 3D 线-面接触单元 CONTA177 来模拟 3D 梁-面之间或壳（实体）边线-面之间的柔性-柔性或刚性-柔性接触。

3D 线-面接触由沿着接触面上线的位置（CONTA177 单元模拟）和目标面上的 3D 面段（TARGE170 模拟）组成，在 3D 中的线-面接触如图 6-14 所示。

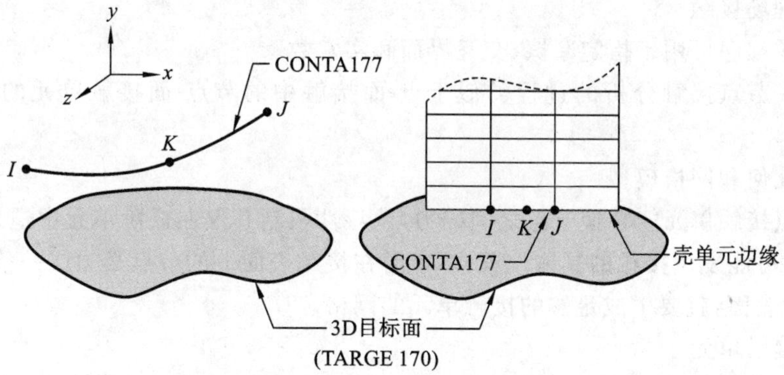

图 6-14　3D 线-面接触

单元 CONTA177 具有下列特点：

(1) 有 2 或 3 个节点。

(2) 与目标单元 TARGE170 配对。

(3) 使用与面-面接触单元相同的实常数。

(4) 支持 3D 刚性-柔性和柔性-柔性接触。

(5) 支持 3D 梁和壳边缘，且单元可有或无中节点。

(6) 在大多情况下，可采用命令“ESURF”生成。

完成一个 3D 线-面接触分析的步骤类似于面-面接触分析的步骤。当实体上的单元是梁单元或壳单元边缘时,能使用命令“ESURF”生成 CONTA177 单元。当使用线-面接触单元来生成接触表面时,节点排列顺序必须满足形成一条连续线的要求。

线可以是直线或抛物线段,根据所附着的梁或壳边缘,能够由一阶或二阶单元组成。如果其下梁单元的节点秩序不一致,则必须使用命令“ESURF…REVERSE”来改变所选择节点的顺序,也可以用命令“ENORM”来生成一致的单元秩序。

CONTA177 的实常数和关键字大多数与面-面接触单元(CONTA172 和 CONTA174)的相同,但 KEYOPT(3)和 KEYOPT(4)与其他接触单元的具有区别,不使用 KEYOPT(8),且 FKN、FKT 和 TNOP 的单位不相同。

5. 点-点接触分析

可以使用节点-节点接触单元来模拟点-点接触(柔性-柔性或刚性-柔性接触),也可以通过在各表面相对节点之间指定单个节点-节点接触来模拟两个表面之间的接触,但要求两个相对面之间的节点几何匹配,且将忽略两个表面之间的相对滑动,同时两个表面之间的变形(转动)也必须很小。

节点-节点接触单元是 CONTA178,它是所有接触单元中最简单、最经济的单元类型。当模型的条件能保证其使用时,它是一个可模拟各种接触情况的有效工具,具有下列特色:

- 几种接触算法,包括 Lagrange 法(KEYOPT(2))在内。
- 半自动接触刚度(FKN-FKS)。
- 对于接触法向是柔性的。
- 具有多种接触方式(KEYOPT(10))。
- 带有摩擦的圆柱形、径向和球形缝隙(KEYOPT(4)=4)。
- 带有阻尼(CV1,CV2)。
- 多物理场接触。
- 用户子程序可用于指定摩擦、交互界面和实常数。

完成节点-节点接触分析的过程类似于点-面接触中的节点-面接触单元的,其基本步骤如下:

1) 生成几何和网格模型

节点-节点接触单元能转换节点之间的力,该特性限制其仅在低阶单元中适用。必须确定在模型变形时可能发生接触的具体位置,两个潜在接触表面上的节点必须成一条线,一旦确定了潜在的接触表面,就要生成足够的接触单元的网格。

2) 生成接触单元

生成节点-节点接触单元的方式有两种:

(1) 使用“E”命令。

(2) 使用“EINIF”命令在相对应节点之间自动生成接触单元。

3) 指定接触法向

在 CONTA178 的接触分析中,接触法向是非常重要的。在缺省状态(KEYOPT(5)=0 和 NX,NY,NZ=0),系统将根据 I 和 J 节点的初始位置计算接触的法向,这样节点 J 相对于节点 I 的正位移就会生成间隙。然而在下列情况下,必须指定法向:

(1) 如果节点 I 和 J 有一个相同的初始坐标。

(2) 如果模型有一个初始的干涉条件,即其下层单元具有几何重叠。

(3) 如果初始未闭合间隙非常小。

在上述情况下，节点 I 和 J 的顺序是非常严格的。正常的接触法向是从节点 I 指向节点 J，除非接触一开始就重叠。

可以使用实常数 NX，NY，NZ 和 KEYOPT(5)来指定接触的法向。

4) 指定初始干涉或间隙

间隙大小能通过实常数 GAP 加节点的位置自动计算得到。这意味着如果初始间隙仅由节点位置来确定，则必须设置：KEYOPT(4)＝0 和 GAP＝0。

如果 KEYOPT(4)＝1，初始间隙值则仅由实常数 GAP 确定，即忽略了节点的位置。若 GAP 为负值，则用来模拟为初始干涉。

可使用 KEYOPT(9)＝1 来渐进初始干涉。

5) 选择接触算法

对于 CONTA178，有下列接触算法：

- Lagrange 乘子法
- 接触法向为 Lagrange 乘子法，摩擦方向(切向)为罚函数法
- 增广的 Lagrange 算法
- 罚函数法

当 CONTA178 与罚函数法和增广的 Lagrange 算法一起使用时，为接触法向和切向刚度提供一个半自动的设置。其缺省的法向接触刚度是 FKN，FKN 由弹性模量和其下层单元大小来确定。FKN 和 FKS 是一个系数因子，如果需要输入一个真实值，则使用负值。

6) 施加实质性边界条件

当使用 Lagrange 乘子法时，小心不要过约束模型。当一个节点的接触约束与同节点自由度上的边界条件相冲突时，就称为过约束。

当计算中出现“Zero Pivot”或“Numerical Singularity”警告信息时，表示模型中出现了过约束。过约束会引起收敛困难或得到不精确的解，可改变边界条件来避免过约束。

7) 指定求解选项

对于接触问题的收敛，主要依赖于特定的问题。对于点-点接触问题，可参考下列建议：

- 使用 KEYOPT(7)设置适当单元级的自动时间步长。
- 时间步长要小到能够捕捉到适当的接触区域。当时间步长过大时，会影响接触力的平稳传递。设置精确时间步长的可靠方法是打开自动时间步长跟踪(AUTOTS，ON，缺省设置)。
- 设置平衡方程迭代次数为适合时间步长大小的数值，依据不同的问题，其缺省值为 15 至 26 次迭代。
- 打开预测-校正选项。
- 设置 N-S 选项为 FULL，自适应下降。
- 涉及摩擦的分析，对于法向和切向运动是强耦合的问题，“NROPT，UNSYM”是很有用的。
- 支持大变形选项(NLGEOM，ON)，但在分析中，接触法向并不会更新，且确保沿着接触表面仅发生小的转动。
- 许多收敛困难是由于使用了大的接触刚度值。相反，如果出现了过渗透，则可能是 KN 的值太小。

6.4 赫兹接触理论

接触问题的研究很早就引起了人们的重视。早在 1882 年,Herz 就比较系统地研究了弹性体的接触问题,并提出经典的 Herz 接触理论。

6.4.1 两球接触或球与平面接触

当两个球接触时,接触半宽为

$$a=\left(\frac{3PR}{4E^*}\right)^{1/3} \tag{6-44}$$

式中:P 为施加的集中力载荷;R 为两个球的等效半径;E^* 为等效弹性模量。

两个球的等效半径 R 的计算式为

$$\frac{1}{R}=\frac{1}{R_1}+\frac{1}{R_2} \tag{6-45}$$

式中:R_1,R_2 分别为两个球的半径。

等效弹性模量 E^* 的计算式为

$$\frac{1}{E^*}=\frac{1-\mu_1^2}{E_1}+\frac{1-\mu_2^2}{E_2} \tag{6-46}$$

式中:E_1,E_2 分别为两个球对应的弹性模量;μ_1,μ_2 分别为两个球对应的泊松比。

最大接触应力为

$$p_0=\frac{3P}{2\pi a^2}=\left(\frac{6PE^{*2}}{\pi^3R^2}\right)^{1/3} \tag{6-47}$$

在 $h=0.48a$ 处,最大剪应力为

$$\tau_{\max}=\frac{\sigma_1-\sigma_3}{2}=0.31p_0 \tag{6-48}$$

压下量为

$$\delta=\frac{a^2}{R}=\left(\frac{9P^2}{16RE^{*2}}\right)^{1/3} \tag{6-49}$$

若球与平面相接触,除 R 为球的半径外,其他计算公式可参考式(6-44)至式(6-49)。

6.4.2 两圆柱接触或圆柱与平面接触

当两个圆柱接触时,接触半宽为

$$a=\left(\frac{4PR}{\pi E^*}\right)^{1/2} \tag{6-50}$$

式中:P 为沿轴向施加的单位长度集中力载荷;R 为两个圆柱的等效半径,其计算式为

$$\frac{1}{R}=\frac{1}{R_1}+\frac{1}{R_2} \tag{6-51}$$

式中:R_1,R_2 分别为两个圆柱的半径。

最大接触应力为

$$p_0=\frac{2P}{\pi a}=\left(\frac{PE^*}{\pi R}\right)^{1/2} \tag{6-52}$$

在 $h=0.78a$ 处,最大剪应力为

$$\tau_{\max} = \frac{\sigma_1 - \sigma_3}{2} = 0.3p_0 \tag{6-53}$$

压下量为

$$\delta = \frac{a^2}{R} = \left(\frac{4P}{\pi E^*}\right) \tag{6-54}$$

而当圆柱与平面接触，除 R 为圆柱的半径外，其他计算式可参考式(6-50)至式(6-54)。

6.5　接触分析实例

算例 6-1：平面接触分析

图 6-15 所示为两平面板相接触，已知 $p=100$ MPa，材料的弹性模量 $E=1000$ MPa，泊松比 $\mu=0.3$，试进行其平面应力的接触分析。

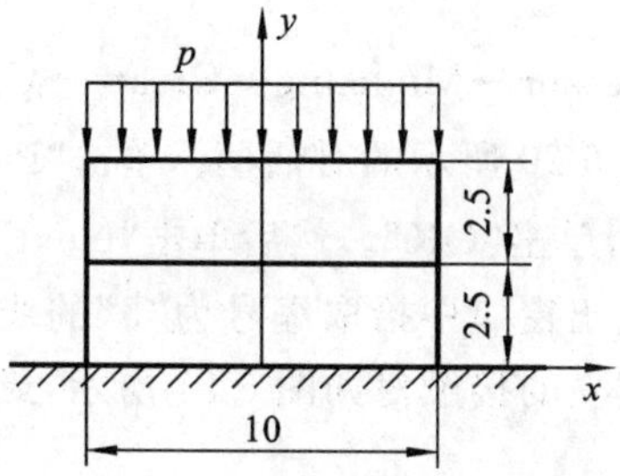

算例 6-1

图 6-15　两平板接触简图

1. 理论分析

两平板为均匀的直线接触，因而两平板的应力、变形相等，y 向应力为 100 MPa。

2. ANSYS 软件分析的操作步骤

由于图 6-15 所示板结构具有对称性，在分析时只取其中二分之一进行建模分析即可。有关接触分析的操作步骤如下。

1）选取单元和输入材料属性

（1）选取单元。Main Menu→Preprocessor→Element Type→Add/Edit/Delete，单击"Element Types"对话框中的"Add"，然后在"Library of Element Types"对话框左边的列表栏中选择"Structural Solid"，右边的列表栏中选择"Quad 4 node 182"，单击"OK"，再单击"Close"。

（2）输入材料参数。Main Menu→Preprocessor→Material Props→Material Models，出现一个如图 1-23 所示的对话框，在"Material Models Available"中，点击打开"Structural→Linear→Elastic→Isotropic"，又出现一个对话框，输入"EX=1000，PRXY=0.3"，单击"OK"，单击"Material→Exit"，完成材料属性的设置。

2）建立网格模型

（1）建立几何模型。Main Menu→Preprocessor→Modeling→Create→Areas→Rectangle→By Dimensions，弹出一个"Create Rectangle by Dimensions"对话框，如图 6-16 所示，输入"X1=0，X2=5，Y1=0，Y2=2.5"，单击"Apply"，在弹出的同一个对话框中，修改"Y1=2.5，Y2=5"，单击"OK"，输出窗口上显示 2 个矩形。

（2）设置单元大小。Main Menu→Preprocessor→Meshing→Size Cntrls→ManualSize→

Global→Size,弹出一个如图 6-17 所示的对话框,在“SIZE Element edge length”后面输入“0.25”,单击“OK”。

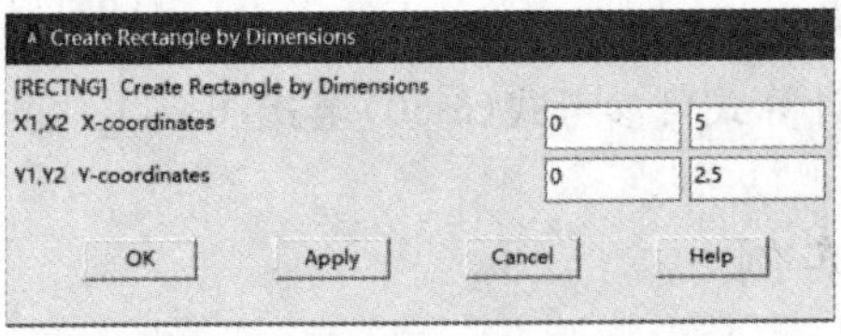

图 6-16　建立矩形对话框

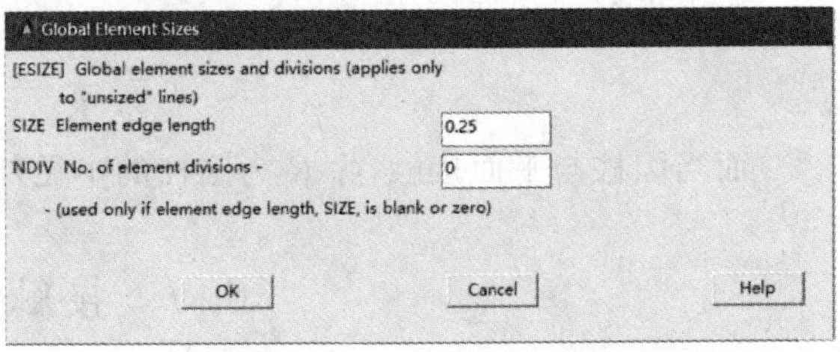

图 6-17　设置单元尺寸对话框

(3) 对面划分单元。Main Menu→Preprocessor→Meshing→Mesh→Areas→Mapped→3 or 4 sided,弹出一个“Mesh Areas”拾取框,单击“Pick All”,生成的网格结果如图 6-18 所示。

3) 生成接触对

执行 Main Menu→Preprocessor→Modeling→Create→Contact Pair,弹出如图 6-19 所示的对话框。单击,再弹出如图 6-20 所示的对话框。单击“Pick Target”,弹出一个拾取框,在输出窗口中拾取编号为“3”的线,单击“OK”。然后单击“Next”,在弹出的对话框中,单击“Pick Contact”,弹出一个拾取框,在输出窗口中拾取编号为“5”的线,单击“OK”,再单击“Next”,在弹出对话框中单击“Create”。建立的接触对如图 6-21 所示,最后单击“Finish”。

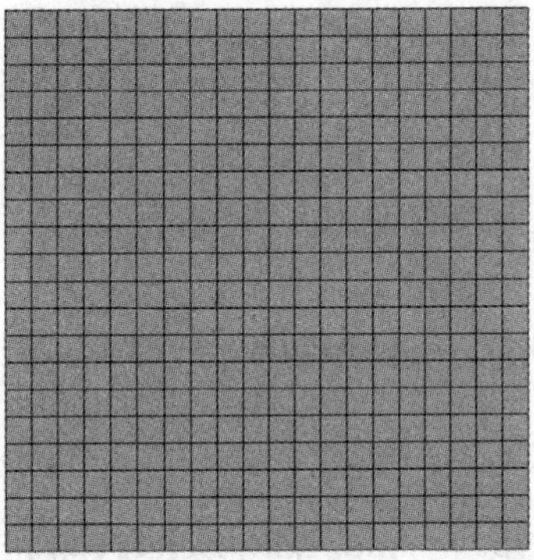

图 6-18　生成的网格

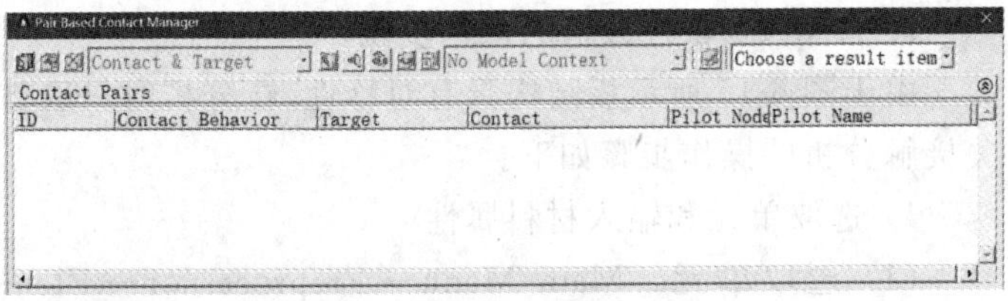

图 6-19　初始创建接触对对话框

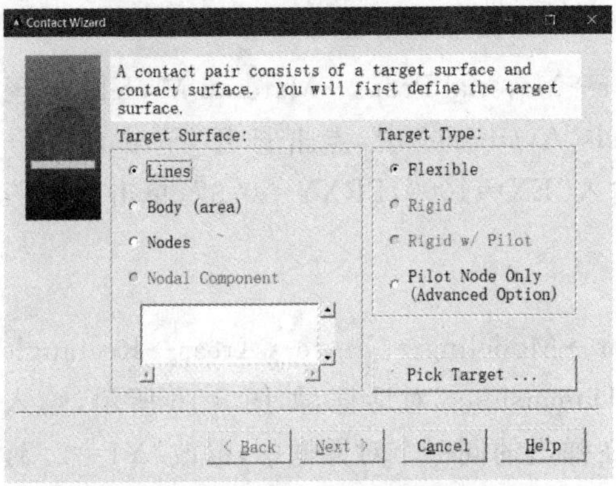

图 6-20　接触对目标面创建对话框

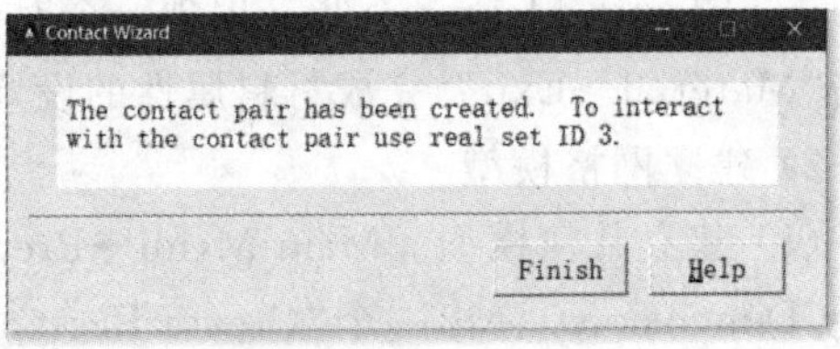

图 6-21　接触对及查询对话框

4）施加边界条件并求解

（1）施加底板的约束。Main Menu→Solution→Define Loads→Structural→Displacement→On Lines，弹出一个“Apply U，ROT on Lines”拾取框。在输出窗口中拾取编号为“1”的线，单击“OK”，再在弹出的对话框中仅选取“UY”，单击“OK”。可参考图 1-31 所示的对话框。

（2）施加对称约束。Main Menu→Solution→Define Loads→Structural→Displacement→Symmetry B. C. →On Lines，弹出一个“Apply SYMM on Lines”拾取框，在输出窗口中拾取编号分别为“4”和“8”的线，单击“OK”。

（3）施加线分布载荷。Main Menu→Solution→Define Loads→Structural→Displacement→On Lines，弹出一个“Apply PRES on Line”拾取框，在输出窗口拾取编号“7”的线，单击“OK”，再在弹出对话框中“VALUE Load PRES value”后面输入“100”，单击“OK”。

（4）求解选项设置。Main Menu→Solution→Analysis Type→Sol'n Controls，弹出一个“Solution Controls”对话框，如图 6-22 所示。在“Analysis Options”下面选择“Large Displacement Static”，在“Time at end of loadstep”中输入求解时间“1”，选择“Numer of substeps”，并在“Numer of substeps”后面栏中输入 10，在“Max no. of substeps”后面栏中输入“15”，在“Min no. of substeps”后面栏中输入“8”，在“Frequency”下面栏中选择“Write every Nth substep”，并在“where N=”后面输入“1”，然后单击“OK”。

（5）分析计算。Main Menu→Solution→Solve→Current LS，弹出对话框后，单击“OK”，则开始分析计算。当出现“Solution is done”对话框时，表示分析计算结束。

5）进入后处理器查看计算结果

（1）读取计算结果。Main Menu→General PostProc→Read Results→Last Set。

（2）执行 Main Menu→General Postproc→Plot Results→Contour Plot→Nodal Solu，弹出一个“Contour Nodal Solution Data”对话框，选择“Stress→von Mises stress”后，单击“OK”，生成的 Mises 应力云图如图 6-23 所示。

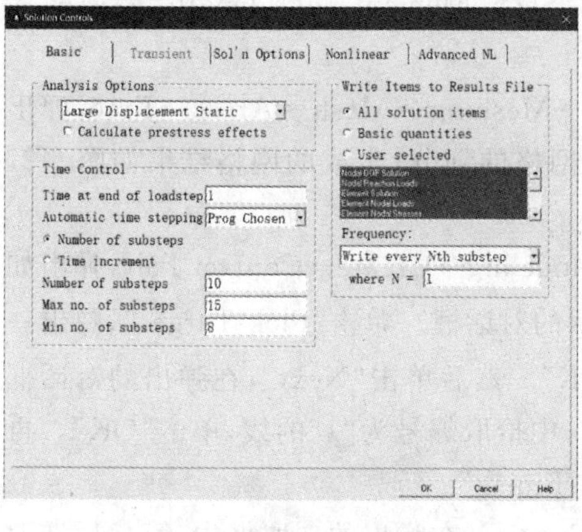

图 6-22　求解选项设置对话框

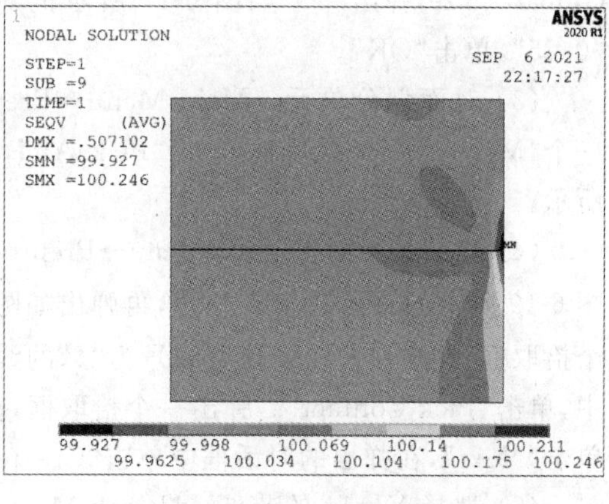

图 6-23　Mises 应力云图

算例 6-2：两球接触分析

两球接触，在上球的顶端作用有 $P=200$ N，两个球的材料相同，弹性模量为 1000 MPa，泊松比均为 0.3，两个球的半径相同，$R_1=R_2=10$ mm，如图 6-24 所示，试进行接触分析。

算例 6-2

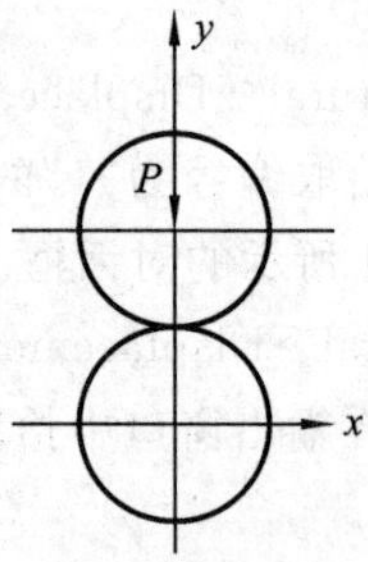

图 6-24　两球接触简图

1. 理论分析

根据两球接触的赫兹接触理论,可计算得到接触半宽、压下量、最大剪应力分别为 1.098 mm,0.241 mm,24.554 MPa。

2. ANSYS 软件分析的操作步骤

由于球具有轴对称性,下面将采用轴对称方式对其进行分析,具体的操作步骤如下。

1) 选取单元和输入材料属性

(1) 选取单元。Main Menu→Preprocessor→Element Type→Add/Edit/Delete,单击“Element Types”对话框中的“Add”,然后在“Library of Element Types”对话框左边的列表栏中选择“Solid”,右边的列表栏中选择“Quad 4 node 182”,单击“OK”,再单击“Options”,弹出一个对话框,在“Element behavior”后面的滚动框中选取“Axisymmetric”,单击“OK”,再单击“Close”。

(2) 输入材料参数。Main Menu→Preprocessor→Material Props→Material Models,出现一个如图 1-23 所示的对话框,在“Material Models Available”中,点击打开“Structural→Linear→Elastic→Isotropic”,又出现一个对话框,输入“EX=1000,PRXY=0.3”,单击“OK”,单击“Material→Exit”,完成材料属性的设置。

2) 建立有限元模型

(1) 生成第一个四分之一的圆面。Main Menu→Preprocessor→Modeling→Create→Areas→Circle→Partial Annulus,弹出一个如图 6-25 所示的对话框,分别输入:WP Y=10,Rad-1=0,Theta-1=-90,Rad-2=10,Theta-2=0。单击“Apply”。

生成第二个四分之一的圆面。在图 6-25 的对话框中,输入 WP Y=-10,同时分别输入:Rad-1=0,Theta-1=0,Rad-2=10,Theta-2=90。单击“OK”。生成的结果如图 6-26 所示。

(2) 设置单元大小。Main Menu→Preprocessor→Meshing→Size Cntrls→ManualSize→Global→Size,弹出一个如图 6-17 所示的对话框,在“SIZE Element edge length”后面输入“0.25”,单击“OK”。

(3) 对面划分单元。Main Menu→Preprocessor→Meshing→Mesh→Areas→Free,弹出一个“Mesh Areas”拾取框,单击“Pick All”,则完成面网格的划分,生成的网格结果如图 6-27 所示。

(4) 生成接触对。Main Menu→Preprocessor→Modeling→Create→Contact Pair,弹出如图 6-19 所示的对话框。单击,再弹出如图 6-20 所示的对话框。单击“Pick Target”,弹出一个拾取框,在输出窗口中拾取编号为“4”的线,单击“OK”。然后单击“Next”,在弹出的对话框中,单击“Pick Contact”。弹出一个拾取框,在输出窗口中拾取编号为“1”的线,单击“OK”。再单击“Next”,在弹出的对话框中单击“Create”,再单击“Finish”。

(5) 选择 Y=10 的节点。Utility Menu→Select Entities,在弹出的选取框中,第一栏选取“Nodes”,第二栏选取“By Location”,单选“Y coordinates”,再在“Min,Max”下面输入“10”,单击“OK”。

(6) 耦合所选节点的 UY 自由度。Main Menu→Preprocessor→Coupling/ceqn→Couple DOFs,在弹出对话框中单击“Pick All”,弹出如图 6-28 所示的对话框,在对话框中的“NSET”项中输入“1”,在“Lab”项中选择“UY”,然后单击“OK”。再执行 Utility Menu→Select Everything。

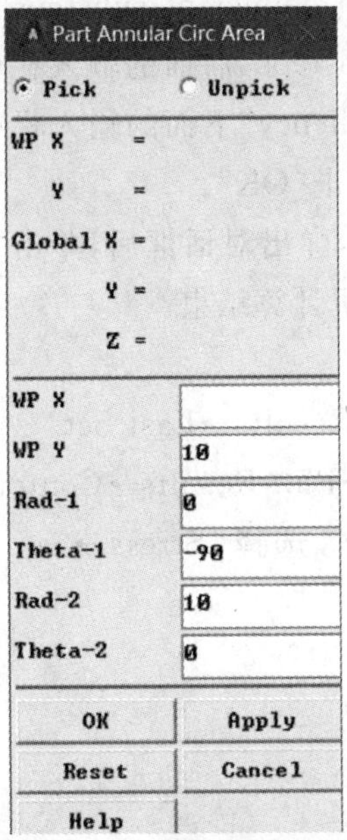

图 6-25　生成部分圆面的对话框

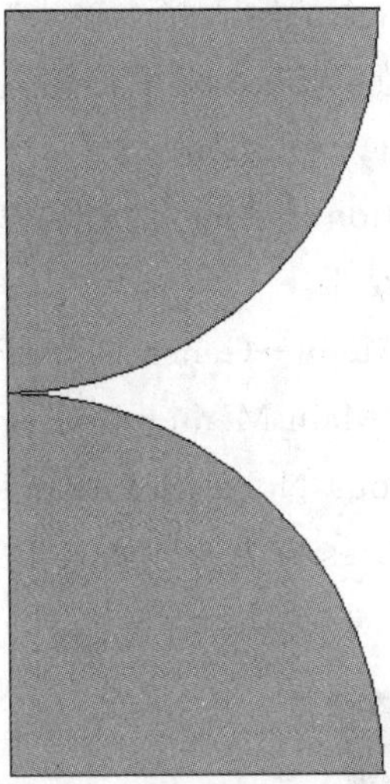

图 6-26　生成的几何模型

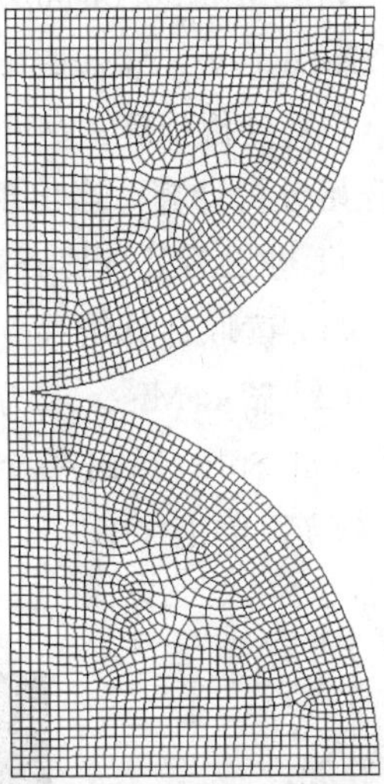

图 6-27　生成的网格模型

3）施加边界条件并求解

（1）施加底板的约束。选择 Main Menu→Solution→Define Loads→Structural→Displacement→On Lines，弹出对话框后，在图形输出窗口选取编号为“6”的线，单击“OK”；又在弹出的对话框中选择“UY”，单击“OK”。可参考图 1-31 所示的对话框。

（2）施加对称约束。Main Menu→Solution→Define Loads→Structural→Displacement→Symmetry B. C.→On Lines，弹出一个“Apply SYMM on Lines”拾取框，在输出窗口中拾取编号分别为“3”和“5”的线，单击“OK”。

（3）施加位移载荷。选择 Main Menu→Solution→Define Loads→Structural→Displacement→On Nodes，弹出对话框后，在输出窗口拾取编号为“2”的节点，单击“OK”。在弹出的对话框中选择“UY”，“VALUE”后面输入－0.241，再单击“OK”，如图 6-29 所示。

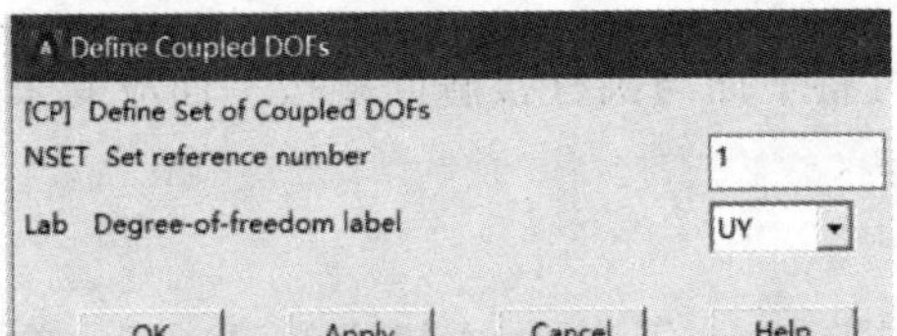

图 6-28　耦合节点自由度

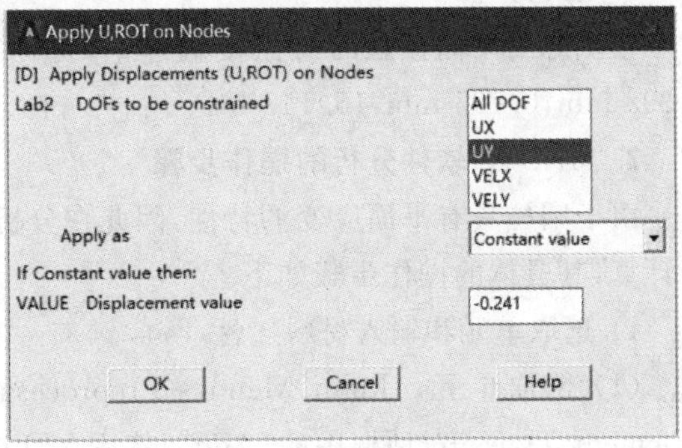

图 6-29　施加位移载荷

（4）求解选项设置。Main Menu→Solution→Analysis Type→Sol’n Controls，弹出一个“Solution Controls”对话框，如图 6-22 所示。在“Analysis Options”下面选择“Large Displacement

Static”,在“Time at end of loadstep”中输入求解时间“1”,选择“Numer of substeps”,并在“Numer of substeps”后面的输入栏中输入 10,在“Max no. of substeps”后面的输入栏中输入“15”,在“Min no. of substeps”后面的输入栏中输入“8”,在“Frequency”下面的输入栏中选择“Write every Nth substep”,并在“where N”后面输入“1”,然后单击“OK”。

(5) 分析计算。Main Menu→Solution→Solve→Current LS,弹出对话框后,单击“OK”,则开始分析计算。当出现“Solution is done”的对话框时,表示分析计算结束。

4) 进入后处理器查看计算结果

(1) 读取计算结果。Main Menu→General PostProc→Read Results→Last Set。

(2) 显示 Mises 应力分布。Main Menu→General Postproc→Plot Results→Contour Plot→Nodal Solu,弹出一个“Contour Nodal Solution Data”对话框,选择“Stress→von Mises stress”后,单击“OK”,生成的 Mises 应力云图如图 6-30 所示。

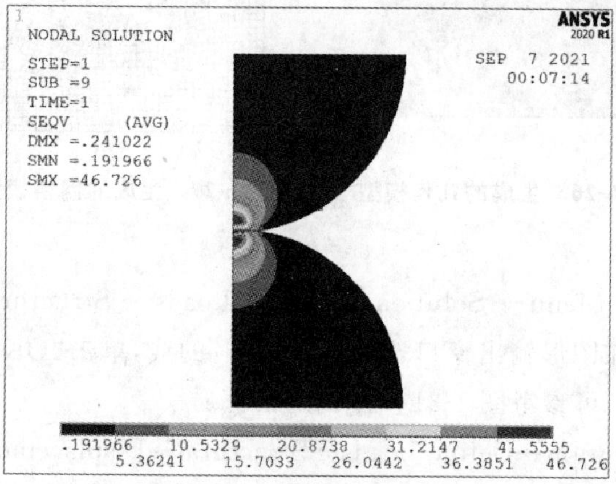

图 6-30　两球接触的等效应力云图

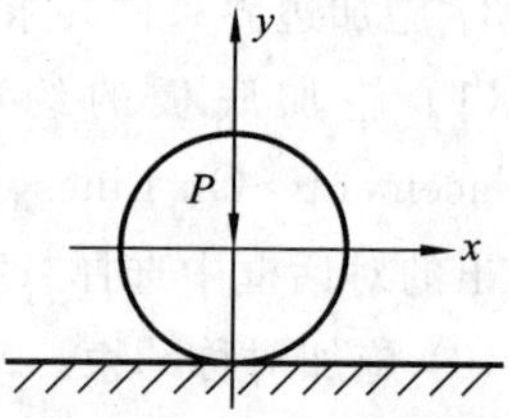

图 6-31　圆柱与平面接触简图

算例 6-3:圆柱与平面接触分析

图 6-31 所示为圆柱与平面接触,$P=200$ N/mm,圆柱与平面的材料相同,弹性模量为 1000 MPa,泊松比为 0.3,圆柱的半径为 10 mm,试进行接触分析。

算例 6-3

1. 理论分析

根据球与平面接触的赫兹接触理论,可计算得到接触半宽、压下量、最大剪应力分别为 1.398 mm,0.195 mm,15.147 MPa。

2. ANSYS 软件分析的操作步骤

由于圆柱具有平面应变的特性,因此在分析时,可将平面与圆柱接触问题按平面应变来进行计算,其具体的操作步骤如下。

1) 选取单元和输入材料属性

(1) 选取单元。Main Menu→Preprocessor→Element Type→Add/Edit/Delete,单击“Element Types”对话框中的“Add”,然后在“Library of Element Types”对话框左边的列表栏中选择“Solid”,右边的列表栏中选择“Quad 4 node 182”,单击“OK”,再单击“Options”,弹出一个对话框,在“Element behavior”后面的滚动框中选取“Plane strain”,单击“OK”,再单击“Close”。

（2）输入材料参数。Main Menu→Preprocessor→Material Props→Material Models，出现一个如图 1-23 所示的对话框。在“Material Models Available”中，点击打开“Structural→Linear→Elastic→Isotropic”，又出现一个对话框。输入“EX＝1000，PRXY＝0.3”，单击“OK”，单击“Material→Exit”，完成材料属性的设置。

2）建立有限元模型

（1）生成矩形面。Main Menu→Preprocessor→Modeling→Create→Areas→Rectangle→By Dimensions，弹出一个如图 6-32 所示的对话框，分别输入“X1＝0，X2＝10，Y1＝0，Y2＝4”，单击“OK”。

（2）生成圆面。Main Menu→Preprocessor→Modeling→Create→Areas→Circle→Partial Annulus，弹出一个对话框（参考图 6-25），在“WP Y”的后面输入“14”，同时分别输入“Rad-0＝0，Theta-1＝－90，Rad-2＝10，Theta-2＝0”。单击“OK”。生成的几何模型结果如图 6-33 所示。

（3）设置单元大小。Main Menu→Preprocessor→Meshing→Size Cntrls→ManualSize→Global→Size，弹出一个如图 6-17 所示的对话框，在“SIZE Element edge length”后面输入“0.25”，单击“OK”。

（4）对面划分单元。Main Menu→Preprocessor→Meshing→Mesh→Areas→Free，弹出一个“Mesh Areas”拾取框，单击“Pick All”，则完成面网格的划分，生成的网格结果如图 6-34 所示。

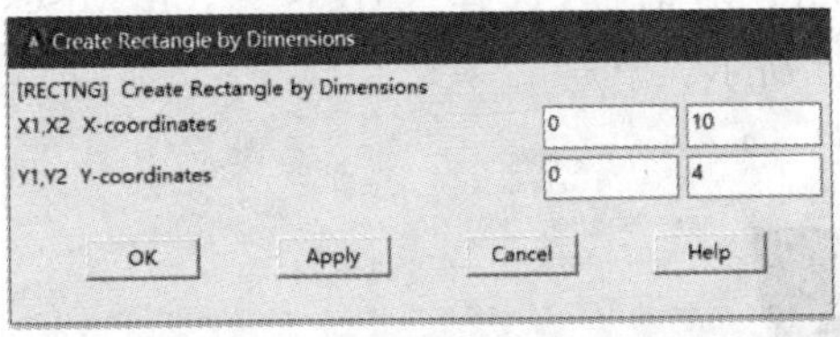

图 6-32　生成矩形面对话框

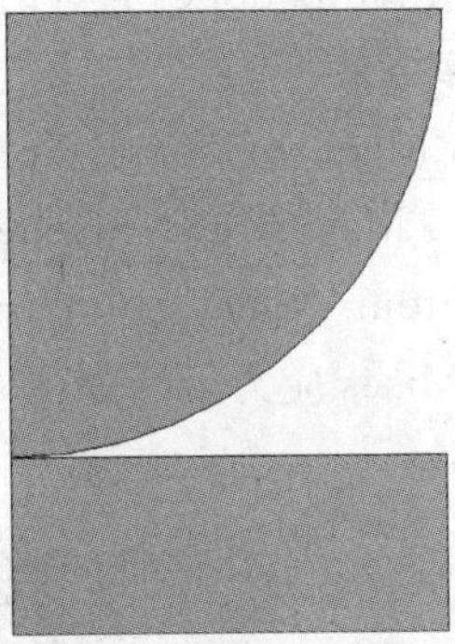

图 6-33　生成的几何模型

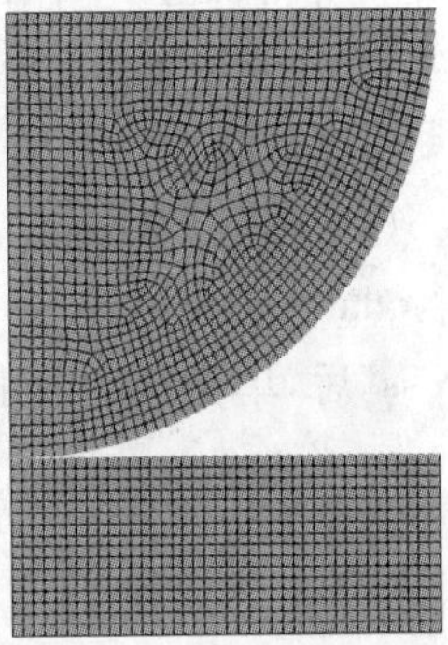

图 6-34　生成的网格模型

（5）生成接触对。Main Menu→Preprocessor→Modeling→Create→Contact Pair，弹出如图 6-19 所示的对话框。单击，再弹出如图 6-20 所示的对话框。单击“Pick Target”，弹出一个拾取框，在输出窗口中拾取编号为“3”的线，单击“OK”。然后单击“Next”，在弹出的对话框中，单击“Pick Contact”，弹出一个拾取框，在输出窗口中拾取编号为“5”的线，单击“OK”。接着单击“Next”，在弹出的对话框中单击“Create”，再单击“Finish”。

（6）选择 Y＝14 的节点。Utility Menu→Select Entities，在弹出的选取框中，第一栏选取“Node”，第二栏选取“By Location”，在其下的单选框中选取“Y coordinates”，在输入栏中输入“14”，单击“OK”，则选取了 Y＝14 的所有节点。

（7）耦合所选节点的 UY 自由度。Main Menu→Preprocessor→Coupling/ceqn→Couple DOFs，在弹出的对话框中单击“Pick All”，弹出如图 6-28 所示的对话框。在对话框中的“NSET”项中输入“1”，在“Lab”后面选择“UY”，然后单击“OK”。再执行 Utility Menu→Select Everything。

3) 施加边界条件并求解

(1) 施加底板的约束。选择 Main Menu→Solution→Define Loads→Structural→Displacement→On Lines,弹出对话框后,在图形输出窗口选取编号为"1"的线,单击"OK";又在弹出的对话框中选择"UY",单击"OK"。可参考图 1-31 所示的对话框。

(2) 施加对称约束。Main Menu→Solution→Define Loads→Structural→Displacement→Symmetry B. C. →On Lines,弹出一个"Apply SYMM on Lines"拾取框,在输出窗口中拾取编号分别为"4"和"7"的线,单击"OK"。

(3) 施加位移载荷。选择 Main Menu→Solution→Define Loads→Structural→Displacement→On Nodes,弹出对话框后,在输出窗口中拾取编号为"699"的节点,单击"OK"。在弹出的对话框中选择"UY","VALUE"后面输入"-0.464",再单击"OK",可参考图 6-29。

(4) 求解选项设置。Main Menu→Solution→Analysis Type→Sol'n Controls,弹出一个"Solution Controls"对话框,如图 6-22 所示。在"Analysis Options"下面选择"Large Displacement Static",在"Time at end of loadstep"中输入求解时间"1",选择"Numer of substeps",并在"Numer of substeps"后面的输入栏中输入 10,在"Max no. of substeps"后面的输入栏中输入"15",在"Min no. of substeps"后面的输入栏中输入"8",在"Frequency"下面的输入栏中选择"Write every Nth substep",并在"where N"后面输入"1",然后单击"OK"。

(5) 分析计算。Main Menu→Solution→Solve→Current LS,弹出对话框后,单击"OK",则开始分析计算。当出现"Solution is done"的对话框时,表示分析计算结束。

4) 进入后处理器查看计算结果

(1) 读取计算结果。Main Menu→General PostProc→Read Results→Last Set。

(2) 显示 Mises 应力分布。Main Menu→General Postproc→Plot Results→Contour Plot→Nodal Solu,弹出一个"Contour Nodal Solution Data"对话框,选择"Stress→von Mises stress"后,单击"OK",生成的 Mises 应力云图如图 6-35 所示。

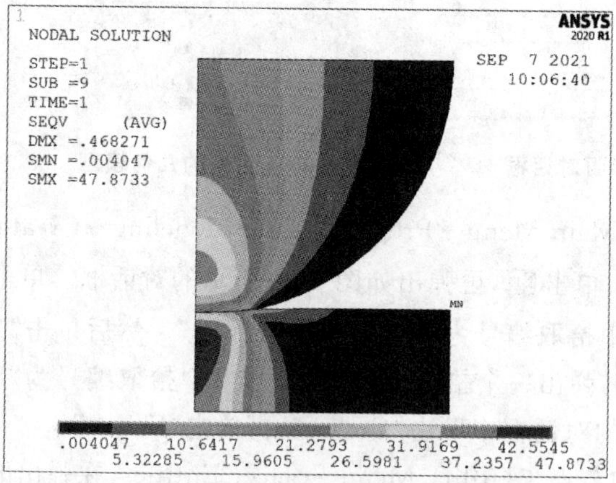

图 6-35 圆柱与平面接触的等效应力云图

3. 分析与讨论

上述接触分析的结果汇总如表 6-1 所示,从表 6-1 中可见,当单元密度尺寸均为 0.25 mm 时,平面接触、两球接触的计算精度较高。此外,接触半宽的计算误差较小,而最大剪应力的计算误差较大。这主要是由接触状态及单元密度引起的。

表 6-1　三种接触赫兹理论计算结果与有限元计算结果对比

接触类型	赫兹理论计算结果		有限元计算结果		接触半宽的相对误差	最大剪应力的相对误差
	接触半宽	最大剪应力	接触半宽	最大剪应力		
平面接触	5.065	50	5.067	50.004	0.008%	0.039%
两球接触	1.098	24.554	1.087	24.418	1.001%	0.554%
圆柱与平面接触	2.153	17.743	2.156	22.278	0.14%	25.56%

算例 6-4:过盈配合的接触分析

如图 6-36 所示,一根空心轴与盘体为过盈配合,过盈量为 0.5 mm,试分析装配应力的分布,以及当空心轴从盘体中抽出时作用力的变化规律。已知材料的弹性模量为 210 GPa,泊松比为 0.3,摩擦系数为 0.2。

算例 6-4

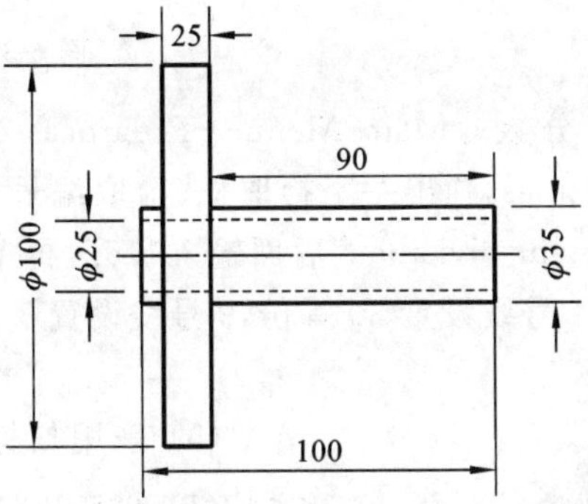

图 6-36　过盈装配

该问题可采用四分之一的模型进行分析,其中空心轴外表面为接触表面,空心圆盘内表面为目标面。其 ANSYS 软件有限元分析的过程和步骤如下。

1) 选取单元和输入材料属性

(1) 选取单元。Main Menu→Preprocessor→Element Type→Add/Edit/Delete,单击"Element Types"对话框中的"Add",然后在"Library of Element Types"对话框左边的列表栏中选择"Structural Solid",右边的列表栏中选择"20 Solid 186",单击"OK",再单击"Close"。

(2) 输入材料参数。Main Menu→Preprocessor→Material Props→Material Models,出现一个如图 1-23 所示的对话框。在"Material Models Available"中,点击打开"Structural→Linear→Elastic→Isotropic"。又出现一个对话框,输入"EX＝2.1E5,PRXY＝0.3",单击"OK",再单击"Structural Friction Coefficient"。在弹出的对话框中的"MU"后面输入"0.2",单击"OK",然后单击"Material→Exit",完成材料属性的设置。

2) 生成几何与网格模型

(1) 生成圆盘体。Main Menu→Preprocessor→Modeling→Create→Volumes→Cylinder→Partial Cylinder,弹出一个"Partial Cylinder"对话框,输入:Rad-1＝34/2,Theta-1＝0,Rad-2＝100/2,Theta-2＝90,Depth＝25。单击"OK",则在窗口生成一个四分之一的圆盘体。

(2) 生成空心轴体。Main Menu→Preprocessor→Modeling→Create→Volumes→

Cylinder→Partial Cylinder，弹出一个“Partial Cylinder”对话框，输入：Rad-1＝25/2，Theta-1＝0，Rad-2＝35/2，Theta-2＝90，Depth＝100。单击“OK”，则在窗口生成一个四分之一的空心轴体。

(3) 空心轴体平移。Main Menu→Preprocessor→Modeling→Move/Modify→Volumes，弹出一个拾取框。在窗口拾取空心轴体，单击“OK”。又弹出一个“Move Volumes”对话框，在“DZ Z-offset in active CS”后面输入“－10”，如图 6-37 所示，单击“OK”，则空心轴朝 z 轴的负方向移动 10 mm。生成的结果如图 6-38 所示。

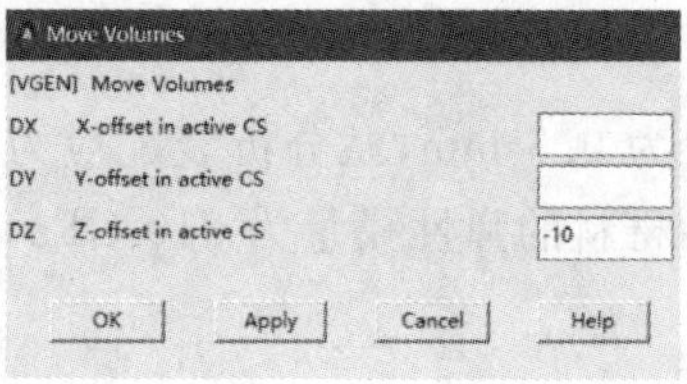

图 6-37　平移对话框

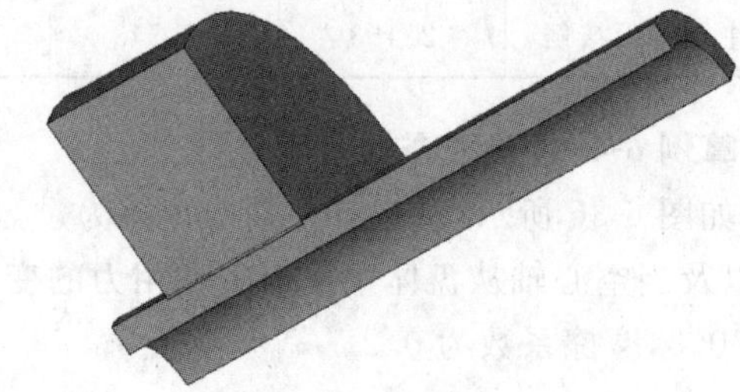

图 6-38　生成的几何模型

(4) 指定线上网格的等分数。Main Menu→Preprocessor→Meshing→Size Cntrls→ManualSize→Lines→Picked Lines，弹出一个拾取框，拾取编号为“17”的线，单击“Apply”，弹出一个对话框，在“No. of element divisions”后面输入“15”，再单击“Apply”。重复上述操作，分别给 18 号线设置 2 等份，21 号线设置 20 等份，9 号线设置 3 等份，5 号线设置 20 等份，6 号线设置 10 等份，最后单击“OK”。

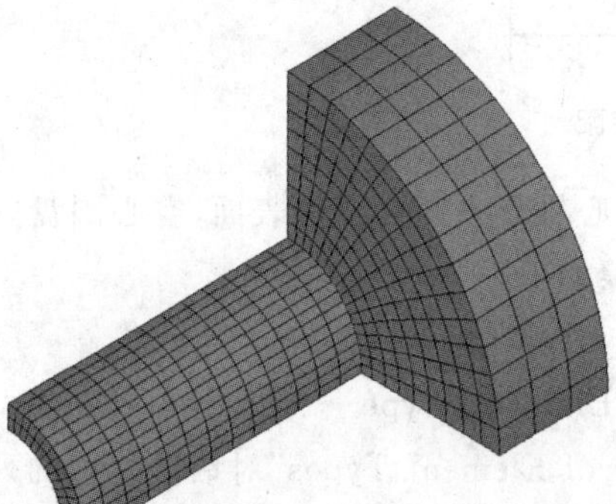

图 6-39　网格模型

(5) 采用扫掠方式划分网格。Main Menu→Preprocessor→Meshing→Mesh→Volume Sweep→Sweep，弹出一个拾取框，单击“Pick All”，则完成网格划分，生成的网格模型如图 6-39 所示。

3) 生成接触对

(1) 打开接触向导。Main Menu→Preprocessor→Modeling→Create→Contact Pair，如图 6-19 所示。

(2) 定义接触对。单击图 6-19 中的按钮“区”，则弹出如图 6-20 所示的对话框。选择“Areas”，再单击“Pick Target”，在窗口中拾取圆盘的内表面，单击“OK”，完成目标面的设置。然后单击“Next”，在对话框中选择“Areas”，再单击“Pick Contact”，在窗口中拾取空心轴的外表面，单击“OK”。再单击“Next”，单击“Create”，在弹出的对话框中单击“Finish”，关闭接触向导，则完成接触对的生成。

(3) 接触实常数设置。Main Menu→Preprocessor→Real Constants→Add/Edit/Delete，弹出一个“Real Constants”对话框。单击“Edit”后，再单击“OK”，又弹出一个“Real Constant Set Number 3 for CONTA174”对话框，在“Normal penalty stiffness”后面输入“0.1”，在“Penetration tolerance”后面输入“0.1”，单击“OK”，再单击“Close”，完成实常数的设置。

4）求解计算

（1）在面上施加对称约束。Main Menu→Preprocessor→Loads→Define Loads→Apply→Structural→Displacement→Symmetry B. C. →On Areas，弹出一个拾取框，在窗口中分别拾取编号为 5、6、11、12 的四个面，单击“OK”。

（2）圆盘外表面施加全约束。Main Menu→Preprocessor→Loads→Define Loads→Apply→Structural→Displacement→On Areas，弹出一个对话框。在窗口中拾取编号为“3”的面，单击“OK”。又弹出一个对话框，在“DOFs to be constrained”后面选取“All DOF”，单击“OK”。

（3）非线性求解设置。Main Menu→Solution→Analysis Type→Sol'n Controls，弹出一个“Solution Controls”对话框。在“Basic”栏中，选取“Analysis Options”下的“Large Displacement Static”，在“Time at end of loadstep”后面输入“100”，在“Automatic time stepping”后面选取“Off”，再在“Number of substeps”后面输入“1”，其余保持缺省设置，单击“OK”。

（4）进行第一个载荷步计算。Main Menu→Solution→Solve→Current LS，弹出对话框后，单击“OK”，则开始分析计算。当出现“Solution is done”的对话框时，表示分析计算结束。

（5）重新设置分析选项。Main Menu→Solution→Analysis Type→Sol'n Controls，弹出一个“Solution Controls”对话框。在“Basic”栏中，选取“Analysis Options”下的“Large Displacement Static”，在“Time at end of loadstep”后面输入“250”，在“Automatic time stepping”后面选取“On”，再在其下面的三个框中分别输入“150，10000，10”，在“Frequency”下面选取“Write every substep”，其余保持缺省设置，单击“OK”。

（6）施加位移载荷。

选取空心轴前端面：Utility Menu→Select→Entities，弹出一个“Select Entities”对话框，第一栏选取“Areas”，第二栏选取“By Num/Pick”，选择“From Full”，单击“OK”，则弹出一个拾取框，在窗口中拾取编号为“8”的面，单击“OK”。

选取所选面上的节点：在“Select Entities”对话框上，第一栏选取“Nodes”，第二栏选取“Attached to”，其下选中“Areas all”和“From Full”，单击“OK”。

在节点上施加位移：Main Menu→Solution→Define Loads→Apply→Structural→Displacement→On Nodes，弹出一个拾取框，单击“Pick All”，弹出一个“Apply U，ROT，on Nodes”对话框，在“DOFs to be constrained”后面选取“UZ”，在其下的栏中输入“40”，如图 6-40 所示，单击“OK”。

选取所有的实体：Utility Menu→Select→Everythings。

（7）进行第二次求解。Main Menu→Solution→Solve→Current LS，弹出对话框后，单击“OK”，则开始分析计算。当出现“Solution is done”的对话框时，表示分析计算结束，此时窗口会显示出求解迭代的过程。

5）显示计算结果

（1）显示过盈配合应力。

读取第一个载荷步的结果：Main Menu→General Postproc→Read Results→By Load Step，弹出一个如图 6-41 所示的对话框，单击“OK”，保持缺省设置。

显示 Mises 应力：Main Menu→General Postproc→Plot Results→Contour Plot→Nodal Solu，在弹出的对话框中选取“Nodal Solution→Stress→von Mises stress”，单击“OK”，则生成的结果如图 6-42 所示。

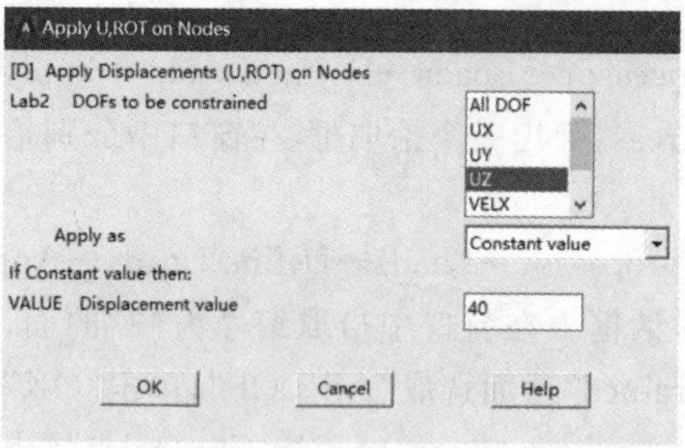

图 6-40　输入位移载荷

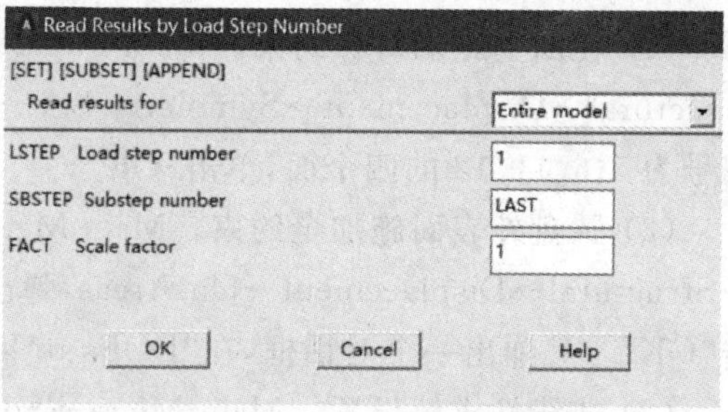

图 6-41　读取载荷步数据

模型扩展显示：Utility Menu→PlotCtrls→Style→Symmetry Expansion→Periodic/Cyclic Symmetry Expansion，弹出一个对话框，选取“1/4 Dihedral Sym”，单击“OK”，生成的结果如图 6-43 所示。

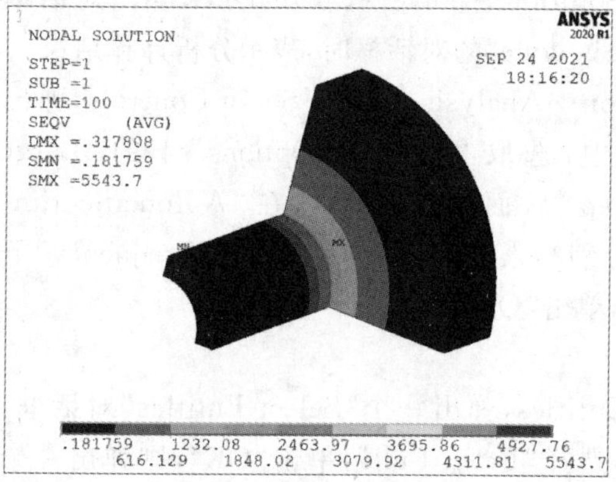

图 6-42　Mises 应力显示

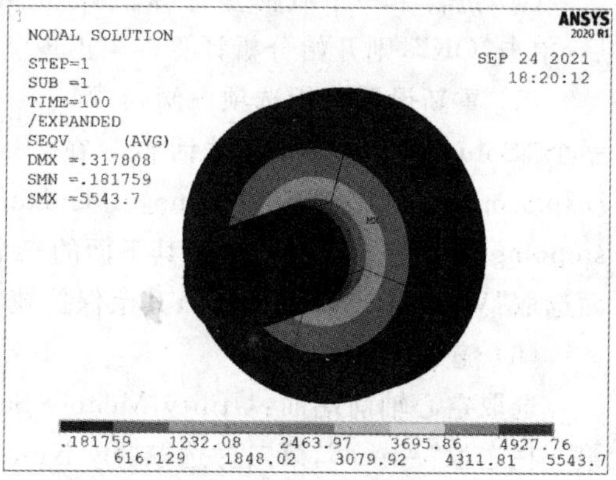

图 6-43　整体模型显示

(2) 显示接触压力。

读取子步的数据：Main Menu→General Postproc→Read Results→By Time/Freq，弹出一个读取子步数的对话框，在“Time Value of time or freq”后面输入“120”，单击“OK”。

选取接触单元：Utility Menu→Select→Entities，弹出一个“Select Entities”对话框，第一栏选取“Elements”，第二栏选取“By Elem Name”，并在其下的栏中输入“174”，选中“From Full”，单击“OK”。

显示接触压力：Main Menu→General Postproc→Plot Results→Contour Plot→Nodal Solu，在弹出的对话框中选取“Nodal Solution→Contact→Contact pressure”，单击“OK”，则生成的结果如图 6-44 所示。

选取所有的实体：Utility Menu→Select→Everythings。

(3) 进入时间历程后处理，显示载荷的时间变化曲线。

定义变量：HimeHist Postpro→Define Variavles，弹出一个“Defined Time-History Varables”对话框，单击“Add”，又弹出一个对话框，选择“Reaction forces”，单击“OK”，弹出一个拾取框，在窗口中拾取编号为“2266”的点(空心轴前端面上的任意一个节点)，单击“OK”，再弹出一个对话框，在“User-specified Lable”后面输入“Force”，在“Item，Comp Data item”后面选取“FZ”，单击“OK”，再单击“Close”。

改变载荷的符号：Main Menu→TimeHist Postpro→Math Operations→Multiply，弹出一个“Multiply Time-History Varables”对话框，输入“IR＝3，FACTA＝－1，IA＝2”，单击“OK”。

显示载荷曲线：Main Menu→TimeHist Postpro→Graph Variables，弹出一个“Graph Time-History Varables”对话框，在“NVAR1”后面输入“3”，单击“OK”，生成的结果如图6-45所示。

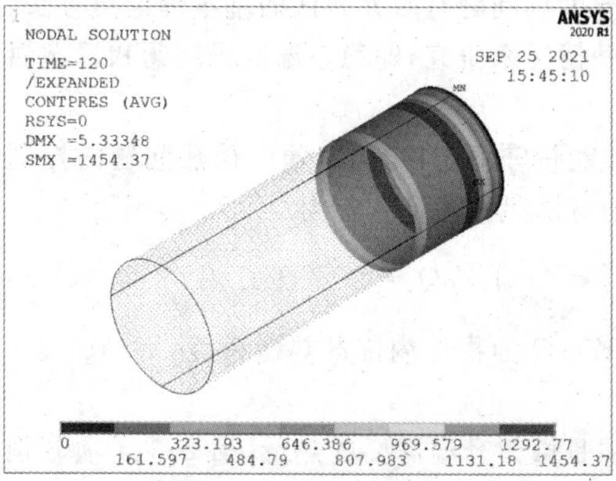

图 6-44　接触压力

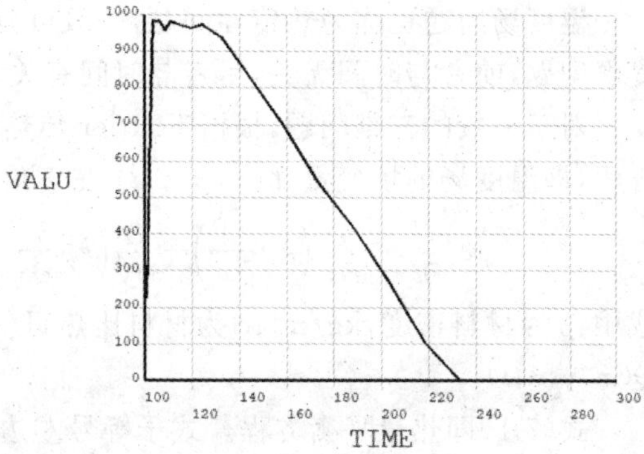

图 6-45　载荷曲线

6.6　习　　题

6-1　在接触分析中，单元形式选择、网格划分和时间步长确定相对于其他分析有什么特殊的考虑？

6-2　如习题6-2图所示，物体A在刚体平台B上，在考虑自重的情况下，试分析物体A水平移动时的受力状态，假设接触面之间的摩擦系数为0.2。

6-3　习题6-3图所示为一对弹簧卡子，试分析将卡头压进卡座和拉出卡座时的作用力。其中，卡头和卡座的底板为刚性，卡头和卡座的厚度为5 mm，材料的弹性模量为2.8 GPa，泊松比为0.3，摩擦系数为0.2。

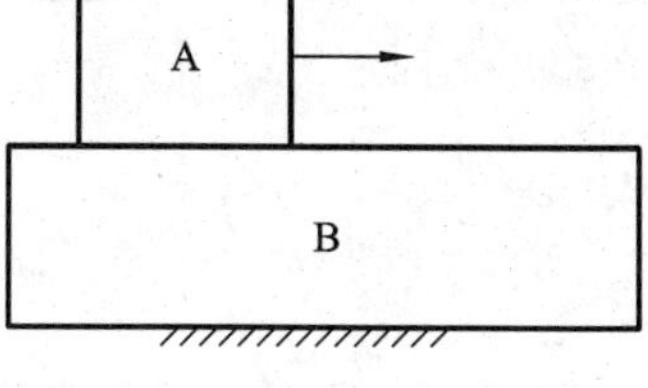

习题 6-2 图

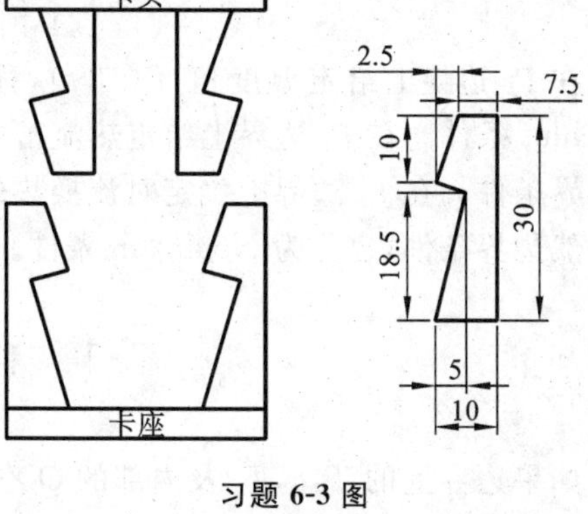

习题 6-3 图

第7章　温度场的有限元分析

许多结构部件在高温条件下工作,温度应力是设计中不可忽略的控制因素。温度场的问题可以通过实测和计算的办法解决,本章主要介绍温度场问题有限元解法的基本理论与方法。

温度场问题也称为热传导问题,一般可分为两种情况来研究,即稳态温度场问题和瞬态温度场问题,前者与时间无关,后者与时间有关。

对于一般的三维问题,根据 Fourier 传热定律和能量守恒定律,可以建立传热问题的控制方程,即温度场的场变量 $T(x,y,z,t)$ 在直角坐标中应满足的微分方程为

$$\rho c\frac{\partial T}{\partial t}-\frac{\partial}{\partial x}\left(k_x\frac{\partial T}{\partial x}\right)-\frac{\partial}{\partial y}\left(k_y\frac{\partial T}{\partial y}\right)-\frac{\partial}{\partial z}\left(k_z\frac{\partial T}{\partial z}\right)-\rho Q=0 \quad (\text{在 }\Omega\text{ 内}) \tag{7-1}$$

式中:ρ 为材料密度,$\mathrm{kg/m^3}$;c 为材料比热,$\mathrm{J/(kg\cdot K)}$;Q 为物体内部的热源密度,$\mathrm{W/kg}$,$Q=Q(x,y,z,t)$。

式(7-1)即热量平衡方程。式子等号左边第1项是微体升温需要的热量,第2、3、4项分别是由 x、y 和 z 方向传入微体的热量,最后一项是微体内热源产生的热量。此微分方程表明:微体升温所需的热量应与传入微体的热量以及微体内热源产生的热量相平衡。

另外,求解域 Ω 的温度场分布,应满足一定的边界条件。边界条件可分为三类,即有

$$\left.\begin{aligned}
&T=\overline{T} && (\text{在 }\Gamma_1\text{ 边界上})\\
&k_x\frac{\partial T}{\partial x}n_x+k_y\frac{\partial T}{\partial y}n_y+k_z\frac{\partial T}{\partial z}n_z=q && (\text{在 }\Gamma_2\text{ 边界上})\\
&k_x\frac{\partial T}{\partial x}n_x+k_y\frac{\partial T}{\partial y}n_y+k_z\frac{\partial T}{\partial z}n_z=h(T_a-T) && (\text{在 }\Gamma_3\text{ 边界上})
\end{aligned}\right\} \tag{7-2}$$

式中:k_x,k_y,k_z 分别为材料沿 x,y,z 方向的热传导系数,$\mathrm{W/(m\cdot K)}$;n_x,n_y,n_z 分别为边界外法线的方向余弦;$\overline{T}$ 为 Γ_1 边界上的给定温度,$\overline{T}=\overline{T}(\Gamma,t)$;$q$ 为 Γ_2 边界上的给定热流量或热流密度,$\mathrm{W/m^2}$,$q=q(\Gamma,t)$;h 为物体与周围介质的对流换热系数,$\mathrm{W/(m^2\cdot K)}$;T_a 为自然对流条件的外界环境温度,$T_a=T_a(\Gamma,t)$,若在强迫对流条件下,则为边界层的绝热壁温度。

Ω 域的全部边界 Γ 应满足:

$$\Gamma_1+\Gamma_2+\Gamma_3=\Gamma$$

在 Γ_1 边界上给定温度值 $T(\Gamma,t)$,称为第一类边界条件。它是强制边界条件,也称为 Dirichlet 条件。在 Γ_2 边界上给定热流密度 $q(\Gamma,t)$,称为第二类边界条件,当 $q=0$ 时,就是绝热边界条件。在 Γ_3 边界上给定对流换热的条件,称为第三类边界条件。第二、三类边界条件是自然边界条件,也称为 Neumann 条件。

7.1　稳态温度场分析

如果边界上的 $\overline{T},q,T_a$ 及内部的 Q 不随时间变化,则导热体在经过一段时间的热交换后,物体内各点的温度也将不随时间而变化,即

$$\frac{\partial T}{\partial t}=0 \tag{7-3}$$

此时的热传导问题就处于稳态热传导状态。场变量 T 只是坐标的函数，与时间无关。

7.1.1 基本方程

将式(7-3)代入式(7-1)，即可得到三维问题的稳态温度场传导方程为

$$\frac{\partial}{\partial x}\left(k_x\frac{\partial T}{\partial x}\right)+\frac{\partial}{\partial y}\left(k_y\frac{\partial T}{\partial y}\right)+\frac{\partial}{\partial z}\left(k_z\frac{\partial T}{\partial z}\right)+\rho Q=0\quad(\text{在}\ \Omega\ \text{内})\tag{7-4}$$

它同样需要满足式(7-2)所示的边界条件，但此时各物理量均与时间无关。

当某一方向如 z 向的温度变化为零时，式(7-4)就退化为一个二维问题，即有

$$\frac{\partial}{\partial x}\left(k_x\frac{\partial T}{\partial x}\right)+\frac{\partial}{\partial y}\left(k_y\frac{\partial T}{\partial y}\right)+\rho Q=0\quad(\text{在}\ \Omega\ \text{内})\tag{7-5}$$

此时的场变量 $T(x,y)$ 不再是 z 的函数，需要满足的边界条件为

$$\left.\begin{aligned}&T=\overline{T}(\Gamma) && (\text{在}\ \Gamma_1\ \text{边界上})\\&k_x\frac{\partial T}{\partial x}n_x+k_y\frac{\partial T}{\partial y}n_y=q(\Gamma) && (\text{在}\ \Gamma_2\ \text{边界上})\\&k_x\frac{\partial T}{\partial x}n_x+k_y\frac{\partial T}{\partial y}n_y=h(T_a-T) && (\text{在}\ \Gamma_3\ \text{边界上})\end{aligned}\right\}\tag{7-6}$$

对于二维轴对称问题，场变量 $T(r,z)$ 应满足的微分方程和边界条件分别为

$$\frac{\partial}{\partial r}\left(k_r r\frac{\partial T}{\partial r}\right)+\frac{\partial}{\partial z}\left(k_z r\frac{\partial T}{\partial z}\right)+\rho Qr=0\quad(\text{在}\ \Omega\ \text{内})\tag{7-7}$$

$$\left.\begin{aligned}&T=\overline{T}(\Gamma) && (\text{在}\ \Gamma_1\ \text{边界上})\\&k_r\frac{\partial T}{\partial r}n_r+k_z\frac{\partial T}{\partial z}n_z=q(\Gamma) && (\text{在}\ \Gamma_2\ \text{边界上})\\&k_r\frac{\partial T}{\partial r}n_r+k_z\frac{\partial T}{\partial z}n_z=h(T_a-T) && (\text{在}\ \Gamma_3\ \text{边界上})\end{aligned}\right\}\tag{7-8}$$

求解稳态温度场的问题就是求满足稳态热传导方程及边界条件的场变量 T。

7.1.2 稳态温度场的有限元法

稳态温度场的有限元分析和前面所介绍的弹性静力学问题的基本相同。在弹性力学问题中所采用的单元和相应的插值函数在此都可以使用，主要的不同之处在于场变量。在弹性力学问题中，场变量是位移，是向量场；在热传导问题中，场变量是温度，是标量场。因此稳态温度场问题比弹性静力学问题要相对简单一些。

现以二维问题为例，说明用 Galerkin 法建立稳态温度场有限元法求解的一般格式。现构造一个近似场函数 $\widetilde{T}$，并设 $\widetilde{T}$ 已满足 Γ_1 边界上的强制边界条件。将近似函数代入场方程(7-5)及 Γ_2 和 Γ_3 边界条件式中，因 $\widetilde{T}$ 的近似性，将会产生余量，即有

$$\left.\begin{aligned}R_\Omega&=\frac{\partial}{\partial x}\left(k_x\frac{\partial\widetilde{T}}{\partial x}\right)+\frac{\partial}{\partial y}\left(k_y\frac{\partial\widetilde{T}}{\partial y}\right)+\rho Q\\R_{\Gamma_2}&=k_x\frac{\partial\widetilde{T}}{\partial x}n_x+k_y\frac{\partial\widetilde{T}}{\partial y}n_y-q\\R_{\Gamma_3}&=k_x\frac{\partial\widetilde{T}}{\partial x}n_x+k_y\frac{\partial\widetilde{T}}{\partial y}n_y-h(T_a-\widetilde{T})\end{aligned}\right\}\tag{7-9}$$

用加权余量法建立有限元格式的基本思想是使余量的加权积分为零，即

$$\int_\Omega R_\Omega\omega_1\,\mathrm{d}\Omega+\int_{\Gamma_2}R_{\Gamma_2}\omega_2\,\mathrm{d}\Gamma+\int_{\Gamma_3}R_{\Gamma_3}\omega_3\,\mathrm{d}\Gamma=0\tag{7-10}$$

式中：$\omega_1,\omega_2,\omega_3$ 是权函数。式(7-10)的意义是使微分方程(7-5)和自然边界条件在全域及边界上得到加权意义上的满足。

将式(7-9)代入式(7-10)中，并进行部分积分后可得到：

$$-\int_{\Omega}\left[\frac{\partial\omega_1}{\partial x}\left(k_x\frac{\partial\widetilde{T}}{\partial x}\right)+\frac{\partial\omega_1}{\partial y}\left(k_y\frac{\partial\widetilde{T}}{\partial y}\right)-\rho Q\omega_1\right]\mathrm{d}\Omega+\oint_{\Gamma}\omega_1\left(k_x\frac{\partial\widetilde{T}}{\partial x}n_x+k_y\frac{\partial\widetilde{T}}{\partial y}n_y\right)\mathrm{d}\Gamma+$$
$$\int_{\Gamma_2}\left(k_x\frac{\partial\widetilde{T}}{\partial x}n_x+k_y\frac{\partial\widetilde{T}}{\partial y}n_y-q\right)\omega_2\,\mathrm{d}\Gamma+\int_{\Gamma_3}\left(k_x\frac{\partial\widetilde{T}}{\partial x}n_x+k_y\frac{\partial\widetilde{T}}{\partial y}n_y-h(T_{\mathrm{a}}-\widetilde{T})\right)\omega_3\,\mathrm{d}\Gamma=0 \tag{7-11}$$

将空间域 Ω 离散成有限个单元，在单元内各点的温度 T 可以近似地用单元的节点温度 T_i 插值得到，即有

$$T=\widetilde{T}=\sum_{i=1}^{n_{\mathrm{e}}}N_i(x,y)T_i=\boldsymbol{N}\cdot\boldsymbol{T}^{\mathrm{e}} \tag{7-12}$$
$$\boldsymbol{N}=[N_1\quad N_2\quad\cdots\quad N_{n_{\mathrm{e}}}]$$

式中：n_{e} 为每个单元节点个数；$N_i(x,y)$ 是插值形函数。由于近似函数是构造在单元内部，因此式(7-11)的积分可以改写为对单元积分的总和。

用 Galerkin 法选择权函数：

$$\omega_1=N_j\quad(j=1,2,\cdots,n_{\mathrm{e}})$$

式中：n_{e} 是 Ω 域全部离散得到的节点总数。在边界上，不失一般性地选择

$$\omega_2=\omega_3=-\omega_1=-N_j\quad(j=1,2,\cdots,n)$$

在 $\widetilde{T}$ 已满足强制边界条件(在解方程前引入强制条件修正方程)，因此在 Γ_1 边界上不再产生余量，可令 ω_1 在 Γ_1 边界上为零。

将以上选择代入式(7-11)，则可得

$$\sum_{\mathrm{e}}\int_{\Omega^{\mathrm{e}}}\left[\frac{\partial N_j}{\partial x}\left(k_x\frac{\partial N}{\partial x}\right)+\frac{\partial N_j}{\partial y}\left(k_y\frac{\partial N}{\partial y}\right)\right]T^{\mathrm{e}}\mathrm{d}\Omega-\sum_{\mathrm{e}}\int_{\Omega^{\mathrm{e}}}\rho QN_j\,\mathrm{d}\Omega-$$
$$\sum_{\mathrm{e}}\int_{\Gamma_2^{\mathrm{e}}}N_jq\,\mathrm{d}\Gamma-\sum_{\mathrm{e}}\int_{\Gamma_3^{\mathrm{e}}}N_jhT_{\mathrm{a}}\,\mathrm{d}\Gamma+\int_{\Gamma_3^{\mathrm{e}}}N_jhNT^{\mathrm{e}}\mathrm{d}\Gamma=0 \tag{7-13}$$

按照一般有限元格式可表示为

$$\boldsymbol{K}\cdot\boldsymbol{T}=\boldsymbol{P} \tag{7-14}$$

式中：$\boldsymbol{K}$ 称为热传导矩阵；$\boldsymbol{T}$ 是节点温度列阵，$\boldsymbol{T}=[T_1,T_2,\cdots,T_n]^{\mathrm{T}}$；$\boldsymbol{P}$ 是温度载荷列阵。

$$K_{ij}=\sum_{\mathrm{e}}K_{ij}^{\mathrm{e}}+\sum_{\mathrm{e}}H_{ij}^{\mathrm{e}} \tag{7-15}$$

$$P_i=\sum_{\mathrm{e}}P_{qi}^{\mathrm{e}}+\sum_{\mathrm{e}}P_{Hi}^{\mathrm{e}}+\sum_{\mathrm{e}}P_{Qi}^{\mathrm{e}} \tag{7-16}$$

其中，

$$K_{ij}^{\mathrm{e}}=\int_{\Omega^{\mathrm{e}}}\left(k_x\frac{\partial N_i}{\partial x}\frac{\partial N_j}{\partial x}+k_y\frac{\partial N_i}{\partial y}\frac{\partial N_j}{\partial y}\right)\mathrm{d}\Omega,\quad H_{ij}^{\mathrm{e}}=\int_{\Gamma_3^{\mathrm{e}}}hN_iN_j\,\mathrm{d}\Gamma$$

$$P_{qi}^{\mathrm{e}}=\int_{\Gamma_2^{\mathrm{e}}}N_iq\,\mathrm{d}\Gamma,\quad P_{Hi}^{\mathrm{e}}=\int_{\Gamma_3^{\mathrm{e}}}N_ihT_{\mathrm{a}}\,\mathrm{d}\Gamma,\quad P_{Qi}^{\mathrm{e}}=\int_{\Omega^{\mathrm{e}}}N_i\rho Q\,\mathrm{d}\Omega$$

式(7-14)就是二维稳定热传导问题的有限元法一般格式。下面将以一个平面 3 节点三角形单元为例，来说明稳态温度场问题有限元解法的基本思路。

图 7-1 所示为一个 3 节点三角形单元，与弹性力学的有限元解法相类似，其插值形函数可表示为

$$N_i = \frac{1}{2A}(a_i + b_i x + c_i y) \quad (i,j,m)$$

对于任一单元，将形函数 N_i 代入 K_{ij}^e 的计算式，即可得到热传导的矩阵元素为

$$K_{ij}^e = \frac{k_x}{4A} b_i b_j + \frac{k_y}{4A} c_i c_j$$

单元热传导矩阵为

$$\boldsymbol{K}^e = \frac{k_x}{4A}\begin{bmatrix} b_i b_i & b_i b_j & b_i b_m \\ b_j b_i & b_j b_j & b_j b_m \\ b_m b_i & b_m b_j & b_m b_m \end{bmatrix} + \frac{k_y}{4A}\begin{bmatrix} c_i c_i & c_i c_j & c_i c_m \\ c_j c_i & c_j c_j & c_j c_m \\ c_m c_i & c_m c_j & c_m c_m \end{bmatrix} \tag{7-17}$$

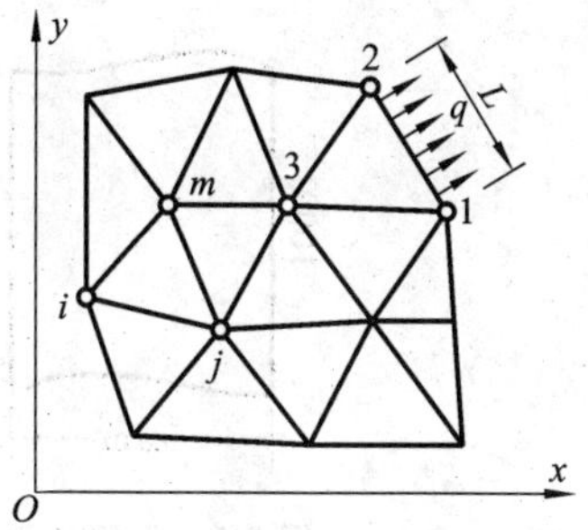

图 7-1　二维域划分为三角形单元

而对于具有第三类边界条件的单元，如 1-2-3 单元，除按式(7-17)计算单元热传导矩阵外，还应计算由于第三类边界条件引起的热传导矩阵的修正，即

$$H_{12}^e = H_{21}^e = \int_l h N_1 N_2 \mathrm{d}l = \frac{1}{6} hL$$

$$H_{11}^e = H_{22}^e = \int_l h N_1 N_1 \mathrm{d}l = \frac{1}{3} hL$$

其中，L 为对流边界 1-2 的长度。若单元中只有 1-2 边为对流换热边界，则对单元热传导矩阵的修正为

$$\boldsymbol{H}^e = \frac{1}{6} hL \begin{bmatrix} 2 & 1 & 0 \\ 1 & 2 & 0 \\ 0 & 0 & 0 \end{bmatrix}$$

单元节点编码的顺序是 1，2，3，此时的单元热传导矩阵为

$$\boldsymbol{K}^e = \frac{k_x}{4A}\begin{bmatrix} b_1 b_1 & b_1 b_2 & b_1 b_3 \\ b_2 b_1 & b_2 b_2 & b_2 b_3 \\ b_3 b_1 & b_3 b_2 & b_3 b_3 \end{bmatrix} + \frac{k_y}{4A}\begin{bmatrix} c_1 c_1 & c_1 c_2 & c_1 c_3 \\ c_2 c_1 & c_2 c_2 & c_2 c_3 \\ c_3 c_1 & c_3 c_2 & c_3 c_3 \end{bmatrix} + \frac{1}{6} hL \begin{bmatrix} 2 & 1 & 0 \\ 1 & 2 & 0 \\ 0 & 0 & 0 \end{bmatrix} \tag{7-18}$$

当热源密度 Q 以及给定热流 q 都是常量时，单元的温度载荷为

$$P_Q^e = \frac{1}{2} \rho Q A \quad (i,j,m)$$

$$P_{Hi}^e = \frac{1}{2} h T_a L \quad (i = 1,2)$$

$$P_{qi}^e = \frac{1}{2} q L \quad (i = 1,2)$$

算例 7-1：平板的传热分析

图 7-2 所示为一个无限长平板，其宽度为 0.2 m，热导率为 k=1 W/(m·℃)，左侧温度为 100 ℃，右侧温度为 0 ℃，介质对平板的换热系数为 20 W/(m^2·℃)，平板内无热源，试分析该平板的稳态温度场。

无限长平板的网格模型如图 7-3 所示，由 4 个三角形单元和 6 个节点组成，各单元的节点组成为：①单元(2,1,3)，②单元(2,3,4)，③单元(3,5,4)，④单元(4,5,6)。

①单元的节点坐标为 i→2(0,0.1)、j→1(0,0)、m→3(0.1,0)，则按照式(4-8)可计算出其形函数的系数为

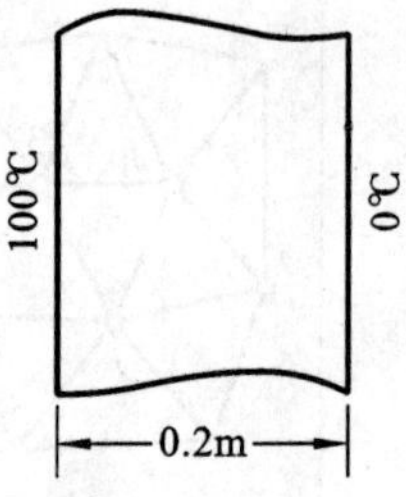

图 7-2　无限长平板

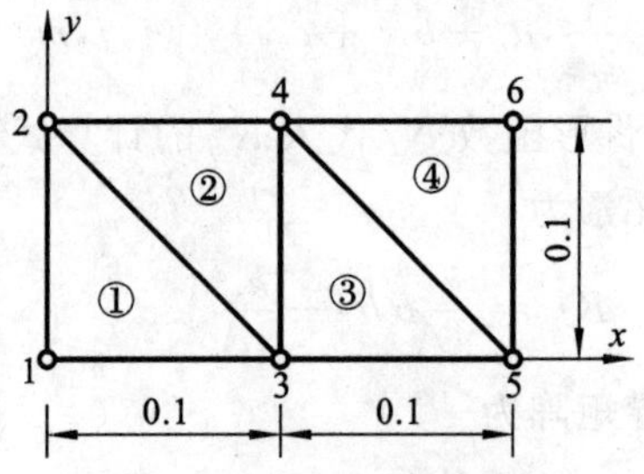

图 7-3　网格划分及编号

$$a_i = x_j y_m - x_m y_j = 0\times 0 - 0\times 0.1 = -0.01$$
$$a_j = x_m y_i - x_i y_m = 0.1\times 0.1 - 0\times 0 = 0.01$$
$$a_m = x_i y_j - x_j y_i = 0\times 0 - 0\times 0.1 = 0$$

类似地,有

$$b_i = 0,\quad b_j = -0.1,\quad b_m = 0.1,\quad c_i = 0.1,\quad c_j = -0.1,\quad c_m = 0$$

同时每个单元的面积相同,即有

$$2A = 0.01$$

由于 2-1 边为传热边界,则将上述数据代入式(7-18),有

$$\boldsymbol{K}^{\mathrm{e}}_{(1)} = \frac{k_x}{4A}\begin{bmatrix} b_i b_i & b_i b_j & b_i b_m \\ b_j b_i & b_j b_j & b_j b_m \\ b_m b_i & b_m b_j & b_m b_m \end{bmatrix} + \frac{k_y}{4A}\begin{bmatrix} c_i c_i & c_i c_j & c_i c_m \\ c_j c_i & c_j c_j & c_j c_m \\ c_m c_i & c_m c_j & c_m c_m \end{bmatrix} + \frac{1}{6}hL\begin{bmatrix} 2 & 1 & 0 \\ 1 & 2 & 0 \\ 0 & 0 & 0 \end{bmatrix}$$

$$= \frac{1}{0.02}\begin{bmatrix} 0 & 0 & 0 \\ 0 & 0.01 & -0.01 \\ 0 & -0.01 & 0.01 \end{bmatrix} + \frac{1}{0.02}\begin{bmatrix} 0.01 & -0.01 & 0 \\ -0.01 & 0.01 & 0 \\ 0 & 0 & 0 \end{bmatrix} + \frac{20\times 0.1}{6}\begin{bmatrix} 2 & 1 & 0 \\ 1 & 2 & 0 \\ 0 & 0 & 0 \end{bmatrix}$$

$$= \begin{bmatrix} 1.167 & -0.167 & 0 \\ -0.167 & 1.667 & -0.5 \\ 0 & -0.5 & 0.5 \end{bmatrix} \begin{matrix} \leftarrow T_2 \\ \leftarrow T_1 \\ \leftarrow T_3 \end{matrix}$$

2-1 边所对应的热载荷向量为

$$\boldsymbol{P}_{(1)} = \begin{bmatrix} 0.5hT_{\mathrm{a}}L \\ 0.5hT_{\mathrm{a}}L \\ 0 \end{bmatrix} = \begin{bmatrix} 0.5\times 20\times 100\times 0.1 \\ 0.5\times 20\times 100\times 0.1 \\ 0 \end{bmatrix} = \begin{bmatrix} 100 \\ 100 \\ 0 \end{bmatrix}$$

对于单元②和单元③,因其为内部单元,则由式(7-17)可得到其热传导矩阵和热载荷向量分别为

$$\boldsymbol{K}^{\mathrm{e}}_{(2)} = \begin{bmatrix} 0.5 & 0 & -0.5 \\ 0 & 0.5 & -0.5 \\ -0.5 & -0.5 & 1.0 \end{bmatrix} \begin{matrix} \leftarrow T_2 \\ \leftarrow T_3 \\ \leftarrow T_4 \end{matrix}$$

$$P_{(2)} = [0\quad 0\quad 0]^{\mathrm{T}}$$

$$\boldsymbol{K}^{\mathrm{e}}_{(3)} = \begin{bmatrix} 1 & -0.5 & -0.5 \\ -0.5 & 0.5 & 0 \\ -0.5 & 0 & 0.5 \end{bmatrix} \begin{matrix} \leftarrow T_3 \\ \leftarrow T_5 \\ \leftarrow T_4 \end{matrix}$$

$$P_{(3)} = [0\quad 0\quad 0]^{\mathrm{T}}$$

由于单元④属于热边界单元，则其参数代入式(7-18)有

$$\boldsymbol{K}_{(4)}^{e}=\begin{bmatrix}0.5 & 0 & -0.5\\ 0 & 1.167 & -0.167\\ -0.5 & -0.167 & 1.667\end{bmatrix}\begin{matrix}\leftarrow T_4\\ \leftarrow T_5\\ \leftarrow T_6\end{matrix}$$

$$\boldsymbol{P}_{(1)}=\begin{bmatrix}0.5hT_aL\\ 0.5hT_aL\\ 0\end{bmatrix}=\begin{bmatrix}0.5\times 20\times 0\times 0.1\\ 0.5\times 20\times 0\times 0.1\\ 0\end{bmatrix}=\begin{bmatrix}0\\ 0\\ 0\end{bmatrix}$$

将 4 个单元热传导矩阵进行扩展，然后再相加，可得到整体结构的热传导矩阵，即

$$\boldsymbol{K}=\begin{bmatrix}1.667 & -0.167 & -0.5 & 0 & 0 & 0\\ -0.167 & 1.667 & 0 & -0.5 & 0 & 0\\ -0.5 & 0 & 2 & -1 & -0.5 & 0\\ 0 & -0.5 & -1 & 2 & 0 & -0.5\\ 0 & 0 & -0.5 & 0 & 1.667 & -0.167\\ 0 & 0 & 0 & -0.5 & -0.167 & 1.667\end{bmatrix}$$

总的热载荷向量为

$$\boldsymbol{P}=[100\quad 100\quad 0\quad 0\quad 0\quad 0]^{\mathrm{T}}$$

若节点温度向量为

$$\boldsymbol{T}=[T_1\quad T_2\quad T_3\quad T_4\quad T_5\quad T_6]^{\mathrm{T}}$$

则整体结构的传热方程为

$$\boldsymbol{K}\cdot\boldsymbol{T}=\boldsymbol{P}$$

对传热方程进行求解，可得到节点的温度为

$$\boldsymbol{T}=[83.35\quad 83.35\quad 50\quad 50\quad 16.65\quad 16.65]^{\mathrm{T}}$$

7.1.3　ANSYS 软件的稳态热分析

在 ANSYS 软件中，稳态热分析能够确定温度分布和在稳态载荷状态下的其他物理量。稳态载荷状态是指在一段时期内热量的变化可以忽略不计。

稳态热分析能够确定由于热载荷在结构内引起的温度分布、热梯度(thermal gradients)、热流率(heat flow rates)、热流量(heat fluxes)等。

稳态热分析可以完成线性或非线性分析，这主要取决于材料随温度变化的属性。而大多数材料的属性是随着温度发生变化的，因此其分析通常属于非线性，其中辐射效应也是非线性的。

完成稳态热分析的过程主要分为下列 3 个步骤：

(1) 建立模型。

(2) 施加载荷和求解。

(3) 浏览分析结果。

1. 建立模型

利用 ANSYS 软件的前处理器来建立模型，主要包括指定单元类型、实常数、材料属性，生成几何模型和划分网格。其具体的操作过程与 ANSYS 软件的结构分析相类似，这里就不再介绍。

ANSYS 系统提供了 40 种可用于完成稳态热分析的单元。每个单元的详细信息可参阅 ANSYS 软件的单元手册。

对于材料属性的输入,要记住的是:对于常数,可以使用"MP"命令来输入一个数值;而对于某些单元,要采用表格输入;但要指定基于温度变化的属性,则必须定义一个表格,即要用"MPTEMP"等命令来完成。如果要定义一个基于温度且用多项式表示的传热系数(HF)时,在指定其他具有常值属性的材料之前也要定义一个温度表格。

2. 施加载荷和求解

在对所建模型进行稳态热分析时,必须先指定分析类型、分析选项、施加载荷、指定载荷步选项等。

如果是开始一个新的分析,可以执行命令"ANTYPE,STATIC,NEW",如果想要重新启动一个已完成的分析,则可执行命令"ANTYPE,STATIC,REST"。

读者能够将热载荷施加在几何模型或有限元网格上,所要施加的载荷主要有:

(1) 温度(TEMP)。

可以在模型的边界上指定一个作为DOF(degree of freedom,自由度)约束的固定温度值。

(2) 热流率(HEAT)。

它作为一个集中节点载荷,主要用于不能够施加对流和热流量的杆单元模型。当热流率为正值时,表示有热量流入节点。如果在节点上同时指定了TEMP和HEAT,则TEMP占优(也就是说,单元获得热量)。

如果在实体单元上施加节点热流率,特别是当包含该节点的单元具有一个较宽的热导率时,必须对该节点周围的网格进行细化,否则将得到一个不满足自然规律的温度范围。如果可能的话,最好使用生热率载荷或热流率载荷来取代,这些选项即使在网格较粗情况下,也会得到一个好的结果。

(3) 对流(CONV)。

对流载荷是作为一个面载何施加在几何模型的外表面上,来说明热量与周围介质的交换,仅适用于实体单元和壳单元。对于杆单元模型,可以使用杆单元LINK34来指定对流。

可使用面效应单元SURF151和SURF152来分析由于对流或辐射效应所引起的传热。

(4) 热流密度(HFLUX)。

热流密度也是一个面载荷。通过一个面的热流密度(即单位面积上的热流率)可以是已知值,也可以是使用CFD(计算流体动力学)计算得到的值。当热流密度为正时,表示热量流向单元。它仅适用于实体和壳单元。但一个单元面不能同时指定CONV和HFLUX,否则系统只使用最后施加的面载荷。

(5) 生热率(HGEN)。

生热率是一个体载荷,表示单元内生成的热量,比如化学反应或电流等。它的单位是单位体积上的热流率。

如果定义了一个表格载荷来表示一个基于温度的函数,而模型的其他物理量是线性的,这时应该设置"NROPT,FULL",即将Newton-Raphson迭代打开,以便正确地计算基于温度的边界条件。

另外,对一个稳态热分析过程,用户也可以指定分析选项、非线性选项和输出控制。

3. 浏览分析结果

ANSYS系统将热分析的结果写入文件"Jobname.RTH"中,其中主要包括:

- 基本数据,节点温度(TEMP、TBOT、TE2、TE3、…、TTOP);
- 导出数据,节点和单元的热流量、热梯度,单元的热流率,节点反向热流率等。

用户可以进入通用后处理器(/POST1)来浏览这些结果。但为了浏览这些数据，必须保证文件"Jobname. RTH"在当前的工作路径里，分析和浏览结果的模型没有发生变化。

算例 7-2：接管的稳态热分析

图 7-4 所示为圆筒形罐体上有一接管的示意图。已知：罐外径为 1 m，壁厚为 60 mm，接管外径为 0.3 m，壁厚为 30 mm，罐与接管的轴线垂直且接管远离罐的端部，罐内液体温度为 232 ℃，与罐壁的对流换热系数为 1420 W/(m² · ℃)，接管内流体的温度为 38℃，与管壁的对流换热系数随管壁温度而变。接管与罐为同一种材料，它的热物理性能如表 7-1 所示。试求出罐与接管连接处的温度分布。

算例 7-2

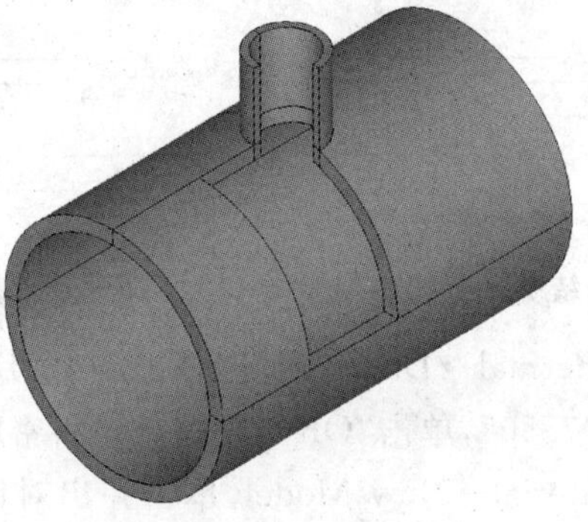

图 7-4　罐体与接管连接处的示意图

表 7-1　材料的物理性能

温度/℃	20	100	150	200	260
密度/(kg/m³)	7850	7850	7850	7850	7850
导热系数/[W/(m · ℃)]	14.5	15.4	16.2	17.0	17.7
比热/[J/(kg · ℃)]	473	490	498	510	524
对流系数/[W/(m² · ℃)]	2420	2300	2000	1562	1255

这个问题属于稳态热分析。由于节点相对于罐体来说，具有局部对称结构，因此在分析时只要对图 7-4 所示的缺口进行分析即可。其中节点的长度为 0.3 m，罐体缺口的长度为 0.6 m。

ANSYS 软件分析的操作步骤如下。

1) 指定系统为热分析

Main Menu→Preferences，选取弹出对话框中的"Thermal"，单击"OK"，则指定系统将开展热分析。

2) 选择单元及输入材料参数

(1) 选取单元。Main Menu→Preprocessor→Element Type→Add/Edit/Delete，单击弹出对话框中的"Add"，然后弹出一个"Library of Element Types"对话框，在其左栏中选择"Thermal Solid"，右栏中选择"Brick 20 node 90"，单击"OK"，再单击"Close"，完成单元选取。

(2) 输入基于温度的材料参数。Main Menu→Preprocessor→Material Props→Material Models，弹出一个"Define Material Model Behavior"对话框，在其右栏中选择 Thermal→Conductivity→Isotropic，再弹出一个"Conductivity for Material Number1"对话框，连续单击 4

次“Add Temperature”之后，按表 7-1 所示依次在“Temperature”后面输入温度值，即 20、100、150、200、260，依次在“KXX”后面输入“14.5、15.4、16.2、17.0、17.7”，输入的结果如图 7-5 所示，单击“OK”，则完成热导率的输入。

再在其右栏中选择 Thermal→Specific Heat，弹出一个“Specific Heat for Material Number1”对话框，连续单击 4 次“Add Temperature”之后，按表 7-1 所示依次在“Temperature”后面输入温度值，即 20、100、150、200、260，依次在“C”后面输入“473、490、498、510、524”，输入的结果如图 7-6 所示，单击“OK”，则完成比热的输入。

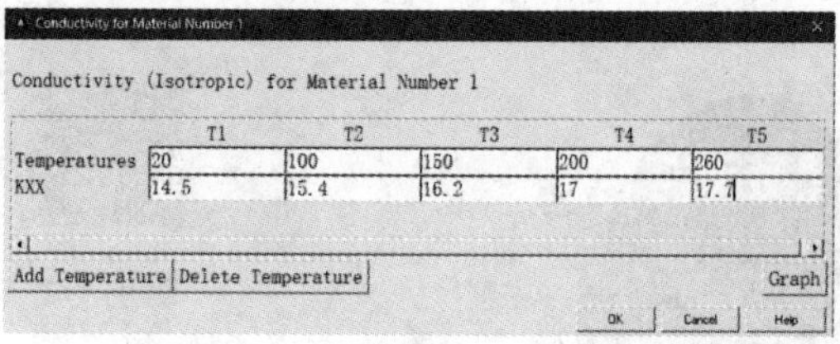

图 7-5　热导率的输入结果

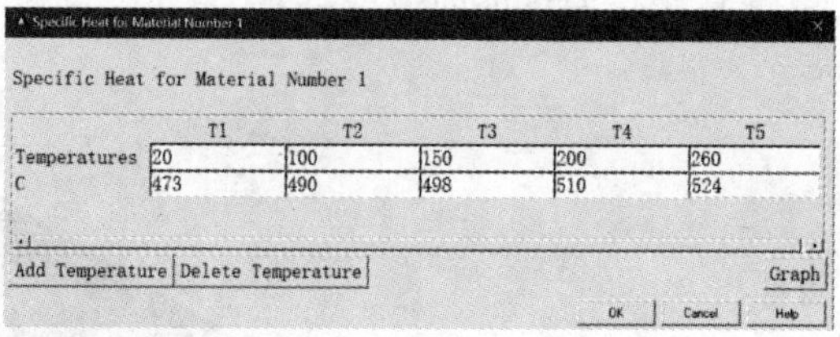

图 7-6　比热的输入结果

接着在其右栏中选择“Thermal→Density”，再弹出一个“Density for Material Number1”对话框，在“DENS”后面输入“7850”，单击“OK”，则完成材料密度的输入。

单击对话框菜单上的 Material→New Model，单击弹出对话框中的“OK”，又在其右栏中选择 Thermal→Convection or File Coef.，再弹出一个“Convection or File Coefficient for Material Number1”对话框，连续单击 4 次“Add Temperature”之后，按表 7-1 所示依次在“Temperature”后面输入温度值，即 20、100、150、200、260，依次在“HF”后面输入“2420、2300、2000、1562、1255”，输入的结果如图 7-7 所示，单击“OK”，则完成对流系数的输入。

单击对话框菜单上的 Material→Exit，完成材料的输入。最终输入的结果如图 7-8 所示。

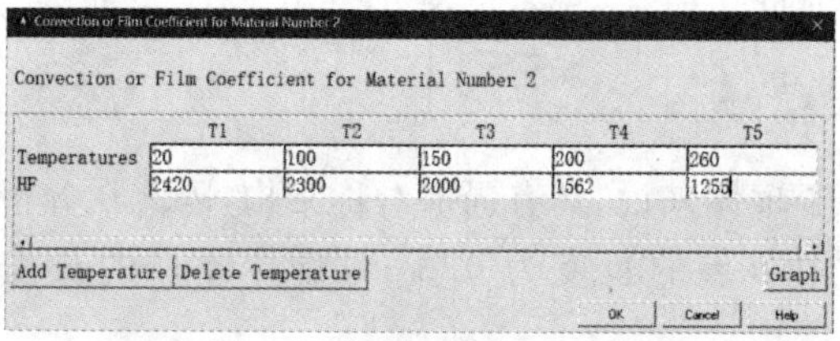

图 7-7　对流系数的输入结果

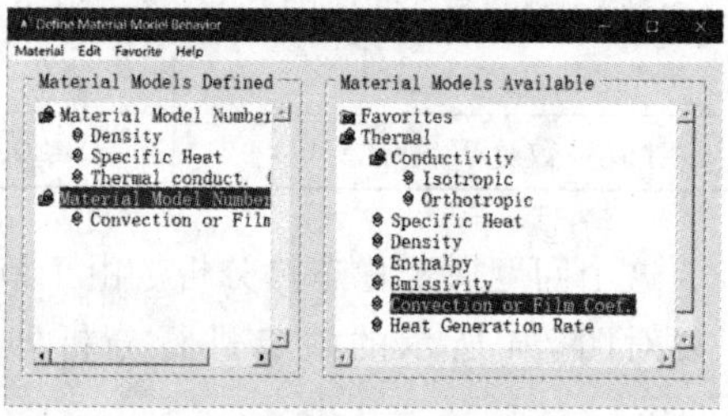

图 7-8　材料参数最终的输入结果

3）建立几何模型

(1) 打开工作平面并显示为轴测图。Utility Menu→WorkPlane→Display Working Plane，则在图形窗口显示一个“WX、WY、WZ”工作平面，且与直角坐标系三角符号相重叠；再单击图形窗口右上角的“”按钮，则图形窗口为轴测图显示方式。

(2) 生成 1/4 罐体。Main Menu→Preprocessor→Modeling→Create→Volumes→Cylinder→By Dimensions，弹出一个对话框，分别在“Outer radius”后面输入“0.5”，“Inner radius”后面输入“0.5－0.06”，“Z-coordinates”后面输入“0、0.6”，“Starting angle”后面输入“0”，“Ending angle”后面输入“90”，单击“OK”。

(3) 旋转工作平面。Utility Menu→WorkPlane→Offset WP by Increments，在弹出对话框的“XY，YZ，ZX Angles”下面输入“0，－90”，单击“Apply”。

(4) 生成 1/4 的接管。Main Menu→Preprocessor→Modeling→Create→Volumes→Cylinder→By Dimensions，弹出一个对话框，分别在“Outer radius”后面输入“0.15”，“Inner radius”后面输入“0.15－0.03”，“Z-coordinates”后面输入“0、0.5＋0.3”，“Starting angle”后面输入“－90”，“Ending angle”后面输入“0”，单击“OK”。

(5) 叠分操作。Main Menu→Preprocessor→Modeling→Operate→Booleans→Partition→Volumes，单击弹出对话框上的“Pick All”。

(6) 删除多余体。Main Menu→Preprocessor→Modeling→Delete→Volume and Below，弹出拾取框后，在图形窗口中分别拾取编号为“3、4”的体，单击“OK”。生成的几何模型如图 7-9所示。

(7) 改变坐标系并关闭工作平面。先执行 Utility Menu→WorkPlane→Align WP with→Global Cartesian，将工作平面与直角坐标系对齐；然后再执行 Utility Menu→WorkPlane→Display Working Plane，关闭工作平面。

4) 划分网格

(1) 生成连接面。Main Menu→Preprocessor→Meshing→Concatenate→Areas，弹出一个拾取框，在图形窗口中拾取编号为“2,5”的面，单击“OK”。

(2) 生成连接线。Main Menu→Preprocessor→Meshing→Concatenate→Lines，弹出拾取框后，在图形窗口中拾取编号为“5,10”的线，单击“Apply”，再拾取编号为“7,12”的线，单击“OK”。

(3) 在线上设置单元的等分线。Main Menu→Preprocessor→Meshing→Size Cntrls→ManualSize→Lines→Picked Lines，弹出拾取框后，在图形窗口中拾取编号为“20”的线，单击“OK”，再弹出一个对话框，在“No. of element divisions”后面输入“4”，单击“Apply”。

在图形窗口中拾取编号为“40”的线，单击“OK”，再弹出一个对话框，在“No. of element divisions”后面输入“6”，单击“Apply”。

在图形窗口中拾取编号为“6”的线，单击“OK”，再弹出一个对话框，在“No. of element divisions”后面输入“4”，单击“OK”。

(4) 选择所有实体。Utility Menu→Select→Everything。

(5) 划分网格。Main Menu→Preprocessor→Meshing→Mesh→Volumes→Mapped→4 to 6 sided，单击拾取框上的“Pick All”，生成的结果如图 7-10 所示。

5) 施加边界条件与求解

(1) 定义初始节点温度。Main Menu→Solution→Define Loads→Apply→Thermal→Temperature→Uniform Temp，弹出一个对话框，在“Uniform temperature”后面输入“232”，单击“OK”。

(2) 将当前坐标系改为柱坐标系。Utility Menu→WorkPlane→Change Active CS to→Global Cylindrical。

(3) 选择罐内表面的节点并施加对流边界条件。Utility Menu→Select→Entities，弹出对话框后，分别选择“Nodes”“By Location”“X-coordinates”“From Full”，并在“Min，Max”下面输入“0.5－0.06”，单击“OK”。

再执行 Main Menu→Solution→Define Loads→Apply→Thermal→Convection→On Nodes，单击拾取框上的“Pick All”，又在弹出如图 7-11 所示的对话框中的“VALI Film coefficient”后面输入“1420”，“Bulk temperature”后面输入“232”，单击“OK”。

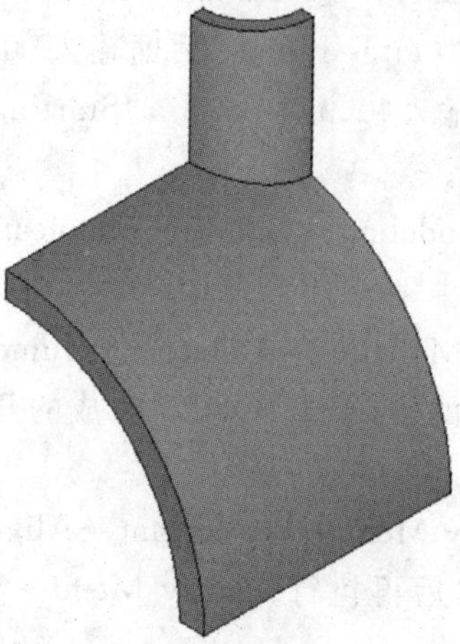

图 7-9　生成的几何模型

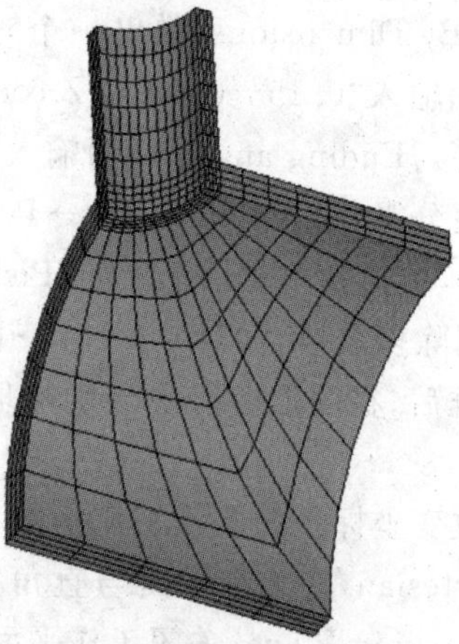

图 7-10　生成的网格模型

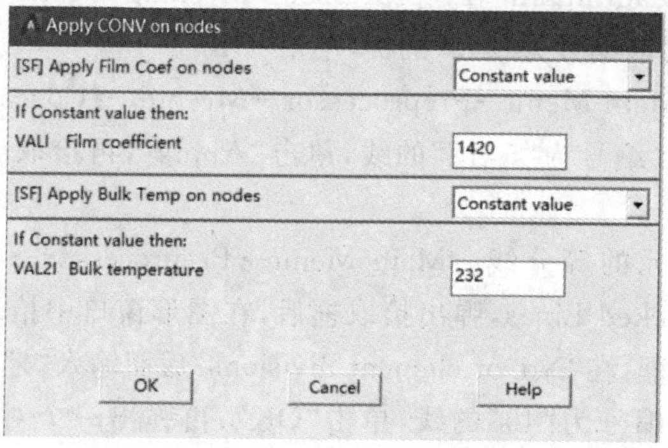

图 7-11　输入对流边界条件

（4）在罐体截面节点上施加温度。Utility Menu→Select→Entities，弹出对话框后，分别选择“Areas”“By Num/Pick”“From Full”，单击“OK”。弹出一个拾取框，在图形窗口中分别拾取编号为“2，5”的面，单击“OK”。再在“Select Entities”对话框中选择“Nodes”“Attached to”“Areas all”“From Full”，单击“OK”。

再执行 Main Menu→Solution→Define Loads→Apply→Thermal→Temperature→On Nodes，单击拾取框上的“Pick All”，选择弹出对话框上的“TEMP”，在“Load TEMP value”后面输入“232”，单击“OK”。

（5）在接管内壁上施加对流边界条件。Utility Menu→Select→Entities，弹出对话框后，分别选择“Areas”“By Num/Pick”“From Full”，单击“OK”。弹出一个拾取框，在图形窗口中分别拾取编号为“17，25”的面，单击“OK”。再在“Select Entities”对话框中选择“Nodes”“Attached to”“Areas all”“From Full”，单击“OK”。

再执行 Main Menu→Solution→Define Loads→Apply→Thermal→Convection→On Nodes，单击拾取框上的“Pick All”，又在弹出对话框上的“VALI File coefficient”后面输入“－2”，“Bulk Temperature”后面输入“38”，单击“OK”。施加结果如图 7-12 所示。

（6）选择所有实体。Utility Menu→Select→Everything。

（7）以箭头的方式显示对流边界条件。Utility Menu→PlotCtrls→Symbols，弹出一个对话框，在“Show pres and convect as”后面的滚动框中选择“Arrows”，单击“OK”。显示结果如图 7-13 所示。

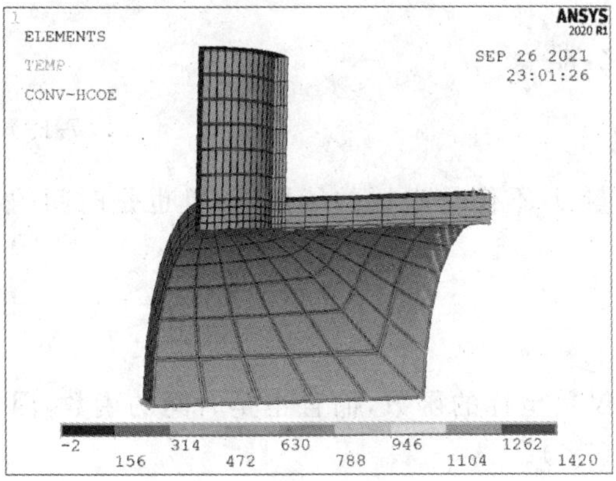

图 7-12　显示边界条件

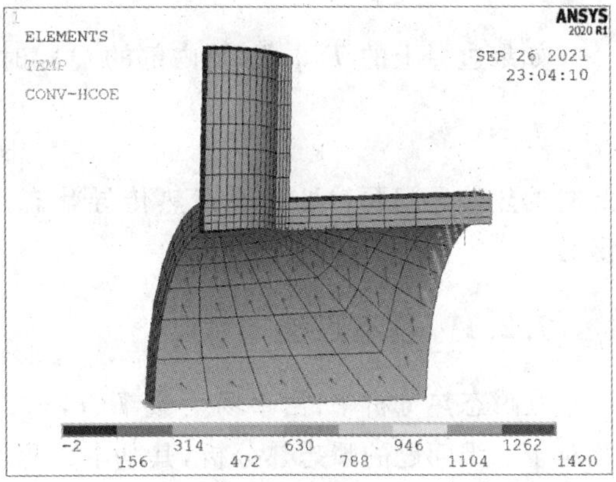

图 7-13　以箭头方式显示对流边界

(8) 改变坐标系。Utility Menu→WorkPlane→Change Active CS to→Global Cartesian。

(9) 设置求解选项。Main Menu→Solution→Analysis Type→Sol'n Controls，弹出一个“Solution Controls”对话框，在“Basic”栏中的“Number of substeps”后面输入“50”，选择右侧的单选按钮“User selected”，并在其下栏中选择“Nodal DOF Solution”、在滚动栏中选择“Write last substep only”，单击“OK”。

(10) 求解计算。Main Menu→Solution→Solve，在浏览信息无误后，关闭信息列表，单击“OK”，直到出现一个“Solution is done”后，求解结束，单击“Close”。

6) 查看计算结果

(1) 读取数据。Main Menu→General Postproc→Read Results→Last Set，读取计算结果。

(2) 显示温度分布。Main Menu→General Postproc→Plot Results→Contour Plot→Nodal Solu，在弹出的对话框中，选择“Nodal Solution→DOF Solution→Nodal Temperature”，单击“OK”，生成的结果如图 7-14 所示。

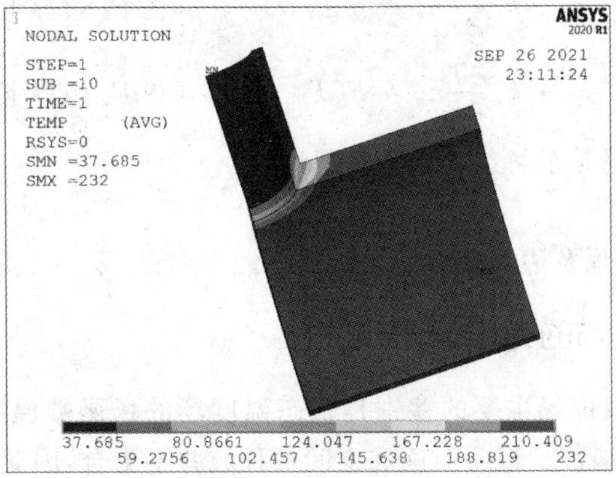

图 7-14　节点的温度分布

7.2　瞬态温度场分析

如果边界上的 $\overline{T},q,T_a$ 及内部的 Q 随时间变化,即

$$\frac{\partial T}{\partial t} \neq 0 \tag{7-19}$$

此时的热传导问题就处于瞬态热传导状态。场变量 T 不仅是坐标的函数,而且也是时间的函数。

7.2.1　基本方程

在瞬态热分析中,由于场变量 $T(x,y,z,t)$ 不仅是坐标的函数,而且也是时间的函数,因此对于三维问题的瞬态热分析,其基本方程就是式(7-1)。

若在某个方向如 z 方向的温度变化为零时,则方程(7-1)就退化为二维问题的瞬态热传导微分方程,即

$$\rho c \frac{\partial T}{\partial t} - \frac{\partial}{\partial x}\left(k_x \frac{\partial T}{\partial x}\right) - \frac{\partial}{\partial y}\left(k_y \frac{\partial T}{\partial y}\right) - \rho Q = 0 \quad (\text{在 } \Omega \text{ 内}) \tag{7-20}$$

这时场变量 $T(x,y,t)$ 不再是 z 的函数,同时它还应满足下列边界条件:

$$\left.\begin{aligned} & T = \overline{T}(\Gamma_1,t) && (\text{在 } \Gamma_1 \text{ 边界上}) \\ & k_x \frac{\partial T}{\partial x} n_x + k_y \frac{\partial T}{\partial y} n_y = q(\Gamma_2,t) && (\text{在 } \Gamma_2 \text{ 边界上}) \\ & k_x \frac{\partial T}{\partial x} n_x + k_y \frac{\partial T}{\partial y} n_y = h(T_a - T) && (\text{在 } \Gamma_3 \text{ 边界上}) \end{aligned}\right\} \tag{7-21}$$

对于轴对称问题,在柱坐标中,场函数 $T(r,z,t)$ 应满足的微分方程是

$$\rho c r \frac{\partial T}{\partial t} - \frac{\partial}{\partial r}\left(k_r r \frac{\partial T}{\partial r}\right) - \frac{\partial}{\partial z}\left(k_z r \frac{\partial T}{\partial z}\right) - \rho Q r = 0 \quad (\text{在 } \Omega \text{ 内}) \tag{7-22}$$

边界条件是

$$\left.\begin{aligned} & T = \overline{T}(\Gamma_1,t) && (\text{在 } \Gamma_1 \text{ 边界上}) \\ & k_r \frac{\partial T}{\partial r} n_r + k_z \frac{\partial T}{\partial z} n_z = q(\Gamma_2,t) && (\text{在 } \Gamma_2 \text{ 边界上}) \\ & k_r \frac{\partial T}{\partial r} n_r + k_z \frac{\partial T}{\partial z} n_z = h(T_a - T) && (\text{在 } \Gamma_3 \text{ 边界上}) \end{aligned}\right\} \tag{7-23}$$

求解瞬态温度场问题是求解在初始条件下,即在

$$T = T_0 \quad (\text{当 } t = 0)$$

条件下,满足瞬态传导方程及边界条件的场函数 T。

7.2.2　瞬态温度场的有限元法

瞬态温度场与稳态温度场主要的差别是瞬态温度场的场函数温度不仅是空间域 Ω 的函数,而且还是时间域 t 的函数。但是时间和空间两种域并不重合,因此建立有限元格式时可以采用部分离散的方法。

仍以二维问题为例,来建立瞬态温度场有限元的一般格式。首先将空间域 Ω 离散为有限个单元。在单元内温度 T 仍可以近似地用节点温度 T_i 插值得到,但要注意此时节点温度是

时间的函数，即

$$T=\widetilde{T}=\sum_{i=1}^{n_e}N_i(x,y)T_i(t)=\boldsymbol{N}\cdot\boldsymbol{T}^e \tag{7-24}$$

插值形函数 N_i 只是空间域的函数，它与前面讨论过的问题一样，也应具有插值形函数的性质。构造 $\widetilde{T}$ 时已满足 Γ_1 上的边界条件，因此式(7-24)代入场方程(7-20)和边界条件即式(7-21)产生的余量为

$$\left.\begin{aligned}R_\Omega&=\frac{\partial}{\partial x}\left(k_x\frac{\partial\widetilde{T}}{\partial x}\right)+\frac{\partial}{\partial y}\left(k_y\frac{\partial\widetilde{T}}{\partial y}\right)+\rho Q-\rho c\frac{\partial\widetilde{T}}{\partial t}\\R_{\Gamma_2}&=k_x\frac{\partial\widetilde{T}}{\partial x}n_x+k_y\frac{\partial\widetilde{T}}{\partial y}n_y-q\\R_{\Gamma_3}&=k_x\frac{\partial\widetilde{T}}{\partial x}n_x+k_y\frac{\partial\widetilde{T}}{\partial y}n_y-h(T_a-\widetilde{T})\end{aligned}\right\} \tag{7-25}$$

令余量的加权积分为零，即

$$\int_\Omega R_\Omega\omega_1\mathrm{d}\Omega+\int_{\Gamma_2}R_{\Gamma_2}\omega_2\mathrm{d}\Gamma+\int_{\Gamma_3}R_{\Gamma_3}\omega_3\mathrm{d}\Gamma=0 \tag{7-26}$$

按 Galerkin 法选择权函数：

$$\omega_1=N_j\quad(j=1,2,\cdots,n_e)$$

$$\omega_2=\omega_3=-\omega_1$$

将上述选择代入式(7-26)，经分部积分可得到用以确定 n 个节点温度 T_i 的矩阵方程，即

$$\boldsymbol{C}\dot{\boldsymbol{T}}+\boldsymbol{K}\boldsymbol{T}=\boldsymbol{P} \tag{7-27}$$

式中：$\boldsymbol{C}$ 是热容矩阵；$\boldsymbol{K}$ 是热传导矩阵，$\boldsymbol{C}$ 和 $\boldsymbol{K}$ 都是对称正定矩阵；$\boldsymbol{P}$ 是温度载荷列阵；$\dot{\boldsymbol{T}}$ 是节点温度对时间的导数列阵，$\dot{\boldsymbol{T}}=\mathrm{d}\boldsymbol{T}/\mathrm{d}t$。式(7-27)是一组以时间 t 为独立变量的线性常微分方程组。矩阵 $\boldsymbol{K}$,$\boldsymbol{C}$ 和 $\boldsymbol{P}$ 的元素由单元相应的矩阵元素集成。

$$K_{ij}=\sum_e K_{ij}^e+\sum_e H_{ij}^e \tag{7-28a}$$

$$P_i=\sum_e P_{qi}^e+\sum_e P_{Hi}^e+\sum_e P_{Qi}^e \tag{7-28b}$$

$$C_{ij}=\sum_e C_{ij}^e \tag{7-28c}$$

单元的矩阵元素：

$$K_{ij}^e=\int_{\Omega^e}\left(k_x\frac{\partial N_i}{\partial x}\frac{\partial N_j}{\partial x}+k_y\frac{\partial N_i}{\partial y}\frac{\partial N_j}{\partial y}\right)\mathrm{d}\Omega$$

$$H_{ij}^e=\int_{\Gamma_3^e}hN_iN_j\mathrm{d}\Gamma\quad\text{（单元热换边界对热传导矩阵的修正）}$$

$$C_{ii}^e=\int_{\Omega^e}N_iN_i\rho c\,\mathrm{d}\Omega\quad\text{（单元对热容矩阵的贡献）}$$

$$P_{qi}^e=\int_{\Gamma_2^e}qN_i\mathrm{d}\Gamma\quad\text{（单元给定热流边界的温度载荷）}$$

$$P_{Hi}^e=\int_{\Gamma_3^e}N_ihT_a\mathrm{d}\Gamma\quad\text{（单元对流换热边界的温度载荷）}$$

$$P_{Qi}^e=\int_{\Omega^e}N_iN_i\rho Q\,\mathrm{d}\Omega\quad\text{（单元热源产生的温度载荷）}$$

至此，已将时间域和空间域的偏微分方程问题在空间域内离散为 n 个节点温度 $\boldsymbol{T}(t)$ 的常微分方程的初值问题。对于给定温度值的边界 Γ_1 上的 n_1 个节点，方程(7-27)中相应的式子

应引入以下条件:

$$T_i = \overline{T}_i \quad (i = 1,2,\cdots,n_1)$$

式中:i 是 Γ_1 上 n_1 个节点的编号。

7.2.3 ANSYS 软件的瞬态热分析

瞬态热分析能够确定在时间段内变化的温度分布和其他物理量。工程中通常利用瞬态热分析得到的温度场来计算热应力,许多传热应用如热处理问题、接管、发动机机体、管道系统、压力容器等都涉及瞬态热分析。

瞬态热分析的基本过程与稳态热分析相类似,主要区别在于瞬态热分析中热载荷是关于时间的函数。为了指定一个基于时间的载荷,ANSYS 软件既可以允许使用函数工具来定义一个方程,或者是一个描述曲线的函数,然后将这个函数作为边界条件进行施加,或者将时间-载荷曲线分成载荷步来进行。

瞬态热分析的单元与稳态热分析相同,其分析过程也分为 3 个步骤,即

(1) 建立模型;

(2) 施加载荷与求解;

(3) 浏览分析结果。

1. 建立模型

可以利用 ANSYS 软件的前处理器来建立模型,主要包括指定单元类型、实常数、材料属性,生成几何模型和单元网格。其具体的操作过程与 ANSYS 软件的结构分析相类似,这里就不再介绍。

2. 施加载荷与求解

在瞬态热分析中,施加瞬态载荷的第 1 步就是指定设置分析类型,并为分析建立初始条件。

对于一个新的瞬态热分析,可以执行命令“ANTYPE,TRANSIENT,NEW”,如果要重新启动一个前面的分析过程,则执行命令“ANTYPE,TRANSIENT,REST”。如果分析过程中涉及材料的非线性,则重新启动分析与单个运行相比,其得到结果要难得多。因为在重新启动分析中刚度矩阵总是被更新,而在单个运行中也许不会。

为了建立初始条件,需要完成一个稳态热分析,或者需要在所有节点上施加一个均布的初始温度。

如果模型是在周围环境状态的温度下开始,则可将该温度值作为一个初始温度施加到节点上,其命令有:“TUNIF”“TREF”。但要注意:施加环境温度作为初始温度与施加温度 DOF 约束是不一样的,初始温度只在分析过程的开始有效,而温度 DOF 约束是在整个分析过程中有效,直到用户将其删除,施加温度约束的命令为“D”。

在瞬态热分析过程中,也使用命令“IC”,能够在一个或一组节点上施加一个或多个非均匀的初始温度。如果初始温度分布不均匀且未知,此时就必须利用稳态热分析来建立初始条件,并完成下列步骤:

(1) 设置一个合适的稳态载荷。

(2) 设置“TIMINT,OFF,THERM”来关闭瞬态效应。

(3) 使用命令“TIME”来设置时间。一般来说,时间值是非常小的,如 10^{-6} s。

(4) 使用命令“KBC”设置载荷为渐变式或阶跃式,如果设置了渐变式载荷,则要考虑温度关于时间的梯度。

(5) 使用命令“LSWRITE”将载荷数据写入载荷步文件。

对于第 2 个载荷步，要记得删除所有施加的温度，除非知道这些节点的温度在整个瞬态热分析中具有相同的值。同时也要记得使用“TIMINT,ON,THERM”即打开瞬态效应。

在瞬态热分析中，可以设置多个载荷步（对于阶跃式或渐变式边界条件）来控制瞬态问题，也可以使用一个载荷步和用一组参数来指定时间点的表格化边界条件（对任意的时间变化条件）。可用下列步骤来指定载荷步：

(1) 使用命令“TIME”来设置载荷步结束点的时间；

(2) 使用命令“KBC”来设置载荷是阶跃式或是渐变式；

(3) 设置载荷步结束时的载荷值；

(4) 使用命令“LSWRITE”将上述设置的载荷保存到一个载荷步文件中；

(5) 重复步骤(1)至(4)的过程，直到将所有的载荷步数据写入载荷文件。

3. 浏览分析结果

进入后处理器所浏览的结果数据与稳态热分析过程的相似，所不同的是在通用后处理器(/POST1)中，能够浏览整个模型或某部分模型在某个时间步长的结果。而进入时间历程后处理器(/POST26)中，用户能够浏览模型中的某个点在整个时间段内的结果。另外，在/POST26 中，能够显示出结果与时间或频率的变化曲线，也可以对结果进行算术运算或复杂的代数运算。

在进入/POST1 后，需要首先使用命令“SET”读入所需要时间点的结果数据。

在进入 POST26 后，先要建立与时间的表格关系，即定义变量。系统给每个变量指定一个参考号，其中“1”号已赋给了时间变量。如果用户要浏览任何结果，则必须先定义变量。例如，使用命令“NSOL”得到基本数据，使用命令“ESOL”得到导出数据，使用命令“RFORCE”得到反作用力数据。一旦定义了变量，系统就能够将其用图形显示出来，其命令为“PLVAR”。通过浏览模型中某个考虑点的时间历程结果，就能够在 POST1 中对临界的时间点进行评价。

算例 7-3：电子组件的瞬态热分析

如图 7-15 所示的电子组件由基体、硅片、铜和黏合剂组成。已知电子组件的环境温度为 25 ℃，与环境的换热系数为 5 W/(m^2 · ℃)，硅片与黏合剂之间的热流量为 1000 W/m。假定电子组件在 5 min 内达到稳态热平衡。试分析其瞬态传热过程以及温度分布。

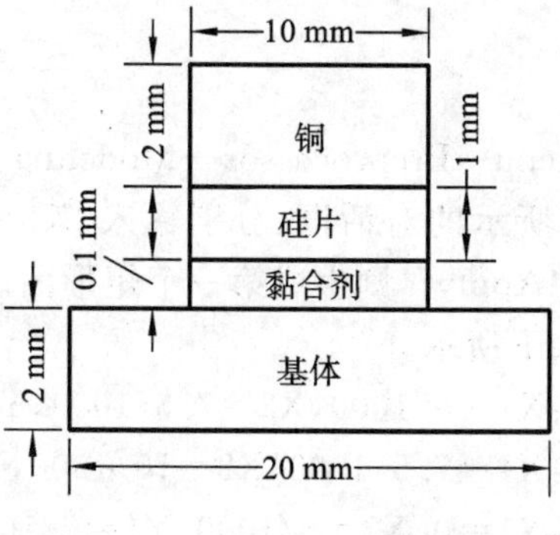

图 7-15　电子组件的分布及尺寸

算例 7-3

已知各器件材料的性能如表 7-2 所示。

由于该问题具有对称性，在分析时仅取一半进行分析即可，且在对称面设置为绝热边界条件，ANSYS 软件的分析过程和步骤如下。

表 7-2 材料的物理性能

材料名称	基体	黏合剂	硅片	铜
材料编号	1	2	3	4
弹性模量/GPa	22	7.4	163	129
泊松比	0.39	0.4	0.278	0.344
热膨胀系数/(10^{-6}/℃)	18	52	2.6	14.3
传热系数/[W/(m·℃)]	2	100	150	396
比热/[J/(kg·℃)]	840	535	703	384
密度/(kg/m^3)	220	6450	2330	8940

1) 选取单元及输入材料参数

(1) 选取单元。Main Menu→Preprocessor→Element Type→Add/Edit/Delete,单击弹出对话框中的"Add",然后弹出一个"Library of Element Types"对话框,在其左栏中选择"Thermal Solid",右栏中选择"Quad 4 node 55",单击"OK",再单击"Close",完成单元选取。

(2) 输入材料参数。Main Menu→Preprocessor→Material Props→Material Models,弹出一个"Define Material Model Behavior"对话框,在其右栏中选择 Thermal→Conductivity→Isotropic,再弹出一个"Conductivity for Material Number1"对话框,在"KXX"后面输入"2",单击"OK";又选取 Thermal→Specific Heat,在弹出对话框"C"的后面输入"840",单击"OK";再选取 Thermal→Density,在弹出对话框"DENS"的后面输入"220",单击"OK",则完成基体材料参数的输入。

单击对话框菜单上的 Material→New Model,单击弹出对话框中的"OK",在其右栏中选择 Thermal→Conductivity→Isotropic,再弹出一个"Conductivity for Material Number1"对话框,在"KXX"后面输入"100",单击"OK";又选取 Thermal→Specific Heat,在弹出对话框"C"的后面输入"535",单击"OK";再选取 Thermal→Density,在弹出对话框"DENS"的后面输入"6450",单击"OK",则完成黏合剂材料参数的输入。

重复第二次操作,分别输入"KXX=150,C=703,DENS=2330(硅片材料)"和"KXX=396,C=384,DENS=8940(铜材料)"。

在完成上述四种材料的输入后,单击对话框菜单上的 Material→Exit,完成材料的输入。最终输入的结果如图 7-16 所示。

2) 建立分析模型

(1) 生成矩形面。Main Menu→Preprocessor→Modeling→Create→Areas→Rectangle→By Dimensions,弹出如图 7-17 所示的对话框,分别输入"X1=0,X2=5/1000,Y1=0,Y2=2/1000(采用米制单位)",单击"Apply",则生成第一个矩形面。重复上述操作,再生成 5 个矩形面,每个矩形面的输入参数如下所示。

第二个矩形面输入参数为:X1=5/1000,X2=7.5/1000,Y1=0,Y2=2/1000。

第三个矩形面输入参数为:X1=7.5/1000,X2=10/1000,Y1=0,Y2=2/1000。

第四个矩形面输入参数为:X1=0,X2=5/1000,Y1=2/1000,Y2=2.1/1000。

第五个矩形面输入参数为:X1=0,X2=5/1000,Y1=2.1/1000,Y2=3.1/1000。

第六个矩形面输入参数为:X1=0,X2=5/1000,Y1=3.1/1000,Y2=5.1/1000。

最后单击"OK",生成的结果如图 7-18 所示。

(2) 面粘接。Main Menu→Preprocessor→Modeling→Operate→Booleans→Glue→

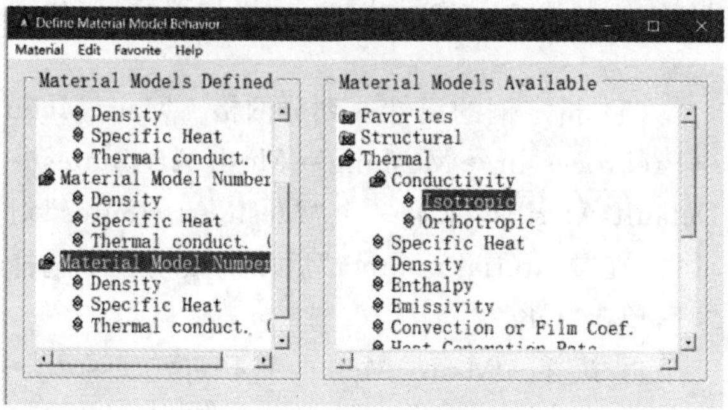

图 7-16 材料输入的结果

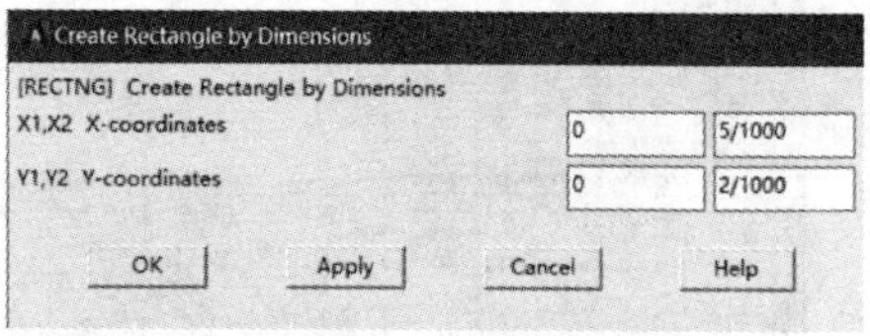

图 7-17 生成矩形面对话框

Areas，单击弹出拾取框上的“Pick All”。

3）划分网格

（1）设置线上网格的等分数。Main Menu→Preprocessor → Meshing → Size Cntrls → ManualSize→Lines→Picked Lines，在弹出对话框的“No. of element divisions”后面输入“6”，在“Spacing ratio”后面输入“4”，单击“Apply”。重复上述操作：

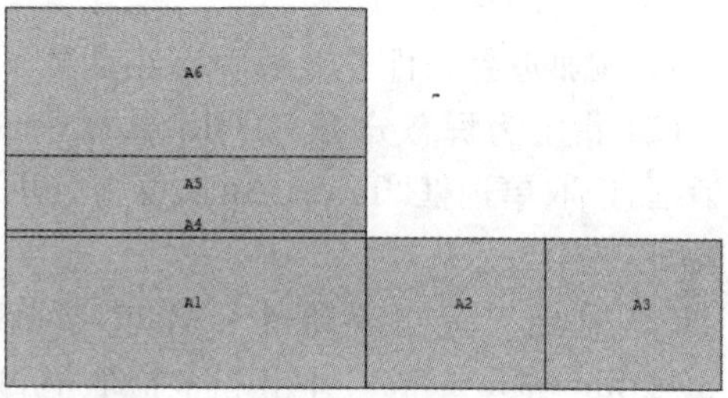

图 7-18 生成的几何模型

拾取线号“31”“No. of element divisions”后面输入“4”，在“Spacing ratio”后面输入“3”，单击“Apply”；

拾取线号“32”“No. of element divisions”后面输入“4”，在“Spacing ratio”后面输入“3”，单击“Apply”；

拾取线号“26”“No. of element divisions”后面输入“6”，在“Spacing ratio”后面输入“3”，单击“Apply”；

拾取线号“1”“No. of element divisions”后面输入“15”，“Spacing ratio”后面为空白，单击“Apply”；重复本次操作，完成下列线段的设置：

拾取线号“29”“No. of element divisions”后面输入“3”，单击“Apply”；

拾取线号“25”“No. of element divisions”后面输入“6”，单击“Apply”；

拾取线号“28”“No. of element divisions”后面输入“3”，单击“Apply”；

拾取线号“34”“No. of element divisions”后面输入“6”，单击“OK”。

（2）对基体划分网格。Main Menu→Preprocessor→Meshing→Mesh→Areas→Mapped→3 or 4 sided，弹出拾取框后，在图形窗口中分别拾取编号为“1，7，9”的面，单击“OK”。

（3）指定黏合剂属性并划分网格。Main Menu→Preprocessor→Meshing→Mesh Attributes→Default Attribs，弹出一个“Mesh Attributes”对话框，在“Material number”后面的滚动栏中选择“2”，单击“OK”。

再执行 Main Menu→Preprocessor→Meshing→Mesh→Areas→Mapped→3 or 4 sided，弹出拾取框后，在图形窗口中拾取编号为“8”的面，单击“OK”。

（4）指定硅片的属性并划分网格。Main Menu→Preprocessor→Meshing→Mesh Attributes→Default Attribs，弹出一个“Mesh Attributes”对话框，在“Material number”后面的滚动栏中选择“3”，单击“OK”。

再执行 Main Menu→Preprocessor→Meshing→Mesh→Areas→Free，弹出拾取框后，在图形窗口中拾取编号为“10”的面，单击“OK”。

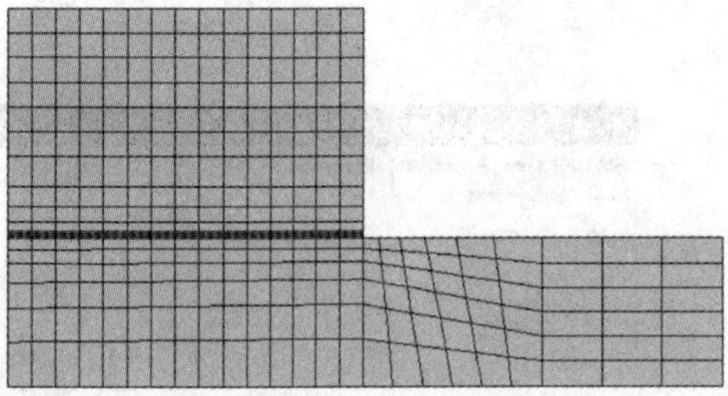

图 7-19 生成的网格模型

(5) 指定铜的属性并划分网格。Main Menu→Preprocessor→Meshing→Mesh Attributes→Default Attribs，弹出一个“Mesh Attributes”对话框，在“Material number”后面的滚动栏中选择“4”，单击“OK”。

再执行 Main Menu → Preprocessor → Meshing→Mesh→Areas→Free，弹出拾取框后，在图形窗口中拾取编号为“11”的面，单击“OK”。生成的网格如图 7-19 所示。

4) 施加边界条件并开展瞬态热计算

(1) 指定为瞬态分析。Main Menu→Solution→Analysis Type→New Analysis，弹出一个对话框，选取单选框“Transient”，单击“OK”后又弹出一个对话框，再单击“OK”，接受其缺省设置。

(2) 施加对流边界条件。Main Menu→Solution→Define Loads→Apply→Thermal→Convection→On Lines，弹出一个拾取框，在窗口中分别拾取编号为“1，10，23，25，26，27，29，30，31，33”的线段(除 $x=0$ 即 y 轴外的所有外轮廓线)，单击“OK”，又弹出一个“Apply CONV on lines”对话框，在“Film coefficient”后面输入“5”，“Bulk temperature”后面输入“25”，单击“OK”。

(3) 施加热流量。Main Menu→Solution→Define Loads→Apply→Thermal→Heat Flux→On Lines，弹出一个拾取框，在窗口中拾取编号为“15”的线段(硅片与黏合剂的公共边)，单击“OK”，又弹出一个“Apply HFLUX on lines”对话框，在“VALI Heat flux”后面输入“1000”，单击“OK”。

(4) 施加初始温度。Main Menu→Solution→Define Loads→Apply→Initial Condit’n→Define，弹出一个拾取框，单击“Pick All”，又弹出一个“Define initial Conditions”对话框，在“DOF to be specified”后面的下拉框中选取“TEMP”，在“Initial value of DOF”后面输入“25”，单击“OK”。

(5) 分析选项设置。Main Menu→Solution→Analysis Type→Sol’n Controls，弹出一个对话框，在“Basic”栏下，设置“Time at end of loadstep”的值为“300”，“Number of substeps”的值为“100”，选取“Automatic time stepping”后面下拉菜单中的“Off”，在“Frequency”下面选取“Write every substep”，单击“OK”。

(6) 求解计算。Main Menu→Solution→Solve→Current LS，在浏览信息无误后，关闭信息列表，单击“OK”，直到出现一个“Solution is done”后，求解结束，单击“Close”。

5) 浏览分析结果

(1) 读入第 10 个子步的结果。Main Menu→General Postproc→Read Results→By Load Step，弹出一个如图 7-20 所示的对话框，在“Substep number”后面输入“10”，单击“OK”。

(2) 显示温度分布。Main Menu→General Postproc→Plot Results→Contour Plot→Nodal Solu，在弹出的对话框中，选择“Nodal Solution→DOF Solution→Nodal Temperature”，单击“OK”，生成的结果如图 7-21 所示。

重复(1)和(2)操作可显示第 50 步和第 100 步的温度分布分别如图 7-21、图 7-22 所示。

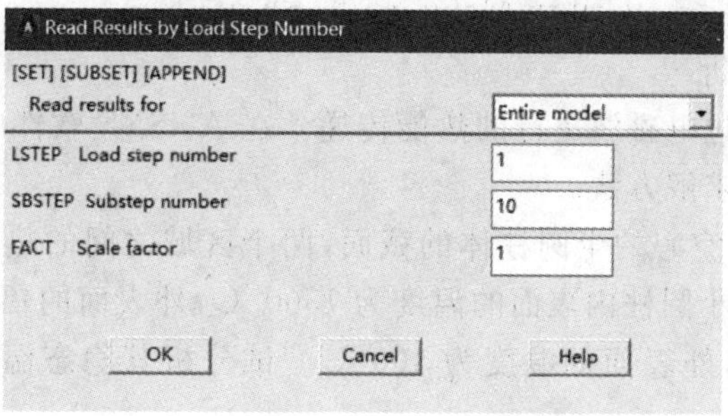

图 7-20　读入子步数据

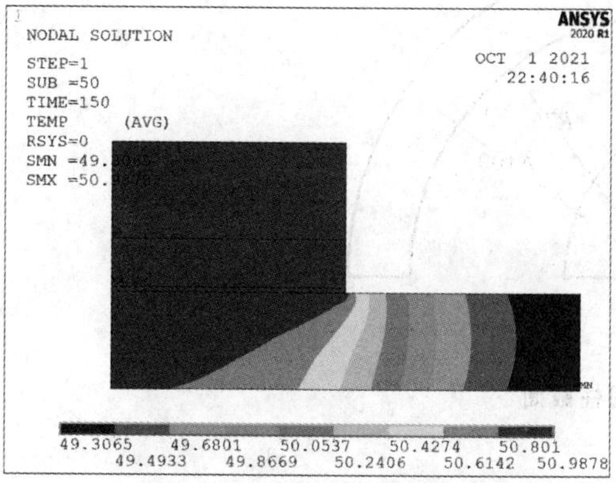

图 7-21　第 50 步的温度分布

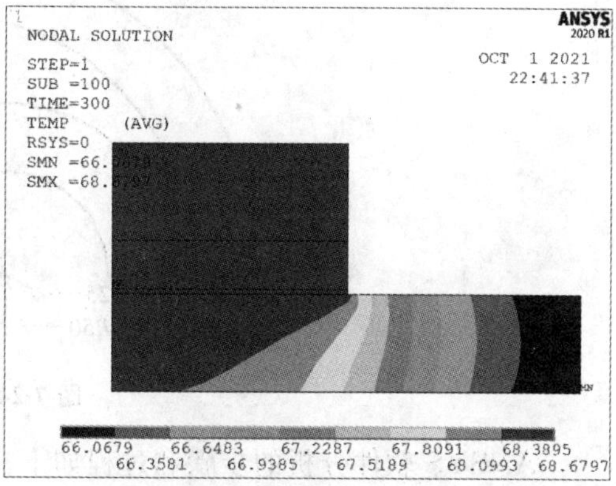

图 7-22　第 100 步的温度分布

(3) 进入时间历程后处理器，浏览某节点的温度随时间的变化曲线。

定义变量：Main Menu→TimeHist Postpro→Define Variables，单击弹出对话框中的“Add”，又弹出一个“Add Time-History Variable”对话框，选取单选项“Nodal DOF result”，单击“OK”；弹出一个拾取框，在窗口中拾取编号为“17”的节点，单击“OK”；又弹出一个“Define Nodal Data”对话框，在“User-specified lable”后面输入“DTIME”，其他为缺省设置，单击“OK”，再单击“Close”，关闭变量定义对话框。

显示结果：Main Menu→TimeHist Postpro→Graph Variables，在弹出对话框的“1st variable to graph”后面输入“2”，单击“OK”，则生成的结果如图 7-23 所示。

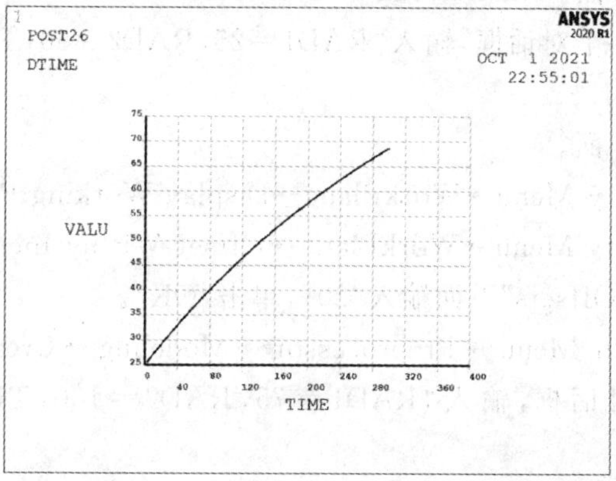

图 7-23　显示节点温度随时间的变化

(4) 退出 ANSYS 系统。Utility Menu→File→Exit。

算例 7-4:热辐射分析

算例 7-4

辐射是两个表面通过电磁波进行的热能传递。在 ANSYS 软件中,要进行热辐射分析需要用到辐射求解方法。

图 7-24 所示为两个空心的半圆柱体的截面,两个区域之间的热导率为 0.1,环境温度为 70 ℃,已知小圆柱内表面的温度为 1500 ℃,外表面的辐射系数为 0.9;大圆柱内表面的辐射系数为 0.7,外表面的温度为 100 ℃。试分析其稳态温度分布和热流量变化的情况。

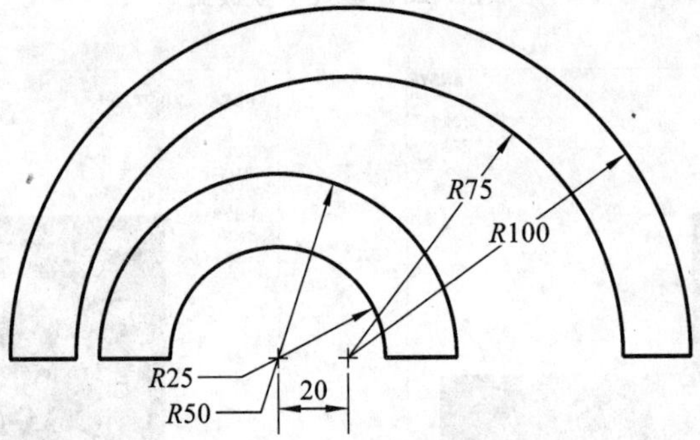

图 7-24　两个圆柱截面

ANSYS 软件分析的步骤和过程如下。

1) 指定单元和材料属性

(1) 选取单元。Main Menu→Preprocessor→Element Type→Add/Edit/Delete,单击弹出对话框中的“Add”,然后弹出一个“Library of Element Types”对话框,在其左栏中选择“Thermal Solid”,右栏中选择“Quad 4 node 55”,单击“OK”,再单击“Close”,完成单元选取。

(2) 输入材料参数。Main Menu→Preprocessor→Material Props→Material Models,弹出一个“Define Material Model Behavior”对话框,在其右栏中选择“Thermal→Conductivity→Isotropic”,再弹出一个“Conductivity for Material Number1”对话框,在“KXX”后面输入“0.1”,单击“OK”;单击对话框菜单中的 Material→Exit,则完成传热系数的输入。

2) 生成几何模型

(1) 生成半个小圆环面。Main Menu→Preprocessor→Modeling→Create→Areas→Circle→By Dimensions,弹出一个对话框,输入“RAD1=25,RAD2=50,THETA1=0,THETA2=180”,单击“OK”。

(2) 生成半个大圆环面。

打开工作平面:Utility Menu→WorkPlane→Display Working Plane。

移动工作平面:Utility Menu→WorkPlane→Offset WP by Increments,弹出一个“Offset WP”对话框,在“X,Y,Z Offsets”下面输入“20”,单击“OK”。

生成半圆环面:Main Menu→Preprocessor→Modeling→Create→Areas→Circle→By Dimensions,弹出一个对话框,输入“RAD1=75,RAD2=100,THETA1=0,THETA2=180”,单击“OK”。

关闭工作平面:Utility Menu→WorkPlane→Display Working Plane。生成的结果如图 7-25所示。

3）生成单元网格

（1）线段上指定单元等分数。Main Menu→Preprocessor→Meshing→Size Cntrls→ManualSize→Lines→Picked Lines，弹出一个拾取框，在窗口上拾取编号为“2，6”的线段，单击“OK”。弹出一个“Element Sizes on Picked Lines”对话框，在“NDIV No. of element divisions”后面输入“10”，单击“Apply”；又在窗口上拾取编号为“1，5”的线段，单击“OK”；再在弹出的对话框中输入“NDIV=40”，单击“OK”。

（2）采用映射方式划分单元。Main Menu→Preprocessor→Meshing→Mesh→Areas→Mapped→3 or 4 sided，弹出一个拾取框，单击“Pick All”，则完成单元划分，如图 7-26 所示。

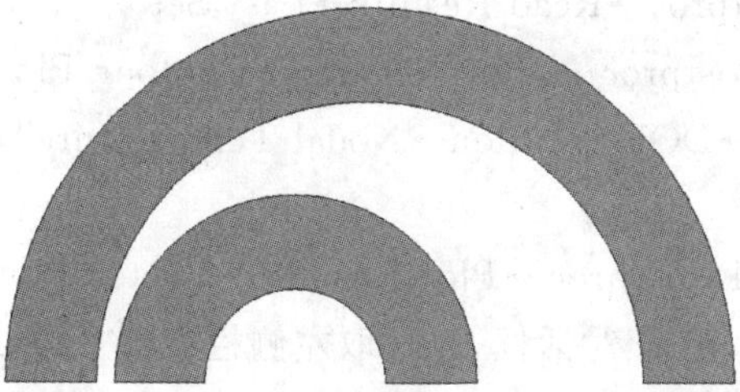

图 7-25　几何模型

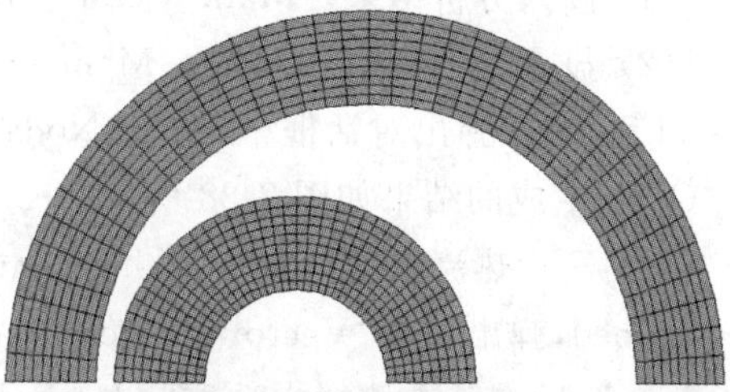

图 7-26　网格模型

4）施加边界条件及求解

（1）施加辐射系数。Main Menu→Solution→Define Loads→Apply→Thermal→Radiation→On Lines，弹出一个拾取框，在窗口中拾取编号为“1”的线段，单击“OK”。又弹出一个对话框，在“Emissivity”后面输入“0.9”，在“Enclosure number”后面输入“1”，如图 7-27 所示，单击“Apply”。又在窗口中拾取编号为“7”的线段，再在弹出对话框中“Emissivity”的后面输入“0.7”，在“Enclosure number”后面输入“1”，单击“OK”。

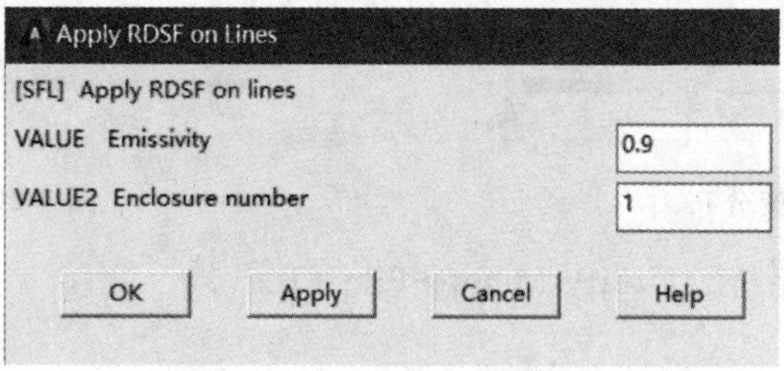

图 7-27　输入辐射系数对话框

（2）在线设置温度。Main Menu→Solution→Define Loads→Apply→Thermal→Temperature→On Lines，弹出一个拾取框，在窗口中拾取编号为“3”的线段。弹出一个对话框，在“DOFs to be constrained”后面选取“TEMP”，再在“Load TEMP Value”后面输入“1500”，单击“Apply”；又在窗口中拾取编号为“5”的线段，重复上述操作，且在“Load TEMP Value”后面输入“100”，单击“OK”。

（3）设置辐射求解选项。Main Menu→Solution→Radiation Opts→Solution Opt，弹出一个对话框，在“Temperature difference”后面输入“460”，“Radiation flux relax. factor”后面输入“0.5”，“Convergence tolerance”后面输入“0.01”，“Space option”下面的“Value”后面输入“70”，单击“OK”。

（4）设置与时间相关的参数。Main Menu→Solution→Load Step Opts→Time/Frequence

→Time-Time Step,弹出一个对话框,在“Time at end of load step”后面输入“1”,“Time step size”后面输入“0.5”,“Minimum time step size”后面输入“0.1”,“Maximum time step size”后面输入“1”,单击“OK”。

(5) 设置平衡迭代的最大次数。Main Menu→Solution→Load Step Opts→Nonlinear→Equilibrium Iter,弹出一个对话框,在“No. of equilibrium iter”后面输入“1000”,单击“OK”。

(6) 求解计算。Main Menu→Solution→Solve→Current LS,在浏览信息无误后,关闭信息列表,单击“OK”,直到出现一个“Solution is done”后,求解结束,单击“Close”。

5) 浏览分析结果

(1) 读入分析结果。Main Menu→General Postproc→Read Results→Last Set。

(2) 显示温度分布。Main Menu→General Postproc→Plot Results→Contour Plot→Nodal Solu,在弹出对话框中,选择“Nodal Solution→DOF Solution→Nodal Temperature”,单击“OK”,生成的结果如图 7-28 所示。

(3) 显示热流量的向量。Main Menu→General Postproc→Plot Results→Vector Plot→Predefined,弹出一个“Vector Plot of Predefined Vectors”对话框,先选取左侧栏中的“Flux & gradient”,后在其右侧栏中选取“Thermal flux TF”,单击“OK”,显示的结果如图 7-29 所示。

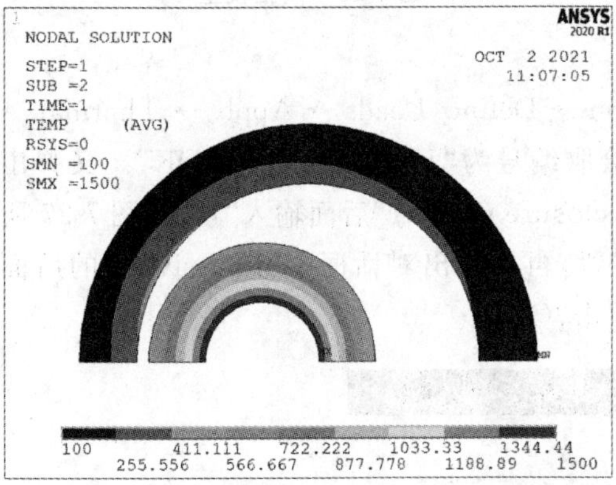

图 7-28 温度分布

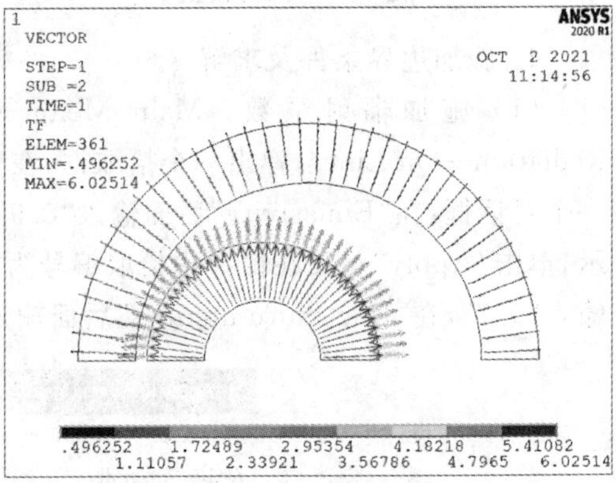

图 7-29 热流量向量

(4) 退出 ANSYS 系统。Utility Menu→File→Exit。

7.3 热应力的有限元分析

物体的热问题研究包括两个部分内容:①传热问题研究,以确定温度场;②热应力问题研究,即在已知温度场的情况下确定热应力与热变形。实际上这两个问题是相互影响和耦合的。但在大多数情况下,传热问题所确定的温度将直接影响物体的热应力分布,而后者对前者的耦合影响不大。因而可将物体的热问题分析看成一个单向耦合过程,可以分两个过程来进行计算。关于传热问题的有限元分析的一般格式前面已作讨论,下面仅介绍在已知温度分布的前提下如何开展物体的热应力分析。

7.3.1 基本理论

设物体内存在温差 $\Delta T(x,y,z)$,那么它将引起热膨胀,其热膨胀量为 $\alpha \cdot \Delta T(x,y,z)$,其

中 α 为热膨胀系数(thermal expansion coefficient)。该物体的物理方程由于增加了热膨胀量(正方向上的温度应变)而变为

$$\left.\begin{aligned}\varepsilon_x &= \frac{1}{E}[\sigma_x - \mu(\sigma_y + \sigma_z)] + \alpha \cdot \Delta T \\ \varepsilon_y &= \frac{1}{E}[\sigma_y - \mu(\sigma_x + \sigma_z)] + \alpha \cdot \Delta T \\ \varepsilon_z &= \frac{1}{E}[\sigma_z - \mu(\sigma_x + \sigma_y)] + \alpha \cdot \Delta T \\ \gamma_{xy} &= \frac{1}{G}\tau_{xy}, \quad \gamma_{yz} = \frac{1}{G}\tau_{yz}, \quad \gamma_{zx} = \frac{1}{G}\tau_{zx}\end{aligned}\right\} \tag{7-29}$$

若写成矩阵形式,可表示为

$$\boldsymbol{\sigma} = \boldsymbol{D}(\boldsymbol{\varepsilon} - \boldsymbol{\varepsilon}^0) \tag{7-30}$$

式中:$\boldsymbol{\varepsilon}^0 = [\alpha \cdot \Delta T \quad \alpha \cdot \Delta T \quad \alpha \cdot \Delta T \quad 0 \quad 0 \quad 0]^{\mathrm{T}}$。

除此以外,其平衡方程、几何方程以及边界条件与弹性问题的相同。弹性问题的一般虚功原理为

$$\int_\Omega \delta\boldsymbol{\varepsilon} \cdot \boldsymbol{\sigma} \mathrm{d}\Omega - \left(\int_\Omega \overline{\boldsymbol{b}} \cdot \delta\boldsymbol{u} \mathrm{d}\Omega + \int_{S_t} \overline{\boldsymbol{R}} \cdot \delta\boldsymbol{u} \mathrm{d}A\right) = 0 \tag{7-31}$$

将式(7-30)代入式(7-31)中,有

$$\int_\Omega \delta\boldsymbol{\varepsilon} \cdot \boldsymbol{D}(\boldsymbol{\varepsilon} - \boldsymbol{\varepsilon}^0) \mathrm{d}\Omega - \left(\int_\Omega \overline{\boldsymbol{b}} \cdot \delta\boldsymbol{u} \mathrm{d}\Omega + \int_{S_t} \overline{\boldsymbol{R}} \cdot \delta\boldsymbol{u} \mathrm{d}A\right) = 0 \tag{7-32a}$$

将其展开后,可得到

$$\int_\Omega \delta\boldsymbol{\varepsilon} \cdot \boldsymbol{D\varepsilon} \mathrm{d}\Omega - \left(\int_\Omega \overline{\boldsymbol{b}} \cdot \delta\boldsymbol{u} \mathrm{d}\Omega + \int_{S_t} \overline{\boldsymbol{R}} \cdot \delta\boldsymbol{u} \mathrm{d}A + \int_\Omega \delta\boldsymbol{\varepsilon} \cdot \boldsymbol{D\varepsilon}^0 \mathrm{d}\Omega\right) = 0 \tag{7-32b}$$

式(7-32)即热应力问题的虚功原理。

设节点的位移列阵为

$$\boldsymbol{q}^{\mathrm{e}} = [u_1 \quad v_1 \quad w_1 \quad | \quad \cdots \quad | \quad u_{n^{\mathrm{e}}} \quad v_{n^{\mathrm{e}}} \quad w_{n^{\mathrm{e}}}]^{\mathrm{T}}$$

与一般的弹性问题有限元分析形式相类似,将单元内的力学参量都表达为节点位移的关系式,即有

$$\boldsymbol{q} = \boldsymbol{N}\boldsymbol{q}^{\mathrm{e}}, \quad \boldsymbol{\varepsilon} = \boldsymbol{B}\boldsymbol{q}^{\mathrm{e}} \tag{7-33}$$

$$\boldsymbol{\sigma} = \boldsymbol{DB}\boldsymbol{q}^{\mathrm{e}} - \boldsymbol{D\varepsilon}^0 = \boldsymbol{S}\boldsymbol{q}^{\mathrm{e}} - \boldsymbol{D} \cdot \alpha \cdot \Delta T[1 \quad 1 \quad 1 \quad 0 \quad 0 \quad 0]^{\mathrm{T}} \tag{7-34}$$

可以看出,温度变化只对正应力有影响,而与剪应力无关。

将式(7-33)和式(7-34)代入式(7-32),消去虚位移量 δq 后,有

$$\boldsymbol{K}^{\mathrm{e}} \cdot \boldsymbol{q}^{\mathrm{e}} = \boldsymbol{F}^{\mathrm{e}} + \boldsymbol{F}_0^{\mathrm{e}} \tag{7-35}$$

式中:

$$\boldsymbol{K}^{\mathrm{e}} = \int_{\Omega^{\mathrm{e}}} \boldsymbol{B}^{\mathrm{T}} \boldsymbol{DB} \mathrm{d}\Omega$$

$$\boldsymbol{F}^{\mathrm{e}} = \int_\Omega \boldsymbol{N}^{\mathrm{T}} \overline{\boldsymbol{b}} \mathrm{d}\Omega + \int_{S_t} \boldsymbol{N}^{\mathrm{T}} \overline{\boldsymbol{R}} \mathrm{d}A$$

$$\boldsymbol{F}_0^{\mathrm{e}} = \int_{\Omega^{\mathrm{e}}} \boldsymbol{B}^{\mathrm{T}} \boldsymbol{D\varepsilon}^0 \mathrm{d}\Omega$$

$\boldsymbol{F}_0^{\mathrm{e}}$ 也称为温度等效载荷。和一般弹性问题的有限元形式相比,有限元方程中仅在载荷端增加了等效载荷项 $\boldsymbol{F}_0^{\mathrm{e}}$。

7.3.2　热应力分析过程与步骤

在 ANSYS 软件的多物理场(multiphysics)模块中,包含结构-热耦合的热应力计算。耦合场的计算方法有直接法(direct)和载荷转换法(load transfer)。

1. 直接法

直接法一般采用耦合场单元,其中单元的节点包含所需耦合场的所有自由度,如在热-结构耦合分析中,单元的节点所包含的自由度则由位移与温度组成,通过计算包含所有必需项的单元矩阵或单元载荷向量来进行耦合。

在强耦合(计算单元矩阵)的线性分析中,耦合场界面采用一次迭次计算;对于弱耦合(计算单元载荷向量)的线性分析,则至少需要迭代 2 次才能取得一个耦合响应。结构-热耦合既可以是强耦合,也可以是弱耦合,但如果涉及接触单元,则一定是强耦合。

为了加速一个耦合瞬态分析的收敛,可以关闭所不考虑自由度的时间积分效应,比如,若不考虑惯性和阻尼,则可以关闭结构自由度的时间积分效应。

结构-热分析的单元主要有 PLANE13、SOLID5、SOLID98、PLANE222、PLANE223、SOLID226 和 SOLID227,其中前 3 种单元只能用于结构-热分析,适用于静态和完全瞬态分析,后 4 种单元除了涉及热应力计算外,还可以进行压电、热塑性、热黏弹性的计算,适用于静态分析、完全谐分析和完全瞬态分析。在结构-热分析中,对这些单元必须选取位移自由度(UX,UY,UZ)和温度(TEMP),对于不同的单元其设置具有一定的区别。

完成结构-热分析的过程如下:

(1) 选取适合分析的耦合场单元,通过设置 KEYOPT(1)来指定其节点自由度。

(2) 指定材料属性。结构分析的材料属性有弹性模量、泊松比和剪切模量;热分析的材料属性有热导率、密度、比热或焓,以及热膨胀系数。

(3) 对于热应变计算,使用“TREF”命令输入参考温度。

(4) 施加结构和热载荷及边界条件。

(5) 指定分析类型和求解,其中分析类型可以是静态分析、完全瞬态分析或完全谐分析。

(6) 对于单元 PLANE222、PLANE223、SOLID226 和 SOLID227,请参考下列建议:

• 如果要进行静态分析或完全瞬态分析,必须使用 KEYOPT(2)设置为一个强或弱的结构-热耦合分析。强耦合会形成一个不对称的矩阵,对于一个线性分析,强耦合响应在一次迭代后可得到;弱耦合形成一个对称矩阵,至少需要两次迭代才能取得耦合响应。但若应用于完全谐分析,则仅使用强耦合。

• 可支持动力学分析中的压电效应计算。但在一个压电效应计算中,其中弹性系数被看成等温系数;比热被假定为恒定压力(或常应力),能自动转换为定容比热(应变);可使用命令“TOFFST”来指定从绝对零度到零度的温度偏移量,该温度偏移将加到使用“TREF”命令输入的温度上,从而得到绝对参考温度;所有的材料性能与载荷必须有一个相同的能量单位,在SI(International System of Units,国际单位制)系统中,能量和热的单位是焦耳;对于英制单位系统,能量单位是“in • lbf”或“ft • lbf”,热单位是“Btu”,英制的热单位必须转换为能量单位。1 Btu$=9.34\times10^3$ in • lbf$=778.26$ ft • lbf。

• 在结构非线性分析中,结构与热自由度采用弱耦合形式。

2. 载荷转换法

载荷转换法涉及 2 个或更多的分析，每个分析均属于不同的场。通过将第一次分析得到的结果作为载荷施加到下次分析中来耦合 2 个场分析。比如在结构-热耦合过程中，将来自热分析的节点温度值作为“体载荷”施加到随后的结构应力分析中。如果分析是完全耦合的，第二次分析的结果将会改变第一次分析的某些输入。其中边界条件和载荷可分为以下两类。

- 基本物理量：与其他物理分析无关，也称为名义上的边界条件。
- 耦合载荷：另外物理模拟的结果。

在结构-热耦合分析中，能够使用命令“LDREAD”读入热分析的节点温度值，然后将其载荷施加到结构分析中，其分析流程如图 7-30 所示。

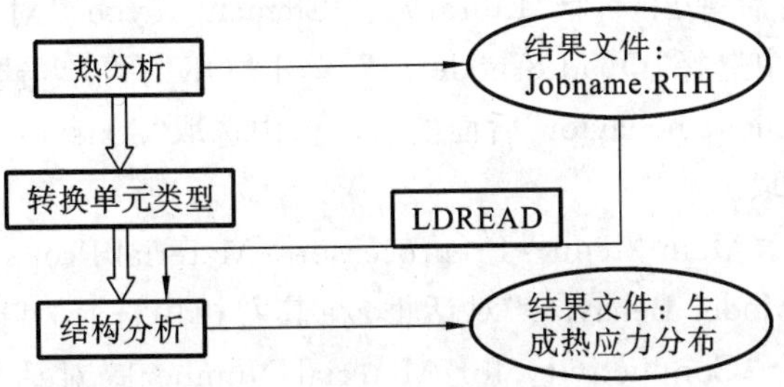

图 7-30　载荷转换法的分析流程

算例 7-5：压力容器的热应力分析

图 7-31 所示为一个压力容器的结构示意图，其内部承受 13 MPa 的压力，内部介质的温度为 100 ℃，对应的热导率为 42.26 W/(m^2 · ℃)，环境温度为 −1.1 ℃，对应的热导率为16.494 W/(m^2 · ℃)，材料的热导率为 47.7 W/(m · ℃)，热膨胀系数为 1.0×10^{-5}/℃，弹性模量 E=200 GPa，泊松比 μ=0.3，试对该压力容器进行应力分析。

算例 7-5

由于只考虑内压和温度的影响，结构和载荷均具有轴对称性，在分析时只要考虑其四分之一的模型即可，如图 7-32 所示。

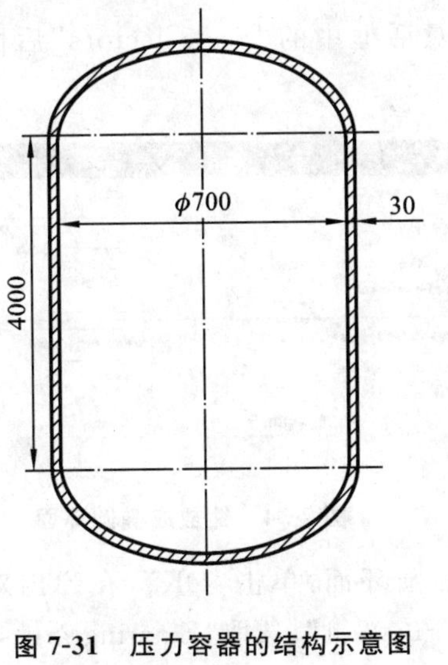

图 7-31　压力容器的结构示意图

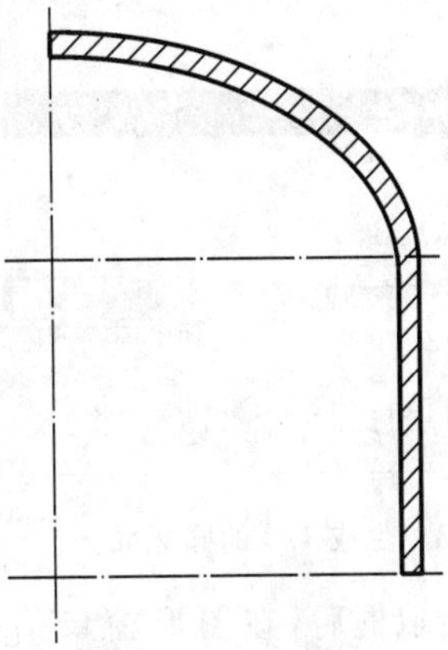

图 7-32　分析模型

压力容器受到温度载荷和压力载荷的影响,当采用载荷转移法对压力容器进行热应力分析时,先要完成其热分析以确定结构的温度分布,然后再将温度作为体载荷施加到每个节点上,再加上内压力就可完成结构在承受温度和内压两种载荷情况的分析,其 ANSYS 软件的分析过程如下。

1) 选取单元和输入材料属性

(1) 指定工作文件名。Utility Menu→File→Change Jobname,弹出一个对话框,在“Enter new jobname”后面输入工作文件名“CYLID_STRESS”,并勾选“New log and error files?”后面的方框,使其变成“Yes”。

(2) 选取单元。Main Menu→Preprocessor→Element Type→Add/Edit/Delete,单击弹出对话框中的“Add”,然后弹出一个“Library of Element Types”对话框,在其左栏中选择“Thermal Solid”,右栏中选择“Quad 8 node 77”,单击“OK”;再单击“Element Types”对话框中的“Options”,在“Element behavior”后面的滚动框中选取“Axisymmetric”,单击“OK”,再单击“Close”,完成单元选取。

(3) 输入材料参数。Main Menu→Preprocessor→Material Props→Material Models,弹出一个“Define Material Model Behavior”对话框,在其右栏中选择“Thermal→Conductivity→Isotropic”,再弹出一个“Conductivity for Material Number1”对话框,在“KXX”后面输入“47.7”,单击“OK”;又选取“Structural→linear→Elastic→Isotropic”,在弹出对话框中的“EX”的后面输入“2.0E5”,“PRXY”后面输入“0.3”,单击“OK”;再选取“Thermal Expansion→Secant Coefficient→Isotropic”,在弹出对话框中的“ALPX”的后面输入“1.0e−5”,单击“OK”,并关闭该对话框,则完成材料参数的输入。

2) 建立分析模型

(1) 生成 1/4 的椭圆环图。

生成 1/4 的基圆面:Main Menu→Preprocessor→Modeling→Create→Areas→Circle→By Dimensions,弹出一个如图 7-33 所示的对话框,在“Outer radius”后面输入“1”,“Starting angle”后面输入“0”,“Ending angle”后面输入“90”,单击“OK”。

将基圆面缩放为椭圆环面:Main Menu→Preprocessor→Modeling→Operate→Scale→Areas,单击弹出拾取框上的“Pick All”,在弹出对话框中的“Scale factors”后面依次输入“0.35、0.35/2、1”,如图 7-34 所示,单击“Apply”。

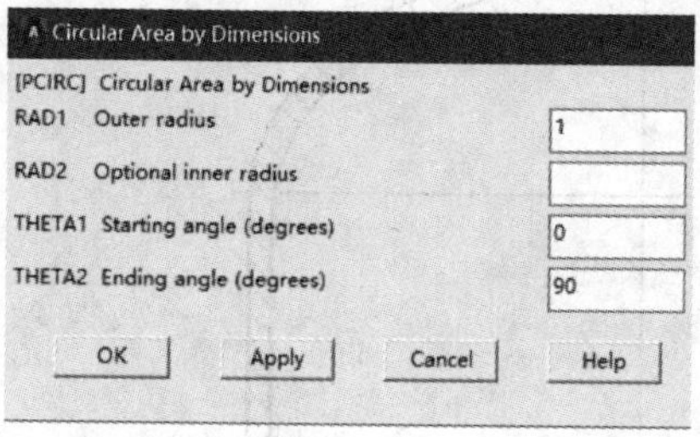

图 7-33　生成 1/4 的圆环面

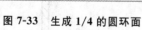

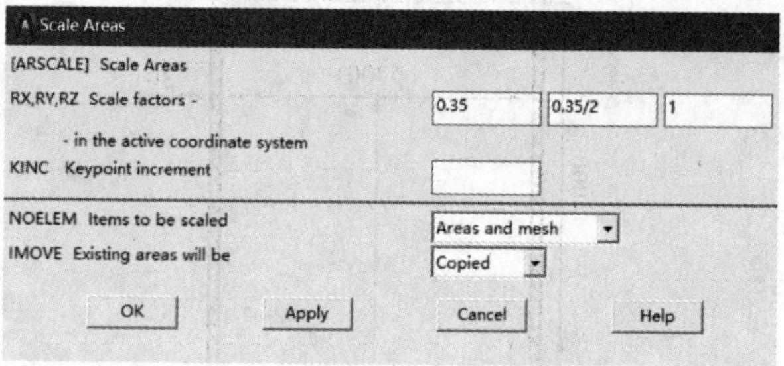

图 7-34　缩放成椭圆环面

出现拾取框后,在图形窗口拾取编号为“1”的圆环面,单击“OK”,在弹出对话框中的“Scale factors”后面依次输入“0.35+0.03、0.35/2+0.03、1”,选取“Existing areas will be”后面滚动栏中的“Moved”,单击“OK”。

面叠分操作：Main Menu→Preprocessor→Modeling→Operate→Booleans→Partition→Areas，单击弹出拾取框中的“Pick All”。

删除多余的面：Main Menu→Preprocessor→Modeling→Delete→Area and Below，弹出拾取框后，在图形窗口拾取编号为“3”的面，单击“OK”。

(2) 生成矩形面。Main Menu→Preprocessor→Modeling→Create→Areas→Rectangle→By Dimensions，在弹出对话框上“X-coordinates”的后面依次输入“0. 35、0. 35＋0. 03”，“Y-coordinates”的后面依次输入“－0. 48，0”(圆筒的高度为 480 mm)，单击“OK”。

(3) 面粘接。Main Menu→Preprocessor→Modeling→Operate→Booleans→Glue→Areas，单击弹出拾取框中的“Pick All”。生成的结果如图 7-35 所示。

(4) 设置网格大小。Main Menu→Preprocessor→Meshing→Size Cntrls→ManualSize→Global→Size，在弹出对话框中的“Element edge length”后面输入“0. 01”，单击“OK”。

(5) 指定线上单元的等分数。Main Menu→Preprocessor→Meshing→Size Cntrls→ManualSize→Lines→Picked Lines，弹出拾取框后，在图形窗口中拾取编号为“5”的线，在弹出对话框中的“No. of element divisions”后面输入“4”，单击“OK”。

(6) 采用映射方式生成网格。Main Menu→Preprocessor→Meshing→Mesh→Areas→Mapped→3 or 4 sided，单击弹出对话框上的“Pick All”，则生成的网格如图 7-36 所示。

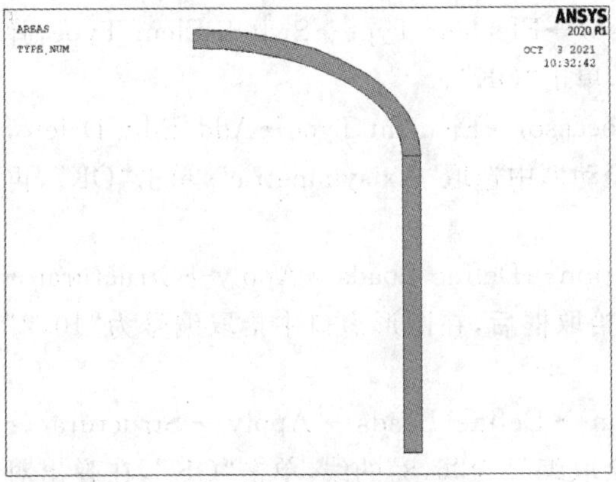

图 7-35　生成的几何模型

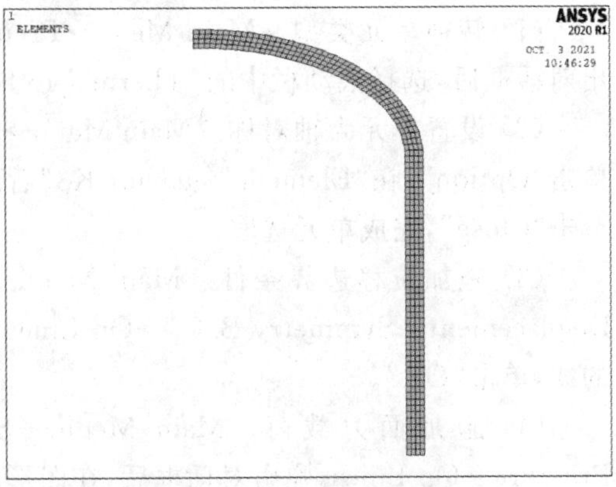

图 7-36　生成的网格模型

3) 进行热分析计算

(1) 设置外边界的对流边界条件。Main Menu→Solution→Define Loads→Apply→Thermal→Convection→On Lines，弹出拾取框后，在图形窗口中拾取编号为“3，7”的线，单击“OK”，在弹出对话框中的“File coefficient”后面输入“16. 494”，“Bulk temperature”后面输入“－1. 1”，单击“OK”。

(2) 设置内边界的对流边界条件。Main Menu→Solution→Define Loads→Apply→Thermal→Convection→On Lines，弹出拾取框后，在图形窗口中拾取编号为“6，8”的线，单击“OK”，在弹出对话框中的“File coefficient”后面输入“42. 26”，“Bulk temperature”后面输入“100”，单击“OK”。输入结果如图 7-37 所示。

(3) 求解计算。Main Menu→Solution→Solve，在浏览信息无误后，关闭信息列表，单击“OK”，直到出现一个“Solution is done”后，求解结束，单击“Close”。

(4) 删除对流边界条件。Main Menu→Solution→Define Loads→Delete→Thermal→

Convection→On Lines,单击弹出对话框中的“Pick All”。

(5) 查看温度分布。Main Menu→General Postproc→Plot Results→Contour Plot→Nodal Solu,选取弹出对话框中的 Nodal Solution→DOF Solution→Nodal Temperature,单击“OK”,则生成的温度分布如图 7-38 所示。

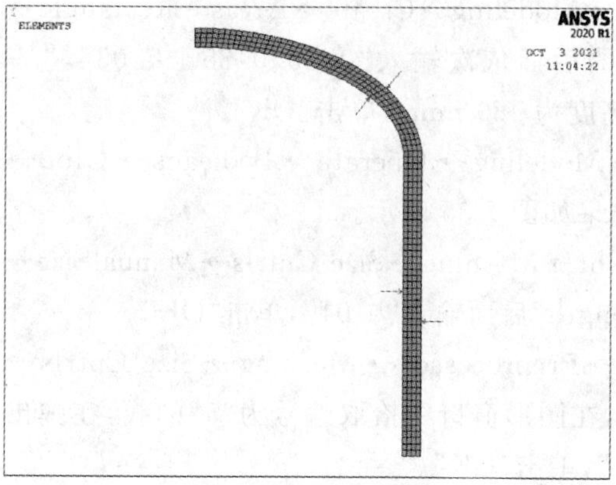

图 7-37　施加边界条件结果

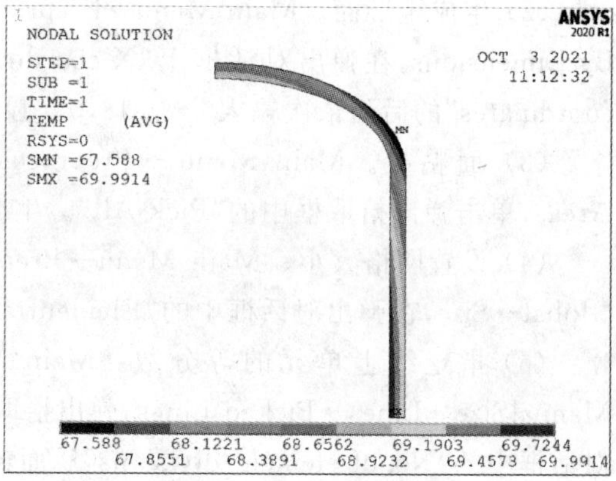

图 7-38　温度分布结果

4) 热与结构的应力计算

(1) 转换单元类型。Main Menu→Preprocessor→Element Type→Switch Elem Type,弹出对话框后,选择滚动栏中的“Thermal to Struc”,单击“OK”。

(2) 设置单元为轴对称。Main Menu→Preprocessor→Element Type→Add/Edit/Delete,单击“Option”,在“Element behavior K3”后面的滚动框中选取“Axisymmetric”,单击“OK”,再单击“Close”,完成单元选取。

(3) 施加位移边界条件。Main Menu→Solution→Define Loads→Apply→Structural→Displacement→Symmetry B. C. →On Lines,弹出拾取框后,在图形窗口中拾取编号为“10,2”的线,单击“OK”。

(4) 施加面力载荷。Main Menu→Solution→Define Loads→Apply→Structural→Pressure→On Lines,弹出对话框后,在图形窗口拾取编号为“6,8”的线,单击“OK”,在弹出对话框中的“Load PRES value”后面输入“13”,单击“OK”。

(5) 读入节点温度。Main Menu→Solution→Define Loads→Apply→Structural→Temperature→From Therm Analy,弹出一个对话框,单击“Browse”,在当前工作目录下,寻找一个后缀为“CYLID_STRESS. rth”的文件,然后单击“OK”。

(6) 结构分析求解计算。Main Menu→Solution→Solve,在浏览信息无误后,关闭信息列表,单击“OK”,直到出现一个“Solution is done”后,求解结束,单击“Close”。

5) 查看计算结果

(1) 读入计算结果。Main Menu→General Postproc→Read Results→Last Set。

(2) 显示应力云图。Main Menu→General Postproc→Plot Results→Contour Plot→Nodal Solu,选取弹出对话框中的“Nodal Solution→Stress→Stress intensity”,单击“OK”。结果如图 7-39 所示。

(3) 显示变形结果。Main Menu→General Postproc→Plot Results→Contour Plot→Nodal Solu,选取弹出对话框中的“Nodal Solution→DOF Solution→Displacement vector sum”,单击“OK”。结果如图 7-40 所示。

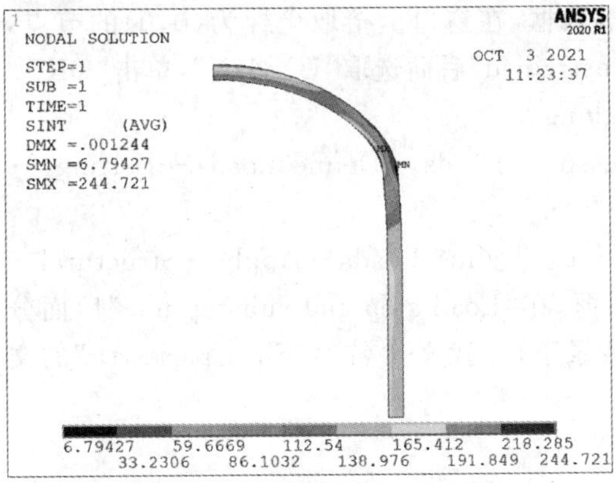

图 7-39　应力强度的分布云图

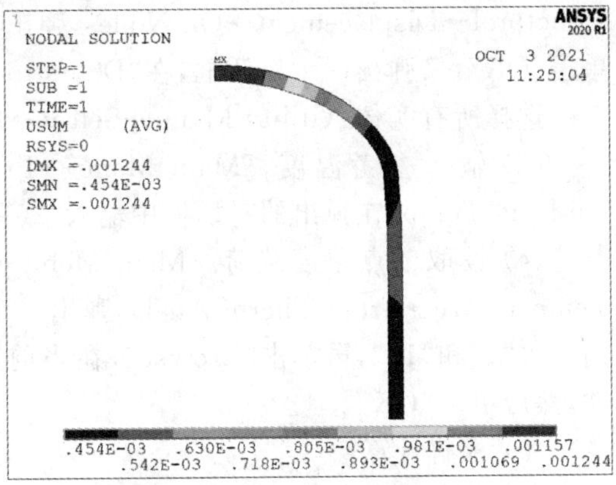

图 7-40　变形结果分布

算例 7-6:电子组件的热应力分析

算例 7-6

在算例 7-3 中已完成了电子组件的瞬态热分析,下面将主要介绍对电子组件进行热应力计算的过程和步骤。注意:在完成算例 7-3 的瞬态热分析后,可接着开展如下的分析步骤。

1）输入材料的结构性能参数与转换单元类型

(1) 输入材料参数。Main Menu→Preprocessor→Material Props→Material Models,弹出一个“Define Material Model Behavior”对话框,在其左栏中选择“Material Model Number 1”,右栏中选择 Structural→linear→Elastic→Isotropic,在弹出对话框中的“EX”后面输入“22E9”“PRXY”后面输入“0.39”。再单击 Thermal Expansion→Secant Coefficient→Isotropic,在弹出对话框中的“ALPX”后面输入“18e－6”,单击“OK”。重复上述操作,完成余下 3 种材料的结构性能参数的输入。

对于“Material Model Number 2”,有 EX＝7.4e9,PRXY＝0.4,ALPX＝52e－6。

对于“Material Model Number 3”,有 EX＝163e9,PRXY＝0.278,ALPX＝2.6e－6。

对于“Material Model Number 4”,有 EX＝129e9,PRXY＝0.344,ALPX＝14.3e－6。

最后单击“OK”。

(2) 转换单元类型。Main Menu→Preprocessor→Element Type→Switch Elem Type,弹出对话框后,选择滚动栏中的“Thermal to Struc”,单击“OK”。

(3) 修改单元类型。设置单元为轴对称:Main Menu→Preprocessor→Element Type→Add/Edit/Delete。单击“Option”,在“Element behavior K3”后面的滚动框中选取“Plane strain”,单击“OK”,再单击“Close”,完成单元选取。

2）施加边界条件并求解

(1) 改变分析类型。Main Menu→Solution→Analysis Type→New Analysis,弹出一个对话框,选取单选框“Static”,单击“OK”。

(2) 施加约束条件。

选取 X＝0 的节点:Utility Menu→Select→Entities,弹出对话框后,分别选择“Nodes”“By Location”“X coordinates”“From Full”,且在“Min,Max”下面输入“0”,单击“OK”。

施加约束条件:Main Menu→Solution→Define Loads→Apply→Structural→Displacement→On Nodes,单击弹出拾取框上的“Pick All”,弹出一个对话框,在“DOFs to be constrained”后面选取“UX”,单击“OK”。

在坐标为(0,0)的节点上施加约束:Main Menu→Solution→Define Loads→Apply→

Structural→Displacement→On Nodes,弹出一个拾取框,在窗口上拾取坐标为(0,0)的节点,单击“OK”,又弹出一个对话框,在“DOFs to be constrained”后面选取“UX,UY”,单击“OK”。

选择所有实体:Utility Menu→Select→Everything。

(3) 输入参考温度。Main Menu→Preprocessor→Loads→Define Loads→Settings→Uniform Temp,在弹出的对话框中输入“25”,单击“OK”。

(4) 读取节点温度载荷。Main Menu→Solution→Define Loads→Apply→Structural→Temperature→From Therm Analy,弹出一个对话框,在“Load step and substep no.”后面分别输入“1”和“10”,再单击“Browse”,在当前工作目录下,寻找文件名为“Elect-pack. rth”的文件,然后单击“OK”。

(5) 求解计算。

由于铜散热片并没有与硅片完全接触,两者之间存在着某种化学物质,因此在热应力分析中,铜散热片可排除在外,即只分析硅片、基体和两者之间的黏合剂。

(1) 选取材料属性为1,2,3的单元。Utility Menu→Select→Entities,弹出对话框后,分别选择“Elements”“By Attributes”“Material num”“From Full”,且在“Min,Max”下面输入“1,3,1”,单击“Apply”;

(2) 选取依附于单元的节点。在上述对话框中分别选取“Nodes”“Attached to”“Elements”“From Full”,单击“OK”。

(3) 结构分析求解计算。Main Menu→Solution→Solve,在浏览信息无误后,关闭信息列表,单击“OK”,直到出现一个“Solution is done”后,求解结束,单击“Close”。

3) 浏览分析结果

(1) 读入第10个子步的结果。Main Menu→General Postproc→Read Results→By Load Step,弹出一个如图7-20所示的对话框,在“Substep number”后面输入“10”,单击“OK”。

(2) 显示变形结果。Main Menu→General Postproc→Plot Results→Contour Plot→Nodal Solu,选取弹出对话框中的“Nodal Solution→DOF Solution→Displacement vector sum”,再在“Undisplaced shape key”后面选取“Deformed shape with undeformed model”,单击“OK”。结果如图7-41所示。

(3) 显示y方向应力云图。Main Menu→General Postproc→Plot Results→Contour Plot→Nodal Solu,选取弹出对话框中的“Nodal Solution→Stress→Y-Component of stress”,单击“OK”。结果如图7-42所示。

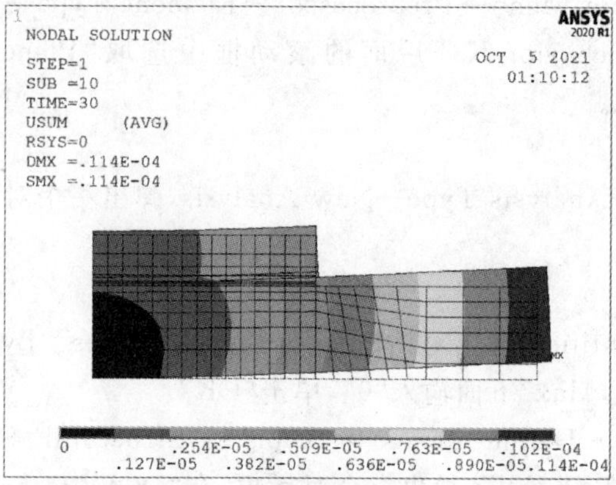

图 7-41　变形的分布云图

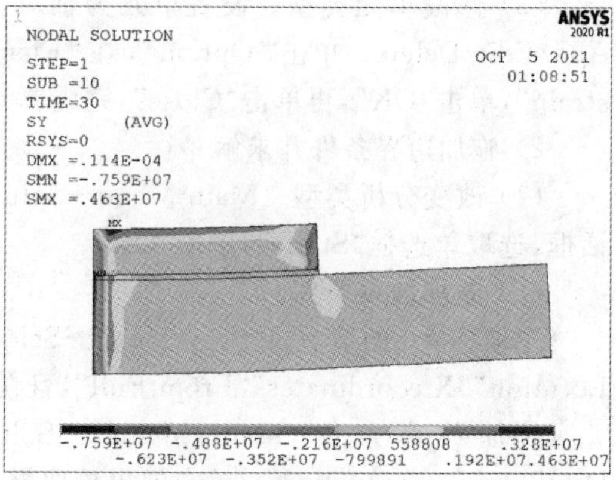

图 7-42　y方向应力结果分布

读者也可以重复上述过程，得到任意子步的计算结果。

7.4 习　题

7-1　如习题 7-1 图所示的散热片是一个半径为 1 mm 的实心圆管，其左侧温度为 140 ℃，环境温度为 40 ℃，已知热导率为 $k=5$ W/(cm·℃)，与周围环境的换热系数为 70 W/(cm^2·℃)，试分析散热片的温度分布。

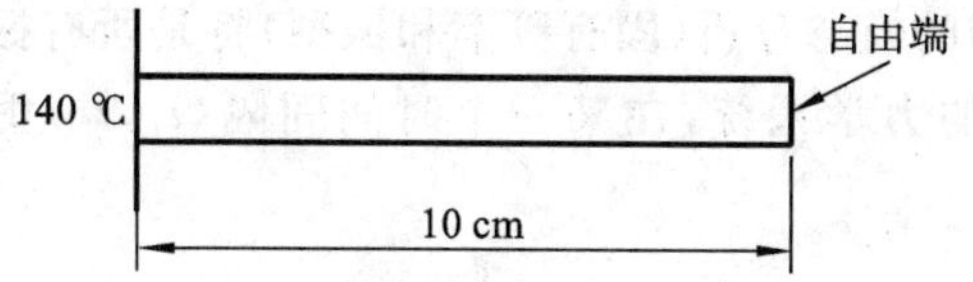

习题 7-1 图

7-2　已知墙壁的厚度为 30 cm，材料的热导率为 0.7 W/(m·℃)，墙内温度为28 ℃，墙外的温度为－15 ℃，换热系数为 40 W/(m^2·℃)，试分析墙壁内的稳态温度分布以及热流量。

7-3　如习题 7-3 图所示，当温度从 20 ℃提升到 60 ℃时，计算节点的位移和单元应力。已知材料①的热膨胀系数为 23×10^{-6}/℃，弹性模量为 70 GPa，截面面积为 900 mm^2；材料②的热膨胀系数为 11.7×10^{-6}/℃，弹性模量为 200 GPa，截面面积为 1200 mm^2。

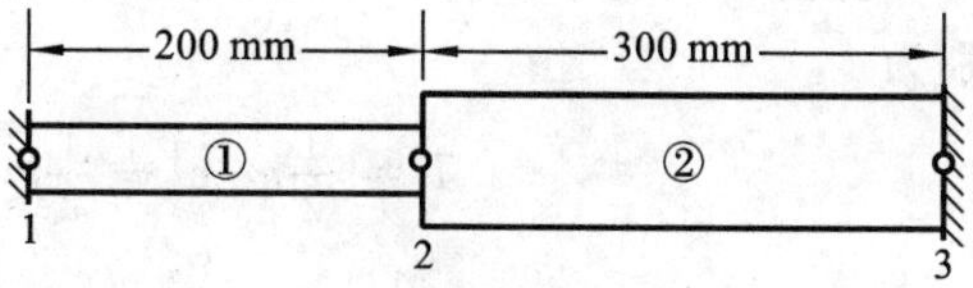

习题 7-3 图

7-4　如图 4-8(算例 4-2)所示，若已知单元结构温度增量为 80 ℃，材料的热膨胀系数为 11.7×10^{-6}/℃，请求出其由于温度所引起的应变，并计算单元应力。

7-5　物体的结构尺寸为 1 m×1 m，其三个侧面的温度均为 370 ℃，仅其底面暴露在温度为 25 ℃的空气中，已知物体内的热导率为 1 W/(m·℃)，与空气的换热系数为 12 W/(m^2·℃)，试计算该物体内部的稳态温度分布。

7-6　习题 7-6 图所示为一个冷却栅的轴对称结构图，其中管内有热流体，管外流体为空气。管道和冷却栅的材料均为不锈钢，热导率为 25.96 W/(m·℃)，弹性模量为 193 GPa，热膨胀系数为 1.62×10^{-5}/℃，泊松比为 0.3，管内压力为 6.89 MPa，管内流体温度为 250 ℃，管内换热系数为 249.23 W/(m^2·℃)，环境温度为 39 ℃，环境换热系数为 62.3 W/(m^2·℃)，试求其温度和应力分布。

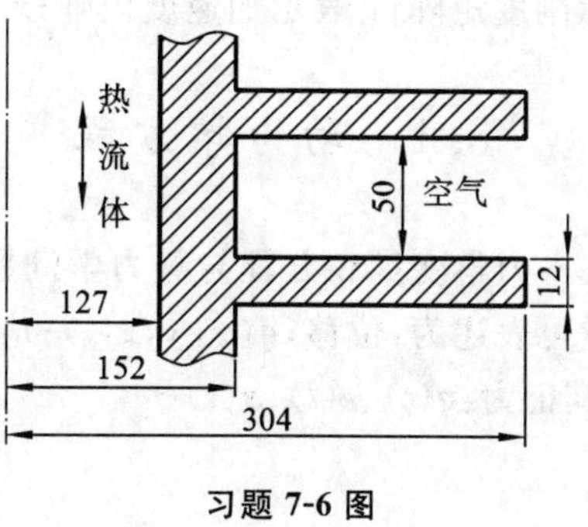

习题 7-6 图

第 8 章　机械动力学的有限元分析

结构动力学问题研究的是结构受动力载荷或基础运动作用产生的动力响应，是研究机械设备和动力学问题的重要基础。结构的振动分析涉及模态分析、瞬态动力学分析、简谐响应分析、随机分析等，其中结构的模态分析(固有频率和振型)将是所有振动分析的基础。

对于一个完整、保守的力学系统，在某一个时间间隔(t_1, t_2)里，物体的运动状态能够表示为

$$I = \int_{t_1}^{t_2} L \mathrm{d}t \tag{8-1}$$

式中：$L = T - \Pi$，且 T 表示物体的动能，Π 表示物体的势能。

根据哈密顿原理，如果 L 能够表示为 $(q_i, \dot{q}_i)$　$(i = 1,2,\cdots,n)$，则物体的运动方程能够表示为

$$\frac{\mathrm{d}}{\mathrm{d}t}\left(\frac{\partial L}{\partial \dot{q}_i}\right) - \frac{\partial L}{\partial q_i} = 0 \quad (i = 1,2,\cdots,n) \tag{8-2}$$

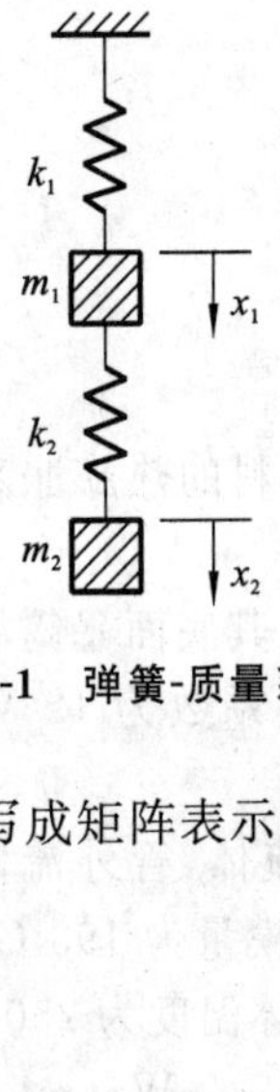

图 8-1　弹簧-质量系统

算例 8-1：对于如图 8-1 所示的弹簧-质量系统，其动能和势能分别为

$$T = \frac{1}{2}m_1\dot{x}_1^2 + \frac{1}{2}m_2\dot{x}_2^2$$

$$\Pi = \frac{1}{2}k_1x_1^2 + \frac{1}{2}k_2(x_2 - x_1)^2$$

将 T 和 Π 代入式(8-2)，有

$$\frac{\mathrm{d}}{\mathrm{d}t}\left(\frac{\partial L}{\partial \dot{x}_1}\right) - \frac{\partial L}{\partial x_1} = m_1\ddot{x}_1 + k_1x_1 - k_2(x_2 - x_1) = 0$$

$$\frac{\mathrm{d}}{\mathrm{d}t}\left(\frac{\partial L}{\partial \dot{x}_2}\right) - \frac{\partial L}{\partial x_2} = m_2\ddot{x}_2 + k_2(x_2 - x_1) = 0$$

将其写成矩阵表示式，有

$$\begin{bmatrix} m_1 & 0 \\ 0 & m_2 \end{bmatrix}\begin{bmatrix} \ddot{x}_1 \\ \ddot{x}_2 \end{bmatrix} + \begin{bmatrix} k_1 + k_2 & -k_2 \\ -k_2 & k_2 \end{bmatrix}\begin{bmatrix} x_1 \\ x_2 \end{bmatrix} = 0$$

即

$$\boldsymbol{M}\ddot{\boldsymbol{x}} + \boldsymbol{K}\boldsymbol{x} = 0 \tag{8-3}$$

式中：$\boldsymbol{M}$ 表示质量矩阵；$\boldsymbol{K}$ 表示刚度矩阵；$\ddot{\boldsymbol{x}}$ 表示加速度矩阵；$\boldsymbol{x}$ 表示位移矩阵。

8.1　动力学方程

描述结构动力学特征的基本力学变量和方程与静力学问题的相类似，但所有的变量都将是时间的函数。即三大类变量可表述为：位移，$\boldsymbol{q}(x, y, z, t)$；应变，$\boldsymbol{\varepsilon}(x, y, z, t)$；应力，$\boldsymbol{\sigma}(x, y, z, t)$。为了简化起见，一般将其记为：$\boldsymbol{q}(t)$、$\boldsymbol{\varepsilon}(t)$、$\boldsymbol{\sigma}(t)$。

8.1.1　基本方程

如图 8-2 所示的微小体元，利用达朗贝尔原理将惯性力和阻尼力等效到静力平衡方程中，有

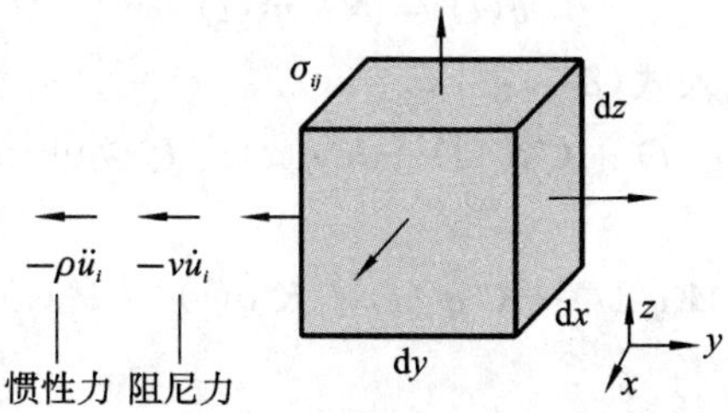

图 8-2　微小体元在动力学状态下的平衡

$$\left.\begin{aligned}\frac{\partial\sigma_x}{\partial x}+\frac{\partial\tau_{yx}}{\partial y}+\frac{\partial\tau_{zx}}{\partial z}+X-\rho_x\frac{\partial^2 u}{\partial t^2}-\nu_x\frac{\partial u}{\partial t}\\\frac{\partial\tau_{xy}}{\partial x}+\frac{\partial\sigma_y}{\partial y}+\frac{\partial\tau_{zy}}{\partial z}+Y-\rho_y\frac{\partial^2 v}{\partial t^2}-\nu_y\frac{\partial v}{\partial t}\\\frac{\partial\tau_{xz}}{\partial x}+\frac{\partial\tau_{yz}}{\partial y}+\frac{\partial\sigma_z}{\partial z}+Z-\rho_z\frac{\partial^2 w}{\partial t^2}-\nu_z\frac{\partial w}{\partial t}\end{aligned}\right\}\tag{8-4}$$

式中：ρ_x,ρ_y,ρ_z 分别为密度在各坐标轴上的分量；ν_x,ν_y,ν_z 分别为阻尼系数在各坐标轴上的分量。

除此以外，几何方程、物理方程和边界条件与弹性力学的相类似，但在结构振动分析中，存在一个初始条件，即当 $t=0$ 时，有

$$\left.\begin{aligned}\boldsymbol{q}(t=0)=\overline{\boldsymbol{q}}\\\dot{\boldsymbol{q}}(t=0)=\dot{\overline{\boldsymbol{q}}}\end{aligned}\right\}$$

它们分别表示结构在初始时刻的位移和速度状态。

根据上述的基本方程，可以写出平衡方程及力边界条件的等效积分形式：

$$\delta\Pi=\int_\Omega-(\sigma_{ij,j}+\overline{X}_i-\rho\ddot{u}_i-\nu\dot{u}_i)\delta u_i\mathrm{d}\Omega+\int_{S_p}(\sigma_{ij}n_j-\overline{p}_i)\delta u_i\mathrm{d}A=0$$

对第一个等号右端的第一项进行分部积分(应用 Gauss-Green 公式)，经整理后有

$$\int_\Omega(D_{ijkl}\varepsilon_{ij}\delta\varepsilon_{kl}+\rho\ddot{u}_i\delta u_i+\nu\dot{u}_i)\mathrm{d}\Omega-\int_{S_p}\overline{p}_i\delta u_i\mathrm{d}A-\int_\Omega\overline{X}_i\delta u_i\mathrm{d}\Omega=0\tag{8-5}$$

此式即动力学问题的虚位移方程或虚功原理。

8.1.2　有限元分析形式

用于动力学分析的单元构造与静力学的相类似，不同之处是所有基于节点的力学变量都是时间的函数。

单元节点的位移列阵可表述为

$$\boldsymbol{q}^{\mathrm{e}}(t)=[u_1(t)\quad v_1(t)\quad w_1(t)\quad\cdots\quad u_{n_\mathrm{e}}(t)\quad v_{n_\mathrm{e}}(t)\quad w_{n_\mathrm{e}}(t)]^{\mathrm{T}}$$

单元内的位移插值函数为

$$\boldsymbol{q}(t)=\boldsymbol{N}\cdot\boldsymbol{q}^{\mathrm{e}}(t)\tag{8-6}$$

基于上面提到的几何方程、物理方程和式(8-6)，将相关的物理量表示为节点位移的关

系为

$$\boldsymbol{\varepsilon}(t)=\boldsymbol{B}\cdot\boldsymbol{q}^{e}(t) \tag{8-7}$$

$$\boldsymbol{\sigma}(t)=\boldsymbol{DB}\cdot\boldsymbol{q}^{e}(t)=\boldsymbol{S}\cdot\boldsymbol{q}^{e}(t) \tag{8-8}$$

$$\dot{\boldsymbol{q}}(t)=\boldsymbol{N}\cdot\dot{\boldsymbol{q}}^{e}(t) \tag{8-9}$$

$$\ddot{\boldsymbol{q}}(t)=\boldsymbol{N}\cdot\ddot{\boldsymbol{q}}^{e}(t) \tag{8-10}$$

将式(8-7)至式(8-10)代入式(8-5)中，有

$$\delta\Pi=[\boldsymbol{M}^{e}\ddot{\boldsymbol{q}}^{e}(t)+\boldsymbol{C}^{e}\dot{\boldsymbol{q}}^{e}(t)+\boldsymbol{K}^{e}\boldsymbol{q}(t)-\boldsymbol{P}^{e}(t)]\cdot\delta\boldsymbol{q}^{e}(t)=0$$

消去微小项后，有

$$\boldsymbol{M}^{e}\ddot{\boldsymbol{q}}^{e}(t)+\boldsymbol{C}^{e}\dot{\boldsymbol{q}}^{e}(t)+\boldsymbol{K}^{e}\boldsymbol{q}(t)=\boldsymbol{P}^{e}(t) \tag{8-11}$$

式中：

$$\boldsymbol{M}^{e}=\int_{\Omega}\rho\boldsymbol{N}^{\mathrm{T}}\boldsymbol{N}\mathrm{d}\Omega \tag{8-11a}$$

$$\boldsymbol{C}^{e}=\int_{\Omega}\nu\boldsymbol{N}^{\mathrm{T}}\boldsymbol{N}\mathrm{d}\Omega \tag{8-11b}$$

$$\boldsymbol{K}^{e}=\int_{\Omega}\boldsymbol{B}^{\mathrm{T}}\boldsymbol{DB}\mathrm{d}\Omega \tag{8-11c}$$

$$\boldsymbol{P}^{e}=\int_{\Omega}\boldsymbol{N}^{\mathrm{T}}\overline{X}\mathrm{d}\Omega+\int_{S_p}\boldsymbol{N}^{\mathrm{T}}\overline{p}\mathrm{d}A \tag{8-11d}$$

其中：$\boldsymbol{M}^{e}$ 称为单元的质量矩阵；$\boldsymbol{C}^{e}$ 称为阻尼矩阵。同时将单元的各个矩阵进行装配，可形成系统的整体有限元方程，即

$$\boldsymbol{M}\ddot{\boldsymbol{q}}+\boldsymbol{C}\dot{\boldsymbol{q}}+\boldsymbol{K}\boldsymbol{q}=\boldsymbol{P} \tag{8-12}$$

对方程(8-12)进行如下讨论。

(1) 静力学情形。

由于与时间无关，式(8-12)退化为

$$\boldsymbol{K}\boldsymbol{q}=\boldsymbol{P}$$

这就是结构静力分析的整体刚度方程。

(2) 无阻尼情形。

有 $\nu=0$，式(8-12)退化为

$$\boldsymbol{M}\ddot{\boldsymbol{q}}+\boldsymbol{K}\boldsymbol{q}=\boldsymbol{P} \tag{8-13}$$

(3) 无阻尼自由振动。

有 $\nu=0$，$p=0$，方程(8-12)退化为

$$\boldsymbol{M}\ddot{\boldsymbol{q}}+\boldsymbol{K}\boldsymbol{q}=0 \tag{8-14}$$

其振动形式称为自由振动，式(8-14)方程解的形式为

$$\boldsymbol{q}=\hat{\boldsymbol{q}}\cdot\mathrm{e}^{\mathrm{j}\omega\cdot t}$$

这是简谐振动的形式，其中 ω 为常数，将其代入到式(8-14)式中，有

$$(-\omega^{2}\boldsymbol{M}\hat{\boldsymbol{q}}+\boldsymbol{K}\hat{\boldsymbol{q}})\cdot\mathrm{e}^{\mathrm{j}\omega\cdot t}=0 \tag{8-15}$$

消去 $\mathrm{e}^{\mathrm{j}\omega\cdot t}$ 后，有

$$(\boldsymbol{K}-\omega^{2}\boldsymbol{M})\cdot\hat{\boldsymbol{q}}=0 \tag{8-16}$$

若令 $\lambda=\omega^{2}$，则式(8-16)可以写成

$$(\boldsymbol{K}-\lambda\boldsymbol{M})\cdot\hat{\boldsymbol{q}}=0 \tag{8-17}$$

该方程有非零解的条件是

$$|\boldsymbol{K}-\lambda\boldsymbol{M}|=0 \tag{8-18}$$

式(8-18)即为特征方程。其中:λ 是特征值;ω 为自然圆频率(rad/s),也叫圆频率,对应的频率为 $f=\omega/2\pi$(Hz),称为自然频率(Hz)。求得自然圆频率 ω 后,再将其代入式(8-16)中,可求出对应的特征向量 $\hat{\boldsymbol{q}}$,即对应于振动频率 ω 的振型。

当 $\boldsymbol{K}$ 和 $\boldsymbol{M}$ 矩阵是实系数对称矩阵时,其特征值 λ 一定是实数。如果 $\boldsymbol{K}$ 为正定矩阵,则特征值 λ 一定是正实数;如果 $\boldsymbol{K}$ 为半正定矩阵,则特征值 λ 一定是非负实数。并且,特征向量 $\hat{\boldsymbol{q}}$ 也是实矢量。另外,当 $\boldsymbol{K}$ 和 $\boldsymbol{M}$ 矩阵是对称矩阵时,由式(8-18)所计算得到的不同特征值 λ_i、λ_j 所对应的特征矢量 $\hat{\boldsymbol{q}}_i$、$\hat{\boldsymbol{q}}_j$ 具有正交性,即

$$\left.\begin{aligned}\hat{\boldsymbol{q}}_i^{\mathrm{T}}\boldsymbol{M}\hat{\boldsymbol{q}}_j&=0\\ \hat{\boldsymbol{q}}_i^{\mathrm{T}}\boldsymbol{K}\hat{\boldsymbol{q}}_j&=0\end{aligned}\right\}\quad(i\neq j)$$

在数值计算中,为了保证解的唯一性,通常要对特征向量进行规范化处理,即

$$\hat{\boldsymbol{q}}_i^{\mathrm{T}}\boldsymbol{M}\hat{\boldsymbol{q}}_j=1 \tag{8-18a}$$

8.1.3　常用单元的质量矩阵

1. 杆单元

(1) 一致质量矩阵:

$$\boldsymbol{M}^{\mathrm{e}}=\int_{\Omega}\rho\boldsymbol{N}^{\mathrm{T}}\boldsymbol{N}\mathrm{d}\Omega=\frac{\rho Al}{6}\begin{bmatrix}2&1\\1&2\end{bmatrix} \tag{8-19}$$

通常把由形状函数矩阵推导出来的质量矩阵称为一致质量矩阵。所谓“一致”,是指推导质量矩阵时所使用的形状函数矩阵与推导刚度矩阵时所使用的形状函数矩阵相“一致”。一致质量矩阵是对称正定矩阵,采用一致质量矩阵计算惯性力的结果比较精确,但是由一致质量矩阵所集成的整体质量矩阵 $\boldsymbol{M}$,其非零元素数量和位置与整体刚度矩阵一样,需要很多存储单元,并且在进行方程求解时要耗费更多的时间。

(2) 集中质量矩阵:

$$\boldsymbol{M}^{\mathrm{e}}=\frac{\rho Al}{2}\begin{bmatrix}1&0\\0&1\end{bmatrix} \tag{8-20}$$

将一致质量矩阵中各行(或各列)的元素相加后直接放在对角元素上,则此质量矩阵称为集中质量矩阵。从式(8-20)可以看到,集中质量矩阵的系数集中在矩阵的对角线上。也就是说,对应于各个自由度的质量系数相互独立,相互之间无耦合,这给方程的求解即系统固有频率的计算带来很大好处;而一致质量矩阵的系数则相互耦合。

2. 梁单元

(1) 一致质量矩阵:

$$\boldsymbol{M}^{\mathrm{e}}=\frac{\rho Al}{420}\begin{bmatrix}156&22l&54&-13l\\22l&4l^2&13l&-13l^2\\54&13l&156&-22l\\-13l&-13l^2&-22l&4l^2\end{bmatrix} \tag{8-21}$$

(2) 集中质量矩阵:

$$\boldsymbol{M}^{\mathrm{e}}=\frac{\rho Al}{2}\begin{bmatrix}1&0&0&0\\0&0&0&0\\0&0&1&0\\0&0&0&0\end{bmatrix} \tag{8-22}$$

3. 平面三节点三角形单元

(1) 一致质量矩阵：

$$
\boldsymbol{M}^{e}=\frac{\rho A t}{12}\begin{bmatrix}2&0&1&0&1&0\\0&2&0&1&0&1\\1&0&2&0&1&0\\0&1&0&2&0&1\\1&0&1&0&2&0\\0&1&0&1&0&2\end{bmatrix} \tag{8-23}
$$

(2) 集中质量矩阵：

$$
\boldsymbol{M}^{e}=\frac{\rho A t}{3}\begin{bmatrix}1&0&0&0&0&0\\0&1&0&0&0&0\\0&0&1&0&0&0\\0&0&0&1&0&0\\0&0&0&0&1&0\\0&0&0&0&0&1\end{bmatrix} \tag{8-24}
$$

4. 平面四节点矩形单元

(1) 一致质量矩阵：

$$
\boldsymbol{M}^{e}=\frac{\rho A t}{36}\begin{bmatrix}4&0&2&0&1&0&2&0\\0&4&0&2&0&1&0&2\\2&0&4&0&2&0&1&0\\0&2&0&4&0&2&0&1\\1&0&2&0&4&0&2&0\\0&1&0&2&0&4&0&2\\2&0&1&0&2&0&4&0\\0&2&0&1&0&2&0&4\end{bmatrix} \tag{8-25}
$$

(2) 集中质量矩阵：

$$
\boldsymbol{M}^{e}=\frac{\rho A t}{4}\begin{bmatrix}1&0&0&0&0&0&0&0\\0&1&0&0&0&0&0&0\\0&0&1&0&0&0&0&0\\0&0&0&1&0&0&0&0\\0&0&0&0&1&0&0&0\\0&0&0&0&0&1&0&0\\0&0&0&0&0&0&1&0\\0&0&0&0&0&0&0&1\end{bmatrix} \tag{8-26}
$$

一般地讲，采用集中质量矩阵求得的结构固有频率偏低。但由于位移协调单元的刚度往往偏硬，它使固有频率的计算值提高，两种相反的计算偏差可以互相抵消，因此有时采用集中质量矩阵计算固有频率甚至比采用一致质量矩阵的计算结果更精确。然而采用集中质量矩阵计算结构的振型，比采用一致质量矩阵计算的精度要差。

8.1.4 阻尼矩阵的计算

各种工程结构的阻尼力及其产生的机理是非常复杂的。从宏观看,阻尼有两种主要形态。一种是由结构周围黏性介质产生的阻尼,称为黏性阻尼。黏性阻尼的阻尼力一般近似认为与运动速度成正比。另一种由结构材料内部分子间摩擦产生的阻尼,称为结构阻尼或材料阻尼。结构阻尼的阻尼应力一般近似地认为与弹性体的应变速率成正比。

如果假定阻尼力与运动速度成正比,那么在运动弹性体中任意点处单位体积上作用的阻尼力为

$$\boldsymbol{p}_{\mathrm{d}} = \alpha\rho \frac{\partial}{\partial t}\boldsymbol{u} = \alpha\rho \cdot \boldsymbol{N}\dot{\boldsymbol{q}} \tag{8-27}$$

式中:α 为比例常数;ρ 为材料密度,$\dot{q}$ 为单元节点速度矢量。

可以将阻尼力 $\boldsymbol{p}_{\mathrm{d}}$ 看成一种体积力,其等效的单元节点阻尼力矢量为

$$\boldsymbol{F}_{\mathrm{d}}^{\mathrm{e}} = \int_{\Omega}\boldsymbol{N}^{\mathrm{T}}\boldsymbol{p}_{\mathrm{d}}\mathrm{d}\Omega = \alpha\int_{\Omega}\boldsymbol{N}^{\mathrm{T}}\rho\boldsymbol{N}\mathrm{d}\Omega \cdot \dot{\boldsymbol{q}} \tag{8-28a}$$

或

$$\boldsymbol{F}_{\mathrm{d}}^{\mathrm{e}} = \boldsymbol{C}^{\mathrm{e}} \cdot \dot{\boldsymbol{q}} \tag{8-28b}$$

因此,单元阻尼矩阵

$$\boldsymbol{C}^{\mathrm{e}} = \alpha\int_{\Omega}\rho\boldsymbol{N}^{\mathrm{T}}\boldsymbol{N}\mathrm{d}\Omega = \alpha \cdot \boldsymbol{M}^{\mathrm{e}} \tag{8-29}$$

正比于单元质量矩阵 $\boldsymbol{M}^{\mathrm{e}}$。

如果假定阻尼应力与弹性体的应变速率成正比,则阻尼应力可表示为

$$\boldsymbol{\sigma}_{\mathrm{e}} = \beta \cdot \boldsymbol{D}\frac{\partial}{\partial t}\boldsymbol{\varepsilon} = \beta \cdot \boldsymbol{D}\boldsymbol{B}\dot{\boldsymbol{q}} \tag{8-30}$$

式中:β 为比例系数;$\boldsymbol{D}$ 为弹性系统矩阵;$\boldsymbol{B}$ 为几何矩阵。与初应力一样,阻尼应力的单元等效节点阻尼矢量为

$$\boldsymbol{F}_{\mathrm{d}}^{\mathrm{e}} = \int_{\Omega}\boldsymbol{B}^{\mathrm{T}}\boldsymbol{\sigma}_{\mathrm{d}}\mathrm{d}\Omega = \beta\int_{\Omega}\boldsymbol{B}^{\mathrm{T}}\boldsymbol{D}\boldsymbol{B}\mathrm{d}\Omega \cdot \dot{\boldsymbol{q}} = \boldsymbol{C}^{\mathrm{e}} \cdot \dot{\boldsymbol{q}} \tag{8-31}$$

因此,单元阻尼矩阵

$$\boldsymbol{C}^{\mathrm{e}} = \beta\int_{\Omega}\boldsymbol{B}^{\mathrm{T}}\boldsymbol{D}\boldsymbol{B}\mathrm{d}\Omega = \beta \cdot \boldsymbol{K}^{\mathrm{e}} \tag{8-32}$$

正比于单元刚度矩阵 $\boldsymbol{K}^{\mathrm{e}}$。

在实践中,要精确地计算各种单元的单元阻尼矩阵是非常困难的。通常从结构的总体上考虑阻尼的影响,近似地估计阻尼力做功所消耗的能量。一般通用程序中,假定整体阻尼矩阵 $\boldsymbol{C}$ 是整体刚度矩阵 $\boldsymbol{K}$ 与整体质量矩阵 $\boldsymbol{M}$ 的线性组合,称为瑞利阻尼,其表达式为

$$\boldsymbol{C} = \alpha\boldsymbol{M} + \beta\boldsymbol{K} \tag{8-33}$$

式中:比例系数 α、β 可以通过测定结构自由振动的衰减率,再经过换算得到。

采用瑞利阻尼近似,可以使运动方程求解大大简化,并且在程序中不必单独存储整体阻尼矩阵。在实际工程问题中,阻尼的作用对结构动力响应的影响不大,这种近似计算具有实用价值。

算例 8-2:阶梯轴的轴向振动分析

如图 8-3 所示的阶梯轴结构,已知阶梯轴材料的弹性模量为 200 GPa,泊松比为 0.3,密度为 7850 kg/m^3,A_1=0.01 m^2=2A_2,L=5 m。

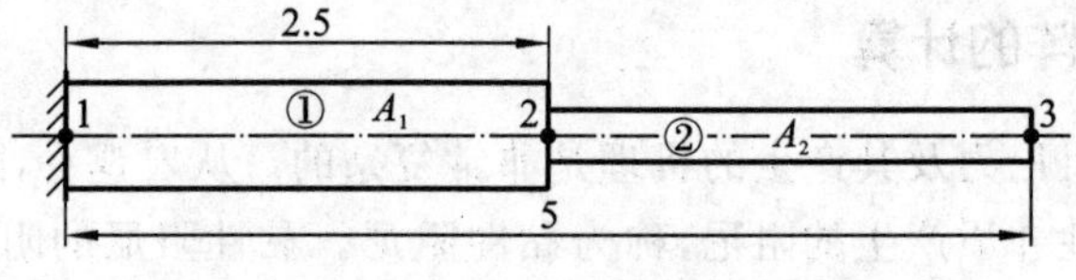

图 8-3　阶梯轴结构

将图 8-3 所示结构分成两个杆单元,共有 3 个节点,由于是轴向振动分析,该问题可简化为一个一维问题,即每个节点只有一个自由度,而节点 1 被固定,则只有 2 个自由度,即其位移向量为 $\boldsymbol{q}=[u_2 \quad u_3]^{\mathrm{T}}$,因此由式(3-10),可知阶梯轴结构的整体刚度矩阵为

$$\boldsymbol{K}=\begin{bmatrix}\dfrac{2EA_1}{L}+\dfrac{2EA_2}{L} & -\dfrac{2EA_2}{L}\\ -\dfrac{2EA_2}{L} & \dfrac{2EA_2}{L}\end{bmatrix}=10^8\times\begin{bmatrix}12 & -4\\ -4 & 4\end{bmatrix}$$

由式(8-19),可得到阶梯轴结构的整体质量矩阵为

$$\boldsymbol{M}=\frac{\rho}{6}\begin{bmatrix}(A_1L+A_2L) & A_2L/2\\ A_2L/2 & A_2L\end{bmatrix}=\begin{bmatrix}98.1250 & 16.3542\\ 16.3542 & 32.7083\end{bmatrix}$$

将 $\boldsymbol{K}$ 和 $\boldsymbol{M}$ 代入式(8-18),有

$$|\boldsymbol{K}-\lambda\boldsymbol{M}|=\left|10^8\times\begin{bmatrix}12 & -4\\ -4 & 4\end{bmatrix}-\lambda\begin{bmatrix}98.1250 & 16.3542\\ 16.3542 & 32.7083\end{bmatrix}\right|=0$$

求解之,可得

$$\lambda=10^6\times[4.011 \quad 27.118]^{\mathrm{T}}$$

则圆频率为

$$\omega_1=\sqrt{\lambda_1}=\sqrt{4.011\times10^6}=2002.7$$

$$\omega_2=\sqrt{\lambda_2}=\sqrt{27.118\times10^6}=5207.5$$

结构的固有频率为

$$f_1=\frac{\omega_1}{2\pi}=\frac{2002.7}{2\pi}=318.74\ \mathrm{Hz}$$

$$f_2=\frac{\omega_2}{2\pi}=\frac{5207.5}{2\pi}=828.8\ \mathrm{Hz}$$

对于 λ_1 的特征向量,有

$$(\boldsymbol{K}-\lambda_1\boldsymbol{M})\boldsymbol{U}_1=\left(10^8\times\begin{bmatrix}12 & -4\\ -4 & 4\end{bmatrix}-4.011\times10^6\begin{bmatrix}98.1250 & 16.3542\\ 16.3542 & 32.7083\end{bmatrix}\right)\begin{bmatrix}U_1\\ U_2\end{bmatrix}_1=0$$

即

$$10^8\times\begin{bmatrix}8.0643 & -4.6559\\ -4.6559 & 2.6881\end{bmatrix}\begin{bmatrix}U_2\\ U_3\end{bmatrix}_1=0$$

由于两个方程不是相互独立的,即其矩阵的行列式为零,因此有

$$8.0643U_2=4.6559U_3$$

即

$$\boldsymbol{U}_1^{\mathrm{T}}=[U_2 \quad 1.732U_2]$$

代入式(8-18a)后,有

$$U_1^{\mathrm{T}}MU_1 = [U_2 \quad 1.732U_2]\begin{bmatrix}98.1250 & 16.3542\\16.3542 & 32.7083\end{bmatrix}\begin{bmatrix}U_2\\1.732U_2\end{bmatrix} = 1$$

求解后，可得到对于 λ_1 的特征向量，有

$$U_1^{\mathrm{T}} = [0.0629 \quad 0.1089]$$

同理，有

$$U_2^{\mathrm{T}} = [-0.0846 \quad 0.1465]$$

在求出特征向量后，可以得到阶梯轴的一阶和二阶振型如图 8-4 所示。

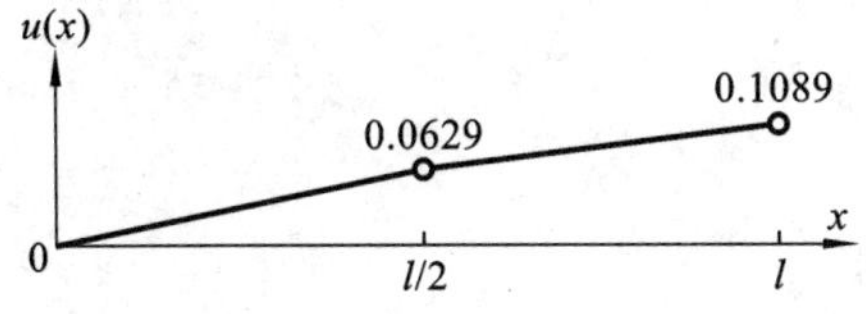

(a) 一阶振型

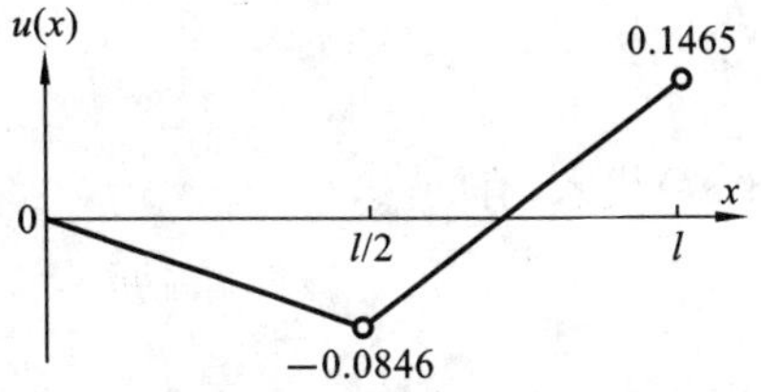

(b) 二阶振型

图 8-4　阶梯轴的一阶和二阶振型

8.2　结构动力响应的有限元分析

结构系统的动力响应，主要是解系统的动力方程即式(8-12)，以求得系统产生的位移 $\boldsymbol{q}(t)$、速度 $\dot{\boldsymbol{q}}(t)$ 和加速度 $\ddot{\boldsymbol{q}}(t)$ 的值。动力响应问题的常用解法有振型法或振型叠加法和直接积分法。

振型法首先利用自然振动的模态矩阵对无阻尼系统、阻尼系统的动力学方程进行解耦处理，以得到各自独立的动力学方程；然后分别进行求解，可以是数值求解，也可以解析求解。

直接积分法就是直接将动力学方程对时间进行分段数值离散，然后计算每一时刻的位移数值。这一过程实际上是将时间的积分区间进行离散化，因此称为积分算法。关于时间的格式有显式和隐式，具体地，即有中心差分格式的显式算法和基于 Newmark 方法的隐式算法。

8.2.1　无阻尼系统的解耦合方程

对于一个无阻尼系统，其有限元方程的一般形式为

$$M\ddot{q} + Kq = P \tag{8-34}$$

首先求解相应的无外载荷状态下的自由振动方程，即

$$(K - \omega^2 M) \cdot \hat{q} = 0 \tag{8-35}$$

可求得结构的自然圆频率 $\omega_1, \omega_2, \cdots, \omega_n$，以及对应的模态 $\hat{q}_1, \hat{q}_2, \cdots, \hat{q}_n$，$n$ 为结构的总自由度数。

定义模态矩阵 $\boldsymbol{Q}$ 为

$$Q = [\hat{q}_1 \quad \hat{q}_2 \quad \cdots \quad \hat{q}_n] \tag{8-36}$$

可以证明 $\boldsymbol{Q}$ 是关于 $\boldsymbol{M}$ 正交的，即有

$$Q^{\mathrm{T}}MQ = I \tag{8-37}$$

其中，$\boldsymbol{I}$ 为 n 阶单位矩阵。

由于 $\omega_1, \omega_2, \cdots, \omega_n$ 和 $\hat{q}_1, \hat{q}_2, \cdots, \hat{q}_n$ 是方程(8-35)的解，将其组合在一起，可将式(8-37)写成

$$\begin{bmatrix} \omega_1^2 & & & \\ & \omega_2^2 & & \\ & & \ddots & \\ & & & \omega_n^2 \end{bmatrix} \boldsymbol{MQ} = \boldsymbol{KQ} \tag{8-38}$$

前乘一个 $\boldsymbol{Q}^{\mathrm{T}}$,有

$$\boldsymbol{Q}^{\mathrm{T}} \begin{bmatrix} \omega_1^2 & & & \\ & \omega_2^2 & & \\ & & \ddots & \\ & & & \omega_n^2 \end{bmatrix} \boldsymbol{MQ} = \boldsymbol{Q}^{\mathrm{T}}\boldsymbol{KQ} \tag{8-39}$$

将式(8-37)代入,有

$$\begin{bmatrix} \omega_1^2 & & & \\ & \omega_2^2 & & \\ & & \ddots & \\ & & & \omega_n^2 \end{bmatrix} = \boldsymbol{Q}^{\mathrm{T}}\boldsymbol{KQ} \tag{8-40}$$

针对式(8-34),可以将 $\boldsymbol{q}$ 表示为

$$\boldsymbol{q} = \boldsymbol{Q} \cdot \boldsymbol{\eta}(t) \tag{8-41}$$

则式(8-34)变为

$$\boldsymbol{MQ}\ddot{\boldsymbol{\eta}}(t) + \boldsymbol{KQ}\boldsymbol{\eta}(t) = \boldsymbol{P} \tag{8-42}$$

前乘一个 $\boldsymbol{Q}^{\mathrm{T}}$,可以写成

$$\boldsymbol{Q}^{\mathrm{T}}\boldsymbol{MQ}\ddot{\boldsymbol{\eta}}(t) + \boldsymbol{Q}^{\mathrm{T}}\boldsymbol{KQ}\boldsymbol{\eta}(t) = \boldsymbol{Q}^{\mathrm{T}}\boldsymbol{P} \tag{8-43}$$

将式(8-40)和式(8-37)代入式(8-43),有

$$\ddot{\boldsymbol{\eta}}(t) + \begin{bmatrix} \omega_1^2 & & & \\ & \omega_2^2 & & \\ & & \ddots & \\ & & & \omega_n^2 \end{bmatrix} \boldsymbol{\eta}(t) = \boldsymbol{F}(t) \tag{8-44}$$

其中,

$$\boldsymbol{F}(t) = \boldsymbol{Q}^{\mathrm{T}}\boldsymbol{P} \tag{8-45}$$

方程(8-44)代表一系列的 n 个解耦方程。所谓解耦方程,就是相互独立的方程。可以看出,方程(8-44)为二阶微分方程,即

$$\ddot{\eta}_i(t) + \omega_i^2\eta_i(t) = F_i(t) \tag{8-46}$$

由以上方程分别求出 η_i 后,可以组成矩阵

$$\boldsymbol{\eta}(t) = [\eta_1 \quad \eta_2 \quad \cdots \quad \eta_n]^{\mathrm{T}} \tag{8-47}$$

将其代入式(8-41),就可以得到问题的完整解。

8.2.2 阻尼系统的解耦合方程

对于一个阻尼系统,其有限元方程为

$$\boldsymbol{M}\ddot{\boldsymbol{q}} + \boldsymbol{C}\dot{\boldsymbol{q}} + \boldsymbol{K}\boldsymbol{q} = \boldsymbol{P} \tag{8-48}$$

对于方程(8-48),同样,按照前面类似的处理,可得到如下方程:

$$\boldsymbol{Q}^{\mathrm{T}}\boldsymbol{MQ}\ddot{\boldsymbol{\eta}}(t) + (\alpha\boldsymbol{Q}^{\mathrm{T}}\boldsymbol{MQ} + \beta\boldsymbol{Q}^{\mathrm{T}}\boldsymbol{KQ})\dot{\boldsymbol{\eta}}(t) + \boldsymbol{Q}^{\mathrm{T}}\boldsymbol{KQ}\boldsymbol{\eta}(t) = \boldsymbol{Q}^{\mathrm{T}}\boldsymbol{P} \tag{8-49}$$

再将式(8-40)和式(8-37)代入式(8-49),有

$$\ddot{\boldsymbol{\eta}}(t)+\left(\alpha\boldsymbol{I}+\beta\begin{bmatrix}\omega_1^2 & & & \\ & \omega_2^2 & & \\ & & \ddots & \\ & & & \omega_n^2\end{bmatrix}\right)\dot{\boldsymbol{\eta}}(t)+\begin{bmatrix}\omega_1^2 & & & \\ & \omega_2^2 & & \\ & & \ddots & \\ & & & \omega_n^2\end{bmatrix}\boldsymbol{\eta}(t)=\boldsymbol{F}(t) \tag{8-50}$$

也可将式(8-50)写成单独的解耦方程,则为

$$\ddot{\eta}_i(t)+(\alpha+\beta\omega_i^2)\dot{\eta}_i(t)+\omega_i^2\eta_i(t)=F_i(t) \tag{8-51}$$

显然,$(\alpha+\beta\omega_i^2)$ 就是第 i 阶模态的模态阻尼常数,通常定义一个模态阻尼比 ξ_i 来描述,即

$$\xi_i=\frac{(\alpha+\beta\omega_i^2)}{2\omega_i} \tag{8-52}$$

则方程(8-51)可写成

$$\ddot{\eta}_i(t)+2\omega_i\dot{\eta}_i(t)+\omega_i^2\eta_i(t)=F_i(t) \tag{8-53}$$

对于式(8-53),可以先求出它的齐次方程解,然后再求它的一组特解。

关于齐次解与特解,下面分几种情况进行讨论:

(1) 亚临界阻尼的情形(即 $\xi_i<1$),也就是说处于小阻尼情形,式(8-53)的齐次解可表示为

$$\eta_i(t)=A\mathrm{e}^{-\xi_i\omega_i t}\cos(\omega_i\sqrt{1-\xi_i^2}t-\phi) \tag{8-54}$$

其中,A 是由初始条件确定的系数,ϕ 称为相位。

(2) 临界阻尼情形(即 $\xi_i=1$),则式(8-53)的齐次解可表示为

$$\eta_i(t)=\mathrm{e}^{-\omega_i t}(A_1+A_2t) \tag{8-55}$$

式中:A_1,A_2 是由初始条件确定的系数。

(3) 超临界阻尼情形(即 $\xi_i>1$)。这是大阻尼情形,则式(8-53)的齐次解可表示为

$$\eta_i(t)=\mathrm{e}^{-\xi_i\omega_i t}[B_1\cosh(\omega_i t\sqrt{\xi_i^2-1})+B_2\sinh(\omega_i t\sqrt{\xi_i^2-1})] \tag{8-56}$$

(4) 外载荷作用下的特解,如在亚临界阻尼的情形(即 $\xi_i<1$),方程(8-53)的特解为

$$\eta_i(t)=\frac{1}{\omega_i\sqrt{1-\xi_i^2}}\int_0^t F_i(\tau)\mathrm{e}^{-\xi_i\omega_i(t-\tau)}[\sin\omega_i(t-\tau)\sqrt{1-\xi_i^2}]\mathrm{d}\tau \tag{8-57}$$

将得到的 η_i 代入式(8-41)中,就可以得到问题的完整解答。

8.2.3　直接积分的显式算法

显式算法就是由上一时刻的已知计算值来直接递推下一步的结果。在给定的时间离散步中,可以逐步求出各个时间离散点的值。下面针对微分方程(8-11),讨论相应的显式算法。首先用中心差分格式给出式(8-11)中加速度和速度的计算格式,即有

$$\ddot{\boldsymbol{q}}=\frac{1}{\Delta t^2}(\boldsymbol{q}_{t-\Delta t}-2\boldsymbol{q}_t+\boldsymbol{q}_{t+\Delta t}) \tag{8-58}$$

$$\dot{\boldsymbol{q}}=\frac{1}{2\Delta t}(\boldsymbol{q}_{t-\Delta t}+\boldsymbol{q}_{t+\Delta t}) \tag{8-59}$$

其中,Δt 为等间距的时间步长。将式(8-58)、式(8-59)代入式(8-11)中,可得到 t 时刻的动力学方程:

$$\left(\frac{1}{\Delta t^2}\boldsymbol{M}+\frac{1}{2\Delta t}\boldsymbol{C}\right)\boldsymbol{q}_{t+\Delta t}=\boldsymbol{P}-\left(\boldsymbol{K}-\frac{2}{\Delta t^2}\boldsymbol{M}\right)\boldsymbol{q}_t-\left(\frac{1}{\Delta t^2}\boldsymbol{M}-\frac{1}{2\Delta t}\boldsymbol{C}\right)\boldsymbol{q}_{t-\Delta t} \tag{8-60}$$

如果已求得 $\boldsymbol{q}_{t-\Delta t}$ 和 $\boldsymbol{q}_t$,则从式(8-60)即可得 $\boldsymbol{q}_{t+\Delta t}$。

在进行第一步计算时,还需要知道 $\boldsymbol{q}_{-\Delta t}$,从式(8-58)和式(8-59)可以给出:

$$\boldsymbol{q}_{-\Delta t} = \boldsymbol{q}_0 - \Delta t\dot{\boldsymbol{q}}_0 + \frac{\Delta t^2}{2}\ddot{\boldsymbol{q}}_0 \tag{8-61}$$

式中的 $\dot{\boldsymbol{q}}_0$ 可从初始条件获得,而 $\ddot{\boldsymbol{q}}_0$ 可从 $t=0$ 时刻的方程(8-11)求得,因此式(8-61)给出初始时的 $\boldsymbol{q}_{-\Delta t}$ 值。

讨论 1:递推算法(8-60)是显式算法。这是因为递推公式是基于 t 时刻的动力学方程(8-11)推导出来的,则 $\boldsymbol{K}$ 矩阵为 t 时刻的值,而且出现在公式的右端,在求解 $\boldsymbol{q}_{t+\Delta t}$ 时,不需要对 $\boldsymbol{K}$ 求逆。这种性质在非线性分析中尤为重要,因为在每一个增量步中,$\boldsymbol{K}$ 矩阵是变化的,即每一步都需要修改,显式算法可以避免 $\boldsymbol{K}$ 矩阵的求逆。在大规模的非线性问题中,该算法具有非常明显的优势。

讨论 2:中心差分法属于条件收敛,其稳定收敛的条件是

$$\Delta t \leqslant \Delta t_{\mathrm{cr}} \leqslant \frac{T_n}{\pi} \tag{8-62}$$

其中,T_n 是结构系统的最小固有振动周期,可以由特征值问题来求得。

以上显式算法比较适用于求解波的传播问题,对于这类问题,一般时间步长都希望取得较小,这一点要求正好可以适应式(8-62)的收敛条件。而对于一般的结构动力响应问题,由于响应的过程和持续的时间都较长,从物理上来说都希望取较大的时间步长,以达到减少计算量的目的。但因为有式(8-62)的限制,所以实际的计算步长必将受到限制,通常采用无条件稳定的隐式算法。

8.2.4 直接积分的隐式算法

Newmark 方法是应用最为广泛的一种隐式算法,它实际上是线加速度法的一种推广,采用以下公式来计算:

$$\dot{\boldsymbol{q}}_{t+\Delta t} = \dot{\boldsymbol{q}}_t + [(1-b)\ddot{\boldsymbol{q}}_t + b\ddot{\boldsymbol{q}}_{t+\Delta t}]\Delta t \tag{8-63}$$

$$\boldsymbol{q}_{t+\Delta t} = \boldsymbol{q}_t + \dot{\boldsymbol{q}}_t\Delta t + \left[\left(\frac{1}{2}-a\right)\ddot{\boldsymbol{q}}_t + a\ddot{\boldsymbol{q}}_{t+\Delta t}\right]\Delta t^2 \tag{8-64}$$

其中,b 和 a 需根据积分精度和稳定要求来决定;当 $b=1/2$ 和 $a=1/6$ 时,则式(8-63)和式(8-64)变为线性加速度法的格式,由式(8-58)可以求出 $\ddot{\boldsymbol{q}}_{t+\Delta t}$ 为

$$\ddot{\boldsymbol{q}}_{t+\Delta t} = \frac{1}{a\Delta t^2}(\boldsymbol{q}_{t+\Delta t} - \boldsymbol{q}_t) - \frac{1}{a\Delta t}\dot{\boldsymbol{q}}_t - \left(\frac{1}{2a}-1\right)\ddot{\boldsymbol{q}}_t \tag{8-65}$$

Newmark 方法是基于 $t+\Delta t$ 时刻的动力学方程推导出来的,即

$$\boldsymbol{M}\ddot{\boldsymbol{q}}_{t+\Delta t} + \boldsymbol{C}\dot{\boldsymbol{q}}_{t+\Delta t} + \boldsymbol{K}\boldsymbol{q}_{t+\Delta t} = \boldsymbol{P}_{t+\Delta t} \tag{8-66}$$

将式(8-65)代入式(8-63)中,然后再将式(8-65)和式(8-63)代入式(8-66)中,有

$$\begin{aligned}\hat{\boldsymbol{K}}q_{t+\Delta t} = {} & \boldsymbol{P}_{t+\Delta t} + \boldsymbol{M}\left[\frac{1}{a\Delta t^2}\boldsymbol{q}_t + \frac{1}{a\Delta t}\dot{\boldsymbol{q}}_t + \left(\frac{1}{2a}-1\right)\ddot{\boldsymbol{q}}_t\right] \\ & + \boldsymbol{C}\left[\frac{b}{a\Delta t}\boldsymbol{q}_t + \left(\frac{b}{a}-1\right)\dot{\boldsymbol{q}}_t + \left(\frac{b}{2a}-1\right)\Delta t\ddot{\boldsymbol{q}}_t\right]\end{aligned} \tag{8-67}$$

其中,

$$\hat{\boldsymbol{K}} = \boldsymbol{K} + \frac{1}{a\Delta t^2}\boldsymbol{M} + \frac{b}{a\Delta t}\boldsymbol{C} \tag{8-68}$$

从计算式(8-67)可以看出,在计算 $\boldsymbol{q}_{t+\Delta t}$ 时,需要对 $\hat{\boldsymbol{K}}$ 求逆,而 $\hat{\boldsymbol{K}}$ 又包含 $\boldsymbol{K}$,在非线性问题

中，$\boldsymbol{K}$ 为变化的，因而该算法的计算量比较大。由于推导式(8-67)时，利用了 $t+\Delta t$ 时刻的动力学方程即式(8-66)，而需要求解的未知量 $\boldsymbol{q}_{t+\Delta t}$ 也是处于 $t+\Delta t$ 时刻，因此该算法称为隐式算法。

可以证明，当 $b \geqslant 0.5, a \geqslant 0.25(0.5+b)^2$ 时，Newmark 方法是无条件稳定的。虽然时间步长 Δt 的大小不影响求解的稳定性，但会影响求解精度，因此需要根据计算精度的要求来确定 Δt。可以看出：无条件稳定的隐式算法是以 $\hat{\boldsymbol{K}}$ 的求逆而增加这一代价来换取比显式算法大得多的时间步长 Δt。

8.3　ANSYS 软件的动力学分析

在 ANSYS 软件中，动力学分析主要包括模态分析、谐响应分析、瞬态动力学分析和谱分析等，其中模态分析是其他动力学分析的起点。下面将阐述 ANSYS 软件开展机械动力学分析的过程与步骤。

8.3.1　模态分析

模态分析主要用于确定设计结构或机械部件的振动特性，即结构的固有频率和振型。它们是承受动态载荷结构设计中的主要参数。

ANSYS 软件中的模态分析是一个线性分析，任何非线性设置都会被忽略，也可以完成包括预应力的模态分析和循环对称结构的模态分析。它提供了 7 种模态提取方法，分别是 Block Lanczos 法、Supernode 法、Subspace 法、PCG Lanczos 法、非对称法、阻尼法和 QR 阻尼法等。其中阻尼法和 QR 阻尼法允许结构中存在阻尼，同时 QR 阻尼法还允许用于不对称阻尼和刚度矩阵。

1. 建立模型

在开展模态分析时，其建立的几何模型和网格划分与结构分析的相类似，但在建立模态分析的模型时，要注意：

• 模态分析是一个线性分析，即使采用了非线性单元，系统也将其作为线性单元加以处理。

• 材料的属性可以是线性的、各向同性或各向异性的、常数或与温度相关的数值，但必须定义弹性模量和密度，系统将忽视其他非线性特性。

• 如果使用了阻尼单元，对指定的单元如 Combin14、Conbin37 等要输入所需的实常数。

2. 求解分析

在进入求解器后，首先将分析类型设定为模态(modal)分析，指定模态提取的阶次与方法，设置模态扩展的阶次。对于某些特殊的模态分析，还需要指定质量矩阵的形式、计算预应力效应，以及控制结果文件的输出等。

(1) 模态提取的方法。在模态分析时，要根据问题的需要，选取一种模态提取方法。ANSYS 软件共提供 7 种模态提取方法，它们各自的特征如下。

• Block Lanczos 法：可用于大的对称特征值问题，并使用稀疏矩阵求解器，可覆盖任何指定的求解器。

• PCG Lanczos 法：可用于非常大的对称特征值问题(500000 自由度)，特别适用于获得最低模态的解以了解模型的行为方式。它使用 PCG 迭代求解器，因此有相类似的局限性。

• Supernode 法:可用于求解一个问题中的许多振型(如大于 10000)。一般来说,寻找多个模态是为了执行后续的模态叠加或 PSD(功率谱密度)分析,以求解更高频率范围内的响应。如果振型个数大于 200,则该方法要比 Block Lanczos 法求解快,其求解精度也可以通过 SNOPTION 命令来控制。

• Subspace(子空间)法:用于求解对称特征值问题,并使用稀疏矩阵求解器。子空间法相对于 Block Lanczos 法的优点是 $\boldsymbol{K}$ 和 $\boldsymbol{S}/\boldsymbol{M}$ 矩阵可以同时是不定的。

• 非对称法:适用于具有非对称性矩阵的问题,如流体-结构的界面问题等。

• 阻尼法:适用于存在阻尼的问题,如轴承问题。

• QR 阻尼法:与阻尼法相比,具有更高更好的计算效率,它在模态坐标系内使用缩减的模态阻尼矩阵来计算复杂的阻尼频率。

对于大多数问题,可使用 Block Lanczos 法、Supernode 法、PCG Lanczos 法或 Subspace 法,而非对称法、阻尼法和 QR 阻尼法等仅适用于某些特殊的情况。选择一种模态提取方法后,系统会自动选择一种合适的求解器。

(2) 模态提取的个数。必须指定需要提取模态的个数。如果出现了一组重复频率,则必须确保提取了所有的解。

(3) 模态扩展的个数。需要确定扩展模态的个数以及相关单元物理量的计算,以便用于后续的后处理和模态叠加分析。也可以指定一个频率范围来提取模态,或扩展解兴趣的模态。

(4) 质量矩阵的使用。建议使用缺省的质量矩阵形成方式(依赖于所选取的单元类型),但对于包含"薄膜"的结构,如细长梁或非常薄的壳,采用集中质量矩阵可以获得较好的计算结果,同时集中质量矩阵的计算速度快、占用内存少。

(5) 预应力效应。如果要在模态分析时包含预应力效应,则系统内必须存在静力学或瞬态分析中生成的单元文件,而在缺省时是不包含预应力效应的。同时,如果预应力效应打开,则在当前和随后的分析中,集中质量矩阵的设置必须与静力学分析时的一致。

(6) 施加载荷。在模态分析中,唯一影响解的载荷是位移约束,其他如非零位移约束、力、压力、温度、加速度等都将在模态提取时被忽略,但系统会计算出相应于所加载荷的载荷向量,并将这些载荷向量写入振型文件,以便于下游的谐响应分析或瞬态模态叠加分析时使用。

在模态分析中唯一可用的载荷选项是阻尼选项。阻尼只在有阻尼的模态提取法中起作用,而在其他模态提取法中将被忽略。如果模态分析中存在阻尼且使用阻尼模态法,那么计算出的特征值是复数解。

3. 输出结果

模态分析的结果包括固有频率、扩展的模态形状、相对应力和力分布。如果在模态分析前进行了模态扩展,则在后处理器中,就可以用动画方式来查看每个固有频率所对应的振型。如果在模态分析计算前对单元计算进行了设置,则在结果输出时,也可以看到单元和节点的相对应力和力的分布。

4. 循环对称结构的模态分析

如果结构呈现出循环对称特性如齿轮、叶轮等,则只需对它的一部分建模来计算结构整体的固有频率和振型。这可以节省大量人力和计算时间,另一好处是只需部分建模就可以了解整个结构的状态。

循环对称结构用于建模的部分称为基本扇区。正确的扇区是在全局柱坐标空间内将其重复 n 次,即可生成整个模型。

在建立模型时，基本扇区两侧面可以是任意形状，但必须具有相对应的节点，且对应节点相隔的几何角度为扇区角。

8.3.2　谐响应分析

谐响应分析是用于确定线性结构在承受随时间按正弦(简谐)变化的载荷时的稳态响应技术，其目的是计算出结构在某种频率下的响应并得到一些响应值(一般是位移)关于频率的曲线。从这些曲线上可以找到"峰值"响应，并进一步发生在激励开始时的瞬态振动。借助谐响应分析，设计人员能预测结构的持续动力特性，并能够验证其设计能否成功地克服共振、疲劳及其他受迫振动引起的有害效果。

谐响应分析是一种线性分析，仅计算结构的稳态强迫振动，任何非线性特性都将被忽略，同时在分析过程中必须指定材料的弹性模量和密度。

1. 求解方法

谐响应分析的方法：完全(full)法、频率扫掠(requency-sweep)法和模态叠加(mode superposition)法。

1) 完全法

完全法是三种方法中最容易的一种方法，采用完整的系统矩阵来计算谐响应分析。矩阵可以对称或非对称。完全法具有下列优势：

- 很容易使用，因为不需要选择模态形状。
- 使用完整矩阵，不涉及质量矩阵的近似。
- 允许非对称矩阵，这种矩阵常出现在声学和轴承问题中。
- 在单一处理过程中，计算所有的位移和应力。
- 它能施加所有的载荷类型，如节点力、位移(也可以是非零值)和单元载荷(压力和温度)。
- 允许使用实体模型载荷。

该方法的缺点：若使用稀疏矩阵求解器，则其计算成本要高于其他方法；但当使用 JCG 或 ICCG 求解器时，对某些模型庞大且性能良好的三维问题，其效率也很高。

2) 频率扫掠法

频率扫掠法采用底层变分技术方法，为结构分析中的强迫频率模拟提供了高性能的解决方案。与完全法相类似，它使用全系统矩阵来计算谐响应，除具有与完全法相同的优点外，同时还具有下列优点：

- 支持材料属性与频率相关的结构分析。
- 依据模型和硬件性能，分析性能可提高 2 至 5 倍。
- 参数变化可能会使性能提高 2 至 10 倍。
- 在频率扫掠法重新求解前，可以修改、添加或删除载荷，尽管可以改变数值，但约束方式不能改变；可以改变材料和材料属性、截面和实常数，若网格保持一致，也可修改几何模型。

其缺点如下：

- 仅支持稀疏矩阵求解器。
- 当只需要几个频率点时，它的效率通常比完全法的低。

3) 模态叠加法

模态叠加法通过模态分析所得振型乘以因子再叠加的方式来计算结构的响应，其优点如下：

• 对大多数问题来说,它都比前两种方法要快且成本低。

• 在其前面模态分析的单元载荷,可通过命令“LVSCALE”施加到谐响应分析中。

• 能够使解按固有频率聚集,从而得到更平滑、更精确的响应曲线图。

• 包含预应力效应。

• 允许考虑模态的阻尼,其中阻尼为频率的函数。

同时,上述3种方法在使用上也有它们的局限性:

• 所有的载荷类型必须按正弦规律变化。

• 所有的载荷必须有相同的频率。

• 不考虑非线性特性。

• 也不计算瞬态效应。

当然要克服上述这些局限性,就必须采用瞬态动力学分析,这时应将简谐载荷表示为时间历程的载荷函数。

在缺省状态下,系统会自动选取完全法和频率扫掠法中最有效的方法。

2. 分析过程和步骤

谐响应的分析过程与步骤主要包括:建模;加载并求解;输出结果。

1) 建模

谐响应分析的建模过程与结构分析的基本相同,但要注意:

• 在谐响应分析中,只有线性行为是有效的,任何非线性特性都将被忽略。

• 必须输入弹性模量和密度,材料特性可以是线性的、各向同性或各向异性的、恒定的或与温度相关的,非线性材料将被忽略。

• 对于一个完全的谐响应分析,可以指定依赖于频率的弹性材料特性和阻尼系数。

2) 加载并求解

由于峰值响应发生在力的频率和结构的固有频率相等时,因此在谐响应分析求解之前,必须完成一次模态分析,以确定结构的固有频率。

谐响应的加载与求解主要包括指定分析类型及相关的选项、施加载荷及指定载荷步选项等。

• 在分析类型设置中,谐响应分析不能使用“Restarts”,如果需要施加另外的谐载荷,每次可开始一个新的分析。

• 可选的求解器有稀疏求解器、JCG求解器、ICCG求解器。

• 谐响应分析不能计算频率不同的多个强制载荷同时作用时的响应。但可以分成多个载荷进行分析,然后在后处理器(/POST1)中对多个工况进行叠加而得到总体响应。

• 必须指定强制频率范围,然后在此频率范围内指定要计算解的个数。

• 必须指定某种形式的阻尼,否则在共振处的响应将无限大。

谐响应分析假定其施加的所有载荷均按简谐(正弦)规律变化,指定一个完整的载荷需要输入3条信息:幅值(amplitude)、相位角(phase angle)和强制频率范围。相位是指载荷滞后或领先于参考时间的量度,只有存在多个互相间有相位差的载荷才要求输入。

谐响应分析的载荷可以是惯性载荷、实体模型载荷或有限元模型载荷。载荷可以是阶跃式(stepped)或渐进式(ramped)的,缺省时是渐进式载荷,如果使用阶跃式载荷,则在频率范围内的所有子步中其载荷值将保持恒定的幅值。但面载荷和体载荷不会从前一个载荷步的值渐进,而是从零或指定的值渐进。同时,弹簧预紧力、初始应变、预紧载荷和温度载荷会被忽略。

3）输出结果

可以采用/POST1 或/POST26 观察结果，其结果主要包括基本数据和导出数据，所有的数据在解所对应的强制频率范围内按简谐规律变化。

8.3.3 瞬态动力学分析

瞬态动力学分析（或称为时间历程分析）是用于确定承受任意随时间变化载荷的结构动力响应的一种方法。可以确定结构在静载荷、瞬态载荷和简谐载荷的随意组合作用下的随时间变化的位移、应变、应力及反作用力。在瞬态动力学分析中，载荷和时间的相关性使得惯性力和阻尼作用比较重要。

瞬态动力学分析求解的基本运动方程为

$$\boldsymbol{M}^{e}\ddot{\boldsymbol{q}}^{e}(t)+\boldsymbol{C}^{e}\dot{\boldsymbol{q}}^{e}(t)+\boldsymbol{K}^{e}\boldsymbol{q}(t)=\boldsymbol{P}^{e}(t)$$

在任意给定的时间 t，这些方程可看作一系列考虑了惯性力和阻尼力的静力学平衡方程。系统使用 Newmark 时间积分法或一种称为 HHT(Hilber-Hughes-Taylor)的改进方法在离散的时间点上求解这些方程，其中连续时间点之间的时间增量就称为积分时间步长。

为节省瞬态动力学分析的成本，在开展瞬态动力学分析之前，可以通过完成一些基本工作来了解问题的物理特性，比如：

• 分析一些简单的模型，如对梁、质点和弹簧，花费很少的时间就可以了解其动力学分析的含义。这些简单问题也可能就是确定结构动力学响应分析所需要的全部内容。

• 如果分析的问题涉及非线性，也可以先完成一个静力学分析以确定载荷是怎样影响结构响应的。在某些情况下，非线性不一定要包括在动力学分析中。

• 了解问题的动力学特性。通过模态分析，计算出固有频率和振型，就能够知道振型被激活后，它是如何影响结构响应的。固有频率对于确定正确的积分时间步长也是有用的。

• 对于非线性问题，考虑将模型的线性部分子结构化以减少分析成本。

瞬态分析求解的精度取决于积分时间步长的大小，时间步长越小，精度越高。太大的积分时间步长将会影响较高阶模态响应的误差，太小的时间积分步长将浪费计算机资源。在计算中打开自动时间步长，将有助于减少子步的总数，或减少可能需要进行重新分析的次数。如果为非线性，自动时间步长还会适当地增加载荷并在达不到收敛时回溯到先前收敛的解。

1. 分析方法

瞬态动力学分析的方法有完全法和模态叠加法。

1）完全法

这是一种最通用的方法，因为它包括所有类型的非线性特性。

优点：

• 容易使用，不必担心振型形状的改变。

• 允许所有类型的非线性。

• 使用完整矩阵，不涉及质量矩阵的近似。

• 在单一处理过程中，计算所有的位移和应力。

• 接受所有类型的载荷。

• 允许使用实体模型载荷。

主要缺点：比模态叠加法的开销要大。

2）模态叠加法

模态叠加法从模态分析中对模态振型（特征向量）进行求和来计算结构的响应。

优点：

• 对大多数问题来说，它比完全法要快且开销低。

• 在其前面进行模态分析的单元载荷，可通过命令“LVSCALE”施加到瞬态动力学分析中。

• 允许考虑模态的阻尼，其中阻尼为频率的函数。

缺点：

• 不能施加非零位移。

• 在瞬态过程中，时间步长必须保持恒定，因此不允许使用自动时间步长跟踪。

• 唯一许可的非线性是简单的点-点接触。

2. 完全法的瞬态动力学分析过程

完全法瞬态动力学分析过程主要包括：建模；加载并求解；输出结果。

1）建模

有关模型的建立与结构分析的相类似，但要记住下列几点：

• 可以使用线性和非线性单元。

• 必须输入弹性模量和密度，材料特性可以是线性的、各向同性或各向异性的、恒定的或与温度相关的。

• 可以使用单元阻尼、材料阻尼等来定义阻尼。

在确定网格划分密度时，要注意：

• 网格应细到足以确定最高阶振型。

• 对考虑其应力或应变区域的网格要比仅考虑位移区域的网格细一些。

• 如果要包含非线性特性，网格要细到能够捕捉到非线性效应。

• 如果要考虑波传播效果，网格要细到足以计算出波。基本准则是沿波传播方向，每一波长至少有 20 个单元。

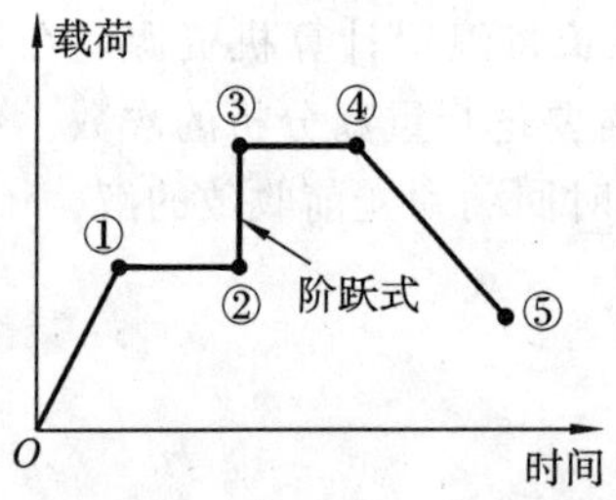

图 8-5 载荷-时间关系曲线

2）加载并求解

在瞬态动力学分析中，由于载荷是时间的函数，要施加这样一个载荷，必须将载荷对时间的关系曲线划分成合适的载荷步。在载荷-时间曲线上的每一个“拐点”都应作为一个载荷步，如图 8-5 所示。

第一载荷步通常是用于建立初始条件，只有在第二个和随后的瞬态载荷步中才能指定载荷和载荷步选项。对于每个载荷步，必须指定载荷值和时间，同时还要指定其他载荷选项，例如，载荷是阶跃式载荷还是渐进式载荷，是否使用自动时间步长等；然后将每个载荷步写入一个文件，最后一起进行求解计算。

施加瞬态载荷的第一步是为了建立初始条件，即时间 $t=0$ 的条件。初始条件包括初始位移 $\boldsymbol{q}$、初始速度 $\dot{\boldsymbol{q}}$ 和初始加速度 $\ddot{\boldsymbol{q}}$。如果没有建立初始条件，则它们的值为零，初始加速度假定为零值，也可以在一个小的时间间隔内通过施加合适的加速度载荷来得到一个非零值的加速度。

下面是针对动力学分析选项设置的一些建议：

• 在大多数情况下，当指定了积分时间步长的上限和下限后，可以打开自动时间跟踪。这将有助于限制时间步长的变化范围。

• 可以直接或间接地指定时间增量，时间步长的大小决定了求解的精度，它的值越小，则求解精度越高，当然计算的时间也就越长。

• 当分析中要考虑惯性和阻尼效应时，必须打开时间积分效应选项。

有关时间积分步长的确定，可以考虑下列因素：

• 对于 Newmark 时间积分方案，如果 f 表示频率，则时间积分步长为 its＝1/(20f)。当然，its 越小，精度越高。

• 时间步长要细到能够捕获到载荷函数，特别是对于阶跃式载荷曲线。对于阶跃式载荷，建议：its＝1/(180f)。

• 对于一个接触频率分析，时间步长应该细到能够捕捉到两个接触面之间的动量转换，即

$$\text{its}=1/(Nf_c)\ ,\ f_c=1/2\pi\sqrt{k/m}$$

式中：k 表示间隙刚度；m 是作用在间隙上的有效质量；N 表示每个循环中的点数，一般可取 $N=30$，但若需要计算加速度，则 N 的值还需要更大，对于模态叠加分析，$N>7$。

• 对于计算波的传播，时间积分步长要细到足以捕捉到通过单元传播的波。

• 在非线性分析计算中，对于大多数非线性问题，前面提到时间步长设置足以满足非线性问题的计算。但当结构在载荷作用下趋于刚化(如从弯曲状态变化到薄膜承载状态的大变形问题)时，则要求解被激活的高阶模态。

• 满足时间步长精度准则。满足在每个时间步长结束点的动力学方程就能保证每个时间离散点上的平衡。但在时间步长中间点的平衡不一定常满足，如果时间步长足够小，中间状态就不会与平衡偏离太多；另外，如果时间步长是大的，中间状态就会偏离平衡。中间步长残留范数对每个时间步长的平衡精度提供了一个测量标准。

使用上述准则计算出时间步长后，在具体分析中可使用最小值。通过使用时间步长跟踪，也可以让系统在分析中来确定什么时候增加或减少时间步长。但要注意不要使用非常小的时间步长，特别是在初始分析中，否则会引起数值障碍。

3) 输出结果

通过/POST1 处理器可以看到在给定时间内整个模型的结果。

通过/POST26 处理器可以看到结果项与频率的对应关系。

3. 模态叠加法的瞬态动力学分析过程

模态叠加法的瞬态动力分析过程包括：建模；得到模态解；得到一个模态叠加瞬态解；扩展模态叠加解；输出结果。

在下面仅强调模态叠加法瞬态动力学分析与前述方法的不同之处。

在获得模态解时要注意以下方面。

• 模态的提取方法可以是 Block Lanczos 法、PCG Lanczos 法、Supernode 法或 QR 阻尼法。如果模型中存在阻尼或非对称刚度矩阵，可以使用 QR 阻尼法提取模态。

• 必须确定提取了所有能够反映动力学响应的模态。

• 如果采用 QR 阻尼法提取模态，则要在模态分析中指定想要包括的阻尼或单元阻尼。

• 若有位移约束，可以指定，但在随后的模态叠加瞬态分析中可能不会施加另外的约束条件。

• 如果需要施加单元载荷，则必须在模态分析中指定。尽管模态分析会被忽略，但会形

成一个载荷向量并保存到模态形状文件中,单元载荷信息也会写入文件,然后在瞬态求解时可以使用。

• 为了在随后的瞬态分析中包括高频模态的影响,可以在模态分析中计算剩余向量或剩余响应。

• 应该在扩展模态时计算单元结果以节省随后瞬态结果扩展的时间。如果施加了热载荷,则不要使用这个选项,同时在模态和瞬态分析中不要改变模型结果。

• 如果出现了一组重复频率,应确保提取了每组中的所有解。

在模态叠加法瞬态求解选项设置中,要注意以下方面。

• 不能使用求解控制对话框来指定分析类型和分析选项,必须使用标准系列的求解命令和相关的菜单路径。

• 可以使用"Restart"。

• 当指定了一个模态叠加法的瞬态分析时,指定分析类型的求解菜单将会出现。

• 在求解中需要指定模态个数,这决定了瞬态求解的精度。若模态个数较少,应该使用所有能对动力学响应起作用的模态;如果需要激活更高的频率,则需要指定较高模态的模态个数,系统缺省时应使用模态解中计算的所有模态。

• 为了包括更高频率模态的贡献,则应在模态分析中增加残余向量的计算。

• 如果不考虑刚体模态,则在命令"TRNOPT"中使用"MINMODE"忽略刚体模态。

• 在缺省时,反作用力和其他力仅包含静态问题的结果。

• 不能使用非线性选项。

在对模型施加载荷时,要注意以下方面。

• 仅能够施加节点力和加速度。

• 在模态分析时生成的载荷向量能够施加单元载荷。如果在瞬态分析中使用命令"LVSCALE",要确定在模态分析求解时删除所有指定的节点力。一般来说,在瞬态分析阶段,应该仅施加节点力。

• 施加的非零位移会被忽略。

• 如果瞬态激励来自支撑运动,以及在模态分析中要求伪静态模态,则可以使用"DVAL"命令来指定强制位移和加速度。

在瞬态分析中,通常需要多个载荷步来指定载荷历程。第一个载荷步用于建立初始条件,第二个和后续载荷步则用于瞬态加载。

8.3.4 谱分析

谱分析是将模态分析的结果与一个已知的谱联系起来计算模型的位移和应力的技术。它主要用来代替时间历程分析来确定结构在随机或时变荷载(如地震、风荷载、海浪荷载、喷气发动机推力、火箭发动机振动等)条件下的响应。

频谱是频谱值与频率的关系图,它捕获了时间历程载荷的强度和频率内容。谱分析有三种类型,即响应谱分析(包括单点和多点响应谱)、动力设计分析和随机振动分析(也称为功率谱密度分析)。其中,响应谱分析和动力设计分析都是定量分析技术,分析的输入、输出数据都是实际的最大值;随机振动分析是一种定性分析技术,分析的输入、输出数据都只代表它们为一特定值。

8.4　典型算例及详解

算例 8-3：电动机系统的谐响应分析

图 8-6 所示为一个工作台-电动机系统。当电动机工作时，转子偏心引起电动机发生简谐振动，这时电动机的旋转偏心载荷是一个简谐激励。计算系统在该激励下结构的响应。要求计算频率间隔为 10/10 Hz＝1 Hz 的所有解，以得到满意的响应曲线，并用 POST26 绘制位移与频率的关系曲线。

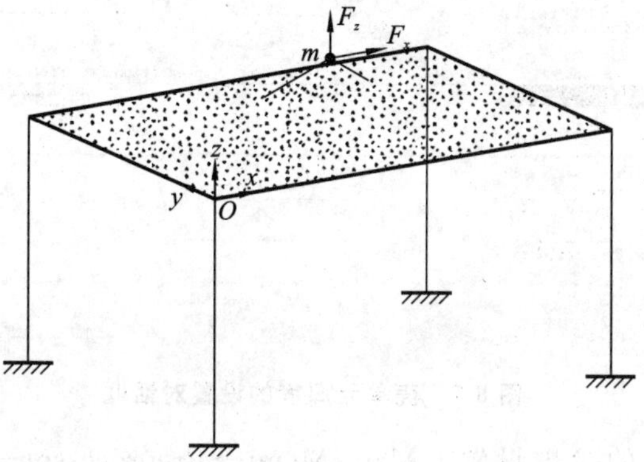

图 8-6　工作台-电动机系统的几何模型及载荷示意图

算例 8-3

已知条件如下。

电动机质量：m＝100 kg。

简谐激励：F_x＝100 N；F_z＝100 N，且与 F_x 落后 90°相位角。

频率范围：0～10 Hz。

所有材料均相同，且其弹性模量为 2×10^{11} Pa，泊松比为 0.3，密度为 7800 kg/m³。

工作台面板：厚度为 0.02 m，长、宽、高分别为 2 m、1 m、1 m。

工作台支撑梁的几何特性：截面面积为 2×10^{-4} m²，惯性矩为 2×10^{-8} m⁴。

ANSYS 软件的分析过程与步骤如下。

1）选取单元和输入材料属性

（1）选取单元。Main Menu→Preprocessor→Element Type→Add/Edit/Delete，单击“Element Types”对话框（可参考图 3-38）中的“Add”，然后在“Library of Element Types”对话框左边的列表栏中选择“Shell”，右边的列表栏中选择“3D 4 node 181”，单击“Apply”。采用同样的方式分别选择单元 Beam→2node 188 和 Mass→3D mass 21，单击“OK”，再单击“Close”，完成 3 种类型单元的选取。

（2）输入材料参数。Main Menu→Preprocessor→Material Props→Material Models，出现一个如图 1-23 所示的对话框，在“Material Models Available”中，点击打开“Structural→Linear→Elastic→Isotropic”，又出现一个对话框，输入“EX＝2e11，PRXY＝0.3”，单击“OK”；单击打开 Structural→Density，在弹出对话框中的“DENS”后面输入“7800”，单击 Material→Exit，完成材料属性的设置。

（3）输入梁单元的截面属性。Main Menu→Preprocessor→Sections→Beam→Common Sections，出现一个“Beam Tool”对话框，如图 3-39 所示。在“Sub-type”滚动栏中选取“”，

输入:A=2e-4,lyy=1,lzz=2e-8,J=1。单击“OK”,完成了梁截面的设置。该选项主要用于设置不考虑梁截面形状的参数。

(4) 输入壳单元的属性。Main Menu→Preprocessor→Sections→Shell→Lay-up→Add/Edit,弹出一个对话框,在“Thickness”下面的输入栏中输入“0.02”,单击“OK”,完成壳单元厚度的设置。注意:选择壳单元后,必须输入材料属性,该对话框才会显示出来,如图 8-7 所示。

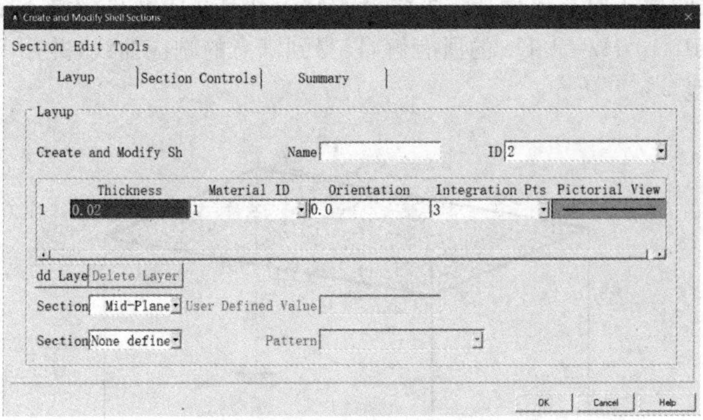

图 8-7　壳单元厚度的设置对话框

(5) 完成质量单元的参数设置。Main Menu→Preprocessor→Real Constants→Add/Edit/Delete,在弹出的对话框中单击“Add”,又在弹出的对话框选取“Type 3 MASS21”,单击“OK”;弹出一个“Real Constant Set Number1,for MASS21”对话框,在“MASSY”后面的输入栏中输入“100”,单击“OK”,再单击“Close”,完成质量单元的参数设置,如图 8-8 所示。

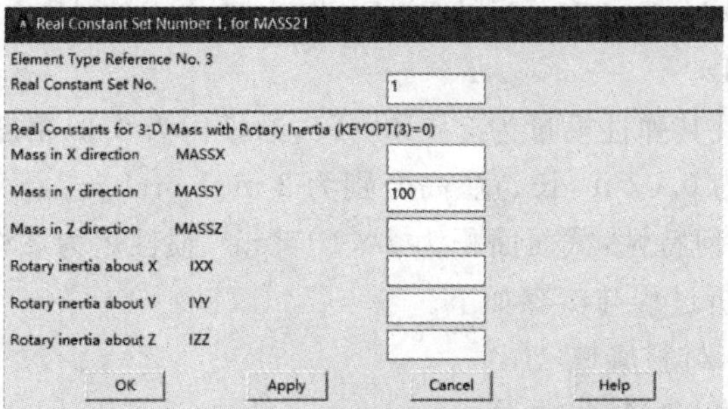

图 8-8　质量单元参数的设置对话框

2) 建立有限元分析模型

(1) 打开工作平面。Utility Menu→WorkPlane→Display Working Plane,将在图形输出窗口显示一个“WX、WY、WZ”的工作平面坐标系。

再选取 Utility Menu→WorkPlane→Offset WP by Increments,弹出一个“Offset WP”对话框,在“XY,YZ,ZX Angles”下面的输入栏中输入“0,-90”,单击“Apply”,这时显示“WZ”坐标轴向上。

然后执行 Utility Menu→WorkPlane→Change Active CS to→Working Plane,将当前坐标系设置为工作平面坐标系。

再单击屏幕右上端的“”按钮,则坐标系显示为轴测图方式。

(2) 生成一个矩形面。Main Menu→Preprocessor→Modeling→Create→Areas→Rectangle→By Dimensions，弹出一个对话框(可参考图 4-36)，分别输入：X1=0，X2=1，Y1=0，Y2=2。单击“OK”。

(3) 生成 4 个关键点。Main Menu→Preprocessor→Modeling→Create→Keypoints→In Active CS，弹出一个对话框(可参考图 3-40)，在“Keypoint number”后面的输入栏中输入关键点编号“5”，在“X，Y，Z Location in active CS”后面的输入栏中，对应地输入关键点编号为“5”的坐标位置，即“0，0，−1”，单击“Apply”。同样操作输入其他 3 个关键点的编号及其坐标位置，即“6：(1，0，−1)、7：(1，2，−1)、8：(0，2，−1)”。输入完 4 个关键点编号及其坐标位置后，单击“OK”，这时屏幕会显示 4 个关键点的位置。

(4) 连线。Main Menu→Preprocessor→Modeling→Create→Lines→Straight Line，弹出一个“Create Straight Line”拾取框，在输出窗口中拾取关键点编号“1”和“5”，单击“Apply”。重复上述操作分别拾取关键点“2”和“6”，“2”和“7”，“4”和“8”。最后单击“OK”，生成几何模型线框结构如图 8-9 所示。

(5) 生成一个节点。Main Menu→Preprocessor→Modeling→Create→Nodes→In Active CS，弹出一个对话框，在“X，Y，Z Location in active CS”后面的输入栏中，对应地输入：X=0.5，Y=1，Z=0.1，单击“OK”。该节点用于生成质量单元。

(6) 设置单元尺寸。Main Menu→Preprocessor→Meshing→Size Cntrls→ManualSize→Global→Size，弹出一个对话框，在“SIZE Element edge length”后面输入“0.1”，单击“OK”。

(7) 对面划分单元。Main Menu→Preprocessor→Modeling→Create→Elements→Elem Attributes，在弹出对话框中的“[SECNUM]Section number”后面的滚动栏中选取“2”，单击“OK”。

再执行 Main Menu→Preprocessor→Meshing→Mesh→Areas→Free，弹出一个“Mesh Areas”拾取框，单击“Pick All”，完成面网格的划分。

(8) 对支撑梁划分单元。Main Menu→Preprocessor→Modeling→Create→Elements→Elem Attributes，在弹出对话框中的“[TYPE]Element type number”后面的滚动栏中选取“2 BEAM188”，在“[SECNUM]Section number”后面的滚动栏中选取“1”，单击“OK”。

再执行 Main Menu→Preprocessor→Meshing→Mesh→Lines，弹出对话框后，在图形输出窗口中分别拾取编号为“5，6，7，8”的线，单击“OK”，则完成支撑梁的单元划分。

(9) 生成质量点单元。Main Menu→Preprocessor→Modeling→Create→Elements→Elem Attributes，在弹出对话框中的“[TYPE]Element type number”后面的滚动栏中选取“3 MASS21”，单击“OK”。

再执行 Main Menu→Preprocessor→Modeling→Create→Elements→Auto Numbered→Thru Nodes，弹出拾取框后，在图形窗口中拾取编号为“1”的节点，单击“OK”。

(10) 生成刚化区域。Main Menu→Preprocessor→Coupling/Ceqn→Rigid Region，弹出一个拾取框，在图形窗口拾取编号为“1”的节点，单击“OK”；又弹出一个拾取框，再在图形窗口中拾取编号为“127，129，165，167”的 4 个节点，单击“OK”，再单击弹出对话框中的“OK”，最后生成的结果如图 8-10 所示。

再执行 Utility Menu→WorkPlane→Display Working Plane，关闭工作平面。

接着执行 Utility Menu→WorkPlane→Change Active CS to→Global Cartesian，将当前坐标系改为直角坐标系。

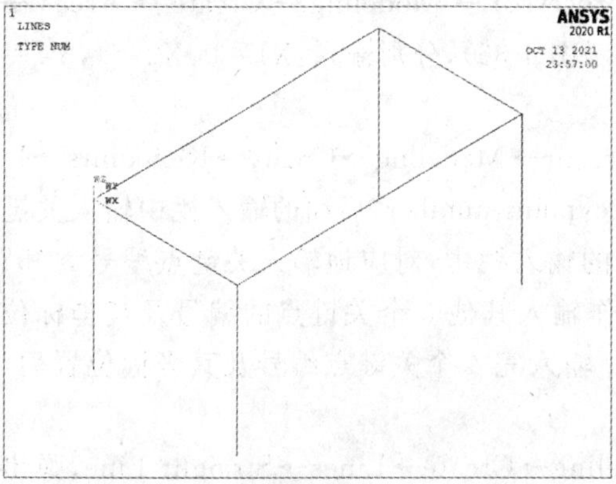

图 8-9　几何模型线框结构

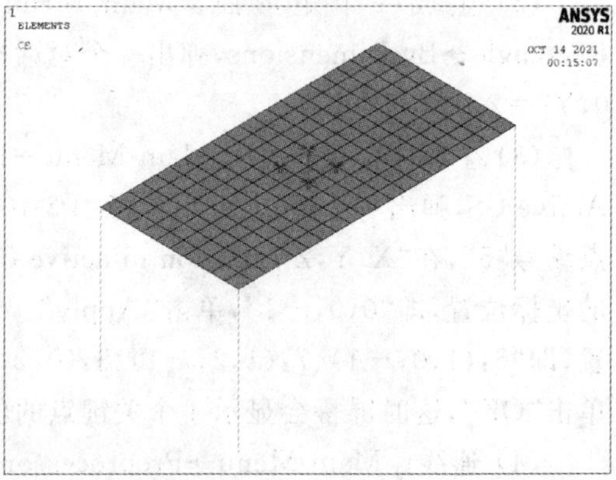

图 8-10　生成的网格模型

3）进行模态分析

（1）设置分析类型。Main Menu→Solution→Analysis Type→New Analysis，弹出对话框后，选取“Modal”，单击“OK”。

（2）设置分析选项。Main Menu→Solution→Analysis Type→Analysis Option，弹出对话框后，选取“Block Lanczos”，在“No. of mode to extract”后面输入“10”，“NMODE No. of modes to expand”后面输入“10”，选取“Calculate elem results”后，单击“OK”，再单击弹出对话框中的“OK”。具体如图 8-11 所示。

（3）施加约束。Main Menu → Solution → Define Loads → Apply → Structural → Displacement→On Keypoints，弹出拾取框后，在图形窗口中拾取编号为“5，6，7，8”的关键点，单击“OK”，又在弹出对话框中的“DOFs to be constrained”后面选取“All DOF”，单击“OK”。

（4）分析计算。Main Menu→Solution→Solve→Current LS，弹出对话框后，单击“OK”，则开始分析计算。当出现“Solution is done”的对话框时，表示分析计算结束。

4）谐响应分析

（1）设置分析类型。Main Menu→Solution→Analysis Type→New Analysis，弹出对话框后，选取“Harmonic”，单击“OK”。

（2）设置分析选项。Main Menu→Solution→Load Step Opts→Time/Frequence→Freq and Substps，弹出一个如图 8-12 所示的对话框，在“Harmonic freq range”后面分别对应输入“0，10”，“Number of substeps”后面输入“10”，单击“OK”。

（3）阻尼设置。Main Menu→Solution→Load Step Opts→Time/Frequence→Damping，弹出一个对话框，在“Mass matrix multiplier”后面输入“5”，单击“OK”。

（4）施加载荷。Main Menu→Solution→Define Loads→Apply→Structural→Force/Moment→On Nodes，弹出一个“Apply F/M on Nodes”拾取框，在输出窗口中拾取编号为“1”的节点，单击“OK”。弹出一个对话框，在“Direction of force/mom”后面的滚动框中选取“FX”，在“Real part of force/mom”后面的输入栏中输入“100”，单击“Apply”；再次拾取编号为“1”的节点，单击“OK”；弹出一个对话框，在“Direction of force/mom”后面的滚动框中选取“FY”，在“Real part of force/mom”后面的输入栏中输入“0”，“Imag part of force/mom”后面的输入栏中输入“100”，单击“OK”，如图 8-13 所示。

（5）分析计算。Main Menu→Solution→Solve→Current LS，弹出对话框后，单击“OK”，

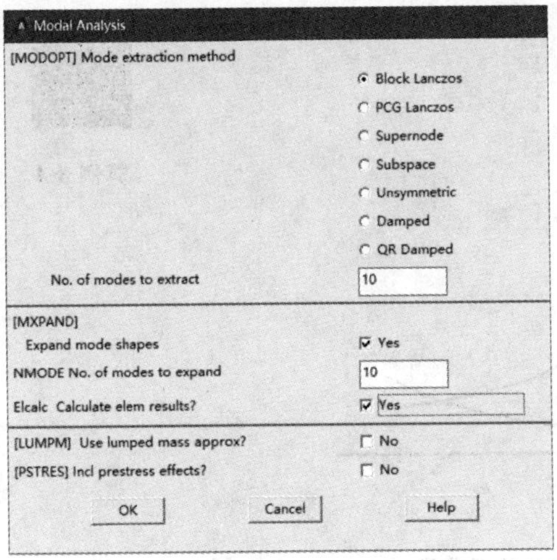

图 8-11　模态分析选项设置

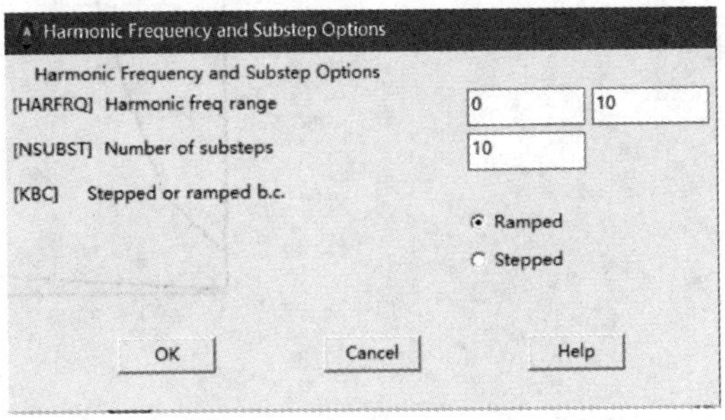

图 8-12　选项设置

则开始分析计算。当出现“Solution is done”的对话框时，表示分析计算结束。

5）浏览结果

（1）提取节点位移。Main Menu→TimeHist Postpro→Define Variables，弹出对话框后，单击“Add”；在弹出的“Add Time-History variable”对话框中单击“OK”后，弹出一个拾取框，在图形窗口中拾取编号为“1”的节点后，单击“OK”；又弹出一个“Define Nodal Data”对话框，如图 8-14 所示，在“User-specified label”后面输入“UX”，“Item，Comp Data item”后面选取“Translation UX”，单击“OK”，则完成节点 1 在 x 方向的位移提取。重复上述操作，分别再提取“UY”和“UZ”后，单击“Close”，则完成在节点 1 上的位移提取。

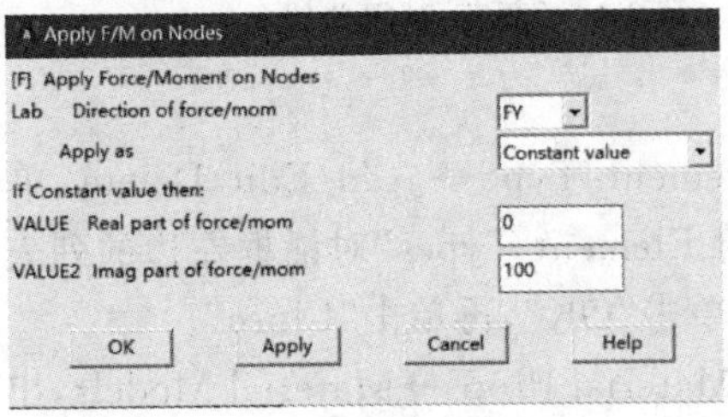

图 8-13　集中力施加设置

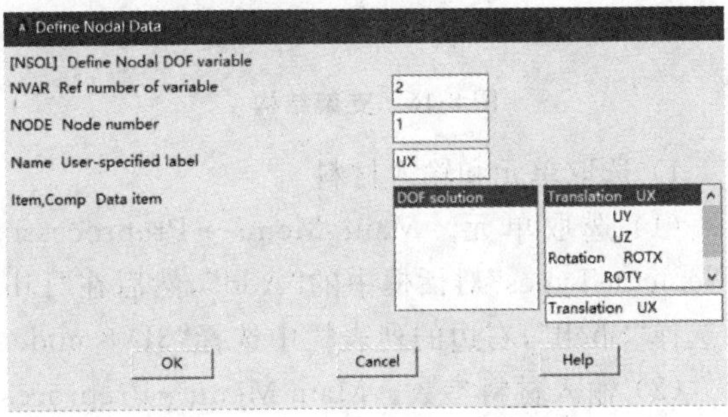

图 8-14　提取节点位移

（2）显示位移与频率的曲线。Main Menu→TimeHist Postpro→Graph Variables，弹出一个对话框，分别在“1st variable to graph”后面输入“2”，“2nd Variable”后面输入“3”，“3rd Variable”后面输入“4”，单击“OK”，则生成的节点位移与频率的关系曲线如图 8-15 所示。

算例 8-4：支架结构的瞬态响应分析

图 8-16 所示为一个支架结构，在支架的上下端各有两个小孔，孔的直径均为 6.25 mm，且上端两孔全部固定，下端左侧孔承受向下的载荷，其载荷与时间的关系曲线如图 8-17 所示。已知板厚为 2.5 mm，材料的弹性模量为 200 GPa，泊松比为 0.3，密度为 7800 kg/m³，试对支架结构进行瞬态响应分析，并提取下端两个角点的位移变化曲线。

ANSYS 软件瞬态响应分析的过程与步骤如下。

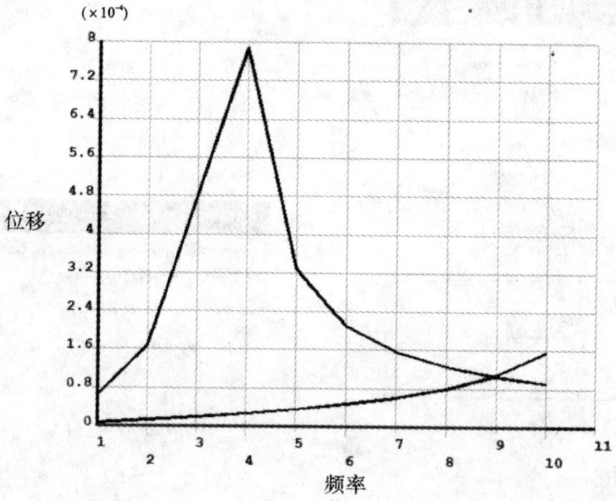

算例 8-4

图 8-15　节点位移与频率的关系曲线

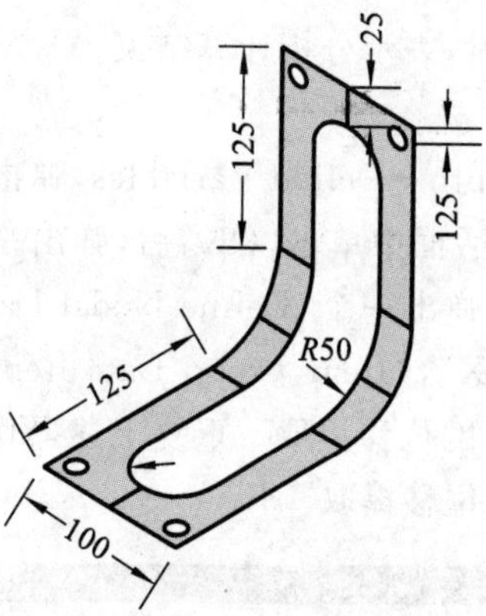

图 8-16　支架结构

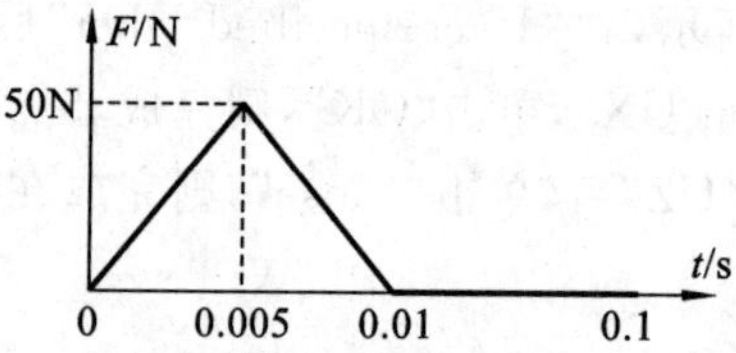

图 8-17　载荷-时间曲线

1）选取单元和输入材料

（1）选取单元。Main Menu→Preprocessor→Element Type→Add/Edit/Delete，单击“Element Types”对话框中的“Add”，然后在“Library of Element Types”对话框左边的列表栏中选择“Shell”，右边的列表栏中选择“3D 8 node 281”，单击“OK”，再单击“Close”。

（2）输入材料参数。Main Menu→Preprocessor→Material Props→Material Models，出现一个如图 1-23 所示的对话框，在“Material Models Available”中，点击打开 Structural→Linear→Elastic→Isotropic，又出现一个对话框，输入“EX＝2.0e11，PRXY＝0.3”，单击“OK”；单击打开 Structural→Density，在弹出对话框中的“DENS”后面输入“7800”，单击 Material→Exit，完成材料属性的设置。

（3）输入壳单元的属性。Main Menu→Preprocessor→Sections→Shell→Lay-up→Add/Edit，弹出一个对话框，在“Thickness”下面的输入栏中输入“0.0025”，单击“OK”，完成壳单元厚度的设置。

2）生成几何模型

（1）将工作平面设置为当前坐标系。

打开工作平面：Utility Menu→WorkPlane→Display Working Plane。

旋转工作平面：Utility Menu→WorkPlane→Offset WP by Increments，弹出“Offset WP”对话框，在“XY，YZ，ZX Angles”下面的输入栏中输入“0，－90”，单击“OK”，这时显示为“WZ”坐标轴向上。

再执行 Utility Menu→WorkPlane→Change Active CS to→Working Plane，将当前坐标系设置为工作平面坐标系。

接着单击屏幕右上端的“”按钮，则坐标系显示为轴测图方式。

(2) 生成矩形面。Main Menu→Preprocessor→Modeling→Create→Areas→Rectangle→By Dimensions，弹出一个对话框，分别输入：X1＝0，X2＝0.05，Y1＝0，Y2＝0.125，单击“Apply”。再输入：X1＝0，X2＝0.025，Y1＝0.05，Y2＝0.125，单击“OK”，则生成两个矩形面。

(3) 生成 1/4 圆面。

移动工作平面：Utility Menu→WorkPlane→Offset WP by Increments，弹出“Offset WP”对话框，在“X，Y，Z Offsets”下面的输入栏中输入“0，0.05”，单击“OK”。

生成 1/4 圆面：Main Menu→Preprocessor→Modeling→Create→Areas→Circle→By Dimensions，弹出一个对话框，在“Outer radius”后面输入“0.025”，在“Starting angle”后面输入“270”，其余保持不变，单击“OK”。

(4) 面相减。Main Menu→Preprocessor→Modeling→Operate→Booleans→Subtract→Areas，弹出一个拾取框，在窗口中拾取编号为“1”的面，单击“OK”；再拾取编号为“2”的面(小矩形面)，单击“Apply”；接着拾取编号为“4”的面，单击“OK”；又拾取编号为“3”的面(1/4 圆面)，单击“OK”。

(5) 生成下端右圆孔。

生成一个圆面：Main Menu→Preprocessor→Modeling→Create→Areas→Circle→Solid Circle，弹出一个对话框，在“WP X”后面输入“0.0375”，“WP Y”后面输入“－0.0375”，在“Radius”后面输入“0.00625/2”，单击“OK”。

面相减：Main Menu→Preprocessor→Modeling→Operate→Booleans→Subtract→Areas，弹出一个拾取框，在窗口中拾取编号为“1”的面，单击“OK”；再拾取编号为“2”的面(圆面)，单击“OK”。

(6) 生成 1/8 圆环面。

移动工作平面到关键点：Utility Menu→WorkPlane→Offset WP to→Keypoints，弹出一个拾取框，在窗口中拾取编号为“7”的关键点，单击“OK”。

移动工作平面到圆环面的中心点：Utility Menu→WorkPlane→Offset WP by Increments，弹出一个“Offset WP”对话框，在“X，Y，Z Offsets”下面的输入栏中输入“0，0，0.05”，单击“OK”。

生成两个关键点：Main Menu→Preprocessor→Modeling→Create→Keypoints→In Active CS，弹出一个对话框，不输入任何信息，单击“Apply”，则生成一个编号为“11”的关键点；再输入“X＝0.025，Y＝0，Z＝0”，单击“OK”，则生成一个编号为“12”的关键点。

由线绕轴线生成圆环面：Main Menu→Preprocessor→Modeling→Operate→Extrude→Lines→About Axis，弹出一个拾取框，在窗口中拾取编号为“13”的线，单击“OK”；再在窗口拾取编号为“12，11”的关键点，单击“OK”；又弹出一个“Sweep Lines about Axis”对话框，在“Arc length in degrees”后面输入“－45”，单击“OK”，则生成的模型如图 8-18 所示。

3) 生成网格模型

(1) 指定线上的等分数。Main Menu→Preprocessor→Meshing→Size Cntrls→ManualSize→Lines→Picked Lines,弹出一个拾取框,在窗口中分别拾取编号“5,7,8,9”的4条线段(小圆孔),单击“OK”;弹出“Element Size on Picked Lines”对话框,在“No. of element divisions”后面输入“2”,单击“OK”。

(2) 设置单元尺寸。Main Menu→Preprocessor→Meshing→Size Cntrls→ManualSize→Global→Size,弹出一个对话框,在“SIZE Element edge length”后面输入“0.00625”,单击“OK”。

(3) 对面划分网格。Main Menu→Preprocessor→Meshing→Mesh→Areas→Free,弹出一个拾取框,单击“Pick All”,生成的网格如图8-19所示。

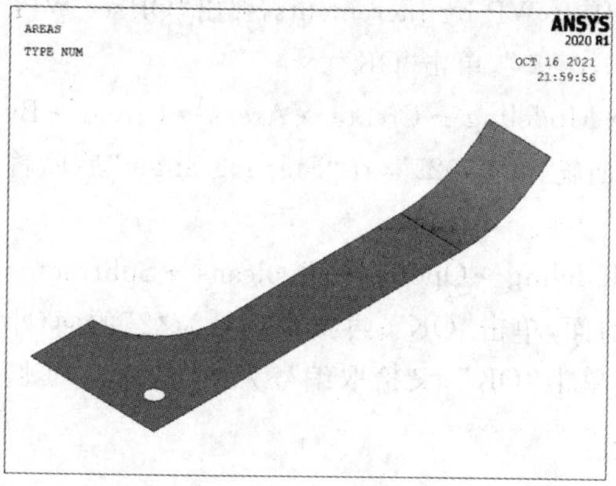

图 8-18　生成的模型

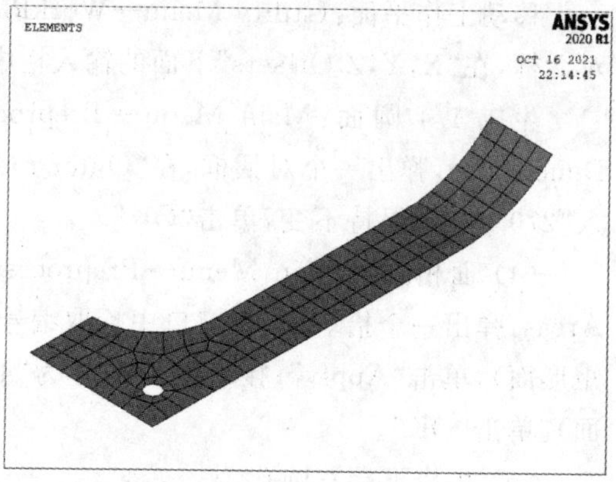

图 8-19　生成网格模型

4) 通过镜像生成整体模型

(1) 平移工作平面。Utility Menu→WorkPlane→Offset WP by Increments,弹出“Offset WP”对话框,在“X,Y,Z Offsets”下面的输入栏中输入“−0.025”,单击“OK”。

(2) 沿 y-z 坐标面镜像。Main Menu→Preprocessor→Modeling→Reflect→Areas,单击弹出拾取框中的“Pick All”,则弹出“Reflect Areas”对话框,选择“Y-Z plane X”,单击“OK”。生成的结果如图8-20所示。

(3) 旋转工作平面。Utility Menu→WorkPlane→Offset WP by Increments,弹出“Offset WP”对话框,在“XY,YZ,ZX Angles”下面的输入栏中输入“0,−45”,单击“OK”。

(4) 沿 x-y 坐标面镜像。Main Menu→Preprocessor→Modeling→Reflect→Areas,单击弹出拾取框中的“Pick All”,则弹出一个“Reflect Areas”对话框,选择“X-Y plane Z”,单击“OK”,生成的结果如图8-21所示。

(5) 合并操作。Main Menu→Preprocessor→Numbering Ctrls→Merge Items,弹出一个对话框,在“Type of item to be merge”后面的滚动栏中选取“All”,单击“OK”。因为镜像后,可能在同一位置会产生两个关键点、节点等,通过合并可以消除这个因素。

(6) 关闭工作平面。Utility Menu→WorkPlane→Display Working Plane。

(7) 恢复直角坐标系。Utility Menu→WorkPlane→Change Active CS to→Global Cartesian。

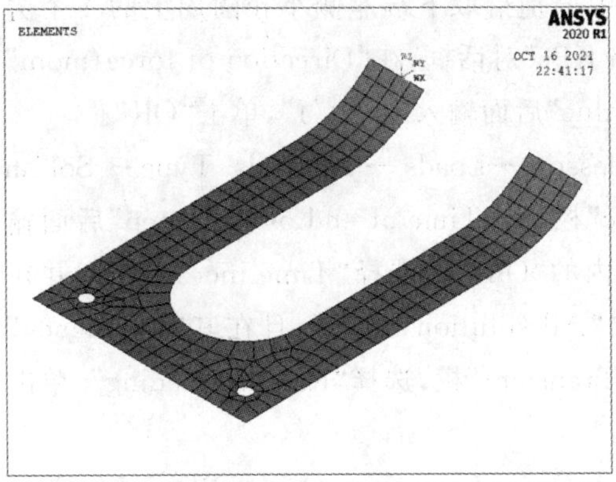

图 8-20　第一次镜像结果

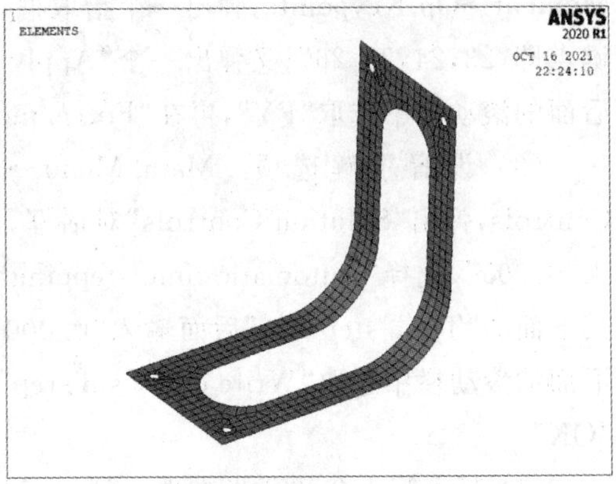

图 8-21　第二次镜像结果

5）模态分析

（1）设置分析类型。Main Menu→Solution→Analysis Type→New Analysis，弹出“New Analysis”对话框，选择“Modal”，单击“OK”。

（2）设置模态提取方法及个数。Main Menu→Solution→Analysis Type→Analysis Options，弹出“Modal Analysis”对话框，选取“Block Lanczos”，在“No. of modes to extract”后面输入“4”，在“NMODE No. of modes to expand”后面输入“4”，单击“OK”，再单击弹出对话框中的“OK”。

（3）施加位移约束。Main Menu→Solution→Define Loads→Apply→Structural→Displacement→On Lines，弹出一个拾取框，在窗口中分别拾取模型上端两小孔的 8 条线段，单击“OK”；又弹出一个对话框，选取“DOFs to be constrained”后面的“All DOF”，单击“OK”。

（4）求解计算。Main Menu→Solution→Solve→Current LS，弹出对话框后，单击“OK”，则开始分析计算。当出现“Solution is done”对话框时，表示分析计算结束。

6）浏览模态结果

执行 Main Menu→General Postproc→Results Summary，则在窗口中列出所提取的模态个数及其数值，如图 8-22 所示。

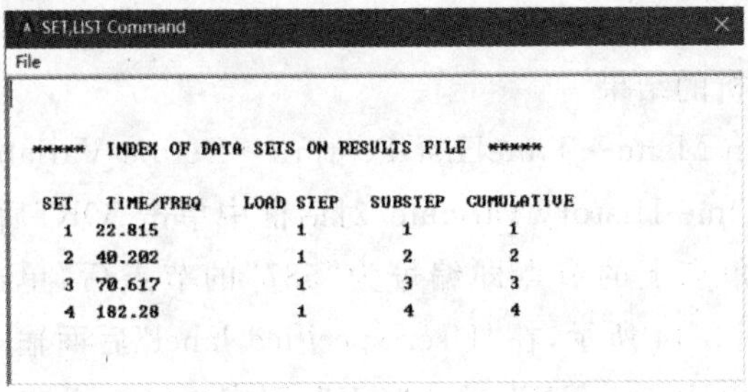
SET,LIST Command

File

***** INDEX OF DATA SETS ON RESULTS FILE *****

SET	TIME/FREQ	LOAD STEP	SUBSTEP	CUMULATIVE
1	22.815	1	1	1
2	40.202	1	2	2
3	70.617	1	3	3
4	182.28	1	4	4

图 8-22　提取的模态及其数值

7）瞬态响应分析

（1）设置分析类型。Main Menu→Solution→Analysis Type→New Analysis，弹出“New Analysis”对话框，选择“Transient”，单击“OK”，再单击弹出对话框中的“OK”。

（2）施加载荷。Main Menu→Solution→Define Loads→Apply→Structural→Force/

Moment→On Keypoints,弹出一个拾取框,在窗口中分别拾取下端左侧小孔圆周上的 4 个关键点即“23,24,25,26”;又弹出一个“Apply F/M on KPs”对话框,在“Direction of force/mom”后面的滚动栏中选取“FY”,再在“Force/moment value”后面输入“−50/4”,单击“OK”。

(3) 设置求解选项。Main Menu→Preprocessor→Loads→Analysis Type→Sol'n Controls,弹出“Solution Controls”对话框,在“Basic”栏下,“Time at end of load step”后面输入“0.005”,选择“Automatic time stepping”滚动条内的“On”,又选择“Time increment”,并在其下面的“Time step size”后面输入“0.0001”;选取“All solution items”,且在其“Frequency”下面的滚动栏中选取“Write every substep”;进入“Transient”栏,选择“Ramped loading”,单击“OK”。

(4) 写入第 1 个载荷步文件。Main Menu→Solution→Load Step Opts→Write LS File,弹出“Write Load Step File”对话框,在输入栏中输入“1”,单击“OK”。

(5) 删除施加的载荷。Main Menu→Solution→Define Loads→Delete→Structural→Force/Moment→On Keypoints,弹出一个拾取框,在窗口中分别拾取下端左侧圆孔上的 4 个关键点,单击“OK”,再单击弹出对话框中的“OK”。

(6) 设置求解选项。Main Menu→Preprocessor→Loads→Analysis Type→Sol'n Controls,弹出“Solution Controls”对话框,在“Basic”栏下,“Time at end of load step”后面输入“0.01”,其余保持不变,单击“OK”。

(7) 写入第 2 个载荷步文件。Main Menu→Solution→Load Step Opts→Write LS File,弹出“Write Load Step File”对话框,在输入栏中输入“2”,单击“OK”。

(8) 设置求解选项。Main Menu→Preprocessor→Loads→Analysis Type→Sol'n Controls,弹出“Solution Controls”对话框,在“Basic”栏下,“Time at end of load step”后面输入“0.1”,其余保持不变,单击“OK”。

(9) 写入第 3 个载荷步文件。Main Menu→Solution→Load Step Opts→Write LS File,弹出“Write Load Step File”对话框,在输入栏中输入“3”,单击“OK”。

(10) 求解计算。Main Menu→Solution→Solve→From LS Files,弹出一个对话框,在“Starting LS file number”后面输入“1”,“Ending LS file number”后面输入“3”,单击“OK”,则开始求解计算。

8) 浏览瞬态响应分析的结果

(1) 定义变量。Main Menu→TimeHist Postpro→Define Variables,弹出对话框后,单击“Add”;在弹出的“Add Time-History variable”对话框中单击“OK”后,弹出一个拾取框,在图形窗口中拾取下端左侧角点上的节点即编号为“587”的节点后,单击“OK”;又弹出“Define Nodal Data”对话框,如图 8-14 所示,在“User-specified label”后面输入“UY_2”,“Item,Comp Data item”后面选取“Translation UY”,单击“OK”,则完成第 1 个节点在 y 方向的位移提取;重复上述操作,提取下端右侧角点上的节点即编号为“109”节点后,输入“UY_3”,单击“Close”,则完成第 2 个节点在 y 方向的位移提取。

(2) 显示位移与时间的曲线。Main Menu→TimeHist Postpro→Graph Variables,弹出一个对话框,分别在“1st variable to graph”后面输入“2”,“2nd Variable”后面输入“3”,单击“OK”,则生成的位移与时间的关系曲线如图 8-23 所示。

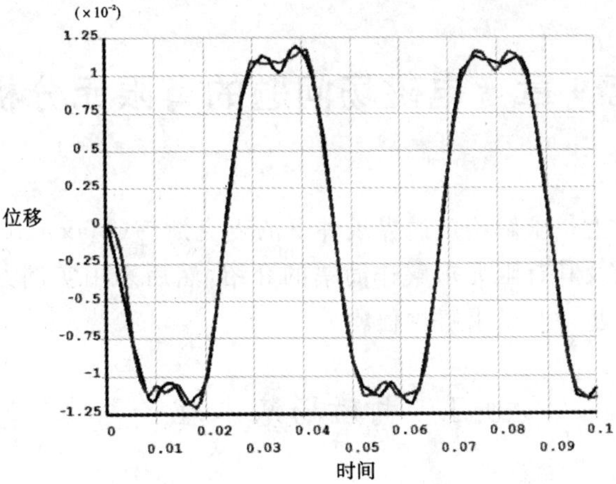

图 8-23　位移与时间的关系曲线

8.5　习　题

8-1　若已知某结构的刚度矩阵和质量矩阵，请求出其固有频率和振型。

$$\boldsymbol{K}=\begin{bmatrix}2 & -1 & 0\\ -1 & 4 & -2\\ 0 & -2 & 2\end{bmatrix},\quad \boldsymbol{M}=\begin{bmatrix}1 & 0 & 0\\ 0 & 3 & 0\\ 0 & 0 & 1\end{bmatrix}$$

8-2　试分析如习题 8-2 图所示钢条轴向振动的第一阶固有频率及振型。其中，$A_1=1200\ \text{mm}^2$，$A_2=900\ \text{mm}^2$。

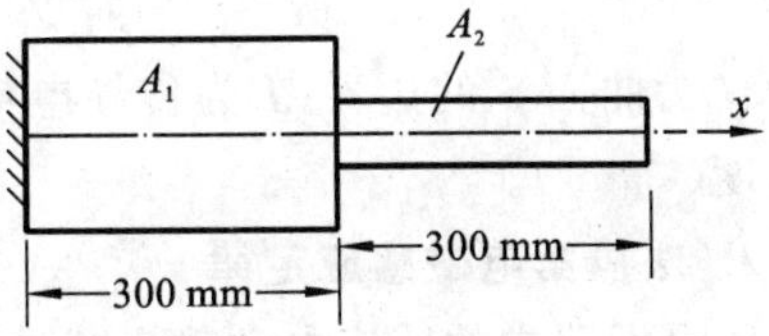

习题 8-2 图

8-3　如习题 8-3 图所示的桁架结构，杆之间采用铰接方式相连，杆的截面面积为 0.001 m^2，材料密度为 8000 kg/m^3，弹性模量为 200 GPa，泊松比为 0.3，作用力 $P_2=2P_1=200$ N，试对该桁架结构进行静力学分析和模态分析。若 P_1 与 P_2 的相位差为 90°，请完成其谐响应分析。

8-4　针对习题 8-3 图所示的桁架结构，若载荷 P_1 随时间的变化关系如习题 8-4 图所示，试对其进行瞬态响应分析，并提取 P_2 作用点的位移与时间的关系曲线。

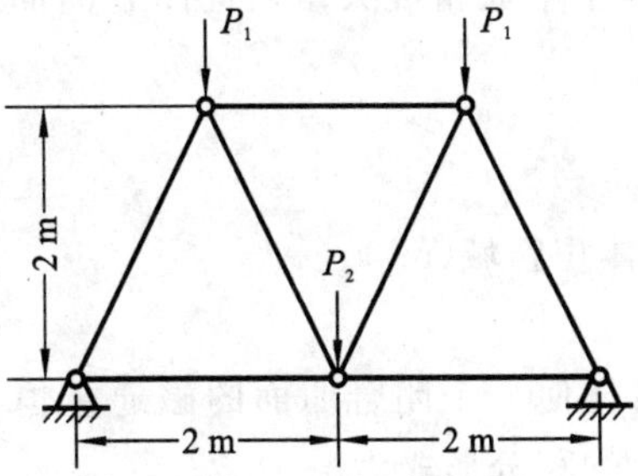

习题 8-3 图

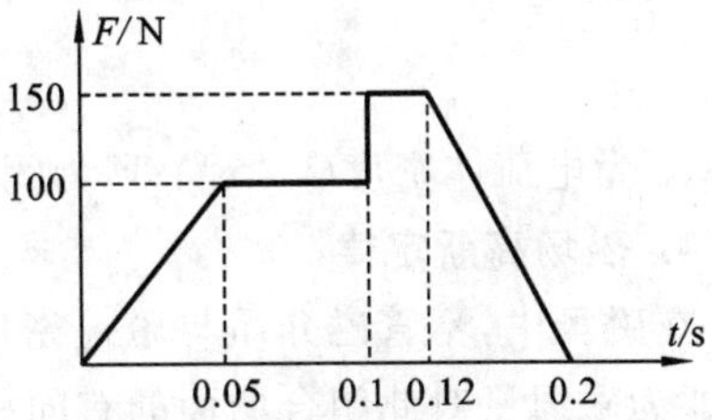

习题 8-4 图

第 9 章　电磁场问题的有限元分析

电磁分析问题实际上是求解给定边界条件下的麦克斯韦(Maxwell)方程组问题。本章首先对电磁场的基本理论及其有限元求解作简单的介绍,然后采用实例方式介绍 ANSYS 软件分析电磁场问题的操作步骤及其求解过程。

9.1　电磁场基本理论

9.1.1　麦克斯韦方程

麦克斯韦方程组是电磁场理论的核心,主要由四个定律组成,即全电流定律、法拉第电磁感应定律、电场高斯定律(亦简称高斯定律)和磁场高斯定律(亦称磁通连续性定律)。

1. 全电流定律

无论介质和磁场强度 $\boldsymbol{H}$(A/m)的分布如何,磁场中磁场强度沿任一闭合曲线的线积分等于穿过该积分路径所确定曲面 S 的电流的总和,或者说该线积分等于积分路径所包围的总电流。它包括传导电流(自由电荷产生)和位移电流(电场变化产生),即有

$$\oint_l \boldsymbol{H} \cdot \mathrm{d}l = \int_S \left(\boldsymbol{J} + \frac{\partial \boldsymbol{D}}{\partial t}\right) \cdot \mathrm{d}S \tag{9-1}$$

式中:l 为曲面 S 的边界;$\boldsymbol{J}$ 为传导电流密度(A/m^2);$\partial \boldsymbol{D}/\partial t$ 为位移电流密度(A/m^2);$\boldsymbol{D}$ 为电通密度(C/m^2)。

2. 法拉第电磁感应定律

闭合回路中的感应电动势与穿过此回路的磁通量的时间变化率成正比,可表示为

$$\oint_l \boldsymbol{E} \cdot \mathrm{d}l = -\int_S \frac{\partial \boldsymbol{B}}{\partial t} \cdot \mathrm{d}S \tag{9-2}$$

式中:$\boldsymbol{E}$ 为电场强度(V/m);$\boldsymbol{B}$ 为磁感应强度(Wb/m^2)。

3. 电场高斯定律

在电场中,不管电解质与电通密度的分布如何,穿过真空或自由空间中任意闭合曲面的电通量等于该闭合曲面所包围的自由电荷量,即该电通量等于电通密度矢量对此闭合曲面的积分,可表示为

$$\oint_S \boldsymbol{D} \cdot \mathrm{d}S = \int_V \rho \mathrm{d}V \tag{9-3}$$

式中:ρ 为电荷体密度(C/m^3);V 为闭合曲面 S 所围成的体积区域(m^3)。

4. 磁场高斯定律

在磁场中,不管磁介质与磁通密度的分布如何,穿出任何一个闭合曲面的磁通量恒等于零,即为磁通量对此闭合曲面的有向积分。高斯磁通定律的积分形式为

$$\oint_S \boldsymbol{B} \cdot \mathrm{d}S = 0 \tag{9-4}$$

上述四个方程构成了描述电磁场的麦克斯韦方程组。它表明了变化的电场和变化的磁场

间相互激发、相互联系,从而形成了统一的电磁场。

同时,电流连续性方程可表示为

$$\oint_S \boldsymbol{J} \cdot \mathrm{d}S = \frac{\mathrm{d}}{\mathrm{d}t}\int_V \rho \mathrm{d}V \tag{9-5}$$

式(9-5)表明体积 V 内电荷的变化必然伴随着包围体积 V 的封闭曲面 S 上的电荷流动,即电荷既不能被创造,也不能被消灭,只能从物体的一部分转移到物体的另一部分。

上述四个方程的物理意义依次为:

(1) 传导电流和时变电场均激发时变磁场;

(2) 时变磁场激发时变电场;

(3) 穿过任一封闭曲面的电通量等于该封闭曲面所包围的自由电荷量;

(4) 穿过任一封闭曲面的磁通量恒等于零。

9.1.2　一般形式的电磁场微分方程

在电磁场的计算中,通常对上述提到的偏微分进行简化,以便能够用分离变量法、格林函数法等来求得电磁场的解析解。此时其解的形式为三角函数的指数形式或一些用特殊函数(如贝塞尔函数、勒让德多项式等)表示的形式。但在工程实践中,通常很难得到问题的解析解,于是只能根据具体给定的边界条件和初始条件,用数值解法得到数值解,有限元法就是其中最有效、应用最广的一种数值计算方法。

1. 矢量磁势和标量电势

在电磁场的分析计算中,为了使问题得到简化,可定义 2 个量来把电场和磁场变量分离开,从而能够分别形成一个独立的电场或磁场的偏微分方程。两个量中一个是矢量磁势 $\boldsymbol{A}$(亦称磁矢位),另一个是标量电势 φ,它们的定义如下:

矢量磁势的定义为

$$\boldsymbol{B} = \nabla \times \boldsymbol{A} \tag{9-6}$$

标量电势的定义为

$$\boldsymbol{E} = -\nabla \varphi \tag{9-7}$$

2. 电磁场偏微分方程

由式(9-6)和式(9-7)定义的矢量磁势和标量电势能自动地满足法拉第电磁感应定律和高斯磁通定律。然后再将其应用到全电流定律和高斯电通定律中,经过推导,可分别得到磁场偏微分方程和电场偏微分方程为

$$\nabla^2 \boldsymbol{A} - \mu\varepsilon \frac{\partial^2 \boldsymbol{A}}{\partial t^2} = -\mu \boldsymbol{J} \tag{9-8}$$

$$\nabla^2 \varphi - \mu\varepsilon \frac{\partial^2 \varphi}{\partial t^2} = -\frac{\rho}{\varepsilon} \tag{9-9}$$

式中:μ 和 ε 分别为介质的磁导率(H/m)和介电常数(F/m);∇^2 为拉普拉斯算子。

若采用有限元法对式(9-8)和式(9-9)进行数值求解,即可得到磁势和电势的场分布值,然后再经过转化(即后处理)可得到电磁场的各种物理量,如磁感应强度、储能等。

3. 本构关系

本构关系是指场量与场量之间的关系。它取决于电磁场存在媒质的特性。在自然界中,电磁场最简单的媒质是线性、均匀和各向同性的媒质,即可称为简单媒质。其中,线性媒质是指媒质的参数与场强的大小无关的媒质;均匀媒质是指媒质参数与位置无关的媒质;各向同性

媒质是指媒质参数与场强方向无关的媒质。若媒质参数与电磁场的频率无关,则此媒质称为非色散媒质,否则称为色散媒质。

对于简单媒质,其本构关系为

$$\boldsymbol{D}=\varepsilon\boldsymbol{E},\quad \boldsymbol{B}=\mu\boldsymbol{H},\quad \boldsymbol{J}=\sigma\boldsymbol{E} \tag{9-10}$$

式中:σ 为电导率(S/m)。对于真空或自由空间,有 $\varepsilon=\varepsilon_0$,$\mu=\mu_0$,$\sigma=0$。$\sigma=0$ 的媒质称为理想媒质,$\sigma=\infty$ 的媒质称为理想导体,σ 介于 0 和 ∞ 之间的媒质称为导电媒质。同时对于非均匀媒质,其 ε、μ 和 σ 均应为标量,且是空间坐标的函数。

4. 边界条件

在电磁场问题的实际求解过程中,会有各种各样的边界条件,但归结起来可概括为三种:狄利克雷(Dirichlet)边界条件、诺依曼(Neumann)边界条件以及它们的组合。

实际上在磁场微分方程的求解中,只有在边界条件和初始条件的限制下,电磁场才有确定解。鉴于此,通常称此类问题为边值问题和初值问题。

1) 两媒质间的界面

在两媒质的边界面上,如果既没有面电流又没有面电荷存在,则边界条件的数学表达式如下。

对于电场,有

$$\boldsymbol{n}\times(\boldsymbol{E}_1-\boldsymbol{E}_2)=\boldsymbol{0} \tag{9-11}$$

$$\boldsymbol{n}\cdot(\boldsymbol{D}_1-\boldsymbol{D}_2)=0 \tag{9-12}$$

对于磁场,有

$$\boldsymbol{n}\times(\boldsymbol{H}_1-\boldsymbol{H}_2)=\boldsymbol{0} \tag{9-13}$$

$$\boldsymbol{n}\cdot(\boldsymbol{B}_1-\boldsymbol{B}_2)=0 \tag{9-14}$$

式中:$\boldsymbol{n}$ 是垂直于界面的单位矢量,由媒质 2 指向媒质 1。

式(9-11)和式(9-14)也称为场的连续性条件,且只有两个是独立的。如果在界面上确实存在面电流密度和面电荷密度,则式(9-12)和式(9-13)要分别修正为

$$\boldsymbol{n}\cdot(\boldsymbol{D}_1-\boldsymbol{D}_2)=\rho_s \tag{9-15}$$

$$\boldsymbol{n}\times(\boldsymbol{H}_1-\boldsymbol{H}_2)=\boldsymbol{J}_s \tag{9-16}$$

2) 理想导体面

当两媒质之一(如媒质 2)是理想导体时,由于理想导体内部不存在场,则式(9-11)退化为

$$\boldsymbol{n}\times\boldsymbol{E}=\boldsymbol{0} \tag{9-17}$$

而式(9-14)退化为

$$\boldsymbol{n}\cdot\boldsymbol{B}=0 \tag{9-18}$$

式中:$\boldsymbol{E}$ 和 $\boldsymbol{B}$ 是导体外部的场;$\boldsymbol{n}$ 是导体的外法向单位矢量。且在这种情况下,边界始终有面电流和面电荷存在。

3) 非理想导体面

当媒质 2 是非理想导体时,则导体边界面上的电场和磁场关系为

$$\boldsymbol{E}-(\boldsymbol{n}\cdot\boldsymbol{E})\boldsymbol{n}=\eta Z_0\boldsymbol{n}\times\boldsymbol{H} \tag{9-19}$$

或者

$$\boldsymbol{n}\times\boldsymbol{E}=\eta Z_0[(\boldsymbol{n}\cdot\boldsymbol{H})\boldsymbol{n}-\boldsymbol{H}] \tag{9-20}$$

式中:η 为媒质 2 的归一化特征阻抗,$\eta=\sqrt{\mu_2/\varepsilon_2}$。

9.1.3　电磁场求解的有限元法

1. 简单实例的有限元计算

算例 9-1：两无限大平行板间的静电势分析

试求如图 9-1 所示的两无限大平行板间的静电势 φ。已知两平行板间充满了介电常数为 ε 的媒质，其间的电荷密度是变化的，即有 $\rho(x) = -(x+1)\varepsilon$。

该问题可用泊松方程来描述，即可简化为二阶微分方程：

$$\frac{\mathrm{d}^2\varphi}{\mathrm{d}x^2} = x + 1 \quad (0 < x < 1)$$

其边界条件为

$$\begin{cases}\varphi\big|_{x=0} = 0 \\ \varphi\big|_{x=1} = 1\end{cases}$$

则该问题的精确解为

$$\varphi(x) = \frac{1}{6}x^3 + \frac{1}{2}x^2 + \frac{1}{3}x \tag{9-21}$$

由于图 9-1 所示的两平行大板可以简化为一个一维问题，则将整个求解区域(0,1)分为 3 个子域，如图 9-2 所示。

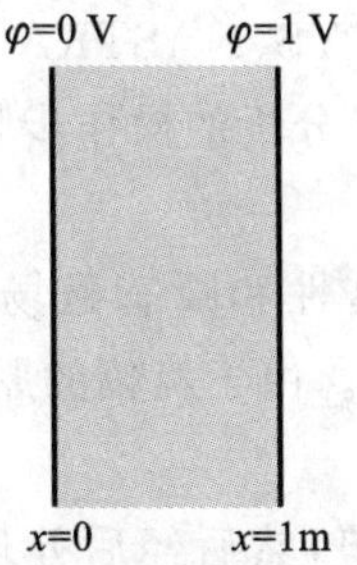

图 9-1　两无限大平行板

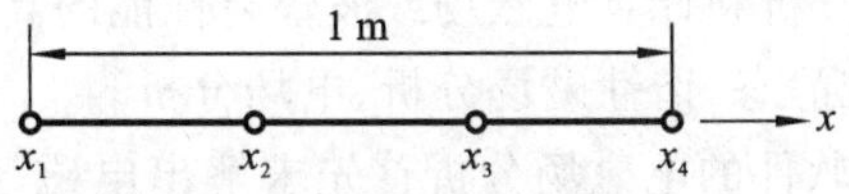

图 9-2　有限元模型

其中各点的坐标分别为：$x_1 = 0, x_2 = 1/3, x_3 = 2/3, x_4 = 1$。

假设 $\varphi(x)$ 在每个子域内是线性变化的，即有

$$\varphi(x) = \varphi_i \frac{x_{i+1} - x}{x_{i+1} - x_i} + \varphi_{i+1} \frac{x - x_i}{x_{i+1} - x_i} \quad (x_i \leqslant x \leqslant x_{i+1};\ i = 1,2,3) \tag{9-22}$$

式中：φ_i 为待求的未知数。且当 $x = x_i$ 时，有 $\varphi(x_i) = \varphi_i$。因此将边界条件代入式(9-22)，即可得到：$\varphi_0 = 0, \varphi_4 = 1$。为了求出 φ_2、φ_3，需要建立 $\varphi(x)$ 的泛函数，即有

$$f = \sum_{i=1}^{3}\left[\frac{1}{2}\int_{x_i}^{x_{i+1}}\left(\frac{\varphi_{i+1} - \varphi_i}{x_{i+1} - x_i}\right)^2 \mathrm{d}x + \int_{x_i}^{x_{i+1}}(x+1)\left(\varphi_i \frac{x_{i+1} - x}{x_{i+1} - x_i} + \varphi_{i+1}\frac{x - x_i}{x_{i+1} - x_i}\right)\mathrm{d}x\right]$$

积分后，并将 x_i、φ_1、φ_4 的值代入，有

$$f = 3\varphi_2^2 + 3\varphi_3^2 - 3\varphi_2\varphi_3 + \frac{4}{9}\varphi_2 - \frac{22}{9}\varphi_3 + \frac{49}{27}$$

为了得到 f 的极小值，分别取 f 分别对 φ_2、φ_3 的偏导数，并令它们分别为零，则有

$$\begin{cases}\dfrac{\partial f}{\partial \varphi_2} = 6\varphi_2 - 3\varphi_3 + \dfrac{4}{9} = 0 \\ \dfrac{\partial f}{\partial \varphi_3} = 6\varphi_3 - 3\varphi_2 - \dfrac{22}{9} = 0\end{cases}$$

求解之,即可得到

$$\varphi_2 = \frac{14}{81}, \quad \varphi_3 = \frac{40}{81}$$

很显然,若将 x_i 的坐标代入式(9-21),也可以得到相同的解。

2. 有限元方程

电磁场分析的求解方程与前几章介绍的形式是相同的,只不过在电磁场的有限元中,未知数为电势。

$$\boldsymbol{K\Phi}=\boldsymbol{f} \tag{9-23}$$

式中:$\boldsymbol{K}$、$\boldsymbol{f}$ 分别为 $n\times n$ 系数矩阵和 $n\times 1$ 激励矩阵。解此矩阵方程,可得到各节点电势值(或磁势值)$\varphi_1,\varphi_2,\cdots,\varphi_n$,进而得到电场(或磁场)的分布。

3. 电磁场解后处理

在工程实际问题中,当用有限元法求解出了节点电势值(或磁势值)后,一般还需要得到许多其他物理量。如在电磁场分析中,主要物理量有电磁场力、力矩、电感、电容量、磁感应强度(和磁通量强度)、电位移通量、电磁场能量等。以求得的电势和磁势为基础,通过软件的处理很容易地导出这些物理量,此过程就是电磁场有限元解的后处理。

9.1.4　ANSYS 软件的电磁场分析简介

能对电磁场进行有限元分析的软件很多,目前主要有 ANSYS、NASTRAN、ABAQUS、Maxwell 等软件。这里将主要介绍用 ANSYS 软件来开展电磁场分析的操作步骤与过程。

1. ANSYS 软件的电磁场分析类型

ANSYS 软件的电磁场分析类型主要有二维(三维)静态、谐性和瞬态磁场分析;电场分析,以及用于分析和计算电磁场或波辐射性能的高频电磁场分析。由于篇幅的原因,本章只介绍常用的二维静态、谐性磁场分析、电场分析。

ANSYS 软件的电磁场分析首先求解出电磁场的磁势和电势,然后经后处理得到其他电磁场物理量,如磁力线分布、磁通量密度、电场分布、涡流电场、电感、电容以及系统能量损失等。因此,ANSYS 软件可应用于电力发电机、变压器、电动机、天线辐射、等离子体装置、磁带/磁盘驱动器、螺线管传感器、磁成像系统、回旋加速器、磁悬浮装置等的仿真分析。

2. ANSYS 软件的电磁场分析步骤

ANSYS 软件的电磁场分析的原理是将所分析的实体首先划分成有限个单元,然后根据磁势或电势求解一定边界条件和初始条件下每一节点处的磁势或电势,继而进一步求解出其他相关量,如磁通量密度,电磁场储能等。

ANSYS 软件的电磁场分析的主要步骤:

(1) 定义物理环境,包括坐标系选用、单位制设定、单元选取及其属性设置和材料特性定义等。有限单元可以选择 PLANE13 等单元。材料特性主要指:对于导磁材料为 B-H 曲线;非导磁材料为磁导率;对电流导体有时需要指明电阻值;永磁体需说明其退磁 B-H 曲线和矫顽力等。

(2) 建立分析模型。在建立几何模型后,对求解区域用选定的单元进行划分,并对划分的单元赋予特性和进行编号。单元划分的疏密程度要根据具体情况来定,即在电磁场变化大的区域划分较密,而变化不大的区域可划分得稀疏些。同时,单元形状根据问题的需要可以是三角形、四边形、四面体、六面体等。

(3) 施加边界条件和载荷。

(4) 求解和后处理。

9.2 二维静态磁场分析

静态磁场是指不随时间变化的磁场,主要包括下面几种磁场:永磁体的磁场、稳恒电流产生的磁场;匀速移动的导体等。

9.2.1 二维静态磁场分析中的单元

对二维静态磁场进行分析,一个重要的问题就是要选择合适的单元进行网格划分。二维静态磁场分析中经常用到以下单元。

1. 二维实体单元

1) PLANE 13 单元

单元形状:四节点四边形或退化为三节点三角形,如图 9-3 所示。

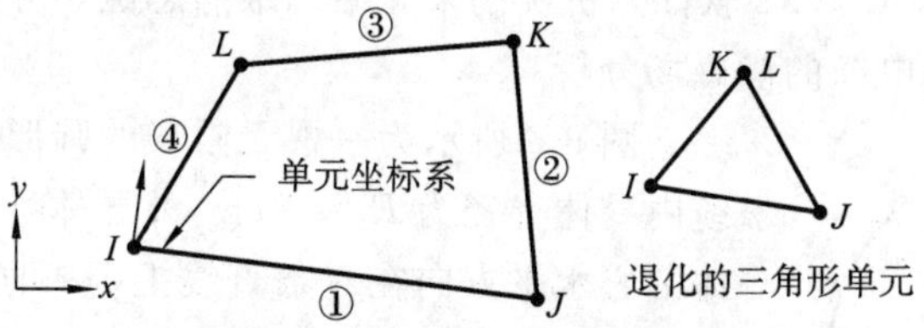

图 9-3 PLANE13 单元示意图

节点自由度:每个节点最多有 4 个自由度,具体个数由设置参数来确定。自由度主要包括:磁矢位(AZ)、位移、温度和时间积分电势。

注意:括号里的 AZ 表明沿 z 轴方向;自由度指的是节点自由度,从自由度可看出该单元所能适用的分析领域,如从 PLANE 13 单元的自由度即知道该单元可进行磁场分析、结构分析、温度场分析以及电场分析。

2) PLANE233 单元

单元形状:八节点四边形或六节点三角形,如图 9-4 所示。

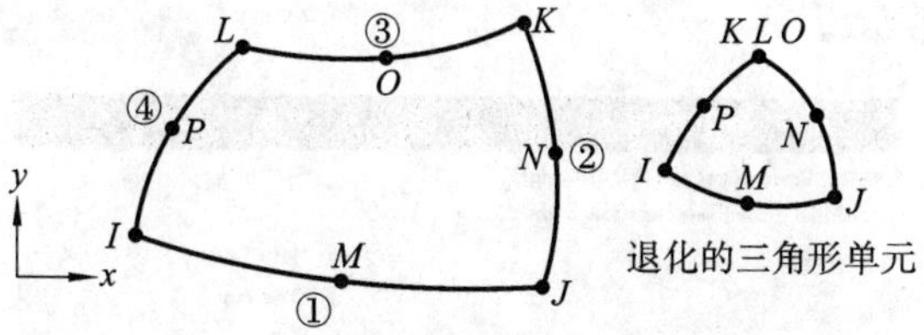

图 9-4 PLANE233 单元

节点自由度:每个节点最多有 3 个自由度,具体个数由设置参数来确定。自由度主要包括:磁矢位(AZ)、电位势(VOLT)和电动势(EMF)。

2. 二维远场单元

二维远场单元:INFIN110 单元。

单元形状:四边形(4 个或 8 个节点),如图 9-5 所示。

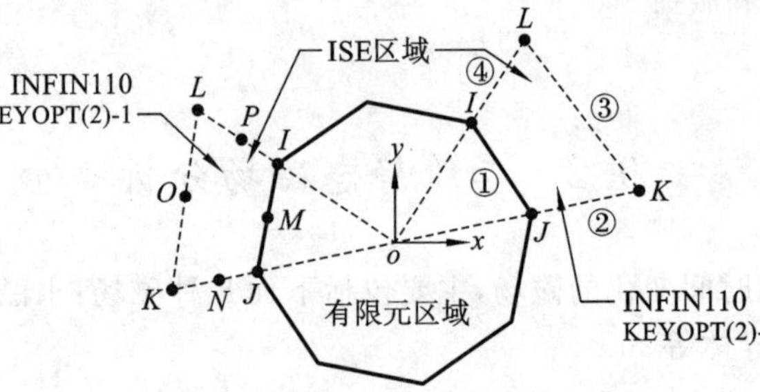

图 9-5　远场单元 INFIN110

节点自由度:磁矢位(AZ)、电位势(VOLT)、温度。

在二维静态磁场分析过程中,实体内部多采用二维实体单元,边界上采用二维远场单元,当模型边界为圆形时采用二维远场单元最为恰当。

9.2.2　二维静态磁场分析实例

下面我们将以一个 ANSYS 软件分析实例来介绍二维静态磁场分析的基本步骤和方法。

算例 9-2:圆形长直电缆的静磁场分析

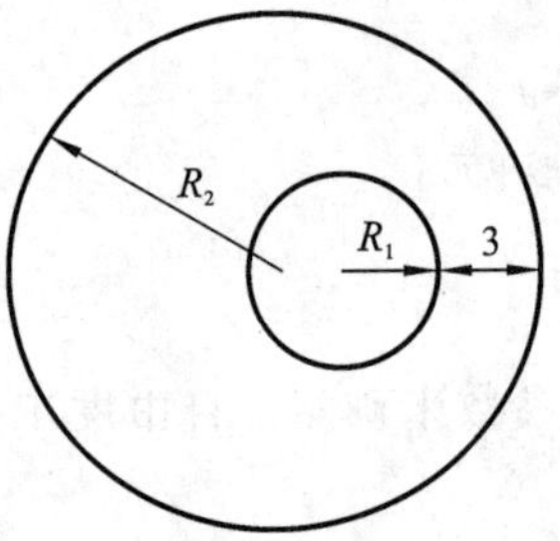

图 9-6　圆导体电缆示意图

图 9-6 所示为一根无限长的圆形长直电缆截面。已知电缆内导体半径为 $R_1=2$ cm,外导体半径为 $R_2=6$ cm,内外导体圆心水平方向在一条直线上但不同心,它们的相对电导率分别为 1000 和 2000。电流施加在内导体上,载流密度为 250 A/m^2,求导体与其周围的磁场分布。

由于电缆导线为无限长,因此可忽略其终端效应,则认为每个导体截面上的电磁场完全相同。由于电缆导体的相对磁导率很大,因此忽略电缆周围空气中的磁漏。

ANSYS 软件分析的过程与步骤如下。

1) 过滤图形界面

由过滤图形用户界面进入电磁场分析环境。在 ANSYS 软件的 Multiphysics 模块中,执行 Main Menu→Preferences,在弹出的对话框中选取"Magnetic-Nodal"后,单击"OK"。过滤图形用户界面如图 9-7 所示。

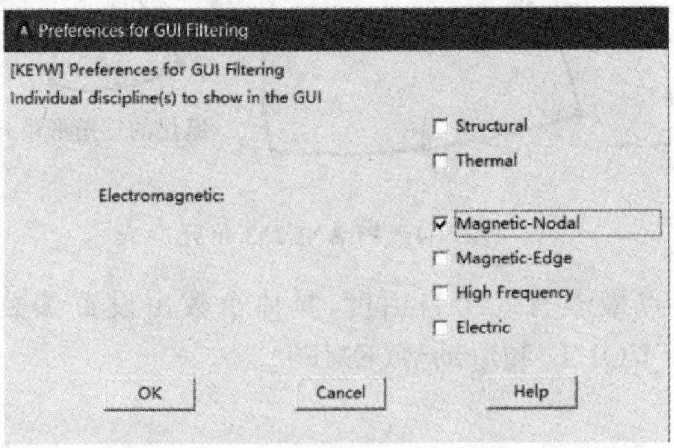

算例 9-2

图 9-7　过滤图形用户界面

2）建立模型

（1）生成大圆面。Main Menu→Preprocessor→Modeling→Create→Area→Circle→By Dimensions 弹出如图 9-8 所示的对话框，在对话框中输入大圆的半径“6”，然后单击“OK”。

（2）生成小圆。Main Menu→Preprocessor→Modeling→Create→Areas→Circle→Solid Circle，弹出一个对话框，在“WP X”后面输入“1”，在“Radius”后面输入“2”，单击“OK”，则生成第二个圆。

（3）层叠操作。Main Menu→Preprocessor→Modeling→Create→Booleans→Overlap→Area，弹出对话框后，单击“Pick All”。生成的结果如图 9-9 所示。

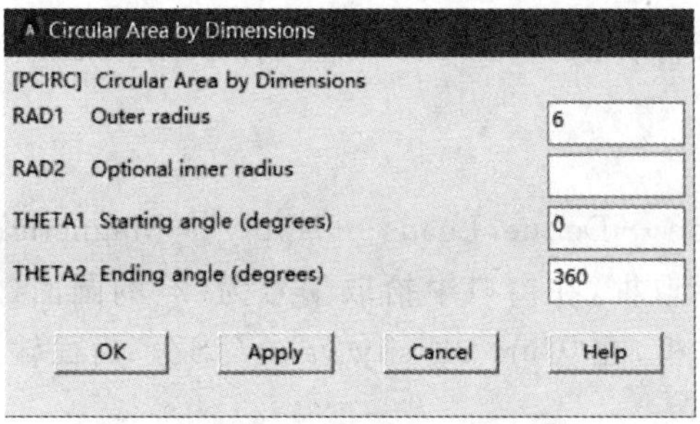

图 9-8　生成大圆

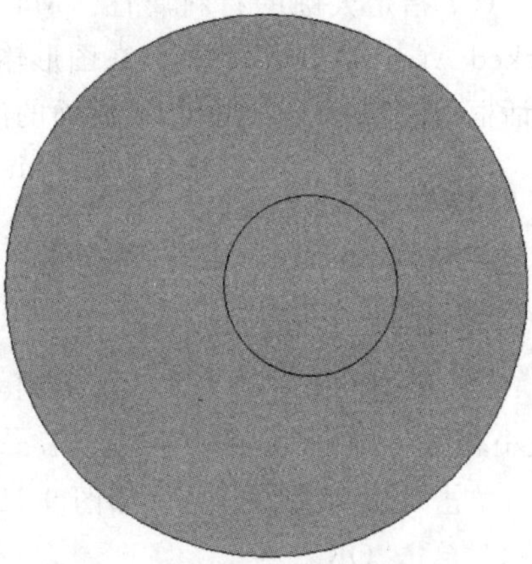

图 9-9　电缆导线界面的模型

3）定义材料性能与选取单元

（1）输入相对磁导率。Main Menu→Preprocessor→Materials Props→Materials Models，然后单击对话框的“Electro magnetics→Relative Permeability 以及 Constant”，如图 9-10 所示，在“MURX”后面输入“1000”，单击“OK”。单击对话框上的菜单 Material→New Model，弹出一个对话框，单击“OK”，这时生成第二种材料的 ID 编号，再单击右栏中的“Electro magnetics→Relative Permeability”以及“Constant”，在“MURX”后面输入“2000”，单击“OK”，再单击 Material→Exit，则完成相对磁导率的输入。

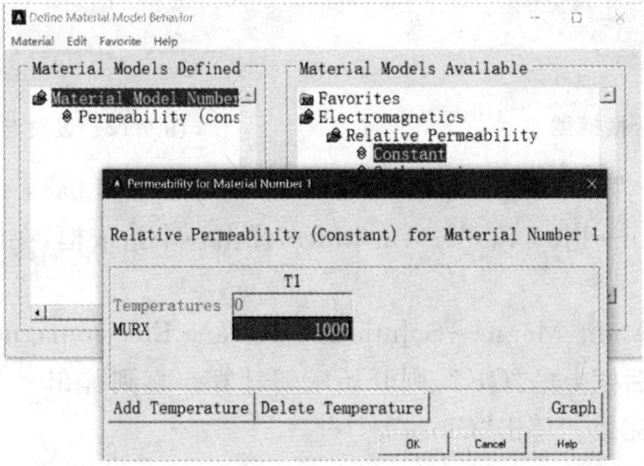

图 9-10　定义材料属性

(2) 选取单元。Main Menu→Preprocessor→Element Type→Add/Edit Delete,单击弹出对话框中的“Add”,然后在弹出对话框的右栏中选取“Quad 4 Node 13”后,单击“OK”,再单击“Close”。

4) 划分网格

(1) 设置单元尺寸。Main Menu→Preprocessor→Meshing→Size Cntrls→ManualSize→Global→Size,弹出一个对话框,在“SIZE element edge length”的后面输入“0.5”,单击“OK”。

(2) 对小圆划分网格。Main Menu→Preprocessor→Meshing→Mesh→Areas→Free,弹出一个拾取框,在图形输出窗口中拾取小圆(即内导体),单击“OK”。

(3) 指定大圆的材料属性。Main Menu→Preprocessor→Meshing→Mesh Attributes→Picked Area,弹出拾取框后,在图形输出窗口中拾取大圆(即外导体),单击“OK”,又弹出一个对话框,在“Material number”后面的滚动框中选取“2”,单击“OK”。

(4) 对大圆划分网格。Main Menu→Preprocessor→Meshing→Mesh→Areas→Free,弹出一个拾取框,在图形输出窗口中拾取大圆(即外导体),单击“OK”。生成的结果如图 9-11 所示。

5) 施加边界条件与求解

(1) 施加电流密度。Main Menu→Solution→Define Loads→Apply→Magnetic→Excitation→Curr Density→On Areas,弹出一个拾取框,在窗口中拾取编号为“2”的圆面(小圆),单击“OK”,又弹出一个如图 9-12 所示的输入框,在“Curr density value(JSZ)”后面输入“250”,单击“OK”。

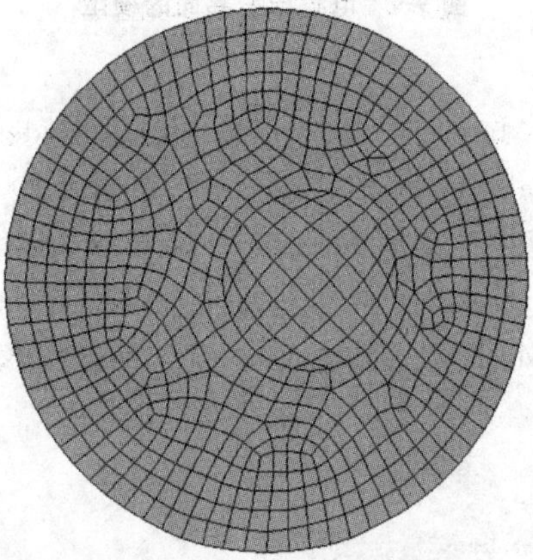

图 9-11 生成网格模型

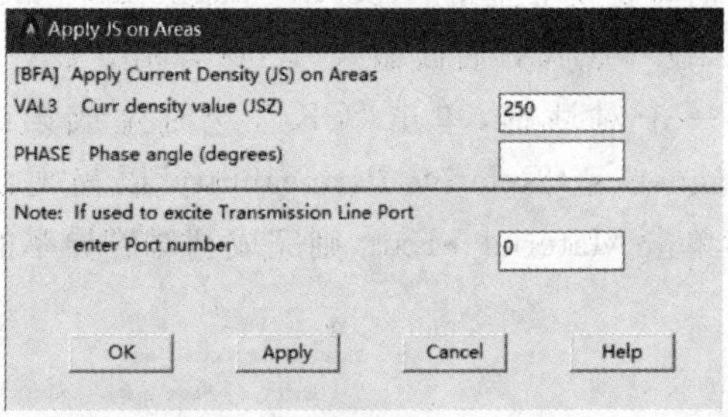

图 9-12 设置激励电流密度大小

(2) 施加边界条件。Main menu→Solution→Define Loads→Apply→Magnetic→boundary→vector Poten→Flux Par'l→On Lines,弹出一个拾取框,在窗口中拾取大圆的 4 个边界线,单击“OK”。

(3) 求解计算。Main Menu→Solution→Solve→Electromagnet→Static Analysis→Opt&Sol,单击弹出对话框上的“OK”,则开始求解计算。直到弹出一个“Solution is done”对话框后,表示求解计算完成。单击“Close”。

6) 浏览分析结果

(1) 读入计算结果。Main Menu→General Postproc→Read Results→First Set。

(2) 查看通量线。Main Menu→General Postpro→Plot Result→Contour plot→2D Flux

Lines，弹出对话框后，单击“OK”，得到的结果如图 9-13 所示。可以看出，空气中的磁漏几乎为零，这主要是内外导体相对磁导率很大的缘故。

（3）磁通量密度。Main Menu → General Postpro → Plot Result → Vector Plot → Predefined，在弹出的对话框中分别选择“Flux&Gradient”和“Mag Flux dens B”后，单击“OK”，得到的结果如图 9-14 所示。

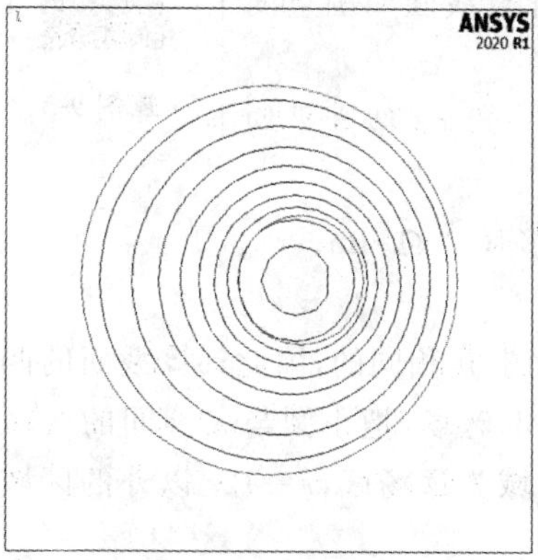

图 9-13　通量线结果

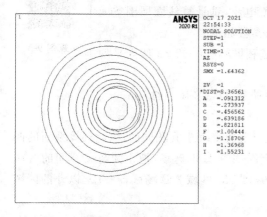

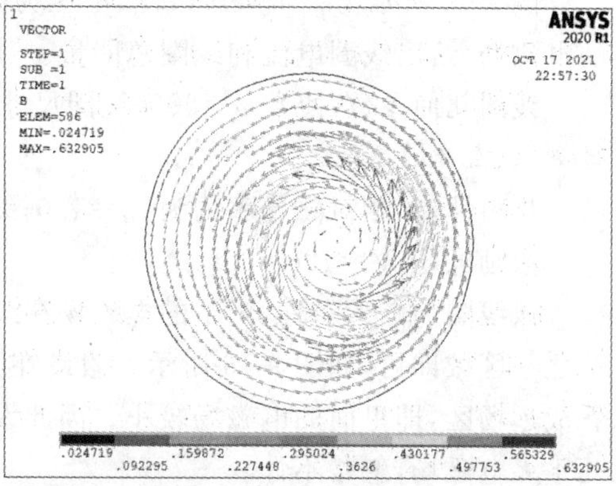

图 9-14　磁通量密度

9.3　二维谐性磁场分析

变压器、感应式电机、感应加热炉以及在交流状态下工作的电磁装置，它们的激发源（电压或电流）都遵循一定的交变规律，通常电压服从正弦或余弦规律变化，则称这种激发源按正（余）弦规律变化的电磁场问题为谐性问题。谐性磁场分析中需研究的物理量有下面五个：涡流、集肤效应、涡流导致的能量损失、磁场中的力与力矩、阻抗与电感。

谐性分析包括线性分析（相对磁导率和电阻率为常数）与非线性分析两种。如果系统处于低度磁饱和，则其谐性分析是线性的；对于中度磁饱和，可以考虑非线性谐性分析和瞬态分析。下面将只介绍线性谐性分析。

9.3.1　二维谐性磁场分析中的单元

在进行谐性磁场分析时，由于涡流区仅能使用磁势公式求解，因此仅能使用的单元有：PLANE13、PLANE233、INFIN110、CIRCU124、TRAGE69、CONTA172、CONTA175。其中，PLANE13、PLANE233 和远场单元与静态磁场中的相同，这里不再赘述。下面仅介绍 CIRCUIT124 单元，其特征如下。

维度：无维数。

特征：6 节点。

节点自由度：每个节点有 1 个或 2 个自由度来模拟电路响应，具体需根据参数设置来确定。主要包括：电势（VOLT）、电流（CURR）或压力。

CIRCUIT124 单元一般用在电路模拟分析中，当与电磁场单元配合使用时，可以用来分析电磁场与电路相互的耦合作用。

9.3.2　线性谐性分析实例

线性谐性分析中，导体的相对磁导率为常数，并且磁饱和度比较低。下面以一个实例来讲述线性谐性 ANSYS 软件分析的方法和步骤。

算例 9-3：载压线圈的谐性分析

图 9-15 所示为一个载压线圈，电压为余弦交流电压，试计算线圈周围空间中的电磁场，给出线圈电流和线圈总能量。其相关的参数如下。

算例 9-3

线圈几何参数：匝数 $n=500$；线圈尺寸（长与宽相同）$s=0.02$ m；线圈平均半径 $r=3s/2$ m。

材料性能：相对磁导率均为 $\mu_r=1.0$；线圈的电阻率 $\rho=3\times10^{-8}\ \Omega\cdot\text{m}$。

激励电压：$V=12\cos60t$。

该线圈为圆形对称，产生的电磁场在线圈的任一竖直截面上是相同的，因此计算截面的四分之一区域即可，如图 9-16 所示。假设在大圆外已经几乎无电磁场，把小圆与大圆间的区域看成远场区，即里面的电磁场较小。因此设置 $r=6s$ 到 $12s$ 区域为远场区，$r=12s$ 以外的区域几乎无电磁场，忽略不计。

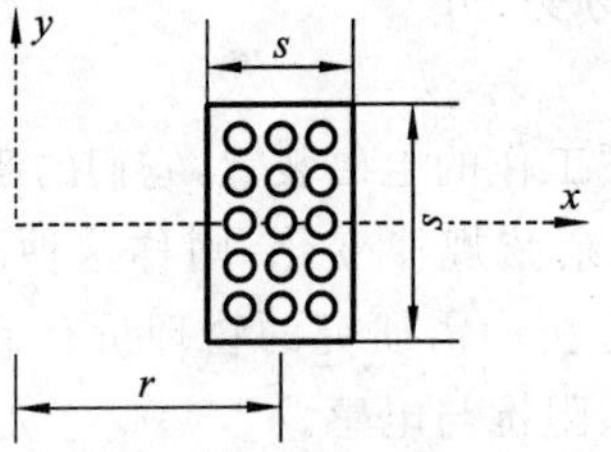

图 9-15　线圈示意图

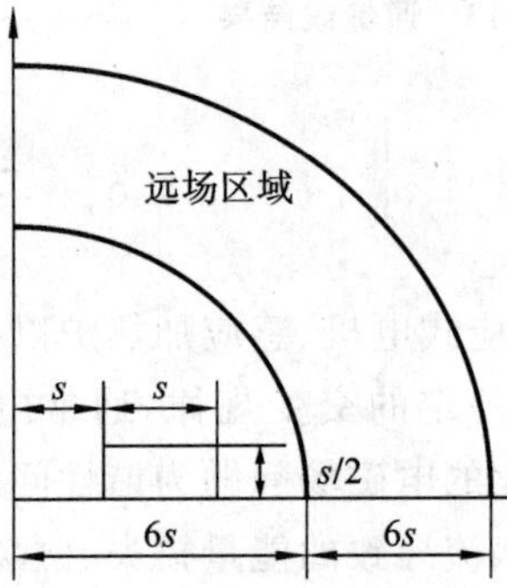

图 9-16　计算模型

材料的对应区域是很显然的，线圈外的所有区域均为空气。而对于网格密度，可以考虑下列规则：线圈内的电磁场都是一样的，因此线圈内部的网格密度均匀一致；离开线圈的距离越远，则电磁场的强度越来越低，所以要求网格密度也要从密到疏；在远场区域内，其电磁场已经较小，在这里面只要有稀疏的网格密度即可。

ANSYS 软件分析过程与步骤如下。

1）定义分析参数

（1）输入标量参数。Utility Menu→Parameters→Scalar Parameters，在弹出对话框中依次输入：s=0.02；n=500；r=3 * s/2；rho=3e-8；Sc=s * s；Vc=2 * acos(-1) * r * Sc；Rcoil=rho * (n/Sc) * * 2 * Vc。每输完一个参数后，单击“Accept”，输完所有数据后，生成的结果如图 9-17 所示，再单击“Close”关闭对话框。

（2）过滤图形用户界面。Main Menu→Preferences，在弹出的对话框中选取“Magnetic-Nodal”后，单击“OK”。过滤图形用户界面如图 9-7 所示。

2）建立几何模型

（1）生成一个矩形。Main Menu→Preprocessor→Modeling→Create→Rectangle→By 2 Corner，弹出一个对话框，依次在“WP X”后面输入“s”，“WP Y”后面输入“0”，“Width”后面输

入“2 * s”,“Height”后面输入“s/2”,单击“OK”。

（2）生成 2 个四分之一的圆面。Main Menu→Preprocessor→Modeling→Create→Area→Circle→By Dimensions,弹出对话框后,在“Outer radius”后面输入“6 * s”,“Ending angle (degree)”后面输入“90”,单击“Apply”生成小圆;再在“Outer radius”后面输入“12 * s”,单击“OK”,生成外圆面。

（3）面叠分操作。Main Menu→Preprocessor→Modeling→Create→Booleans→Overlap→Area,弹出拾取框后,单击“Pick All”。

（4）显示面的编号。Utility Menu→PlotCtrls→Numbering,弹出一个对话框,选取“Area numbers”,单击“OK”,生成的结果如图 9-18 所示。

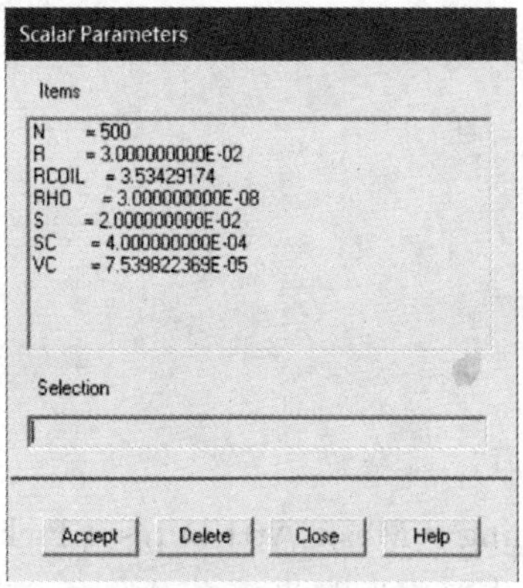

图 9-17　标量参数输入框

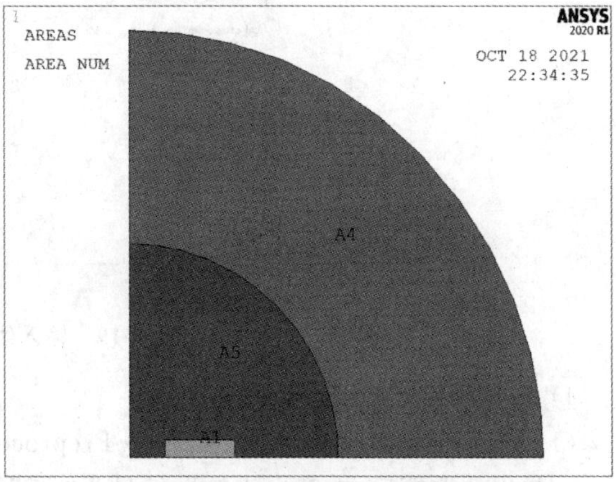

图 9-18　线圈 ANSYS 环境下的几何模型

3）选取单元与输入材料属性

（1）选取单元。Main Menu→Preprocessor→Element Type→Add/Edit Delete,单击弹出对话框中的“Add”,然后在弹出对话框的左栏中选取“Magnetic Vector”,右栏中选取“Quad 8 Node233”后,单击“OK”;再单击“Options”,在“Element behavior K3”后面的滚动框中选取“Axisymmetric”,单击“OK”。(该单元用于 A4 区域的网格划分。)

再单击“Add”,在弹出对话框的右栏中再选取“Quad 8 Node 233”后,单击“OK”,再单击“Options”,在“Element behavior K3”后面的滚动框中选取“Axisymmetric”,在“Element degree of freedom K1”后面的滚动框中选取“coil(A＋VOLT＋EMF)”,单击“OK”。(该单元用于 A1 区域的网格划分。)

再单击“Add”,在弹出对话框的左栏中选取“Infinite Boundary”,在其右栏中选取“2D Inf Quad 110”后,单击“OK”,单击“Options”,在“Element behavior K3”后面的滚动框中选取“Axisymmetric”,单击“OK”,单击“Close”,完成单元的选取。(该单元用于 A5 区域的网格划分。)

（2）输入材料属性。Main Menu→Preprocessor→Materials Props→Materials Models,然后单击 Electro magnetics→Relative Permeability→Constant,在“MURX”后面输入“1”,单击“OK”(参考图 9-10)。

单击对话框中的菜单 Material→New Model,弹出一个对话框,单击“OK”,这时生成第 2 种材料的 ID 编号。再单击对话框右栏中的 Electro magnetics→Relative Permeability→

Constant,在“MURX”后面输入“1”,单击“OK”,再单击 Material→Exit,则完成材料参数的输入。

(3) 线圈的实常数。Main Menu→Preprocessor→Real Constants→Add/Edit/Delete,出现实常数对话框,单击“Add”,在弹出对话框中选取“Type 2 PLANE233”,单击“OK”,出现一个如图 9-19 所示的对话框,分别输入:SC=SC,NC=n,RAD=r,TZ 为“Axisymmetric”,R=Rcoil,SYM=2。单击“OK”,再单击“Close”,退出。

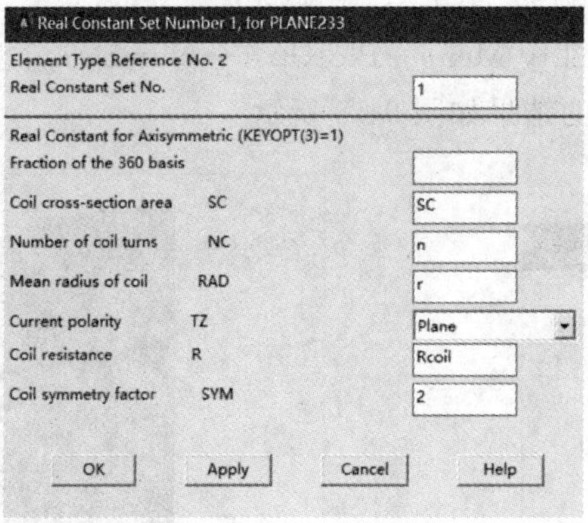

图 9-19　输入线圈实常数

4) 划分网格

(1) 赋予面积属性。Main Menu→Preprocessor→Meshing→Mesh Attributes→Picked Areas,弹出拾取框后,在窗口中拾取编号为“A1”的矩形面,单击“OK”,弹出一个对话框,选取“Material number”后面滚动框中的“2”和“Element type number”后面滚动框中的“2 PLANE233”,单击“Apply”。

再拾取编号为“A4”的大圆面,单击“OK”,选取“Material number”后面滚动框中的“1”和“Element type number”后面滚动框中的“3 INFIN110”,单击“Apply”。

接着拾取编号为“A5”的小圆面,单击“OK”,选取“Material number”后面滚动框中的“1”和“Element type number”后面滚动框中的“1 PLANE233”,单击“OK”,完成面的属性设置。

(2) 计算面积。Main Menu→Preprocessor→Modeling→Operate→Calc Geom Items→Of Areas,单击弹出对话框上的“OK”,并关闭显示的面积列表。

(3) 提取线圈的面积。Utility Menu→Parameters→Get Scalar Dat,在弹出对话框的左栏中选取“Model data”,右栏中选取“Area”,单击“OK”后又弹出一个“Get Area Data”对话框,在“Name of parameter to be defined”后面输入“Area1”,在“Area number N”后面输入“1”,再在其下面的框中选取“Area”,单击“OK”,则 Area1=4.0E-4。

(4) 单元网格划分设置。

执行 Main Menu→Preprocessor→Meshing→Size Cntrls→ManualSize→Lines→Picked Lines,弹出一个拾取框,在窗口中分别拾取编号为“11,12”的线,单击“OK”,在弹出对话框中的“No. of element division”后面输入“1”,单击“OK”。

执行 Main Menu→Preprocessor→Meshing→Size Cntrls→ManualSize→Global→Size,弹出一个对话框,在“No. of element divisions”后面输入“8”,单击“OK”。

(5) 对面 1 和面 4 划分网格。Main Menu→Preprocessor→Meshing→Mesh→Areas→Mapped→3 or 4 sided,弹出一个拾取框,在窗口中分别拾取编号为“1,4”的面,单击“OK”。

(6) 设置智能化网格参数。Main Menu→Preprocessor→Meshing→Size Cntrls→SmartSize→Basic,弹出一个对话框,在“Size Level”后面的滚动栏中选取“2”,单击“OK”。

(7) 指定单元尺寸。Main Menu→Preprocessor→Meshing→Size Cntrls→ManualSize→Global→Size,弹出一个对话框,在“element edge length”后面输入“s/4”,“No. of element divisions”后面保持空白,单击“OK”。

(8) 对面 5 划分网格。Main Menu→Preprocessor→Meshing→Mesh→Areas→Free,弹出一个拾取框,在图形窗口中拾取编号为“5”的面(小圆面),单击“OK”,生成的网格如图 9-20 所示。

5) 电流自由度耦合到线圈中

(1) 提取节点编号。在操作界面的命令栏中输入“N1=node(s,0,0)”后,按“Enter”键。

(2) 选择线圈面。Utility Menu→Select→Entities,在弹出的对话框中,分别在下拉列表中选择“Area”“By Num/Pick”“From Full”,单击“OK”,又弹出一个拾取框,在窗口中拾取编号为“1”的面,单击“OK”。

(3) 选择依附于面的节点。Utility Menu→Select→Entities,在弹出的对话框中,分别在下拉列表中选择“Nodes”“Attached to”“Area all”“From Full”,然后单击“OK”。

(4) 耦合自由度。Main Menu→Preprocessor→Coupling/Ceqn→Couple DOFs,弹出拾取框后单击“Pick All”,又弹出一个“Define Coupled DOFs”对话框,在“Set reference number”后面输入“1”,在“Degree-of-freedom label”后面的滚动框中选择“VOLT”,单击“OK”。重复上述操作,且在“Set reference number”后面输入“2”,在“Degree-of-freedom label”后面的滚动框中选择“EMF”,完成线圈上节点自由度的耦合。耦合结果如图 9-21 所示。

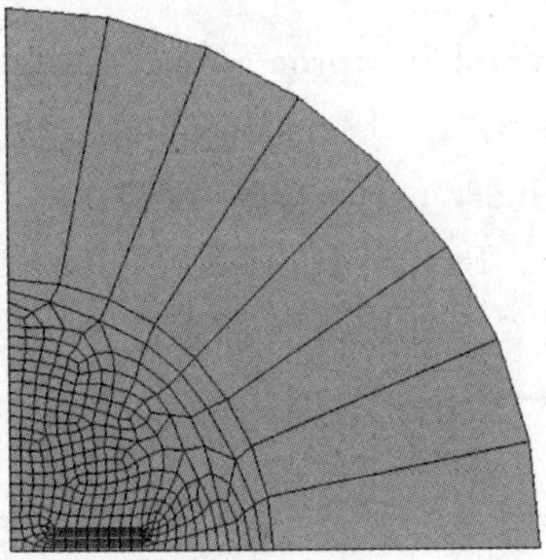

图 9-20　网格模型

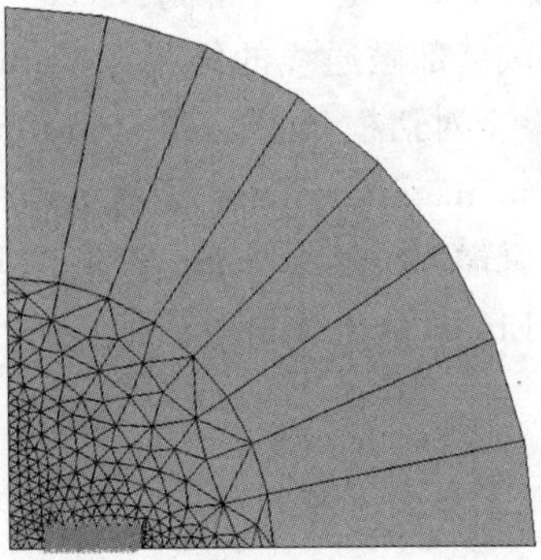

图 9-21　线圈耦合完电流自由度

(5) 选择所有实体。Utility Menu→Select→Everything。

6) 施加边界条件与求解

(1) 选取大圆的外弧线。Utility Menu→Select→Entities,出现选择实体对话框,依次选择“Lines”“ByNum/Pick”“From Full”,单击“OK”,弹出一个拾取框,在窗口中拾取编号为“8”的线(大圆面的外圆弧),单击“OK”。

(2) 选取依附线的节点。Utility Menu→Select→Entities,出现选择实体对话框,依次选择“Nodes”“Attached to”“Line all”“From Full”,单击“OK”。

(3) 施加磁势边界条件。Main Menu→Solution→Define Loads→Apply→Magnetic→Flag→infinite Surf→On Nodes,单击弹出拾取框上的“Pick All”。

(4) 选择 $x=0$ 的节点。Utility Menu→Select→Entities,出现选择实体对话框,依次选择“Nodes”“By Location”和“X Coordinates”,并在“Min,Max”里输入“0”,单击“OK”。

(5) 在 $x=0$ 的节点上施加磁通量。Main Menu→Solution→Define Loads→Apply→Magnetic→Boundary→Vector poten→Flux Par'l→On Nodes,弹出拾取框,单击“Pick All”。

(6) 选择所有实体。Utility Menu→Select→Everything。

(7) 指定分析类型。Main Menu→Solution→Analysis Type→New Analysis,弹出一个“New Analysis”对话框,选取“Harmonic”后单击“OK”。

(8) 在节点上施加电压。Main Menu→Solution→Define Loads→Apply→Magnetic→Boundary→VectorPot→On Nodes,弹出一个拾取框,在窗口中拾取编号为“N1”的节点,单击“OK”。又弹出一个“Apply A on Nodes”输入框,在“DOFs to be constrained”的右栏中选取“VOLT”,在“Real part of vector poten”后面输入“12”,单击“OK”。

(9) 施加频率。Main Menu→Solution→Loads Step Opts→Time/Frequence→Freq and Substeps,弹出一个输入框,在“Harmonic”后面依次输入“60,0”,单击“OK”。

(10) 求解计算。Main Menu→Solution→Solve→Current LS,关闭信息显示窗口后,单击“OK”,开始求解计算,直到出现一个“Solution is done”提示框,表明计算完成。

7) 查看计算结果

(1) 读取结果。Main Menu→General Postproc→Read Results→First set。

(2) 查看实部磁通线分布。Main Menu→General Postproc→Plot results→Contour Plot→2D Flux Lines,单击弹出对话框上的“OK”,生成的结果如图 9-22 所示。

(3) 得到节点为“N1”的支反力。在操作界面的命令栏中输入“ * get,ireal,node,n1,rf,amps”后,按“Enter”键。可得到:Ireal=1.23601168。

(4) 读取虚部磁通线的结果。Main Menu→General Postproc→Read Results→By Load Step,弹出一个对话框,在“Load step number”后面输入“1”,“Substep number”后面输入“1”,选取“Real or imaginary part”后面滚动栏中的“Imaginary part”,单击“OK”。

(5) 查看虚部磁通线分布。Main Menu→General Postproc→Plot results→Contour Plot→2D Flux Lines,单击弹出对话框上的“OK”,生成的结果如图 9-23 所示。

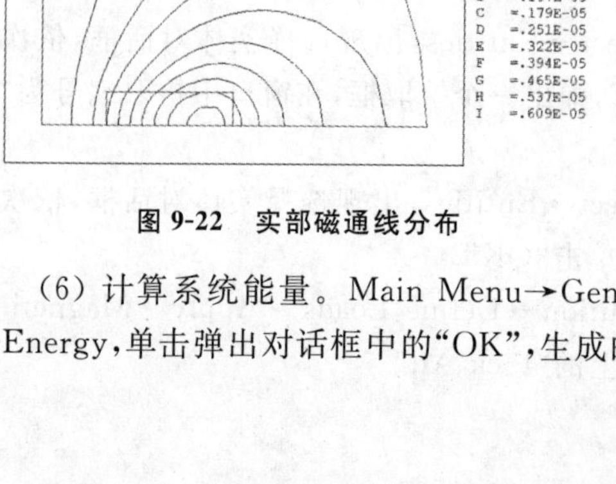

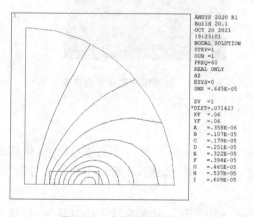

图 9-22　实部磁通线分布

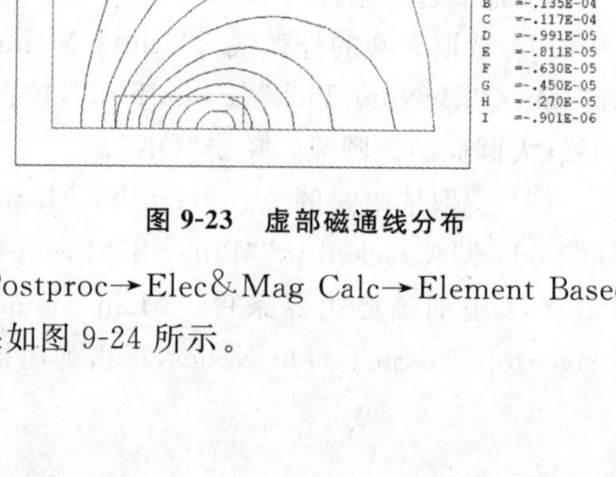

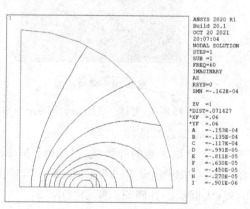

图 9-23　虚部磁通线分布

(6) 计算系统能量。Main Menu→General Postproc→Elec&Mag Calc→Element Based→Energy,单击弹出对话框中的“OK”,生成的结果如图 9-24 所示。

(7) 查看磁通量密度分布。Main Menu→General Postproc→Plot Results→Contour Plot→Nodal Solu，选取弹出对话框中的“Magnetic flux density→Magnetic flux density vector sum”，单击“OK”，生成的结果如图 9-25 所示。

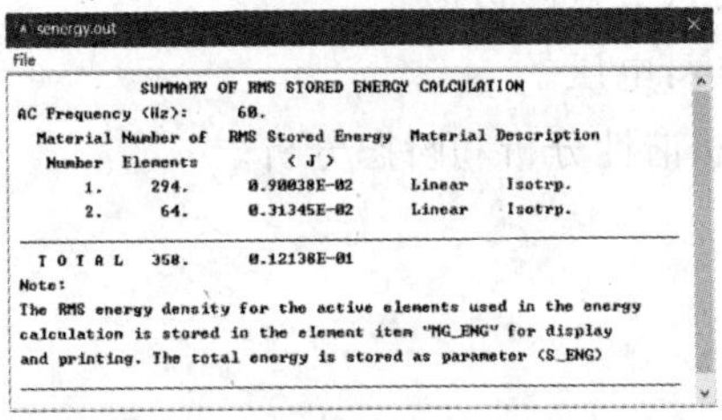

```
senergy.out
File
              SUMMARY OF RMS STORED ENERGY CALCULATION
AC Frequency (Hz):     60.
  Material Number of  RMS Stored Energy  Material Description
   Number  Elements        ( J )
      1.      294.      0.90038E-02       Linear    Isotrp.
      2.       64.      0.31345E-02       Linear    Isotrp.

  T O T A L   358.      0.12138E-01
Note:
The RMS energy density for the active elements used in the energy
calculation is stored in the element item "MG_ENG" for display
and printing. The total energy is stored as parameter (S_ENG)
```

图 9-24　系统储能列表

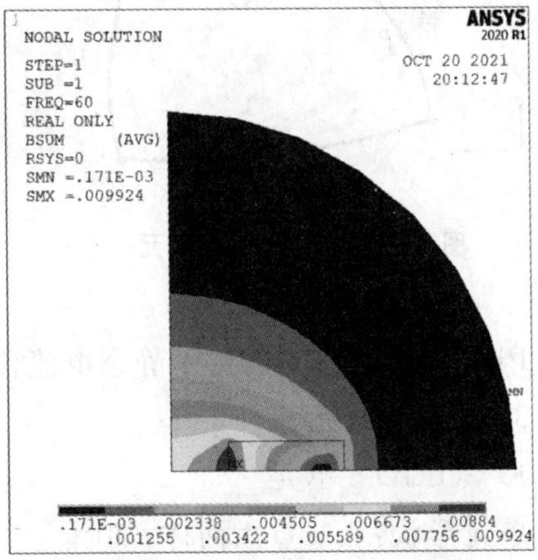

图 9-25　磁通量密度分布

9.4　电场分析

在导电或电容系统中，经常涉及电场计算与分析，所涉及的物理量有电场、电流密度、电通密度、电荷密度、焦耳热。

在 ANSYS 软件分析中，首先求出的是节点自由度值，即电压，然后再从求得的节点电压求出电场的其他物理量。下面将主要讲述稳恒电场的分析方法和步骤。

9.4.1　电场分析中的单元

电场分析中用到的单元和磁场中用到的单元区别较大，下面予以介绍。

1. 杆单元(LINK68)

维度：三维。

单元形状：二节点，如图 9-26 所示。

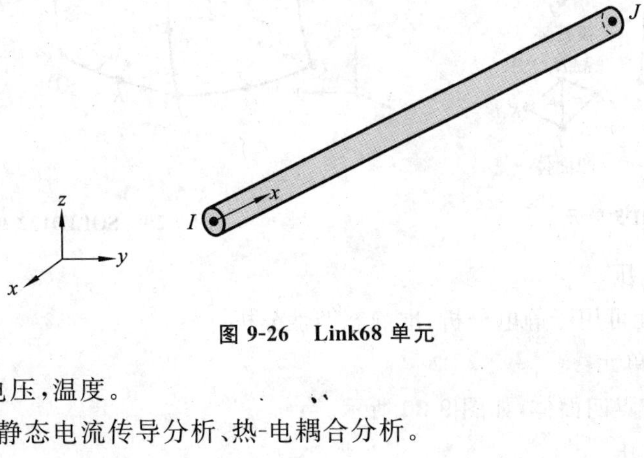

图 9-26　Link68 单元

节点自由度：电压，温度。

杆单元可用于静态电流传导分析、热-电耦合分析。

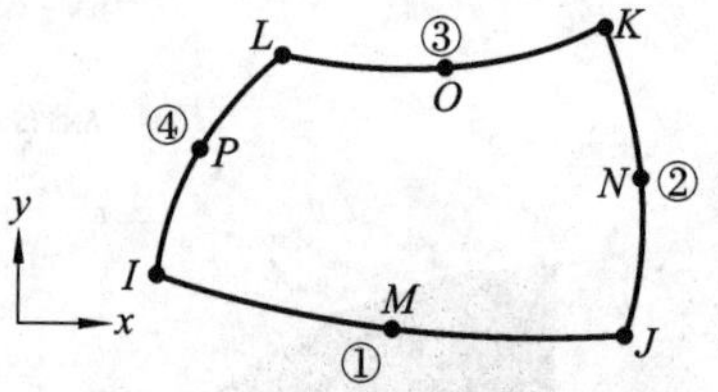

图 9-27 PLANE121 单元

2. 二维实体单元

1) PLANE121 单元

单元形状:八节点四边形,如图 9-27 所示。

节点自由度:电压。

PLANE121 单元可用于静电分析、准静态谐性分析。

2) PLANE230 单元

单元形状:八节点四边形。

节点自由度:电压。

PLANE230 单元可用于静态电流传导分析、准静态谐性分析和瞬态分析。

3. 三维体单元

1) SOLID 5 单元

单元形状:八节点六面体,如图 9-28 所示。

节点自由度:每个节点自由度最大可达 6 个,即有结构位移、温度、电势和磁标量势。

SOLID 5 单元可用于静态电流传导分析、热-电耦合分析和电磁耦合分析。

2) SOLID98 单元

单元形状:十节点四面体单元。

节点自由度:每个节点自由度最大可达 6 个,即有结构位移、温度、电势和磁标量势。

SOLID98 单元可用于静态电流传导分析、热-电耦合分析和电磁耦合分析。

3) SOLID122 单元

单元形状:二十节点六面体,如图 9-29 所示。

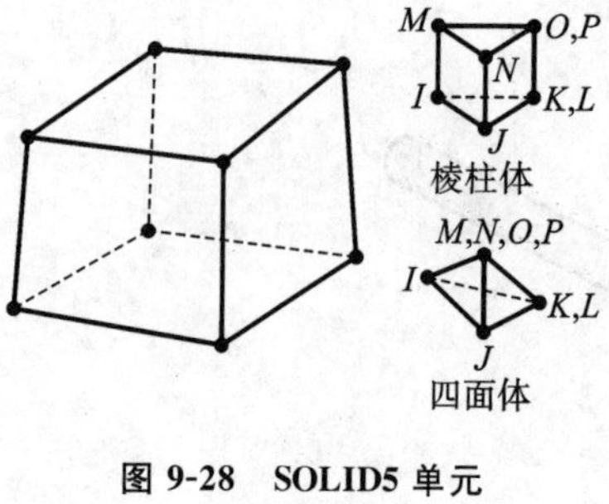

图 9-28 SOLID5 单元

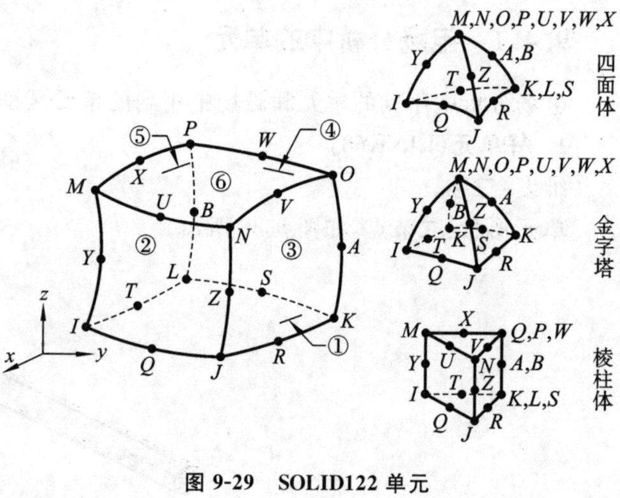

图 9-29 SOLID122 单元

节点自由度:电压。

SOLID122 单元可用于静电分析、准静态谐性分析。

4) SOLID123 单元

单元形状:十节点四面体,如图 9-30 所示。

节点自由度:电压。

SOLID123 单元可用于静电分析、准静态谐性分析。

5) SOLID231 单元

单元形状:二十节点六面体单元。

节点自由度:电压。

SOLID231 单元可用于静态电流传导分析、准静态谐性分析和瞬态分析。

6) SOLID232 单元

单元形状:十节点四面体单元。

节点自由度:电压。

SOLID232 单元可用于静态电流传导分析、准静态谐性分析和瞬态分析。

4. 壳单元(SHELL157 单元)

维度:三维。

单元形状:四节点六面体,如图 9-31 所示。

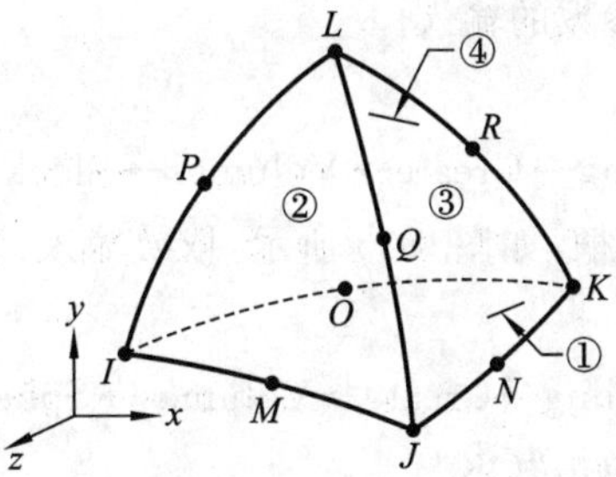

图 9-30　SOLID123 单元

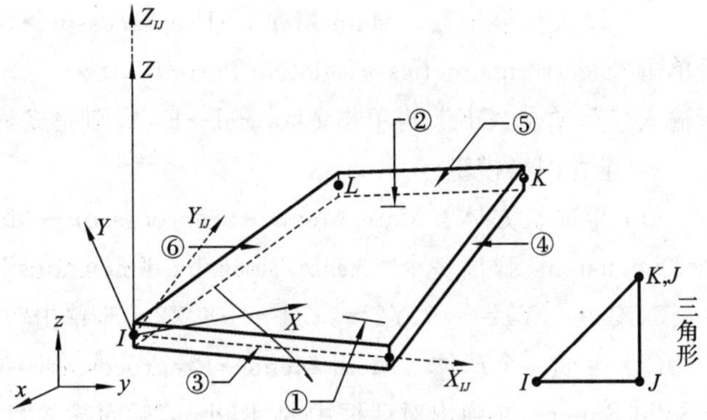

图 9-31　SHELL157 单元

节点自由度:电势,温度。

SHELL157 单元可用于静态电流传导分析、热-电耦合分析。

9.4.2　电场分析实例

稳恒电场分析中的激励载荷有两种类型:电压和电流。分析中假设电流与电压成正比,即它们呈线性关系。

电场分析的基本步骤:过滤图形界面;定义单元和材料性能;建模;分配单元,材料和网格划分;加激励载荷;选择求解器求解;后处理。

算例 9-4:极板电容的电场分析

图 9-32 所示为一个两块金属板组成的电容,求极板间的电场和电势分布。已知其几何参数:球半径 $R=18$ cm,长度 $L=16$ cm,宽度 $D=10$ cm,球心坐标(0,19,0)。极板间介质的相对介电常数为 $\varepsilon_r=5$,极板间电压为 $U=200$ V。

ANSYS 软件分析的求解过程与步骤如下。

1) 启用优先项

Main Menu→Preference,选择弹出对话框中的“Electric”,单击“OK”。

算例 9-4

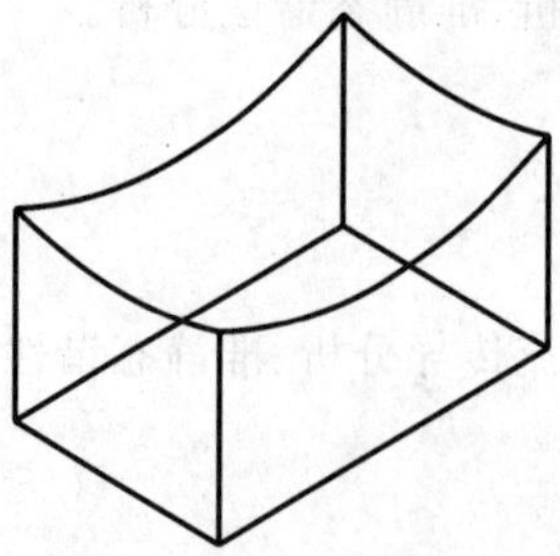

图 9-32　极板电容示意图

2）定义单元与材料性能

（1）选取单元。Main Menu→Preprocessor→Element Type→Add/Edit Delete，单击弹出对话框中的“Add”，然后在弹出对话框的右栏中选取“3D Brick 122”后，单击“OK”，再单击“Close”。

（2）输入材料参数。Main Menu→Preprocessor→Materials Props→Materials Models，然后单击“Electro magnetics→Relative Permittivity→Constant”（可参考图 9-10），在“PERX”后面输入“5”，单击“OK”，再单击 Material→Exit，则完成材料参数的输入。

3）建立网格模型

（1）生成长方体。Main Menu→Preprocessor→Modeling→Create→Volumes→Block→By Dimensions，弹出一个“Create Block by dimensions”对话框，如图 9-33 所示，依次输入：X1 = −5，X2 = 5，Y1 = −5，Y2 = 5，Z1 = −8，Z2 = 8，单击“OK”。

（2）生成一个球体。Main Menu→Preprocessor→Modeling→Create→Volumes→Sphere→Solid Sphere，在弹出对话框中的“Radius”后面输入“18”，单击“OK”。

（3）轴测图显示。单击图形窗口左上角的“ ”按钮。

（4）移动球体。Main Menu→Preprocessor→Modeling→Move/Modify→Volumes，弹出拾取框后，在窗口中拾取球体（编号为“2”），单击“OK”，又弹出一个如图 9-34 所示的对话框，在“Y-offset in active CS”后面输入“19”，单击“OK”。

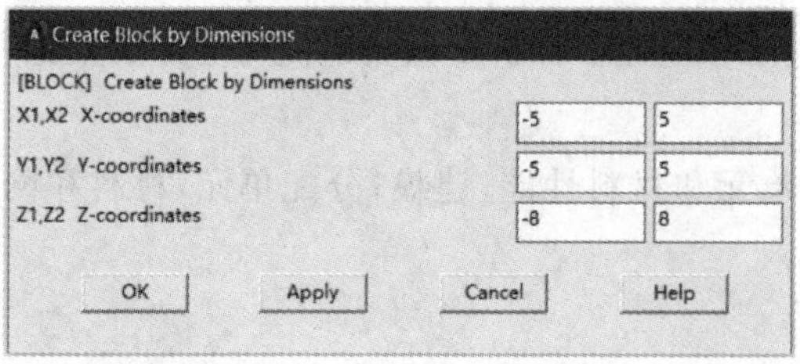

图 9-33　绘制长方体

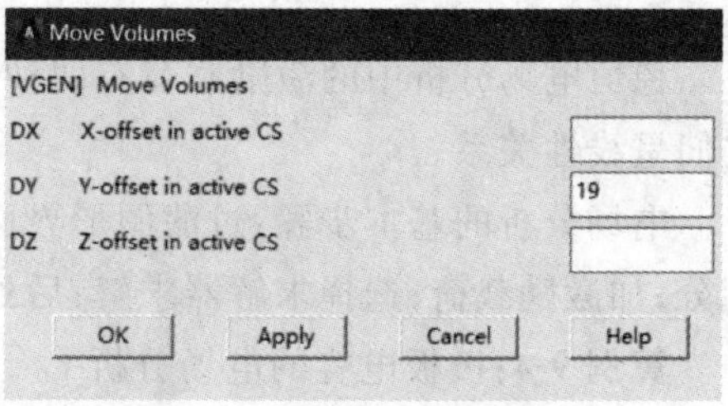

图 9-34　移动球体对话框

（5）两体相减。Main Menu→Preprocessor→Modeling→Operate→Booleans→Subtract→Volumes，弹出一个拾取框，先在图形窗口中拾取编号为“1”的体（长方体），单击“OK”，再拾取编号为“2”的体（球体），单击“OK”。生成的结果如图 9-35 所示。

（6）指定单元尺寸。Main Menu→Preprocessor→Meshing→Size Cntrls→ManualSize→Global→Size，弹出一个对话框，在“Element edge length”后面输入“1”，单击“OK”。

(7) 扫掠体生成网格。Main Menu→Preprocessor→Meshing→Mesh→Volume Sweep→Sweep,弹出拾取框后,单击“Pick All”。生成的网格模型如图 9-36 所示。

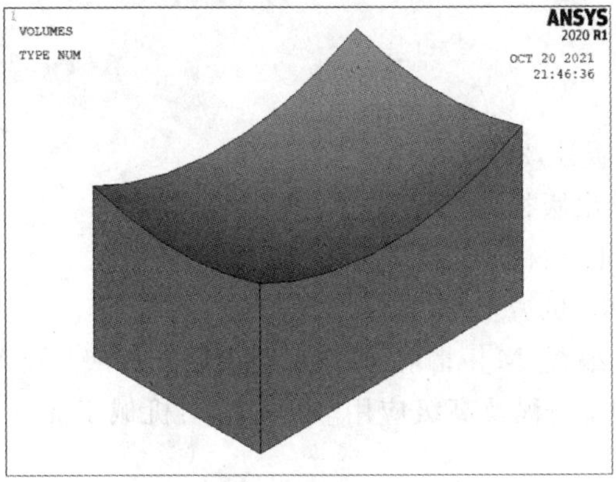

图 9-35　生成的几何模型

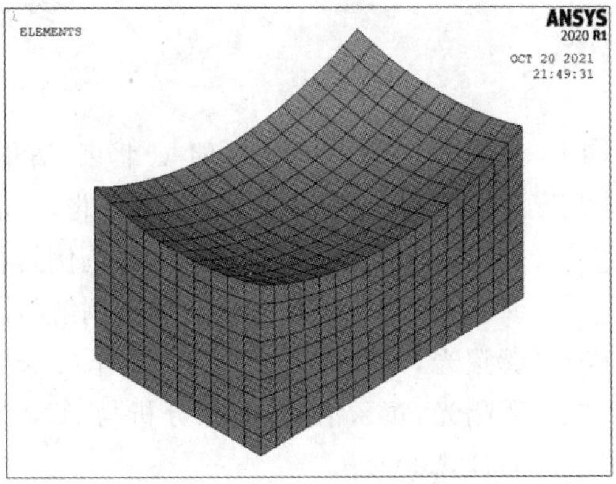

图 9-36　生成的网格模型

4) 施加载荷并求解

(1) 施加边界条件。Main Menu→Solution→Define Loads→Apply→Electric→Boundary→Voltage→On Area,弹出一个拾取框,在图形窗口中拾取编号为“13”的面(球面)后,单击“OK”,又弹出一个对话框,在“Load VOLT value”后面输入“200”,单击“Apply”。

又在图形窗口中拾取编号为“3”的面(底面)后,单击“OK”,则在弹出对话框的“Load VOLT value”后面输入“0”,单击“OK”。

(2) 求解计算。Main Menu→Solution→Solve→Current LS,关闭信息显示窗口后,单击“OK”,开始求解计算,直到出现一个“Solution is done”提示框,表示计算完成。

5) 查看分析结果

(1) 查看极板电势分布。Main Menu→General Postproc→Plot Results→Contour Plot→Nodal Solu,选取弹出对话框中的 DOF Solution→Electric potential,单击“OK”,生成的结果如图 9-37 所示。

(2) 查看极板场强矢量分布。Main Menu→General Postproc→Plot Results→Vector Plot→Predefine,在弹出对话框的左栏中选取“Flux & gradient”,右栏中选取“Elec field EF”,单击“OK”,生成的结果如图 9-38 所示。

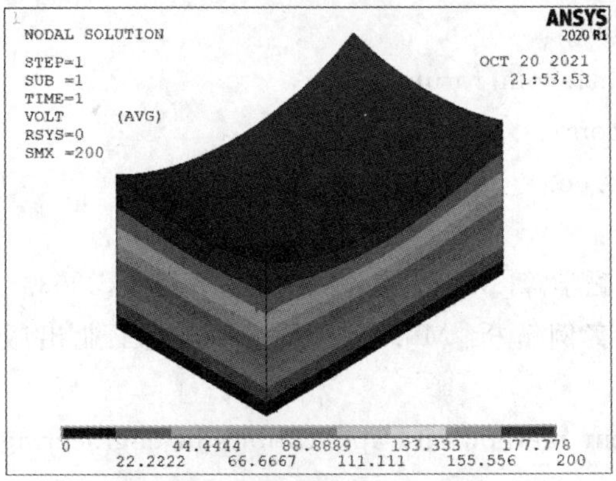

图 9-37　极板电势分布图

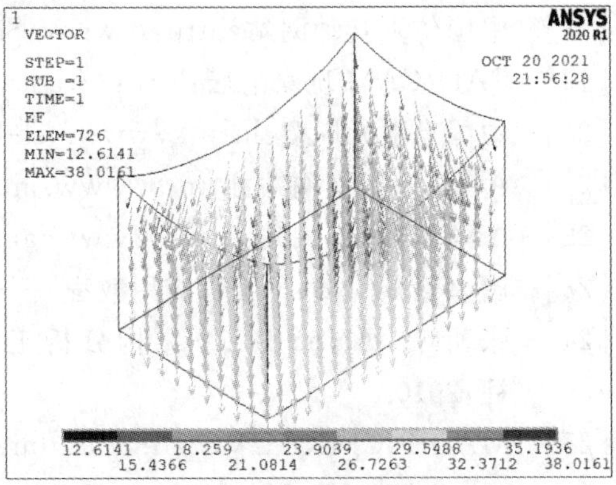

图 9-38　极板场强矢量分布图

参 考 文 献

[1] 王勖成. 有限单元法[M]. 北京:清华大学出版社,2005.

[2] 曾攀. 有限元分析及应用[M]. 北京:清华大学出版社,2004.

[3] 龚曙光. ANSYS 基础应用及范例解析[M]. 北京:机械工业出版社,2003.

[4] 龚曙光. ANSYS 工程实用实例解析[M]. 北京:机械工业出版社,2003.

[5] 龚曙光,谢桂兰. ANSYS 操作命令与参数化编程[M]. 北京:机械工业出版社,2004.

[6] 龚曙光,黄云清. 有限元分析与 ANSYS APDL 编程及高级应用[M]. 北京:机械工业出版社,2009.

[7] 龚曙光,谢桂兰,黄云清. ANSYS 参数化编程与命令手册[M]. 北京:机械工业出版社,2009.

[8] 张文志,韩清凯,刘亚忠,等. 机械结构有限元分析[M]. 哈尔滨:哈尔滨工业大学出版社,2006.

[9] 任学平,高耀东. 弹性力学基础及有限单元法[M]. 武汉:华中科技大学出版社,2006.

[10] JOHNSON K L. 接触力学[M]. 徐秉业,罗学富,刘信声,等译. 北京:高等教育出版社, 1992.

[11] 蒋维城,丁刚毅. ANSYS/LS-DYNA 程序算法基础和使用方法. ANSYS/LS-DYNA 中国技术支持中心,1996.

[12] 朱伯芳. 有限单元法原理与应用[M]. 北京:中国水利水电出版社,2009.

[13] 徐斌,高跃飞,余龙. MATLAB 有限元结构动力学分析与工程应用[M]. 北京:清华大学出版社,2009.

[14] 郭乙木,陶伟明,庄茁. 线性与非线性有限元及其应用[M]. 北京:机械工业出版社,2004.

[15] ANSYS, Inc. ANSYS Structural Analysis Guide Release 13.0.

[16] ANSYS, Inc. ANSYS Coupled-Field Analysis Guide Release 13.0.

[17] ANSYS, Inc. ANSYS APDL Programmer's Guide Release 13.0.

[18] 中国仿真互动网站:http://www.Simwe.com.

[19] CAD/CAM 玩家论坛:http://cadcam.lookin4.com/forum/.

[20] 中国有限元同盟:http://www.fea-league.com/.

[21] ANSYS 中文网站:http://www.ansys.com.cn.

[22] ANSYS 总部网站:http://www.ansys.com.

[23] 唐兴伦. ANSYS 工程应用教程——热与电磁学篇[M]. 北京:中国铁道出版社,2003.

[24] 张朝晖. ANSYS12.0 结构分析工程应用实例解析[M]. 3 版. 北京:机械工业出版社,2010.

[25] MADENCI E,GUVEN I. The finite element method and applications in engineering using ANSYS[M]. USA:Springer,2006.